DIN-Taschenbuch 404/1

Jetzt diesen Titel zusätzlich als E-Book downloaden und 70 % sparen!

Als Käufer dieses Buchtitels haben Sie Anspruch auf ein besonderes Kombi-Angebot: Sie können den Titel zusätzlich zum Ihnen vorliegenden gedruckten Exemplar für nur 30 % des Normalpreises als E-Book beziehen.

Der BESONDERE VORTEIL: Im E-Book recherchieren Sie in Sekundenschnelle die gewünschten Themen und Textpassagen. Denn die E-Book-Variante ist mit einer komfortablen Volltextsuche ausgestattet!

Deshalb: Zögern Sie nicht. Laden Sie sich am besten gleich Ihre persönliche E-Book-Ausgabe dieses Titels herunter.

In 3 einfachen Schritten zum E-Book:

❶ Rufen Sie die Website **www.beuth.de/e-book** auf.

❷ Geben Sie hier Ihren persönlichen, nur einmal verwendbaren E-Book-Code ein:

23924DDK54BD48C

❸ Klicken Sie das „Download-Feld" an und gehen dann weiter zum Warenkorb. Führen Sie den normalen Bestellprozess aus.

Hinweis: Der E-Book-Code wurde individuell für Sie als Erwerber dieses Buches erzeugt und darf nicht an Dritte weitergegeben werden. Mit Zurückziehung dieses Buches wird auch der damit verbundene E-Book-Code für den Download ungültig.

DIN-Taschenbuch 404/1

Im Bereich des Normenausschusses Eisen und Stahl (FES) bestehen folgende DIN-Taschenbücher:

DIN-Taschenbuch 28*)
Stahl und Eisen
Maßnormen

DIN-Taschenbuch 401*)
Stahl und Eisen – Gütenormen 1
Allgemeines; Begriffe,
Bezeichnungen; Technische
Lieferbedingungen, Probenahme,
Oberflächengüte, Kennzeichnungen,
Konformitätsbescheinigungen,
Datenverarbeitung

DIN-Taschenbuch 402*)
Stahl und Eisen – Gütenormen 2
Bauwesen, Metallverarbeitung; Beton-
stahl, Erzeugnisse für den Stahlbau,
Flacherzeugnisse ohne Überzüge/
Beschichtung, Spundbohlen,
Verpackungsblech

DIN-Taschenbuch 403/1*)
Stahl und Eisen – Gütenormen 3/1
Druckgeräte, Rohrleitungen

DIN-Taschenbuch 403/2*)
Stahl und Eisen – Gütenormen 3/2
Druckgeräte, Behälterbau

DIN-Taschenbuch 404/1
Stahl und Eisen – Gütenormen 4/1
Maschinenbau/Werkzeugbau
Maschinenbaustahl für allgemeine und
besondere Verwendung

DIN-Taschenbuch 404/2
Stahl und Eisen – Gütenormen 4/2
Maschinenbau/Werkzeugbau
Rohre für den Maschinenbau,
Werkzeugstahl und Stahlguss

DIN-Taschenbuch 405*)
Stahl und Eisen – Gütenormen 5
Nichtrostende und andere hoch-
legierte Stähle; Nichtrostende Stähle,
hochwarmfeste und hitzebeständige
Stähle, Ventilwerkstoffe, Heizleiter-
legierungen

*) Alle DIN-Taschenbucher sind auch in einer gebundenen englischen Fassung erhältlich.

DIN-Taschenbuch 404/1

Stahl und Eisen
Gütenormen 4/1

Maschinenbau/Werkzeugbau,
Maschinenbaustahl für allgemeine
und besondere Verwendung

1. Auflage
Stand der abgedruckten Normen: Mai 2013

Herausgeber: DIN Deutsches Institut für Normung e. V.

Beuth
Berlin · Wien · Zürich

© 2013 Beuth Verlag GmbH
Berlin · Wien · Zürich
Am DIN-Platz
Burggrafenstraße 6
10787 Berlin

Telefon: +49 30 2601-0
Telefax: +49 30 2601-1260
Internet: www.beuth.de
E-Mail: info@beuth.de

Satz: B & B Fachübersetzergesellschaft mbH, Berlin
Druck: AZ Druck und Datentechnik GmbH, Berlin
Gedruckt auf säurefreiem, alterungsbeständigem Papier nach DIN EN ISO 9706

ISBN   978-3-410-23924-6
ISBN (E-Book) 978-3-410-23925-3

Vorwort

Die europäische Normung dominiert die technische Regelsetzung im Bereich Stahl und Eisen. Dies gilt auch für die vorliegende Neuauflage des DIN-Taschenbuches 404, in dem die Normen zu den Stählen für den Maschinenbau und den Werkzeugbau zusammengestellt wurden.

Mit der vorliegenden 1. Neuauflage verfolgt man weiter das bewährte Konzept der Ordnung nach Sachgebieten. Auf den Abdruck einiger Normen mit eng begrenztem Anwendungsgebiet wurde verzichtet. Dennoch war es erforderlich, das DIN-Taschenbuch in zwei Teilungsbände zu teilen. In dem ersten Teilungsband wurden die Normen zu den Maschinenbaustählen für allgemeine und besondere Verwendung aufgenommen (Band 404/1) und in dem zweiten Teilungsband die Normen zu den Rohren für den Maschinenbau, zum Werkzeugstahl und zum Stahlguss (Band 404/2). Die Teilung ermöglichte es, den zweiten Teilungsband um zusätzliche Normen aus dem Bereich Stahlguss und nichtrostende Stähle zu ergänzen.

Auch in dieser Ausgabe ist das Verzeichnis der nach Norm-Nummern sortierten Normen aller in den DIN-Taschenbüchern 28 und 401 bis 405 abgedruckten Normen aus dem Bereich Stahl und Eisen im Anhang enthalten. Es wurde überarbeitet und an den aktuellen Normenbestand des Normenausschusses Eisen und Stahl (FES) angepasst. In diesem Verzeichnis sind sowohl Verweisungen auf den Abdruck weiterer Stahlnormen in anderen DIN-Taschenbüchern als auch Verweisungen auf ähnliche bzw. identische ISO-Normen aufgenommen. Mit Hilfe der Liste soll es dem Leser möglich sein, sich einen Überblick über die Normen aus dem Bereich Stahl und Eisen zu verschaffen.

Düsseldorf, im Mai 2013

Dr. Günter Briefs
im DIN Deutsches Institut
für Normung e. V.
Normenausschuss
Eisen und Stahl (FES)

Inhalt

**Maßgebend für das Anwenden jeder in diesem DIN-Taschenbuch abge-
druckten Norm ist deren Fassung mit dem neuesten Ausgabedatum.**

**Sie können sich auch über den aktuellen Stand unter der Telefon-Nr.:
030 2601-2260 oder im Internet unter www.beuth.de informieren.**

Hinweise zur Nutzung von DIN-Taschenbüchern

Was sind DIN-Normen?

Das DIN Deutsches Institut für Normung e. V. erarbeitet Normen und Standards als Dienstleistung für Wirtschaft, Staat und Gesellschaft. Die Hauptaufgabe des DIN besteht darin, gemeinsam mit Vertretern der interessierten Kreise konsensbasierte Normen markt- und zeitgerecht zu erarbeiten. Hierfür bringen rund 26 000 Experten ihr Fachwissen in die Normungsarbeit ein. Aufgrund eines Vertrages mit der Bundesregierung ist das DIN als die nationale Normungsorganisation und als Vertreter deutscher Interessen in den europäischen und internationalen Normungsorganisationen anerkannt. Heute ist die Normungsarbeit des DIN zu fast 90 Prozent international ausgerichtet.

DIN-Normen können nationale Normen, Europäische Normen oder Internationale Normen sein. Welchen Ursprung und damit welchen Wirkungsbereich eine DIN-Norm hat, ist aus deren Bezeichnung zu ersehen:

DIN (plus Zählnummer, z. B. DIN 4701)

Hier handelt es sich um eine nationale Norm, die ausschließlich oder überwiegend nationale Bedeutung hat oder als Vorstufe zu einem internationalen Dokument veröffentlicht wird (Entwürfe zu DIN-Normen werden zusätzlich mit einem „E" gekennzeichnet, Vornormen mit einem „SPEC"). Die Zählnummer hat keine klassifizierende Bedeutung.

Bei nationalen Normen mit Sicherheitsfestlegungen aus dem Bereich der Elektrotechnik ist neben der Zählnummer des Dokumentes auch die VDE-Klassifikation angegeben (z. B. DIN VDE 0100).

DIN EN (plus Zählnummer, z. B. DIN EN 71)

Hier handelt es sich um die deutsche Ausgabe einer Europäischen Norm, die unverändert von allen Mitgliedern der europäischen Normungsorganisationen CEN/CENELEC/ETSI übernommen wurde.

Bei Europäischen Normen der Elektrotechnik ist der Ursprung der Norm aus der Zählnummer ersichtlich: von CENELEC erarbeitete Normen haben Zählnummern zwischen 50000 und 59999, von CENELEC übernommene Normen, die in der IEC erarbeitet wurden, haben Zählnummern zwischen 60000 und 69999, Europäische Normen des ETSI haben Zählnummern im Bereich 300000.

DIN EN ISO (plus Zählnummer, z. B. DIN EN ISO 306)

Hier handelt es sich um die deutsche Ausgabe einer Europäischen Norm, die mit einer Internationalen Norm identisch ist und die unverändert von allen Mitgliedern der europäischen Normungsorganisationen CEN/CENELEC/ETSI übernommen wurde.

DIN ISO, DIN IEC oder DIN ISO/IEC (plus Zählnummer, z. B. DIN ISO 720)

Hier handelt es sich um die unveränderte Übernahme einer Internationalen Norm in das Deutsche Normenwerk.

Weitere Ergebnisse der Normungsarbeit können sein:

DIN SPEC (Vornorm) (plus Zählnummer, z. B. DIN SPEC 1201)

Hier handelt es sich um das Ergebnis einer Normungsarbeit, das wegen bestimmter Vorbehalte zum Inhalt oder wegen des gegenüber einer Norm abweichenden Aufstellungsverfahrens vom DIN nicht als Norm herausgegeben wird. An DIN SPEC (Vornorm) knüpft sich die Erwartung, dass sie zum geeigneten Zeitpunkt und ggf. nach notwendigen Veränderungen nach dem üblichen Verfahren in eine Norm überführt oder ersatzlos zurückgezogen werden.

Beiblatt: DIN (plus Zählnummer) Beiblatt (plus Zählnummer), z. B. DIN 2137-6 Beiblatt 1 Beiblätter enthalten nur Informationen zu einer DIN-Norm (Erläuterungen, Beispiele, Anmerkungen, Anwendungshilfsmittel u. Ä.), jedoch keine über die Bezugsnorm hinausgehenden genormten Festlegungen. Das Wort Beiblatt mit Zählnummer erscheint zusätzlich im Nummernfeld zu der Nummer der Bezugsnorm.

Was sind DIN-Taschenbücher?

Ein besonders einfacher und preisgünstiger Zugang zu den DIN-Normen führt über die DIN-Taschenbücher. Sie enthalten die jeweils für ein bestimmtes Fach- oder Anwendungsgebiet relevanten Normen im Originaltext.

Die Dokumente sind in der Regel als Originaltextfassungen abgedruckt, verkleinert auf das Format A5.

(+ Zusatz für Variante VOB/STLB-Bau-Taschenbücher)

(+ Zusatz für Variante DIN-DVS-Taschenbücher)

(+ Zusatz für Variante DIN-VDE-Taschenbücher)

Was muss ich beachten?

DIN-Normen stehen jedermann zur Anwendung frei. Das heißt, man kann sie anwenden, muss es aber nicht. DIN-Normen werden verbindlich durch Bezugnahme, z. B. in einem Vertrag zwischen privaten Parteien oder in Gesetzen und Verordnungen.

Der Vorteil der einzelvertraglich vereinbarten Verbindlichkeit von Normen liegt darin, dass sich Rechtsstreitigkeiten von vornherein vermeiden lassen, weil die Normen eindeutige Festlegungen sind. Die Bezugnahme in Gesetzen und Verordnungen entlastet den Staat und die Bürger von rechtlichen Detailregelungen.

DIN-Taschenbücher geben den Stand der Normung zum Zeitpunkt ihres Erscheinens wieder. Die Angabe zum Stand der abgedruckten Normen und anderer Regeln des Taschenbuchs finden Sie auf S. III. Maßgebend für das Anwenden jeder in einem DIN-Taschenbuch abgedruckten Norm ist deren Fassung mit dem neuesten Ausgabedatum. Den aktuellen Stand zu allen DIN-Normen können Sie im Webshop des Beuth Verlags unter www.beuth.de abfragen.

Wie sind DIN-Taschenbücher aufgebaut?

DIN-Taschenbücher enthalten die im Abschnitt „Verzeichnis abgedruckter Normen" jeweils aufgeführten Dokumente in ihrer Originalfassung. Ein DIN-Nummernverzeichnis sowie ein Stichwortverzeichnis am Ende des Buches erleichtern die Orientierung.

Abkürzungsverzeichnis

Die in den Dokumentnummern der Normen verwendeten Abkürzungen bedeuten:

A	Änderung von Europäischen oder Deutschen Normen
Bbl	Beiblatt
Ber	Berichtigung
DIN	Deutsche Norm
DIN CEN/TS	Technische Spezifikation von CEN als Deutsche Vornorm
DIN CEN ISO/TS	Technische Spezifikation von CEN/ISO als Deutsche Vornorm
DIN EN	Deutsche Norm auf der Basis einer Europäischen Norm

DIN EN ISO	Deutsche Norm auf der Grundlage einer Europäischen Norm, die auf einer Internationalen Norm der ISO beruht
DIN IEC	Deutsche Norm auf der Grundlage einer Internationalen Norm der IEC
DIN ISO	Deutsche Norm, in die eine Internationale Norm der ISO unverändert übernommen wurde
DIN SPEC	Öffentlich zugängliches Dokument, das Festlegungen für Regelungsgegenstände materieller und immaterieller Art oder Erkenntnisse, Daten usw. aus Normungs- oder Forschungsvorhaben enthält und welches durch temporär zusammengestellte Gremien unter Beratung des DIN und seiner Arbeitsgremien oder im Rahmen von CEN-Workshops ohne zwingende Einbeziehung aller interessierten Kreise entwickelt wird
	ANMERKUNG: Je nach Verfahren wird zwischen DIN SPEC (Vornorm), DIN SPEC (CWA), DIN SPEC (PAS) und DIN SPEC (Fachbericht) unterschieden.
DIN SPEC (CWA)	CEN/CENELEC-Vereinbarung, die innerhalb offener CEN/CENELEC-Workshops entwickelt wird und den Konsens zwischen den registrierten Personen und Organisationen widerspiegelt, die für ihren Inhalt verantwortlich sind
DIN SPEC (Fachbericht)	Ergebnis eines DIN-Arbeitsgremiums oder die Übernahme eines europäischen oder internationalen Arbeitsergebnisses
DIN SPEC (PAS)	Öffentlich verfügbare Spezifikation, die Produkte, Systeme oder Dienstleistungen beschreibt, indem sie Merkmale definiert und Anforderungen festlegt
DIN VDE	Deutsche Norm, die zugleich VDE-Bestimmung oder VDE-Leitlinie ist
DVS	DVS-Richtlinie oder DVS-Merkblatt
E	Entwurf
EN ISO	Europäische Norm (EN), in die eine Internationale Norm (ISO-Norm) unverändert übernommen wurde und deren Deutsche Fassung den Status einer Deutschen Norm erhalten hat
ENV	Europäische Vornorm, deren Deutsche Fassung den Status einer Deutschen Vornorm erhalten hat
ISO/TR	Technischer Bericht (ISO Technical Report)
VDI	VDI-Richtlinie

DIN-Nummernverzeichnis

Hierin bedeutet:

O   Zur abgedruckten Norm besteht ein Norm-Entwurf

(en) Von dieser Norm gibt es auch eine vom DIN herausgegebene englische Übersetzung

Verzeichnis abgedruckter Normen

(nach steigenden DIN-Nummern geordnet)

DIN EN 10083-1

ICS 77.140.10

Ersatzvermerk
siehe unten

Vergütungsstähle –
Teil 1: Allgemeine technische Lieferbedingungen;
Deutsche Fassung EN 10083-1:2006

Steels for quenching and tempering –
Part 1: General technical delivery conditions;
German version EN 10083-1:2006

Aciers pour trempe et revenu –
Partie 1: Conditions techniques générales de livraison;
Version allemande EN 10083-1:2006

Ersatzvermerk

Mit DIN EN 10083-2:2006-10 und DIN EN 10083-3:2006-10 Ersatz für DIN EN 10083-1:1996-10 und
DIN 17212:1972-08;
mit DIN EN 10083-2:2006-10 Ersatz für DIN EN 10083-2:1996-10;
mit DIN EN 10083-3:2006-10 Ersatz für DIN EN 10083-3:1996-02

Gesamtumfang 27 Seiten

Normenausschuss Eisen und Stahl (FES) im DIN

Nationales Vorwort

Die Europäische Norm EN 10083-1:2006 wurde vom Technischen Komitee (TC) 23 „Für eine Wärmebehandlung bestimmte Stähle, legierte Stähle und Automatenstähle – Gütenormen" (Sekretariat: Deutschland) des Europäischen Komitees für die Eisen- und Stahlnormung (ECISS) ausgearbeitet.

Das zuständige deutsche Normungsgremium ist der Arbeitsausschuss 05/1 des Normenausschusses Eisen und Stahl (FES).

Änderungen

Gegenüber   DIN EN 10083-1:1996-10,   DIN EN 10083-2:1996-10,   DIN EN 10083-3:1996-02   und DIN 17212:1972-08 wurden folgende Änderungen vorgenommen:

a) Mit der vorliegenden Überarbeitung der DIN EN 10083-1 bis -3 wurde eine Neukonzeption der thematischen Gliederung umgesetzt. Die frühere Gliederung in:

Teil 1: Technische Lieferbedingungen für Edelstähle,
Teil 2: Technische Lieferbedingungen für unlegierte Qualitätsstähle,
Teil 3: Technische Lieferbedingungen für Borstähle

wurde aufgegeben zu Gunsten der Neugliederung in:

Teil 1: Allgemeine technische Lieferbedingungen,
Teil 2: Technische Lieferbedingungen für unlegierte Stähle,
Teil 3: Technische Lieferbedingungen für legierte Stähle.

b) Die damit verbundene thematische Straffung konnte erreicht werden, indem die früher in allen drei Normen vorhandenen Bilder zur Lage der Proben und Probenabschnitte ebenso wie die in allen drei Normen vorhandenen Anhänge „Ermittlung des maßgeblichen Wärmebehandlungsdurchmessers", „Verzeichnisse weiterer Normen", „Für Erzeugnisse nach dieser Europäischen Norm in Betracht kommende Maßnormen" und „Ermittlung des Gehaltes an nichtmetallischen Einschlüssen" jetzt nur noch im Teil 1, den allgemeinen technischen Lieferbedingungen, zu finden sind. Lediglich die speziell den unlegierten bzw. legierten Vergütungsstählen zuzuordnenden Diagramme und Anhänge wurden in den jeweiligen Teilen 2 und 3 belassen.

c) In den Anwendungsbereich dieser Normen wurden zusätzlich die Stähle für das Flamm- und Induktionshärten aufgenommen.

Frühere Ausgaben

DIN 1661: 1924-09, 1929-06
DIN 1662: 1928-07, 1930-06
DIN 1662 Bbl. 5, Bbl. 6, Bbl. 8 bis Bbl. 11: 1932-05
DIN 1663: 1936-05, 1939x-12
DIN 1663 Bbl. 5, Bbl. 7 bis Bbl. 9: 1937x-02
DIN 1665: 1941-05
DIN 1667: 1943-11
DIN 17200 Bbl.: 1952-05
DIN 17200: 1951-12, 1969-12, 1984-11, 1987-03
DIN 17212: 1972-08
DIN EN 10083-1: 1991-10, 1996-10
DIN EN 10083-2: 1991-10, 1996-10
DIN EN 10083-3: 1996-02

2

EUROPÄISCHE NORM

EUROPEAN STANDARD

NORME EUROPÉENNE

EN 10083-1

August 2006

ICS 77.140.10

Ersatz für EN 10083-1:1991 + A1:1996

Deutsche Fassung

Vergütungsstähle —
Teil 1: Allgemeine technische Lieferbedingungen

Steels for quenching and tempering —
Part 1: General technical delivery conditions

Aciers pour trempe et revenu —
Partie 1: Conditions techniques générales de livraison

Diese Europäische Norm wurde vom CEN am 7. Juli 2006 angenommen.

Die CEN-Mitglieder sind gehalten, die CEN/CENELEC-Geschäftsordnung zu erfüllen, in der die Bedingungen festgelegt sind, unter denen dieser Europäischen Norm ohne jede Änderung der Status einer nationalen Norm zu geben ist. Auf dem letzten Stand befindliche Listen dieser nationalen Normen mit ihren bibliographischen Angaben sind beim Management-Zentrum oder bei jedem CEN-Mitglied auf Anfrage erhältlich.

Diese Europäische Norm besteht in drei offiziellen Fassungen (Deutsch, Englisch, Französisch). Eine Fassung in einer anderen Sprache, die von einem CEN-Mitglied in eigener Verantwortung durch Übersetzung in seine Landessprache gemacht und dem Management-Zentrum mitgeteilt worden ist, hat den gleichen Status wie die offiziellen Fassungen.

CEN-Mitglieder sind die nationalen Normungsinstitute von Belgien, Dänemark, Deutschland, Estland, Finnland, Frankreich, Griechenland, Irland, Island, Italien, Lettland, Litauen, Luxemburg, Malta, den Niederlanden, Norwegen, Österreich, Polen, Portugal, Rumänien, Schweden, der Schweiz, der Slowakei, Slowenien, Spanien, der Tschechischen Republik, Ungarn, dem Vereinigten Königreich und Zypern.

EUROPÄISCHES KOMITEE FÜR NORMUNG
EUROPEAN COMMITTEE FOR STANDARDIZATION
COMITÉ EUROPÉEN DE NORMALISATION

Management-Zentrum: rue de Stassart, 36   B-1050 Brüssel

Ref. Nr. EN 10083-1:2006 D

Inhalt

2

Vorwort

Dieses Dokument (EN 10083-1:2006) wurde vom Technischen Komitee ECISS/TC 23 „Für eine Wärmebehandlung bestimmte Stähle, legierte Stähle und Automatenstähle - Gütenormen" erarbeitet, dessen Sekretariat vom DIN gehalten wird.

Diese Europäische Norm muss den Status einer nationalen Norm erhalten, entweder durch Veröffentlichung eines identischen Textes oder durch Anerkennung bis Februar 2007, und etwaige entgegenstehende nationale Normen müssen bis Februar 2007 zurückgezogen werden.

Zusammen mit Teil 2 und Teil 3 dieser Norm ist dieser Teil 1 das Ergebnis der Überarbeitung folgender Europäischer Normen:

EN 10083-1:1991 + A1:1996, *Vergütungsstähle — Teil 1: Technische Lieferbedingungen für Edelstähle*

EN 10083-2:1991 + A1:1996, *Vergütungsstähle — Teil 2: Technische Lieferbedingungen für unlegierte Qualitätsstähle*

EN 10083-3:1995, *Vergütungsstähle — Teil 3: Technische Lieferbedingungen für Borstähle*

und der

EURONORM 86-70, *Stähle zum Flamm- und Induktionshärten — Gütevorschriften*

Die besonderen Anforderungen an Vergütungsstähle werden in den folgenden Teilen beschrieben:

Teil 2: Technische Lieferbedingungen für unlegierte Stähle

Teil 3: Technische Lieferbedingungen für legierte Stähle

Entsprechend der CEN/CENELEC-Geschäftsordnung sind die nationalen Normungsinstitute der folgenden Länder gehalten, diese Europäische Norm zu übernehmen: Belgien, Dänemark, Deutschland, Estland, Finnland, Frankreich, Griechenland, Irland, Island, Italien, Lettland, Litauen, Luxemburg, Malta, Niederlande, Norwegen, Österreich, Polen, Portugal, Rumänien, Schweden, Schweiz, Slowakei, Slowenien, Spanien, Tschechische Republik, Ungarn, Vereinigtes Königreich und Zypern.

3

1 Anwendungsbereich

Dieser Teil der EN 10083 enthält die allgemeinen technischen Lieferbedingungen für

— Halbzeug, warmgeformt, zum Beispiel Vorblöcke, Knüppel, Vorbrammen (siehe Anmerkungen 2 und 3),

— Stabstahl (siehe Anmerkung 2),

— Walzdraht,

— Breitflachstahl,

— warmgewalztes Blech und Band,

— Schmiedestücke (siehe Anmerkung 2),

hergestellt aus unlegierten Vergütungsstählen (siehe EN 10083-2), legierten Vergütungsstählen (siehe EN 10083-3), unlegierten Stählen zum Flamm- und Induktionshärten (siehe EN 10083-2) und legierten Stählen zum Flamm- und Induktionshärten (siehe EN 10083-3), welche in einem der für die verschiedenen Erzeugnisformen in den entsprechenden Tabellen in EN 10083-2 und EN 10083-3 angegebenen Wärmebehandlungszustände und in einer der in den entsprechenden Tabellen in EN 10083-2 und EN 10083-3 angegebenen Oberflächenausführungen geliefert werden.

Die Stähle sind im Allgemeinen zur Herstellung vergüteter, flamm- oder induktionsgehärteter Maschinenteile vorgesehen, die teilweise auch im normalisierten Zustand (siehe EN 10083-2) verwendet werden.

Die Anforderungen an die angegebenen mechanischen Eigenschaften in EN 10083-2 und EN 10083-3 beschränken sich soweit möglich auf die entsprechenden Tabellen in diesen Europäischen Normen.

ANMERKUNG 1   Europäische Normen mit vergleichbaren Stahlsorten sind in Anhang C aufgeführt.

ANMERKUNG 2   Freiformgeschmiedete Halbzeuge (Vorblöcke, Knüppel, Vorbrammen usw.), nahtlos gewalzte Ringe und freiformgeschmiedeter Stabstahl sind im Folgenden unter den Begriffen „Halbzeug" und „Stabstahl" und nicht unter dem Begriff „Schmiedestücke" erfasst.

ANMERKUNG 3   Bei Bestellung von unverformtem stranggegossenem Halbzeug sind besondere Vereinbarungen zu treffen.

ANMERKUNG 4   Entsprechend EN 10020 handelt es sich bei den in EN 10083-2:2006 enthaltenen Stählen um Qualitäts- und Edelstähle und bei den in EN 10083-3:2006 enthaltenen Stählen um Edelstähle. Die Edelstähle unterscheiden sich von den Qualitätsstählen nur durch:

— Mindestwerte der Kerbschlagarbeit im vergüteten Zustand (bei unlegierten Edelstählen nur bei mittleren Masseanteilen an Kohlenstoff von < 0,50 %);

— Grenzwerte der Härtbarkeit im Stirnabschreckversuch (bei unlegierten Edelstählen nur bei mittleren Massenanteilen an Kohlenstoff > 0,30 %);

— begrenzter Gehalt an oxidischen Einschlüssen;

— niedrigere Höchstgehalte für Phosphor und Schwefel.

ANMERKUNG 5   Diese Europäische Norm gilt nicht für Blankstahlprodukte. Für Blankstahl gelten die EN 10277-1 und die EN 10277-5.

In Sonderfällen können bei der Anfrage und Bestellung Abweichungen von oder Zusätze zu diesen technischen Lieferbedingungen vereinbart werden (siehe Anhang B).

Zusätzlich zu den Angaben dieser Europäischen Norm gelten, sofern im Folgenden nichts anderes festgelegt, die allgemeinen technischen Lieferbedingungen nach EN 10021.

2 Normative Verweisungen

Die folgenden zitierten Dokumente sind für die Anwendung dieses Dokuments erforderlich. Bei datierten Verweisungen gilt nur die in Bezug genommene Ausgabe. Bei undatierten Verweisungen gilt die letzte Ausgabe des in Bezug genommenen Dokuments (einschließlich aller Änderungen).

EN 10002-1, *Metallische Werkstoffe — Zugversuch — Teil 1: Prüfverfahren bei Raumtemperatur*

EN 10020:2000, *Begriffsbestimmungen für die Einteilung der Stähle*

EN 10021, *Allgemeine technische Lieferbedingungen für Stahl und Stahlerzeugnisse*

EN 10027-1, *Bezeichnungssysteme für Stähle — Teil 1: Kurznamen*

EN 10027-2, *Bezeichnungssysteme für Stähle — Teil 2: Nummernsystem*

EN 10045-1, *Metallische Werkstoffe — Kerbschlagbiegeversuch nach Charpy — Teil 1: Prüfverfahren*

EN 10052:1993, *Begriffe der Wärmebehandlung von Eisenwerkstoffen*

EN 10079:1992, *Begriffsbestimmungen für Stahlerzeugnisse*

EN 10083-2:2006, *Vergütungsstähle — Teil 2: Technische Lieferbedingungen für unlegierte Stähle*

EN 10083-3:2006, *Vergütungsstähle — Teil 3: Technische Lieferbedingungen für legierte Stähle*

EN 10160, *Ultraschallprüfung von Flacherzeugnissen aus Stahl mit einer Dicke größer oder gleich 6 mm (Reflexionsverfahren)*

EN 10163-2, *Lieferbedingungen für die Oberflächenbeschaffenheit von warmgewalzten Stahlerzeugnissen (Blech, Breitflachstahl und Profile) — Teil 2: Blech und Breitflachstahl*

EN 10204, *Metallische Erzeugnisse — Arten von Prüfbescheinigungen*

EN 10221, *Oberflächengüteklassen für warmgewalzten Stabstahl und Walzdraht — Technische Lieferbedingungen*

CR 10261, *ECISS Mitteilungen 11 — Eisen und Stahl — Überblick über die verfügbaren chemischen Analyseverfahren*

EN 10308, *Zerstörungsfreie Prüfung — Ultraschallprüfung von Stäben aus Stahl*

EN ISO 377:1997, *Stahl und Stahlerzeugnisse — Lage und Vorbereitung von Probenabschnitten und Proben für mechanische Prüfungen (ISO 377:1997)*

EN ISO 642, *Stahl — Stirnabschreckversuch (Jominy-Versuch) (ISO 642:1999)*

EN ISO 643, *Stahl — Mikrophotographische Bestimmung der scheinbaren Korngröße (ISO 643:2003)*

EN ISO 3887, *Stahl — Bestimmung der Entkohlungstiefe (ISO 3887:2003)*

EN ISO 6506-1, *Metallische Werkstoffe — Härteprüfung nach Brinell — Teil 1: Prüfverfahren (ISO 6506-1:2005)*

EN ISO 6508-1:2005, *Metallische Werkstoffe — Härteprüfung nach Rockwell — Teil 1: Prüfverfahren (Skalen A, B, C, D, E, F, G, H, K, N, T) (ISO 6508-1:2005)*

EN ISO 14284:2002, *Stahl und Eisen — Entnahme und Vorbereitung von Proben für die Bestimmung der chemischen Zusammensetzung (ISO 14284:1996)*

3 Begriffe

Für die Anwendung dieses Dokuments gelten die in EN 10020:2000, EN 10052:1993, EN 10079:1992, EN ISO 377:1997 und EN ISO 14284:2002 angegebenen und die folgenden Begriffe.

3.1
Stähle für Flamm- und Induktionshärten
Stähle für das Flamm- und Induktionshärten sind dadurch gekennzeichnet, dass sie sich, üblicherweise im vergüteten Zustand, durch örtliches Erhitzen und Abschrecken in der Randzone härten lassen, ohne dass die Festigkeits- und Zähigkeitseigenschaften des Kerns wesentlich beeinflusst werden

3.2
Vergütungsstähle
Vergütungsstähle sind Maschinenbaustähle, die sich aufgrund ihrer chemischen Zusammensetzung zum Härten eignen und die im vergüteten Zustand gute Zähigkeit bei gegebener Zugfestigkeit aufweisen

3.3
maßgeblicher Wärmebehandlungsquerschnitt
der Querschnitt, für den die mechanischen Eigenschaften festgelegt sind (siehe Anhang A)

Unabhängig von der tatsächlichen Form und den Maßen des Erzeugnisses wird das Maß für den maßgeblichen Wärmebehandlungsquerschnitt stets durch einen Durchmesser ausgedrückt. Dieser Durchmesser entspricht dem Durchmesser eines „gleichwertigen Rundstahls". Dabei handelt es sich um einen Rundstahl, der an der für die Entnahme der zur mechanischen Prüfung vorgesehenen Proben festgelegten Querschnittsstelle bei Abkühlung von der Austenitisierungstemperatur die gleiche Abkühlungsgeschwindigkeit aufweist wie der vorliegende maßgebliche Querschnitt des betreffenden Erzeugnisses an seiner zur Probenahme vorgesehenen Stelle.

4 Einteilung und Bezeichnung

4.1 Einteilung

Die Einteilung der Stähle in EN 10083-2 und EN 10083-3 erfolgt nach EN 10020.

4.2 Bezeichnung

4.2.1 Kurzname

Für die in dieser Europäischen Norm enthaltenen Stahlsorten sind die in den entsprechenden Tabellen der EN 10083-2 und EN 10083-3 angegebenen Kurznamen nach EN 10027-1 gebildet.

4.2.2 Werkstoffnummern

Für die in dieser Europäischen Norm enthaltenen Stahlsorten sind die in den entsprechenden Tabellen der EN 10083-2 und EN 10083-3 angegebenen Werkstoffnummern nach EN 10027-2 gebildet.

5 Bestellangaben

5.1 Verbindliche Angaben

Der Hersteller muss vom Käufer bei der Anfrage und Bestellung folgende Angaben erhalten:

a) zu liefernde Menge;

b) Benennung der Erzeugnisform (z. B. Rundstahl, Walzdraht, Blech oder Schmiedestück);

c) die Nummer der Maßnorm (z. B. EN 10060)

d) Maße, Grenzabmaße und Formtoleranzen und, falls zutreffend, die Kennbuchstaben für etwaige besondere Grenzabweichungen;

e) Nummer dieser Europäischen Norm mit Angabe des entsprechenden Teils;

f) Kurzname oder Werkstoffnummer (siehe 4.2, EN 10083-2 und EN 10083-3);

g) die Art der Prüfbescheinigung nach EN 10204 (siehe 8.1).

5.2 Optionen

Eine Anzahl von Optionen ist in dieser Europäischen Norm festgelegt und nachstehend aufgeführt. Falls der Besteller nicht ausdrücklich seinen Wunsch zur Berücksichtigung einer dieser Optionen äußert, muss nach den Grundanforderungen dieser Europäischen Norm geliefert werden (siehe 5.1).

a) besondere Wärmebehandlungszustände (siehe 6.3.2);

b) besondere Oberflächenausführung (siehe 6.3.3);

c) etwaige Überprüfung der Stückanalyse (siehe 7.1.1.2 und B.6);

d) etwaige Anforderungen an die Härtbarkeit (+H, +HH, +HL) für Edelstähle (siehe 7.1.2) und falls vereinbart die Information zur Berechnung der Härtbarkeit (siehe 10.3.2);

e) etwaige Überprüfung der mechanischen Eigenschaften an Referenzproben im vergüteten (+QT) oder normalisierten (+N) Zustand (siehe B.1 und B.2);

f) etwaige Anforderungen hinsichtlich des Feinkorns und der Überprüfung der Korngröße (siehe 7.4 und B.3);

g) etwaige Anforderungen hinsichtlich der Überprüfung nichtmetallischer Einschlüsse in Edelstählen (siehe 7.4 und B.4);

h) etwaige Anforderungen hinsichtlich der inneren Beschaffenheit (siehe 7.5 und B.5);

i) etwaige Anforderungen hinsichtlich der Oberflächenbeschaffenheit (siehe 7.6.3);

j) etwaige Anforderungen bezüglich der erlaubten Entkohlungstiefe (siehe 7.6.4);

k) Eignung der Stäbe oder des Walzdrahtes zum Blankziehen (siehe 7.6.5);

l) etwaige Anforderungen hinsichtlich der Entfernung von Oberflächenfehlern (siehe 7.6.6);

m) Überprüfung der Oberflächenbeschaffenheit und der Maße ist durch den Käufer beim Hersteller durchzuführen (siehe 8.1.4);

n) etwaige Anforderungen hinsichtlich besonderer Kennzeichnung der Erzeugnisse (siehe Abschnitt 11 und B.7).

7

BEISPIEL

20 Rundstäbe mit dem Nenndurchmesser 20 mm und der Nennlänge 8 000 mm entsprechend EN 10060 aus dem Stahl 25CrMo4 (1.7218) nach EN 10083-3 im Wärmebehandlungszustand +A, Abnahmeprüfzeugnis 3.1 nach EN 10204

20 Rundstäbe EN 10060 — 20×8 000
EN 10083-3 — 25CrMo4+A
EN 10204 — 3.1
oder

20 Rundstäbe EN 10060 — 20×8 000
EN 10083-3 — 1.7218+A
EN 10204 — 3.1

6 Herstellverfahren

6.1 Allgemeines

Das Verfahren zur Herstellung des Stahles und der Erzeugnisse bleibt, mit den Einschränkungen nach 6.2 und 6.4, dem Hersteller überlassen.

6.2 Desoxidation

Alle Stähle müssen beruhigt sein.

6.3 Wärmebehandlung und Oberflächenausführung bei der Lieferung

6.3.1 Unbehandelter Zustand

Falls bei der Anfrage und Bestellung nicht anderes vereinbart, werden die Erzeugnisse im unbehandelten Zustand, d. h. im warmgeformten Zustand geliefert.

ANMERKUNG Je nach Erzeugnisform und Maßen sind nicht alle Stahlsorten im warmgeformten, unbehandelten Zustand lieferbar.

6.3.2 Besonderer Wärmebehandlungszustand

Falls bei der Anfrage und Bestellung vereinbart, müssen die Erzeugnisse in einem der in den Zeilen 3 bis 7 der Tabelle 1, EN 10083-2:2006, oder den Zeilen 3 bis 6 der Tabelle 1, EN 10083-3:2006 angegebenen Wärmebehandlungszustände geliefert werden.

6.3.3 Besondere Oberflächenausführung

Falls bei der Anfrage und Bestellung vereinbart, müssen die Erzeugnisse in einer der in den Zeilen 3 bis 7 der Tabelle 2, EN 10083-2:2006 oder EN 10083-3:2006 angegebenen besonderen Oberflächenausführungen geliefert werden.

6.4 Schmelzentrennung

Innerhalb einer Lieferung müssen die Erzeugnisse nach Schmelzen getrennt sein.

8

7 Anforderungen

7.1 Chemische Zusammensetzung, Härtbarkeit und mechanische Eigenschaften

7.1.1 Chemische Zusammensetzung

7.1.1.1 Für die chemische Zusammensetzung nach der Schmelzenanalyse gelten die Angaben in Tabelle 3 der EN 10083-2:2006 bzw. der EN 10083-3:2006.

7.1.1.2 Die Stückanalyse darf von den angegebenen Grenzwerten der Schmelzenanalyse um die in Tabellen 4 der EN 10083-2:2006 bzw. EN 10083-3:2006 aufgeführten Werte abweichen.

Die Stückanalyse muss durchgeführt werden, wenn sie bei der Bestellung vereinbart wurde (siehe B.6).

7.1.2 Härtbarkeit

Falls der Stahl unter Verwendung der angegebenen Kennbuchstaben mit den normalen (+H) bzw. eingeschränkten (+HL, +HH) Härtbarkeitsanforderungen bestellt wird, gelten die in den entsprechenden Tabellen der EN 10083-2 und EN 10083-3 angegebenen Werte der Härte.

7.1.3 Mechanische Eigenschaften

Falls der Stahl ohne Härtbarkeitsanforderungen bestellt wird, gelten für den jeweiligen Wärmebehandlungszustand die Anforderungen an die mechanischen Eigenschaften der EN 10083-2 und EN 10083-3.

Die Werte für die mechanischen Eigenschaften, die in EN 10083-2 und EN 10083-3 angegeben sind, gelten für Proben in den Wärmebehandlungszuständen vergütet oder normalgeglüht, die entsprechend dem Bild 1 oder den Bildern 2 und 3 entnommen und vorbereitet wurden.

7.2 Bearbeitbarkeit

Alle Stähle sind im Zustand weichgeglüht (+A) bearbeitbar. Falls eine verbesserte Bearbeitbarkeit verlangt wird, sollten Sorten mit einer spezifizierten Spanne für den Schwefelanteil bestellt werden und/oder mit einer Behandlung zur verbesserten Bearbeitbarkeit (z. B. Ca-Behandlung).

7.3 Scherbarkeit von Halbzeug und Stabstahl

Die entsprechenden Festlegungen der EN 10083-2 und EN 10083-3 sind anzuwenden.

7.4 Gefüge

Die Anforderungen in den entsprechenden Abschnitten in EN 10083-2 und EN 10083-3 sind anzuwenden.

Bezüglich Anforderungen und/oder Überprüfung der Feinkörnigkeit siehe B.3.

Bezüglich der Überprüfung der nichtmetallischen Einschlüsse der Edelstähle siehe B.4.

ANMERKUNG   Segregation ist das Ergebnis eines natürlichen Phänomens. Segregation ist sowohl beim Blockguss als auch beim Strangguss von Brammen, Blöcken und Knüppeln zu beobachten. Die positive Segregation ist eine Konzentration von verschiedenen Elementen an verschiedenen Orten im Blockguss bzw. in den Brammen, Blöcken und Knüppeln. Bei Flacherzeugnissen sollten die Kunden bedenken, dass diese Segregation parallel zur Oberfläche der Erzeugnisse auftritt. Besonders bei Erzeugnissen mit einem mittleren oder hohen Kohlenstoffanteil führt Segregation zu einer höheren Härte und sollte bei der weiteren Wärmebehandlung berücksichtigt werden.

7.5 Innere Beschaffenheit

Falls erforderlich, sind bei der Anfrage und Bestellung Anforderungen an die innere Beschaffenheit der Erzeugnisse zu vereinbaren, möglichst mit Bezug zu Europäischen Normen. In EN 10160 sind die Anforderungen an die Ultraschallprüfung von Flacherzeugnissen mit einer Dicke größer oder gleich 6 mm und in EN 10308 sind die Anforderungen an die Ultraschallprüfung von Stabstahl festgelegt (siehe B.5).

7.6 Oberflächenbeschaffenheit

7.6.1 Alle Erzeugnisse müssen eine dem angewandten Herstellungsverfahren entsprechende glatte Oberfläche haben, siehe auch 6.3.3.

7.6.2 Kleinere Ungänzen, wie sie auch unter üblichen Herstellbedingungen auftreten können, wie z. B. von eingewalztem Zunder herrührende Narben bei warmgewalzten Erzeugnissen, sind nicht als Fehler zu betrachten.

7.6.3 Soweit erforderlich, sind Anforderungen bezüglich der Oberflächengüte der Erzeugnisse, möglichst unter Bezugnahme auf Europäische Normen, bei der Anfrage und Bestellung zu vereinbaren.

Blech und Breitflachstahl werden mit der Oberflächengüteklasse A, Untergruppe 1 entsprechend EN 10163-2 geliefert, sofern bei der Anfrage und Bestellung nichts anderes vereinbart wurde.

Stabstahl und Walzdraht werden mit der Oberflächengüteklasse A nach EN 10221 geliefert, sofern bei der Anfrage und Bestellung nichts anderes vereinbart wurde.

ANMERKUNG 1   Stabstahl und Walzdraht zum Kaltstauchen und Kaltfließpressen und anschließendem Vergüten sind in EN 10263-4 (zusammen mit EN 10263-1) erfasst.

ANMERKUNG 2   Das Auffinden und Beseitigen von Ungänzen ist bei Ringmaterial schwieriger als bei Stäben. Dies sollte bei Vereinbarungen über die Oberflächenbeschaffenheit berücksichtigt werden.

7.6.4 Bei der Anfrage und Bestellung können Anforderungen an die zulässige Entkohlungstiefe bei Edelstählen vereinbart werden.

Die Ermittlung der Entkohlungstiefe erfolgt nach dem in EN ISO 3887 beschriebenen mikroskopischen Verfahren.

7.6.5 Falls für Stabstahl und Walzdraht die Eignung zum Blankziehen gefordert wird, ist dies bei der Anfrage und Bestellung zu vereinbaren.

7.6.6 Ausbessern von Oberflächenfehlern durch Schweißen ist nur mit Zustimmung des Bestellers oder seines Beauftragten zulässig.

Falls Oberflächenfehler ausgebessert werden, ist die Art und die zulässige Tiefe des Fehlerausbesserns bei der Anfrage und Bestellung zu vereinbaren.

7.7 Maße, Grenzabmaße und Formtoleranzen

Die Nennmaße, Grenzabmaße und Formtoleranzen der Erzeugnisse sind bei der Anfrage und Bestellung zu vereinbaren, möglichst unter Bezugnahme auf die dafür geltenden Maßnormen (siehe Anhang D).

10

8 Prüfung

8.1 Art der Prüfung und Prüfbescheinigungen

8.1.1 Erzeugnisse nach den verschiedenen Teilen dieser Europäischen Norm sind zu bestellen und zu liefern mit einer der Prüfbescheinigungen nach EN 10204. Die Art der Prüfbescheinigung ist bei der Anfrage und Bestellung zu vereinbaren. Falls die Bestellung keine derartige Festlegung enthält, wird ein Werkszeugnis ausgestellt.

8.1.2 Falls entsprechend den Vereinbarungen bei der Anfrage und Bestellung ein Werkszeugnis 2.2 auszustellen ist, muss dieses folgende Angaben enthalten:

a) die Bestätigung, dass die Lieferung den Bestellvereinbarungen entspricht,

b) die Ergebnisse der Schmelzenanalyse für alle in Tabelle 3 der EN 10083-2:2006 und der EN 10083-3:2006 für die betreffende Stahlsorte aufgeführten Elemente.

8.1.3 Falls entsprechend den Bestellvereinbarungen ein Abnahmeprüfzeugnis 3.1 oder 3.2 auszustellen ist, müssen die in 8.3, den Abschnitten 9 und 10 beschriebenen spezifischen Prüfungen durchgeführt werden und ihre Ergebnisse im Abnahmeprüfzeugnis bestätigt werden.

Zusätzlich muss das Abnahmeprüfzeugnis folgende Angaben enthalten:

a) die Ergebnisse der durch Zusatzanforderungen bestellten Prüfungen (siehe Anhang B, Optionen);

b) Kennbuchstaben oder -zahlen, die eine gegenseitige Zuordnung von Abnahmeprüfzeugnis, Proben und Erzeugnissen zulassen.

8.1.4 Falls bei der Bestellung nicht anders vereinbart, wird die Prüfung der Oberflächenqualität und der Maße durch den Hersteller vorgenommen (siehe ebenso 6.3.3).

8.2 Häufigkeit der Prüfungen

8.2.1 Probenahme

Die Überprüfung der mechanischen Werte und der Härtbarkeit ist entsprechend EN 10083-2 und EN 10083-3 durchzuführen.

8.2.2 Prüfeinheiten

Die Prüfeinheiten müssen den Angaben in EN 10083-2 und EN 10083-3 entsprechen.

8.3 Spezifische Prüfungen

Besonders durchzuführende Prüfungen sind entsprechend der EN 10083-2 und EN 10083-3 vorzunehmen.

9 Probenvorbereitung

9.1 Probenahme und Probenvorbereitung für die chemische Analyse

Die Probenvorbereitung für die Stückanalyse ist in Übereinstimmung mit EN ISO 14284 vorzunehmen.

11

9.2 Lage und Orientierung der Probenabschnitte und Proben für die mechanische Prüfung

9.2.1 Vorbereitung der Probenabschnitte

9.2.1.1 Folgende Probenabschnitte sind einem Probenstück jeder Prüfeinheit zu entnehmen:

— für normalisierte (+N) oder vergütete (+QT) Erzeugnisse ein Probenabschnitt für den Zugversuch;

— für vergütete (+QT) Erzeugnisse ein Probenabschnitt für einen Satz von sechs Kerbschlagbiegeproben (siehe 10.2.2).

9.2.1.2 Für Stabstahl, Walzdraht und Flacherzeugnisse sind die Probenabschnitte gemäß den Bildern 1 bis 3 zu entnehmen.

Für Freiform- und Gesenkschmiedestücke sind die Proben mit ihrer Längsachse parallel zur Richtung des Faserverlaufs an einer Stelle zu entnehmen, die bei der Anfrage und Bestellung vereinbart wurde.

9.2.2 Vorbereitung der Proben

9.2.2.1 Allgemeines

Es gelten die Anforderungen nach EN ISO 377.

9.2.2.2 Zugproben

Die Anforderungen gemäß EN 10002-1 gelten entsprechend.

Es dürfen nichtproportionale Proben verwendet werden, jedoch sind in Schiedsfällen proportionale Proben mit einer Messlänge von $L_0 = 5{,}65 \sqrt{S_0}$ zu benutzen.

Für Flacherzeugnisse mit einer Nenndicke < 3 mm sind Proben mit einer konstanten Messlänge entsprechend EN 10002-1 bei der Anfrage und Bestellung zu vereinbaren.

9.2.2.3 Proben für den Kerbschlagbiegeversuch

Die Proben sind entsprechend EN 10045-1 zu bearbeiten und vorzubereiten.

Zusätzlich gelten die folgenden Anforderungen für Flacherzeugnisse: Für Nenndicken > 12 mm, 10 mm × 10 mm Standardproben sind so zu bearbeiten, dass eine Seite nicht mehr als 2 mm von einer gewalzten Überfläche entfernt liegt (siehe Bild 3).

9.3 Lage und Vorbereitung der Probenabschnitte für Prüfungen der Härte und Härtbarkeit

Die Festlegungen entsprechend EN 10083-2 und EN 10083-3 sind anzuwenden.

9.4 Kennzeichnung der Probenabschnitte und Proben

Die Probenabschnitte und Proben sind so zu kennzeichnen, dass ihre Herkunft und die ursprüngliche Lage und Orientierung im Erzeugnis zu erkennen sind.

10 Prüfverfahren

10.1 Chemische Analyse

Die Wahl eines geeigneten physikalischen und chemischen Analyseverfahrens bleibt dem Hersteller überlassen. In Schiedsfällen muss das für die Stückanalyse anzuwendende Verfahren unter Berücksichtigung der entsprechenden vorhandenen Europäischen Normen vereinbart werden.

ANMERKUNG   Eine Liste   der verfügbaren Europäischen Normen für die chemischen Analysen ist in CR 10261 aufgeführt.

10.2 Mechanische Prüfung

10.2.1 Zugversuch

Der Zugversuch ist entsprechend EN 10002-1 auszuführen.

Die oberen Streckgrenzen (R_{eH}) sind bei den Streckgrenzen in den Tabellen zu den mechanischen Eigenschaften in EN 10083-2 und EN 10083-3 zu bestimmen.

Falls kein Streckgrenzphänomen auftritt, ist die 0,2-%-Dehngrenze ($R_{p0,2}$) zu bestimmen.

10.2.2 Kerbschlagbiegeversuch

Der Kerbschlagbiegeversuch ist entsprechend EN 10045-1 auszuführen.

Der Mittelwert der Ergebnisse eines Satzes von drei Proben muss gleich oder größer als der festgelegte Wert sein. Ein Einzelwert darf unter dem festgelegten Wert liegen, vorausgesetzt, er unterschreitet nicht 70 % dieses Wertes.

Wenn die obigen Anforderungen nicht erfüllt sind, so sind nach Wahl des Herstellers drei zusätzliche Proben aus demselben Probenabschnitt, aus dem die drei ersten Proben stammen, zu entnehmen und zu prüfen. Die Prüfeinheit gilt als bedingungsgemäß, wenn nach Prüfung des zweiten Probensatzes die nachstehenden Bedingungen erfüllt sind:

— der Mittelwert aus allen 6 Einzelprüfungen muss gleich oder größer als der festgelegte Wert sein;

— höchstens zwei der sechs Einzelwerte dürfen kleiner als der festgelegte Wert sein;

— höchstens einer der sechs Einzelwerte darf kleiner sein als 70 % des festgelegten Wertes.

Wenn diese Bedingungen nicht erfüllt sind, ist das Probestück zurückzuweisen und an dem Rest der Prüfeinheit können Wiederholungsprüfungen durchgeführt werden.

10.3 Nachweis der Härte und Härtbarkeit

10.3.1 Härte im Wärmebehandlungszustand +A und +S

Für Erzeugnisse im Zustand +A (weichgeglüht) und +S (behandelt auf Scherbarkeit) ist die Härte nach EN ISO 6506-1 zu messen.

13

10.3.2 Überprüfung der Härtbarkeit

Sofern eine Berechnungsformel verfügbar ist, hat der Hersteller die Möglichkeit, die Härtbarkeit durch Berechnung nachzuweisen. Das Berechnungsverfahren bleibt dem Hersteller überlassen. Falls bei der Anfrage und Bestellung vereinbart, muss der Hersteller dem Kunden ausreichende Angaben zur Berechnung machen, damit dieser das Ergebnis bestätigen kann.

Falls keine Berechnungsformel verfügbar ist oder im Schiedsfall muss ein Stirnabschreckversuch in Übereinstimmung mit EN ISO 642 durchgeführt werden. Die Abschrecktemperatur muss die Bedingungen der entsprechenden Tabellen in EN 10083-2 und EN 10083-3 erfüllen. Die Härtewerte sind in Übereinstimmung mit EN ISO 6508-1:2005, Skala C zu ermitteln.

10.3.3 Oberflächenhärte

Die Oberflächenhärte von Stählen nach dem Flamm- oder Induktionshärten ist entsprechend EN ISO 6508-1:2005, Skala C zu bestimmen.

10.4 Wiederholungsprüfungen

Für Wiederholungsprüfungen ist die EN 10021 anzuwenden.

11 Markierung, Kennzeichnung und Verpackung

Der Hersteller hat die Erzeugnisse oder Bunde oder Pakete in angemessener Weise so zu kennzeichnen, dass die Bestimmung der Schmelze, der Stahlsorte und der Herkunft der Lieferung möglich ist (siehe B.7).

Maße in mm

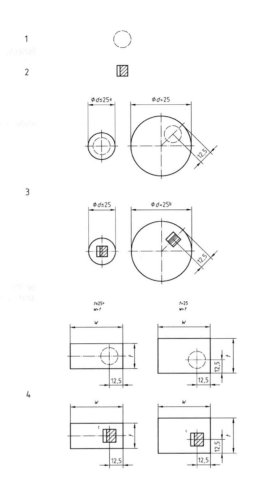

Legende
1 Probe für Zugversuch
2 gekerbter Stab für den Kerbschlagbiegeversuch
3 Runde und ähnlich geformte Querschnitte
4 Rechteckige und quadratische Querschnitte

a Für dünne Erzeugnisse (d oder $w \leq 25$ mm) muss die Probe möglichst aus einem unbearbeiteten Abschnitt des Stabes bestehen.

b Bei Erzeugnissen mit rundem Querschnitt muss die Längsachse des Kerbes annähernd in Richtung eines Durchmessers verlaufen.

c Bei Erzeugnissen mit rechteckigem Querschnitt muss die Längsachse des Kerbes senkrecht zur breiteren Walzoberfläche stehen.

Bild 1 — Lage der Proben in Stäben, nahtlos gewalzten Ringen und Walzdraht

15

Maße in mm

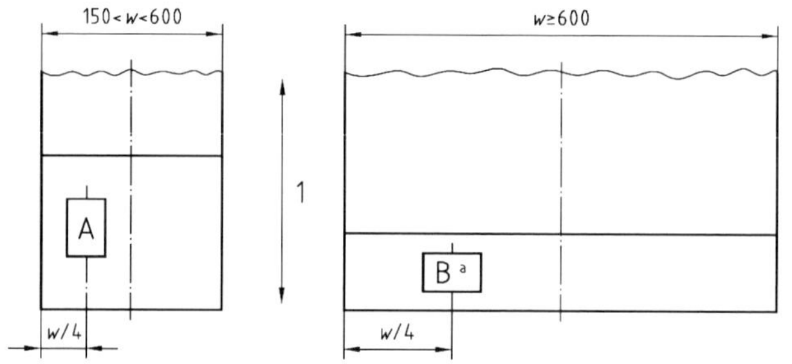

Legende
1   Hauptwalzrichtung

a   Für Stahlsorten im vergüteten Zustand mit Festlegungen an die Kerbschlagarbeit muss die Breite des Probenabschnittes ausreichen, um entsprechend Bild 3 Kerbschlagproben in Längsrichtung zu entnehmen.

Bild 2 — Lage der Probenabschnitte (A und B) bei Flacherzeugnissen in Bezug auf die Erzeugnisbreite

Art der Prüfung	Erzeugnisdicke	Lage der Probe[a] bei einer Erzeugnisbreite von		Abstand der Probe von der Walzoberfläche
	mm	$w < 600$ mm	$w \geq 600$ mm	mm
Zugversuch[b]	≤ 30	längs	quer	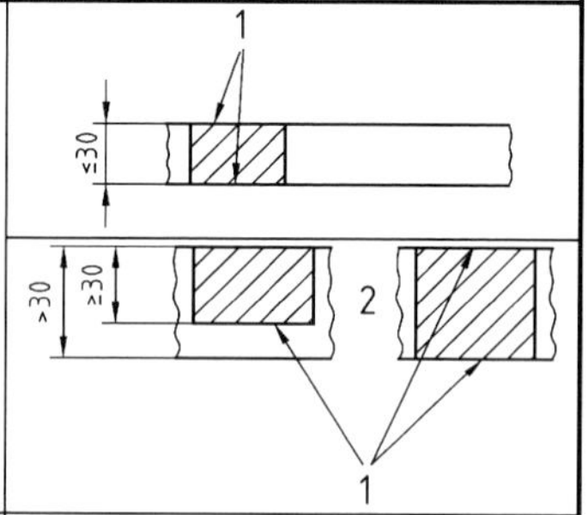
	> 30			
Kerbschlag-biegeversuch[c]	> 12[d]	längs	längs	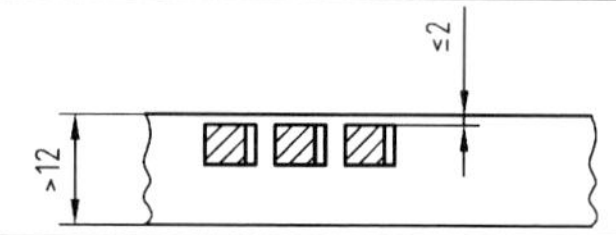

a   Lage der Längsachse der Probe zur Hauptwalzrichtung.

b   Die Probe muss EN 10002-1 entsprechen.

c   Die Längsachse des Kerbes muss senkrecht zur Walzoberfläche stehen.

d   Falls bei der Bestellung vereinbart, kann bei Erzeugnissen mit einer Dicke über 40 mm die Probe in 1/4 der Erzeugnisdicke entnommen werden.

Legende
1   Walzoberfläche
2   Alternativen

Bild 3 — Lage der Proben bei Flacherzeugnissen in Bezug auf Erzeugnisdicke und Hauptwalzrichtung

16

Anhang A
(normativ)

Maßgeblicher Wärmebehandlungsquerschnitt für die mechanischen Eigenschaften

A.1 Definition

Siehe 3.3.

A.2 Ermittlung des Durchmessers des maßgeblichen Wärmebehandlungsquerschnitts

A.2.1 Falls die Proben von Erzeugnissen mit einfachen Querschnittsformen und von Stellen mit quasi zweidimensionalem Wärmefluss zu entnehmen sind, gelten die Festlegungen nach A.2.1.1 bis A.2.1.3.

A.2.1.1 Bei Rundstäben ist der Nenndurchmesser des Erzeugnisses (ohne Berücksichtigung der Bearbeitungszugabe) dem Durchmesser des maßgeblichen Wärmebehandlungsquerschnitts gleichzusetzen.

A.2.1.2 Bei Sechskant- und Achtkantstäben ist der Nennabstand zwischen zwei gegenüberliegenden Seiten dem Durchmesser des maßgeblichen Wärmebehandlungsquerschnitts gleichzusetzen.

A.2.1.3 Bei Vierkant- und Flachstäben ist der Durchmesser des maßgeblichen Wärmebehandlungsquerschnitts entsprechend dem Beispiel in Bild A.1 zu bestimmen.

17

19

Maße in mm

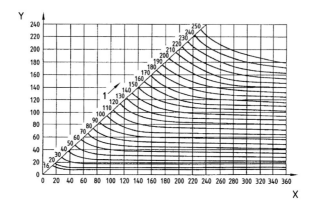

X

Legende
X   Breite
Y   Dicke

1   Durchmesser des maßgeblichen Wärmebehandlungsquerschnitts

Beispiel   Für einen Flachstab mit dem Querschnitt 40 mm × 60 mm ist der Durchmesser des maßgeblichen Wärmebehandlungsquerschnitts 50 mm.

Bild A.1 — Durchmesser des maßgeblichen Wärmebehandlungsquerschnitts für quadratische und rechteckige Querschnitte für Härten in Öl oder Wasser

A.2.2   Für andere Erzeugnisformen ist der Durchmesser des maßgeblichen Wärmebehandlungsquerschnitts bei der Anfrage und Bestellung zu vereinbaren.

ANMERKUNG   Das nachstehende Verfahren kann in solchen Fällen als Richtschnur dienen: Das Erzeugnis wird entsprechend der üblichen Praxis gehärtet. Dann wird es so durchgetrennt, dass die Härte und das Gefüge an der für die Probenahme vorgesehenen Stelle des maßgeblichen Querschnittes ermittelt werden können. Von einem weiteren gleichartigen Erzeugnis aus derselben Schmelze wird von der beschriebenen Stelle eine Jominy-Probe entnommen und in der üblichen Weise geprüft. Dann wird der Abstand ermittelt, in dem die Jominy-Probe die gleiche Härte und das gleiche Gefüge aufweist wie der maßgebliche Querschnitt an der für die Probenahme vorgesehenen Stelle. Von diesem Abstand ausgehend kann dann mit Hilfe von Bild A.2 und Bild A.3 der Durchmesser des maßgeblichen Querschnittes abgeschätzt werden.

18

Maße in mm

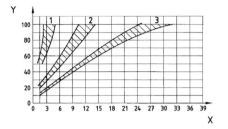

Legende
X   Abstand von der abgeschreckten Stirnfläche
Y   Stabdurchmesser

1   Oberfläche
2   3/4 Radius
3   Mitte

Bild A.2 — Beziehung zwischen Abkühlungsgeschwindigkeit in Stirnabschreckproben (Jominy-Proben) und gehärteten Rundstäben in mäßig bewegtem Wasser (Quelle: SAE J406c)

Maße in mm

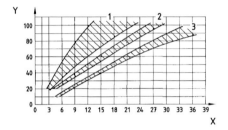

Legende
X   Abstand von der abgeschreckten Stirnfläche
Y   Stabdurchmesser

1   Oberfläche
2   3/4 Radius
3   Mitte

Bild A.3 — Beziehung zwischen Abkühlungsgeschwindigkeit in Stirnabschreckproben (Jominy-Proben) und gehärteten Rundstäben in mäßig bewegtem Öl (Quelle: SAE J406c)

19

Anhang B
(normativ)

Optionen

ANMERKUNG   Bei der Anfrage und Bestellung kann die Einhaltung von einer oder mehreren der nachstehenden Zusatz- oder Sonderanforderungen vereinbart werden. Soweit erforderlich, sind die Einzelheiten zwischen Hersteller und Besteller bei der Anfrage und Bestellung zu vereinbaren.

B.1 Mechanische Eigenschaften von Bezugsproben im vergüteten Zustand

Bei Lieferungen in einem anderen als dem vergüteten oder normalisierten Zustand sind die Anforderungen an die mechanischen Eigenschaften im vergüteten Zustand an einer Bezugsprobe nachzuweisen.

Bei Stabstahl und Walzdraht muss der zu vergütende Probestab, wenn nicht anders vereinbart, den Erzeugnisquerschnitt aufweisen. In allen anderen Fällen sind die Maße und die Herstellung des Probestabes bei der Anfrage und Bestellung zu vereinbaren, soweit angebracht, unter Berücksichtigung der in Anhang A enthaltenen Angaben zur Ermittlung des maßgeblichen Wärmebehandlungsdurchmessers. Die Probestäbe sind entsprechend den Angaben zu den Wärmebehandlungszuständen in den Tabellen der EN 10083-2 und EN 10083-3 oder entsprechend den Bestellvereinbarungen zu vergüten. Die Einzelheiten der Wärmebehandlung sind in der Prüfbescheinigung anzugeben. Die Proben sind, wenn nicht anders vereinbart, entsprechend Bild 1 für Stabstahl und Walzdraht und entsprechend Bild 3 für Flacherzeugnisse zu entnehmen.

B.2 Mechanische Eigenschaften von Bezugsproben im normalgeglühten Zustand

Für Lieferungen unlegierter Stähle in einem anderen als dem vergüteten oder normalgeglühten Zustand sind die Anforderungen an die mechanischen Eigenschaften im normalgeglühten Zustand an einer Bezugsprobe nachzuweisen.

Bei Stabstahl und Walzdraht muss der normalzuglühende Probestab, wenn nicht anders vereinbart, den Erzeugnisquerschnitt aufweisen. In allen anderen Fällen sind die Maße und die Herstellung des Probestabes bei der Anfrage und Bestellung zu vereinbaren.

Die Einzelheiten der Wärmebehandlung sind in der Prüfbescheinigung anzugeben. Die Proben sind, wenn nicht anders vereinbart, bei Stabstahl und Walzdraht entsprechend Bild 1, bei Flacherzeugnissen entsprechend Bild 3 zu entnehmen.

B.3 Feinkornstahl

Der Stahl muss bei Prüfung nach EN ISO 643 eine Austenitkorngröße von 5 oder feiner haben. Wenn ein Nachweis verlangt wird, ist auch zu vereinbaren, ob diese Anforderung an die Korngröße durch Ermittlung des Aluminiumanteils oder metallographisch nachgewiesen werden muss. Im ersten Fall ist auch der Aluminiumanteil zu vereinbaren.

Im zweiten Fall ist für den Nachweis der Austenitkorngröße eine Probe je Schmelze zu prüfen. Die Probenahme und die Probenvorbereitung erfolgen entsprechend EN ISO 643.

Für weitere Einzelheiten siehe EN 10083-2:2006, A.3 und EN 10083-32006, A.3.

B.4 Gehalt an nichtmetallischen Einschlüssen

Dieses Verfahren ist anwendbar für Edelstähle. Der mikroskopisch ermittelte Gehalt an nichtmetallischen Einschlüssen muss bei Prüfung nach einem bei der Anfrage und Bestellung zu vereinbarenden Verfahren innerhalb der vereinbarten Grenzen liegen (siehe Anhang E).

ANMERKUNG 1   Die Anforderungen an den Gehalt nichtmetallischer Einschlüsse sind in jedem Fall einzuhalten, der Nachweis erfordert jedoch eine besondere Vereinbarung.

ANMERKUNG 2   Für Stähle mit einem angegebenen Mindestgehalt an Schwefel sollte die Vereinbarung nur die Oxide betreffen.

B.5 Zerstörungsfreie Prüfung

Flacherzeugnisse aus Stahl mit einer Dicke größer oder gleich 6 mm sind mit Ultraschall nach EN 10160 und Stabstahl ist mit Ultraschall gemäß EN 10308 zu überprüfen. Andere Erzeugnisse sind nach einem bei der Anfrage und Bestellung vereinbarten Verfahren und nach ebenfalls bei der Anfrage und Bestellung vereinbarten Bewertungskriterien zerstörungsfrei zu prüfen.

B.6 Stückanalyse

Für jede Schmelze ist eine Stückanalyse durchzuführen, wobei alle Elemente zu berücksichtigen sind, für die in der Schmelzenanalyse des betroffenen Stahls Werte aufgeführt sind.

Für die Probenahme gelten die Angaben in EN ISO 14284. In Schiedsfällen ist das für die chemische Zusammensetzung anzuwendende Analysenverfahren, unter Bezugnahme auf eine der in CR 10261 erwähnten Europäischen Normen, zu vereinbaren.

B.7 Besondere Vereinbarungen zur Kennzeichnung

Die Erzeugnisse sind auf eine bei der Anfrage und Bestellung besonders vereinbarte Art (z. B. durch Strichkodierung nach EN 606) zu kennzeichnen.

21

Anhang C
(informativ)

Verzeichnis weiterer relevanter Normen

Europäische Normen mit zum Teil gleichen oder sehr ähnlichen Stahlsorten wie in EN 10083-2 und EN 10083-3, die jedoch für andere Erzeugnisformen oder Behandlungszustände oder für besondere Anwendungsfälle bestimmt sind:

EN 10084, *Einsatzstähle — Technische Lieferbedingungen*

EN 10085, *Nitrierstähle — Technische Lieferbedingungen*

EN 10087, *Automatenstähle — Technische Lieferbedingungen für Halbzeug, warmgewalzte Stäbe und Walzdraht*

EN 10089, *Warmgewalzte Stähle für vergütbare Federn — Technische Lieferbedingungen*

EN 10132-1, *Kaltband aus Stahl für eine Wärmebehandlung — Technische Lieferbedingungen — Teil 1: Allgemeines*

EN 10132-3, *Kaltband aus Stahl für eine Wärmebehandlung — Technische Lieferbedingungen — Teil 3: Vergütungsstähle*

EN 10132-4, *Kaltband aus Stahl für eine Wärmebehandlung — Technische Lieferbedingungen — Teil 4: Federstähle und andere Anwendungen*

EN 10250-1, *Freiformschmiedestücke aus Stahl für allgemeine Verwendung — Teil 1: Allgemeine Anforderungen*

EN 10250-2, *Freiformschmiedestücke aus Stahl für allgemeine Verwendung — Teil 2: Unlegierte Qualitäts- und Edelstähle*

EN 10250-3, *Freiformschmiedestücke aus Stahl für allgemeine Verwendung — Teil 3: Legierte Edelstähle*

EN 10263-1, *Walzdraht, Stäbe und Draht aus Kaltstauch- und Kaltfließpressstählen — Teil 1: Allgemeine technische Lieferbedingungen*

EN 10263-4, *Walzdraht, Stäbe und Draht aus Kaltstauch- und Kaltfließpressstählen — Teil 4: Technische Lieferbedingungen für Vergütungsstähle*

EN 10277-1, *Blankstahlerzeugnisse — Technische Lieferbedingungen — Teil 1: Allgemeines*

EN 10277-5, *Blankstahlerzeugnisse — Technische Lieferbedingungen — Teil 5: Vergütungsstähle*

Anhang D
(informativ)

Für Erzeugnisse nach dieser Europäischen Norm in Betracht kommende Maßnormen

Für Walzdraht:

EN 10017, *Walzdraht aus Stahl zum Ziehen und/oder Kaltwalzen — Maße und Grenzabmaße*

EN 10108, *Runder Walzdraht aus Kaltstauch- und Kaltfließpressstählen — Maße und Grenzabmaße*

Für warmgewalzte Stäbe:

EN 10058, *Warmgewalzte Flachstäbe aus Stahl für allgemeine Verwendung — Maße, Formtoleranzen und Grenzabmaße*

EN 10059, *Warmgewalzte Vierkantstäbe aus Stahl für allgemeine Verwendung — Maße, Formtoleranzen und Grenzabmaße*

EN 10060, *Warmgewalzte Rundstäbe aus Stahl — Maße, Formtoleranzen und Grenzabmaße*

EN 10061, *Warmgewalzte Sechskantstäbe aus Stahl — Maße, Formtoleranzen und Grenzabmaße*

Für warmgewalztes Band und Blech:

EN 10029, *Warmgewalztes Stahlblech von 3 mm Dicke an — Grenzabmaße, Formtoleranzen, zulässige Gewichtsabweichungen*

EN 10048, *Warmgewalzter Bandstahl — Grenzabmaße und Formtoleranzen*

EN 10051, *Kontinuierlich warmgewalztes Blech und Band ohne Überzug aus unlegierten und legierten Stählen — Grenzabmaße und Formtoleranzen (enthält Änderung A1:1997)*

Anhang E
(informativ)

Bestimmung des Gehaltes an nichtmetallischen Einschlüssen

E.1 Für die mikroskopische Bestimmung des Gehaltes an nichtmetallischen Einschlüssen in Edelstählen ist bei der Anfrage und Bestellung eine Prüfung entsprechend einer der folgenden Normen zu vereinbaren:

prEN 10247, *Metallographische Prüfung des Gehaltes nichtmetallischer Einschlüsse in Stählen mit Bildreihen*

DIN 50602, *Metallographische Prüfverfahren — Mikroskopische Prüfung von Edelstählen auf nichtmetallische Einschlüsse mit Bildreihen*

NF A 04-106, *Eisen und Stahl — Methoden zur Ermittlung des Gehaltes an nichtmetallischen Einschlüssen in Stahl — Teil 2: Mikroskopisches Verfahren mit Richtreihen*

SS 11 11 16, *Stahl — Verfahren zur Ermittlung des Gehaltes an nichtmetallischen Einschlüssen — Mikrokopisches Verfahren — Jernkontoret's Einschlusstafel 2 für die Ermittlung nichtmetallischer Einschlüsse*

ANMERKUNG   ISO 4967:1988 „Stahl — Ermittlung des Gehalts an nicht-metallischen Einschlüssen — Mikroskopisches Verfahren mit Bildreihen" ist identisch mit NF A 04-106.

E.2 Es gelten folgende Anforderungen:

Falls ein Nachweis entsprechend DIN 50602 erfolgt, gelten die Anforderungen nach Tabelle E.1.

Tabelle E.1 — Anforderungen an den mikroskopischen Reinheitsgrad bei Prüfung nach
DIN 50602 (Verfahren K) (gültig für oxidische nichtmetallische Einschlüsse)

Stabstahl Durchmesser d mm	Summenkennwert K (Oxide) für die einzelne Schmelze
$140 < d \leq 200$	$K4 \leq 50$
$100 < d \leq 140$	$K4 \leq 45$
$70 < d \leq 100$	$K4 \leq 40$
$35 < d \leq 70$	$K4 \leq 35$
$17 < d \leq 35$	$K3 \leq 40$
$8 < d \leq 17$	$K3 \leq 30$
$d \leq 8$	$K2 \leq 35$

Falls ein Nachweis entsprechend NF A 04-106 erfolgt, gelten die Anforderungen nach Tabelle E.2.

Tabelle E.2 — Anforderungen an den mikroskopischen Reinheitsgrad bei Prüfung nach NF A 04-106

Einschlusstyp	Serie	Grenzwert
Typ B	fein	≤ 2,5
	dick	≤ 1,0
Typ C	fein	≤ 2,5
	dick	≤ 1,5
Typ D	fein	≤ 1,5
	dick	≤ 1,0

Falls ein Nachweis entsprechend S 11 11 16 erfolgt, gelten die Anforderungen nach Tabelle E.3.

Tabelle E.3 — Anforderungen an den mikroskopischen Reinheitsgrad bei Prüfung nach SS 11 11 16

Einschlusstyp	Serie	Grenzwert
Typ B	fein	≤ 4
	mittel	≤ 3
	dick	≤ 2
Typ C	fein	≤ 4
	mittel	≤ 3
	dick	≤ 2
Typ D	fein	≤ 4
	mittel	≤ 3
	dick	≤ 2

Falls zum Nachweis die prEN 10247 zur Bestimmung des Anteils an nichtmetallischen Einschlüssen herangezogen wird, ist die Methode zur Bestimmung und die Anforderungen bei der Anfrage und Bestellung zu vereinbaren.

25

DIN EN 10083-2

ICS 77.140.45

Ersatzvermerk
siehe unten

Vergütungsstähle –
Teil 2: Technische Lieferbedingungen für unlegierte Stähle;
Deutsche Fassung EN 10083-2:2006

Steels for quenching and tempering –
Part 2: Technical delivery conditions for non alloy steels;
German version EN 10083-2:2006

Aciers pour trempe et revenu –
Partie 2: Conditions techniques de livraison des aciers non alliés;
Version allemande EN 10083-2:2006

Ersatzvermerk

Mit DIN EN 10083-1:2006-10 Ersatz für DIN EN 10083-2:1996-10;
mit DIN EN 10083-1:2006-10 und DIN EN 10083-3:2006-10 Ersatz für DIN 17212:1972-08 und
DIN EN 10083-1:1996-10

Gesamtumfang 36 Seiten

Normenausschuss Eisen und Stahl (FES) im DIN

Nationales Vorwort

Die Europäische Norm EN 10083-2:2006 wurde vom Technischen Komitee (TC) 23 „Für eine Wärmebehandlung bestimmte Stähle, legierte Stähle und Automatenstähle – Gütenormen" (Sekretariat: Deutschland) des Europäischen Komitees für die Eisen- und Stahlnormung (ECISS) ausgearbeitet.

Das zuständige deutsche Normungsgremium ist der Arbeitsausschuss 05/1 des Normenausschusses Eisen und Stahl (FES).

Änderungen

Gegenüber DIN EN 10083-1:1996-10, DIN EN 10083-2:1996-10 und DIN 17212:1972-08 wurden folgende Änderungen vorgenommen:

a) Mit der vorliegenden Überarbeitung der DIN EN 10083-1 bis -3 wurde eine Neukonzeption der thematischen Gliederung umgesetzt. Die frühere Gliederung in:

Teil 1: Technische Lieferbedingungen für Edelstähle,
Teil 2: Technische Lieferbedingungen für unlegierte Qualitätsstähle,
Teil 3: Technische Lieferbedingungen für Borstähle

wurde aufgegeben zu Gunsten der Neugliederung in:

Teil 1: Allgemeine technische Lieferbedingungen,
Teil 2: Technische Lieferbedingungen für unlegierte Stähle,
Teil 3: Technische Lieferbedingungen für legierte Stähle.

b) Die damit verbundene thematische Straffung konnte erreicht werden, indem die früher in allen drei Normen vorhandenen Bilder zur Lage der Proben und Probenabschnitte ebenso wie die in allen drei Normen vorhandenen Anhänge „Ermittlung des maßgeblichen Wärmebehandlungsdurchmessers", „Verzeichnisse weiterer Normen", „Für Erzeugnisse nach dieser Europäischen Norm in Betracht kommende Maßnormen" und „Ermittlung des Gehaltes an nichtmetallischen Einschlüssen" jetzt nur noch im Teil 1, den allgemeinen technischen Lieferbedingungen, zu finden sind. Lediglich die speziell den unlegierten bzw. legierten Vergütungsstählen zuzuordnenden Diagramme und Anhänge wurden in den jeweiligen Teilen 2 und 3 belassen.

c) In den Anwendungsbereich dieser Normen wurden zusätzlich die Stähle für das Flamm- und Induktionshärten aufgenommen.

d) Bei den unlegierten Qualitätsstählen wurden die Sorten C22, C25, C30 und C50 gestrichen und bei den unlegierten Edelstählen die Sorten C25E, C25R, C30E und C30R.

e) Den Nachweis der Härtbarkeit kann der Hersteller jetzt auch mittels Berechnung aufgrund einer Berechnungsformel erbringen.

f) Norm wurde redaktionell überarbeitet.

Frühere Ausgaben

DIN 1661: 1924-09, 1929-06
DIN 1662: 1928-07, 1930-06
DIN 1662 Bbl. 5, Bbl. 6, Bbl. 8 bis Bbl. 11: 1932-05
DIN 1663: 1936-05, 1939x-12
DIN 1663 Bbl. 5, Bbl. 7 bis Bbl. 9: 1937x-02
DIN 1665: 1941-05
DIN 1667: 1943-11
DIN 17200 Bbl.: 1952-05
DIN 17200: 1951-12, 1969-12, 1984-11, 1987-03
DIN 17212: 1972-08
DIN EN 10083-1: 1991-10, 1996-10
DIN EN 10083-2: 1991-10, 1996-10

2

EUROPÄISCHE NORM
EUROPEAN STANDARD
NORME EUROPÉENNE

EN 10083-2

August 2006

ICS 77.140.10

Ersatz für EN 10083-2:1991

Deutsche Fassung

Vergütungsstähle —
Teil 2: Technische Lieferbedingungen für unlegierte Stähle

Steels for quenching and tempering —
Part 2: Technical delivery conditions for non alloy steels

Aciers pour trempe et revenu —
Partie 2: Conditions techniques de livraison des aciers non alliés

Diese Europäische Norm wurde vom CEN am 30. Juni 2006 angenommen.

Die CEN-Mitglieder sind gehalten, die CEN/CENELEC-Geschäftsordnung zu erfüllen, in der die Bedingungen festgelegt sind, unter denen dieser Europäischen Norm ohne jede Änderung der Status einer nationalen Norm zu geben ist. Auf dem letzten Stand befindliche Listen dieser nationalen Normen mit ihren bibliographischen Angaben sind beim Management-Zentrum oder bei jedem CEN-Mitglied auf Anfrage erhältlich.

Diese Europäische Norm besteht in drei offiziellen Fassungen (Deutsch, Englisch, Französisch). Eine Fassung in einer anderen Sprache, die von einem CEN-Mitglied in eigener Verantwortung durch Übersetzung in seine Landessprache gemacht und dem Management-Zentrum mitgeteilt worden ist, hat den gleichen Status wie die offiziellen Fassungen.

CEN-Mitglieder sind die nationalen Normungsinstitute von Belgien, Dänemark, Deutschland, Estland, Finnland, Frankreich, Griechenland, Irland, Island, Italien, Lettland, Litauen, Luxemburg, Malta, den Niederlanden, Norwegen, Österreich, Polen, Portugal, Rumänien, Schweden, der Schweiz, der Slowakei, Slowenien, Spanien, der Tschechischen Republik, Ungarn, dem Vereinigten Königreich und Zypern.

EUROPÄISCHES KOMITEE FÜR NORMUNG
EUROPEAN COMMITTEE FOR STANDARDIZATION
COMITÉ EUROPÉEN DE NORMALISATION

Management-Zentrum: rue de Stassart, 36   B-1050 Brüssel

Inhalt

2

31

Vorwort

Dieses Dokument (EN 10083-2:2006) wurde vom Technischen Komitee ECISS/TC 23 „Für eine Wärmebehandlung bestimmte Stähle, legierte Stähle und Automatenstähle — Gütenormen" erarbeitet, dessen Sekretariat vom DIN gehalten wird.

Diese Europäische Norm muss den Status einer nationalen Norm erhalten, entweder durch Veröffentlichung eines identischen Textes oder durch Anerkennung bis Februar 2007, und etwaige entgegenstehende nationale Normen müssen bis Februar 2007 zurückgezogen werden.

Zusammen mit Teil 1 und Teil 3 dieser Norm ist dieser Teil 2 das Ergebnis der Überarbeitung folgender Europäischer Normen:

EN 10083-1:1991 + A1:1996, *Vergütungsstähle — Teil 1: Technische Lieferbedingungen für Edelstähle*

EN 10083-2:1991 + A1:1996, *Vergütungsstähle — Teil 2: Technische Lieferbedingungen für unlegierte Qualitätsstähle*

EN 10083-3:1995, *Vergütungsstähle — Teil 3: Technische Lieferbedingungen für Borstähle*

und der

EURONORM 86-70, *Stähle zum Flamm- und Induktionshärten — Gütevorschriften*

Entsprechend der CEN/CENELEC-Geschäftsordnung sind die nationalen Normungsinstitute der folgenden Länder gehalten, diese Europäische Norm zu übernehmen: Belgien, Dänemark, Deutschland, Estland, Finnland, Frankreich, Griechenland, Irland, Island, Italien, Lettland, Litauen, Luxemburg, Malta, Niederlande, Norwegen, Österreich, Polen, Portugal, Rumänien, Schweden, Schweiz, Slowakei, Slowenien, Spanien, Tschechische Republik, Ungarn, Vereinigtes Königreich und Zypern.

1 Anwendungsbereich

Dieser Teil der EN 10083 enthält in Ergänzung zu Teil 1 die allgemeinen technischen Lieferbedingungen für

— Halbzeug, warmgeformt, zum Beispiel Vorblöcke, Knüppel, Vorbrammen (siehe Anmerkungen 2 und 3 in EN 10083-1:2006, Abschnitt 1),

— Stabstahl (siehe Anmerkung 2 in EN 10083-1:2006, Abschnitt 1),

— Walzdraht,

— Breitflachstahl,

— warmgewalztes Blech und Band,

— Schmiedestücke (siehe Anmerkung 2 in EN 10083-1:2006, Abschnitt 1),

hergestellt aus unlegierten Vergütungsstählen und unlegierten Stählen zum Flamm- und Induktionshärten, welche in einem der für die verschiedenen Erzeugnisformen in Tabelle 1, Zeilen 2 bis 7 angegebenen Wärmebehandlungszustände und in einer der in Tabelle 2 angegebenen Oberflächenausführungen geliefert werden.

Die Stähle sind im Allgemeinen zur Herstellung vergüteter, flamm- oder induktionsgehärteter Maschinenteile vorgesehen, die teilweise auch im normalgeglühten Zustand verwendet werden.

Die Anforderungen an die in dieser Europäischen Norm gegebenen mechanischen Eigenschaften beschränken sich auf die in Tabelle 9 und Tabelle 10 angegebenen Maße.

ANMERKUNG   Diese Norm gilt nicht für Blankstahlprodukte. Für Blankstahl gelten die EN 10277-1 und die EN 10277-5.

In Sonderfällen können bei der Anfrage und Bestellung Abweichungen von oder Zusätze zu diesen technischen Lieferbedingungen vereinbart werden (siehe Anhang A).

2 Normative Verweisungen

Die folgenden zitierten Dokumente sind für die Anwendung dieses Dokuments erforderlich. Bei datierten Verweisungen gilt nur die in Bezug genommene Ausgabe. Bei undatierten Verweisungen gilt die letzte Ausgabe des in Bezug genommenen Dokuments (einschließlich aller Änderungen).

EN 10002-1, *Metallische Werkstoffe — Zugversuch — Teil 1: Prüfverfahren bei Raumtemperatur*

EN 10020, *Begriffsbestimmungen für die Einteilung der Stähle*

EN 10027-1, *Bezeichnungssysteme für Stähle — Teil 1: Kurznamen*

EN 10027-2, *Bezeichnungssysteme für Stähle — Teil 2: Nummernsystem*

EN 10045-1, *Metallische Werkstoffe — Kerbschlagbiegeversuch nach Charpy — Teil 1: Prüfverfahren*

EN 10083-1:2006, *Vergütungsstähle — Teil 1: Allgemeine technische Lieferbedingungen*

EN 10160, *Ultraschallprüfung von Flacherzeugnissen aus Stahl mit einer Dicke größer oder gleich 6 mm (Reflexionsverfahren)*

EN 10163-2, *Lieferbedingungen für die Oberflächenbeschaffenheit von warmgewalzten Stahlerzeugnissen (Blech, Breitflachstahl und Profile) — Teil 2: Blech und Breitflachstahl*

4

EN 10204, *Metallische Erzeugnisse — Arten von Prüfbescheinigungen*

EN 10221, *Oberflächengüteklassen für warmgewalzten Stabstahl und Walzdraht — Technische Lieferbedingungen*

CR 10261, *ECISS Mitteilungen 11 — Eisen und Stahl — Überblick über die verfügbaren chemischen Analyseverfahren*

EN 10308, *Zerstörungsfreie Prüfung — Ultraschallprüfung von Stäben aus Stahl*

EN ISO 377, *Stahl und Stahlerzeugnisse — Lage und Vorbereitung von Probenabschnitten und Proben für mechanische Prüfungen (ISO 377:1997)*

EN ISO 642, *Stahl — Stirnabschreckversuch (Jominy-Versuch) (ISO 642:1999)*

EN ISO 643, *Stahl — Mikrophotographische Bestimmung der scheinbaren Korngröße (ISO 643:2003)*

EN ISO 3887, *Stahl — Bestimmung der Entkohlungstiefe (ISO 3887:2003)*

EN ISO 6506-1, *Metallische Werkstoffe — Härteprüfung nach Brinell — Teil 1: Prüfverfahren (ISO 6506-1:2005)*

EN ISO 6508-1:2005, *Metallische Werkstoffe — Härteprüfung nach Rockwell — Teil 1: Prüfverfahren (Skalen A, B, C, D, E, F, G, H, K, N, T) (ISO 6508-1:2005)*

EN ISO 14284, *Stahl und Eisen — Entnahme und Vorbereitung von Proben für die Bestimmung der chemischen Zusammensetzung (ISO 14284:1996)*

EN ISO 18265, *Metallische Werkstoffe — Umwertung von Härtewerten (ISO 18265:2003)*

3 Begriffe

Für die Anwendung dieses Dokuments gelten die in EN 10083-1:2006 angegebenen Begriffe.

4 Einteilung und Bezeichnung

4.1 Einteilung

Die Stahlsorten C35, C40, C45, C55 und C60 sind entsprechend der EN 10020 als unlegierte Qualitätsstähle zu bezeichnen, die anderen Stahlsorten sind unlegierte Edelstähle.

4.2 Bezeichnung

4.2.1 Kurzname

Für die in diesem Dokument enthaltenen Stahlsorten sind die in den entsprechenden Tabellen angegebenen Kurznamen nach EN 10027-1 gebildet.

4.2.2 Werkstoffnummer

Für die in diesem Dokument enthaltenen Stahlsorten sind die in den entsprechenden Tabellen angegebenen Werkstoffnummern nach EN 10027-2 gebildet.

5

5 Bestellangaben

5.1 Verbindliche Angaben

Siehe EN 10083-1:2006, 5.1.

5.2 Optionen

Eine Anzahl von Optionen ist in dieser Europäischen Norm festgelegt und nachstehend aufgeführt. Falls der Besteller nicht ausdrücklich seinen Wunsch zur Berücksichtigung einer dieser Optionen äußert, muss nach den Grundanforderungen dieser Europäischen Norm geliefert werden.

a) besondere Wärmebehandlungszustände (siehe 6.3.2);

b) besondere Oberflächenausführung (siehe 6.3.3);

c) etwaige Überprüfung der Stückanalyse (siehe 7.1.1.2 und A.6);

d) etwaige Anforderungen an die Härtbarkeit (+H, +HH, +HL) für Edelstähle (siehe 7.1.3) und falls vereinbart die Information zur Berechnung der Härtbarkeit (siehe 10.3.2);

e) etwaige Überprüfung der mechanischen Eigenschaften an Referenzproben im vergüteten (+QT) oder normalgeglühten (+N) Zustand (siehe A.1 und A.2);

f) etwaige Anforderungen hinsichtlich des Feinkorns (siehe 7.4 und A.3);

g) etwaige Anforderungen hinsichtlich der Überprüfung nichtmetallischer Einschlüsse in Edelstählen (siehe 7.4 und A.4);

h) etwaige Anforderungen hinsichtlich der inneren Beschaffenheit (siehe 7.5 und A.5);

i) etwaige Anforderungen hinsichtlich der Oberflächenbeschaffenheit (siehe 7.6.3);

j) etwaige Anforderungen bezüglich der erlaubten Entkohlungstiefe von Edelstählen (siehe 7.6.4);

k) Eignung der Stäbe oder des Walzdrahtes zum Blankziehen (siehe 7.6.5);

l) etwaige Anforderungen hinsichtlich der Entfernung von Oberflächenfehlern (siehe 7.6.6);

m) Überprüfung der Oberflächenbeschaffenheit und der Maße ist durch den Käufer beim Hersteller durchzuführen (siehe 8.1.4);

n) etwaige Anforderungen hinsichtlich besonderer Kennzeichnung der Erzeugnisse (siehe Abschnitt 11 und A.7).

BEISPIEL

20 Rundstäbe mit dem Nenndurchmesser 20 mm und der Nennlänge 8000 mm entsprechend EN 10060 aus dem Stahl C45E (1.1191) nach EN 10083-2 im Wärmebehandlungszustand +A, Abnahmeprüfzeugnis 3.1 nach EN 10204

20 Rundstäbe EN 10060 — 20×8000
EN 10083-2 — C45E+A
EN 10204 — 3.1

oder

20 Rundstäbe EN 10060 — 20×8000
EN 10083-2 — 1.1191+A
EN 10204 — 3.1

6

6 Herstellverfahren

6.1 Allgemeines

Das Verfahren zur Herstellung des Stahles und der Erzeugnisse bleibt, mit den Einschränkungen nach 6.2 und 6.4, dem Hersteller überlassen.

6.2 Desoxidation

Alle Stähle müssen beruhigt sein.

6.3 Wärmebehandlung und Oberflächenausführung bei der Lieferung

6.3.1 Unbehandelter Zustand

Falls bei der Anfrage und Bestellung nicht anders vereinbart, werden die Erzeugnisse im unbehandelten Zustand, d. h. im warmgeformten Zustand geliefert.

ANMERKUNG   Je nach Erzeugnisform und Maßen sind nicht alle Stahlsorten im warmgeformten, unbehandelten Zustand lieferbar (z. B. Stahlsorte C60).

6.3.2 Besonderer Wärmebehandlungszustand

Falls bei der Anfrage und Bestellung vereinbart, müssen die Erzeugnisse in einem der in den Zeilen 3 bis 7 der Tabelle 1 angegebenen Wärmebehandlungszustände geliefert werden.

6.3.3 Besondere Oberflächenausführung

Falls bei der Anfrage und Bestellung vereinbart, müssen die Erzeugnisse in einer der in den Zeilen 3 bis 7 der Tabelle 2 angegebenen besonderen Oberflächenausführungen geliefert werden.

6.4 Schmelzentrennung

Innerhalb einer Lieferung müssen die Erzeugnisse nach Schmelzen getrennt sein.

7 Anforderungen

7.1 Chemische Zusammensetzung, Härtbarkeit und mechanische Eigenschaften

7.1.1 Allgemeines

Tabelle 1 zeigt Kombinationen üblicher Wärmebehandlungszustände bei Lieferung, Erzeugnisformen und Anforderungen entsprechend den Tabellen 3 bis 10.

Edelstähle dürfen mit oder ohne Anforderungen an die Härtbarkeit geliefert werden (siehe Tabelle 1, Spalten 8 und 9), ausgenommen sind Edelstähle, die bereits im vergüteten Zustand geliefert werden.

7.1.2 Chemische Zusammensetzung

7.1.2.1   Für die chemische Zusammensetzung nach der Schmelzenanalyse gelten die Angaben in Tabelle 3.

7.1.2.2   Die Stückanalyse darf von den angegebenen Grenzwerten der Schmelzenanalyse um die in Tabelle 4 aufgeführten Werte abweichen.

Die Stückanalyse muss durchgeführt werden, wenn sie bei der Anfrage und Bestellung vereinbart wurde (siehe A.6).

7

7.1.3 Härtbarkeit

Falls der Stahl unter Verwendung der angegebenen Kennbuchstaben mit den normalen (+H) bzw. eingeschränkten (+HL, +HH) Härtbarkeitsanforderungen bestellt wird, gelten die in den Tabellen 5, 6 oder 7 angegebenen Werte der Härtbarkeit.

7.1.4 Mechanische Eigenschaften

Falls der Stahl ohne Härtbarkeitsanforderungen bestellt wird, gelten für den jeweiligen Wärmebehandlungszustand die Anforderungen an die mechanischen Eigenschaften nach Tabelle 9 oder Tabelle 10.

In diesem Fall sind die für Edelstähle in Tabelle 5 angegebenen Werte zur Härtbarkeit als Anhaltswerte anzusehen.

Die Werte für die mechanischen Eigenschaften gemäß Tabellen 9 und 10 gelten für Proben in den Wärmebehandlungszuständen vergütet oder normalgeglüht, die entsprechend dem Bild 1 oder den Bildern 2 und 3 der EN 10083-1:2006 entnommen und vorbereitet wurden (siehe auch Fußnote a in Tabelle 1).

Bei der Anfrage oder Bestellung kann für Blech im normalgeglühten Zustand (+N) mit einer Dicke > 10 mm und für Stabstahl mit einem Durchmesser > 100 mm vereinbart werden, dass anstelle des Zugversuchs ein Härtetest durchgeführt wird, und zwar an einer Stelle, an der ansonsten der Probenabschnitt für die Zugprobe entnommen worden wäre. Der Härtetest wird durchgeführt und aus diesen Werten der Wert für die Zugfestigkeit nach EN ISO 18265 berechnet. Der berechnete Wert für die Zugfestigkeit muss den Wert aus Tabelle 10 erfüllen.

7.1.5 Oberflächenhärte

Für die Oberflächenhärte von Edelstählen nach dem Flamm- oder Induktionshärten gelten die Werte entsprechend Tabelle 11.

7.2 Bearbeitbarkeit

Alle Stähle sind im Zustand weichgeglüht (+A) bearbeitbar. Falls eine verbesserte Bearbeitbarkeit verlangt wird, sollten Sorten mit einer Spanne für den Schwefelanteil bestellt werden und/oder mit einer Behandlung zur verbesserten Bearbeitbarkeit (z. B. Ca-Behandlung) (siehe Tabelle 3, Fußnote c).

7.3 Scherbarkeit von Halbzeug und Stabstahl

7.3.1   Unter geeigneten Bedingungen (Vermeidung örtlicher Spannungsspitzen, Vorwärmen, Verwendung von Messern mit dem an das Erzeugnis angepasstem Profil usw.) sind alle Stahlsorten im weichgeglühten Zustand (+A) und im normalgeglühten Zustand (+N) scherbar.

7.3.2   Die Stahlsorten C45, C45E, C45R, C50E, C50R, C55, C55E, C55R, C60, C60E, C60R und 28Mn6 (siehe Tabelle 8) und die entsprechenden Sorten mit Anforderungen an die Härtbarkeit (siehe Tabellen 5 bis 7) sind unter geeigneten Bedingungen auch scherbar, wenn sie im Zustand „behandelt auf Scherbarkeit" (+S) mit den Härteanforderungen nach Tabelle 8 geliefert werden.

7.3.3   Unter geeigneten Bedingungen sind die Stahlsorten C22E, C22R, C35, C35E, C35R, C40, C40E und C40R (siehe Tabelle 8) und die entsprechenden Sorten mit Anforderungen an die Härtbarkeit (siehe Tabellen 5 bis 7) im unbehandelten Zustand scherbar.

Auch bei den Stahlsorten C45, C45E und C45R kann bei Maßen ab 80 mm Scherbarkeit im unbehandelten Zustand vorausgesetzt werden.

8

7.4 Gefüge

7.4.1 Wenn bei der Anfrage und Bestellung nicht anders vereinbart wurde, bleibt die Korngröße dem Hersteller überlassen. Falls Feinkörnigkeit nach einer Referenzbehandlung verlangt wird, ist Sonderanforderung A.3 zu bestellen.

Falls die Stahlsorten C35E, C35R, C45E, C45R, C50E, C50R, C55E und C55R vorgesehen sind zum Flamm- oder Induktionshärten, ist Sonderanforderung A.3 auf jeden Fall zu bestellen.

7.4.2 Die Edelstähle müssen einen vergleichbaren Reinheitsgrad entsprechend Edelstahlqualität aufweisen (siehe A.4 und EN 10083-1, Anhang E).

7.5 Innere Beschaffenheit

Falls erforderlich, sind bei der Anfrage und Bestellung Anforderungen an die innere Beschaffenheit der Erzeugnisse zu vereinbaren, möglichst mit Bezug zu Europäischen Normen. In EN 10160 sind die Anforderungen an die Ultraschallprüfung von Flacherzeugnissen mit einer Dicke größer oder gleich 6 mm und in EN 10308 sind die Anforderungen an die Ultraschallprüfung von Stabstahl festgelegt (siehe A.5).

7.6 Oberflächenbeschaffenheit

7.6.1 Alle Erzeugnisse müssen eine dem angewandten Herstellungsverfahren entsprechende glatte Oberfläche haben, siehe auch 6.3.3.

7.6.2 Kleinere Ungänzen, wie sie auch unter üblichen Herstellbedingungen auftreten können, wie z. B. von eingewalztem Zunder herrührende Narben bei warmgewalzten Erzeugnissen, sind nicht als Fehler zu betrachten.

7.6.3 Soweit erforderlich, sind Anforderungen bezüglich der Oberflächengüte der Erzeugnisse, möglichst unter Bezugnahme auf Europäische Normen, bei der Anfrage und Bestellung zu vereinbaren.

Blech und Breitflachstahl werden mit der Oberflächengüteklasse A, Untergruppe 1 entsprechend EN 10163-2 geliefert, sofern bei der Anfrage und Bestellung nichts anderes vereinbart wurde.

Stabstahl und Walzdraht werden mit der Oberflächengüteklasse A nach EN 10221 geliefert, sofern bei der Anfrage und Bestellung nichts anderes vereinbart wurde.

7.6.4 Bei der Anfrage und Bestellung können Anforderungen an die zulässige Entkohlungstiefe bei Edelstählen vereinbart werden.

Die Ermittlung der Entkohlungstiefe erfolgt nach dem in EN ISO 3887 beschriebenen mikroskopischen Verfahren.

7.6.5 Falls für Stabstahl und Walzdraht die Eignung zum Blankziehen gefordert wird, ist dies bei der Anfrage und Bestellung zu vereinbaren.

7.6.6 Ausbessern von Oberflächenfehlern durch Schweißen ist nur mit Zustimmung des Bestellers oder seines Beauftragten zulässig.

Falls Oberflächenfehler ausgebessert werden, ist die Art und die zulässige Tiefe des Fehlerausbesserns bei der Anfrage und Bestellung zu vereinbaren.

7.7 Maße, Grenzabmaße und Formtoleranzen

Die Nennmaße, Grenzabmaße und Formtoleranzen der Erzeugnisse sind bei der Anfrage und Bestellung zu vereinbaren, möglichst unter Bezugnahme auf die dafür geltenden Maßnormen (siehe EN 10083-1:2006, Anhang D).

9

8 Prüfung

8.1 Art der Prüfung und Prüfbescheinigungen

8.1.1 Erzeugnisse nach dieser Europäischen Norm sind zu bestellen und zu liefern mit einer der Prüfbescheinigungen nach EN 10204. Die Art der Prüfbescheinigung ist bei der Anfrage und Bestellung zu vereinbaren. Falls die Bestellung keine derartige Festlegung enthält, wird ein Werkszeugnis ausgestellt.

8.1.2 Für die in einem Werkszeugnis aufzuführenden Informationen siehe EN 10083-1:2006, 8.1.2.

8.1.3 Für die in einem Abnahmeprüfzeugnis aufzuführenden Informationen siehe EN 10083-1:2006, 8.1.3.

8.1.4 Falls bei der Bestellung nicht anders vereinbart, wird die Prüfung der Oberflächenqualität und der Maße durch den Hersteller vorgenommen.

8.2 Häufigkeit der Prüfungen

8.2.1 Probenahme

Die Probenahme muss entsprechend Tabelle 12 erfolgen.

8.2.2 Prüfeinheiten

Die Prüfeinheiten und das Ausmaß der Prüfungen müssen entsprechend Tabelle 12 erfolgen.

8.3 Spezifische Prüfungen

8.3.1 Nachweis der Härtbarkeit, Härte und der mechanischen Eigenschaften

Für Stähle, die ohne die Anforderungen an die Härtbarkeit bestellt werden, d. h. ohne die Kennbuchstaben +H, +HH oder +HL, sind die Anforderungen an die Härte oder die mechanischen Eigenschaften entsprechend dem in Tabelle 1, Spalte 8, Abschnitt 2 angegebenen Wärmebehandlungszustand nachzuweisen, mit der folgenden Ausnahme: Die in Tabelle 1, Fußnote a (mechanische Eigenschaften an Referenzproben) gegebene Anforderung ist nur nachzuweisen, falls die zusätzliche Anforderung A.1 oder A.2 bestellt wurde.

Für Edelstähle, die mit den Kennbuchstaben +H, +HH oder +HL (siehe Tabellen 5 bis 7) bestellt werden, sind, falls nicht anders vereinbart, nur die Anforderungen an die Härtbarkeit nach den Tabellen 5, 6 oder 7 nachzuweisen.

8.3.2 Besichtigung und Maßkontrolle

Eine ausreichende Zahl von Erzeugnissen ist zu prüfen, um die Erfüllung der Spezifikation sicherzustellen.

9 Probenvorbereitung

9.1 Probenahme und Probenvorbereitung für die chemische Analyse

Die Probenvorbereitung für die Stückanalyse ist in Übereinstimmung mit EN ISO 14284 vorzunehmen.

9.2 Lage und Orientierung der Probenabschnitte und Proben für die mechanische Prüfung

9.2.1 Vorbereitung der Probenabschnitte

Die Vorbereitung der Probenabschnitte ist entsprechend Tabelle 12 und EN 10083-1:2006, 9.2.1 durchzuführen.

10

9.2.2 Vorbereitung der Probenstücke

Die Vorbereitung der Proben ist entsprechend Tabelle 12 und EN 10083-1:2006, 9.2.2 durchzuführen.

9.3 Lage und Vorbereitung der Probenabschnitte für Prüfungen der Härte und Härtbarkeit

Siehe Tabelle 12.

9.4 Kennzeichnung der Probenabschnitte und Proben

Die Probenabschnitte und Proben sind so zu kennzeichnen, dass ihre Herkunft und die ursprüngliche Lage und Orientierung im Erzeugnis zu erkennen sind.

10 Prüfverfahren

10.1 Chemische Analyse

Siehe EN 10083-1:2006, 10.1.

10.2 Mechanische Prüfung

Siehe Tabelle 12 und EN 10083-1:2006, 10.2.

10.3 Nachweis der Härte und Härtbarkeit

10.3.1 Härte im Wärmebehandlungszustand +A und +S

Für Erzeugnisse im Zustand +A (weichgeglüht) und +S (behandelt auf Scherbarkeit) ist die Härte nach EN ISO 6506-1 zu messen.

10.3.2 Überprüfung der Härtbarkeit

Sofern eine Berechnungsformel verfügbar ist, hat der Hersteller die Möglichkeit, die Härtbarkeit durch Berechnung nachzuweisen. Das Berechnungsverfahren bleibt dem Hersteller überlassen. Falls bei der Anfrage und Bestellung vereinbart, muss der Hersteller dem Kunden ausreichende Angaben zur Berechnung machen, damit dieser das Ergebnis bestätigen kann.

Falls keine Berechnungsformel verfügbar ist oder im Schiedsfall muss ein Stirnabschreckversuch in Übereinstimmung mit EN ISO 642 durchgeführt werden. Die Abschrecktemperatur muss die Bedingungen der Tabelle 13 erfüllen. Die Härtewerte sind in Übereinstimmung mit EN ISO 6508-1, Skala C zu ermitteln.

10.3.3 Oberflächenhärte

Die Oberflächenhärte von Stählen nach dem Flamm- oder Induktionshärten (siehe Tabelle 11) ist entsprechend EN ISO 6508-1, Skala C zu bestimmen.

10.4 Wiederholungsprüfungen

Für Wiederholungsprüfungen siehe EN 10083-1:2006, 10.4.

11 Markierung, Kennzeichnung und Verpackung

Der Hersteller hat die Erzeugnisse oder Bunde oder Pakete in angemessener Weise so zu kennzeichnen, dass die Bestimmung der Schmelze, der Stahlsorte und der Herkunft der Lieferung möglich ist (siehe A.7).

11

Tabelle 1 — Kombination von üblichen Wärmebehandlungszuständen bei der Lieferung, Erzeugnisformen und Anforderungen nach Tabellen 3 bis 10

	1	2	3	4	5	6	7	8		9		
	Wärmebehandlungszustand bei der Lieferung	Kennbuchstabe	x bedeutet, dass in Betracht kommend für					In Betracht kommende Anforderungen, falls ein Stahl bestellt wird mit einer Bezeichnung nach				
			Halbzeug	Stabstahl	Walzdraht	Flacherzeugnisse	Freiform- und Gesenkschmiedestücke	Tabelle 3		Tabellen 5, 6 oder 7 (nur Edelstähle)		
								8.1	8.2	9.1	9.2	9.3
2	unbehandelt	ohne Kennbuchstabe oder +U	x	x	x	x	x		[a]			
3	behandelt auf Scherbarkeit	+S	x	x	—	x	—	Chemische Zusammensetzung nach den Tabellen 3 und 4	Höchsthärte nach — Tabelle 8 Spalte +S[a]	Wie in Spalten 8.1 und 8.2 (siehe Fußnote b in Tabelle 3)		Härtbarkeitswerte entsprechend den Tabellen 5, 6 oder 7
4	weichgeglüht	+A	x	x	x	x[b]	x		Höchsthärte nach — Tabelle 8 Spalte +A[a]			
5	normalgeglüht[c]	+N	—	x	—	x[b]	x		Mechanische Eigenschaften nach — Tabelle 10			
6	vergütet	+QT	—	x	—	x[b]	x		Mechanische Eigenschaften nach — Tabelle 9	Nicht anwendbar		
7	sonstige	Andere Behandlungszustände, z. B. bestimmte Glühbehandlungen zur Erzielung eines bestimmten Gefüges, können bei der Anfrage und Bestellung vereinbart werden. Der Behandlungszustand geglüht auf kugelige Karbide (+AC), wie er für das Kaltstauchen und Kaltfließpressen verlangt wird, ist in EN 10263-4 aufgeführt.										

[a] Bei Lieferungen im unbehandelten Zustand sowie in den Zuständen „behandelt auf Scherbarkeit" und „weichgeglüht" müssen für den maßgeblichen Endquerschnitt nach sachgemäßer Wärmebehandlung die in den Tabellen 9 und 10 angegebenen mechanischen Eigenschaften erreichbar sein (wegen des Nachweises an Bezugsproben, siehe A.1 und A.2).

[b] Nicht alle Formen der Flacherzeugnisse können in diesem Wärmebehandlungszustand geliefert werden.

[c] Das Normalglühen kann durch ein normalisierendes Umformen ersetzt werden.

41

Tabelle 2 — Oberflächenausführungen bei der Lieferung

	1	2	3	4	5	6	7	8	9
1	Oberflächenausführung bei der Lieferung		Kenn-buchstabe	x bedeutet, dass im Allgemeinen in Betracht kommend für					Anmerkungen
				Halbzeuge (wie Vorblöcke, Knüppel)	Stab-stahl	Walz-draht	Flach-erzeug-nisse	Freiform- und Gesenkschmiede-stücke (siehe Anmerkung 2 in EN 10083-1:2006, Abschnitt 1)	
2	Wenn nicht anders vereinbart	warmgeformt	ohne Kenn-buchstabe oder +HW	x	x	x	x	x	—
3	Nach ent-sprechender Vereinbarung zu liefernde besondere Ausführungen	unverformter Strangguss	+CC	x	—	—	—	—	—
4		warmgeformt und gebeizt	+PI	x	x	x	x	x	a
5		warmgeformt und gestrahlt	+BC	x	x	x	x	x	a
6		warmgeformt und vorbe-arbeitet	+RM	—	x	x	—	x	—
7		sonstige	—	—	—	—	—	—	—
a	Zusätzlich kann auch eine Oberflächenbehandlung, z. B. Ölen, Kälken oder Phosphatieren, vereinbart werden.								

13

Tabelle 3 — Stahlsorten und chemische Zusammensetzung (Schmelzenanalyse)

Stahlbezeichnung		Chemische Zusammensetzung (Massenanteil in %)[a,b,c]								
Kurzname	Werkstoff-nummern	C[d]	Si max.	Mn	P max.	S	Cr max.	Mo max.	Ni max.	Cr + Mo + Ni max.[d]
Qualitätsstähle										
C35	1.0501	0,32 bis 0,39	0,40	0,50 bis 0,80	0,045	max. 0,045	0,40	0,10	0,40	0,63
C40	1.0511	0,37 bis 0,44	0,40	0,50 bis 0,80	0,045	max. 0,045	0,40	0,10	0,40	0,63
C45	1.0503	0,42 bis 0,50	0,40	0,50 bis 0,80	0,045	max. 0,045	0,40	0,10	0,40	0,63
C55	1.0535	0,52 bis 0,60	0,40	0,60 bis 0,90	0,045	max. 0,045	0,40	0,10	0,40	0,63
C60	1.0601	0,57 bis 0,65	0,40	0,60 bis 0,90	0,045	max. 0,045	0,40	0,10	0,40	0,63
Edelstähle										
C22E	1.1151	0,17 bis 0,24	0,40	0,40 bis 0,70	0,030	max. 0,035[e]	0,40	0,10	0,40	0,63
C22R	1.1149					0,020 bis 0,040				
C35E	1.1181	0,32 bis 0,39	0,40	0,50 bis 0,80	0,030	max. 0,035[e]	0,40	0,10	0,40	0,63
C35R	1.1180					0,020 bis 0,040				
C40E	1.1186	0,37 bis 0,44	0,40	0,50 bis 0,80	0,030	max. 0,035[e]	0,40	0,10	0,40	0,63
C40R	1.1189					0,020 bis 0,040				
C45E	1.1191	0,42 bis 0,50	0,40	0,50 bis 0,80	0,030	max. 0,035[e]	0,40	0,10	0,40	0,63
C45R	1.1201					0,020 bis 0,040				
C50E	1.1206	0,47 bis 0,55	0,40	0,60 bis 0,90	0,030	max. 0,035[e]	0,40	0,10	0,40	0,63
C50R	1.1241					0,020 bis 0,040				
C55E	1.1203	0,52 bis 0,60	0,40	0,60 bis 0,90	0,030	max. 0,035[e]	0,40	0,10	0,40	0,63
C55R	1.1209					0,020 bis 0,040				
C60E	1.1221	0,57 bis 0,65	0,40	0,60 bis 0,90	0,030	max. 0,035[e]	0,40	0,10	0,40	0,63
C60R	1.1223					0,020 bis 0,040				
28Mn6	1.1170	0,25 bis 0,32	0,40	1,30 bis 1,65	0,030	max. 0,035[e]	0,40	0,10	0,40	0,63

[a] In dieser Tabelle nicht aufgeführte Elemente dürfen dem Stahl, außer zum Fertigbehandeln der Schmelze, ohne Zustimmung des Bestellers nicht absichtlich zugesetzt werden. Es sind alle angemessenen Vorkehrungen zu treffen, um die Zufuhr solcher Elemente aus dem Schrott oder anderen bei der Herstellung verwendeten Stoffen zu vermeiden, die die Härtbarkeit, die mechanischen Eigenschaften und die Verwendbarkeit beeinträchtigen.

[b] Falls Anforderungen an die Härtbarkeit von Edelstählen (siehe Tabellen 5 bis 7) gestellt werden, sind geringe Abweichungen von den Grenzen der Schmelzenanalyse erlaubt mit Ausnahme der Elemente Kohlenstoff (siehe Fußnote d), Phosphor und Schwefel; die Abweichungen dürfen nicht die Werte in Tabelle 4 überschreiten.

[c] Stähle mit verbesserter Bearbeitbarkeit infolge höherer Schwefelanteile bis zu etwa 0,10 % S (einschließlich aufgeschweßter Stähle mit kontrollierten Anteilen an Einschlüssen (z. B. Ca-Behandlung)) können auf Anfrage geliefert werden. In diesem Fall darf die obere Grenze des Mangananteils um 0,15 % erhöht werden.

[d] Falls die Edelstähle nicht mit Anforderungen an die Härtbarkeit (Kennbuchstaben +H, +HH, +HL) oder nicht mit Anforderungen an die mechanischen Eigenschaften im vergüteten oder normalgeglühten Zustand bestellt werden, kann für sie bei der Bestellung die Einengung der Kohlenstoffspanne auf 0,05 % und/oder die Summe der Elemente Cr, Mo und Ni auf ≤ 0,45 % vereinbart werden.

[e] Falls zum Zeitpunkt der Anfrage und Bestellung vereinbart, ist für Flacherzeugnisse der Schwefelanteil auf max. 0,010 % zu beschränken.

Tabelle 4 — Grenzabweichungen der Stückanalyse von den nach Tabelle 3 für die Schmelzenanalyse gültigen Grenzwerten

Element	Zulässiger Höchstgehalt in der Schmelzenanalyse Massenanteil in %		Grenzabweichung [a] Massenanteil in %
C		$\leq 0,55$	$\pm 0,02$
	$> 0,55$	$\leq 0,65$	$\pm 0,03$
Si		$\leq 0,40$	$+ 0,03$
Mn		$\leq 1,00$	$\pm 0,04$
	$> 1,00$	$\leq 1,65$	$\pm 0,05$
P		$\leq 0,045$	$+ 0,005$
S		$\leq 0,045$	$+ 0,005$ [b]
Cr		$\leq 0,40$	$+ 0,05$
Mo		$\leq 0,10$	$+ 0,03$
Ni		$\leq 0,40$	$+ 0,05$

[a] $\pm$ bedeutet, dass bei einer Schmelze die obere oder die untere Grenze der für die Schmelzenanalyse in Tabelle 3 angegebenen Spanne überschritten werden darf, aber nicht beide gleichzeitig.

[b] Für Stähle mit einer festgelegten Spanne an Schwefel (0,020 % bis 0,040 % entsprechend der Schmelzenanalyse) ist die erlaubte Abweichung $\pm$ 0,005 %.

15

44

Tabelle 5 — Grenzwerte für die Rockwell-C-Härte für Edelstähle mit (normalen) Härtbarkeitsanforderungen (+H -Sorten)

Abstand von der abgeschreckten Stirnfläche in mm — Härte in HRC

Kurzname	Werkstoffnummer	Kennbuchstabe	Grenze der Spanne	1	2	3	4	5	6	7	8	9	10	11	13	15	20	25	30
C35E	1.1181	+H	max.	58	57	55	53	49	41	34	31	28	27	26	25	24	–	–	–
C35R	1.1180		min.	48	40	33	24	22	20	–	–	–	–	–	–	–	–	–	–
C40E	1.1186	+H	max.	60	60	59	57	53	47	39	34	31	30	29	28	27	–	–	–
C40R	1.1189		min.	51	46	35	27	25	24	23	22	21	20	–	–	–	–	–	–
C45E	1.1191	+H	max.	62	61	61	60	57	51	44	37	34	33	32	31	30	–	–	–
C45R	1.1201		min.	55	51	37	30	28	27	26	25	24	23	22	21	20	–	–	–
C50E	1.1206	+H	max.	63	62	61	60	58	55	50	43	36	35	34	33	32	31	29	28
C50R	1.1241		min.	56	53	44	34	31	30	30	29	28	27	26	25	24	23	20	–
C55E	1.1203	+H	max.	65	64	63	62	60	57	52	45	37	36	35	34	33	32	30	29
C55R	1.1209		min.	58	55	47	37	33	32	31	30	29	28	27	26	25	24	22	20
C60E	1.1221	+H	max.	67	66	65	63	62	59	54	47	39	37	36	35	34	33	31	30
C60R	1.1223		min.	60	57	50	39	35	33	32	31	30	29	28	27	26	25	23	21
(Abstand 28Mn6)				1,5	3	5	7	9	11	13	15	20	25	30	35	40	45	50	
28Mn6	1.1170	+H	max.	54	53	51	48	44	41	38	35	31	29	27	26	25	25	24	–
			min.	45	42	37	27	21	–	–	–	–	–	–	–	–	–	–	

Tabelle 6 — Grenzwerte für die Rockwell-C-Härte für Edelstähle mit eingeengten Härtbarkeitsstreubändern (+HH- und +HL-Sorten)

Stahlbezeichnung		Kennbuch-stabe	Abstand von der abgeschreckten Stirnfläche in mm		
			Härte in HRC		
Kurzname	Werkstoff-nummer		1	4	5
C35E	1.1181	+HH4	—	34 bis 53	—
		+HH14	51 bis 58	34 bis 53	—
C35R	1.1180	+HL4	—	24 bis 43	—
		+HL14	48 bis 55	24 bis 43	—
C40E	1.1186	+HH4	—	38 bis 57	—
		+HH14	54 bis 60	38 bis 57	—
C40R	1.1189	+HL4	—	27 bis 46	—
		+HL14	51 bis 57	27 bis 46	—
C45E	1.1191	+HH4	—	41 bis 60	—
		+HH14	57 bis 62	41 bis 60	—
C45R	1.1201	+HL4	—	30 bis 49	—
		+HL14	55 bis 60	30 bis 49	—
C50E	1.1206	+HH5	—	—	40 bis 58
		+HH15	58 bis 63	—	40 bis 58
C50R	1.1241	+HL5	—	—	31 bis 49
		+HL15	56 bis 61	—	31 bis 49
C55E	1.1203	+HH5	—	—	42 bis 60
		+HH15	60 bis 65	—	42 bis 60
C55R	1.1209	+HL5	—	—	33 bis 51
		+HL15	58 bis 63	—	33 bis 51
C60E	1.1221	+HH5	—	—	44 bis 62
		+HH15	62 bis 67	—	44 bis 62
C60R	1.1223	+HL5	—	—	35 bis 53
		+HL15	60 bis 65	—	35 bis 53

17

Tabelle 7 — Grenzwerte für die Rockwell-C-Härte für den Edelstahl 28Mn6 mit eingeengten Härtbarkeitsstreubändern (+HH- und +HL-Sorten)

Stahlbezeichnung		Symbol	Grenze der Spanne	Abstand von der abgeschreckten Stirnfläche in mm														
Kurz-name	Werkstoff-nummer			Härte in HRC														
				1,5	3	5	7	9	11	13	15	20	25	30	35	40	45	50
28Mn6	1.1170	+HH	max.	54	53	51	48	44	41	38	35	31	29	27	26	25	25	24
			min.	48	46	42	34	30	27	24	21	—	—	—	—	—	—	—
		+HL	max.	51	49	46	41	35	32	29	26	22	20	—	—	—	—	—
			min.	45	42	37	27	21	—	—	—	—	—	—	—	—	—	—

Tabelle 8 — Höchsthärte für in den Zuständen „behandelt auf Scherbarkeit" (+S) oder „weichgeglüht" (+A) zu liefernde Erzeugnisse

Stahlbezeichnung[a]		Max. HBW im Zustand[b]	
Kurzname	Werkstoffnummer	+S	+A
Qualitätsstähle			
C35	1.0501	—[c]	—
C40	1.0511	—[c]	—
C45	1.0503	255[c]	207
C55	1.0535	255[d]	229
C60	1.0601	255[d]	241
Edelstähle			
C22E, C22R	1.1151, 1.1149	—[c]	—
C35E, C35R	1.1181, 1.1180	—[c]	—
C40E, C40R	1.1186, 1.1189	—[c]	—
C45E, C45R	1.1191, 1.1201	255[c]	207
C50E, C50R	1.1206, 1.1241	255	217
C55E, C55R	1.1203, 1.1209	255[d]	229
C60E, C60R	1.1221, 1.1223	255[d]	241
28Mn6	1.1170	255	223

[a] Die Werte gelten auch für Edelstähle mit Anforderungen an die Härtbarkeit (+H-, +HH- und +HL-Sorten) siehe Tabellen 5 bis 7; beachte jedoch Fußnote d.

[b] Die Werte gelten nicht für stranggegossene und nicht weiter umgeformte Vorbrammen.

[c] Siehe 7.3.3.

[d] In Abhängigkeit von der chemischen Zusammensetzung der Schmelze und den Maßen kann besonders im Fall einer +HH-Sorte eine Weichglühung notwendig sein.

Tabelle 9 — Mechanische Eigenschaften[a] bei Raumtemperatur im vergüteten Zustand (+QT)

Mechanische Eigenschaften für den maßgeblichen Querschnitt (siehe EN 10083-1:2006, Anhang A) mit einem Durchmesser (d) oder für Flacherzeugnisse mit der Dicke (t) von

Kurzname	Werkstoff-nummer	d ≤ 16 mm / t ≤ 8 mm R_e min. MPa[c]	R_m MPa[c]	A min. %	Z min. %	KV^b min. J	16 mm < d ≤ 40 mm / 8 mm < t ≤ 20 mm R_e min. MPa[c]	R_m MPa[c]	A min. %	Z min. %	KV^b min. J	40 mm < d ≤ 100 mm / 20 mm < t ≤ 60 mm R_e min. MPa[c]	R_m MPa[c]	A min. %	Z min. %	KV^b min. J
						Qualitätsstähle										
C35	1.0501	430	630 bis 780	17	40	—	380	600 bis 750	19	45	—	320	550 bis 700	20	50	—
C40	1.0511	460	650 bis 800	16	35	—	400	630 bis 780	18	40	—	350	600 bis 750	19	45	35
C45	1.0503	490	700 bis 850	14	35	—	430	650 bis 800	16	40	—	370	630 bis 780	17	45	30
C55	1.0535	550	800 bis 950	12	30	—	490	750 bis 900	14	35	—	420	700 bis 850	15	40	25
C60	1.0601	580	850 bis 1000	11	25	—	520	800 bis 950	13	30	—	450	750 bis 900	14	35	—
						Edelstähle										
C22E / C22R	1.1151 / 1.1149	340	500 bis 650	20	50	—	290	470 bis 620	22	50	50	—	—	—	—	—
C35E / C35R	1.1181 / 1.1180	430	630 bis 780	17	40	—	380	600 bis 750	19	45	35	320	550 bis 700	20	50	35
C40E / C40R	1.1186 / 1.1189	460	650 bis 800	16	35	—	400	630 bis 780	18	40	30	350	600 bis 750	19	45	30
C45E / C45R	1.1191 / 1.1201	490	700 bis 850	14	35	—	430	650 bis 800	16	40	25	370	630 bis 780	17	45	25
C50E / C50R	1.1206 / 1.1241	520	750 bis 900	13	30	—	460	700 bis 850	15	35	—	400	650 bis 800	16	40	—
C55E / C55R	1.1203 / 1.1209	550	800 bis 950	12	30	—	490	750 bis 900	14	35	—	420	700 bis 850	15	40	—
C60E / C60R	1.1221 / 1.1223	580	850 bis 1000	11	25	—	520	800 bis 950	13	30	—	450	750 bis 900	14	35	—
28Mn6	1.1170	590	800 bis 950	13	40	—	490	700 bis 850	15	45	40	440	650 bis 800	16	50	40

[a] R_e: Obere Streckgrenze oder, falls keine ausgeprägte Streckgrenze auftritt, die 0,2-%-Dehngrenze $R_{p0,2}$.
    R_m: Zugfestigkeit.
    A: Bruchdehnung (Anfangsmesslänge $L_0 = 5,65 \sqrt{S_0}$; siehe Tabelle 12, Spalte 7a, Zeile T4).
    Z: Brucheinschnürung.
    KV: Kerbschlagarbeit an längs entnommenen Charpy-V-Kerbschlagproben (der Mittelwert dreier Einzelwerte muss den in dieser Tabelle angegebenen Wert mindestens erreichen, kein Einzelwert darf geringer als 70 % des in der Tabelle angegebenen Mindestwertes sein).

[b] Zur Probennahme siehe EN 10083-1:2006, Bild 1 und Bild 3.

[c] 1 MPa = 1 N/mm².

Tabelle 10 — Mechanische Eigenschaften[a] bei Raumtemperatur im normalgeglühten Zustand (+N)

Stahlbezeichnung		Mechanische Eigenschaften für Erzeugnisse mit dem Durchmesser (d) oder für Flacherzeugnisse mit der Dicke (t) von								
		$d \le 16$ mm $t \le 16$ mm			16 mm $< d \le 100$ mm 16 mm $< t \le 100$ mm			100 mm $< d \le 250$ mm 100 mm $< t \le 250$ mm		
Kurzname	Werkstoff-nummer	R_e min.	R_m min.	A min.	R_e min.	R_m min.	A min.	R_e min.	R_m min.	A min.
		MPa[c]	MPa[c]	%	MPa[c]	MPa[c]	%	MPa[c]	MPa[c]	%
Qualitätsstähle										
C35	1.0501	300	550	18	270	520	19	245	500	19
C40	1.0511	320	580	16	290	550	17	260	530	17
C45	1.0503	340	620	14	305	580	16	275	560	16
C55	1.0535	370	680	11	330	640	12	300	620	12
C60	1.0601	380	710	10	340	670	11	310	650	11
Edelstähle[b]										
C22E	1.1151	240	430	24	210	410	25	—	—	—
C22R	1.1149									
C35E	1.1181	300	550	18	270	520	19	245	500	19
C35R	1.1180									
C40E	1.1186	320	580	16	290	550	17	260	530	17
C40R	1.1189									
C45E	1.1191	340	620	14	305	580	16	275	560	16
C45R	1.1201									
C50E	1.1206	355	650	13	320	610	14	290	590	14
C50R	1.1241									
C55E	1.1203	370	680	11	330	640	12	300	620	12
C55R	1.1209									
C60E	1.1221	380	710	10	340	670	11	310	650	11
C60R	1.1223									
28Mn6	1.1170	345	630	17	310	600	18	290	590	18

[a] R_e: Obere Streckgrenze oder, falls keine ausgeprägte Streckgrenze auftritt, die 0,2-%-Dehngrenze $R_{p0,2}$.

R_m: Zugfestigkeit.

A: Bruchdehnung (Anfangsmesslänge $L_0 = 5,65 \sqrt{S_0}$; siehe Tabelle 12, Spalte 7a, Zeile T4).

[b] Die Werte gelten ebenfalls für Edelstähle mit den Anforderungen an die Härtbarkeit (+H-, +HH- und +HL-Sorten) wie in den Tabellen 5 bis 7 angegeben.

[c] 1 MPa = 1 N/mm^2.

Tabelle 11 — Oberflächenhärte von Edelstählen nach dem Flamm- oder Induktionshärten

Stahlbezeichnung		Oberflächenhärte[a]
Kurzname	Werkstoffnummer	HRC
		min.
C35E/C35R	1.1181/1.1180	48
C45E/C45R	1.1191/1.1201	55
C50E/C50R	1.1206/1.1241	56
C55E/C55R	1.1203/1.1209	58

[a] Die oben angegebenen Werte für Querschnitte bis einschließlich 100 mm gelten für den vergüteten und für den oberflächengehärteten Zustand entsprechend den Angaben in Tabelle 13, mit anschließendem Entspannen bei 150 °C bis 180 °C für 1 Stunde.

Die gleichen Werte können auch für den Zustand nach Normalglühen und Oberflächenhärten unter denselben Bedingungen für Querschnitte bis zu 100 mm vereinbart werden. Es sollte beachtet werden, dass die Oberflächenentkohlung zu niedrigeren Werten der Härte in der Oberfläche führen kann.

Tabelle 12 — Prüfbedingungen für den Nachweis der in Spalte 2 angegebenen Anforderungen

(Ergänzung zu Tabelle 12, Spalten 6 und 7)

1	2	3	4	5	6	7	Zeile	6a	7a
Nr.	Art der Anforderung	Prüf-einheit[a]	Prüfumfang		Probenahme und Probevorbereitung	Anzuwendendes Prüfverfahren		Probenahme und Probevorbereitung	Anzuwendendes Prüfverfahren
			Zahl der Probestücke je Prüfeinheit	Zahl der Prüfungen je Probestück	(siehe in Ergänzung zu dieser Tabelle die Zeile T1 und Zeile ...)				
	siehe Tabelle								
1	Chemische Zusammen-setzung	C	(Die Schmelzenanalyse wird vom Hersteller mitgeteilt; wegen einer möglichen Stückanalyse siehe A.6 in Anhang A)				T1	Allgemeine Bedingungen Die allgemeinen Bedingungen für die Entnahme und Vorbereitung von Probenabschnitten und Proben muss in Übereinstimmung mit EN ISO 377 und EN ISO 14284 erfolgen.	
		3 + 4							
2	Härtbarkeit	C	1	1	T2		T2	Stirnabschreckversuch In Schiedsfällen ist möglichst das unten angeführte Verfahren der Probenahme anzuwenden. — Falls der Durchmesser ≤ 40 mm ist, ist eine Probe durch spanendes Bearbeiten herzu-stellen; — falls der ursprüngliche Durchmesser > 40 bis ≤ 150 mm ist, ist der Stabstahl durch Schmieden auf einen Durchmesser von etwa 40 mm zu reduzieren; — falls der Durchmessers > 150 mm ist, ist die Probe so zu entnehmen, dass deren Achse 20 mm unter der Erzeugnisoberfläche liegt. In allen anderen Fällen bleibt, wenn bei der Anfrage und Bestellung nicht anders vereinbart, das Verfahren zur Probenherstellung — beginnend bei getrennt gegossenen und anschließend warm umgeformten Probeblöcken oder bei gegossenen und nicht warm umgeformten Probeabschnitten — dem Hersteller überlassen.	In Übereinstimmung mit EN ISO 642. Die Abschrecktemperatur muss die Werte in Tabelle 13 erfüllen. Die Härtewerte sind in Übereinstimmung mit EN ISO 6508-1, Skala C zu bestimmen.
		5 bis 7							

Tabelle 12 — *(fortgesetzt)*

(Ergänzung zu Tabelle 12, Spalten 6 und 7)

1	2	3	4	5	6	7	Zeile	6a	7a
Nr.	Art der Anforderung	Prüfeinheit[a]	Prüfumfang		Probenahme und Probevorbereitung	Anzuwendendes Prüfverfahren		Probenahme und Probevorbereitung	Anzuwendendes Prüfverfahren
	siehe Tabelle		Zahl der Probestücke je Prüfeinheit	Zahl der Prüfungen je Probestück	(siehe in Ergänzung zu dieser Tabelle die Zeile T1 und Zeile …)				
3	Härte						T3	Härteprüfung	entsprechend EN ISO 6506-1
3a	im Zustand +S oder +A	8	C +D +T	1	1	T3a	T3a	In Schiedsfällen muss die Härte möglichst an der Erzeugnisoberfläche an folgender Stelle ermittelt werden: — bei Rundstäben in einem Abstand von 1 × Durchmesser vom Stabende; — bei Stäben mit rechteckigem oder quadratischem Querschnitt sowie bei Flacherzeugnissen in einem Abstand von 1 × Dicke von einem Ende und 0,25 × Dicke von einer Längskante auf einer Breitseite des Erzeugnisses. Falls, z. B. bei Freiform- und Gesenkschmiedestücken, die vorstehenden Festlegungen nicht einhaltbar sind, sind bei der Bestellung Vereinbarungen über die zweckmäßige Lage der Härteeindrücke zu treffen. Probenvorbereitung nach EN ISO 6506-1.	
3b	Oberflächenhärte	11	C	1	1	T3b	T3b	Die Prüfung ist an einer Oberfläche durchzuführen, die glatt und eben ist, frei von Oxiden und Fremdablagerungen. Die Vorbereitungen sind so durchzuführen, dass jede Veränderung der Oberflächenhärte minimiert wird. Dies ist besonders bei Prüfungen mit geringer Eindringtiefe zu beachten (entsprechend EN ISO 6508-1, Abschnitt 6).	entsprechend EN ISO 6508-1

24

Tabelle 12 — *(fortgesetzt)*

1	2	3	4	5	6	7
Nr.	Art der Anforderung	Prüf-einheit[a]	**Prüfumfang** Zahl der Probestücke je Prüfeinheit	Zahl der Prüfungen je Probestück	Probenahme und Probevorbereitung (siehe in Ergänzung zu dieser Tabelle die Zeile T1 und Zeile ...)	Anzuwendendes Prüfverfahren
		siehe Tabelle				
4	Mechanische Eigenschaften					
4a	vergütete Erzeugnisse	9	C +D +T	1	1 Zugversuch und 3 Charpy-V-Kerbschlagbiegeversuche	T4a
4b	normalgeglühte Erzeugnisse[c]	10	C +D +T	1[b]	1 Zugversuch	T4b

(Ergänzung zu Tabelle 12, Spalten 6 und 7)

Zeile	6a Probenahme und Probevorbereitung	7a Anzuwendendes Prüfverfahren
T4	Zugversuch und Kerbschlagbiegeversuch	
T4a und T4b	Die Proben für den Zugversuch und, falls erforderlich, für den Charpy-V-Kerbschlagbiegeversuch sind wie folgt zu entnehmen: — bei Stabstahl und Walzdraht entsprechend EN 10083-1:2006, Bild 1; — bei Flacherzeugnissen entsprechend EN 10002-1:2006, Bilder 2 und 3; — bei Freiform- und Gesenkschmiedestücken (siehe Anmerkung 2 in EN 10083-1:2006, Abschnitt 1) müssen die Proben an einer bei der Bestellung zu vereinbarenden Stelle so entnommen werden, dass die Längsachse in Richtung des Faserverlaufes liegt. Die Proben für den Zugversuch sind entsprechend EN 10002-1 vorzubereiten, die Kerbschlagbiegeproben entsprechend EN 10045-1.	In Schiedsfällen muss der Zugversuch an proportionalen Proben mit der Anfangsmesslänge $$L_0 = 5.65 \sqrt{S_0}$$ (S_0 = Anfangsquerschnitt) durchgeführt werden. Wenn das nicht möglich ist — das heißt bei Flacherzeugnissen mit einer Dicke von <3 mm —, ist bei der Anfrage und Bestellung eine Probe mit konstanter Messlänge nach EN 10002-1 zu vereinbaren. In diesem Falle sind auch die für diese Proben einzuhaltenden Mindestwerte der Bruchdehnung zu vereinbaren. Der Kerbschlagbiegeversuch ist an einer Charpy-V-Kerbschlagbiegeprobe entsprechend EN 10045-1 durchzuführen.

ANMERKUNG   Eine Überprüfung der Anforderungen ist nur notwendig, falls ein Abnahmeprüfzeugnis bestellt wurde und falls die Anforderungen entsprechend Tabelle 1, Spalten 8 und 9 anzuwenden sind.

[a]   Die Prüfungen sind getrennt für jede Schmelze, gekennzeichnet durch ein „C" — für jedes Maß, gekennzeichnet durch ein „D" — und für jede Wärmebehandlung, gekennzeichnet durch ein „T", durchzuführen. Erzeugnisse unterschiedlicher Dicke können zusammengefasst werden, falls die Dicke im gleichen Bereich der mechanischen Eigenschaften liegt und falls die Unterschiede nicht die Eigenschaften beeinflussen.

[b]   Falls die Erzeugnisse im Durchlauf wärmebehandelt werden, ist je 25 t oder angefangene 25 t ein Probestück zu entnehmen, mindestens aber ein Probestück je Schmelze.

[c]   Siehe 7.1.4, letzter Abschnitt für einen Härtetest statt eines Zugfestigkeitstestes.

Tabelle 13 — Wärmebehandlung[a]

Stahlbezeichnung		Härten[b,c]	Abschreckmittel[d]	Anlassen[e]	Stirnabschreck-versuch	Normalglühen[c]
Kurzname	Werkstoff-nummer	°C		°C	°C	°C
Qualitätsstähle						
C35	1.0501	840 bis 880			—	860 bis 920
C40	1.0511	830 bis 870	Wasser oder Öl	550 bis 660	—	850 bis 910
C45	1.0503	820 bis 860			—	840 bis 900
C55	1.0535	810 bis 850	Öl oder Wasser		—	825 bis 885
C60	1.0601	810 bis 850			—	820 bis 880
Edelstähle[f]						
C22E	1.1151	860 bis 900	Wasser		—	880 bis 940
C22R	1.1149					
C35E	1.1181	840 bis 880			870 ± 5	860 bis 920
C35R	1.1180					
C40E	1.1186	830 bis 870	Wasser oder Öl	550 bis 660	870 ± 5	850 bis 910
C40R	1.1189					
C45E	1.1191	820 bis 860			850 ± 5	840 bis 900
C45R	1.1201					
C50E	1.1206	810 bis 850			850 ± 5	830 bis 890
C50R	1.1241					
C55E	1.1203	810 bis 850	Öl oder Wasser		830 ± 5	825 bis 885
C55R	1.1209					
C60E	1.1221	810 bis 850			830 ± 5	820 bis 880
C60R	1.1223					
28Mn6	1.1170	840 bis 880	Wasser oder Öl	540 bis 680	850 ± 5	850 bis 890

[a] Bei den in dieser Tabelle angegebenen Bedingungen handelt es sich um Anhaltsangaben. Die angegebenen Bedingungen für den Stirnabschreckversuch sind allerdings verbindlich.

[b] Die Temperaturen im unteren Bereich der Spanne kommen im Allgemeinen für Härten in Wasser in Betracht, die im oberen Bereich für Härten in Öl.

[c] Austenitisierungsdauer mindestens 30 Minuten (Anhaltswert).

[d] Bei der Wahl des Abschreckmittels sollte der Einfluss anderer Parameter wie Gestalt, Maße und Härtetemperatur auf die Eigenschaften und die Rissanfälligkeit in Betracht gezogen werden. Andere, zum Beispiel synthetische Abschreckmittel, können ebenfalls verwendet werden.

[e] Anlassdauer mindestens 60 Minuten (Anhaltswert).

[f] Diese Tabelle gilt auch für Edelstähle mit den besonderen Anforderungen an die Härtbarkeit (+H-, +HH- und +HL-Sorten) nach Tabellen 5 bis 7.

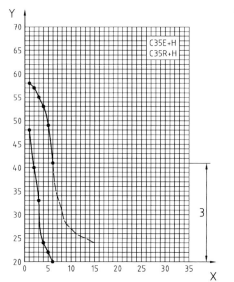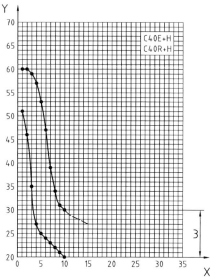

Legende

X Abstand von der abgeschreckten Stirnfläche, mm
Y Härte, HRC

3 H-Sorte

Bilder 1a, 1b — Streubänder der Rockwell-C-Härte bei der Prüfung auf Härtbarkeit im Stirnabschreckversuch

27

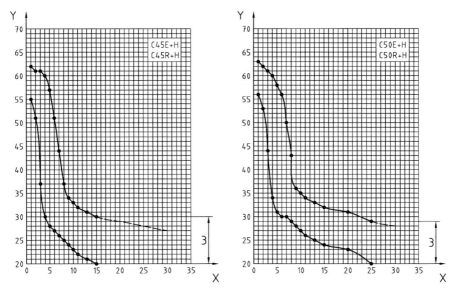

Legende
X   Abstand von der abgeschreckten Stirnfläche, mm
Y   Härte, HRC

3   H-Sorte

Bilder 1c, 1d — Streubänder der Rockwell-C-Härte bei der Prüfung auf Härtbarkeit im Stirnabschreckversuch

28

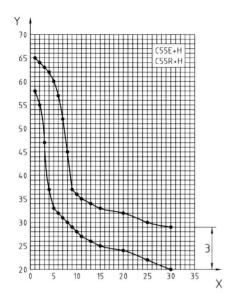 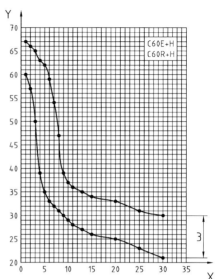

Legende
X   Abstand von der abgeschreckten Stirnfläche, mm
Y   Härte, HRC

3   H-Sorte

Bilder 1e, 1f — Streubänder der Rockwell-C-Härte bei der Prüfung auf Härtbarkeit im Stirnabschreckversuch

29

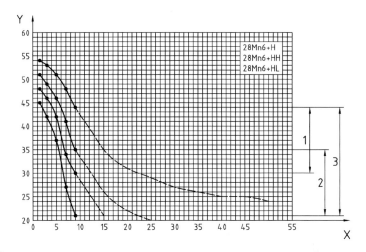

Legende
X   Abstand von der abgeschreckten Stirnfläche, mm
Y   Härte, HRC

1   HH-Sorte
2   HL-Sorte
3   H-Sorte

Bild 1g — Streubänder der Rockwell-C-Härte bei der Prüfung auf Härtbarkeit im Stirnabschreckversuch

Anhang A
(normativ)

Optionen

ANMERKUNG   Bei der Anfrage und Bestellung kann die Einhaltung einer oder mehrerer der nachstehenden Zusatz-oder Sonderanforderungen vereinbart werden. Soweit erforderlich, sind die Einzelheiten dieser Anforderungen zwischen Hersteller und Besteller bei der Anfrage und Bestellung zu vereinbaren.

A.1 Mechanische Eigenschaften von Bezugsproben im vergüteten Zustand

Bei Lieferungen in einem anderen als dem vergüteten oder normalgeglühten Zustand sind die Anforderungen an die mechanischen Eigenschaften im vergüteten Zustand an einer Bezugsprobe nachzuweisen.

Bei Stabstahl und Walzdraht muss der zu vergütende Probestab, wenn nicht anders vereinbart, den Erzeugnisquerschnitt aufweisen. In allen anderen Fällen sind die Maße und die Herstellung des Probestabes bei der Anfrage und Bestellung zu vereinbaren, soweit angebracht, unter Berücksichtigung der in EN 10083-1:2006, Anhang A enthaltenen Angaben zur Ermittlung des maßgeblichen Wärmebehandlungs-durchmessers. Die Probestäbe sind entsprechend den Angaben zu den Wärmebehandlungszuständen in Tabelle 13 oder entsprechend den Vereinbarungen bei der Anfrage und Bestellung zu vergüten. Die Einzelheiten der Wärmebehandlung sind in der Prüfbescheinigung anzugeben. Die Proben sind, wenn nicht anders vereinbart, entsprechend EN 10083-1:2006, Bild 1 für Stabstahl und Walzdraht und entsprechend EN 10083-1:2006, Bild 3 für Flacherzeugnisse zu entnehmen.

A.2 Mechanische Eigenschaften von Bezugsproben im normalgeglühten Zustand

Für Lieferungen unlegierter Stähle in einem anderen als dem vergüteten oder normalgeglühten Zustand sind die Anforderungen an die mechanischen Eigenschaften im normalgeglühten Zustand an einer Bezugsprobe nachzuweisen.

Bei Stabstahl und Walzdraht muss der normalzuglühende Probestab, wenn nicht anders vereinbart, den Erzeugnisquerschnitt aufweisen. In allen anderen Fällen sind die Maße und die Herstellung des Probestabes bei der Anfrage und Bestellung zu vereinbaren.

Die Einzelheiten der Wärmebehandlung sind in der Prüfbescheinigung anzugeben. Die Proben sind, wenn nicht anders vereinbart, bei Stabstahl und Walzdraht entsprechend EN 10083-1:2006, Bild 1, bei Flacherzeugnissen entsprechend EN 10083-1:2006, Bild 3 zu entnehmen.

A.3 Feinkornstahl

Der Stahl muss bei Prüfung nach EN ISO 643 eine Austenitkorngröße von 5 oder feiner haben. Wenn ein Nachweis verlangt wird, ist auch zu vereinbaren, ob diese Anforderung an die Korngröße durch Ermittlung des Aluminiumanteils oder metallographisch nachgewiesen werden muss. Im ersten Fall ist auch der Aluminiumanteil zu vereinbaren.

Im zweiten Fall ist für den Nachweis der Austenitkorngröße eine Probe je Schmelze zu prüfen. Die Probenahme und die Probenvorbereitung erfolgen entsprechend EN ISO 643.

31

Falls bei der Anfrage und Bestellung nicht anders vereinbart, ist die Abschreckkorngröße zu ermitteln. Zur Ermittlung der Abschreckkorngröße wird wie folgt gehärtet:

— bei Stählen mit einem unteren Grenzgehalt an Kohlenstoff < 0,35 %: (880 ± 10) °C, 90 min/Wasser;

— bei Stählen mit einem unteren Grenzgehalt an Kohlenstoff ≥ 0,35 %: (850 ± 10) °C, 90 min/Wasser.

In Schiedsfällen ist zur Herstellung eines einheitlichen Ausgangszustandes eine Vorbehandlung bei 1 150 °C für 30 min/Luft durchzuführen.

A.4 Gehalt an nichtmetallischen Einschlüssen in Edelstählen

Dieses Verfahren ist anwendbar für Edelstähle. Der mikroskopisch ermittelte Gehalt an nichtmetallischen Einschlüssen muss bei Prüfung nach einem bei der Anfrage und Bestellung zu vereinbarenden Verfahren innerhalb der vereinbarten Grenzen liegen (siehe EN 10083-1:2006, Anhang E).

ANMERKUNG 1   Die Anforderungen an den Gehalt nichtmetallischer Einschlüsse sind in jedem Fall einzuhalten, der Nachweis erfordert jedoch eine besondere Vereinbarung.

ANMERKUNG 2   Für Stähle mit einem angegebenen Mindestgehalt an Schwefel sollte die Vereinbarung nur die Oxide betreffen.

A.5   Zerstörungsfreie Prüfung

Flacherzeugnisse aus Stahl mit einer Dicke größer oder gleich 6 mm sind mit Ultraschall gemäß der EN 10160 und Stabstahl ist mit Ultraschall gemäß EN 10308 zu überprüfen. Andere Erzeugnisse sind nach einem bei der Anfrage und Bestellung vereinbarten Verfahren und nach ebenfalls bei der Anfrage und Bestellung vereinbarten Bewertungskriterien zerstörungsfrei zu prüfen.

A.6 Stückanalyse

Für jede Schmelze ist eine Stückanalyse durchzuführen, wobei alle Elemente zu berücksichtigen sind, für die in der Schmelzenanalyse des betroffenen Stahls Werte aufgeführt sind.

Für die Probenahme gelten die Angaben in EN ISO 14284. In Schiedsfällen ist das für die chemische Zusammensetzung anzuwendende Analysenverfahren, unter Bezugnahme auf eine der in CR 10261 erwähnten Europäischen Normen, zu vereinbaren.

A.7 Besondere Vereinbarungen zur Kennzeichnung

Die Erzeugnisse sind auf eine bei der Anfrage und Bestellung besonders vereinbarte Art (z. B. durch Strichkodierung nach EN 606) zu kennzeichnen.

Anhang B
(informativ)

Vergleich der Stahlsorten nach dieser Europäischen Norm mit ISO 683-1:1987 und mit früher national genormten Stahlsorten

Tabelle B.1 — Vergleich der Stahlsorten

EN 10083-2		ISO 683-1:1987[a]	Deutschland[a]		Großbritannien[a]	Frankreich[a]	Italien[a]	Schweden SS – Stahl	Spanien[a]	
Kurzname	Werkstoffnummer		Kurzname	Werkstoffnummer					Kurzname	Werkstoffnummer
C35	1.0501	(C35)	C 35	1.0501	—	[AF55C35]	(C35)	—	—	—
C40	1.0511	(C40)	C 40	1.0511	—	[AF60C40]	(C40)	—	—	—
C45	1.0503	(C45)	C 45	1.0503	(080M46)	[AF65C45]	(C45)	—	—	—
C55	1.0535	(C55)	C 55	1.0535	—	[AF70C55]	(C55)	—	—	—
C60	1.0601	(C60)	C 60	1.0601	—	—	(C60)	—	—	—
C22E	1.1151	—	(Ck 22)	(1.1151)	(070M20)	[XC 18]	(C25)	—	—	—
C22R	1.1149	—	(Cm 22)	(1.1149)	—	[XC 18u]	(C25)	—	—	—
C35E	1.1181	(C 35 E4)	(Ck 35)	(1.1181)	(080M36)	[XC 38 H1]	(C35)	1572	C35K	F1130
C35R	1.1180	(C 35 M2)	Cm 35	1.1180	—	[XC 38 H1u]	(C35)	—	C35K1	F1135(1)
C40E	1.1186	(C 40 E4)	(Ck 40)	(1.1186)	(080M40)	[XC 42 H1]	(C40)	—	—	—
C40R	1.1189	(C 40 M2)	Cm 40	1.1189	—	[XC 42 H1u]	(C40)	—	—	—
C45E	1.1191	(C 45 E4)	(Ck 45)	(1.1191)	(080M46)	[XC 48 H1]	(C45)	1672	C45K	F1140
C45R	1.1201	(C 45 M2)	Cn 45	1.1201	—	[XC 48 H1u]	(C45)	—	C45K1	F1145(1)
C50E	1.1206	(C 50 E4)	(Ck 50)	(1.1206)	(080M50)	—	(C50)	1674	—	—
C50R	1.1241	(C 50 M2)	Cm 50	1.1241	—	—	(C50)	—	—	—
C55E	1.1203	(C 55 E4)	(Ck 55)	(1.1203)	(070M55)	[XC 55 H1]	(C55)	—	C55K	F1150
C55R	1.1209	(C 55 M2)	Cm 55	1.1209	—	[XC 55 H1u]	(C55)	—	C55K1	F1155(1)
C60E	1.1221	(C 60 E4)	(Ck 60)	(1.1221)	(070M60)	—	(C60)	—	—	—
C60R	1.1223	(C 60 M2)	Cn 60	1.1223	—	—	(C60)	—	—	—
28Mn6	1.1170	(28Mn6)	(28 Mn 6)	(1.1170)	(150M28)	—	—	—	—	—

a   Die Angabe einer Stahlsorte in runden Klammern bedeutet, dass sich die chemische Zusammensetzung nur geringfügig von EN 10083-2 unterscheidet. Die Angabe einer Stahlsorte in eckigen Klammern bedeutet, dass in der chemischen Zusammensetzung größere Unterschiede gegenüber EN 10083-2 bestehen. Ist die Stahlsorte nicht eingeklammert, bestehen gegenüber EN 10083-2 praktisch keine Unterschiede in der chemischen Zusammensetzung.

Literaturhinweise

[1]   EN 10021, *Allgemeine technische Lieferbedingungen für Stahl und Stahlerzeugnisse*

34

Januar 2007

DIN EN 10083-3

ICS 77.140.10

Ersatz für
DIN EN 10083-3:2006-10

Vergütungsstähle –
Teil 3: Technische Lieferbedingungen für legierte Stähle;
Deutsche Fassung EN 10083-3:2006

Steels for quenching and tempering –
Part 3: Technical delivery conditions for alloy steels;
German version EN 10083-3:2006

Aciers pour trempe et revenu –
Partie 3: Conditions techniques de livraison des aciers alliés;
Version allemande EN 10083-3:2006

Gesamtumfang 49 Seiten

Normenausschuss Eisen und Stahl (FES) im DIN

Nationales Vorwort

Die Europäische Norm EN 10083-3:2006 wurde vom Technischen Komitee (TC) 23 „Für eine Wärmebe-handlung bestimmte Stähle, legierte Stähle und Automatenstähle – Gütenormen" (Sekretariat: Deutschland) des Europäischen Komitees für die Eisen- und Stahlnormung (ECISS) ausgearbeitet.

Das zuständige deutsche Normungsgremium ist der Arbeitsausschuss 05/1 des Normenausschusses Eisen und Stahl (FES).

Änderungen

Gegenüber DIN EN 10083-1:1996-10, DIN EN 10083-3:1996-02 und DIN 17212:1972-08 wurden folgende Änderungen vorgenommen:

a) Mit der vorliegenden Überarbeitung der DIN EN 10083-1 bis -3 wurde eine Neukonzeption der thematischen Gliederung umgesetzt. Die frühere Gliederung in:
Teil 1: Technische Lieferbedingungen für Edelstähle,
Teil 2: Technische Lieferbedingungen für unlegierte Qualitätsstähle,
Teil 3: Technische Lieferbedingungen für Borstähle
wurde aufgegeben zu Gunsten der Neugliederung in:
Teil 1: Allgemeine technische Lieferbedingungen,
Teil 2: Technische Lieferbedingungen für unlegierte Stähle,
Teil 3: Technische Lieferbedingungen für legierte Stähle.
Die damit verbundene thematische Straffung konnte erreicht werden, indem die früher in allen drei Normen vorhandenen Bilder zur Lage der Proben und Probenabschnitte ebenso wie die in allen drei Normen vorhandenen Anhänge „Ermittlung des maßgeblichen Wärmebehandlungsdurchmessers", „Verzeichnisse weiterer Normen", „Für Erzeugnisse nach dieser Europäischen Norm in Betracht kommende Maßnormen" und „Ermittlung des Gehaltes an nichtmetallischen Einschlüssen" jetzt nur noch im Teil 1, den allgemeinen technischen Lieferbedingungen, zu finden sind. Lediglich die speziell den unlegierten bzw. legierten Vergütungsstählen zuzuordnenden Diagramme und Anhänge wurden in den jeweiligen Teilen 2 und 3 belassen.

b) In den Anwendungsbereich dieser Normen wurden zusätzlich die Stähle für das Flamm- und Induktionshärten aufgenommen.

c) Bei den legierten Vergütungsstählen wurden die Sorten 38CrS2, 46CrS2, 36CrNiMo4 gestrichen. Dafür wurden die Sorten 35NiCr6, 39NiCrMo3 und 30NiCrMo16-6 neu aufgenommen.

d) Den Nachweis der Härtbarkeit kann der Hersteller jetzt auch mittels Berechnung aufgrund einer Berechnungsformel erbringen.

e) Norm wurde redaktionell überarbeitet.

Gegenüber DIN EN 10083-3:2006-10 wurden folgende Berichtigungen vorgenommen:

a) Das nationale Vorwort wurde korrigiert.

Frühere Ausgaben

DIN 1661: 1924-09, 1929-06
DIN 1662: 1928-07, 1930-06
DIN 1662 Bbl. 5, Bbl. 6, Bbl. 8 bis Bbl. 11: 1932-05
DIN 1663: 1936-05, 1939x-12

2

DIN 1663 Bbl. 5, Bbl. 7 bis Bbl. 9: 1937x-02
DIN 1665: 1941-05
DIN 1667: 1943-11
DIN 17200 Bbl.: 1952-05
DIN 17200: 1951-12, 1969-12, 1984-11, 1987-03
DIN 17212: 1972-08
DIN EN 10083-1: 1991-10, 1996-10
DIN EN 10083-3: 1996-02, 2006-10

3

EUROPÄISCHE NORM

EUROPEAN STANDARD

NORME EUROPÉENNE

EN 10083-3

August 2006

ICS 77.140.10

Ersatz für EN 10083-3:1995

Deutsche Fassung

Vergütungsstahle —
Teil 3: Technische Lieferbedingungen für legierte Stähle

Steels for quenching and tempering —
Part 3: Technical delivery conditions for alloy steels

Aciers pour trempe et revenu —
Partie 3: Conditions techniques de livraison des aciers alliés

Diese Europäische Norm wurde vom CEN am 30. Juni 2006 angenommen.

Die CEN-Mitglieder sind gehalten, die CEN/CENELEC-Geschäftsordnung zu erfüllen, in der die Bedingungen festgelegt sind, unter denen dieser Europäischen Norm ohne jede Änderung der Status einer nationalen Norm zu geben ist. Auf dem letzten Stand befindliche Listen dieser nationalen Normen mit ihren bibliographischen Angaben sind beim Management-Zentrum oder bei jedem CEN-Mitglied auf Anfrage erhältlich.

Diese Europäische Norm besteht in drei offiziellen Fassungen (Deutsch, Englisch, Französisch). Eine Fassung in einer anderen Sprache, die von einem CEN-Mitglied in eigener Verantwortung durch Übersetzung in seine Landessprache gemacht und dem Management-Zentrum mitgeteilt worden ist, hat den gleichen Status wie die offiziellen Fassungen.

CEN-Mitglieder sind die nationalen Normungsinstitute von Belgien, Dänemark, Deutschland, Estland, Finnland, Frankreich, Griechenland, Irland, Island, Italien, Lettland, Litauen, Luxemburg, Malta, den Niederlanden, Norwegen, Österreich, Polen, Portugal, Rumänien, Schweden, der Schweiz, der Slowakei, Slowenien, Spanien, der Tschechischen Republik, Ungarn, dem Vereinigten Königreich und Zypern.

EUROPÄISCHES KOMITEE FÜR NORMUNG
EUROPEAN COMMITTEE FOR STANDARDIZATION
COMITÉ EUROPÉEN DE NORMALISATION

Management-Zentrum: rue de Stassart, 36   B-1050 Brüssel

Inhalt

2

Vorwort

Dieses Dokument (EN 10083-3:2006) wurde vom Technischen Komitee ECISS/TC 23 „Für eine Wärmebehandlung bestimmte Stähle, legierte Stähle und Automatenstähle - Gütenormen" erarbeitet, dessen Sekretariat vom DIN gehalten wird.

Diese Europäische Norm muss den Status einer nationalen Norm erhalten, entweder durch Veröffentlichung eines identischen Textes oder durch Anerkennung bis Februar 2007, und etwaige entgegenstehende nationale Normen müssen bis Februar 2007 zurückgezogen werden.

Zusammen mit Teil 1 und Teil 2 dieser Norm ist dieser Teil 3 das Ergebnis der Überarbeitung folgender Europäischer Normen:

EN 10083-1:1991 + A1:1996, *Vergütungsstähle — Teil 1: Technische Lieferbedingungen für Edelstähle*

EN 10083-2:1991 + A1:1996, *Vergütungsstähle — Teil 2: Technische Lieferbedingungen für unlegierte Qualitätsstähle*

EN 10083-3:1995, *Vergütungsstähle — Teil 3: Technische Lieferbedingungen für Borstähle*

und der

EURONORM 86-70, *Stähle zum Flamm- und Induktionshärten — Gütevorschriften*

Entsprechend der CEN/CENELEC-Geschäftsordnung sind die nationalen Normungsinstitute der folgenden Länder gehalten, diese Europäische Norm zu übernehmen: Belgien, Dänemark, Deutschland, Estland, Finnland, Frankreich, Griechenland, Irland, Island, Italien, Lettland, Litauen, Luxemburg, Malta, Niederlande, Norwegen, Österreich, Polen, Portugal, Rumänien, Schweden, Schweiz, Slowakei, Slowenien, Spanien, Tschechische Republik, Ungarn, Vereinigtes Königreich und Zypern.

3

1 Anwendungsbereich

Dieser Teil der EN 10083 enthält in Ergänzung zu Teil 1 die allgemeinen technischen Lieferbedingungen für

— Halbzeug, warmgeformt, zum Beispiel Vorblöcke, Knüppel, Vorbrammen (siehe Anmerkungen 2 und 3 in EN 10083-1:2006, Abschnitt 1),

— Stabstahl (siehe Anmerkung 2 in EN 10083-1:2006, Abschnitt 1),

— Walzdraht,

— Breitflachstahl,

— warmgewalztes Blech und Band,

— Schmiedestücke (siehe Anmerkung 2 in EN 10083-1:2006, Abschnitt 1),

hergestellt aus legierten Vergütungsstählen und legierten Stählen zum Flamm- und Induktionshärten, welche in einem der für die verschiedenen Erzeugnisformen in Tabelle 1, Zeilen 2 bis 6 angegebenen Wärmebehandlungszustände und in einer der in Tabelle 2 angegebenen Oberflächenausführungen geliefert werden.

Die Stähle sind im Allgemeinen zur Herstellung vergüteter, flamm- oder induktionsgehärteter Maschinenteile vorgesehen.

Die Anforderungen an die in dieser Europäischen Norm gegebenen mechanischen Eigenschaften beschränken sich auf die in der Tabelle 8 angegebenen Maße.

ANMERKUNG   Diese Norm gilt nicht für Blankstahlprodukte. Für Blankstahl gelten die EN 10277-1 und die EN 10277-5.

In Sonderfällen können bei der Anfrage und Bestellung Abweichungen von oder Zusätze zu diesen technischen Lieferbedingungen vereinbart werden (siehe Anhang A).

2 Normative Verweisungen

Die folgenden zitierten Dokumente sind für die Anwendung dieses Dokuments erforderlich. Bei datierten Verweisungen gilt nur die in Bezug genommene Ausgabe. Bei undatierten Verweisungen gilt die letzte Ausgabe des in Bezug genommenen Dokuments (einschließlich aller Änderungen).

EN 10002-1, *Metallische Werkstoffe — Zugversuch — Teil 1: Prüfverfahren bei Raumtemperatur*

EN 10020, *Begriffsbestimmungen für die Einteilung der Stähle*

EN 10027-1, *Bezeichnungssysteme für Stähle — Teil 1: Kurznamen*

EN 10027-2, *Bezeichnungssysteme für Stähle — Teil 2: Nummernsystem*

EN 10045-1, *Metallische Werkstoffe — Kerbschlagbiegeversuch nach Charpy — Teil 1: Prüfverfahren*

EN 10083-1:2006, *Vergütungsstähle — Teil 1: Allgemeine technische Lieferbedingungen*

EN 10160, *Ultraschallprüfung von Flacherzeugnissen aus Stahl mit einer Dicke größer oder gleich 6 mm (Reflexionsverfahren)*

EN 10163-2, *Lieferbedingungen für die Oberflächenbeschaffenheit von warmgewalzten Stahlerzeugnissen (Blech, Breitflachstahl und Profile) — Teil 2: Blech und Breitflachstahl*

4

EN 10204, *Metallische Erzeugnisse — Arten von Prüfbescheinigungen*

EN 10221, *Oberflächengüteklassen für warmgewalzten Stabstahl und Walzdraht — Technische Lieferbedingungen*

CR 10261, *ECISS Mitteilungen 11 — Eisen und Stahl — Überblick über die verfügbaren chemischen Analyseverfahren*

EN 10308, *Zerstörungsfreie Prüfung — Ultraschallprüfung von Stäben aus Stahl*

EN ISO 377, *Stahl und Stahlerzeugnisse — Lage und Vorbereitung von Probenabschnitten und Proben für mechanische Prüfungen (ISO 377:1997)*

EN ISO 642, *Stahl — Stirnabschreckversuch (Jominy-Versuch) (ISO 642:1999)*

EN ISO 643, *Stahl — Mikrophotographische Bestimmung der scheinbaren Korngröße (ISO 643:2003)*

EN ISO 3887, *Stahl — Bestimmung der Entkohlungstiefe (ISO 3887:2003)*

EN ISO 6506-1, *Metallische Werkstoffe — Härteprüfung nach Brinell — Teil 1: Prüfverfahren (ISO 6506-1:2005)*

EN ISO 6508-1:2005, *Metallische Werkstoffe — Härteprüfung nach Rockwell — Teil 1: Prüfverfahren (Skalen A, B, C, D, E, F, G, H, K, N, T) (ISO 6508-1:2005)*

EN ISO 14284, *Stahl und Eisen — Entnahme und Vorbereitung von Proben für die Bestimmung der chemischen Zusammensetzung (ISO 14284:1996)*

3 Begriffe

Für die Anwendung dieses Dokuments gelten die in EN 10083-1:2006 angegebenen Begriffe.

4 Einteilung und Bezeichnung

4.1 Einteilung

Alle Stahlsorten sind entsprechend der EN 10020 als legierte Edelstähle zu bezeichnen.

4.2 Bezeichnung

4.2.1 Kurzname

Für die in diesem Dokument enthaltenen Stahlsorten sind die in den entsprechenden Tabellen angegebenen Kurznamen nach EN 10027-1 gebildet.

4.2.2 Werkstoffnummern

Für die in diesem Dokument enthaltenen Stahlsorten sind die in den entsprechenden Tabellen angegebenen Werkstoffnummern nach EN 10027-2 gebildet.

5

5 Bestellangaben

5.1 Verbindliche Angaben

Siehe EN 10083-1:2006, 5.1.

5.2 Optionen

Eine Anzahl von Optionen ist in diesem Dokument festgelegt und nachstehend aufgeführt. Falls der Besteller nicht ausdrücklich seinen Wunsch zur Berücksichtigung einer dieser Optionen äußert, muss nach den Grundanforderungen dieser Europäischen Norm geliefert werden.

a) besondere Wärmebehandlungszustände (siehe 6.3.2);

b) besondere Oberflächenausführung (siehe 6.3.3);

c) etwaige Überprüfung der Stückanalyse (siehe 7.1.1.2 und A.5);

d) etwaige Anforderungen an die Härtbarkeit (+H, +HH, +HL) (siehe 7.1.3) und falls vereinbart die Information zur Berechnung der Härtbarkeit (siehe 10.3.2);

e) etwaige Überprüfung der mechanischen Eigenschaften an Referenzproben im vergüteten (+QT) Zustand (siehe A.1);

f) etwaige Überprüfung des Feinkorns (siehe 7.4 und A.2);

g) etwaige Anforderungen hinsichtlich der Überprüfung nichtmetallischer Einschlüsse (siehe 7.4 und A.3);

h) etwaige Anforderungen hinsichtlich der inneren Beschaffenheit (siehe 7.5 und A.4);

i) etwaige Anforderungen hinsichtlich der Oberflächenbeschaffenheit (siehe 7.6.3);

j) etwaige Anforderungen bezüglich der erlaubten Entkohlungstiefe (siehe 7.6.4);

k) Eignung der Stäbe oder des Walzdrahtes zum Blankziehen (siehe 7.6.5);

l) etwaige Anforderungen hinsichtlich der Entfernung von Oberflächenfehlern (siehe 7.6.6);

m) Überprüfung der Oberflächenbeschaffenheit und der Maße ist durch den Käufer beim Hersteller durchzuführen (siehe 8.1.4);

n) etwaige Anforderungen hinsichtlich besonderer Kennzeichnung der Erzeugnisse (siehe Abschnitt 11 und A.6).

BEISPIEL
20 Rundstäbe mit dem Nenndurchmesser 20 mm und der Nennlänge 8000 mm entsprechend EN 10060 aus dem Stahl 25CrMo4 (1.7218) nach EN 10083-3 im Wärmebehandlungszustand +A, Abnahmeprüfzeugnis 3.1 nach EN 10204

20 Rundstäbe EN 10060 — 20×8000
EN 10083-3 — 25CrMo4+A
EN 10204 — 3.1
oder

20 Rundstäbe EN 10060 — 20×8000
EN 10083-3 — 1.7218+A
EN 10204 — 3.1

6

6 Herstellverfahren

6.1 Allgemeines

Das Verfahren zur Herstellung des Stahles und der Erzeugnisse bleibt, mit den Einschränkungen nach 6.2 und 6.4, dem Hersteller überlassen.

6.2 Desoxidation

Alle Stähle müssen beruhigt sein.

6.3 Wärmebehandlung und Oberflächenausführung bei der Lieferung

6.3.1 Unbehandelter Zustand

Falls bei der Anfrage und Bestellung nicht anders vereinbart, werden die Erzeugnisse im unbehandelten Zustand, d. h. im warmgeformten Zustand geliefert.

ANMERKUNG   Je nach Erzeugnisform und Maßen sind nicht alle Stahlsorten im warmgeformten, unbehandelten Zustand lieferbar (z. B. Stahlsorte 30CrNiMo8).

6.3.2 Besonderer Wärmebehandlungszustand

Falls bei der Anfrage und Bestellung vereinbart, müssen die Erzeugnisse in einem der in den Zeilen 3 bis 6 der Tabelle 1 angegebenen Wärmebehandlungszustände geliefert werden.

6.3.3 Besondere Oberflächenausführung

Falls bei der Anfrage und Bestellung vereinbart, müssen die Erzeugnisse in einer der in den Zeilen 3 bis 7 der Tabelle 2 angegebenen besonderen Oberflächenausführungen geliefert werden.

6.4 Schmelzentrennung

Innerhalb einer Lieferung müssen die Erzeugnisse nach Schmelzen getrennt sein.

7 Anforderungen

7.1 Chemische Zusammensetzung, Härtbarkeit und mechanische Eigenschaften

7.1.1 Allgemeines

Tabelle 1 zeigt Kombinationen üblicher Wärmebehandlungszustände bei Lieferung, Erzeugnisformen und Anforderungen entsprechend den Tabellen 3 bis 8.

Edelstähle dürfen mit oder ohne Anforderungen an die Härtbarkeit geliefert werden (siehe Tabelle 1, Spalten 8 und 9), ausgenommen sind Edelstähle, die bereits im vergüteten Zustand geliefert werden.

7.1.2 Chemische Zusammensetzung

7.1.2.1   Für die chemische Zusammensetzung nach der Schmelzenanalyse gelten die Angaben in Tabelle 3.

7.1.2.2   Die Stückanalyse darf von den angegebenen Grenzwerten der Schmelzenanalyse um die in Tabelle 4 aufgeführten Werte abweichen.

Die Stückanalyse muss durchgeführt werden, wenn sie bei der Bestellung vereinbart wurde (siehe A.5).

7

7.1.3 Härtbarkeit

Falls der Stahl unter Verwendung der angegebenen Kennbuchstaben mit den normalen (+H) bzw. eingeschränkten (+HL, +HH) Härtbarkeitsanforderungen bestellt wird, gelten die in den Tabellen 5 oder 6 angegebenen Werte der Härtbarkeit.

7.1.4 Mechanische Eigenschaften

Falls der Stahl ohne Härtbarkeitsanforderungen bestellt wird, gelten für den vergüteten Zustand die Anforderungen an die mechanischen Eigenschaften nach Tabelle 8.

In diesem Fall sind die in Tabelle 5 angegebenen Werte zur Härtbarkeit als Anhaltswerte anzusehen.

Die Werte für die mechanischen Eigenschaften nach Tabelle 8 gelten für Proben im vergüteten Wärmebehandlungszustand, die entsprechend dem Bild 1 oder den Bildern 2 und 3 der EN 10083-1:2006 entnommen und vorbereitet wurden (siehe auch Fußnote a in Tabelle 1).

7.1.5 Oberflächenhärte

Für die Härte von oberflächengehärteten Stählen zum Flamm- oder Induktionshärten gelten die Festlegungen nach Tabelle 9.

7.2 Bearbeitbarkeit

Alle Stähle sind im Zustand weichgeglüht (+A) bearbeitbar. Falls eine verbesserte Bearbeitbarkeit verlangt wird, sollten Sorten mit einer Spanne für den Schwefelanteil bestellt werden und/oder mit einer Behandlung zur verbesserten Bearbeitbarkeit (z. B. Ca-Behandlung) (siehe Tabelle 3, Fußnote c).

7.3 Scherbarkeit von Halbzeug und Stabstahl

7.3.1 Unter geeigneten Bedingungen (Vermeidung örtlicher Spannungsspitzen, Vorwärmen, Verwendung von Messern mit dem an das Erzeugnis angepassten Profil usw.) sind alle Stahlsorten im weichgeglühten Zustand (+A) (siehe jedoch Fußnote f in Tabelle 7) scherbar.

7.3.2 Die Stahlsorten ohne Bor bis hin zu 42CrMoS4 und die borlegierten Stähle 33MnCrB5-2 und 39MnCrB6-2 (siehe Tabelle 7) und die entsprechenden Sorten mit Anforderungen an die Härtbarkeit (siehe Tabelle 5 und Tabelle 6) sind unter geeigneten Bedingungen scherbar, wenn sie im Zustand „behandelt auf Scherbarkeit" (+S) mit den Härteanforderungen nach Tabelle 7 geliefert werden.

7.3.3 Unter geeigneten Bedingungen sind die Stahlsorten 20MnB5, 30MnB5, 38MnB5 und 27MnCrB5-2 und entsprechende Sorten mit Anforderungen an die Härtbarkeit (siehe Tabelle 5) im unbehandelten Zustand scherbar.

7.4 Gefüge

7.4.1 Alle Stähle müssen eine Austenitkorngöße von 5 oder feiner aufweisen, falls sie entsprechend EN ISO 643 geprüft werden. Zur Überprüfung siehe A.2.

7.4.2 Die Stähle müssen einen Reinheitsgrad entsprechend Edelstahlqualität aufweisen (siehe A.3 und EN 10083-1:2006, Anhang E).

7.5 Innere Beschaffenheit

Falls erforderlich, sind bei der Anfrage und Bestellung Anforderungen an die innere Beschaffenheit der Erzeugnisse zu vereinbaren, möglichst mit Bezug zu Europäischen Normen. In EN 10160 sind die Anforderungen an die Ultraschallprüfung von Flacherzeugnissen mit einer Dicke größer oder gleich 6 mm und in EN 10308 sind die Anforderungen an die Ultraschallprüfung von Stabstahl festgelegt (siehe A.4).

8

7.6 Oberflächenbeschaffenheit

7.6.1 Alle Erzeugnisse müssen eine dem angewandten Herstellungsverfahren entsprechende glatte Oberfläche haben, siehe auch 6.3.3.

7.6.2 Kleinere Ungänzen, wie sie auch unter üblichen Herstellbedingungen auftreten können, wie z. B. von eingewalztem Zunder herrührende Narben bei warmgewalzten Erzeugnissen, sind nicht als Fehler zu betrachten.

7.6.3 Soweit erforderlich, sind Anforderungen bezüglich der Oberflächengüte der Erzeugnisse, möglichst unter Bezugnahme auf Europäische Normen, bei der Anfrage und Bestellung zu vereinbaren.

Blech und Breitflachstahl werden mit der Oberflächengüteklasse A, Untergruppe 1 entsprechend EN 10163-2 geliefert, sofern bei der Anfrage und Bestellung nichts anderes vereinbart wurde.

Stabstahl und Walzdraht werden mit der Oberflächengüteklasse A nach EN 10221 geliefert, sofern bei der Anfrage und Bestellung nichts anderes vereinbart wurde.

7.6.4 Bei der Anfrage und Bestellung können Anforderungen an die zulässige Entkohlungstiefe vereinbart werden.

Die Ermittlung der Entkohlungstiefe erfolgt nach dem in EN ISO 3887 beschriebenen mikroskopischen Verfahren.

7.6.5 Falls für Stabstahl und Walzdraht die Eignung zum Blankziehen gefordert wird, ist dies bei der Anfrage und Bestellung zu vereinbaren.

7.6.6 Ausbessern von Oberflächenfehlern durch Schweißen ist nur mit Zustimmung des Bestellers oder seines Beauftragten zulässig.

Falls Oberflächenfehler ausgebessert werden, ist die Art und die zulässige Tiefe des Fehlerausbesserns bei der Anfrage und Bestellung zu vereinbaren.

7.7 Maße, Grenzabmaße und Formtoleranzen

Die Nennmaße, Grenzabmaße und Formtoleranzen der Erzeugnisse sind bei der Anfrage und Bestellung zu vereinbaren, möglichst unter Bezugnahme auf die dafür geltenden Maßnormen (siehe EN 10083-1:2006, Anhang D).

8 Prüfung

8.1 Art der Prüfung und Prüfbescheinigungen

8.1.1 Erzeugnisse nach dieser Europäischen Norm sind zu bestellen und zu liefern mit einer der Prüfbescheinigungen nach EN 10204. Die Art der Prüfbescheinigung ist bei der Anfrage und Bestellung zu vereinbaren. Falls die Bestellung keine derartige Festlegung enthält, wird ein Werkzeugnis ausgestellt.

8.1.2 Für die in einem Werkzeugnis aufzuführenden Informationen siehe EN 10083-1:2006, 8.1.2.

8.1.3 Für die in einem Abnahmeprüfzeugnis aufzuführenden Informationen siehe EN 10083-1:2006, 8.1.3.

8.1.4 Falls bei der Bestellung nicht anders vereinbart, wird die Prüfung der Oberflächenqualität und der Maße durch den Hersteller vorgenommen.

9

8.2 Häufigkeit der Prüfungen

8.2.1 Probenahme

Die Probenahme muss entsprechend Tabelle 10 erfolgen.

8.2.2 Prüfeinheiten

Die Prüfeinheiten und das Ausmaß der Prüfungen müssen entsprechend Tabelle 10 erfolgen.

8.3 Spezifische Prüfungen

8.3.1 Nachweis der Härtbarkeit, Härte und der mechanischen Eigenschaften

Für Stähle, die ohne die Anforderungen an die Härtbarkeit bestellt werden, d. h. ohne die Kennbuchstaben +H, +HH oder +HL, sind Anforderungen an die Härte oder die mechanischen Eigenschaften entsprechend dem in Tabelle 1, Spalte 8, Abschnitt 2 angegebenen Wärmebehandlungszustand nachzuweisen, mit der folgenden Ausnahme. Die in Tabelle 1, Fußnote a (mechanische Eigenschaften an Referenzproben) gegebene Anforderung ist nur nachzuweisen, falls die zusätzliche Anforderung A.1 bestellt wurde.

Für Stähle, die mit den Kennbuchstaben +H, +HH oder +HL (siehe Tabellen 5 und 6) bestellt werden, sind, falls nicht anders vereinbart, nur die Anforderungen an die Härtbarkeit nach den Tabellen 5 oder 6 nachzuweisen.

8.3.2 Besichtigung und Maßkontrolle

Eine ausreichende Zahl von Erzeugnissen ist zu prüfen, um die Erfüllung der Spezifikation sicherzustellen.

9 Probenvorbereitung

9.1 Probenahme und Probenvorbereitung für die chemische Analyse

Die Probenvorbereitung für die Stückanalyse ist in Übereinstimmung mit EN ISO 14284 vorzunehmen.

9.2 Lage und Orientierung der Probenabschnitte und Proben für die mechanische Prüfung

9.2.1 Vorbereitung der Probenabschnitte

Die Vorbereitung der Probenabschnitte ist entsprechend Tabelle 10 und EN 10083-1:2006, 9.2.1 durchzuführen.

9.2.2 Vorbereitung der Probenstücke

Die Vorbereitung der Proben ist entsprechend Tabelle 10 und EN 10083-1:2006, 9.2.2 durchzuführen.

9.3 Lage und Vorbereitung der Probenabschnitte für Prüfungen der Härte und Härtbarkeit

Siehe Tabelle 10.

9.4 Kennzeichnung der Probenabschnitte und Proben

Die Probenabschnitte und Proben sind so zu kennzeichnen, dass ihre Herkunft und die ursprüngliche Lage und Orientierung im Erzeugnis zu erkennen sind.

10

10 Prüfverfahren

10.1 Chemische Analyse

Siehe EN 10083-1:2006, 10.1.

10.2 Mechanische Prüfung

Siehe Tabelle 10 und EN 10083-1:2006, 10.2.

10.3 Nachweis der Härte und Härtbarkeit

10.3.1 Härte im Wärmebehandlungszustand +A und +S

Für Erzeugnisse im Zustand +A (weichgeglüht) und +S (behandelt auf Scherbarkeit) ist die Härte gemäß EN ISO 6506-1 zu messen.

10.3.2 Überprüfung der Härtbarkeit

Sofern eine Berechnungsformel verfügbar ist, hat der Hersteller die Möglichkeit, die Härtbarkeit durch Berechnung nachzuweisen. Das Berechnungsverfahren bleibt dem Hersteller überlassen. Falls bei der Anfrage und Bestellung vereinbart, muss der Hersteller dem Kunden Angaben zur Berechnung machen, damit dieser das Ergebnis bestätigen kann.

Falls keine Berechnungsformel verfügbar ist oder im Schiedsfall muss ein Stirnabschreckversuch in Übereinstimmung mit EN ISO 642 durchgeführt werden. Die Abschrecktemperatur muss die Bedingungen der Tabelle 11 erfüllen. Die Härtewerte sind in Übereinstimmung mit EN ISO 6508-1, Skala C zu ermitteln.

10.3.3 Oberflächenhärte

Die Oberflächenhärte von Stählen nach dem Flamm- oder Induktionshärten (siehe Tabelle 9) ist entsprechend EN ISO 6508-1, Skala C zu bestimmen.

10.4 Wiederholungsprüfung

Für Wiederholungsprüfungen siehe EN 10083-1:2006, 10.4.

11 Markierung, Kennzeichnung und Verpackung

Der Hersteller hat die Erzeugnisse oder Bunde oder Pakete in angemessener Weise so zu kennzeichnen, dass die Bestimmung der Schmelze, der Stahlsorte und der Herkunft der Lieferung möglich ist (siehe A.6).

11

Tabelle 1 — Kombination von üblichen Wärmebehandlungszuständen bei der Lieferung, Erzeugnisformen und Anforderungen nach Tabellen 3 bis 8

	1	2	3	4	5	6	7	8		9		
			x bedeutet, dass in Betracht kommend für					In Betracht kommende Anforderungen falls ein Stahl bestellt wird mit einer Bezeichnung nach				
								Tabelle 3		Tabelle 5 oder 6		
	Wärmebehandlungszustand bei der Lieferung	Kennbuchstabe	Halbzeug	Stabstahl	Walzdraht	Flacherzeugnisse	Freiform- und Gesenkschmiedestücke	8.1	8.2	9.1	9.2	9.3
1	unbehandelt	ohne Kennbuchstabe oder +U	x	x	x	x	x	Chemische Zusammensetzung nach den Tabellen 3 und 4	Höchsthärte nach [a]	Wie in Spalte 8.1 und 8.2 (siehe Fußnote b in Tabelle 3)		Härtbarkeitswerte entsprechend den Tabellen 5 oder 6
2	behandelt auf Scherbarkeit	+S	x	x	—	x	—		Tabelle 7 Spalte +S [a]			
3	weichgeglüht	+A	x	x	x	x [b]	x		Tabelle 7 Spalte +A [a]			
4	vergütet	+QT	—	x	x	x [b]	x	Mechanische Eigenschaften nach	Tabelle 8	Nicht anwendbar		
5	sonstige	Andere Behandlungszustände, z. B. bestimmte Glühbehandlungen zur Erzielung eines bestimmten Gefüges, können bei der Anfrage und Bestellung vereinbart werden. Der Behandlungszustand gegluht auf kugeliger Karbide (+AC), wie er für das Kaltstauchen und Kaltfließpressen verlangt wird, ist in EN 10263-4 aufgeführt.										

[a] Bei Lieferungen im unbehandelten Zustand sowie in den Zuständen „behandelt auf Scherbarkeit" und „weichgeglüht" müssen für den maßgeblichen Endquerschnitt nach sachgemäßer Wärmebehandlung die in der Tabelle 8 angegebenen mechanischen Eigenschaften erreichbar sein (wegen des Nachweises an Bezugsproben, siehe A.1).

[b] Nicht alle Formen der Flacherzeugnisse können in diesem Wärmebehandlungszustand geliefert werden.

Tabelle 2 — Oberflächenausführungen bei der Lieferung

	1	2	3	4	5	6	7	8	9
	Oberflächenausführung bei der Lieferung		Kennbuchstabe	x bedeutet, dass im Allgemeinen in Betracht kommend für					Anmerkungen
				Halbzeuge (wie Vorblöcke, Knüppel)	Stabstahl	Walzdraht	Flacherzeugnisse	Freiform- und Gesenkschmiedestücke (siehe Anmerkung 2 in EN 10083-1:2006, Abschnitt 1)	
2	Wenn nicht anders vereinbart	warmgeformt	ohne Kennbuchstabe oder +HW	x	x	x	x	x	—
3	Nach entsprechender Vereinbarung zu liefernde besondere Ausführungen	unverformter Strangguss	+CC	x	—	—	—	—	—
4		warmgeformt und gebeizt	+PI	x	x	x	x	x	a
5		warmgeformt und gestrahlt	+BC	x	x	x	x	x	a
6		warmgeformt und vorbearbeitet	+RM	—	x	x	—	x	—
7		sonstige	—	—	—	—	—	—	—

[a] Zusätzlich kann auch eine Oberflächenbehandlung, z. B. Ölen, Kälken oder Phosphatieren, vereinbart werden.

13

EN 10083-3:2006 (D)

Tabelle 3 — Stahlsorten und chemische Zusammensetzung (Schmelzenanalyse)

| Stahlbezeichnung | | Chemische Zusammensetzung (Massenanteil in %)[a,b] | | | | | | | | | |
Kurzname	Werkstoff-nummern	C	Si max.	Mn	P max.	S	Cr	Mo	Ni	V	B
						Stähle ohne Bor[c]					
38Cr2	1.7003	0,35 bis 0,42	0,40	0,50 bis 0,80	0,025	max. 0,035	0,40 bis 0,60	—	—	—	—
46Cr2	1.7006	0,42 bis 0,50	0,40	0,50 bis 0,80	0,025	max. 0,035	0,40 bis 0,60	—	—	—	—
34Cr4	1.7033	0,30 bis 0,37	0,40	0,60 bis 0,90	0,025	max. 0,035	0,90 bis 1,20	—	—	—	—
34CrS4	1.7037		0,40		0,025	0,020 bis 0,040					
37Cr4	1.7034	0,34 bis 0,41	0,40	0,60 bis 0,90	0,025	max. 0,035	0,90 bis 1,20	—	—	—	—
37CrS4	1.7038					0,020 bis 0,040					
41Cr4	1.7035	0,38 bis 0,45	0,40	0,60 bis 0,90	0,025	max. 0,035	0,90 bis 1,20	—	—	—	—
41CrS4	1.7039					0,020 bis 0,040					
25CrMo4	1.7218	0,22 bis 0,29	0,40	0,60 bis 0,90	0,025	max. 0,035	0,90 bis 1,20	0,15 bis 0,30	—	—	—
25CrMoS4	1.7213					0,020 bis 0,040					
34CrMo4	1.7220	0,30 bis 0,37	0,40	0,60 bis 0,90	0,025	max. 0,035	0,90 bis 1,20	0,15 bis 0,30	—	—	—
34CrMoS4	1.7226					0,020 bis 0,040					
42CrMo4	1.7225	0,38 bis 0,45	0,40	0,60 bis 0,90	0,025	max. 0,035	0,90 bis 1,20	0,15 bis 0,30	—	—	—
42CrMoS4	1.7227					0,020 bis 0,040					
50CrMo4	1.7228	0,46 bis 0,54	0,40	0,50 bis 0,80	0,025	max. 0,035	0,90 bis 1,20	0,15 bis 0,30	—	—	—
34CrNiMo6	1.6582	0,30 bis 0,38	0,40	0,50 bis 0,80	0,025	max. 0,035	1,30 bis 1,70	0,15 bis 0,30	1,30 bis 1,70	—	—
30CrNiMo8	1.6580	0,26 bis 0,34	0,40	0,50 bis 0,80	0,025	max. 0,035	1,80 bis 2,20	0,30 bis 0,50	1,80 bis 2,20	—	—
35NiCr6	1.5815	0,30 bis 0,37	0,40	0,60 bis 0,90	0,025	max. 0,025	0,80 bis 1,10	—	1,20 bis 1,60	—	—
36NiCrMo16	1.6773	0,32 bis 0,39	0,40	0,50 bis 0,80	0,025	max. 0,025	1,60 bis 2,00	0,25 bis 0,45	3,6 bis 4,1	—	—
39NiCrMo3	1.6510	0,35 bis 0,43	0,40	0,50 bis 0,80	0,025	max. 0,035	0,60 bis 1,00	0,15 bis 0,25	0,70 bis 1,00	—	—
30NiCrMo16-6	1.6747	0,26 bis 0,33	0,40	0,50 bis 0,80	0,025	max. 0,025	1,20 bis 1,50	0,30 bis 0,60	3,3 bis 4,3	—	—
51CrV4	1.8159	0,47 bis 0,55	0,40	0,70 bis 1,10	0,025	max. 0,025	0,90 bis 1,20	—	—	0,10 bis 0,25	—

Tabelle 3 (*fortgesetzt*)

| Stahlbezeichnung | | Chemische Zusammensetzung (Massenanteil in %)[a,b] | | | | | | | | | |
Kurzname	Werkstoff-nummern	C	Si max.	Mn	P max.	S	Cr	Mo	Ni	V	B
						Stähle mit Bor					
20MnB5	1.5530	0,17 bis 0,23	0,40	1,10 bis 1,40	0,025	max. 0,035	—	—	—	—	0,000 8 bis 0,005 0
30MnB5	1.5531	0,27 bis 0,33	0,40	1,15 bis 1,45	0,025	max. 0,035	—	—	—	—	0,000 8 bis 0,005 0
38MnB5	1.5532	0,36 bis 0,42	0,40	1,15 bis 1,45	0,025	max. 0,035	—	—	—	—	0,000 8 bis 0,005 0
27MnCrB5-2	1.7182	0,24 bis 0,30	0,40	1,10 bis 1,40	0,025	max. 0,035	0,30 bis 0,60	—	—	—	0,000 8 bis 0,005 0
33MnCrB5-2	1.7185	0,30 bis 0,36	0,40	1,20 bis 1,50	0,025	max. 0,035	0,30 bis 0,60	—	—	—	0,000 8 bis 0,005 0
39MnCrB6-2	1.7189	0,36 bis 0,42	0,40	1,40 bis 1,70	0,025	max. 0,035	0,30 bis 0,60	—	—	—	0,000 8 bis 0,005 0

[a] In dieser Tabelle nicht aufgeführte Elemente dürfen dem Stahl, außer zum Fertigbehandeln der Schmelze und für Bor zur Härtbarkeit, ohne Zustimmung des Bestellers nicht absichtlich zugesetzt werden. Es sind alle angemessenen Vorkehrungen zu treffen, um die Zufuhr solcher Elemente aus dem Schrott oder anderen bei der Herstellung verwendeten Stoffen zu vermeiden, die Härtbarkeit, die mechanischen Eigenschaften und die Verwendbarkeit beeinträchtigen.

[b] Falls Anforderungen an die Härtbarkeit (siehe Tabellen 5 und 6) oder an die mechanischen Eigenschaften im vergüteten Zustand (siehe Tabelle 8) gestellt werden, sind geringe Abweichungen von den Grenzen der Schmelzenanalyse erlaubt mit Ausnahme der Elemente Kohlenstoff, Phosphor und Schwefel; die Abweichungen dürfen nicht die Werte in Tabelle 4 überschreiten.

[c] Stähle mit verbesserter Bearbeitbarkeit infolge höherer Schwefelanteile bis zu etwa 0,10 % S (einschließlich aufgeschwefelter Stähle mit kontrollierten Anteilen an Einschlüssen (z. B. Ca-Behandlung)) können auf Anfrage geliefert werden. In diesem Fall darf die obere Grenze des Mangananteils um 0,15 % erhöht werden.

Tabelle 4 — Grenzabweichungen der Stückanalyse von den nach Tabelle 3 für die Schmelzenanalyse gültigen Grenzwerten

Element	Zulässiger Höchstgehalt in der Schmelzenanalyse Massenanteil in %		Grenzabweichung [a] Massenanteil in %
C		$\leq 0,55$	$\pm 0,02$
Si		$\leq 0,40$	$+ 0,03$
Mn		$\leq 1,00$	$\pm 0,04$
	$> 1,00$	$\leq 1,70$	$\pm 0,05$
P		$\leq 0,025$	$+ 0,005$
S		$\leq 0,040$	$+ 0,005$ [b]
Cr		$\leq 2,00$	$\pm 0,05$
	$> 2,00$	$\leq 2,20$	$\pm 0,10$
Mo		$\leq 0,30$	$\pm 0,03$
	$> 0,30$	$\leq 0,60$	$\pm 0,04$
Ni		$\leq 2,00$	$\pm 0,05$
	$> 2,00$	$\leq 4,3$	$\pm 0,07$
V		$\leq 0,25$	$\pm 0,02$
B		$\leq 0,005\,0$	$\pm 0,000\,3$

a $\pm$ bedeutet, dass bei einer Schmelze die obere oder die untere Grenze der für die Schmelzenanalyse in Tabelle 3 angegebenen Spanne überschritten werden darf, aber nicht beide gleichzeitig.

b   Für Stähle mit einer festgelegten Spanne an Schwefel (0,020 % bis 0,040 % entsprechend der Schmelzenanalyse) ist die erlaubte Abweichung $\pm$ 0,005 %.

16

Tabelle 5 — Grenzwerte für die Rockwell-C-Härte für Edelstähle mit (normalen) Härtbarkeitsanforderungen (+H-Sorten)

Stähle ohne Bor

Kurzname	Werkstoffnummer	Kennbuchstabe	Grenze der Spanne	1,5	3	5	7	9	11	13	15	20	25	30	35	40	45	50
38Cr2	1.7003	+H	max.	59	57	54	49	43	39	37	35	32	30	27	—	—	—	—
			min.	51	46	37	29	25	22	20	—	—	—	—	—	—	—	—
46Cr2	1.7006	+H	max.	63	61	59	57	53	47	42	39	36	33	32	—	—	—	—
			min.	54	49	40	32	28	25	23	22	20	—	—	—	—	—	—
34Cr4	1.7033	+H	max.	57	57	56	54	52	49	46	44	39	37	35	34	33	32	31
34Cr4S	1.7037		min.	49	48	45	41	35	32	29	27	23	21	20	—	—	—	—
37Cr4	1.7034	+H	max.	59	59	58	57	55	52	50	48	42	39	37	36	35	34	33
37CrS4	1.7038		min.	51	50	48	44	39	36	33	31	26	24	22	20	—	—	—
41Cr4	1.7035	+H	max.	61	61	60	59	58	56	54	52	46	42	40	38	37	36	35
41CrS4	1.7039		min.	53	52	50	47	41	37	34	32	29	26	23	21	—	—	—
25CrMo4	1.7218	+H	max.	52	52	51	50	48	46	43	41	37	35	33	32	31	31	31
25CrMoS4	1.7213		min.	44	43	40	37	34	32	29	27	23	21	20	—	—	—	—
34CrMo4	1.7220	+H	max.	57	57	57	56	55	54	53	52	48	45	43	41	40	40	39
34CrMoS4	1.7226		min.	49	49	48	45	42	39	36	34	30	28	27	26	25	24	24
42CrMo4	1.7225	+H	max.	61	61	61	60	60	59	59	58	56	53	51	48	47	46	45
42CrMoS4	1.7227		min.	53	53	52	51	49	43	40	37	34	32	31	30	30	29	29
50CrMo4	1.7228	+H	max.	65	65	64	64	63	63	63	62	61	60	58	57	55	54	54
			min.	58	58	57	55	54	53	51	48	45	41	39	38	37	36	36
34CrNiMo6	1.6582	+H	max.	58	58	58	57	57	57	57	57	57	57	57	57	57	57	57
			min.	50	50	50	49	49	48	48	48	48	47	47	47	46	45	44
30CrNiMo8	1.6580	+H	max.	56	56	56	56	56	55	55	55	55	54	54	54	54	54	54
			min.	48	48	48	47	47	47	47	46	46	45	45	44	44	43	43
35NiCr6	1.5815	+H	max.	58	58	58	57	57	55	55	55	53	53	50	50	—	—	—
			min.	49	49	49	48	48	44	44	44	40	40	35	35	—	—	—
36NiCrMo16	1.6773	+H	max.	57	56	56	56	56	56	55	55	55	55	55	55	55	55	55
			min.	50	49	48	48	48	48	47	47	47	47	47	47	47	47	47

Stahlbezeichnung · Abstand von der abgeschreckten Stirnfläche in mm · Härte in HRC

Tabelle 5 *(fortgesetzt)*

| Stahlbezeichnung | | Kennbuchstabe | Grenze der Spanne | Abstand von der abgeschreckten Stirnfläche in mm | | | | | | | | | | | | | | |
| Kurzname | Werkstoffnummer | | | Härte in HRC | | | | | | | | | | | | | | |
				1,5	3	5	7	9	11	13	15	20	25	30	35	40	45	50
Stähle ohne Bor *(fortgesetzt)*																		
39NiCrMo3	1.6510	+H	max.	60	60	59	58	58	57	57	56	55	52	51	49	48	46	45
			min.	52	51	50	49	48	46	44	43	39	36	34	33	32	31	30
30NiCrMo16-6	1.6747	+H	max.	55	55	55	54	54	54	54	54	53	53	53	53	53	53	53
			min.	47	47	47	46	46	46	46	46	45	45	45	45	45	45	45
51CrV4	1.8159	+H	max.	65	65	64	64	63	63	63	62	62	62	61	60	60	59	58
			min.	57	56	56	55	53	52	50	48	44	41	37	35	34	33	32
Stähle mit Bor																		
20MnB5	1.5530	+H	max.	50	49	49	49	47	45	43	41	33	27	—	—	—	—	—
			min.	42	41	40	37	30	22	—	—	—	—	—	—	—	—	—
30MnB5	1.5531	+H	max.	56	55	55	54	53	51	50	47	40	37	33	—	—	—	—
			min.	47	46	45	44	42	39	36	31	22	—	—	—	—	—	—
38MnB5	1.5532	+H	max.	60	60	59	58	57	57	55	53	48	41	37	33	31	—	—
			min.	52	51	50	49	47	44	41	35	28	24	20	—	—	—	—
27MnCrB5-2	1.7182	+H	max.	55	55	55	54	54	53	52	51	47	44	40	37	—	—	—
			min.	47	46	45	44	43	41	39	36	30	24	20	—	—	—	—
33MnCrB5-2	1.7185	+H	max.	57	57	57	57	57	56	55	54	53	50	47	45	—	—	—
			min.	48	47	47	46	45	44	43	41	36	31	25	20	—	—	—
39MnCrB6-2	1.7189	+H	max.	59	59	59	59	58	58	58	58	57	57	56	55	54	—	—
			min.	51	51	51	51	50	50	50	49	47	45	40	35	32	—	—

Tabelle 6 — Grenzwerte für die Rockwell-C-Härte für Edelstähle mit eingeengten Härtbarkeitsstreubändern (+HH- und +HL-Sorten)

Abstand von der abgeschreckten Stirnfläche in mm — Härte in HRC

Kurzname	Werkstoffnummer	Kennbuchstabe	Grenze der Spanne	1,5	3	5	7	9	11	13	15	20	25	30	35	40	45	50
38Cr2	1.7003	+HH	max.	59	57	54	49	43	39	37	35	32	30	27	25	24	23	22
		+HL	min.	54	50	43	36	31	28	26	24	21	–	–	–	–	–	–
46Cr2	1.7006	+HH	max.	63	61	59	57	53	47	42	39	36	33	32	31	30	29	29
		+HL	min.	57	53	46	40	36	32	29	28	25	22	21	20	–	–	–
34Cr4	1.7033	+HH	max.	57	57	56	54	52	49	46	44	39	37	35	34	33	32	31
		+HL	min.	52	51	49	45	41	38	35	33	28	26	25	24	23	22	21
34Cr4S	1.7037	+HH	max.	54	54	52	50	46	43	40	38	34	32	30	29	28	27	26
		+HL	min.	49	48	45	41	35	32	29	27	23	21	20	–	–	–	–
37Cr4	1.7034	+HH	max.	59	59	58	57	55	52	50	48	42	39	37	36	35	34	33
		+HL	min.	54	53	51	48	44	41	39	37	31	29	27	25	24	23	22
37CrS4	1.7038	+HH	max.	56	56	55	53	50	47	44	42	37	34	32	31	30	29	28
		+HL	min.	51	50	48	44	39	36	33	31	26	24	22	20	–	–	–
41Cr4	1.7035	+HH	max.	61	61	60	59	58	56	54	52	46	42	40	38	37	36	35
		+HL	min.	56	55	53	51	47	43	41	39	35	31	29	27	26	25	24
41CrS4	1.7039	+HH	max.	58	58	57	55	52	50	47	45	40	37	34	32	31	30	29
		+HL	min.	53	52	50	47	41	37	34	32	29	26	23	21	–	–	–
25CrMo4	1.7218	+HH	max.	52	52	51	50	48	46	43	41	37	35	33	32	31	31	31
		+HL	min.	47	46	44	41	39	37	34	32	28	26	24	23	22	22	22
25CrMoS4	1.7213	+HH	max.	49	49	47	46	43	41	38	36	32	30	29	28	27	27	27
		+HL	min.	44	43	40	37	34	32	29	27	23	21	20	20	–	–	–
34CrMo4	1.7220	+HH	max.	57	57	57	56	55	54	53	52	48	45	43	41	40	40	39
		+HL	min.	52	52	51	49	46	44	42	40	36	34	32	31	30	29	29
34CrMoS4	1.7226	+HH	max.	54	54	54	54	51	49	47	46	42	39	38	36	35	35	34
		+HL	min.	49	49	48	45	42	39	36	34	30	28	27	26	25	24	24
42CrMo4	1.7225	+HH	max.	61	61	61	60	60	59	59	58	56	53	51	48	47	46	45
		+HL	min.	56	56	55	54	52	48	46	44	41	39	38	36	35	35	34
42CrMoS4	1.7227	+HH	max.	58	58	58	57	56	54	53	51	49	46	44	42	41	40	40
		+HL	min.	53	53	52	51	49	43	40	37	34	32	31	30	30	29	29

EN 10083-3:2006 (D)

Tabelle 6 *(fortgesetzt)*

| Stahlbezeichnung | | Kennbuchstabe | Grenze der Spanne | Abstand von der abgeschreckten Stirnfläche in mm | | | | | | | | | | | | | | |
| Kurzname | Werkstoffnummer | | | Härte in HRC | | | | | | | | | | | | | | |
				1,5	3	5	7	9	11	13	15	20	25	30	35	40	45	50
50CrMo4	1.7228	+HH	max.	65	65	64	64	63	63	63	62	61	60	58	57	55	54	54
			min.	60	60	59	58	57	56	55	53	50	47	45	44	43	42	42
		+HL	max.	63	63	62	61	60	60	59	57	56	54	52	51	49	48	48
			min.	58	58	57	55	54	53	51	48	45	41	39	38	37	36	36
34CrNiMo6	1.6582	+HH	max.	58	58	58	58	57	57	57	57	57	57	57	57	57	57	57
			min.	53	53	53	53	52	51	51	51	51	50	50	50	50	49	48
		+HL	max.	55	55	55	55	54	54	54	54	54	54	54	54	53	53	53
			min.	50	50	50	50	49	48	48	48	48	47	47	47	46	45	44
30CrNiMo8	1.6580	+HH	max.	56	56	56	56	55	55	55	55	55	54	54	54	54	54	54
			min.	51	51	51	51	50	50	50	49	49	48	48	47	47	47	47
		+HL	max.	53	53	53	53	52	52	52	52	52	51	51	51	51	50	50
			min.	48	48	48	48	47	47	47	46	46	45	45	44	44	43	43
35NiCr6	1.5815	+HH	max.	58	58	58	57	57	55	55	55	53	53	50	50	—	—	—
			min.	53	53	53	53	52	50	50	50	48	48	45	45	—	—	—
		+HL	max.	54	54	54	53	53	49	49	49	45	45	40	40	—	—	—
			min.	49	49	49	48	48	44	44	44	40	40	35	35	—	—	—
36NiCrMo16	1.6773	+HH	max.	57	56	56	56	56	56	55	55	55	55	55	55	55	55	55
			min.	52	51	51	51	51	51	50	50	50	50	50	50	50	50	50
		+HL	max.	55	54	53	53	53	53	52	52	52	52	52	52	52	52	52
			min.	50	49	48	48	48	48	47	47	47	47	47	47	47	47	47
39NiCrMo3	1.6510	+HH	max.	60	60	59	58	58	57	57	56	55	52	51	49	48	46	45
			min.	55	54	53	52	51	50	48	47	44	41	40	38	37	36	35
		+HL	max.	57	57	56	55	55	53	53	52	50	47	45	44	43	41	40
			min.	52	51	50	49	48	46	44	43	39	36	34	33	32	31	30
30NiCrMo16-6	1.6747	+HH	max.	55	55	55	54	54	54	54	54	53	53	53	53	53	53	53
			min.	50	50	50	50	49	49	49	49	48	48	48	48	48	48	48
		+HL	max.	52	52	52	51	51	51	51	51	50	50	50	50	50	50	50
			min.	47	47	47	46	46	46	46	46	45	45	45	45	45	45	45
51CrV4	1.8159	+HH	max.	65	65	64	64	63	63	63	62	62	62	61	60	60	59	58
			min.	60	59	59	58	56	56	54	53	50	48	45	43	43	42	41
		+HL	max.	62	62	61	61	60	59	59	57	56	55	53	52	51	50	49
			min.	57	56	56	55	53	52	50	48	44	41	37	35	34	33	32

Tabelle 7 — Höchsthärte für in den Zuständen „behandelt auf Scherbarkeit" (+S) oder „weichgeglüht" (+A) zu liefernde Erzeugnisse

Stahlbezeichnung[a]		Max. HBW im Zustand[b]	
Kurzname	Werkstoffnummer	+S	+A
38Cr2	1.7003	255	207
46Cr2	1.7006	255	223
34Cr4, 34CrS4	1.7033, 1.7037	255	223
37Cr4, 37CrS4	1.7034, 1.7038	255	235
41Cr4, 41CrS4	1.7035, 1.7039	255[c]	241
25CrMo4, 25CrMoS4	1.7218, 1.7213	255	212
34CrMo4, 34CrMoS4	1.7220, 1.7226	255[c]	223
42CrMo4, 42CrMoS4	1.7225, 1.7227	255[c]	241
50CrMo4	1.7228	—[d]	248
34CrNiMo6	1.6582	—[d]	248
30CrNiMo8	1.6580	—[d]	248
35NiCr6	1.5815	—[d]	223
36NiCrMo16	1.6773	—[d]	269
39NiCrMo3	1.6510	—[d]	240
30NiCrMo16-6	1.6747	—[d]	270
51CrV4	1.8159	—[d]	248
20MnB5	1.5530	—[e]	—[f]
30MnB5	1.5531	—[e]	—[f]
38MnB5	1.5532	—[e]	—[f]
27MnCrB5-2	1.7182	—[e]	—[f]
33MnCrB5-2	1.7185	255	—[f]
39MnCrB6-2	1.7189	255	—[f]

a	Die Werte gelten auch für Stähle mit Anforderungen an die Härtbarkeit (+H-, +HH- und +HL-Sorten) siehe Tabellen 5 und 6; beachte jedoch Fußnote c.
b	Die Werte gelten nicht für stranggegossene und nicht umgeformte Vorbrammen.
c	In Abhängigkeit von der chemischen Zusammensetzung der Schmelze und den Maßen kann besonders im Fall einer +HH-Sorte eine Weichglühung notwendig sein.
d	Falls die Scherbarkeit wichtig ist, sollte dieser Stahl im „weichgeglühten" Zustand bestellt werden.
e	Scherbar im unbehandelten Zustand.
f	Zustand +A ist nicht anwendbar auf borlegierte Stähle.

EN 10083-3:2006 (D)

Tabelle 8 — Mechanische Eigenschaften[a] bei Raumtemperatur im vergüteten Zustand (+QT)

Mechanische Eigenschaften für den maßgeblichen Querschnitt (siehe EN 10083-1:2006, Anhang A) mit einem Durchmesser (d) oder für Flacherzeugnisse mit der Dicke (t) von

Stahlbezeichnung		d ≤ 16 mm / t ≤ 8 mm					16 mm < d ≤ 40 mm / 8 mm < t ≤ 20 mm					40 mm < d ≤ 100 mm / 20 mm < t ≤ 60 mm					100 mm < d ≤ 160 mm / 60 mm < t ≤ 100 mm					160 mm < d ≤ 250 mm / 100 mm < t ≤ 160 mm				
Kurzname	Werkstoff-nummer	R_e min MPa	R_m MPa[c]	A min %	Z min %	KV[b] min J	R_e min MPa	R_m MPa[c]	A min %	Z min %	KV[b] min J	R_e min MPa	R_m MPa[c]	A min %	Z min %	KV[b] min J	R_e min MPa	R_m MPa[c]	A min %	Z min %	KV[b] min J	R_e min MPa	R_m MPa[c]	A min %	Z min %	KV[b] min J
38Cr2	1.7003	550	800 bis 950	14	35	—	450	700 bis 850	15	40	35	350	600 bis 750	17	45	35	—	—	—	—	—	—	—	—	—	—
46Cr2	1.7006	650	900 bis 1100	12	35	—	550	800 bis 950	14	40	35	400	650 bis 800	15	45	35	—	—	—	—	—	—	—	—	—	—
34Cr4 / 34CrS4	1.7033 / 1.7037	700	900 bis 1100	12	35	—	590	800 bis 950	14	40	40	460	700 bis 850	15	45	40	—	—	—	—	—	—	—	—	—	—
37Cr4 / 37CrS4	1.7034 / 1.7038	750	950 bis 1150	11	35	—	630	850 bis 1000	13	40	35	510	750 bis 900	14	40	35	—	—	—	—	—	—	—	—	—	—
41Cr4 / 41CrS4	1.7035 / 1.7039	800	1000 bis 1200	11	30	—	660	900 bis 1100	12	35	35	560	800 bis 950	14	40	35	—	—	—	—	—	—	—	—	—	—
25CrMo4 / 25CrMoS4	1.7218 / 1.7213	700	800 bis 950	12	50	—	600	800 bis 950	14	55	50	450	700 bis 850	15	60	50	400	650 bis 800	16	60	45	—	—	—	—	—
34CrMo4 / 34CrMoS4	1.7220 / 1.7226	800	1000 bis 1200	11	45	—	650	900 bis 1100	12	50	40	550	800 bis 950	14	55	45	500	750 bis 900	15	55	45	450	700 bis 850	15	60	45
42CrMo4 / 42CrMoS4	1.7225 / 1.7227	900	1100 bis 1300	10	40	—	750	1000 bis 1200	11	45	35	650	900 bis 1100	12	50	35	550	800 bis 950	13	50	35	500	750 bis 900	14	55	35
50CrMo4	1.7228	900	1100 bis 1300	9	40	—	780	1000 bis 1200	10	45	30	700	900 bis 1100	12	50	30	650	850 bis 1000	13	50	30	550	800 bis 950	13	50	30
34CrNiMo6	1.6582	1000	1200 bis 1400	9	40	—	900	1100 bis 1300	10	45	45	800	1000 bis 1200	11	50	45	700	900 bis 1100	12	55	45	600	800 bis 950	13	55	45
30CrNiMo8	1.6580	1050	1250 bis 1450	9	40	—	1050	1250 bis 1450	9	40	30	900	1000 bis 1300	10	45	35	800	1000 bis 1200	11	50	45	700	900 bis 1100	12	50	45
35NiCr6	1.5815	740	880 bis 1080	12	40	—	740	880 bis 1080	14	40	35	640	780 bis 980	15	40	35	—	—	—	—	—	—	—	—	—	—
36NiCrMo16	1.6773	1050	1250 bis 1450	9	40	—	1050	1250 bis 1450	9	45	30	900	1100 bis 1300	10	45	35	800	1000 bis 1200	10	50	45	800	1000 bis 1200	11	50	45
39NiCrMo3	1.6510	785	980 bis 1180	11	40	—	735	930 bis 1130	11	40	35	685	880 bis 1080	12	45	40	635	830 bis 980	12	50	40	540	740 bis 880	13	50	40
30NiCrMo16-6	1.6747	880	1080 bis 1230	10	45	—	880	1080 bis 1230	10	45	35	880	1080 bis 1230	10	45	35	790	900 bis 1050	11	50	35	880	900 bis 1050	11	50	35
51CrV4	1.8159	900	1100 bis 1300	9	40	—	800	1000 bis 1200	10	45	30	700	900 bis 1100	12	50	30	650	850 bis 1000	13	50	30	600	800 bis 950	13	50	30

Tabelle 8 (fortgesetzt)

Mechanische Eigenschaften für den maßgeblichen Querschnitt (siehe EN 10083-1:2006, Anhang A) mit einem Durchmesser (d) oder für Flacherzeugnisse mit der Dicke (t) von

Stahlbezeichnung		d ≤ 16 mm / t ≤ 8 mm					16 mm < d ≤ 40 mm / 8 mm < t ≤ 20 mm					40 mm < d ≤ 100 mm / 20 mm < t ≤ 60 mm					100 mm < d ≤ 160 mm / 60 mm < t ≤ 100 mm					160 mm < d ≤ 250 mm / 100 mm < t ≤ 160 mm				
Kurzname	Werk-stoff-nummer	R_e min MPa[c]	R_m MPa[c]	A min %	Z min %	KV[b] min J	R_e min MPa[c]	R_m MPa[c]	A min %	Z min %	KV[b] min J	R_e min MPa[c]	R_m MPa[c]	A min %	Z min %	KV[b] min J	R_e min MPa[c]	R_m MPa[c]	A min %	Z min %	KV[b] min J	R_e min MPa[c]	R_m MPa[c]	A min %	Z min %	KV[b] min J
20MnB5	1.5530	700	900 bis 1050	14	55	—	600	750 bis 900	15	55	60	—	—	—	—	—	—	—	—	—	—	—	—	—	—	—
30MnB5	1.5531	800	950 bis 1150	13	50	—	650	800 bis 950	13	50	60	—	—	—	—	—	—	—	—	—	—	—	—	—	—	—
38MnB5	1.5532	900	1050 bis 1250	12	50	—	700	850 bis 1050	12	50	60	—	—	—	—	—	—	—	—	—	—	—	—	—	—	—
27MnCrB5-2	1.7182	800	1000 bis 1250	14	55	—	750	900 bis 1150	14	55	60	700[d]	800 bis 1000[d]	15[d]	55[d]	65[d]	—	—	—	—	—	—	—	—	—	—
33MnCrB5-2	1.7185	850	1050 bis 1300	13	50	—	800	950 bis 1200	13	50	50	750[d]	900 bis 1100[d]	13[d]	50[d]	50[d]	—	—	—	—	—	—	—	—	—	—
39MnCrB6-2	1.7189	900	1100 bis 1350	12	50	—	850	1050 bis 1250	12	50	40	800[d]	1000 bis 1200[d]	12[d]	50[d]	40[d]	—	—	—	—	—	—	—	—	—	—

a R_e: Obere Streckgrenze oder, falls keine ausgeprägte Streckgrenze auftritt, die 0,2-%-Dehngrenze $R_{p0,2}$.

   R_m: Zugfestigkeit.

   A: Bruchdehnung (Anfangsmesslänge $L_0 = 5{,}65 \sqrt{S_0}$; siehe Tabelle 10, Spalte 7a, Zeile T4).

   Z: Brucheinschnürung.

   KV: Kerbschlagarbeit an längs entnommenen Charpy-V-Kerbschlagbiegeproben (der Mittelwert dreier Einzelwerte muss den in dieser Tabelle angegebenen Wert mindestens erreichen, kein Einzelwert darf geringer als 70 % des in der Tabelle angegebenen Mindestwertes sein).

b Zur Probenentnahme siehe EN 10083-1:2006, Bild 1 und Bild 3.

c 1 MPa = 1 N/mm².

d Für 40 mm < d ≤ 60 mm und 20 mm < t ≤ 40 mm.

Tabelle 9 — Oberflächenhärte bei Stählen nach dem Flamm- oder Induktionshärten

Stahlbezeichnung		Oberflächenhärte[a] HRC min.
Kurzname	Werkstoffnummer	
46Cr2	1.7006	54
37Cr4/37CrS4	1.7034/1.7038	51
41Cr4/41CrS4	1.7035/1.7039	53
42CrMo4/42CrMoS4	1.7225/1.7227	53
50CrMo4	1.7228	58

a   Die oben angegebenen Werte gelten für den vergüteten und für den oberflächengehärteten Zustand entsprechend den Angaben in Tabelle 11, mit anschließendem Entspannen bei 150 °C bis 180 °C für 1 Stunde, und zwar für Querschnitte bis zu 100 mm Durchmesser für die Sorten 46Cr2, 37Cr4/37CrS4 und 41Cr4/41CrS4 und für Querschnitte bis zu 250 mm Durchmesser für die Sorten 42CrMo4/42CrMoS4 und 50CrMo4. Es sollte beachtet werden, dass die Oberflächenentkohlung zu niedrigeren Werten der Härte in der oberflächengehärteten Zone führen kann.

Tabelle 10 — Prüfbedingungen für den Nachweis der in Spalte 2 angegebenen Anforderungen

1	2		3	4	5	6	7
	Art der Anforderung		Prüf-einheit^a	Prüfumfang		Probenahme und Probevor-bereitung	Anzuwendendes Prüfverfahren
Nr.		siehe Tabelle		Zahl der Probestücke je Prüfeinheit	Zahl der Prüfungen je Probestück		(siehe in Ergänzung zu dieser Tabelle die Zeile T1 und Zeile ...)
1	Chemische Zusammen-setzung	3 + 4	C	(Die Schmelzenanalyse wird vom Hersteller mitgeteilt; wegen einer möglichen Stückanalyse siehe A.5 in Anhang A)			
2	Härtbarkeit	5 bis 6	C	1	1	T2	

(Ergänzung zu Tabelle 10, Spalten 6 und 7)

Zeile	6a Probenahme und Probevorbereitung	7a Anzuwendendes Prüfverfahren
T1	Allgemeine Bedingungen Die allgemeinen Bedingungen für die Entnahme und Vorbereitung von Probenabschnitten und Proben muss in Übereinstimmung mit EN ISO 377 und EN ISO 14284 erfolgen.	
T2	Stirnabschreckversuch In Schiedsfällen ist möglichst das unten angeführte Verfahren der Probenahme anzuwenden. — Falls der Durchmesser ≤ 40 mm ist, ist eine Probe durch spanendes Bearbeiten herzustellen; — falls der ursprüngliche Durchmesser > 40 ≤ 150 mm ist, ist der Stabstahl durch Schmieden auf einen Durchmesser von etwa 40 mm zu reduzieren; — falls der Durchmessers > 150 mm ist, ist die Probe so zu entnehmen, dass deren Achse 20 mm unter der Erzeugnisoberfläche liegt. In allen anderen Fällen bleibt, wenn bei der Anfrage und Bestellung nicht anders vereinbart, das Verfahren zur Probenherstellung — beginnend bei getrennt gegossenen und anschließend warm umgeformten Probeblöcken oder bei gegossenen und nicht warm umgeformten Probeabschnitten — dem Hersteller überlassen.	In Übereinstimmung mit EN ISO 642. Die Abschrecktemperatur muss die Werte in Tabelle 11 erfüllen. Die Härtewerte sind in Übereinstimmung mit EN ISO 6508-1, Skala C zu bestimmen.

Tabelle 10 *(fortgesetzt)*

(Ergänzung zu Tabelle 10, Spalten 6 und 7)

1	2		3	4	5	6	7	6a		7a
	Art der Anforderung		Prüf-einheit^a	Prüfumfang		Probenahme und Probevor-bereitung	Anzuwendendes Prüfverfahren		Probenahme und Probevorbereitung	Anzuwendendes Prüfverfahren
Nr.		siehe Tabelle		Zahl der Probestücke je Prüfeinheit	Zahl der Prüfungen je Probestück	(siehe in Ergänzung zu dieser Tabelle die Zeile T1 und Zeile …)		Zeile		
3	Härte							T3	Härteprüfung	entsprechend EN ISO 6506-1
3a	im Zustand +S oder +A	7	C +D +T	1	1	T3	T3a	T3a	In Schiedsfällen muss die Härte möglichst an der Erzeugnisoberfläche an folgender Stelle ermittelt werden: — bei Rundstäben in einem Abstand von 1 × Durchmesser vom Stabende; — bei Stäben mit rechteckigem oder quadratischem Querschnitt sowie bei Flacherzeugnissen in einem Abstand von 1 × Dicke von einem Ende und 0,25 × Dicke von einer Längskante auf einer Breitseite des Erzeugnisses. Falls, z. B. bei Freiform- und Gesenkschmiedestücken, die vorstehenden Festlegungen nicht einhaltbar sind, sind bei der Bestellung Vereinbarungen über die zweckmäßige Lage der Härteeindrücke zu treffen. Probenvorbereitung nach EN ISO 6506-1.	
3b	Oberflächen-härte	9	C	1	1	T3b	T3b	T3b	Die Prüfung ist an einer Oberfläche durchzuführen, die glatt und eben ist, frei von Oxiden und Fremdablagerungen. Die Vorbereitungen sind so durchzuführen, dass jede Veränderung der Oberflächenhärte minimiert wird. Dies ist besonders bei Prüfungen mit geringer Eindringtiefe zu beachten (entsprechend EN ISO 6508-1, Abschnitt 6).	entsprechend EN ISO 6508-1

Tabelle 10 *(fortgesetzt)*

1	2		3	4	5	6	7
Nr.	Art der Anforderung		Prüf-einheit^a	Prüfumfang		Probenahme und Probevor-bereitung	Anzuwendendes Prüfverfahren
		siehe Tabelle		Zahl der Probestücke je Prüfeinheit	Zahl der Prüfungen je Probestück	(siehe in Ergänzung zu dieser Tabelle die Zeile T1 und Zeile ...)	
4	Mechanische Eigenschaften vergütete Erzeugnisse	8	C +D +T	1	1 Zugversuch und 3 Charpy-V-biege-versuche	T4a	T4a

(Ergänzung zu Tabelle 10, Spalten 6 und 7)

Zeile	6a	7a
	Probenahme und Probevorbereitung	Anzuwendendes Prüfverfahren
T4	Zugversuch und Kerbschlagbiegeversuch	In Schiedsfällen muss der Zugversuch an proportionalen Proben mit der Anfangsmesslänge $L_0 = 5,65\sqrt{S_0}$
T4a	Die Proben für den Zugversuch und, falls erforderlich, für den Charpy-V-Kerbschlagbiegeversuch sind wie folgt zu entnehmen: — bei Stabstahl und Walzdraht entsprechend EN 10083-1:2006, Bild 1; — bei Flacherzeugnissen entsprechend EN 10083-1:2006, Bilder 2 und 3; — bei Freiform- und Gesenkschmiedestücken (siehe Anmerkung 2 in EN 10083-1:2006, Abschnitt 1) müssen die Proben an einer bei der Bestellung zu vereinbarenden Stelle so entnommen werden, dass ihre Längsachse in Richtung des Faserverlaufes liegt. Die Proben für den Zugversuch sind entsprechend EN 10002-1 vorzubereiten, die Kerbschlagbiegeproben entsprechend EN 10045-1.	(S_0 = Anfangsquerschnitt) durchgeführt werden. Wenn das nicht möglich ist — das heißt bei Flacherzeugnissen mit einer Dicke von < 3 mm —, ist bei der Anfrage und Bestellung eine Probe mit konstanter Messlänge nach EN 10002-1 zu vereinbaren. In diesem Falle sind auch die für diese Proben einzuhaltenden Mindestwerte der Bruchdehnung zu vereinbaren. Der Kerbschlagbiegeversuch ist an einer Charpy-V-Kerbschlagbiegeprobe entsprechend EN 10045-1 durchzuführen.

ANMERKUNG   Eine Überprüfung der Anforderungen ist nur notwendig, falls ein Abnahmeprüfzeugnis bestellt wurde und falls die Anforderungen entsprechend Tabelle 1, Spalten 8 und 9 anzuwenden sind.

^a   Die Prüfungen sind getrennt für jede Schmelze, gekennzeichnet durch ein „C" — für jedes Maß, gekennzeichnet durch ein „D" — und für jede Wärmebehandlung, gekennzeichnet durch ein „T", durchzuführen. Erzeugnisse unterschiedlicher Dicke können zusammengefasst werden, falls die Dicke im gleichen Bereich der mechanischen Eigenschaften liegt und falls die Unterschiede nicht die Eigenschaften beeinflussen.

^b   Falls die Erzeugnisse im Durchlauf wärmebehandelt werden, ist je 25 t oder angefangene 25 t ein Probestück zu entnehmen, mindestens aber ein Probestück je Schmelze.

Tabelle 11 — Wärmebehandlung[a]

Stahlbezeichnung[b]		Härten[c,d]	Abschreckmittel[e]	Anlassen[f]	Stirnabschreckversuch
Kurzname	Werkstoff-nummer	°C		°C	°C
38Cr2	1.7003	830 bis 870	Öl oder Wasser	540 bis 680	850 ± 5
46Cr2	1.7006	820 bis 860	Öl oder Wasser	540 bis 680	850 ± 5
34Cr4	1.7033	830 bis 870	Wasser oder Öl	540 bis 680	850 ± 5
34CrS4	1.7037				
37Cr4	1.7034	825 bis 865	Öl oder Wasser	540 bis 680	850 ± 5
37CrS4	1.7038				
41Cr4	1.7035	820 bis 860	Öl oder Wasser	540 bis 680	850 ± 5
41CrS4	1.7039				
25CrMo4	1.7218	840 bis 900	Wasser oder Öl	540 bis 680	850 ± 5
25CrMoS4	1.7213				
34CrMo4	1.7220	830 bis 890	Öl oder Wasser	540 bis 680	850 ± 5
34CrMoS4	1.7226				
42CrMo4	1.7225	820 bis 880	Öl oder Wasser	540 bis 680	850 ± 5
42CrMoS4	1.7227				
50CrMo4	1.7228	820 bis 870	Öl	540 bis 680	850 ± 5
34CrNiMo6	1.6582	830 bis 860	Öl oder Wasser	540 bis 660	850 ± 5
30CrNiMo8	1.6580	830 bis 860	Öl oder Wasser	540 bis 660	850 ± 5
35NiCr6	1.5815	840 bis 860	Öl oder Wasser	530 bis 630	850 ± 5
36NiCrMo16	1.6773	865 bis 885	Luft, Öl oder Wasser	550 bis 650	850 ± 5
39NiCrMo3	1.6510	830 bis 850	Öl oder Wasser	550 bis 650	850 ± 5
30NiCrMo16-6	1.6747	840 bis 860	Öl	540 bis 630	850 ± 5
51CrV4	1.8159	820 bis 870	Öl	540 bis 680	850 ± 5
20MnB5	1.5530	880 bis 920	Wasser	400 bis 600	900 ± 5
30MnB5	1.5531	860 bis 900	Wasser	400 bis 600	880 ± 5
38MnB5	1.5532	840 bis 880	Wasser oder Öl	400 bis 600	850 ± 5
27MnCrB5-2	1.7182	880 bis 920	Wasser oder Öl	400 bis 600	900 ± 5
33MnCrB5-2	1.7185	860 bis 900	Öl	400 bis 600	880 ± 5
39MnCrB6-2	1.7189	840 bis 880	Öl	400 bis 600	850 ± 5

a   Bei den in dieser Tabelle angegebenen Bedingungen handelt es sich um Anhaltsangaben. Die angegebenen Bedingungen für den Stirnabschreckversuch sind allerdings verbindlich.

b   Diese Tabelle gilt auch für die verschiedenen Sorten mit Härtbarkeitsanforderungen (+H-, +HH- und +HL-Sorten) nach den Tabellen 5 und 6.

c   Die Temperaturen im unteren Bereich der Spanne kommen im Allgemeinen für Härten in Wasser in Betracht, die im oberen Bereich für Härten in Öl.

d   Austenitisierungsdauer mindestens 30 Minuten (Anhaltswert).

e   Bei der Wahl des Abschreckmittels sollte der Einfluss anderer Parameter wie Gestalt, Maße und Härtetemperatur auf die Eigenschaften und die Rissanfälligkeit in Betracht gezogen werden. Andere, zum Beispiel synthetische Abschreckmittel, können ebenfalls verwendet werden.

f   Anlassdauer mindestens 60 Minuten (Anhaltswert).

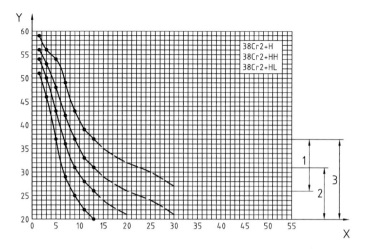

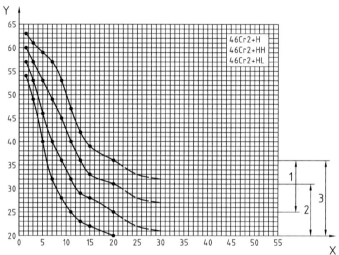

Legende
X Abstand von der abgeschreckten Stirnfläche, mm
Y Härte, HRC

1 HH-Sorte
2 HL-Sorte
3 H-Sorte

Bilder 1a, 1b — Streubänder der Rockwell-C-Härte bei der Prüfung auf Härtbarkeit im Stirnabschreckversuch

29

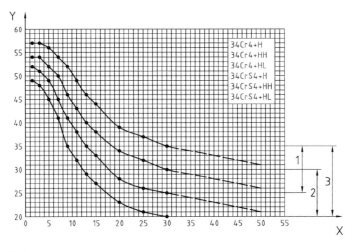

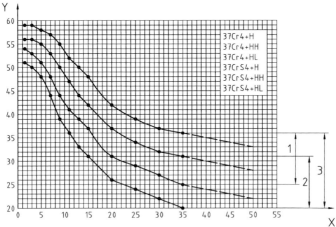

Legende
X Abstand von der abgeschreckten Stirnfläche, mm
Y Härte, HRC

1 HH-Sorte
2 HL-Sorte
3 H-Sorte

Bilder 1c, 1d — Streubänder der Rockwell-C-Härte bei der Prüfung auf Härtbarkeit im Stirnabschreckversuch

30

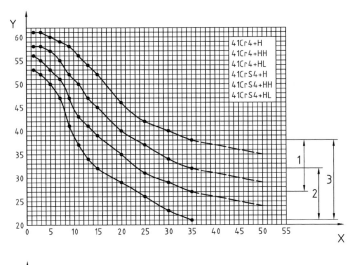

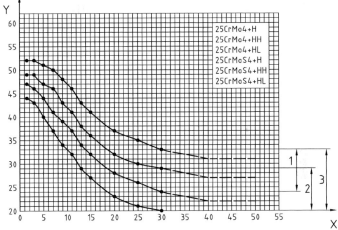

Legende
X Abstand von der abgeschreckten Stirnfläche, mm
Y Härte, HRC

1 HH-Sorte
2 HL-Sorte
3 H-Sorte

Bilder 1e, 1f — Streubänder der Rockwell-C-Härte bei der Prüfung auf Härtbarkeit im Stirnabschreckversuch

31

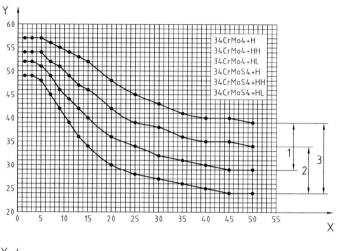

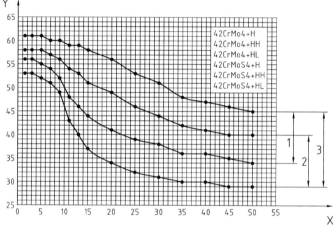

Legende
X Abstand von der abgeschreckten Stirnfläche, mm
Y Härte, HRC

1 HH-Sorte
2 HL-Sorte
3 H-Sorte

Bilder 1g, 1h — Streubänder der Rockwell-C-Härte bei der Prüfung auf Härtbarkeit im Stirnabschreckversuch

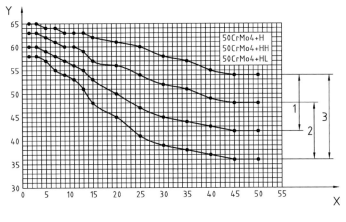

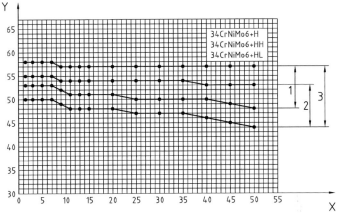

Legende
X Abstand von der abgeschreckten Stirnfläche, mm
Y Härte, HRC

1 HH-Sorte
2 HL-Sorte
3 H-Sorte

Bilder 1i, 1j — Streubänder der Rockwell-C-Härte bei der Prüfung auf Härtbarkeit im Stirnabschreckversuch

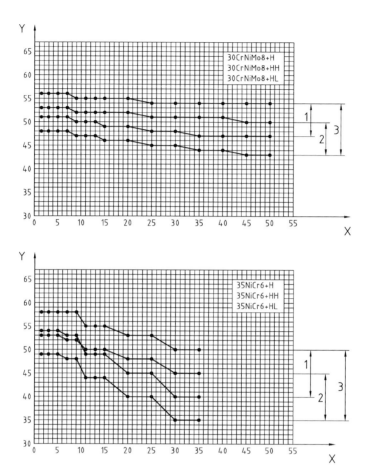

Legende
X Abstand von der abgeschreckten Stirnfläche, mm
Y Härte, HRC

1 HH-Sorte
2 HL-Sorte
3 H-Sorte

Bilder 1k, 1l — Streubänder der Rockwell-C-Härte bei der Prüfung auf Härtbarkeit im Stirnabschreckversuch

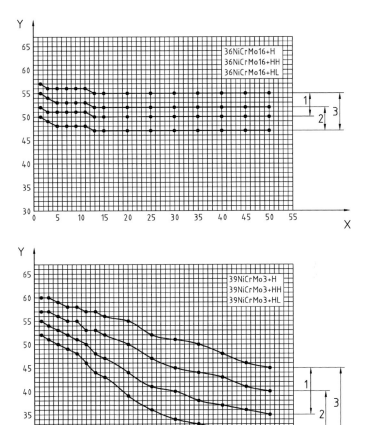

Legende
X Abstand von der abgeschreckten Stirnfläche, mm
Y Härte, HRC

1 HH-Sorte
2 HL-Sorte
3 H-Sorte

Bilder 1m, 1n — Streubänder der Rockwell-C-Härte bei der Prüfung auf Härtbarkeit im Stirnabschreckversuch

35

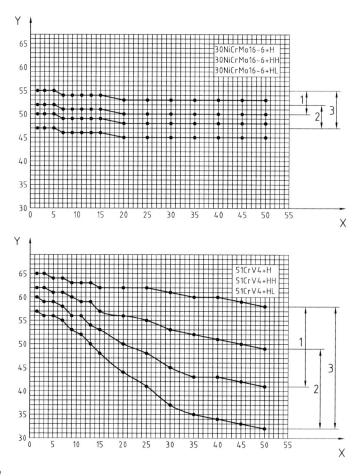

Legende
X Abstand von der abgeschreckten Stirnfläche, mm
Y Härte, HRC

1 HH-Sorte
2 HL-Sorte
3 H-Sorte

Bilder 1o, 1p — Streubänder der Rockwell-C-Härte bei der Prüfung auf Härtbarkeit im Stirnabschreckversuch

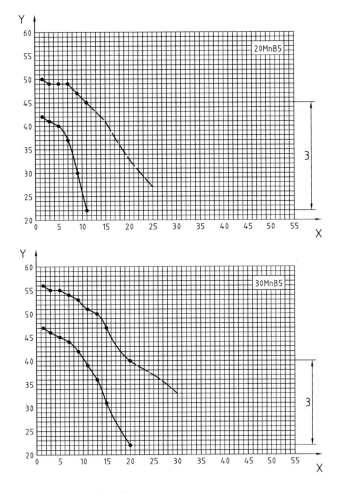

Legende
X Abstand von der abgeschreckten Stirnfläche, mm
Y Härte, HRC

1 HH-Sorte
2 HL-Sorte
3 H-Sorte

Bilder 1q, 1r — Streubänder der Rockwell-C-Härte bei der Prüfung auf Härtbarkeit im Stirnabschreckversuch

37

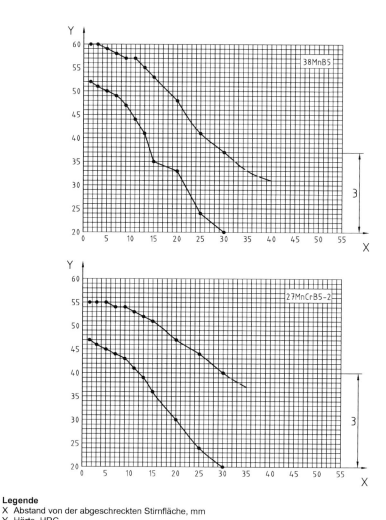

Legende
X Abstand von der abgeschreckten Stirnfläche, mm
Y Härte, HRC

1 HH-Sorte
2 HL-Sorte
3 H-Sorte

Bilder 1s, 1t — Streubänder der Rockwell-C-Härte bei der Prüfung auf Härtbarkeit im Stirnabschreckversuch

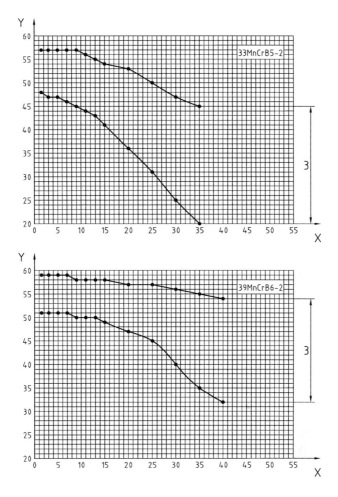

Legende
X Abstand von der abgeschreckten Stirnfläche, mm
Y Härte, HRC

1 HH-Sorte
2 HL-Sorte
3 H-Sorte

Bilder 1u, 1v — Streubänder der Rockwell-C-Härte bei der Prüfung auf Härtbarkeit im Stirnabschreckversuch

39

Anhang A
(normativ)

Optionen

ANMERKUNG 1   Bei der Bestellung kann die Einhaltung einer oder mehrerer der nachstehenden Zusatz- oder Sonderanforderungen vereinbart werden. Soweit erforderlich, sind die Einzelheiten dieser Anforderungen zwischen Hersteller und Besteller bei der Anfrage und Bestellung zu vereinbaren.

ANMERKUNG 2   Die Nummerierung der Abschnitte ist die gleiche wie in EN 10083-1:2006, Anhang B.

A.1 Mechanische Eigenschaften von Bezugsproben im vergüteten Zustand

Bei Lieferungen in einem anderen als dem vergüteten Zustand sind die Anforderungen an die mechanischen Eigenschaften im vergüteten Zustand an einer Bezugsprobe nachzuweisen.

Bei Stabstahl und Walzdraht muss der zu vergütende Probestab, wenn nicht anders vereinbart, den Erzeugnisquerschnitt aufweisen. In allen anderen Fällen sind die Maße und die Herstellung des Probestabes bei der Anfrage und Bestellung zu vereinbaren, soweit angebracht, unter Berücksichtigung der in EN 10083-1:2006, Anhang A enthaltenen Angaben zur Ermittlung des maßgeblichen Wärmebehandlungsdurchmessers. Die Probestäbe sind entsprechend den Angaben zu den Wärmebehandlungszuständen in Tabelle 11 oder entsprechend den Vereinbarungen bei der Anfrage und Bestellung zu vergüten. Die Einzelheiten der Wärmebehandlung sind in der Prüfbescheinigung anzugeben. Die Proben sind, wenn nicht anders vereinbart, entsprechend EN 10083-1:2006, Bild 1 für Stabstahl und Walzdraht und entsprechend EN 10083-1:2006, Bild 3 für Flacherzeugnisse zu entnehmen.

A.2 Feinkornstahl

Diese Zusatzanforderung betrifft nur die Überprüfung des Feinkorns.

Der Stahl muss bei Prüfung nach EN ISO 643 eine Austenitkorngröße von 5 oder feiner haben. Wenn ein Nachweis verlangt wird, ist auch zu vereinbaren, ob diese Anforderung an die Korngröße durch Ermittlung des Aluminiumanteils oder metallographisch nachgewiesen werden muss. Im ersten Fall ist auch der Aluminiumanteil zu vereinbaren.

Im zweiten Fall ist für den Nachweis der Austenitkorngröße eine Probe je Schmelze zu prüfen. Die Probenahme und die Probenvorbereitung erfolgen entsprechend EN ISO 643.

Falls bei der Anfrage und Bestellung nicht anders vereinbart, ist die Abschreckkorngröße zu ermitteln. Zur Ermittlung der Abschreckkorngröße wird wie folgt gehärtet:

— bei Stählen mit einem unteren Grenzgehalt an Kohlenstoff < 0,35 %: (880 ± 10) °C, 90 min/Wasser;

— bei Stählen mit einem unteren Grenzgehalt an Kohlenstoff ≥ 0,35 %: (850 ± 10) °C, 90 min/Wasser.

In Schiedsfällen ist zur Herstellung eines einheitlichen Ausgangszustandes eine Vorbehandlung bei 1 150 °C für 30 min/Luft durchzuführen.

40

A.3 Gehalt an nichtmetallischen Einschlüssen

Der mikroskopisch ermittelte Gehalt an nichtmetallischen Einschlüssen muss bei Prüfung nach einem bei der Anfrage und Bestellung zu vereinbarenden Verfahren innerhalb der vereinbarten Grenzen liegen (siehe EN 10083-1:2006, Anhang E).

ANMERKUNG 1   Die Anforderungen an den Gehalt nichtmetallischer Einschlüsse sind in jedem Fall einzuhalten, der Nachweis erfordert jedoch eine besondere Vereinbarung.

ANMERKUNG 2   Für Stähle mit einem angegebenen Mindestgehalt an Schwefel sollte die Vereinbarung nur die Oxide betreffen.

A.4 Zerstörungsfreie Prüfung

Flacherzeugnisse aus Stahl mit einer Dicke größer oder gleich 6 mm sind mit Ultraschall gemäß der EN 10160 und Stabstahl ist mit Ultraschall nach EN 10308 zu überprüfen. Andere Erzeugnisse sind nach einem bei der Anfrage und Bestellung vereinbarten Verfahren und nach ebenfalls bei der Anfrage und Bestellung vereinbarten Bewertungskriterien zerstörungsfrei zu prüfen.

A.5 Stückanalyse

Für jede Schmelze ist eine Stückanalyse durchzuführen, wobei alle Elemente zu berücksichtigen sind, für die in der Schmelzenanalyse des betroffenen Stahls Werte aufgeführt sind.

Für die Probenahme gelten die Angaben in EN ISO 14284. In Schiedsfällen ist das für die chemische Zusammensetzung anzuwendende Analysenverfahren, unter Bezugnahme auf eine der in CR 10261 erwähnten Europäischen Normen, zu vereinbaren.

A.6 Besondere Vereinbarungen zur Kennzeichnung

Die Erzeugnisse sind auf eine bei der Anfrage und Bestellung besonders vereinbarte Art (z. B. durch Strichkodierung nach EN 606) zu kennzeichnen.

41

Anhang B
(informativ)

Vergleich der Stahlsorten nach dieser Europäischen Norm mit ISO 683-1:1987 und mit früher national genormten Stahlsorten

Tabelle B.1 — Vergleich der Stahlsorten

EN 10083-3 Kurzname	EN 10083-3 Werkstoffnummer	ISO 683-1:1987[a]	Deutschland[a] Kurzname	Deutschland[a] Werkstoffnummer	Großbritannien[a]	Frankreich[a]	Italien[a]	Schweden SS-Stahl	Spanien[a] Kurzname	Spanien[a] Werkstoffnummer
38Cr2	1.7003	—	38Cr2	1.7003	—	(38 C 2)	—	—	—	—
46Cr2	1.7006	—	46Cr2	1.7006	—	—	—	—	—	—
34Cr4	1.7033	34Cr4	34Cr4	1.7033	(530M32)	(32 C 4)	—	—	—	—
34CrS4	1.7037	34CrS4	34CrS4	1.7037	—	(32 C 4 u)	—	—	—	—
37Cr4	1.7034	37Cr4	37Cr4	1.7034	(530M36)	(38 C 4)	—	—	38Cr4	F1201
37CrS4	1.7038	37CrS4	37CrS4	1.7038	—	(38 C 4 u)	—	—	38Cr41	F1206(1)
41Cr4	1.7035	41Cr4	41Cr4	1.7035	(530M40)	42 C 4	(41Cr4)	—	42Cr4	F1202
41CrS4	1.7039	41CrS4	41CrS4	1.7039	—	42 C 4 u	(41Cr4)	2245	42Cr41	F1207(1)
25CrMo4	1.7218	25CrMo4	25CrMo4	1.7218	(708M25)	25 CD 4	(25CrMo4)	2225	—	—
25CrMoS4	1.7213	25CrMoS4	25CrMoS4	1.7213	—	25 CD 4 u	(25CrMo4)	—	—	—
34CrMo4	1.7220	34CrMo4	34CrMo4	1.7220	(708M32)	(34 CD 4)	(35CrMo4)	2234	—	—
34CrMoS4	1.7226	34CrMoS4	34CrMoS4	1.7226	—	(34 CD 4 u)	(35CrMo4)	—	—	—
42CrMo4	1.7225	42CrMo4	42CrMo4	1.7225	(708M40)	42 CD 4	(42CrMo4)	2244	40CrMo4	F1252
42CrMoS4	1.7227	42CrMoS4	42CrMoS4	1.7227	—	42 CD 4 u	(42CrMo4)	—	40CrMo41	F1257(1)

Tabelle B.1 (fortgesetzt)

EN 10083-3		ISO 683-1:1987[a]	Deutschland[a]		Großbritannien[a]	Frankreich[a]	Italien[a]	Schweden	Spanien[a]	
Kurzname	Werkstoff-nummer		Kurzname	Werkstoff-nummer				SS-Stahl	Kurzname	Werkstoff-nummer
50CrMo4	1.7228	50CrMo4	50CrMo4	1.7228	(708M50)	—	—	—	—	—
34CrNiMo6	1.6582	(36CrNiMo6)	(34CrNiMo6)	1.6582	(817M40)	—	—	2541	—	—
30CrNiMo8	1.6580	(31CrNiMo8)	30CrNiMo8	1.6580	[823M30]	30 CND 8	—	—	—	—
35NiCr6	1.5815	—	35NiCr6	—	—	—	—	—	—	—
36NiCrMo16	1.6773	—	—	—	—	35 NCD 16	—	—	—	—
39NiCrMo3	1.6510	—	—	—	—	—	(39NiCrMo3)	—	—	—
30NiCrMo16-6	1.6747	—	30NiCrMo16-6	1.6747	[835M30]	—	—	—	—	—
51CrV4	1.8159	(51CrV4)	50CrV4	1.8159	[735A50]	(50CV 4)	(50CrV4)	—	51CrV4	F1430

a   Die Angabe einer Stahlsorte in runden Klammern bedeutet, dass sich die chemische Zusammensetzung nur geringfügig von EN 10083-3 unterscheidet. Die Angabe einer Stahlsorte in eckigen Klammern bedeutet, dass in der chemischen Zusammensetzung größere Unterschiede gegenüber EN 10083-3 bestehen. Ist die Stahlsorte nicht eingeklammert, bestehen gegenüber EN 10083-3 praktisch keine Unterschiede in der chemischen Zusammensetzung.

43

Anhang C
(informativ)

Anhaltsangaben für den maximalen Durchmesser bei einer bestimmten Kernhärte für borlegierte Stähle

Tabelle C.1 enthält Anhaltsangaben für den maximalen Durchmesser bei einer bestimmten Kernhärte nach Abschrecken in Öl oder Wasser.

Tabelle C.1 — Anhaltsangaben für den maximalen Durchmesser bei einer bestimmten Kernhärte für borlegierte Stähle

Kurzname	Abschrecktemperatur	Kernhärte[a]	Ungefährer maximaler Durchmesser mm	
	°C	HRC	Wasser	Öl
20MnB5	900	34	32	25
30MnB5	880	40	38	30
38MnB5	850	45	40	32
27MnCrB5-2	900	38	52	43
33MnCrB5-2	880	42	55	45
39MnCrB6-2	850	45	95	80
a Für 80 % Martensit.				

44

110

Literaturhinweise

[1] EN 10021, *Allgemeine technische Lieferbedingungen für Stahl und Stahlerzeugnisse*

45

DIN EN 10083-3 Berichtigung 1

ICS 77.140.10

> Es wird empfohlen, auf der betroffenen Norm einen Hinweis auf diese Berichtigung zu machen.

Vergütungsstähle –
Teil 3: Technische Lieferbedingungen für legierte Stähle;
Deutsche Fassung EN 10083-3:2006,
Berichtigung zu DIN EN 10083-3:2007-01;
Deutsche Fassung EN 10083-3:2006/AC:2008

Steels for quenching and tempering –
Part 3: Technical delivery conditions for alloy steels;
German version EN 10083-3:2006,
Corrigendum to DIN EN 10083-3:2007-01;
German version EN 10083-3:2006/AC:2008

Aciers pour trempe et revenu –
Partie 3: Conditions techniques de livraison des aciers alliés;
Version allemande EN 10083-3:2006,
Corrigendum à DIN EN 10083-3:2007-01;
Version allemande EN 10083-3:2006/AC:2008

Gesamtumfang 2 Seiten

Normenausschuss Eisen und Stahl (FES) im DIN

In

DIN EN 10083-3:2007-01

ist aufgrund der europäischen Berichtigung EN 10083-3:2006/AC:2008 folgende Korrektur vorzunehmen:

In	ersetze	durch
Tabelle 8, Zeile 30CrNiMo8/1.6580, Spalte 40 mm < d ≤ 100 mm, R_m (MPa)	„1 000 bis 1 300"	„1 100 bis 1 300"

Juni 2008

DIN EN 10084	

ICS 77.140.10

Ersatz für
DIN EN 10084:1998-06

Einsatzstähle –
Technische Lieferbedingungen;
Deutsche Fassung EN 10084:2008

Case hardening steels –
Technical delivery conditions;
German version EN 10084:2008

Aciers pour cémentation –
Conditions techniques de livraison;
Version allemande EN 10084:2008

Gesamtumfang 40 Seiten

Normenausschuss Eisen und Stahl (FES) im DIN

Nationales Vorwort

Dieses Dokument (EN 10084:2008) wurde vom Technischen Komitee (TC) 23 „Für eine Wärmebehandlung bestimmte Stähle, legierte Stähle und Automatenstähle — Gütenormen" [Sekretariat: DIN (Deutschland)] des Europäischen Komitees für die Eisen- und Stahlnormung (ECISS) ausgearbeitet.

Das zuständige deutsche Normungsgremium ist der Unterausschuss 05/1 „Unlegierte und legierte Maschinenbaustähle" des Normenausschusses Eisen und Stahl (FES).

Änderungen

Gegenüber DIN EN 10084:1998-06 wurden folgende Änderungen vorgenommen:

a)   in den Anwendungsbereich wurden nahtlos gewalzte Ringe unter dem Halbzeug aufgenommen;

b)   Einsatzstähle nach dieser Norm können jetzt auch im Wärmebehandlungszustand normalgeglüht bzw. normalisierend umgeformt geliefert werden;

c)   für alle legierten Edelstähle wurde der Phosphoranteil auf max. 0,025 % gesenkt, für die Stahlsorte 14NiCrMo13-4 wurde der Mo-Anteil auf 0,20 % bis 0,30 % erhöht, die Stahlsorte 20NiCrMo13-4 wurde zu den bisher vorhandenen Stahlsorten ergänzt;

d)   der Nachweis der Härtbarkeit kann durch den Hersteller jetzt, falls ein Berechnungsverfahren für die entsprechende Sorte vorliegt, auch rechnerisch erbracht werden;

e)   falls ein Nachweis der Feinkörnigkeit verlangt wird, kann, wenn der Besteller nicht einen Nachweis nach EN ISO 643 fordert, der Hersteller diesen durch die Angabe eines Mindestanteils an Aluminium im Stahl führen;

f)   der Nachweis des Anteils an mikroskopischen nichtmetallischen Einschlüssen erfolgt jetzt einheiltlich nach der EN 10247;

g)   bei der Anfrage und Bestellung können jetzt auch Grenzen für die makroskopischen Einschlüsse vereinbart werden;

h)   redaktionelle Überarbeitung.

Frühere Ausgaben

DIN 1661: 1924-09, 1929-06
DIN 1662: 1928-07, 1930-06
DIN 1662 Beiblatt 3: 1932-05
DIN 1663: 1936-05, 1939x-12
DIN 1663 Beiblatt 3: 1937-02, 1940-08
DIN 1663 Beiblatt 4: 1937-02, 1940-08
DIN 1664: 1941-05
DIN 1666: 1943-11
DIN 17210: 1951-12, 1959-01, 1969-12, 1986-09
DIN EN 10084: 1998-06

2

EUROPÄISCHE NORM
EUROPEAN STANDARD
NORME EUROPÉENNE

EN 10084

April 2008

ICS 77.140.10

Ersatz für EN 10084:1998

Deutsche Fassung

Einsatzstähle - Technische Lieferbedingungen

Case hardening steels - Technical delivery conditions

Aciers pour cémentation - Conditions techniques de livraison

Diese Europäische Norm wurde vom CEN am 29. Februar 2008 angenommen.

Die CEN-Mitglieder sind gehalten, die CEN/CENELEC-Geschäftsordnung zu erfüllen, in der die Bedingungen festgelegt sind, unter denen dieser Europäischen Norm ohne jede Änderung der Status einer nationalen Norm zu geben ist. Auf dem letzten Stand befindliche Listen dieser nationalen Normen mit ihren bibliographischen Angaben sind beim Management-Zentrum des CEN oder bei jedem CEN-Mitglied auf Anfrage erhältlich.

Diese Europäische Norm besteht in drei offiziellen Fassungen (Deutsch, Englisch, Französisch). Eine Fassung in einer anderen Sprache, die von einem CEN-Mitglied in eigener Verantwortung durch Übersetzung in seine Landessprache gemacht und dem Management-Zentrum mitgeteilt worden ist, hat den gleichen Status wie die offiziellen Fassungen.

CEN-Mitglieder sind die nationalen Normungsinstitute von Belgien, Bulgarien, Dänemark, Deutschland, Estland, Finnland, Frankreich, Griechenland, Irland, Island, Italien, Lettland, Litauen, Luxemburg, Malta, den Niederlanden, Norwegen, Österreich, Polen, Portugal, Rumänien, Schweden, der Schweiz, der Slowakei, Slowenien, Spanien, der Tschechischen Republik, Ungarn, dem Vereinigten Königreich und Zypern.

EUROPÄISCHES KOMITEE FÜR NORMUNG
EUROPEAN COMMITTEE FOR STANDARDIZATION
COMITÉ EUROPÉEN DE NORMALISATION

Management-Zentrum: rue de Stassart, 36   B-1050 Brüssel

Inhalt

Vorwort

Dieses Dokument (EN 10084:2008) wurde vom Technischen Komitee ECISS/TC 23 „Für eine Wärmebehandlung bestimmte Stähle, legierte Stähle und Automatenstähle - Gütenormen" erarbeitet, dessen Sekretariat vom DIN gehalten wird.

Diese Europäische Norm muss den Status einer nationalen Norm erhalten, entweder durch Veröffentlichung eines identischen Textes oder durch Anerkennung bis Oktober 2008, und etwaige entgegenstehende nationale Normen müssen bis Oktober 2008 zurückgezogen werden.

Es wird auf die Möglichkeit hingewiesen, dass einige Texte dieses Dokuments Patentrechte berühren können. CEN [und/oder CENELEC] sind nicht dafür verantwortlich, einige oder alle diesbezüglichen Patentrechte zu identifizieren.

Dieses Dokument ersetzt EN 10084:1998.

Entsprechend der CEN/CENELEC-Geschäftsordnung sind die nationalen Normungsinstitute der folgenden Länder gehalten, diese Europäische Norm zu übernehmen: Belgien, Bulgarien, Dänemark, Deutschland, Estland, Finnland, Frankreich, Griechenland, Irland, Island, Italien, Lettland, Litauen, Luxemburg, Malta, Niederlande, Norwegen, Österreich, Polen, Portugal, Rumänien, Schweden, Schweiz, Slowakei, Slowenien, Spanien, Tschechische Republik, Ungarn, Vereinigtes Königreich und Zypern.

3

1 Anwendungsbereich

1.1 Diese Europäische Norm legt die technischen Lieferbedingungen fest für

— Halbzeug, warmgeformt, z. B.: Vorblöcke, Knüppel und Vorbrammen (siehe Anmerkungen 2 und 3),

— Stabstahl (siehe Anmerkung 2),

— Walzdraht,

— Breitflachstahl, Quartobleche,

— Warmgewalztes Blech und Band,

— Freiform- und Gesenkschmiedestücke (siehe Anmerkung 2)

aus den in Tabelle 3 aufgeführten unlegierten und legierten Einsatzstählen (siehe Anmerkung 4), die in einem der für die verschiedenen Erzeugnisformen in Tabelle 1, Zeilen 2 bis 7, angegebenen Wärmebehandlungszustände und in einer der in Tabelle 2 angegebenen Oberflächenausführungen geliefert werden.

Die Stähle sind im Allgemeinen zur Herstellung einsatzgehärteter (siehe Abschnitt 3) Maschinenteile vorgesehen.

ANMERKUNG 1   Europäische Normen für Stahlsorten mit gleichen Anforderungen an die chemische Zusammensetzung wie in Tabelle 3, die jedoch in anderen Erzeugnisformen oder Behandlungszuständen geliefert werden oder für besondere Anwendungsfälle vorgesehen sind, sowie Europäische Normen für ähnliche Stahlsorten sind in den Literaturhinweisen zusammengestellt.

ANMERKUNG 2   Freiformgeschmiedetes Halbzeug (Vorblöcke, Knüppel, Vorbrammen usw.), nahtlos gewalzte Ringe und freiformgeschmiedeter Stabstahl sind im Folgenden unter den Begriffen Halbzeug oder Stabstahl und nicht unter dem Begriff Freiform- und Gesenkschmiedestücke erfasst.

ANMERKUNG 3   Bei Bestellung von unverformtem stranggegossenem Halbzeug sind besondere Vereinbarungen zu treffen.

ANMERKUNG 4   Entsprechend EN 10020 handelt es sich bei den in dieser Europäischen Norm enthaltenen Stählen um Edelstähle.

1.2 In Sonderfällen können bei der Bestellung Abweichungen von oder Zusätze zu diesen technischen Lieferbedingungen vereinbart werden (siehe Anhang A).

1.3 Zusätzlich zu den Angaben dieser Europäischen Norm gelten, soweit im Folgenden nichts anderes festgelegt ist, die allgemeinen technischen Lieferbedingungen nach EN 10021.

2 Normative Verweisungen

Die folgenden zitierten Dokumente sind für die Anwendung dieses Dokuments erforderlich. Bei datierten Verweisungen gilt nur die in Bezug genommene Ausgabe. Bei undatierten Verweisungen gilt die letzte Ausgabe des in Bezug genommenen Dokuments (einschließlich aller Änderungen).

EN 10020, *Begriffsbestimmungen für die Einteilung der Stähle*

EN 10021, *Allgemeine technische Lieferbedingungen für Stahl und Stahlerzeugnisse*

EN 10027-1, *Bezeichnungssysteme für Stähle — Teil 1: Kurznamen*

EN 10027-2, *Bezeichnungssysteme für Stähle — Teil 2: Nummernsystem*

4

EN 10052, *Begriffe der Wärmebehandlung von Eisenwerkstoffen*

EN 10079, *Begriffsbestimmungen für Stahlerzeugnisse*

EN 10160, *Ultraschallprüfung von Flacherzeugnissen aus Stahl mit einer Dicke größer oder gleich 6 mm (Reflexionsverfahren)*

EN 10163-2, *Lieferbedingungen für die Oberflächenbeschaffenheit von warmgewalzten Stahlerzeugnissen (Blech, Breitflachstahl und Profile) — Teil 2: Blech und Breitflachstahl*

EN 10204, *Metallische Erzeugnisse — Arten von Prüfbescheinigungen*

EN 10221, *Oberflächengüteklassen für warmgewalzten Stabstahl und Walzdraht — Technische Lieferbedingungen*

EN 10247:2007, *Metallographische Prüfung des Gehaltes nichtmetallischer Einschlüsse in Stählen mit Bildreihen*

prCEN/TR 10261, *Eisen und Stahl — Überblick über verfügbare chemische Analyseverfahren*

EN 10308, *Zerstörungsfreie Prüfung — Ultraschallprüfung von Stäben aus Stahl*

EN ISO 377, *Stahl und Stahlerzeugnisse — Lage und Vorbereitung von Probenabschnitten und Proben für mechanische Prüfungen (ISO 377:1997)*

EN ISO 642, *Stahl — Stirnabschreckversuch (Jominy-Versuch) (ISO 642:1999)*

EN ISO 643, *Stahl — Mikrophotographische Bestimmung der scheinbaren Korngröße (ISO 643:2003)*

EN ISO 6506-1, *Metallische Werkstoffe — Härteprüfung nach Brinell — Teil 1: Prüfverfahren (ISO 6506-1:2005)*

EN ISO 6508-1, *Metallische Werkstoffe — Härteprüfung nach Rockwell — Teil 1: Prüfverfahren (Skalen A, B, C, D, E, F, G, H, K, N, T) (ISO 6508-1:2005)*

EN ISO 14284, *Stahl und Eisen — Entnahme und Vorbereitung von Proben für die Bestimmung der chemischen Zusammensetzung (ISO 14284:1996)*

3 Begriffe

Für die Anwendung dieses Dokuments gelten die Begriffe nach EN 10020, EN 10021, EN 10052, EN 10079, EN ISO 377 und EN ISO 14284 und der folgende Begriff.

3.1
Einsatzstähle
Stähle mit verhältnismäßig niedrigem Kohlenstoffanteil, die zum Aufkohlen oder Carbonitrieren und anschließenden Härten vorgesehen sind

ANMERKUNG Solche Stähle sind nach der Behandlung gekennzeichnet durch eine Randschicht mit hoher Härte und einen zähen Kern.

5

4 Einteilung und Bezeichnung

4.1 Einteilung

Alle in dieser Europäischen Norm enthaltenen Stähle sind nach EN 10020 eingeteilt. Die Stahlsorten C10E, C10R, C15E, C15R, C16E und C16R sind unlegierte Edelstähle. Alle anderen in dieser Europäischen Norm enthaltenen Stahlsorten sind legierte Edelstähle.

4.2 Bezeichnung

4.2.1 Kurznamen

Für die in dieser Europäischen Norm enthaltenen Stahlsorten wurden die in den Tabellen 3, 5 und 6 angegebenen Kurznamen nach EN 10027-1 gebildet.

4.2.2 Werkstoffnummern

Für die in dieser Europäischen Norm enthaltenen Stahlsorten wurden die in den Tabellen 3, 5 und 6 angegebenen Werkstoffnummern nach EN 10027-2 gebildet.

5 Bestellangaben

5.1 Verbindliche Angaben

Der Besteller muss bei der Anfrage und Bestellung folgende Angaben machen:

a) die zu liefernde Menge;

b) die Benennung der Erzeugnisform (z. B. Rundstab oder Vierkantstab);

c) die Nummer der Maßnorm (siehe 7.6 und Anhang B);

d) die Maße, Grenzabmaße und Formtoleranzen und, falls zutreffend, die Kennbuchstaben für etwaige besondere Grenzabweichungen;

e) die Nummer dieser Europäischen Norm (EN 10084);

f) Kurzname oder Werkstoffnummer (siehe 4.2);

g) die Bezeichnung für das Werkszeugnis (2.2) oder, falls verlangt, einer anderen Prüfbescheinigung nach EN 10204 (siehe 8.1).

5.2 Optionen

Eine Anzahl von Optionen sind in dieser Europäischen Norm festgelegt und nachstehend aufgeführt. Falls der Besteller nicht ausdrücklich seinen Wunsch zur Berücksichtigung einer dieser Optionen äußert, muss nach den Grundanforderungen dieser Europäischen Norm geliefert werden (siehe 5.1):

a) besondere Wärmebehandlungszustände (siehe 6.4.2 und Tabelle 1);

b) besondere Oberflächenausführungen (siehe 6.4.3 und Tabelle 2);

c) etwaige Anforderungen an den Mindestreduktionsgrad oder Mindestumformgrad von gewalzten und geschmiedeten Erzeugnissen (siehe 6.3 und A.5);

6

d) etwaige Überprüfung des Feinkorns (siehe 7.3.1, 8.2.3 und A.4);

e) etwaige Anforderungen hinsichtlich der Prüfung auf nichtmetallische Einschlüsse (siehe 7.3.2, A.1 und Anhang C);

f) etwaige Anforderungen an die eingeengten Härtbarkeitsstreubänder für legierte Stähle (+HH, +HL, siehe 7.1.2 und Tabelle 6);

g) etwaige Überprüfung der Härtbarkeit und falls vereinbart die Information zur Berechnung der Härtbarkeit (siehe 8.2.2);

h) etwaige Anforderung hinsichtlich der inneren Beschaffenheit (siehe 7.4 und A.2);

i) etwaige Anforderung hinsichtlich der Oberflächenbeschaffenheit (siehe 7.5.3);

j) etwaige Anforderung hinsichtlich der Eignung der Stäbe oder des Walzdrahtes zum Blankziehen (siehe 7.5.4);

k) etwaige Anforderung hinsichtlich der Entfernung von Oberflächenfehlern (siehe 7.5.5);

l) etwaige Anforderungen hinsichtlich besonderer Kennzeichnung der Erzeugnisse (siehe Abschnitt 9 und A.6);

m) etwaige Überprüfung der Stückanalyse (siehe A.3).

BEISPIEL
20 Rundstäbe mit einem Nenndurchmesser von 40 mm und einer Nennlänge von 8 000 mm entsprechend EN 10060 aus dem Stahl 20MnCr5 (1.7147) nach EN 10084 im Wärmebehandlungszustand +A in Oberflächenausführung +BC, Werkszeugnis 2.2 nach EN 10204

20 Rundstäbe EN 10060 - 40x8 000
EN 10084 - 20MnCr5+A+BC
EN 10204 - 2.2

oder

20 Rundstäbe EN 10060 - 40x8 000
EN 10084 - 1.7147+A+BC
EN 10204 - 2.2

6 Herstellverfahren

6.1 Erschmelzungsverfahren

Die Art des Erschmelzungsverfahrens bleibt dem Hersteller überlassen.

6.2 Desoxidation

Alle Stähle müssen beruhigt sein.

6.3 Herstellung des Erzeugnisses

Das Verfahren zur Herstellung des Erzeugnisses bleibt dem Hersteller überlassen.

Für Festlegungen zum Mindestreduktionsgrad oder zum Mindestumformgrad von gewalzten und geschmiedeten Erzeugnissen, siehe A.5.

7

6.4 Wärmebehandlung und Oberflächenausführung bei der Lieferung

6.4.1 Üblicher Lieferzustand

Falls bei der Anfrage und Bestellung nicht anders vereinbart, werden die Erzeugnisse im unbehandelten Zustand, d. h. im warmgeformten Zustand geliefert.

6.4.2 Besonderer Wärmebehandlungszustand

Falls bei der Anfrage und Bestellung vereinbart, müssen die Erzeugnisse in einem der in den Zeilen 3 bis 8 der Tabelle 1 angegebenen Wärmebehandlungszuständen geliefert werden.

6.4.3 Besondere Oberflächenausführung

Falls bei der Anfrage und Bestellung vereinbart, müssen die Erzeugnisse in einer der in den Zeilen 3 bis 7 der Tabelle 2 angegebenen besonderen Oberflächenausführungen geliefert werden.

6.5 Schmelzentrennung

Innerhalb einer Lieferung müssen die Erzeugnisse nach Schmelzen getrennt sein.

7 Anforderungen

7.1 Chemische Zusammensetzung, Härte und Härtbarkeit

7.1.1 Tabelle 1 zeigt Kombinationen üblicher Wärmebehandlungszustände bei Lieferung, Erzeugnisformen und Anforderungen entsprechend Tabelle 3 bis Tabelle 7 (Chemische Zusammensetzung, Härtbarkeit, Höchsthärte, Härtespanne).

7.1.2 Falls nicht anders vereinbart sind für legierte Stähle die Härtbarkeitsanforderungen nach Tabelle 5 anzuwenden. Falls bei der Anfrage und Bestellung vereinbart, müssen legierte Stähle mit eingeengten Härtbarkeitsstreubändern nach Tabelle 6 geliefert werden.

7.2 Technologische Eigenschaften

7.2.1 Bearbeitbarkeit

Alle Stähle sind bearbeitbar im Zustand „weichgeglüht", „behandelt auf Härtespanne", „behandelt auf Ferrit-Perlit-Gefüge und Härtespanne" und „normalgeglüht".

Falls eine verbesserte Bearbeitbarkeit verlangt wird, sollten Sorten mit einer festgelegten Spanne für den Schwefelanteil bestellt werden (siehe auch Tabelle 3, Fußnote c).

7.2.2 Scherbarkeit von Halbzeug und Stabstahl

7.2.2.1 Unter geeigneten Bedingungen (Vorwärmen, Verwendung von Messern mit an dem Erzeugnis angepasstem Profil usw.) sind alle Stahlsorten im Zustand „weichgeglüht" scherbar.

7.2.2.2 Die Stahlsorten 28Cr4, 28CrS4, 20MnCr5, 20MnCrS5, 22CrMoS3-5, 20MoCr3, 20MoCrS3, 20MoCr4, 20MoCrS4, 16NiCr4, 16NiCrS4, 18NiCr5-4, 17CrNi6-6, 15NiCr13, 17NiCrMo6-4, 17NiCrMoS6-4, 20NiCrMoS6-4, 18CrNiMo7-6, 14NiCrMo13-4 und 20NiCrMo13-4 sowie die entsprechenden Sorten mit Härtbarkeitsanforderungen (siehe Tabellen 5 und 6), sind unter geeigneten Bedingungen auch scherbar, wenn sie im Zustand „behandelt auf Scherbarkeit" mit den Härteanforderungen nach Tabelle 7 geliefert werden.

7.2.2.3 Die unlegierten Stähle und die Stahlsorten 17Cr3, 17CrS3, 16MnCr5, 16MnCrS5, 16MnCrB5, 18CrMo4, 18CrMoS4, 10NiCr5-4, 20NiCrMo2-2, 20NiCrMoS2-2 sowie die entsprechenden Sorten mit Härtbarkeitsanforderungen (siehe Tabellen 5 und 6) sind unter geeigneten Bedingungen im unbehandelten Zustand scherbar.

8

7.3 Gefüge

7.3.1 Korngröße

Wenn nicht anders vereinbart, muss der Stahl bei Prüfung eine Korngröße des Austenits von 5 oder feiner aufweisen (siehe 8.2.3 und A.4).

7.3.2 Nichmetallische Einschlüsse

7.3.2.1 Mikroskopische Einschlüsse

Die Stähle müssen einen der Edelstahlgüte entsprechenden Reinheitsgrad aufweisen (siehe A.1.1 und Anhang C).

7.3.2.2 Makroskopische Einschlüsse

Freiheit von makroskopischen Einschlüssen kann in Stahl nicht garantiert werden. Falls bei der Anfrage und Bestellung vereinbart, müssen Einsatzstähle auf makroskopische Einschlüsse nach A.1.2 überprüft werden.

7.4 Innere Beschaffenheit

Falls erforderlich, sind bei der Anfrage und Bestellung Anforderungen an die innere Beschaffenheit der Erzeugnisse zu vereinbaren, möglichst mit Bezug zu Europäischen Normen. In EN 10160 sind die Anforderungen an die Ultraschallprüfung von Flacherzeugnissen mit einer Dicke größer oder gleich 6 mm und in EN 10308 sind die Anforderungen an die Ultraschallprüfung von Stabstahl festgelegt (siehe A.2).

7.5 Oberflächenbeschaffenheit

7.5.1 Alle Erzeugnisse müssen eine dem angewandten Herstellungsverfahren entsprechende glatte Oberfläche haben.

7.5.2 Kleinere Unvollkommenheiten, wie sie auch unter üblichen Herstellbedingungen auftreten können, wie z. B. vom eingewalztem Zunder herrührende Narben bei warmgewalzten Erzeugnissen, sind nicht als Fehler zu betrachten.

7.5.3 Soweit erforderlich, sind Anforderungen bezüglich der Oberflächengüte der Erzeugnisse bei der Anfrage und Bestellung zu vereinbaren, im Falle von warmgewalzten Stäben und Walzdraht nach EN 10221 und im Falle von Blech nach EN 10163-2.

ANMERKUNG   Das Auffinden und Beseitigen von Ungänzen ist bei Ringmaterial schwieriger als bei Stäben. Dies sollte bei Vereinbarungen über die Oberflächenbeschaffenheit berücksichtigt werden.

7.5.4 Falls für Stabstahl, Breitflachstahl und Walzdraht die Eignung zum Blankziehen gefordert wird, ist dies bei der Anfrage und Bestellung zu vereinbaren.

7.5.5 Ausbessern von Oberflächenfehlern durch Schweißen ist nur mit Zustimmung des Bestellers oder seines Beauftragten zulässig.

Das Verfahren und die zulässige Tiefe des Fehlerausbesserns sind, soweit angebracht, bei der Anfrage und Bestellung zu vereinbaren.

7.6 Maße, Grenzabmaße und Formtoleranzen

Die Nennmaße, Grenzabmaße und Formtoleranzen der Erzeugnisse sind bei der Anfrage und Bestellung zu vereinbaren, möglichst unter Bezugnahme auf die dafür geltenden Maßnormen (siehe Anhang B).

9

8 Prüfung

8.1 Art und Inhalt von Prüfbescheinigungen

8.1.1 Erzeugnisse nach dieser Europäischen Norm sind zu bestellen und zu liefern mit einer der Prüfbescheinigungen nach EN 10204. Die Art der Prüfbescheinigung ist bei der Anfrage und Bestellung zu vereinbaren. Falls die Bestellung keine derartige Festlegung enthält, wird ein Werkszeugnis ausgestellt.

8.1.2 Falls entsprechend den Vereinbarungen bei der Anfrage und Bestellung ein Werkszeugnis 2.2 auszustellen ist, muss dieses folgende Angaben enthalten:

a) die Bestätigung, dass die Lieferung den Bestellvereinbarungen entspricht;

b) die Ergebnisse der Schmelzenanalyse für alle in Tabelle 3 für die betreffende Stahlsorte aufgeführten Elemente.

8.1.3 Falls entsprechend den Bestellvereinbarungen ein Abnahmeprüfzeugnis 3.1 oder 3.2 auszustellen ist, müssen die in 8.2 beschriebenen spezifischen Prüfungen durchgeführt werden und ihre Ergebnisse im Abnahmeprüfzeugnis bestätigt werden.

Außerdem muss das Abnahmeprüfzeugnis folgende Angaben enthalten:

a) die Bestätigung, dass die Lieferung den Bestellvereinbarungen entspricht;

b) die vom Hersteller ermittelten Ergebnisse der Schmelzenanalyse für alle in Tabelle 3 für die betreffende Stahlsorte aufgeführten Elemente, siehe Tabelle 9;

c) die Ergebnisse der durch Zusatzanforderungen bestellten Prüfungen (siehe Anhang A);

d) Kennbuchstaben oder -zahlen, die eine gegenseitige Zuordnung von Abnahmeprüfzeugnis, Proben und Erzeugnissen zulassen.

8.2 Spezifische Prüfung

8.2.1 Nachweis der Härte

Für unlegierte Stähle sind die Härteanforderungen nach Tabelle 1, Spalte 8, Unterabschnitt 2 nachzuweisen (siehe auch Tabelle 7 und Tabelle 9).

8.2.2 Nachweis der Härtbarkeit

Sofern eine Berechnungsformel für legierte Stähle verfügbar ist, hat der Hersteller die Möglichkeit, die Härtbarkeit durch Berechnung nachzuweisen. Das Berechnungsverfahren bleibt dem Hersteller überlassen. Falls bei der Anfrage und Bestellung vereinbart, muss der Hersteller dem Kunden ausreichende Angaben zur Berechnung machen, damit dieser das Ergebnis bestätigen kann.

Falls für bestimmte Stahlsorten eine Berechnungsformel nicht zur Verfügung steht oder im Schiedsfall muss ein Stirnabschreckversuch in Übereinstimmung mit EN ISO 642 und Tabelle 9 durchgeführt werden. Die Abschrecktemperatur muss die Bedingungen der Tabelle 8 dieses Dokumentes erfüllen. Die Härtewerte sind in Übereinstimmung mit EN ISO 6508-1, Verfahren C zu ermitteln.

8.2.3 Nachweis der Austenitkorngröße

Falls der Nachweis des Feinkorns bei der Anfrage und Bestellung vereinbart wurde, ist die Austenitkorngröße nach A.4 zu überprüfen.

10

8.2.4 Besichtigung und Maßkontrolle

Eine ausreichende Zahl von Erzeugnissen ist zu prüfen, um die Erfüllung der Spezifikation sicherzustellen.

8.2.5 Wiederholungsprüfung

Siehe EN 10021.

9 Kennzeichnung

Der Hersteller hat die Erzeugnisse oder Bunde oder Pakete in angemessener Weise so zu kennzeichnen, dass die Bestimmung der Schmelze, der Stahlsorte und der Herkunft der Lieferung möglich ist (siehe A.6).

11

126

Tabelle 1 — Kombinationen von üblichen Wärmebehandlungszuständen bei Lieferung, Erzeugnisformen und Anforderungen nach den Tabellen 3 bis 7

1	2	x = anwendbar für					In Betracht kommende Anforderungen					10
		3	4	5	6	7	Unlegierte Stähle		Legierte Stähle			
Wärmebehandlungszustand bei der Lieferung	Kennbuchstabe	Halbzeug	Stäbe	Walzdraht	Flacherzeugnisse	Freiform- und Gesenkschmiedestücke	1.	2.	1.	2.	3.	Anmerkungen
Unbehandelt	Ohne Kennbuchstabe oder +U	x	x	x	x	x		-			3.	
Behandelt auf Scherbarkeit	+ S	x	x	-	-	-	Chemische Zusammensetzung nach den Tabellen 3 und 4	Spalte + S	Wie in Spalte 8 (siehe Fußnote b zu Tabelle 3)		Härtbarkeit nach Tabelle 5 oder Tabelle 6	
Weichgeglüht	+ A	x	x	x	x	x		Spalte + A				Beachte auch die in Anhang A aufgeführten Optionen.
Behandelt auf Härtespanne	+ TH	-	x	x	x	x	Brinell-Härte nach Tabelle 7	Spalte + TH				
Behandelt auf Ferrit-Perlit-Gefüge und Härtespanne	+ FP	-	x	-	-	x		Spalte + FP				
Normalgeglüht [a]	+N	-	-	-	x	-		Spalte + N				
Sonstige							Andere Behandlungszustände, z. B. bestimmte Glühbehandlungen zur Erzielung eines bestimmten Gefüges, können bei der Anfrage und Bestellung vereinbart werden. Der Behandlungszustand „geglüht auf kugelige Carbide (+AC)", wie er für das Kaltstauchen und Kaltfließpressen verlangt wird, ist in EN 10263-4 aufgeführt.					

[a] Das Normalglühen kann durch ein normalisierendes Umformen ersetzt werden.

12

Tabelle 2 — Oberflächenausführung bei Lieferung

	1	2	3	4	5	6	7	8	9
				X = im Allgemeinen anwendbar für					
1	Oberflächenausführung bei der Lieferung		Kennbuchstaben	Halbzeug wie Vorblöcke, Knüppel	Stäbe	Walzdraht	Flacherzeugnisse	Freiform- und Gesenkschmiedestücke (siehe Anmerkung 2 zu 1.1)	Anmerkungen
2	Wenn nicht anders vereinbart	warmgeformt	Ohne Kennbuchstabe oder + HW	x	x	x	x	x	-
3		Unverformter Strangguss	+CC	x	-	-	-	-	-
4	Nach entsprechender Vereinbarung zu liefernde besondere Ausführungen	Warmgeformt und gebeizt	+ Pl	-	-	x	x	-	a
5		Warmgeformt und gestrahlt	+ BC	x	x	x	x	x	a
6		Warmgeformt und vorbearbeitet	+ RM	-	x	x	-	x	a
7		Sonstige	-	-	x	x	x	x	-

a   Zusätzlich können bestimmte Oberflächenbehandlungen, z. B.: Ölen, Kälken oder Phosphatieren, vereinbart werden.

13

Tabelle 3 — Stahlsorten und chemische Zusammensetzung (Schmelzenanalyse)

Stahlsorte		Massenanteil in % [a, b, c]								
Kurzname	Werkstoffnummer	C	Si max.	Mn	P max.	S	Cr	Mo	Ni	B
C10E	1.1121	0,07 bis 0,13	0,40	0,30 bis 0,60	0,035	≤ 0,035	-	-	-	-
C10R	1.1207	0,07 bis 0,13	0,40	0,30 bis 0,60	0,035	0,020 bis 0,040	-	-	-	-
C15E	1.1141	0,12 bis 0,18	0,40	0,30 bis 0,60	0,035	≤ 0,035	-	-	-	-
C15R	1.1140	0,12 bis 0,18	0,40	0,30 bis 0,60	0,035	0,020 bis 0,040	-	-	-	-
C16E	1.1148	0,12 bis 0,18	0,40	0,60 bis 0,90	0,035	≤ 0,035	-	-	-	-
C16R	1.1208	0,12 bis 0,18	0,40	0,60 bis 0,90	0,035	0,020 bis 0,040	-	-	-	-
17Cr3	1.7016	0,14 bis 0,20	0,40	0,60 bis 0,90	0,025	≤ 0,035	0,70 bis 1,00	-	-	-
17CrS3	1.7014	0,14 bis 0,20	0,40	0,60 bis 0,90	0,025	0,020 bis 0,040	0,70 bis 1,00	-	-	-
28Cr4	1.7030	0,24 bis 0,31	0,40	0,60 bis 0,90	0,025	≤ 0,035	0,90 bis 1,20	-	-	-
28CrS4	1.7036	0,24 bis 0,31	0,40	0,60 bis 0,90	0,025	0,020 bis 0,040	0,90 bis 1,20	-	-	-
16MnCr5	1.7131	0,14 bis 0,19	0,40	1,00 bis 1,30	0,025	≤ 0,035	0,80 bis 1,10	-	-	-
16MnCrS5	1.7139	0,14 bis 0,19	0,40	1,00 bis 1,30	0,025	0,020 bis 0,040	0,80 bis 1,10	-	-	-
16MnCrB5	1.7160	0,14 bis 0,19	0,40	1,00 bis 1,30	0,025	≤ 0,035	0,80 bis 1,10	-	-	0,0008 bis 0,0050 [d]
20MnCr5	1.7147	0,17 bis 0,22	0,40	1,10 bis 1,40	0,025	≤ 0,035	1,00 bis 1,30	-	-	-
20MnCrS5	1.7149	0,17 bis 0,22	0,40	1,10 bis 1,40	0,025	0,020 bis 0,040	1,00 bis 1,30	-	-	-
18CrMo4	1.7243	0,15 bis 0,21	0,40	0,60 bis 0,90	0,025	≤ 0,035	0,90 bis 1,20	0,15 bis 0,25	-	-
18CrMoS4	1.7244	0,15 bis 0,21	0,40	0,60 bis 0,90	0,025	0,020 bis 0,040	0,90 bis 1,20	0,15 bis 0,25	-	-
22CrMoS3-5	1.7333	0,19 bis 0,24	0,40	0,70 bis 1,00	0,025	0,020 bis 0,040	0,70 bis 1,00	0,40 bis 0,50	-	-
20MoCr3	1.7320	0,17 bis 0,23	0,40	0,60 bis 0,90	0,025	≤ 0,035	0,40 bis 0,70	0,30 bis 0,40	-	-
20MoCrS3	1.7319	0,17 bis 0,23	0,40	0,60 bis 0,90	0,025	0,020 bis 0,040	0,40 bis 0,70	0,30 bis 0,40	-	-
20MoCr4	1.7321	0,17 bis 0,23	0,40	0,70 bis 1,00	0,025	≤ 0,035	0,30 bis 0,60	0,40 bis 0,50	-	-
20MoCrS4	1.7323	0,17 bis 0,23	0,40	0,70 bis 1,00	0,025	0,020 bis 0,040	0,30 bis 0,60	0,40 bis 0,50	-	-
16NiCr4	1.5714	0,13 bis 0,19	0,40	0,70 bis 1,00	0,025	≤ 0,035	0,60 bis 1,00	-	0,80 bis 1,10	-
16NiCrS4	1.5715	0,13 bis 0,19	0,40	0,70 bis 1,00	0,025	0,020 bis 0,040	0,60 bis 1,00	-	0,80 bis 1,10	-
10NiCr5-4	1.5805	0,07 bis 0,12	0,40	0,60 bis 0,90	0,025	≤ 0,035	0,90 bis 1,20	-	1,20 bis 1,50	-
18NiCr5-4	1.5810	0,16 bis 0,21	0,40	0,60 bis 0,90	0,025	≤ 0,035	0,90 bis 1,20	-	1,20 bis 1,50	-
17CrNi6-6	1.5918	0,14 bis 0,20	0,40	0,50 bis 0,90	0,025	≤ 0,035	1,40 bis 1,70	-	1,40 bis 1,70	-
15NiCr13	1.5752	0,14 bis 0,20	0,40	0,40 bis 0,70	0,025	≤ 0,035	0,60 bis 0,90	-	3,00 bis 3,50	-
20NiCrMo2-2	1.6523	0,17 bis 0,23	0,40	0,65 bis 0,95	0,025	≤ 0,035	0,35 bis 0,70	0,15 bis 0,25	0,40 bis 0,70	-
20NiCrMoS2-2	1.6526	0,17 bis 0,23	0,40	0,65 bis 0,95	0,025	0,020 bis 0,040	0,35 bis 0,70	0,15 bis 0,25	0,40 bis 0,70	-
17NiCrMo6-4	1.6566	0,14 bis 0,20	0,40	0,60 bis 0,90	0,025	≤ 0,035	0,80 bis 1,10	0,15 bis 0,25	1,20 bis 1,50	-
17NiCrMoS6-4	1.6569	0,14 bis 0,20	0,40	0,60 bis 0,90	0,025	0,020 bis 0,040	0,80 bis 1,10	0,15 bis 0,25	1,20 bis 1,50	-
20NiCrMoS6-4	1.6571	0,16 bis 0,23	0,40	0,50 bis 0,90	0,025	0,020 bis 0,040	0,60 bis 0,90	0,25 bis 0,35	1,40 bis 1,70	-
18CrNiMo7-6	1.6587	0,15 bis 0,21	0,40	0,50 bis 0,90	0,025	≤ 0,035	1,50 bis 1,80	0,25 bis 0,35	1,40 bis 1,70	-
14NiCrMo13-4	1.6657	0,11 bis 0,17	0,40	0,30 bis 0,60	0,025	≤ 0,035	0,80 bis 1,10	0,20 bis 0,30	3,00 bis 3,50	-
20NiCrMo13-4	1.6660	0,17 bis 0,22	0,40	0,30 bis 0,60	0,025	≤ 0,035	0,80 bis 1,20	0,30 bis 0,50	3,00 bis 3,50	-

[a] In dieser Tabelle nicht aufgeführte Elemente dürfen dem Stahl, außer zum Fertigbehandeln der Schmelze, ohne Zustimmung des Bestellers nicht absichtlich zugesetzt werden. Es sind alle angemessenen Vorkehrungen zu treffen, um die Zufuhr solcher Elemente aus dem Schrott oder anderen bei der Herstellung verwendeten Stoffen zu vermeiden, die die Härtbarkeit, die mechanischen Eigenschaften und die Verwendbarkeit beeinträchtigen.

[b] Falls Anforderungen an die Härtbarkeit (siehe Tabellen 5 und 6) gestellt werden, sind, außer den Elementen Phosphor und Schwefel, geringe Abweichungen von den Grenzen der Schmelzenanalyse erlaubt; diese Werte dürfen jedoch bei Kohlenstoff ± 0,01 % und in allen anderen Fällen die Werte nach Tabelle 4 nicht überschreiten.

[c] Stähle mit verbesserter Bearbeitbarkeit infolge höherer Schwefelanteile bis zu etwa 0,10 % S (einschließlich aufgeschwefelter Stähle mit kontrollierten Anteilen nichtmetallischer Einschlüsse, (z. B.: Ca-Behandlung)) (modernes Verfahren) oder Bleizusatz können auf Anfrage geliefert werden. Im ersten Fall darf die obere Grenze des Mangananteils um 0,15 % erhöht werden.

[d] Bor wird hier nicht zur Steigerung der Härtbarkeit hinzugefügt, sondern zur Verbesserung der Zähigkeit in der Härtungszone.

14

Tabelle 4 — Grenzabweichungen der Stückanalyse von den nach Tabelle 3 für die Schmelzenanalyse gültigen Grenzwerten

Element	Zulässiger Höchstanteil in der Schmelzenanalyse Massenanteil in %	Grenzabweichung[a] Massenanteil in %
C	≤ 0,31	± 0,02
Si	≤ 0,40	+ 0,03
Mn	≤ 1,00	± 0,04
	> 1,00 ≤ 1,40	± 0,05
P	≤ 0,035	+ 0,005
S	≤ 0,040	+ 0,005[b]
Cr	≤ 1,80	± 0,05
Mo	≤ 0,30	± 0,03
	> 0,30 ≤ 0,50	± 0,04
Ni	≤ 2,00	± 0,05
	> 2,00 ≤ 3,50	± 0,07
B	≤ 0,005 0	± 0,000 5

[a] ± bedeutet, dass bei einer Schmelze die obere oder die untere Grenze der für die Schmelzenanalyse in Tabelle 3 angegebenen Spanne überschritten werden darf, aber nicht beide gleichzeitig.

[b] Für Stähle mit einer festgelegten Spanne an Schwefel (0,020 % bis 0,040 % entsprechend der Schmelzenanalyse) ist die erlaubte Abweichung ± 0,005 %.

15

Tabelle 5 — Grenzwerte der Härte für Stahlsorten mit (normalen) Härtbarkeitsanforderungen (+H-Sorten; siehe 7.1)

Stahlsorte		Grenzen der Spanne	Abstand von der abgeschreckten Stirnfläche in mm, Härte in HRC											
Kurzname	Werkstoffnummer		1,5	3	5	7	9	11	13	15	20	25	30	35	40
17Cr3+H	1.7016+H	max.	47	44	40	33	29	27	25	24	23	21	-	-	-
17CrS3+H	1.7014+H	min.	39	35	25	20	-	-	-	-	-	-	-	-	-
28Cr4+H	1.7030+H	max.	53	52	51	49	45	42	39	36	33	30	29	28	27
28CrS4+H	1.7036+H	min.	45	43	39	29	25	22	20	-	-	-	-	-	-
16MnCr5+H	1.7131+H	max.	47	46	44	41	39	37	35	33	31	30	29	28	27
16MnCrS5+H	1.7139+H	min.	39	36	31	28	24	21	-	-	-	-	-	-	-
16MnCrB5+H	1.7160+H	max.	47	46	44	41	39	37	35	33	31	30	29	28	27
		min.	39	36	31	28	24	21	-	-	-	-	-	-	-
20MnCr5+H	1.7147+H	max.	49	49	48	46	43	42	41	39	37	35	34	33	32
20MnCrS5+H	1.7149+H	min.	41	39	36	33	30	28	26	25	23	21	-	-	-
18CrMo4+H	1.7243+H	max.	47	46	45	42	39	37	35	34	31	29	28	27	26
18CrMoS4+H	1.7244+H	min.	39	37	34	30	27	24	22	21	-	-	-	-	-
22CrMoS3-5+H	1.7333+H	max.	50	49	48	47	45	43	41	40	37	35	34	33	32
		min.	42	41	37	33	31	28	26	25	23	22	21	20	-
20MoCr3+H	1.7320+H	max.	49	47	45	40	35	32	31	30	28	26	25	24	23
20MoCrS3+H	1.7319+H	min.	41	38	34	28	22	20	-	-	-	-	-	-	-
20MoCr4+H	1.7321+H	max.	49	47	44	41	38	35	33	31	28	26	25	24	24
20MoCrS4+H	1.7323+H	min.	41	37	31	27	24	22	-	-	-	-	-	-	-
16NiCr4+H	1.5714+H	max.	47	46	44	42	40	38	36	34	32	30	29	28	28
16NiCrS4+H	1.5715+H	min.	39	36	33	29	27	25	23	22	20	-	-	-	-
10NiCr5-4+H	1.5805+H	max.	41	39	37	34	32	30	-	-	-	-	-	-	-
		min.	32	27	24	22	-	-	-	-	-	-	-	-	-
18NiCr5-4+H	1.5810+H	max.	49	48	46	44	42	39	37	36	34	32	31	31	30
		min.	41	39	35	32	29	27	25	24	21	20	-	-	-
17CrNi6-6+H	1.5918+H	max.	47	47	46	45	43	42	41	39	37	35	34	34	33
		min.	39	38	36	35	32	30	28	26	24	22	21	20	20
15NiCr13+H	1.5752+H	max.	48	48	48	47	45	44	42	41	38	35	34	34	33
		min.	41	41	41	40	38	36	33	30	24	22	22	21	21
20NiCrMo2-2+H	1.6523+H	max.	49	48	45	42	36	33	31	30	27	25	24	24	23
20NiCrMoS2-2+H	1.6526+H	min.	41	37	31	25	22	20	-	-	-	-	-	-	-
17NiCrMo6-4+H	1.6566+H	max.	48	48	47	46	45	44	42	41	38	36	35	34	33
17NiCrMoS6-4+H	1.6569+H	min.	40	40	37	34	30	28	27	26	24	23	22	21	-
20NiCrMoS6-4+H	1.6571+H	max.	49	49	48	48	47	47	46	44	41	39	38	37	36
		min.	41	40	39	36	33	30	28	26	23	21	-	-	-
18CrNiMo7-6+H	1.6587+H	max.	48	48	48	48	47	47	46	46	44	43	42	41	41
		min.	40	40	39	38	37	36	35	34	32	31	30	29	29
14NiCrMo13-4+H	1.6657+H	max.	47	47	46	46	46	46	46	45	43	42	40	39	38
		min.	39	39	37	36	36	36	35	33	31	30	28	27	26
20NiCrMo13-4+H	1.6660+H	max.	53	52	52	51	51	51	51	51	51	50	50	50	49
		min.	43	42	42	41	41	41	41	41	41	40	40	40	39

16

131

Tabelle 6 — Grenzwerte der Härte für Stahlsorten mit eingeengten Härtbarkeitsstreubändern
(+HH- und +HL-Sorten, siehe 7.1)

Kurzname	Werkstoff-nummer	Grenzen der Spanne	1,5	3	5	7	9	11	13	15	20	25	30	35	40
Stahlsorte			Abstand von der abgeschreckten Stirnfläche in mm, Härte in HRC												
17Cr3+HH	1.7016+HH	max.	47	44	40	33	29	27	25	24	23	21	-	-	-
17CrS3+HH	1.7014+HH	min.	42	38	30	24	20	-	-	-	-	-	-	-	-
17Cr3+HL	1.7016+HL	max.	44	41	35	29	25	23	21	20	-	-	-	-	-
17CrS3+HL	1.7014+HL	min.	39	35	25	20	-	-	-	-	-	-	-	-	-
28Cr4+HH	1.7030+HH	max.	53	52	51	49	45	42	39	36	33	30	29	28	27
28CrS4+HH	1.7036+HH	min.	48	46	43	36	32	29	26	23	20	-	-	-	-
28Cr4+HL	1.7030+HL	max.	50	49	47	42	38	35	33	30	27	24	23	22	21
28CrS4+HL	1.7036+HL	min.	45	43	39	29	25	22	20	-	-	-	-	-	-
16MnCr5+HH	1.7131+HH	max.	47	46	44	41	39	37	35	33	31	30	29	28	27
16MnCrS5+HH	1.7139+HH	min.	42	39	35	32	29	26	24	22	20	-	-	-	-
16MnCr5+HL	1.7131+HL	max.	44	43	40	37	34	32	30	28	26	25	24	23	22
16MnCrS5+HL	1.7139+HL	min.	39	36	31	28	24	21	-	-	-	-	-	-	-
16MnCrB5+HH	1.7160+HH	max.	47	46	44	41	39	37	35	33	31	30	29	28	27
		min.	42	39	35	32	29	26	24	22	20	-	-	-	-
16MnCrB5+HL	1.7160+HL	max.	44	43	40	37	34	32	30	28	26	25	24	23	22
		min.	39	36	31	28	24	21	-	-	-	-	-	-	-
20MnCr5+HH	1.7147+HH	max.	49	49	48	46	43	42	41	39	37	35	34	33	32
20MnCrS5+HH	1.7149+HH	min.	44	42	40	37	34	33	31	30	28	26	25	24	23
20MnCr5+HL	1.7147+HL	max.	46	46	44	42	39	37	36	34	32	30	29	28	27
20MnCrS5+HL	1.7149+HL	min.	41	39	36	33	30	28	26	25	23	21	-	-	-
18CrMo4+HH	1.7243+HH	max.	47	46	45	42	39	37	35	34	31	29	28	27	26
18CrMoS4+HH	1.7244+HH	min.	42	40	38	34	31	28	26	25	22	20	-	-	-
18CrMo4+HL	1.7243+HL	max.	44	43	41	38	35	33	31	30	27	25	24	23	22
18CrMoS4+HL	1.7244+HL	min.	39	37	34	30	27	24	22	21	-	-	-	-	-
22CrMoS3-5+HH	1.7333+HH	max.	50	49	48	47	45	43	41	40	37	35	34	33	32
		min.	45	44	41	38	36	33	31	30	28	26	25	24	23
22CrMoS3-5+HL	1.7333+HL	max.	47	46	44	42	40	38	36	35	32	31	30	29	28
		min.	42	41	37	33	31	28	26	25	23	22	21	20	-
20MoCr3+HH	1.7320+HH	max.	49	47	45	40	35	32	31	30	28	26	25	24	23
20MoCrS3+HH	1.7319+HH	min.	44	41	38	32	26	24	23	22	20	-	-	-	-
20MoCr3+HL	1.7320+HL	max.	46	44	41	36	31	28	27	26	24	22	21	20	-
20MoCrS3+HL	1.7319+HL	min.	41	38	34	28	22	20	-	-	-	-	-	-	-
20MoCr4+HH	1.7321+HH	max.	49	47	44	41	38	35	33	31	28	26	25	24	24
20MoCrS4+HH	1.7323+HH	min.	44	40	35	32	29	26	24	22	-	-	-	-	-
20MoCr4+HL	1.7321+HL	max.	46	44	40	36	33	31	29	27	24	22	21	20	20
20MoCrS4+HL	1.7323+HL	min.	41	37	31	27	24	22	-	-	-	-	-	-	-
16NiCr4+HH	1.5714+HH	max.	47	46	44	42	40	38	36	34	32	30	29	28	28
16NiCrS4+HH	1.5715+HH	min.	42	39	37	33	31	29	27	26	24	22	21	20	20

Tabelle 6 (fortgesetzt)

Stahlsorte Kurzname	Werkstoff-nummer	Grenzen der Spanne	Abstand von der abgeschreckten Stirnfläche in mm, Härte in HRC											
			1,5	3	5	7	9	11	13	15	20	25	30	35	40
16NiCr4+HL	1.5714+HL	max.	44	43	40	38	36	34	32	30	28	26	25	24	24
16NiCrS4+HL	1.5715+HL	min.	39	36	33	29	27	25	23	22	20	-	-	-	-
10 NiCr5-4+HH	1.505+HH	max.	41	39	37	34	32	30	-	-	-	-	-	-	-
		min.	33	29	26	24	21	20	-	-	-	-	-	-	-
10NiCr5-4+HL	1.5805+HL	max.	38	35	32	30	27	25	-	-	-	-	-	-	-
		min.	32	27	24	22	-	-	-	-	-	-	-	-	-
18NiCr5-4+HH	1.5810+HH	max.	49	48	46	44	42	39	37	36	34	32	31	31	30
		min.	44	42	39	36	33	31	29	28	25	24	23	23	22
18NiCr5-4+HL	1.5810+HL	max.	46	45	42	40	38	35	33	32	30	28	27	27	26
		min.	41	39	35	32	29	27	25	24	21	20	-	-	-
17CrNi6-6+HH	1.5918+HH	max.	47	47	46	45	43	42	41	39	37	35	34	34	33
		min.	42	41	39	38	36	34	32	30	28	26	25	25	24
17CrNi6-6+HL	1.5918+HL	max.	44	44	43	42	39	38	37	35	33	31	30	29	29
		min.	39	38	36	35	32	30	28	26	24	22	21	20	20
15NiCr13+HH	1.5752+HH	max.	48	48	48	47	45	44	42	41	38	35	34	34	33
		min.	43	43	43	42	40	39	36	34	29	26	26	25	25
15NiCr13+HL	1.5752+HL	max.	46	46	46	45	43	41	38	37	33	31	30	30	29
		min.	41	41	41	40	38	36	33	30	24	22	22	21	21
20NiCrMo2-2+HH	1.6523+HH	max.	49	48	45	42	36	33	31	30	27	25	24	24	23
20NiCrMoS2-2+HH	1.6526+HH	min.	44	41	36	31	27	24	22	21	-	-	-	-	-
20NiCrMo2-2+HL	1.6523+HL	max.	46	44	40	36	31	29	27	26	23	21	20	20	-
20NiCrMoS2-2+HL	1.6526+HL	min.	41	37	31	25	22	20	-	-	-	-	-	-	-
17NiCrMo6-4+HH	1.6566+HH	max.	48	48	47	46	45	44	42	41	38	36	35	34	33
17NiCrMoS6-4+HH	1.6569+HH	min.	43	43	40	38	35	33	32	31	29	27	26	25	24
17NiCrMo6-4+HL	1.6566+HL	max.	45	45	44	42	40	39	37	36	33	32	31	30	29
17NiCrMoS6-4+HL	1.6569+HL	min.	40	40	37	34	30	28	27	26	24	23	22	21	-
20NiCrMoS6-4+HH	1.6571+HH	max.	49	49	48	48	47	47	46	44	41	39	38	37	36
		min.	44	43	42	40	38	36	34	32	29	27	26	25	24
20NiCrMoS6-4+HL	1.6571+HL	max.	46	46	45	44	42	41	40	38	35	33	32	31	30
		min.	41	40	39	36	33	30	28	26	23	21	-	-	-
18CrNiMo7-6+HH	1.6587+HH	max.	48	48	48	48	47	47	46	46	44	43	42	41	41
		min.	43	43	42	41	40	40	39	38	36	35	34	33	33
18CrNiMo7-6+HL	1.6587+HL	max.	45	45	45	45	44	43	42	42	40	39	38	37	37
		min.	40	40	39	38	37	36	35	34	32	31	30	29	29
14NiCrMo13-4+HH	1.6657+HH	max.	47	47	46	46	46	46	46	45	43	42	40	39	38
		min.	42	42	40	39	39	39	39	37	35	34	32	31	30
14NiCrMo13-4+HL	1.6657+HL	max.	44	44	43	43	43	43	42	41	39	38	36	35	34
		min.	39	39	37	36	36	36	35	33	31	30	28	27	26
20NiCrMo13-4+HH	1.6660+HH	max.	53	52	52	51	51	51	51	51	51	50	50	50	49
		min.	44	44	44	43	43	43	43	43	43	42	42	42	41
20NiCrMo13-4+HL	1.6660+HL	max.	50	50	50	49	49	49	49	49	49	48	48	48	47
		min.	43	42	42	41	41	41	41	41	41	40	40	40	39

18

Tabelle 7 — Anforderungen an die Härte für in den Zuständen 'behandelt auf Scherbarkeit' (+S), 'weichgeglüht' (+A), 'behandelt auf Härtespanne' (+TH), 'behandelt auf Ferrit-Perlit-Gefüge und Härtespanne' (+FP) oder 'normalgeglüht' (+N) gelieferte Erzeugnisse

Stahlsorte		Brinell-Härte (HBW) im Zustand							
Kurzname	Werkstoff-nummer	+ S max.	+ A max.	+ TH min.	+ TH max.	+ FP min.	+ FP max.	+N min.	+N max.
C10E	1.1121	-	131	-	-	-	-	85	140
C10R	1.1207								
C15E	1.1141	-	143	-	-	-	-	95	150
C15R	1.1140								
C16E	1.1148	-	156	-	-	-	-	100	155
C16R	1.1208								
17Cr3	1.7016	a	174	-	-	-	-	-	-
17CrS3	1.7014								
28Cr4	1.7030	255	217	166	217	156	207	-	-
28CrS4	1.7036								
16MnCr5	1.7131	a	207	156	207	140	187	138	187
16MnCrS5	1.7139								
16MnCrB5	1.7160	a	207	156	207	140	187	138	187
20MnCr5	1.7147	255	217	170	217	152	201	140	201
20MnCrS5	1.7149								
18CrMo4	1.7243	a	207	156	207	140	187	-	-
18CrMoS4	1.7244								
22CrMoS3-5	1.7333	255	217	170	217	152	201	-	-
20MoCr3	1.7320	255	217	160	205	145	185	-	-
20MoCrS3	1.7319								
20MoCr4	1.7321	255	207	156	207	140	187	-	-
20MoCrS4	1.7323								
16NiCr4	1.5714	255	217	166	217	156	207	-	-
16NiCrS4	1.5715								
10NiCr5-4	1.5805	a	192	147	197	137	187	-	-
18NiCr5-4	1.5810	255	223	170	223	156	207	-	-
17CrNi6-6	1.5918	255	229	175	229	156	207	-	-
15NiCr13	1.5752	255	229	179	229	166	217	-	-
20NiCrMo2-2	1.6523	a	212	161	212	149	194	-	-
20NiCrMoS2-2	1.6526								
17NiCrMo6-4	1.6566	255	229	179	229	149	201	-	-
17NiCrMoS6-4	1.6569								
20NiCrMoS6-4	1.6571	255	229	179	229	154	207	-	-
18CrNiMo7-6	1.6587	255	229	179	229	159	207	-	-
14NiCrMo13-4	1.6657	255	241	187	241	166	217	-	-
20NiCrMo13-4	1.6660	277	255	207	255	197	241	-	-

a Siehe 7.2.2.3.

19

Tabelle 8 — Bedingungen für die Wärmebehandlung von Probestäben und die Behandlung der Stähle

Stahlsorte		Stirnabschreck-versuch Austenitisierungs-temperatur[a] °C	Aufkohlungs-temperatur[b] °C	Kernhärte-temperatur [c,d] °C	Randhärte-temperatur[c, d] °C	Anlassen[e] °C
Kurzname	Werkstoff-nummer					
C10E	1.1121	-	880 bis 980	880 bis 920	780 bis 820	150 bis 200
C10R	1.1207					
C15E	1.1141	-	880 bis 980	880 bis 920	780 bis 820	150 bis 200
C15R	1.1140					
C16E	1.1148	-	880 bis 980	880 bis 920	780 bis 820	150 bis 200
C16R	1.1208					
17Cr3	1.7016	880	880 bis 980	860 bis 900	780 bis 820	150 bis 200
17CrS3	1.7014					
28Cr4	1.7030	850	880 bis 980	860 bis 900	780 bis 820	150 bis 200
28CrS4	1.7036					
16MnCr5	1.7131	870	880 bis 980	860 bis 900	780 bis 820	150 bis 200
16MnCrS5	1.7139					
16MnCrB5	1.7160	870	880 bis 980	860 bis 900	780 bis 820	150 bis 200
20MnCr5	1.7147	870	880 bis 980	860 bis 900	780 bis 820	150 bis 200
20MnCrS5	1.7149					
18CrMo4	1.7243	880	880 bis 980	860 bis 900	780 bis 820	150 bis 200
18CrMoS4	1.7244					
22CrMoS3-5	1.7333	900	880 bis 980	860 bis 900	780 bis 820	150 bis 200
20MoCr3	1.7320	880	880 bis 980	860 bis 900	780 bis 820	150 bis 200
20MoCrS3	1.7319					
20MoCr4	1.7321	910	880 bis 980	860 bis 900	780 bis 820	150 bis 200
20MoCrS4	1.7323					
16NiCr4	1.5714	880	880 bis 980	850 bis 890	780 bis 820	150 bis 200
16NiCrS4	1.5715					
10NiCr5-4	1.5805	880	875 bis 925	830 bis 860	780 bis 810	150 bis 200
18NiCr5-4	1.5810	880	880 bis 980	840 bis 880	780 bis 820	150 bis 200
17CrNi6-6	1.5918	870	880 bis 980	830 bis 870	780 bis 820	150 bis 200
15NiCr13	1.5752	880	880 bis 980	840 bis 880	780 bis 820	150 bis 200
20NiCrMo2-2	1.6523	920	880 bis 980	860 bis 900	780 bis 820	150 bis 200
20NiCrMoS2-2	1.6526					
17NiCrMo6-4	1.6566	880	880 bis 980	830 bis 870	780 bis 820	150 bis 200
17NiCrMoS6-4	1.6569					
20NiCrMoS6-4	1.6571	880	880 bis 980	830 bis 870	780 bis 820	150 bis 200
18CrNiMo7-6	1.6587	860	880 bis 980	830 bis 870	780 bis 820	150 bis 200
14NiCrMo13-4	1.6657	880	880 bis 980	840 bis 880	780 bis 820	150 bis 200
20NiCrMo13-4	1.6660	850	880 bis 980	825 bis 880	800 bis 850	150 bis 200

ANMERKUNG   Bei den für das Aufkohlen, Kernhärten, Randhärten und Anlassen angegebenen Temperaturen handelt es sich um Anhaltsangaben; die tatsächlich gewählten Temperaturen sollten so sein, dass die verlangten Anforderungen erfüllt werden.

[a]   Austenitisierungsdauer (Anhaltswert): 30 bis 35 Minuten.

[b]   Die Aufkohlungstemperatur hängt von der chemischen Zusammensetzung des Stahles, der Masse des Erzeugnisses und dem Aufkohlungsmittel ab. Beim Direkthärten der Stähle wird im Allgemeinen eine Temperatur von 950 °C nicht überschritten. Für die sondere Verfahren, zum Beispiel unter Vakuum, sind höhere Temperaturen (zum Beispiel 1 020°C bis 1 050 °C) nicht ungewöhnlich.

[c]   Beim Einfachhärten ist der Stahl von Aufkohlungstemperatur oder einer niedrigeren Temperatur abzuschrecken. Insbesondere bei Verzugsgefahr werden in jedem Falle die niedrigeren Härtetemperaturen bevorzugt.

[d]   Die Art des Abkühlmittels hängt z. B. von der Gestalt der Erzeugnisse, den Abkühlbedingungen und dem Füllgrad des Ofens ab.

[e]   Anlassdauer mindestens 1 h (Anhaltswert).

Tabelle 9 —Prüfbedingungen für den Nachweis der in Spalte 1 gegebenen Anforderungen

ANMERKUNG   Ein Nachweis der Anforderungen ist nur erforderlich, wenn ein Abnahmeprüfzeugnis bestellt wurde und die Anforderungen entsprechend Tabelle 1, Spalte 8 oder Spalte 9 in Betracht kommen.

1	2	3	4	5	6
Art der Anforderung		Prüfumfang		Probenahme und Probenvorbereitung[b]	Anzuwendendes Prüfverfahren
		Zahl der			
	Siehe Tabelle	Prüfeinheit [a]	Probestücke je Prüfeinheit	Prüfungen je Probestück		
Chemische Zusammensetzung	3 + 4	C			(Die Schmelzenanalyse wird vom Hersteller mitgeteilt; bzgl. einer möglichen Stückanalyse siehe A.3).	
Härtbarkeit	5 + 6	C	1	1	In Schiedsfällen muss die Probe wie folgt hergestellt werden: a) Für Durchmesser $d \le 40$ mm wird die Probe durch spanendes Bearbeiten hergestellt. b) Für Durchmesser 40 mm $< d \le 150$ mm ist der Stab durch Schmieden auf einen Durchmesser von 40 mm zu bringen oder eine Probe mit Durchmesser 40 mm ist so zu entnehmen, dass ihre Achse 20 m unter der Erzeugnisoberfläche liegt. c) Für Durchmesser $d > 150$ mm ist die Probe so zu entnehmen, dass ihre Achse 20 mm unter der Erzeugnisoberfläche liegt. In allen anderen Fällen bleibt, wenn bei der Bestellung nicht anders vereinbart, das Verfahren zur Probenherstellung dem Hersteller überlassen. Wenn die Erzeugnismaße die Entnahme von Probeabschnitten für den Stirnabschreckversuch nicht zulassen, sind die Bedingungen für den Nachweis der Härtbarkeit zu vereinbaren.	In Übereinstimmung mit EN ISO 642. Die Härtetemperatur muss den Angaben in Tabelle 8 entsprechen. Die Härtewerte sind nach EN ISO 6508-1, Verfahren C zu ermitteln.
Härte in den Zuständen +S oder +A oder +TH oder +FP	7	C+D+T	1	1	In Schiedsfällen muss die Härte möglichst an der Erzeugnisoberfläche an folgender Stelle ermittelt werden: – bei Rundstäben in einem Abstand von 1 × Durchmesser von einem Stabende; – bei Stäben mit rechteckigem oder quadratischem Querschnitt sowie bei Flacherzeugnissen in einem Abstand von 1 × Dicke von einem Ende und 0,25 × Dicke von einer Längskante auf einer Breitseite des Erzeugnisses. Falls, zum Beispiel bei Freiform- und Gesenkschmiedestücken, die vorstehenden Festlegungen nicht einhaltbar sind, sind bei der Bestellung Vereinbarungen über die zweckmäßige Lage der Härteeindrücke zu treffen. Bezüglich Probenvorbereitung siehe EN ISO 6506-1.	In Übereinstimmung mit EN ISO 6506-1.
Härte im Zustand +N	7	C	1	1	Diese Prüfung ist in der Nähe der Oberfläche durchzuführen.	In Übereinstimmung mit EN ISO 6506-1.

[a] Die Prüfungen sind getrennt auszuführen für jede Schmelze – angedeutet durch „C", für jede Abmessung – angedeutet durch „D" und für jedes Wärmebehandlungslos – angedeutet durch „T".
Erzeugnisse mit unterschiedlichen Dicken können zusammengefasst werden, falls die Dickenunterschiede die Eigenschaften nicht beeinflussen.

[b] Die allgemeinen Bedingungen für die Entnahme und Vorbereitung von Probeabschnitten und Proben sollen EN ISO 377 und EN ISO 14284 entsprechen.

21

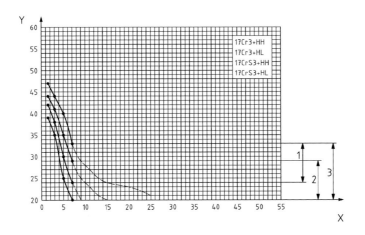

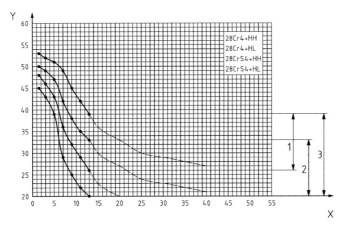

Legende
X   Abstand von der abgeschreckten Stirnfläche, mm
Y   Härte, HRC

1   HH-Sorte
2   HL-Sorte
3   H-Sorte

Bild 1 — Streubänder für die Rockwell C-Härte bei der Prüfung auf Härtbarkeit im Stirnabschreckversuch

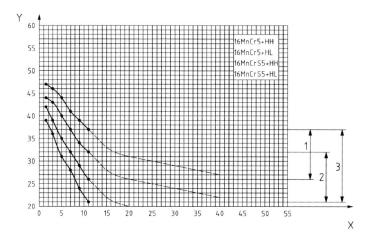

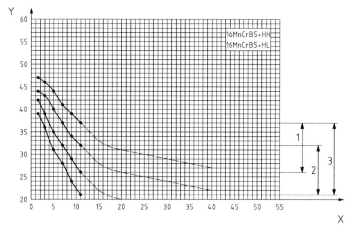

Legende

X   Abstand von der abgeschreckten Stirnfläche, mm
Y   Härte, HRC

1   HH-Sorte
2   HL-Sorte
3   H-Sorte

Bild 1 — Streubänder der Rockwell C-Härte bei der Prüfung auf Härtbarkeit im Stirnabschreckversuch
(fortgesetzt)

23

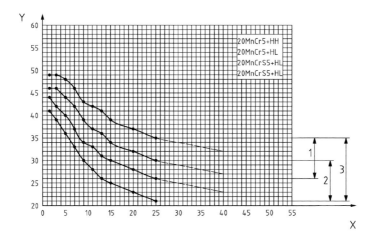

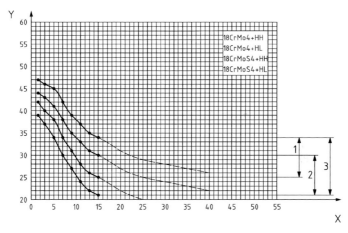

Legende

X   Abstand von der abgeschreckten Stirnfläche, mm
Y   Härte, HRC

1   HH-Sorte
2   HL-Sorte
3   H-Sorte

Bild 1 — Streubänder der Rockwell C-Härte bei der Prüfung auf Härtbarkeit im Stirnabschreckversuch
(fortgesetzt)

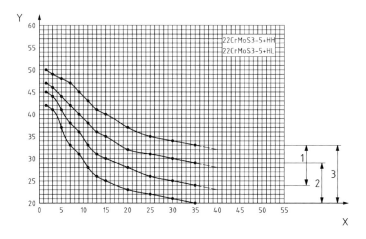

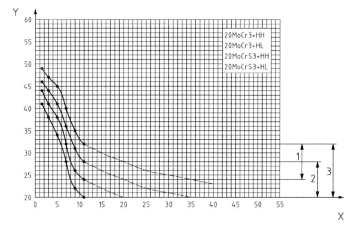

Legende
X   Abstand von der abgeschreckten Stirnfläche, mm
Y   Härte, HRC

1   HH-Sorte
2   HL-Sorte
3   H-Sorte

Bild 1 — Streubänder der Rockwell C-Härte bei der Prüfung auf Härtbarkeit im Stirnabschreckversuch
(fortgesetzt)

25

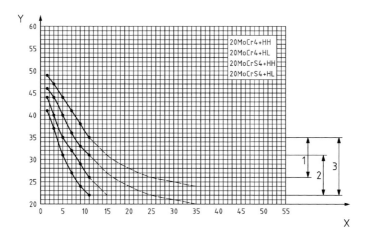

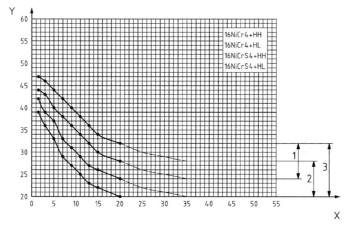

Legende
X Abstand von der abgeschreckten Stirnfläche, mm
Y Härte, HRC

1 HH-Sorte
2 HL-Sorte
3 H-Sorte

Bild 1 — Streubänder der Rockwell C-Härte bei der Prüfung auf Härtbarkeit im Stirnabschreckversuch
(fortgesetzt)

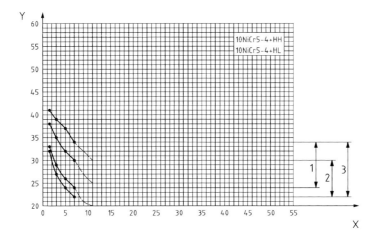

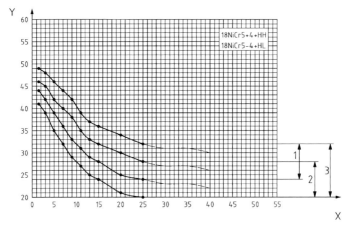

Legende
X   Abstand von der abgeschreckten Stirnfläche, mm
Y   Härte, HRC

1   HH-Sorte
2   HL-Sorte
3   H-Sorte

Bild 1 — Streubänder der Rockwell C-Härte bei der Prüfung auf Härtbarkeit im Stirnabschreckversuch
(fortgesetzt)

27

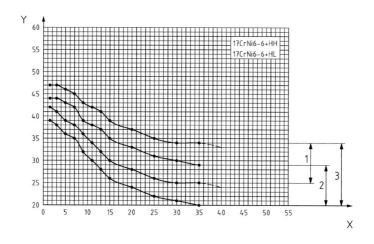

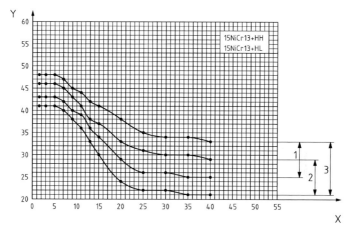

Legende

X   Abstand von der abgeschreckten Stirnfläche, mm
Y   Härte, HRC

1   HH-Sorte
2   HL-Sorte
3   H-Sorte

Bild 1 — Streubänder der Rockwell C-Härte bei der Prüfung auf Härtbarkeit im Stirnabschreckversuch
(fortgesetzt)

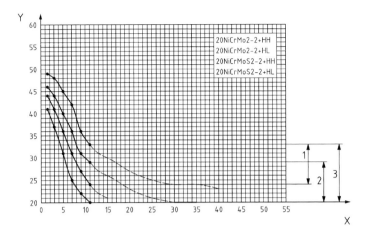

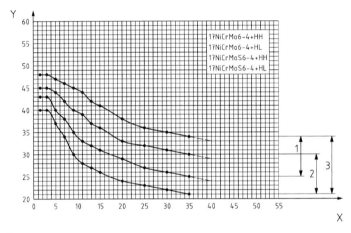

Legende
X   Abstand von der abgeschreckten Stirnfläche, mm
Y   Härte, HRC

1   HH-Sorte
2   HL-Sorte
3   H-Sorte

Bild 1 — Streubänder der Rockwell C-Härte bei der Prüfung auf Härtbarkeit im Stirnabschreckversuch
(fortgesetzt)

29

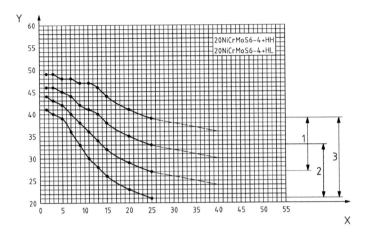

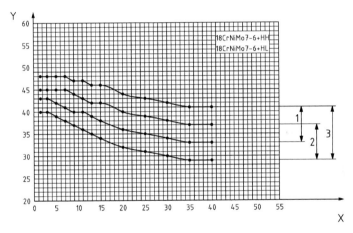

Legende

X   Abstand von der abgeschreckten Stirnfläche, mm
Y   Härte, HRC

1   HH-Sorte
2   HL-Sorte
3   H-Sorte

Bild 1 — Streubänder der Rockwell C-Härte bei der Prüfung auf Härtbarkeit im Stirnabschreckversuch
(fortgesetzt)

30

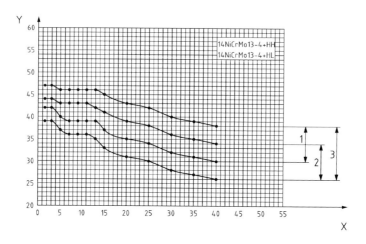

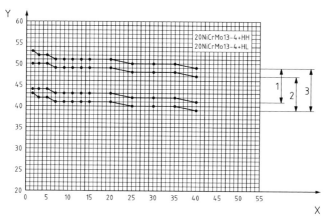

Legende
X Abstand von der abgeschreckten Stirnfläche, mm
Y Härte, HRC

1 HH-Sorte
2 HL-Sorte
3 H-Sorte

Bild 1 — Streubänder der Rockwell C-Härte bei der Prüfung auf Härtbarkeit im Stirnabschreckversuch
(fortgesetzt)

31

Anhang A
(normativ)

Optionen

ANMERKUNG   Bei der Anfrage und Bestellung kann die Einhaltung von einer oder mehreren der nachstehenden Zusatz- oder Sonderanforderungen vereinbart werden. Soweit erforderlich, sind die Einzelheiten dieser Anforderungen zwischen Hersteller und Besteller bei der Anfrage und Bestellung zu vereinbaren.

A.1 Anteil an nichtmetallischen Einschlüssen

A.1.1 Mikroskopische Einschlüsse

Der mikroskopisch ermittelte Anteil an nichtmetallischen Einschlüssen muss bei der Prüfung nach einem bei der Anfrage und Bestellung zu vereinbarenden Verfahren innerhalb der vereinbarten Grenzen liegen (siehe Anhang C).

ANMERKUNG   Die Anforderungen an den Anteil an nichtmetallischen Einschlüssen gelten in jedem Fall. Der Nachweis setzt jedoch eine besondere Vereinbarung voraus.

A.1.2 Makroskopische Einschlüsse

Diese Anforderung ist anwendbar für die Überprüfung auf makroskopische Einschlüsse in Edelstählen. Falls eine Überprüfung vereinbart wird, sind die Methode und die Grenzwerte bei der Anfrage und Bestellung zu vereinbaren.

A.2 Zerstörungsfreie Prüfung

Flacherzeugnisse aus Stahl mit einer Dicke größer oder gleich 6 mm sind mit Ultraschall nach EN 10160 und Stabstahl ist mit Ultraschall nach EN 10308 zu überprüfen. Andere Erzeugnisse sind nach einem bei der Anfrage und Bestellung vereinbarten Verfahren und nach ebenfalls bei der Anfrage und Bestellung vereinbarten Bewertungskriterien zerstörungsfrei zu prüfen.

A.3 Stückanalyse

Für jede Schmelze ist eine Stückanalyse durchzuführen, wobei alle Elemente zu berücksichtigen sind, für die in der Schmelzenanalyse (siehe Tabelle 3) des betroffenen Stahls Werte aufgeführt sind.

Für die Probenahme gelten die Angaben in EN ISO 14284. In Schiedsfällen ist das für die chemische Zusammensetzung anzuwendende Analysenverfahren, unter Bezugnahme auf eine der in prCEN/TR 10261 erwähnten Europäischen Normen, zu vereinbaren.

A.4 Feinkornstahl

Der Stahl muss bei Prüfung eine Austenitkorngröße von 5 oder feiner aufweisen. Wenn eine spezifische Prüfung bestellt wird, ist auch zu vereinbaren, ob diese Anforderung an die Korngröße durch Ermittlung des Aluminiumanteiles oder metallographisch nachgewiesen werden soll. Die Feinkörnigkeit wird normalerweise erreicht bei einem Gesamtanteil an Aluminium von min. 0,018 %. In diesem Falle ist eine metallographische Untersuchung nicht notwendig. Der Anteil an Aluminium ist in der Prüfbescheinigung anzugeben.

Anderenfalls wird zur Bestimmung der Austenitkorngröße eine Probe untersucht. Probenahme und Probenvorbereitung erfolgt nach EN ISO 643. Der Stahl ist nach dem Mc-Quaid-Ehn-Verfahren, wie in EN ISO 643 beschrieben, zu überprüfen und die Feinkörnigkeit ist als zufriedenstellend anzusehen, wenn 70 % der Fläche innerhalb der festgelegten Grenzen liegen.

Falls bei der Anfrage und Bestellung nicht anders vereinbart, ist die Korngröße an einer aufgekohlten Probe zu bestimmen. Die Aufkohlung wird erreicht durch Halten der Probe bei 925 °C ± 10 °C für 6 Stunden in Aufkohlungspulver. Dies geschieht im Allgemeinen in einem Carburisierungsofen bei 925 °C ± 10 °C für 8 Stunden einschließlich einer Aufheizphase. In den meisten Fällen wird so eine Aufkohlungsschicht von ungefähr 1 mm erzielt. Nach dem Aufkohlen ist die Probe mit einer geringen Geschwindigkeit so abzukühlen, dass die Zementit-Ausscheidungen auf den Korngrenzen im untereutektoiden Bereich der Aufkohlungsschicht auftreten.

A.5 Reduktionsgrad und Umformgrad

Falls die innere Beschaffenheit von warmgewalzten oder geschmiedeten Erzeugnissen von Bedeutung ist, muss sich der Besteller darüber im Klaren sein, dass ein Mindest-Reduktionsgrad (bezogen auf die Querschnittsfläche) für Langerzeugnisse oder ein Mindest-Umformgrad (bezogen auf die Dicke) für Flacherzeugnisse notwendig ist. In diesem Falle kann ein Mindest-Reduktionsgrad oder ein Mindest-Umformgrad von z. B. 4:1 bei der Anfrage und Bestellung vereinbart werden (siehe 6.3).

A.6 Besondere Kennzeichnung

Die Erzeugnisse sind auf eine bei der Anfrage und Bestellung besonders vereinbarte Art (z. B. durch Strichcode nach EN 606) zu kennzeichnen.

Anhang B
(informativ)

Für Erzeugnisse nach dieser Europäischen Norm in Betracht kommende Maßnormen

Für Walzdraht:

EN 10017, *Walzdraht aus Stahl zum Ziehen und/oder Kaltwalzen — Maße und Grenzabmaße.*

EN 10108, *Runder Walzdraht aus Kaltstauch- und Kaltfließpressstählen — Maße und Grenzabmaße.*

Für warmgewalzte Stäbe:

EN 10058, *Warmgewalzte Flachstäbe aus Stahl für allgemeine Verwendung — Maße, Formtoleranzen und Grenzabmaße.*

EN 10059, *Warmgewalzte Vierkantstäbe aus Stahl für allgemeine Verwendung — Maße, Formtoleranzen und Grenzabmaße.*

EN 10060, *Warmgewalzte Rundstäbe aus Stahl — Maße, Formtoleranzen und Grenzabmaße.*

EN 10061, *Warmgewalzte Sechskantstäbe aus Stahl — Maße, Formtoleranzen und Grenzabmaße.*

Für warmgewalztes Band und Blech:

EN 10029, *Warmgewalztes Stahlblech von 3 mm Dicke an — Grenzabmaße, Formtoleranzen, zulässige Gewichtsabweichungen.*

EN 10048, *Warmgewalzter Bandstahl — Grenzabmaße und Formtoleranzen.*

EN 10051, *Kontinuierlich warmgewalztes Blech und Band ohne Überzug aus unlegierten und legierten Stählen — Grenzabmaße und Formtoleranzen (enthält Änderung A1:1997).*

Anhang C
(normativ)

Bestimmung des Anteils an mikroskopischen nichtmetallischen Einschlüssen

C.1 Die Bestimmung des Anteils an mikroskopischen nichtmetallischen Einschlüssen in Edelstählen erfolgt nach EN 10247. Das Auswertungsverfahren und die Anforderungen zur Bestimmung des Anteils an nichtmetallischen Einschlüssen sind bei der Anfrage und Bestellung zu vereinbaren.

Falls bei der Anfrage und Bestellung nicht vereinbart, ist das Verfahren der mittleren Einschlussgehalte, Flächenberechnung der Einschlüsse mit begrenzter Auswertung (K_{aR}) anzuwenden. Es gelten die folgenden Anforderungen (siehe Tabelle C.1).

Tabelle C.1 — Anforderungen an die mikroskopischen nichtmetallischen Einschlüsse bei Überprüfung nach EN 10247

Verfahren der mittleren Einschlussgehalte (K), Flächenberechnung der Einschlüsse (a) mit begrenzter Auswertung (R): K_{aR} (µm²/mm²)		
Begrenzte Auswertung	Arten der Einschlüsse: [1] EB – Aluminiumoxide EC – Silicate ED – globulare Oxide EAD – heterogene Einschlüsse, teilweise eingehüllt	
	Reihe 4 und größer (> 22 µm)	
Grenzwert	$K_{aR} \leq 40$ (µm²/mm²) für EB + EC + ED + EAD	

ANMERKUNG   Das oben angeführte Verfahren zur Messung des Anteils an nichtmetallischen Einschlüssen wurde aufgrund der Veröffentlichung der EN 10247:2007 eingeführt und in dieser Europäischen Norm zuerst angewandt. Da die Kunden bei der Anwendung dieser neuen Messmethode noch Erfahrung bei der Weiterverarbeitung der Edelstähle sammeln müssen, erscheint eine angemessene Übergangszeit notwendig. Während dieser Übergangszeit kann auch Bezug auf eines der in EN 10084:1989 gewählten Verfahren genommen werden.

---

[1]   EB – Aluminiumoxide (Spalten 7-10, Bild 5, EN 10247:2007); EC – Silicate (Spalten 1-5, Bild 5, EN 10247:2007), ED – globulare Oxide (Spalte 6, Bild 5, EN 10247:2007), EAD – heterogene Einschlüsse, teilweise eingehüllt (Spalten 1-6, Bild 5, EN 10247:2007), siehe auch Bild A.2, EN 10247:2007.

35

Anhang D
(informativ)

Vergleich der Stahlsorten nach dieser Europäischen Norm mit ISO 683-11:1987 und mit früher national genormten Stahlsorten

EN 10084		ISO 683-11:1987	Deutschland		Finnland	Frank-reich	Italien	Spanien	Schwe-den	Vereinigtes Königreich
Kurzname	Werkstoff-nummer		Kurzname	Werkstoff-nummer						
C10E	1.1121	C10	Ck10	1.1121	-	XC10	C10	C10k	-	045M10
C10R	1.1207	-	-	-	-	-	-	-	-	-
C15E	1.1141	C15E4	Ck15	1.1141	505	-	C15	C16k	-	-
C15R	1.1140	C15M2	Cm15	1.1140	-	-	-	C16k-1	SS1370	-
C16E	1.1148	C16E4	-	-	-	XC 18	-	-	-	080M15
C16R	1.1208	-	-	-	-	-	-	-	-	-
17Cr3	1.7016	-	17Cr3	1.7016	-	-	-	-	-	527M17
17CrS3	1.7014	-	-	-	-	-	-	-	-	-
28Cr4	1.7030	-	28Cr4	1.7030	-	-	-	-	-	-
28CrS4	1.7036	-	28CrS4	1.7036	-	-	-	-	-	-
16MnCr5	1.7131	16MnCr5	16MnCr5	1.7131	-	16MC5	16MnCr5	16MnCr5	-	590M17
16MnCrS5	1.7139	16MnCrS5	16MnCrS5	1.7139	-	-	-	16MnCr5-1	SS2127	-
16MnCrB5	1.7160	-	-	-	-	-	-	-	-	-
20MnCr5	1.7147	20MnCr5	20MnCr5	1.7147	510	20MC5	20MnCr5	-	-	-
20MnCrS5	1.7149	20MnCrS5	20MnCrS5	1.7149	-	-	-	-	-	-
18CrMo4	1.7243	18CrMo4	-	-	-	18CD4	18CrMo4	18CrMo4	-	708M20
18CrMoS4	1.7244	18CrMoS4	-	-	-	-	-	18CrMo4-1	-	-
22CrMoS3-5	1.7333	-	22CrMoS3 5	1.7333	-	-	-	-	-	-
20MoCr3	1.7320	-	-	-	-	-	-	-	-	-
20MoCrS3	1.7319	-	-	-	-	-	-	-	-	-
20MoCr4	1.7321	-	20MoCr4	1.7321	-	-	-	20MoCr5	-	-
20MoCrS4	1.7323	-	20MoCrS4	1.7323	-	-	-	20MoCr5-1	-	-
16NiCr4	1.5714	-	-	-	-	-	16CrNi4	-	-	637M17
16NiCrS4	1.5715	-	-	-	-	-	16CrNiS4	-	SS2511	-
10NiCr5-4	1.5805	-	-	-	-	10NC6	-	-	-	-
18NiCr5-4	1.5810	-	-	-	-	20NC6	-	-	-	-
17CrNi6-6	1.5918	-	-	-	-	-	-	-	-	-
15NiCr13	1.5752	15NiCr13	-	-	-	-	-	-	-	(655M13)
20NiCrMo2-2	1.6523	20NiCrMo2	21NiCrMo2	1.6523	506	20NCD2	20NiCrMo2	20NiCrMo2	-	805M20
20NiCrMoS2-2	1.6526	20NiCrMoS2	21NiCrMoS2	1.6526	-	-	20NiCrMoS2	20NiCrMo2-1	SS2506	-
17NiCrMo6-4	1.6566	17NiCrMo6	-	-	-	18NCD6	18NiCrMo5	-	SS2523	815M17
17NiCrMoS6-4	1.6569	-	-	-	-	-	18NiCrMoS5	-	-	-
20NiCrMoS6-4	1.6571	-	-	-	-	-	-	-	-	-
18CrNiMo7-6	1.6587	18CrNiMo7	17CrNiMo6	1.6587	511	-	-	-	-	-
14NiCrMo13-4	1.6657	-	-	-	-	-	16NiCrMo12	-	-	-
20NiCrMo13-4	1.6660	-	-	-	-	-	-	-	-	-

Anhang E
(informativ)

Einteilung der Stahlsorten nach dem Mindestwert der Zugfestigkeit in Abhängigkeit vom Durchmesser nach dem Härten und Anlassen bei 200 °C

Rm_{min} MPa	$d \le 16$ mm	16 mm $< d \le 40$ mm	40 mm $< d \le 100$ mm
1400	20NiCrMo13-4	20NiCrMo13-4	20NiCrMo13-4
1200	20MnCr5, 20MnCrS5, 17NiCrMo6-4, 17NiCrMoS6-4, 20NiCrMoS6-4, 18NiCr5-4, 17CrNi6-6, 18CrNiMo7-6, 14NiCrMo13-4		
1100	22CrMoS3-5	18NiCr5-4, 17CrNi6-6, 18CrNiMo7-6, 20NiCrMoS6-4, 14NiCrMo13-4, 17NiCrMo6-4, 17NiCrMoS6-4	
1000	18CrMo4, 18CrMoS4, 20NiCrMo2-2, 20NiCrMoS2-2, 15NiCr13, 16MnCr5, 16MnCrS5, 16MnCrB5, 16NiCr4, 16NiCrS4	20MnCr5, 20MnCrS5, 22CrMoS3-5, 18CrMo4, 18CrMoS4, 15NiCr13, 16MnCr5, 16MnCrS5, 16MnCrB5, 16NiCr4, 16NiCrS4, 20NiCrMo2-2, 20NiCrMoS2-2	
900	20MoCr3, 20MoCrS3, 20MoCr4, 20MoCrS4, 28Cr4, 28CrS4, 10NiCr5-4	20MoCr3, 20MoCrS3, 20MoCr4, 20MoCrS4	18NiCr5-4, 17CrNi6-6, 18CrNiMo7-6, 14NiCrMo13-4, 22CrMoS3-5, 17NiCrMoS6-4, 20NiCrMoS6-4
800	C16E, C16R, 17Cr3, 17CrS3, C15E, C15R	28Cr4, 28CrS4, 10NiCr5-4	15NiCr13, 20MnCr5, 20MnCrS5
700		17Cr3, 17CrS3, C16E, C16R	18CrMo4, 18CrMoS4, 20NiCrMoS4, 20NiCrMo2-2, 20NiCrMoS2-2, 28Cr4, 28CrS4, 16MnCr5, 16MnCrS5, 16MnCrB5
600		C15E, C15R	
500	C10E, C10R	C10E, C10R	10NiCr5-4
400			

Literaturhinweise

Europäische Normen mit ähnlichen Stahlsorten wie in Tabelle 3, die jedoch für andere Erzeugnisformen , Behandlungszustände oder für besondere Anwendungsfälle bestimmt sind:

[1]   EN 10083-1, *Vergütungsstähle — Teil 1: Allgemeine technische Lieferbedingungen*

[2]   EN 10083-2, *Vergütungsstähle — Teil 2: Technische Lieferbedingungen für unlegierte Stähle*

[3]   EN 10083-3, *Vergütungsstähle — Teil 3: Technische Lieferbedingungen für legierte Stähle*

[4]   EN 10085, *Nitrierstähle — Technische Lieferbedingungen*

[5]   EN 10087, *Automatenstähle — Technische Lieferbedingungen für Halbzeug, warmgewalzte Stäbe und Walzdraht.*

[6]   EN 10089, *Warmgewalzte Stähle für vergütbare Federn — Technische Lieferbedingungen*

[7]   EN 10263-1, *Walzdraht, Stäbe und Draht aus Kaltstauch- und Kaltfließpressstählen — Teil 1: Allgemeine technische Lieferbedingungen*

[8]   EN 10263-3, *Walzdraht, Stäbe und Draht aus Kaltstauch- und Kaltfließpressstählen — Teil 3: Technische Lieferbedingungen für Einsatzstähle*

[9]   EN 10277-1, *Blankstahlerzeugnisse — Technische Lieferbedingungen — Teil 1: Allgemeines*

[10]   EN 10277-4, *Blankstahlerzeugnisse — Technische Lieferbedingungen — Teil 4: Einsatzstähle*

[11]   ISO 683-11, *Für eine Wärmebehandlung bestimmt Stähle, legierte Stähle und Automatenstähle — Teil 11: Einsatzstähle*

	Nitrierstähle Technische Lieferbedingungen Deutsche Fassung EN 10085:2001	$\overline{\text{DIN}}$ EN 10085

ICS 77.140.10; 77.140.20

Ersatz für
DIN 17211:1987-04

Nitriding steels – Technical delivery conditions;
German version EN 10085:2001

Aciers pour nitruration – Conditions techniques de livraison;
Version allemande EN 10085:2001

Die Europäische Norm EN 10085:2001 hat den Status einer Deutschen Norm.

Nationales Vorwort

Die Europäische Norm EN 10085 wurde vom Technischen Komitee (TC) 23 „Für eine Wärmebehand-lung bestimmte Stähle, legierte Stähle und Automatenstähle – Gütenormen" (Sekretariat: Deutschland) des Europäischen Komitees für die Eisen- und Stahlnormung (ECISS) ausgearbeitet.

Das zuständige deutsche Normungsgremium ist der Arbeitsausschuss 05/1 des Normenausschusses Eisen und Stahl (FES).

Für die im Abschnitt 2 zitierten Europäischen Normen, soweit die Norm-Nummer geändert ist, und EURONORMEN wird im Folgenden auf die entsprechenden Deutschen Normen verwiesen:

CR 10260   siehe Vornorm DIN V 17006-100

EURONORM 103 siehe DIN 50601

EURONORM 104 siehe DIN 50192

Änderungen

Gegenüber DIN 17211:1987-04 wurden folgende Änderungen vorgenommen:

a) Sorte 15 CrMoV 5 9 (1.8521) gestrichen.

b) Sorten 24CrMo13-6 (1.8516), 32CrAlMo7-10 (1.8505), 33CrMoV12-9 (1.8522), 41CrAlMo7-10 (1.8509) und 40CrMoV13-9 (1.8523) zusätzlich aufgenommen.

c) Festlegungen für chemische Zusammensetzung und mechanische Eigenschaften teilweise geän-dert.

d) Angaben zur Wärmebehandlung überarbeitet.

e) Redaktionell überarbeitet.

Frühere Ausgaben

DIN 17211: 1970-08, 1987-04

Fortsetzung Seite 2
und 19 Seiten EN

Normenausschuss Eisen und Stahl (FES) im DIN Deutsches Institut für Normung e.V.

Nationaler Anhang NA
(informativ)
Literaturhinweise

DIN 50192, *Ermittlung der Entkohlungstiefe*.

DIN 50601, *Metallographische Prüfverfahren – Ermittlung der Ferrit- oder Austenitkorngröße von Stahl*.

DIN V 17006-100, *Bezeichnungssysteme für Stähle – Zusatzsymbole; Deutsche Fassung CR 10260:1998*.

EUROPÄISCHE NORM
EUROPEAN STANDARD
NORME EUROPÉENNE

EN 10085

März 2001

ICS 77.140.10; 77.140.20

Deutsche Fassung

Nitrierstähle
Technische Lieferbedingungen

Nitriding steels – Technical delivery conditions

Aciers pour nitruration – Conditions techniques de livraison

Diese Europäische Norm wurde von CEN am 19. Januar 2001 angenommen.

Die CEN-Mitglieder sind gehalten, die CEN/CENELEC-Geschäftsordnung zu erfüllen, in der die Bedingungen festgelegt sind, unter denen dieser Europäischen Norm ohne jede Änderung der Status einer nationalen Norm zu geben ist.

Auf dem letzten Stand befindliche Listen dieser nationalen Normen mit ihren bibliographischen Angaben sind beim Zentralsekretariat oder bei jedem CEN-Mitglied auf Anfrage erhältlich.

Diese Europäische Norm besteht in drei offiziellen Fassungen (Deutsch, Englisch, Französisch). Eine Fassung in einer anderen Sprache, die von einem CEN-Mitglied in eigener Verantwortung durch Übersetzung in seine Landessprache gemacht und dem Zentralsekretariat mitgeteilt worden ist, hat den gleichen Status wie die offiziellen Fassungen.

CEN-Mitglieder sind die nationalen Normungsinstitute von Belgien, Dänemark, Deutschland, Finnland, Frankreich, Griechenland, Irland, Island, Italien, Luxemburg, Niederlande, Norwegen, Österreich, Portugal, Schweden, Schweiz, Spanien, der Tschechischen Republik und dem Vereinigten Königreich.

EUROPÄISCHES KOMITEE FÜR NORMUNG
EUROPEAN COMMITTEE FOR STANDARDIZATION
COMITÉ EUROPÉEN DE NORMALISATION

Zentralsekretariat: rue de Stassart 36, B-1050 Brüssel

Ref. Nr. EN 10085:2001 D

Inhalt

Vorwort

Diese Europäische Norm wurde von ECISS/TC 23 „Für eine Wärmebehandlung bestimmte Stähle, legierte Stähle und Automatenstähle – Güte- und Maßnormen", dessen Sekretariat vom Normenausschuss Eisen und Stahl (FES) im DIN geführt wird, ausgearbeitet.

Diese Europäische Norm muss den Status einer nationalen Norm erhalten, entweder durch Veröffentlichung eines identischen Textes oder durch Anerkennung bis September 2001, und etwaige entgegenstehende nationale Normen müssen bis September 2001 zurückgezogen werden.

Entsprechend der CEN/CENELEC-Geschäftsordnung sind die nationalen Normungsinstitute der folgenden Länder gehalten, diese Europäische Norm zu übernehmen: Belgien, Dänemark, Deutschland, Finnland, Frankreich, Griechenland, Irland, Island, Italien, Luxemburg, Niederlande, Norwegen, Österreich, Portugal, Schweden, Schweiz, Spanien, die Tschechische Republik und das Vereinigte Königreich.

1 Anwendungsbereich

1.1 Diese Europäische Norm legt die technischen Lieferbedingungen fest für

– Halbzeug, zum Beispiel Vorblöcke, Vorbrammen, Knüppel (siehe ANMERKUNG 3),

– Stabstahl (siehe ANMERKUNG 3),

– Walzdraht,

– Breitflachstahl,

– warm- oder kaltgewalztes Band und Blech,

– Schmiedestücke (siehe ANMERKUNG 3)

aus den in Tabelle 3 aufgeführten Nitrierstählen, die in einem der für die verschiedenen Erzeugnisformen in Tabelle 1, Zeile 2 bis 4 angegebenen Wärmebehandlungszustände und in einer der in Tabelle 2 angegebenen Oberflächenausführungen geliefert werden.

Diese Stähle sind im Allgemeinen zur Herstellung vergüteter, üblich bearbeiteter und anschließend nitrierter Teile vorgesehen.

ANMERKUNG 1   Einige Sorten aus EN 10083-1 werden auch für eine Nitrierbehandlung verwendet.

ANMERKUNG 2   Ähnliche Europäische Normen sind in den „Literaturhinweisen" aufgeführt.

ANMERKUNG 3 Freiformgeschmiedetes Halbzeug (Vorblöcke, Vorbrammen, Knüppel usw.) und freiform-geschmiedeter Stabstahl sind im Folgenden unter den Begriffen „Halbzeug" und „Stabstahl" und nicht unter dem Begriff „Schmiedestücke" erfasst.

1.2 In Sonderfällen können bei der Bestellung Abweichungen von oder Zusätze zu diesen technischen Lieferbedingungen vereinbart werden (siehe Anhang B).

1.3 Zusätzlich zu den Angaben dieser Europäischen Norm gelten, soweit im Folgenden nichts anderes festgelegt ist, die allgemeinen technischen Lieferbedingungen nach EN 10021.

2 Normative Verweisungen

Diese Europäische Norm enthält durch datierte und undatierte Verweisungen Festlegungen aus anderen Publikationen. Diese normativen Verweisungen sind an den jeweiligen Stellen im Text zitiert und die Publikationen sind nachstehend aufgeführt. Bei datierten Verweisungen gehören spätere Änderungen oder Überarbeitungen dieser Publikationen nur zu dieser Europäischen Norm, falls sie durch Änderungen oder Überarbeitungen eingearbeitet sind. Bei undatierten Verweisungen gilt die letzte Ausgabe der in Bezug genommenen Publikation (einschließlich Änderungen).

EN 10002-1, *Metallische Werkstoffe – Teil 1: Prüfverfahren (bei Raumtemperatur) (enthält Änderung AC1:1990).*

EN 10020, *Begriffsbestimmungen für die Einteilung der Stähle.*

EN 10021, *Allgemeine technische Lieferbedingungen für Stahl und Stahlerzeugnisse.*

EN 10027-1, *Bezeichnungssysteme für Stähle – Teil 1: Kurznamen, Hauptsymbole.*

EN 10027-2, *Bezeichnungssysteme für Stähle – Teil 2: Nummernsystem.*

EN 10045-1, *Metallische Werkstoffe – Kerbschlagbiegeversuch nach Charpy – Teil 1: Prüfverfahren.*

EN 10052, *Begriffe der Wärmebehandlung von Eisenwerkstoffen.*

EN 10079, *Begriffsbestimmungen für Stahlerzeugnisse.*

EN 10163-2, *Lieferbedingungen für die Oberflächenbeschaffenheit von warmgewalzten Stahlerzeugnissen (Blech, Breitflachstahl, Profile) – Teil 2: Blech und Breitflachstahl.*

EN 10204, *Metallische Erzeugnisse – Arten von Prüfbescheinigungen (enthält Änderung A1:1995).*

EN 10221, *Oberflächengüteklassen für warmgewalzten Stabstahl und Walzdraht – Technische Lieferbedingungen.*

CR 10260, *Bezeichnungssysteme für Stähle – Zusatzsymbole.*

CR 10261, *ECISS IC 11: Eisen und Stahl – Überblick über verfügbare chemische Analysenverfahren.*

EN ISO 377, *Stahl und Stahlerzeugnisse – Lage von Proben und Probenabschnitten für mechanische Prüfungen.*

EN ISO 6506-1, *Metallische Werkstoffe – Härteprüfung nach Brinell – Teil 1: Prüfverfahren (ISO 6506-1:1999).*

EURONORM 103[1], *Mikroskopische Ermittlung der Ferrit- oder Austenitkorngröße von Stählen.*

EURONORM 104[1], *Ermittlung der Entkohlungstiefe von unlegierten und niedriglegierten Baustählen.*

ISO 14284, *Steel and iron – Sampling and preparation of samples for the determination of chemical composition.*

3 Begriffe

Für die Anwendung dieser Norm gelten zusätzlich zu den Begriffen in EN 10020, EN 10052, EN 10079, EN ISO 377 und ISO 14284 folgende Begriffe:

3.1
maßgeblicher Querschnitt

Querschnitt, für den die mechanischen Eigenschaften festgelegt sind.

---

[1] Bis zur Überführung dieser EURONORM in eine Europäische Norm darf – je nach Vereinbarung bei der Bestellung – entweder diese EURONORM oder eine entsprechende nationale Norm zur Anwendung kommen.

Unabhängig von der tatsächlichen Form und den Maßen des Erzeugnisses wird das Maß für den maßgeblichen Wärmebehandlungsquerschnitt stets durch einen Durchmesser ausgedrückt. Dieser Durchmesser entspricht dem Durchmesser eines „gleichwertigen Rundstahles". Dabei handelt es sich um einen Rundstahl, der an der für die Entnahme der zur mechanischen Prüfung vorgesehenen Proben festgelegten Querschnittsstelle bei Abkühlung von der Austenitisierungstemperatur die gleiche Abkühlungsgeschwindigkeit aufweist wie der vorliegende maßgebliche Querschnitt des betreffenden Erzeugnisses an seiner zur Probenahme vorgesehenen Stelle.

3.2 Nitrierstähle

Für eine Wärmebehandlung bestimmte Stähle, die kontrollierte Mengen von zwei oder mehr der Nitridbildner Aluminium, Chrom, Molybdän, Vanadium enthalten und daher für das Nitrieren besonders geeignet sind.

4 Einteilung und Bezeichnung

4.1 Einteilung

Alle in dieser Europäischen Norm enthaltenen Stähle sind nach EN 10020 als legierte Edelstähle eingeteilt.

4.2 Bezeichnung

4.2.1 Kurznamen

Für die in dieser Europäischen Norm enthaltenen Stahlsorten sind die in den entsprechenden Tabellen angegebenen Kurznamen nach EN 10027-1 und CR 10260 gebildet.

4.2.2 Werkstoffnummern

Für die in dieser Europäischen Norm enthaltenen Stahlsorten sind die in den entsprechenden Tabellen angegebenen Werkstoffnummern nach EN 10027-2 gebildet.

5 Bestellangaben

5.1 Verbindliche Angaben

Der Besteller muss bei der Anfrage und Bestellung folgende Angaben machen:

a) die zu liefernde Menge;

b) die Benennung der Erzeugnisform (z. B. Rundstab oder Vierkantstab);

c) die Nummer der Maßnorm;

d) die Maße, Grenzabmaße und Formtoleranzen und, falls zutreffend, die Kennbuchstaben für etwaige besondere Grenzabweichungen;

e) die Nummer dieser Europäischen Norm (EN 10085);

f) Kurzname oder Werkstoffnummer (siehe 4.2);

g) falls verwendet, dass Kurzzeichen für den Wärmebehandlungszustand bei Lieferung (siehe 6.2.1, 6.2.2 und Tabelle 1);

h) falls verwendet, das Kurzzeichen für die Oberflächenausführung bei Lieferung (siehe 6.2.3 und Tabelle 2);

i) falls verlangt, die Art der Prüfbescheinigung nach EN 10204 (siehe 8.1).

BEISPIEL

20 Rundstäbe EURONORM 60 – 20 × 8 000
EN 10085 – 34CrAlNi7-10+A
EN 10204 – 3.1.B

oder

20 Rundstäbe EURONORM 60 – 20 × 8 000
EN 10085 – 1.8550+A
EN 10204 – 3.1.B

5.2 Zusätzliche Angaben

Eine Anzahl von zusätzlichen Angaben sind in dieser Europäischen Norm festgelegt und nachstehend aufgeführt. Falls der Besteller nicht ausdrücklich seinen Wunsch zur Berücksichtigung einer dieser zusätzlichen Angaben äußert, muss der Lieferer nach den Grundanforderungen dieser Europäischen Norm liefern (siehe 5.1).

a) etwaige besondere Anforderung an die Korngröße (siehe 7.3.1 und 8.2.2);

b) etwaige Anforderung hinsichtlich des höchstzulässigen Ferritanteils im Kern (siehe 7.3.2);

c) etwaige Anforderung an die innere Beschaffenheit (siehe 7.4 und B.3);

d) etwaige Anforderung bezüglich der Oberflächenbeschaffenheit (siehe 7.5.3);

e) etwaige Anforderung an die zulässige Entkohlungstiefe (siehe 7.5.4);

f) etwaige Anforderung hinsichtlich des Ausbesserns von Oberflächenfehlern (siehe 7.5.5);

g) etwaiger Nachweis der mechanischen Eigenschaften von Referenzproben im vergüteten Zustand (siehe 8.2.1.1 und B.1);

h) etwaige Anforderung hinsichtlich einer besonderen Kennzeichnung der Erzeugnisse (siehe Abschnitt 9 und B.5);

i) etwaiger Nachweis der Stückanalyse (siehe Tabelle 8 und B.4);

j) etwaige Anforderung hinsichtlich des Gehaltes an nichtmetallischen Einschlüssen (siehe B.2).

6 Herstellverfahren

6.1 Allgemeines

Das Verfahren zur Herstellung des Stahles und der Erzeugnisse bleibt, mit den Einschränkungen nach 6.2 und 6.3, dem Hersteller überlassen.

6.2 Wärmebehandlungszustand und Oberflächenausführung bei der Lieferung

6.2.1 Üblicher Lieferzustand

Falls bei der Anfrage und Bestellung nicht anders vereinbart, werden die Erzeugnisse im unbehandelten, das heißt, im Walzzustand geliefert (siehe Tabelle 2, ANMERKUNG a).

6.2.2 Besonderer Wärmebehandlungszustand

Falls bei der Anfrage und Bestellung vereinbart, müssen die Erzeugnisse in einem der in den Zeilen 2 bis 4 der Tabelle 1 angegebenen Wärmebehandlungszustände geliefert werden.

6.2.3 Besondere Oberflächenausführung

Falls bei der Anfrage und Bestellung vereinbart, müssen die Erzeugnisse in einem der in den Zeilen 3 bis 6 der Tabelle 2 angegebenen Oberflächenausführungen geliefert werden.

6.3 Schmelzentrennung

Innerhalb einer Lieferung müssen die Erzeugnisse nach Schmelzen getrennt sein.

7 Anforderungen

7.1 Chemische Zusammensetzung, Härte und mechanische Eigenschaften

Die Festlegungen für chemische Zusammensetzung, Härte und mechanische Eigenschaften nach Tabelle 1, Spalte 9, gelten für den jeweiligen Wärmebehandlungszustand.

Die Festlegungen für die mechanischen Eigenschaften in dieser Europäischen Norm sind auf die Abmessungsbereiche nach Tabelle 6 beschränkt.

7.2 Scherbarkeit

Unter geeigneten Bedingungen (Vermeidung von örtlichen Spannungsspitzen, Vorwärmen, Verwendung von Messern mit dem Erzeugnis angepassten Profil usw.) sind sämtliche Stahlsorten im weichgeglühten Zustand scherbar.

7.3 Gefüge

7.3.1 Wenn nicht anders vereinbart, muss der Stahl bei Prüfung nach einem der in EURONORM 103 beschriebenen Verfahren eine Korngröße des Austenits von 5 oder feiner aufweisen.

7.3.2 Vereinbarungen über den höchstzulässigen Ferritanteil im Kern können bei der Anfrage und Bestellung getroffen werden.

7.4 Innere Beschaffenheit

Die Stähle dürfen keine inneren Fehler aufweisen, die einen nachteiligen Effekt haben könnten (siehe B.3).

7.5 Oberflächenbeschaffenheit und Entkohlung

7.5.1 Sämtliche Erzeugnisse müssen eine dem Herstellverfahren entsprechende Oberfläche aufweisen.

7.5.2 Kleinere Unvollkommenheiten, wie sie unter üblichen Herstellbedingungen auftreten können, wie zum Beispiel von eingewalztem Zunder herrührende Riefen bei warmgewalzten Erzeugnissen, sind nicht als Fehler zu betrachten.

7.5.3 Soweit angebracht, sind Anforderungen bezüglich der Oberflächengüte der Erzeugnisse möglichst unter Bezugnahme auf Europäische Normen bei der Anfrage und Bestellung zu vereinbaren.

EN 10163-2 legt die Anforderungen an die Oberflächenbeschaffenheit für warmgewalztes Blech und Breitflachstahl fest.

EN 10221 enthält die Oberflächengüteklassen von warmgewalzten Stäben und Walzdraht.

ANMERKUNG   Das Auffinden und Beseitigen von Ungänzen ist bei Ringmaterial schwieriger als bei Stäben. Dies sollte bei Vereinbarungen über die Oberflächenbeschaffenheit berücksichtigt werden.

7.5.4 Bei der Anfrage und Bestellung kann vereinbart werden, dass eine bestimmte Entkohlungstiefe nicht überschritten werden darf.

Die Entkohlungstiefe ist nach einem in EURONORM 104 festgelegten mikroskopischen Verfahren zu ermitteln.

7.5.5 Das Ausbessern von Oberflächenfehlern durch Schweißen ist nicht erlaubt.

Falls die Notwendigkeit des Fehlerausbesserns besteht, sind das Verfahren und die zulässige Tiefe des Fehlerausbesserns bei der Anfrage und Bestellung zu vereinbaren.

7.6 Maße, Grenzabmaße und Formtoleranzen

Die Nennmaße, Grenzabmaße und Formtoleranzen der Erzeugnisse sind bei der Bestellung zu vereinbaren, möglichst unter Bezugnahme auf die dafür geltenden Maßnormen (siehe Anhang D).

8 Prüfung

8.1 Art und Inhalt von Prüfbescheinigungen

8.1.1 Bei der Anfrage und Bestellung kann für jede Lieferung die Ausstellung einer Prüfbescheinigung nach EN 10204 vereinbart werden.

8.1.2 Falls entsprechend den Bestellvereinbarungen ein Werkszeugnis auszustellen ist, muss dieses folgende Angaben enthalten:

a) die Bestätigung, dass die Lieferung den Bestellvereinbarungen entspricht;

b) die Ergebnisse der Schmelzenanalyse für alle für die betreffende Stahlsorte aufgeführten Elemente;

c) die tatsächliche Anlasstemperatur der im vergüteten Zustand gelieferten Stahlsorten.

8.1.3 Falls entsprechend den Bestellvereinbarungen ein Abnahmeprüfzeugnis 3.1.A, 3.1.B oder 3.1.C oder ein Abnahmeprüfprotokoll 3.2 (siehe EN 10204) auszustellen ist, müssen die in 8.2 beschriebenen spezifischen Prüfungen durchgeführt und ihre Ergebnisse in der Prüfbescheinigung bestätigt werden.

Außerdem muss die Prüfbescheinigung folgende Angaben enthalten:

a) die vom Hersteller mitgeteilten Ergebnisse der Schmelzenanalyse für alle für die betreffende Stahlsorte aufgeführten Elemente;

b) die tatsächliche Anlasstemperatur der im vergüteten Zustand gelieferten Stahlsorten;

c) die Ergebnisse der durch Zusatzanforderungen (siehe Anhang B) bestellten Prüfungen;

d) Kennbuchstaben oder -zahlen, die eine gegenseitige Zuordnung von Prüfbescheinigungen, Proben und Erzeugnissen zulassen.

8.2 Spezifische Prüfung

8.2.1 Nachweis der Härte und der mechanischen Eigenschaften

Die Festlegungen an die Härte oder die mechanischen Eigenschaften für den entsprechenden Wärmebehandlungszustand nach Tabelle 1, Spalte 9, Unterabschnitt 2 müssen, mit der nachfolgenden Ausnahme, nachgewiesen werden. Die Festlegungen nach Tabelle 1, Fußnote a (mechanische Eigenschaften von Referenzproben), sind nur bei Bestellung der in B.1 angegebenen Sonderanforderung nachzuweisen.

8.2.1.1 Der Prüfumfang, die Probenahmebedingungen und die zum Nachweis der Anforderungen anzuwendenden Prüfverfahren müssen den Angaben in Tabelle 7 entsprechen.

8.2.2 Nachweis der Korngröße

Falls der Nachweis des Feinkorngefüges verlangt wird, sind das Verfahren zur Bestimmung der Korngröße nach EURONORM 103, der Prüfumfang und die Prüfbedingungen bei der Bestellung zu vereinbaren.

8.2.3 Besichtigung und Maßkontrolle

Eine ausreichende Zahl von Erzeugnissen ist zu prüfen, um die Erfüllung der Spezifikation sicherzustellen.

8.2.4 Wiederholungsprüfungen

Für Wiederholungsprüfungen gilt EN 10021.

9 Kennzeichnung

Der Hersteller hat die Erzeugnisse oder Bunde oder Pakete in angemessener Weise so zu kennzeichnen, dass die Bestimmung der Schmelze, der Stahlsorte und der Herkunft der Lieferung möglich ist (siehe B.5).

Tabelle 1 – Kombinationen von üblichen Wärmebehandlungszuständen bei der Lieferung, Erzeugnisformen und Anforderungen nach den Tabellen 3 bis 6

1	2	3	4	5	6	7	8	9		10
1	Wärmebe-handlungs-zustand bei der Lieferung	Kenn-buch-stabe	x = bedeutet, dass in Betracht kommend für					Anforderungen		Anmer-kungen
			Halb-zeug	Stab-stahl	Walz-draht	Flach-erzeug-nisse	Schmiede-stücke	1.	2.	
2	Weichge-glüht	+A	x	x	x	x	x	Chemische Zusammen-setzung nach den Tabellen 3 und 4	Höchsthärte nach Tabelle 5a	Siehe auch die Sonder-anforde-rungen nach Anhang B
3	Vergütet	+QT	–	x	–	x	x		Mechanische Eigenschaf-ten nach Tabelle 6	
4	Sonstige	Andere Behandlungszustände, z. B. der vergütete und spannungsarmgeglühte Zustand oder be-sondere Wärmebehandlungen zur Verbesserung der Verarbeitbarkeit können bei der Anfrage und Bestellung vereinbart werden.								

a Bei Lieferungen im Zustand „weichgeglüht" müssen die in Tabelle 6 für den vergüteten Zustand angegebenen Werte nach einer sachgemäßen Wärmebehandlung erreichbar sein, falls dies bei der Anfrage und Bestellung vereinbart wird (siehe B.1).

Tabelle 2 – Oberflächenausführung bei der Lieferung

1	2	3	4	5	6	7	8	9	10
1	Oberflächenausführung bei der Lieferung		Kenn-buch-stabe	x = bedeutet, dass im Allgemeinen in Betracht kommend für					Anmer-kungen
				Halb-zeug	Stab-stahl	Walz-draht	Flach-erzeug-nisse	Schmiede-stücke	
2	Wenn nicht anders vereinbart	Wie gewalzt oder geschmiedet	Ohne	xa	x	x	x	x	
3	Nach entsprechender Vereinbarung zu liefernde besondere Ausführungen	+ gebeizt	+Pl	–	–	x	–	–	_c
4		+ gestrahlt	+BC	x	x	–	x	x	
5		+ vorbearbeitet	–b	–	x	x	–	x	
6		sonstige							

a Im Falle von Halbzeug umfasst der Begriff „wie gewalzt" auch den stranggegossenen Zustand.

b Solange der Begriff „vorbearbeitet" nicht durch zum Beispiel Bearbeitungszugaben definiert ist, sind die Einzelheiten bei der Bestellung zu vereinbaren.

c Zusätzlich kann auch eine Oberflächenbehandlung, z. B. Ölen oder, falls angemessen, Kälken oder Phosphatieren, vereinbart werden.

Tabelle 3 – Stahlsorten und festgelegte chemische Zusammensetzung (Schmelzenanalyse)

| Stahlbezeichnung | | Massenanteil in %[a] | | | | | | | | | |
Kurzname	Werk-stoff-nummer	C	Si max.	Mn	P max.	S[b] max.	Al	Cr	Mo	Ni	V
24CrMo13-6	1.8516	0,20 bis 0,27	0,40	0,40 bis 0,70	0,025	0,035	–	3,00 bis 3,50	0,50 bis 0,70	–	–
31CrMo12	1.8515	0,28 bis 0,35	0,40	0,40 bis 0,70	0,025	0,035	–	2,80 bis 3,30	0,30 bis 0,50	–	–
32CrAlMo7-10	1.8505	0,28 bis 0,35	0,40	0,40 bis 0,70	0,025	0,035	0,80 bis 1,20	1,50 bis 1,80	0,20 bis 0,40	–	–
31CrMoV9	1.8519	0,27 bis 0,34	0,40	0,40 bis 0,70	0,025	0,035	–	2,30 bis 2,70	0,15 bis 0,25	–	0,10 bis 0,20
33CrMoV12-9	1.8522	0,29 bis 0,36	0,40	0,40 bis 0,70	0,025	0,035	–	2,80 bis 3,30	0,70 bis 1,00	–	0,15 bis 0,25
34CrAlNi7-10	1.8550	0,30 bis 0,37	0,40	0,40 bis 0,70	0,025	0,035	0,80 bis 1,20	1,50 bis 1,80	0,15 bis 0,25	0,85 bis 1,15	–
41CrAlMo7-10	1.8509	0,38 bis 0,45	0,40	0,40 bis 0,70	0,025	0,035	0,80 bis 1,20	1,50 bis 1,80	0,20 bis 0,35	–	–
40CrMoV13-9	1.8523	0,36 bis 0,43	0,40	0,40 bis 0,70	0,025	0,035	–	3,00 bis 3,50	0,80 bis 1,10	–	0,15 bis 0,25
34CrAlMo5-10	1.8507	0,30 bis 0,37	0,40	0,40 bis 0,70	0,025	0,035	0,80 bis 1,20	1,00 bis 1,30	0,15 bis 0,25	–	–

[a] In dieser Tabelle nicht aufgeführte Elemente dürfen dem Stahl, außer zum Fertigbehandeln der Schmelze, ohne Zustimmung des Bestellers nicht absichtlich zugesetzt werden. Es sind alle angemessenen Vorkehrungen zu treffen, um die Zufuhr solcher Elemente aus dem Schrott oder anderen bei der Herstellung verwendeten Stoffen zu vermeiden, die die Härtbarkeit, die mechanischen Eigenschaften und die Verwendbarkeit beeinträchtigen.

[b] Falls zwischen Abnehmer und Hersteller vereinbart, kann der Stahl mit maximalem Schwefelanteil von weniger als 0,035 % bestellt werden.

164

Tabelle 4 – Grenzabweichungen der Stückanalyse von der festgelegten Schmelzenanalyse

Element	Zulässiger Höchstgehalt nach der Schmelzenanalyse Massenanteil in %		Grenzabweichung[a] Massenanteil in %
C		≤ 0,45	± 0,02
Si		≤ 0,40	+ 0,03
Mn		≤ 0,80	± 0,04
P		≤ 0,025	+ 0,005
S		≤ 0,035	+ 0,005
Al	≥ 0,80	≤ 1,20	± 0,10
Cr	≥ 1,00	≤ 2,00	± 0,05
	> 2,00	≤ 3,50	± 0,10
Mo		≤ 0,30	± 0,03
	> 0,30	≤ 1,00	± 0,04
Ni		≤ 1,15	± 0,05
V		≤ 0,25	± 0,02

[a] „±" bedeutet, dass bei einer Schmelze die obere oder die untere Grenze der für die Schmelzenanalyse in Tabelle 3 angegebenen Spanne überschritten werden darf, aber nicht beides gleichzeitig.

Tabelle 5 – Härte in weichgeglühtem Zustand (+A)

Stahlbezeichnung		Härte HB max.
Kurzname	Werkstoffnummer	
24CrMo13-6	1.8516	
31CrMo12	1.8515	
32CrAlMo7-10	1.8505	
31CrMoV9	1.8519	
33CrMoV12-9	1.8522	248
34CrAlNi7-10	1.8550	
41CrAlMo7-10	1.8509	
40CrMoV13-9	1.8523	
34CrAlMo5-10	1.8507	

Tabelle 6 – Mechanische Eigenschaften im vergüteten Zustand (+ QT)[a]

Stahlbezeichnung		16 ≤ d ≤ 40 mm				40 < d ≤ 100 mm				100 < d ≤ 160 mm				160 < d ≤ 250 mm				
Kurzname	Werk-stoff-nummer	R_m MPa*)	R_e MPa*) min.	A % min.	KV J min.	R_m MPa*)	R_e MPa*) min.	A % min.	KV J min.	R_m MPa*)	R_e MPa*) min.	A % min.	KV J min.	R_m MPa*)	R_e MPa*) min.	A % min.	KV J min.	HV1[b]
24CrMo13-6	1.8516	1 000 bis 1 200	800	10	25	950 bis 1 150	750	11	25	900 bis 1 100	700	12	30	850 bis 1 050	650	13	30	–
31CrMo12	1.8515	1 030 bis 1 230	835	10	25	980 bis 1 180	785	11	25	930 bis 1 130	735	12	30	880 bis 1 080	675	12	30	800
32CrAlMo7-10	1.8505	1 030 bis 1 230	835	10	25	980 bis 1 180	835	10	25	930 bis 1 130	735	12	30	880 bis 1 080	675	12	30	–
31CrMoV9	1.8519	1 100 bis 1 300	900	9	25	1 000 bis 1 200	800	10	30	900 bis 1 100	700	11	35	850 bis 1 050	650	12	35	800
33CrMoV12-9	1.8522	1 150 bis 1 350	950	11	30	1 050 bis 1 250	850	12	30	950 bis 1 150	750	12	40	900 bis 1 100	700	13	45	–
34CrAlNi7-10	1.8550	900 bis 1 100	680	10	30	850 bis 1 050	650	12	30	800 bis 1 000	600	13	35	800 bis 1 000	600	13	35	950
41CrAlMo7-10	1.8509	950 bis 1 150	750	11	25	900 bis 1 100	720	13	25	850 bis 1 050	670	14	30	800 bis 1 000	625	15	30	950
40CrMoV13-9	1.8523	950 bis 1 150	750	11	25	900 bis 1 100	720	13	25	870 bis 1 070	700	14	30	800 bis 1 000	625	15	30	–
34CrAlMo5-10[c]	1.8507	800 bis 1 000	600	14	35	800 bis 1 000	600	14	35	–	–	–	35	–	–	–	–	950

[a] R_m: Zugfestigkeit; R_e: Streckgrenze (0,2 %-Dehngrenze); A: Bruchdehnung; KV: Kerbschlagarbeit für V-Kerbproben.

[b] HV = Härte der nitrierten Oberfläche. Werte dienen als Anhalt/zur Information. Je nach Nitrierbehandlung und anfänglichen Vergütungsbedingungen kann die tatsächliche Oberflächenhärte abweichen.

[c] Verfügbar für Dicken $d ≤ 70$ mm.

*) 1 MPa = 1 N/mm²

Tabelle 7 – Prüfbedingungen für den Nachweis der in Spalte 2 angegebenen Anforderungen

ANMERKUNG Ein Nachweis der Anforderungen ist nur erforderlich, wenn ein Abnahmeprüfzeugnis oder ein Abnahmeprüfprotokoll bestellt wurde und die Anforderung entsprechend Tabelle 1, Spalte 9, in Betracht kommt.

1	2		3	4	5	6	7	Zeile	6a	7a
Nr	Art der Anforderung	Siehe Tabelle[a]	Prüf-einheit	Prüfumfang: Zahl der Probe-stücke je Prüfeinheit	Zahl der Prüfungen je Probe-stück	Probenahme und Proben-vorbereitung (siehe in dieser Tabelle Zeile T1 und Zeile …)	Anwen-dendes Prüf-verfahren		Probenahme und Probenvorbereitung	Anzuwendendes Prüfverfahren
1	Chemische Zusammen-setzung	3,4	C			(Die Schmelzenanalyse wird vom Hersteller mitgeteilt; wegen einer möglichen Stückanalyse siehe B.4)		T1	**Allgemeine Bedingungen** Die allgemeinen Bedingungen für die Entnahme und Vorbereitung der Probenabschnitte und Proben sollten EN ISO 377 und ISO 14284 entsprechen.	
2	Härte im weichgeglühten Zustand (+A)	5	C + D + T	1	1		T2	T2	**Härteprüfungen** In Schiedsfällen ist die Härte möglichst an der Erzeugnisoberfläche in einem Abstand von 1 × Dicke von einem Ende, bei Erzeugnissen mit rechteckigem oder quadratischem Querschnitt in einem Abstand von 0,25 × w, wobei w die Breite des Erzeugnisses ist, von einer Längskante zu ermitteln. Falls, z. B. bei Freiform- und Gesenkschmiedestücken, die vorstehenden Festlegungen nicht einhaltbar sind, sind bei der Bestellung Vereinbarungen über die zweckmäßige Lage der Härteeindrücke zu treffen.	Nach EN ISO 6506-1
3	Mechanische Eigenschaften an vergüteten Erzeugnissen (+ QT)	6	C + D + T	1	1 Zugver-such und 3 Kerb-schlag-biegever-suche an Charpy-V-Proben		T3	T3	**Zugversuch und Kerbschlagbiegeversuch** Die Proben für den Zugversuch und für den Kerbschlagbiegeversuch sind wie folgt zu entnehmen: - Bei Stabstahl und Walzdraht entsprechend Bild 1. - Bei Flacherzeugnissen entsprechend den Bildern 2 und 3. - Bei Freiform- und Gesenkschmiedestücken müssen die Proben an einer bei der Bestellung zu vereinbarenden Stelle so entnommen werden, dass ihre Längsachse in Richtung des Faserverlaufes liegt.	In Schiedsfällen muss der Zugversuch nach EN 10002-1 an proportionalen Proben mit der Anfangsmesslänge $L_0 = 5,65 \cdot \sqrt{S_0}$ (S_0 = Anfangsquerschnitt) durchgeführt werden. Wenn das nicht möglich ist – das heißt, bei Flacherzeugnissen mit einer Dicke von etwa < 3 mm – ist bei der Bestellung eine Probe mit konstanter Messlänge nach EN 10002-1 zu vereinbaren. In diesem Falle sind auch die für diese Proben einzuhaltenden Mindestwerte der Bruchdehnung zu vereinbaren. Der Kerbschlagbiegeversuch ist, falls verlangt, nach EN 10045-1 durchzuführen.

[a] Die Prüfungen sind getrennt auszuführen für jede Schmelze – angedeutet durch „C" –, für jede Abmessung – angedeutet durch „D" – und für jedes Wärmebehandlungslos – angedeutet durch „T" –. Erzeugnisse mit unterschiedlichen Dicken können zusammengefasst werden, falls die Dicken im gleichen Abmessungsbereich für die mechanischen Eigenschaften liegen und die Dickenunterschiede die Eigenschaften nicht beeinflussen. In Schiedsfällen sind die dünnsten und dicksten Erzeugnisse zu prüfen.

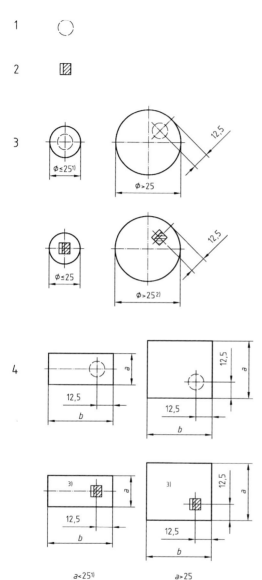

Legende

1 Zugprobe
2 Kerbschlagprobe
3 Runde und ähnliche Querschnitte
4 Rechteckige und quadratische Querschnitte

1) Für dünne Erzeugnisse (d oder $b \leq 25$ mm) soll die Probe möglichst aus einem unbearbeiteten Abschnitt des Stabes bestehen.

2) Bei Erzeugnissen mit rundem Querschnitt muss die Längsachse des Kerbes annähernd in Richtung eines Durchmessers verlaufen.

3) Bei Erzeugnissen mit rechteckigem Querschnitt muss die Längsachse des Kerbes senkrecht zur breiteren Walzoberfläche stehen.

Bild 1 – Probenlage bei Stabstahl und Walzdraht

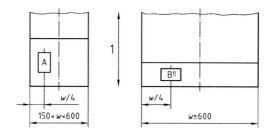

Legende

1 Hauptwalzrichtung

1) Bei Stahlsorten im vergüteten Zustand mit Festlegungen für die Kerbschlagarbeit muss die Breite des Proben-abschnittes ausreichen, um entsprechend Bild 3 Kerbschlagproben in Längsrichtung zu entnehmen.

Bild 2 – Lage der Probenabschnitte (A und B) bei Flacherzeugnissen in Bezug auf die Erzeugnisbreite

Art der Prüfung	Erzeug-nisdicke	Lage der Probe[a] bei einer Erzeugnisbreite von		Abstand der Probe von der Walzoberfläche
	mm	$w < 600$ mm	$w \geq 600$ mm	mm
Zugversuch[b]	≤ 30	längs	quer	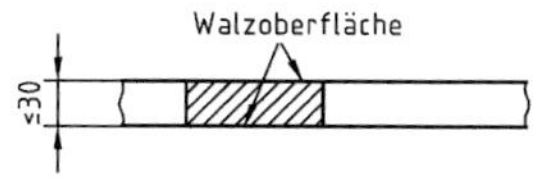 Walzoberfläche ... entweder ... oder ... Walzoberfläche
	> 30			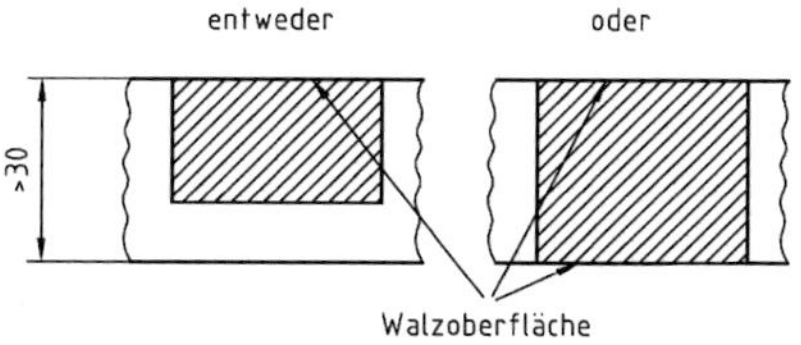
Kerbschlag-biegeversuch[c]	> 10[d]	längs	längs	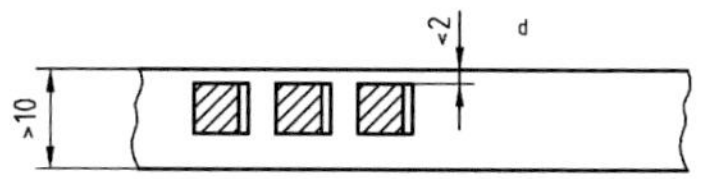

a Lage der Längsachse der Probe zur Hauptwalzrichtung.
b Die Probe muss EN 10002-1 entsprechen.
c Die Längsachse des Kerbes muss senkrecht zur Walzoberfläche stehen.
d Bei Erzeugnissen mit einer Dicke über 30 mm kann, nach Vereinbarung bei der Bestellung, die Probe in 1/4 Erzeugnisdicke entnommen werden.

Bild 3 – Lage der Proben bei Flacherzeugnissen in Bezug auf Erzeugnisdicke und Hauptwalzrichtung

Anhang A
(normativ)

Maßgeblicher Querschnitt
für die mechanischen Eigenschaften

A.1 Definition

Siehe 3.1.

A.2 Ermittlung des maßgeblichen Wärmebehandlungsdurchmessers

A.2.1 Falls die Proben von Erzeugnissen mit einfachen Querschnittsformen und von Stellen mit quasi zweidimensionalem Wärmefluss zu entnehmen sind, gelten die Festlegungen nach A.2.1.1 bis A.2.1.3.

A.2.1.1 Bei Rundstahl ist der Nenndurchmesser des Erzeugnisses (ohne Berücksichtigung der Bearbeitungszugabe) dem maßgeblichen Wärmebehandlungsdurchmesser gleichzusetzen.

A.2.1.2 Bei Sechskant- und Achtkantstahl ist der Nennabstand zwischen zwei gegenüberliegenden Seiten dem maßgeblichen Wärmebehandlungsdurchmesser gleichzusetzen.

A.2.1.3 Bei Vierkant- und Flachstahl ist der maßgebliche Wärmebehandlungsdurchmesser entsprechend dem Beispiel in Bild A.1 zu bestimmen.

A.2.2 Für alle anderen Erzeugnisformen ist der maßgebliche Wärmebehandlungsdurchmesser bei der Bestellung zu vereinbaren.

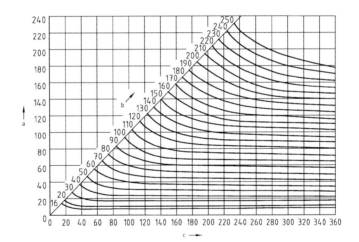

Legende

a Dicke in mm
b Maßgeblicher Wärmebehandlungsdurchmesser in mm
c Breite in mm

BEISPIEL Für einen Flachstahl mit einem Querschnitt 40 mm × 60 mm ist der maßgebliche Wärmebehandlungsdurchmesser 50 mm.

Bild A.1 – Maßgeblicher Wärmebehandlungsdurchmesser für quadratische und rechteckige Querschnitte für Härten in Öl oder Wasser

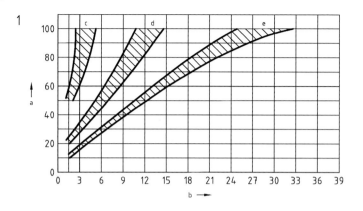

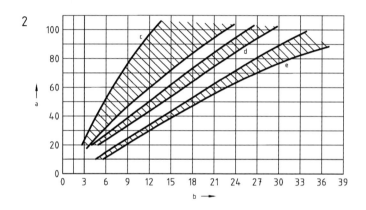

Legende

1 In mäßig bewegtem Wasser abgeschreckte Rundstäbe
2 In mäßig bewegtem Öl abgeschreckte Rundstäbe

a Stabdurchmesser in mm
b Abstand von der abgeschreckten Stirnfläche in mm
c Oberfläche
d ¾ Radius
e Mitte

Bild A.2 – Beziehung zwischen Abkühlgeschwindigkeit in Stirnabschreckproben (Jominy-Proben) und gehärteten Rundstäben (Quelle: SAE J406c)

Anhang B
(normativ)

Zusatz- oder Sonderanforderungen

ANMERKUNG Bei der Bestellung kann die Einhaltung von einer oder mehreren der nachstehenden Zusatz- oder Sonderanforderungen vereinbart werden. Soweit erforderlich, sind die Einzelheiten dieser Anforderungen zwischen Hersteller und Besteller bei der Bestellung zu vereinbaren.

B.1 Mechanische Eigenschaften von Bezugsproben im vergüteten Zustand

Bei Lieferungen in einem anderen als dem vergüteten Zustand sind die Anforderungen an die mechanischen Eigenschaften im vergüteten Zustand an einer Bezugsprobe nachzuweisen.

Bei Stabstahl und Walzdraht muss der zu vergütende Probestab, wenn nicht anders vereinbart, den Erzeugnisquerschnitt aufweisen. In allen anderen Fällen sind die Maße und die Herstellung des Probestabes bei der Bestellung zu vereinbaren, soweit angebracht, unter Berücksichtigung der in Anhang A enthaltenen Angaben zur Ermittlung des maßgeblichen Wärmebehandlungsdurchmessers. Die Probestäbe sind entsprechend den Angaben in der Tabelle mit den Wärmebehandlungszuständen oder entsprechend den Bestellvereinbarungen zu vergüten. Die Einzelheiten der Wärmebehandlung sind in der Prüfbescheinigung anzugeben. Die Proben sind, wenn nicht anders vereinbart, entsprechend den Festlegungen der Norm zu entnehmen.

B.2 Gehalt an nichtmetallischen Einschlüssen

Der mikroskopisch ermittelte Gehalt an nichtmetallischen Einschlüssen muss bei Prüfung nach einem zu vereinbarenden Verfahren innerhalb der vereinbarten Grenzen liegen (siehe z. B. ENV 10247)

B.3 Zerstörungsfreie Prüfung

Die Erzeugnisse sind nach einem bei der Bestellung vereinbarten Verfahren und nach ebenfalls bei der Bestellung vereinbarten Bewertungskriterien zerstörungsfrei zu prüfen.

B.4 Stückanalyse

Zur Ermittlung der Elemente, für die für die betreffende Stahlsorte Werte für die Schmelzenanalyse festgelegt sind, ist eine Stückanalyse je Schmelze durchzuführen.

Für die Probenahme gelten die Angaben in ISO 14284. In Schiedsfällen ist das anzuwendende Analysenverfahren unter Bezugnahme auf die entsprechende Europäische Norm in ECISS IC 11 (CR 10261) zu vereinbaren.

B.5 Besondere Kennzeichnung

Die Erzeugnisse sind auf eine bei der Bestellung besonders vereinbarte Art zu kennzeichnen.

Anhang C
(informativ)

Wärmebehandlung

Hinweise zur Wärmebehandlung sind in Tabelle C.1 zur Information angegeben.

Tabelle C.1 – Bedingungen für die Wärmebehandlung

Stahlbezeichnung		Weichglühen	Härten		Anlassen	Nitrieren
Kurzname	Werkstoff-nummer	Temperatur in °C	Temperatur[a] in °C	Härtemedium	Temperatur[b,c] in °C	Temperatur[d] in °C
24CrMo13-6	1.8516	650 bis 700	870 bis 970	Öl oder Wasser	580 bis 700	480 bis 570
31CrMo12	1.8515	650 bis 700	870 bis 930	Öl oder Wasser	580 bis 700	480 bis 570
32CrAlMo7-10	1.8505	650 bis 750	870 bis 930	Öl oder Wasser	580 bis 700	480 bis 570
31CrMoV9	1.8519	680 bis 720	870 bis 930	Öl oder Wasser	580 bis 700	480 bis 570
33CrMoV12-9	1.8522	680 bis 720	870 bis 970	Öl oder Wasser	580 bis 700	480 bis 570
34CrAlNi7-10	1.8550	650 bis 700	870 bis 930	Öl oder Wasser	580 bis 700	480 bis 570
41CrAlMo7-10	1.8509	650 bis 750	870 bis 930	Öl oder Wasser	580 bis 700	480 bis 570
40CrMoV13-9	1.8523	680 bis 720	870 bis 970	Öl oder Wasser	580 bis 700	480 bis 570
34CrAlMo5-10	1.8507	650 bis 750	870 bis 930	Öl oder Wasser	580 bis 700	480 bis 570

[a] Anhaltswert für die Austenitisierungsdauer: mindestens 0,5 h.

[b] Anhaltswert für die Anlassdauer: mindestens 1 h.

[c] Bei sehr großen Abmessungen kann die Anlasstemperatur bei der Bestellung vereinbart werden.

[d] Die Nitrierdauer hängt von der gewünschten Nitrierhärtetiefe ab.

ANMERKUNG   Sowohl die Zusammensetzung als auch die Wärmebehandlung (Vergüten) vor dem Nitrieren haben einen Einfluss auf das Ergebnis der Nitrierbehandlung. Die Anlasstemperatur sollte nicht weniger als 50 °C über der Nitriertemperatur liegen. Ein Unterschied von weniger als 50 °C sollte Gegenstand einer besonderen Vereinbarung sein.

Anhang D
(informativ)

Für Erzeugnisse nach dieser Europäischen Norm in Betracht kommende Maßnormen

Für warmgewalzten Draht:

EURONORM 17, *Walzdraht aus üblichen unlegierten Stählen zum Ziehen; Maße und zulässige Abweichungen.*

EURONORM 108, *Runder Walzdraht aus Stahl für kaltgeformte Schrauben; Maße und zulässige Abweichungen.*

Für warmgewalzte Stäbe:

prEN 10058, *Warmgewalzte Flachstäbe aus Stahl für allgemeine Verwendung – Maße, Formtoleranzen und Grenzabmaße.*

prEN 10059, *Warmgewalzte Vierkantstäbe aus Stahl für allgemeine Verwendung – Maße, Formtoleranzen und Grenzabmaße.*

prEN 10060, *Warmgewalzte Rundstäbe aus Stahl – Maße, Formtoleranzen und Grenzabmaße.*

prEN 10061, *Warmgewalzte Sechskantstäbe aus Stahl – Maße, Formtoleranzen und Grenzabmaße.*

Für warmgewalztes Blech, Band und warmgewalzten Breitflachstahl:

EN 10029, *Warmgewalztes Stahlblech von 3 mm Dicke an – Grenzabmaße, Formtoleranzen, zulässige Gewichtsabweichungen.*

EN 10048, *Warmgewalzter Bandstahl – Grenzabmaße und Formtoleranzen.*

EN 10051, *Kontinuierlich warmgewalztes Blech und Band ohne Überzug aus unlegierten und legierten Stählen – Grenzabmaße und Formtoleranzen.*

Für kaltgewalztes Band und Blech:

EN 10140, *Kaltband – Grenzabmaße und Formtoleranzen.*

Literaturhinweise

Europäische Normen mit ähnlichen Stahlsorten wie in Tabelle 3, die jedoch für andere Erzeugnisformen, Behandlungszustände oder für besondere Anwendungsfälle bestimmt sind:

EN 10083-1, *Vergütungsstähle – Teil 1: Technische Lieferbedingungen für Edelstähle.*

EN 10083-2, *Vergütungsstähle – Teil 2: Technische Lieferbedingungen für unlegierte Qualitätsstähle.*

EN 10084, *Einsatzstähle – Technische Lieferbedingungen.*

Januar 1999

Automatenstähle
Technische Lieferbedingungen für Halbzeug, warmgewalzte Stäbe und Walzdraht
Deutsche Fassung EN 10087:1998

DIN
EN 10087

ICS 77.140.50; 77.140.60; 77.140.65

Deskriptoren: Automatenstahl, Halbzeug, Walzstahl, Walzdraht, Stab

Teilweiser Ersatz für
DIN 1651 : 1988-04

Free-cutting steels — Technical delivery conditions for semi-finished products, hot-rolled bars and rods;
German version EN 10087:1998

Aciers de décolletage — Conditions techniques de livraison pour les demi-produits, barres et fils-machine laminés à chaud;
Version allemande EN 10087:1998

Die Europäische Norm EN 10087:1998 hat den Status einer Deutschen Norm.

Nationales Vorwort

Die Europäische Norm EN 10087:1998 wurde vom Technischen Komitee 23 „Für eine Wärmebehandlung bestimmte Stähle, legierte Stähle und Automatenstähle — Gütenormen" (Sekretariat: Deutschland) des Europäischen Komitees für die Eisen- und Stahlnormung (ECISS) ausgearbeitet.

Das zuständige deutsche Normungsgremium ist der Unterausschuß 05/4 des Normenausschusses Eisen und Stahl (FES).

Die Norm gilt nur noch für warmgewalzte Erzeugnisse. Für Blankstahl aus Automatenstählen gelten demnächst DIN EN 10277-1 und DIN EN 10277-3, die sich zur Zeit im Entwurfsstadium befinden.

Für die im Abschnitt 2 zitierten Europäischen Normen, soweit die Norm-Nummer geändert ist, und EURONORMEN wird im folgenden auf die entsprechenden Deutschen Normen verwiesen:

CR 10260   siehe Vornorm DIN V 17006-100;
EURONORM 103   siehe DIN 50601.

Änderungen

Gegenüber DIN 1651:1988-04 wurden folgende Änderungen vorgenommen:
a) Anwendungsbereich auf warmgewalzte Erzeugnisse eingeschränkt.
b) Gestrichen wurden die Sorten 15 S 10 (1.0710), 60 S 20 (1.0728) und 60 SPb 20 (1.0758).
c) Aufgenommen wurden die Sorten 15SMn13 (1.0725), 38SMn26 (1.0760), 38SMnPb26 (1.0761), 44SMn28 (1.0762), 44SMnPb28 (1.0763), 36SMn14 (1.0764) und 36SMnPb14 (1.0765).
d) Kurznamen teilweise geändert, wobei aber die bisherigen Werkstoffnummern unverändert beibehalten wurden.
e) Festlegungen für chemische Zusammensetzung, Härte und mechanische Eigenschaften teilweise geändert.
f) Angaben zur Wärmebehandlung überarbeitet.
g) Redaktionelle Änderungen.

Frühere Ausgaben

DIN 1651: 1944-08, 1954-08, 1960-11, 1970-04, 1988-04

Fortsetzung Seite 2
und 12 Seiten EN

Normenausschuß Eisen und Stahl (FES) im DIN Deutsches Institut für Normung e. V.

Nationaler Anhang NA   (informativ)

Literaturhinweise

DIN 50601
   Metallographische Prüfverfahren — Ermittlung der Ferrit- oder Austenitkorngröße von Stahl und Eisenwerkstoffen

DIN V 17006-100
   Bezeichnungssysteme für Stähle — Zusatzsymbole; Deutsche Fassung CR 10260:1998

EUROPÄISCHE NORM
EUROPEAN STANDARD
NORME EUROPÉENNE

EN 10087

September 1998

ICS 77.140.50; 77.140.60; 77.140.65

Deskriptoren: Eisen- und Stahlerzeugnis, warmgewalztes Erzeugnis, Stab, Walzdraht, Automatenstahl, Sorte, Güte, chemische Zusammensetzung, mechanische Eigenschaft, Wärmebehandlung, Lieferzustand, Oberflächenfehler, Prüfung

Deutsche Fassung

Automatenstähle
Technische Lieferbedingungen für Halbzeug, warmgewalzte Stäbe und Walzdraht

Free-cutting steels — Technical delivery conditions for semi-finished products, hot-rolled bars and rods

Aciers de décolletage — Conditions techniques de livraison pour les demi-produits, barres et fils-machine laminés à chaud

Diese Europäische Norm wurde von CEN am 4. September 1998 angenommen.

Die CEN-Mitglieder sind gehalten, die CEN/CENELEC-Geschäftsordnung zu erfüllen, in der die Bedingungen festgelegt sind, unter denen dieser Europäischen Norm ohne jede Änderung der Status einer nationalen Norm zu geben ist.

Auf dem letzten Stand befindliche Listen dieser nationalen Normen mit ihren bibliographischen Angaben sind beim Zentralsekretariat oder bei jedem CEN-Mitglied auf Anfrage erhältlich.

Diese Europäische Norm besteht in drei offiziellen Fassungen (Deutsch, Englisch, Französisch). Eine Fassung in einer anderen Sprache, die von einem CEN-Mitglied in eigener Verantwortung durch Übersetzung in seine Landessprache gemacht und dem Zentralsekretariat mitgeteilt worden ist, hat den gleichen Status wie die offiziellen Fassungen.

CEN-Mitglieder sind die nationalen Normungsinstitute von Belgien, Dänemark, Deutschland, Finnland, Frankreich, Griechenland, Irland, Island, Italien, Luxemburg, Niederlande, Norwegen, Österreich, Portugal, Schweden, Schweiz, Spanien, der Tschechischen Republik und dem Vereinigten Königreich.

CEN

EUROPÄISCHES KOMITEE FÜR NORMUNG
European Committee for Standardization
Comité Européen de Normalisation

Zentralsekretariat: rue de Stassart 36, B-1050 Brüssel

Ref.-Nr. EN 10087:1998 D

177

Inhalt

Vorwort

Diese Europäische Norm wurde vom Technischen Komitee ECISS/TC 23 „Für eine Wärmebehandlung bestimmte Stähle, legierte Stähle und Automatenstähle; Gütenormen" erarbeitet, dessen Sekretariat vom DIN gehalten wird.

Diese Europäische Norm muß den Status einer nationalen Norm erhalten, entweder durch Veröffentlichung eines identischen Textes oder durch Anerkennung bis März 1999, und etwaige entgegenstehende nationale Normen müssen bis März 1999 zurückgezogen werden.

Das Vereinigte Königreich gibt einen nationalen Anhang heraus, in dem zwei im Vereinigten Königreich gebräuchliche Stähle beschrieben sind, die nicht in dieser Europäischen Norm enthalten sind.

Entsprechend der CEN/CENELEC-Geschäftsordnung sind die nationalen Normungsinstitute der folgenden Länder gehalten, diese Europäische Norm zu übernehmen:

Belgien, Dänemark, Deutschland, Finnland, Frankreich, Griechenland, Irland, Island, Italien, Luxemburg, Niederlande, Norwegen, Österreich, Portugal, Schweden, Schweiz, Spanien, die Tschechische Republik und das Vereinigte Königreich.

1 Anwendungsbereich

1.1 Diese Europäische Norm legt die technischen Lieferbedingungen fest für

– Halbzeug,

– Stabstahl (einschließlich walzgeschälten Stäben),

– Walzdraht

aus den in Tabelle 1 aufgeführten Automatenstählen.

Diese Europäische Norm enthält die Gruppen von Automatenstählen, die in Tabelle 1 aufgeführt sind.

ANMERKUNG: Europäische Normen für ähnliche Stahlsorten sind im Anhang C zusammengestellt.

1.2 In Sonderfällen können bei der Bestellung Abweichungen von oder Zusätze zu diesen technischen Lieferbedingungen vereinbart werden (siehe Anhang B).

1.3 Zusätzlich zu den Angaben dieser Europäischen Norm gelten, soweit im folgenden nichts anderes festgelegt ist, die allgemeinen technischen Lieferbedingungen nach EN 10021.

2 Normative Verweisungen

Diese Europäische Norm enthält durch datierte oder undatierte Verweisungen Festlegungen aus anderen Publikationen. Diese normativen Verweisungen sind an den jeweiligen Stellen im Text zitiert, und die Publikationen sind nachstehend aufgeführt. Bei datierten Verweisungen gehören spätere Änderungen oder Überarbeitungen dieser Publikationen nur zu dieser Europäischen Norm, falls sie durch Änderung oder Überarbeitung eingearbeitet sind. Bei undatierten Verweisungen gilt die letzte Ausgabe der in Bezug genommenen Publikation.

EN 10002-1
Metallische Werkstoffe — Zugversuch — Teil 1: Prüfverfahren (bei Raumtemperatur)

EN 10003-1
Metallische Werkstoffe — Härteprüfung nach Brinell — Teil 1: Prüfverfahren

EN 10020
Begriffsbestimmungen für die Einteilung der Stähle

EN 10021
Allgemeine technische Lieferbedingungen für Stahl und Stahlerzeugnisse

EN 10027-1
Bezeichnungssysteme für Stähle — Teil 1: Kurznamen, Hauptsymbole

EN 10027-2
Bezeichnungssysteme für Stähle — Teil 2: Nummernsystem

EN 10052
Begriffe der Wärmebehandlung von Eisenwerkstoffen

EN 10079
Begriffsbestimmungen für Stahlerzeugnisse

EN 10204
Metallische Erzeugnisse — Arten von Prüfbescheinigungen (enthält Änderung A1 : 1995)

EN 10221
Oberflächengüteklassen für warmgewalzten Stabstahl und Walzdraht — Technische Lieferbedingungen

CR 10260
Bezeichnungssysteme für Stähle — Zusatzsymbole

EN ISO 377
Stahl und Stahlerzeugnisse — Lage und Vorbereitung von Probenabschnitten und Proben für mechanische Prüfungen

EURONORM 103[1]
Mikroskopische Ermittlung der Ferrit- oder Austenitkorngröße von Stählen

ISO 14284
Steel and iron — Sampling and preparation of samples for the determination of chemical composition

3 Definitionen

Für die Anwendung dieser Europäischen Norm gilt zusätzlich zu den Definitionen in EN 10020, EN 10021, EN 10052, EN 10079, EN ISO 377 und ISO 14284 folgende Definition:

3.1

Automatenstähle

Stähle mit, im allgemeinen, einem Mindestgehalt an Schwefel von 0,1 % werden als Automatenstähle angesehen.

4 Einteilung und Bezeichnung

4.1 Einteilung

Alle Stähle in dieser Europäischen Norm sind nach EN 10020 als unlegierte Qualitätsstähle eingeteilt.

4.2 Bezeichnung

4.2.1 Kurznamen

Für die in dieser Europäischen Norm enthaltenen Stahlsorten wurden die in der Tabelle 1 angegebenen Kurznamen nach EN 10027-1 und CR 10260 gebildet.

4.2.2 Werkstoffnummern

Für die in dieser Europäischen Norm enthaltenen Stahlsorten wurden die in der Tabelle 1 angegebenen Werkstoffnummern nach EN 10027-2 gebildet.

5 Bestellangaben

5.1 Verbindliche Angaben

Der Besteller muß bei der Anfrage und Bestellung folgende Angaben machen:
a) die zu liefernde Menge;
b) Benennung der Erzeugnisform (z. B. Rundstab oder Vierkantstab);
c) die Nummer der Maßnorm (siehe Anhang D);
d) die Maße, Grenzabmaße und Formtoleranzen und, falls zutreffend, die Kennbuchstaben für etwaige besondere Grenzabweichungen;
e) die Nummer dieser Europäischen Norm (EN 10087);
f) Kurzname oder Werkstoffnummer (siehe 4.2);
g) die Normbezeichnung für das Werkzeugnis (2.2) oder, falls verlangt, einer anderen Prüfbescheinigung nach EN 10204 (siehe 8.1).
BEISPIEL:

20 Rundstäbe EURONORM 60 – 40 × 8000
EN 10087 – 35 S 20
EN 10204 – 2.2

oder

20 Rundstäbe EURONORM 60 – 40 × 8000
EN 10087 – 1.0726
EN 10204 – 2.2

5.2 Zusätzliche Angaben

Eine Anzahl von zusätzlichen Angaben ist in dieser Europäischen Norm festgelegt und nachstehend aufgeführt. Falls der Besteller nicht ausdrücklich seinen Wunsch zur Berücksichtigung einer dieser zusätzlichen Angaben äußert, muß der Lieferer nach den Grundanforderungen dieser Europäischen Norm liefern (siehe 5.1).
a) etwaige besondere Anforderung an den Behandlungszustand bei der Lieferung (siehe 6.2);
b) etwaige besondere Anforderung an die Korngröße (siehe 7.3 und B.2);
c) etwaige Anforderung an die innere Beschaffenheit (siehe 7.4 und B.3);
d) etwaige Anforderung an die Oberflächenbeschaffenheit (siehe 7.5.3);
e) etwaige Anforderung hinsichtlich der Eignung von Stabstahl und Walzdraht zum Blankziehen (siehe 7.5.4);

---

[1] Bis zur Überführung dieser EURONORM in eine Europäische Norm darf — je nach Vereinbarung bei der Bestellung — entweder diese EURONORM oder eine entsprechende nationale Norm zur Anwendung kommen.

f) etwaige Anforderung hinsichtlich des Ausbesserns von Oberflächenfehlern (siehe 7.5.5);

g) etwaige besondere Anforderung an die Kennzeichnung der Erzeugnisse (siehe Abschnitt 9 und B.5);

h) etwaige besondere Anforderung hinsichtlich des Nachweises der mechanischen Eigenschaften an einer Bezugsprobe im vergüteten Zustand (siehe 8.2.1.1e) und B.1);

i) etwaiger Nachweis der Stückanalyse (siehe 8.2.1.1f), Tabelle 8 und B.4).

6 Herstellverfahren

6.1 Allgemeines

Das Verfahren zur Herstellung des Stahles und der Erzeugnisse bleibt, mit den Einschränkungen nach 6.2, dem Hersteller überlassen (siehe auch 7.3).

6.2 Behandlungszustand bei der Lieferung

Falls nicht anders vereinbart, werden die Erzeugnisse im unbehandelten Zustand geliefert.

6.3 Schmelzentrennung

Innerhalb einer Lieferung müssen die Erzeugnisse nach Schmelzen getrennt sein.

7 Anforderungen

7.1 Chemische Zusammensetzung und mechanische Eigenschaften

Das Erzeugnis muß die chemische Zusammensetzung und die mechanischen Eigenschaften (Zugfestigkeit und Härte) aufweisen, die in den Tabellen 1 bis 5 für die entsprechende Erzeugnisform und Wärmebehandlung angegeben sind.

7.2 Schweißbarkeit

Wegen ihres hohen Schwefel- und Phosphorgehaltes wird das Schweißen von Automatenstählen üblicherweise nicht empfohlen.

7.3 Gefüge

Wenn bei der Bestellung nicht anders vereinbart, bleibt die Korngröße dem Hersteller überlassen. Falls, für Einsatzstähle oder direkthärtende Stähle, ein feinkörniges Gefüge nach einer Referenzbehandlung gewünscht wird, ist dies bei der Bestellung zu vereinbaren (siehe B.2).

7.4 Innere Beschaffenheit

Festlegungen zur inneren Beschaffenheit können bei der Anfrage und Bestellung, z. B. auf Grundlage zerstörungsfreier Prüfungen, vereinbart werden (siehe B.3).

7.5 Oberflächenbeschaffenheit

7.5.1 Alle Erzeugnisse müssen eine dem angewendeten Formgebungsverfahren entsprechende Oberflächenausführung haben.

7.5.2 Kleinere Unvollkommenheiten, wie sie auch unter üblichen Herstellbedingungen auftreten können, wie zum Beispiel von eingewalztem Zunder herrührende Narben

bei warmgewalzten Erzeugnissen, sind nicht als Fehler zu betrachten.

7.5.3 Soweit angebracht, sind Anforderungen bezüglich der Oberflächengüte der Erzeugnisse unter Bezugnahme auf EN 10221 bei der Anfrage und Bestellung zu vereinbaren.

ANMERKUNG: Das Auffinden und Beseitigen von Ungänzen ist bei Ringmaterial schwieriger als bei Stäben. Dies sollte bei Vereinbarungen über die Oberflächenbeschaffenheit berücksichtigt werden.

7.5.4 Falls für Stabstahl und Walzdraht die Eignung zum Blankziehen gefordert wird, ist dies bei der Bestellung zu vereinbaren.

7.5.5 Ausbessern von Oberflächenfehlern durch Schweißen ist nicht zulässig.

Das Verfahren und die zulässige Tiefe des Fehlerausbesserns sind, soweit angebracht, bei der Anfrage und Bestellung zu vereinbaren.

7.6 Maße, Grenzabmaße und Formtoleranzen

Die Nennmaße, Grenzabmaße und Formtoleranzen der Erzeugnisse sind bei der Bestellung zu vereinbaren, möglichst unter Bezugnahme auf die dafür geltenden Maßnormen (siehe Anhang D).

8 Prüfung

8.1 Art und Inhalt von Prüfbescheinigungen

8.1.1 Erzeugnisse nach dieser Europäischen Norm sind zu bestellen und zu liefern mit einer der Prüfbescheinigungen nach EN 10204. Die Art der Prüfbescheinigung ist bei der Bestellung zu vereinbaren. Falls die Bestellung keine derartige Festlegung enthält, wird ein Werkszeugnis ausgestellt.

8.1.2 Falls entsprechend 8.1.1 ein Werkszeugnis auszustellen ist, muß dieses folgende Angaben enthalten:

a) die Bestätigung, daß die Lieferung den Bestellvereinbarungen entspricht;

b) die Ergebnisse der Schmelzenanalyse für alle in Tabelle 1 für die betreffende Stahlsorte aufgeführten Elemente.

8.1.3 Falls entsprechend den Bestellvereinbarungen ein Abnahmeprüfzeugnis oder ein Abnahmeprüfprotokoll auszustellen ist, müssen die in 8.2 beschriebenen spezifischen Prüfungen durchgeführt und ihre Ergebnisse in der Prüfbescheinigung bestätigt werden. Außerdem muß die Prüfbescheinigung folgende Angaben enthalten:

a) die vom Hersteller mitgeteilten Ergebnisse der Schmelzenanalyse für alle in Tabelle 1 für die betreffende Stahlsorte aufgeführten Elemente;

b) die Ergebnisse der durch Zusatzanforderungen (siehe Anhang B) bestellten Prüfungen;

c) Kennbuchstaben oder -zahlen, die eine gegenseitige Zuordnung von Prüfbescheinigungen, Proben und Erzeugnissen zulassen.

8.2 Spezifische Prüfung

8.2.1 Chemische Zusammensetzung und mechanische Eigenschaften

8.2.1.1 Falls eine spezifische Prüfung festgelegt wird (siehe 8.1.3), sind die Eigenschaften der Erzeugnisse im

unbehandelten oder im vergüteten Zustand wie folgt nachzuweisen:

a) für Stähle, die nicht für eine Wärmebehandlung vorgesehen sind, die Zugfestigkeit nach Tabelle 3;

b) für Stähle, die zum Einsatzhärten vorgesehen sind, die
Zugfestigkeit nach Tabelle 4;

c) für Stähle, die zum Vergüten vorgesehen sind, die Zugfestigkeit im unbehandelten Zustand nach Tabelle 5;

d) für Stähle nach Tabelle 5, die im vergüteten Zustand
geliefert werden, die entsprechenden mechanischen
Eigenschaften nach Tabelle 5;

e) falls bei der Anfrage und Bestellung vereinbart, müssen die mechanischen Eigenschaften von Stählen, die
zum Vergüten vorgesehen sind, durch Prüfung an
Bezugsproben nach B.1 nachgewiesen werden;

f) falls bei der Anfrage und Bestellung vereinbart, muß
die Stückanalyse gemäß B.4 nachgewiesen werden.

8.2.1.2 Der Prüfumfang, die Probenahmebedingungen
und die zum Nachweis der Anforderungen anzuwendenden Prüfverfahren müssen Tabelle 8 entsprechen.

8.2.2 Besichtigung und Maßkontrolle

Eine ausreichende Zahl von Erzeugnissen ist zu prüfen,
um die Erfüllung der Spezifikation sicherzustellen.

8.2.3 Wiederholungsprüfungen

Siehe EN 10021.

9 Kennzeichnung

Der Hersteller hat die Erzeugnisse oder Bunde oder
Pakete in angemessener Weise so zu kennzeichnen, daß
die Bestimmung der Schmelze, der Stahlsorte und der
Herkunft der Lieferung möglich ist (siehe B.5).

Tabelle 1: Stahlsorten, chemische Zusammensetzung (Schmelzenanalyse) [1]

Stahlbezeichnung		Chemische Zusammensetzung Massenanteil in %					
Kurzname	Werkstoff-nummer	C	Si max.	Mn	P max.	S	Pb
Nicht für eine Wärmebehandlung bestimmte Stähle							
11SMn30	1.0715	$\leq$ 0,14	0,05 [2]	0,90 bis 1,30	0,11	0,27 bis 0,33	—
11SMnPb30	1.0718	$\leq$ 0,14	0,05	0,90 bis 1,30	0,11	0,27 bis 0,33	0,20 bis 0,35
11SMn37	1.0736	$\leq$ 0,14	0,05 [2]	1,00 bis 1,50	0,11	0,34 bis 0,40	—
11SMnPb37	1.0737	$\leq$ 0,14	0,05	1,00 bis 1,50	0,11	0,34 bis 0,40	0,20 bis 0,35
Einsatzstähle							
10S20	1.0721	0,07 bis 0,13	0,40	0,70 bis 1,10	0,06	0,15 bis 0,25	—
10SPb20	1.0722	0,07 bis 0,13	0,40	0,70 bis 1,10	0,06	0,15 bis 0,25	0,20 bis 0,35
15SMn13	1.0725	0,12 bis 0,18	0,40	0,90 bis 1,30	0,06	0,08 bis 0,18	—
Vergütungsstähle							
35S20	1.0726	0,32 bis 0,39	0,40	0,70 bis 1,10	0,06	0,15 bis 0,25	—
35SPb20	1.0756	0,32 bis 0,39	0,40	0,70 bis 1,10	0,06	0,15 bis 0,25	0,15 bis 0,35
36SMn14	1.0764	0,32 bis 0,39	0,40	1,30 bis 1,70	0,06	0,10 bis 0,18	—
36SMnPb14	1.0765	0,32 bis 0,39	0,40	1,30 bis 1,70	0,06	0,10 bis 0,18	0,15 bis 0,35
38SMn28	1.0760	0,35 bis 0,40	0,40	1,20 bis 1,50	0,06	0,24 bis 0,33	—
38SMnPb28	1.0761	0,35 bis 0,40	0,40	1,20 bis 1,50	0,06	0,24 bis 0,33	0,15 bis 0,35
44SMn28	1.0762	0,40 bis 0,48	0,40	1,30 bis 1,70	0,06	0,24 bis 0,33	—
44SMnPb28	1.0763	0,40 bis 0,48	0,40	1,30 bis 1,70	0,06	0,24 bis 0,33	0,15 bis 0,35
46S20	1.0727	0,42 bis 0,50	0,40	0,70 bis 1,10	0,06	0,15 bis 0,25	—
46SPb20	1.0757	0,42 bis 0,50	0,40	0,70 bis 1,10	0,06	0,15 bis 0,25	0,15 bis 0,35

[1] In dieser Tabelle nicht aufgeführte Elemente dürfen dem Stahl, außer zum Fertigbehandeln der Schmelze, ohne
Zustimmung des Bestellers nicht absichtlich zugesetzt werden. Falls bei der Anfrage und Bestellung vereinbart, darf
der Hersteller jedoch auch Elemente wie Te, Bi usw. hinzufügen, um die Bearbeitbarkeit zu verbessern.

[2] Falls durch metallurgische Techniken die Bildung von besonderen Oxiden gewährleistet ist, kann ein Si-Gehalt von
0,10 % bis 0,40 % vereinbart werden.

Tabelle 2: Grenzabweichungen zwischen festgelegter Analyse und Stückanalyse

Element	Zulässiger Höchstgehalt nach der Schmelzenanalyse Massenanteil in %		Grenzabweichungen[1] Massenanteil in %
C	> 0,30	≤ 0,30 ≤ 0,50	± 0,02 ± 0,03
Si	> 0,05	≤ 0,05 ≤ 0,40	+ 0,01 + 0,03
Mn	> 1,00	≤ 1,00 ≤ 1,70	± 0,04 ± 0,06
P	> 0,06	≤ 0,06 ≤ 0,11	+ 0,008 + 0,02
S	> 0,33	≤ 0,33 ≤ 0,40	± 0,03 ± 0,04
Pb		≤ 0,35	+ 0,03 − 0,02

[1] ± bedeutet, daß bei einer Schmelze die obere oder die untere Grenze der für die Schmelzenanalyse in Tabelle 1 angegebenen Spanne überschritten werden darf, aber nicht beides gleichzeitig.

Tabelle 3: Härte und Zugfestigkeit von nicht für eine Wärmebehandlung bestimmten Automatenstählen

Stahlbezeichnung		Durchmesser d mm	Härte[1], [2] HB	Zugfestigkeit [1], [3] N/mm^2
Kurzname	Werkstoffnummer			
		$5 \leq d \leq 10$	−	380 bis 570
11SMn30	1.0715	$10 < d \leq 16$	−	380 bis 570
11SMnPb30	1.0718	$16 < d \leq 40$	112 bis 169	380 bis 570
11SMn37	1.0736	$40 < d \leq 63$	112 bis 169	370 bis 570
11SMnPb37	1.0737	$63 < d \leq 100$	107 bis 154	360 bis 520

[1] In Schiedsfällen sind die Zugfestigkeitswerte maßgebend.
[2] Die Härtewerte dienen nur als Anhalt.
[3] Für Flacherzeugnisse gilt ein Mindestwert der Zugfestigkeit von $340\,N/mm^2$.

Tabelle 4: Härte und Zugfestigkeit von Automateneinsatzstählen im unbehandelten Zustand

Stahlbezeichnung		Durchmesser	Härte[1), 2)]	Zugfestigkeit[1)]
Kurzname	Werkstoffnummer	d mm	HB	N/mm^2
		$5 \leq d \leq 10$	—	360 bis 530
10S20	1.0721	$10 < d \leq 16$	—	360 bis 530
10SPb20	1.0722	$16 < d \leq 40$	107 bis 156	360 bis 530
		$40 < d \leq 63$	107 bis 156	360 bis 530
		$63 < d \leq 100$	105 bis 146	350 bis 490
		$5 \leq d \leq 10$	—	430 bis 610
		$10 < d \leq 16$	—	430 bis 600
15SMn13	1.0725	$16 < d \leq 40$	128 bis 178	430 bis 600
		$40 < d \leq 63$	128 bis 172	430 bis 580
		$63 < d \leq 100$	125 bis 160	420 bis 540

[1)] In Schiedsfällen sind die Zugfestigkeitswerte maßgebend.
[2)] Die Härtewerte dienen nur als Anhalt.

Tabelle 5: Mechanische Eigenschaften [1)] von direkthärtenden Automatenstählen

Stahlbezeichnung		Durchmesser	Unbehandelt		Vergütet		
Kurzname	Werkstoff-nummer	d mm	Härte [2), 3)] HB	Zugfestigkeit [2)] N/mm^2	R_e N/mm^2 min.	R_m N/mm^2	A % min.
		$5 \leq d \leq 10$	—	550 bis 720	430	630 bis 780	15
35S20	1.0726	$10 < d \leq 16$	—	550 bis 700	430	630 bis 780	15
35SPb20	1.0756	$16 < d \leq 40$	154 bis 201	520 bis 680	380	600 bis 750	16
		$40 < d \leq 63$	154 bis 198	520 bis 670	320	550 bis 700	17
		$63 < d \leq 100$	149 bis 193	500 bis 650	320	550 bis 700	17
		$5 \leq d \leq 10$	—	580 bis 770	480	700 bis 850	14
36SMn14	1.0764	$10 < d \leq 16$	—	580 bis 770	460	700 bis 850	14
36SMnPb14	1.0765	$16 < d \leq 40$	166 bis 222	560 bis 750	420	670 bis 820	15
		$40 < d \leq 63$	166 bis 219	560 bis 740	400	640 bis 790	16
		$63 < d \leq 100$	163 bis 219	550 bis 740	360	570 bis 720	17

(fortgesetzt)

Tabelle 5 (abgeschlossen)

Stahlbezeichnung		Durchmesser d mm	Unbehandelt		Vergütet		
Kurzname	Werkstoff-nummer		Härte [2), 3)] HB	Zugfestigkeit [2)] N/mm^2	R_e N/mm^2 min.	R_m N/mm^2	A % min.
38SMn28 38SMnPb28	1.0760 1.0761	$5 \leq d \leq 10$	—	580 bis 780	480	700 bis 850	15
		$10 < d \leq 16$	—	580 bis 750	460	700 bis 850	15
		$16 < d \leq 40$	166 bis 216	530 bis 730	420	700 bis 850	15
		$40 < d \leq 63$	166 bis 216	560 bis 730	400	700 bis 850	16
		$63 < d \leq 100$	163 bis 207	550 bis 700	380	630 bis 800	16
44SMn28 44SMnPb28	1.0762 1.0763	$5 \leq d \leq 10$	—	630 bis 900	520	700 bis 850	16
		$10 < d \leq 16$	—	630 bis 850	480	700 bis 850	16
		$16 < d \leq 40$	187 bis 242	630 bis 820	420	700 bis 850	16
		$40 < d \leq 63$	184 bis 235	620 bis 790	410	700 bis 850	16
		$63 < d \leq 100$	181 bis 231	610 bis 780	400	700 bis 850	16
46S20 46SPb20	1.0727 1.0757	$5 \leq d \leq 10$	—	590 bis 800	490	700 bis 850	12
		$10 < d \leq 16$	—	590 bis 780	490	700 bis 850	12
		$16 < d \leq 40$	175 bis 225	590 bis 760	430	650 bis 800	13
		$40 < d \leq 63$	172 bis 216	580 bis 730	370	630 bis 780	14
		$63 < d \leq 100$	166 bis 211	560 bis 710	370	630 bis 780	14

[1)] R_e = Streckgrenze (0,2 %-Dehngrenze);
R_m = Zugfestigkeit;
A = Bruchdehnung ($L_o = 5d_o$).
[2)] In Schiedsfällen sind die Zugfestigkeitswerte maßgebend.
[3)] Die Härtewerte dienen nur als Anhalt.

Tabelle 6: Wärmebehandlungsbedingungen für Automateneinsatzstähle [1)]

Stahlbezeichnung		Aufkohlungs-temperatur [2)] °C	Kernhärte-temperatur [3)] °C	Randhärte-temperatur [3)] °C	Abkühlmittel	Anlassen [5)] °C
Kurzname	Werkstoffnummer					
10S20	1.0721					
10SPb20	1.0722	880 bis 980	880 bis 920	780 bis 820	Wasser, Öl, Emulsion [4)]	150 bis 200
15SMn13	1.0725					

[1)] Bei den für das Aufkohlen, Kernhärten, Randhärten und Anlassen angegebenen Temperaturen handelt es sich um An-haltsangaben; die tatsächlich gewählten Temperaturen sollten so sein, daß die verlangten Anforderungen erfüllt werden.
[2)] Die Aufkohlungstemperatur hängt von der chemischen Zusammensetzung des Stahles, der Masse des Erzeugnisses und dem Aufkohlungsmittel ab. Beim Direkthärten der Stähle wird im allgemeinen eine Temperatur von 950 °C nicht überschritten. Für besondere Verfahren, zum Beispiel unter Vakuum, sind höhere Temperaturen (zum Beispiel 1 020 °C bis 1 050 °C) nicht ungewöhnlich.
[3)] Beim Einfachhärten ist der Stahl von Aufkohlungstemperatur oder einer niedrigeren Temperatur abzuschrecken. Insbesondere bei Verzugsgefahr werden in jedem Falle die niedrigeren Härtetemperaturen bevorzugt.
[4)] Die Art des Abkühlmittels hängt zum Beispiel von der Gestalt der Erzeugnisse, den Abkühlbedingungen und dem Füllgrad des Ofens ab.
[5)] Anlaßdauer mindestens 1 h (Anhaltswert).

Tabelle 7: Wärmebehandlungsbedingungen für direkthärtende Automatenstähle [1]

Stahlbezeichnung		Abschrecken [2]		Anlassen [3]
Kurzname	Werkstoffnummer	°C	Mittel	°C
35S20 35SPb20	1.0726 1.0756	860 bis 890	Wasser oder Öl	540 bis 680
36SMn14 36SMnPb14	1.0764 1.0765	850 bis 880	Wasser oder Öl	540 bis 680
38SMn28 38SMnPb28	1.0760 1.0761	850 bis 880	Wasser oder Öl	540 bis 680
44SMn28 44SMnPb28	1.0762 1.0763	840 bis 870	Öl oder Wasser	540 bis 680
46S20 46SPb20	1.0727 1.0757	840 bis 870	Öl oder Wasser	540 bis 680

[1] Die Temperaturen sind Anhaltsangaben, aber die tatsächlich gewählten Temperaturen sollten so sein, daß die verlangten Anforderungen erfüllt werden.
[2] Austenitisierungsdauer mindestens 0,5 h (Anhaltswert).
[3] Anlaßdauer mindestens 1 h (Anhaltswert).

Tabelle 8: Prüfbedingungen für den Nachweis der Übereinstimmung mit den verschiedenen Anforderungen

1	2	3	4	5	6	7
Nr	Art der Anforderung	Prüf- ein- heit[1]	Prüfumfang		Probenahme[2]	Prüfverfahren
			Zahl der			
			Probe- stücke je Prüf- einheit	Prüfun- gen je Probe- stück		
1	Chemische Zu- sammensetzung	Tabellen 1 und 2	C	(Die Schmelzenanalyse wird vom Hersteller mitgeteilt; wegen einer möglichen Stückanalyse siehe B.4.)		
2	Härte im unbehandelten Zustand (gewalzt oder walzgeschält)	Tabellen 3 bis 5	C + D	1	1	Die Härte soll möglichst an der Oberfläche an folgender Stelle ermittelt werden: – bei Rundstäben in einem Abstand von 1 × Durchmesser von einem Stabende – bei Stäben mit rechteckigem oder quadratischem Querschnitt in einem Abstand von 1 × Dicke von einem Ende und 0,25 × Dicke von einer Längskante auf einer Breitseite des Erzeugnisses.	Nach EN 10003-1.

(fortgesetzt)

185

Tabelle 8 (abgeschlossen)

1	2		3	4	5	6	7
Nr	Art der Anforderung		Prüfeinheit[1]	Prüfumfang		Probenahme[2]	Prüfverfahren
				Zahl der			
				Probestücke je Prüfeinheit	Prüfungen je Probestück		
3	Mechanische Eigenschaften von Erzeugnissen im unbehandelten oder vergüteten Lieferzustand	Tabellen 3 bis 5	C + D + T	1[3]	1	Die Proben für den Zugversuch sind entsprechend EN ISO 377 zu entnehmen.	Der Zugversuch ist nach EN 10002-1 an proportionalen Proben mit einer Meßlänge $5,65\sqrt{S_o}$ (S_o = Querschnitt der Probe) durchzuführen.

[1] Die Prüfungen sind getrennt auszuführen für jede Schmelze — angedeutet durch „C" —, für jede Abmessung — angedeutet durch „D" — und für jedes Wärmebehandlungslos — angedeutet durch „T" —. Erzeugnisse mit unterschiedlichen Dicken können zusammengefaßt werden, falls die Dicken im selben Maßbereich für die mechanischen Eigenschaften liegen und die Dickenunterschiede die Eigenschaften nicht beeinflussen. In Zweifelsfällen sind das dünnste und das dickste Erzeugnis zu prüfen.

[2] Die allgemeinen Bedingungen für die Entnahme und Vorbereitung von Probenabschnitten und Proben sollen EN ISO 377 und ISO 14284 entsprechen.

[3] Falls die Erzeugnisse im Durchlauf wärmebehandelt werden, ist je 25 t oder angefangene 25 t eine Probe zu entnehmen, mindestens aber eine Probe je Schmelze.

ANMERKUNG: Ein Nachweis der Anforderungen ist nur erforderlich, wenn ein Abnahmeprüfzeugnis oder ein Abnahmeprüfprotokoll bestellt wurde und die Anforderung entsprechend 8.2.1.1 in Betracht kommt.

Anhang A (normativ)

Maßgeblicher Wärmbehandlungsdurchmesser für die mechanischen Eigenschaften

A.1 Definition

Der maßgebliche Wärmebehandlungsquerschnitt eines Erzeugnisses ist der Querschnitt, für den die mechanischen Eigenschaften festgelegt sind.

Unabhängig von der tatsächlichen Form und den Maßen des Erzeugnisses wird das Maß für den maßgeblichen Wärmebehandlungsquerschnitt stets durch einen Durchmesser ausgedrückt. Dieser Durchmesser entspricht dem Durchmesser eines „gleichwertigen Rundstahles". Dabei handelt es sich um einen Rundstahl, der an der für die Entnahme der zur mechanischen Prüfung vorgesehenen Proben festgelegten Querschnittsstelle bei Abkühlung von der Austenitisierungstemperatur die gleiche Abkühlungsgeschwindigkeit aufweist wie der vorliegende maßgebliche Querschnitt des betreffenden Erzeugnisses an seiner zur Probenahme vorgesehenen Stelle.

A.2 Ermittlung des maßgeblichen Wärmebehandlungsdurchmessers

A.2.1 Falls die Proben von Erzeugnissen mit einfachen Querschnittsformen und von Stellen mit quasi zweidimensionalem Wärmefluß zu entnehmen sind, gelten die Festlegungen nach A.2.1.1 bis A.2.1.3.

A.2.1.1 Bei Rundstahl ist der Nenndurchmesser des Erzeugnisses (ohne Berücksichtigung der Bearbeitungszugabe) dem maßgeblichen Wärmebehandlungsdurchmesser gleichzusetzen.

A.2.1.2 Bei Sechskant- und Achtkantstahl ist der Nennabstand zwischen zwei gegenüberliegenden Seiten dem maßgeblichen Wärmebehandlungsdurchmesser gleichzusetzen.

A.2.1.3 Bei Vierkant- und Flachstahl ist der maßgebliche Wärmebehandlungsdurchmesser entsprechend dem Beispiel in Bild A.1 zu bestimmen.

A.2.2 Für andere Erzeugnisformen ist der maßgebliche Wärmebehandlungsdurchmesser bei der Bestellung zu vereinbaren.

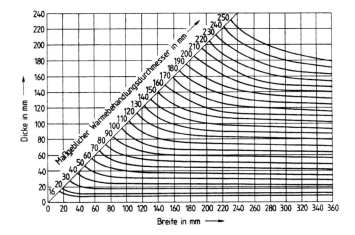

BEISPIEL: Für einen Flachstahl mit dem Querschnitt 40 mm × 60 mm ist der maßgebliche Wärmebehandlungsdurchmesser 50 mm.

Bild A.1: Maßgeblicher Wärmebehandlungsdurchmesser für quadratische und rechteckige Querschnitte für Härten in Öl oder Wasser

Anhang B (normativ)

Zusatz- oder Sonderanforderungen

ANMERKUNG: Bei der Bestellung kann die Einhaltung von einer oder mehreren der nachstehenden Zusatz- oder Sonderanforderungen vereinbart werden. Soweit erforderlich, sind die Einzelheiten dieser Anforderungen zwischen Hersteller und Besteller bei der Bestellung zu vereinbaren.

B.1 Mechanische Eigenschaften von Bezugsproben im vergüteten Zustand (nur direkthärtende Stähle)

Für Lieferungen in einem anderen als dem vergüteten Zustand sind die Anforderungen an die mechanischen Eigenschaften im vergüteten Zustand an einer Bezugsprobe nachzuweisen.

Bei Stabstahl und Walzdraht muß der zu vergütende Probestab, wenn nicht anders vereinbart, den Erzeugnisquerschnitt aufweisen. In allen anderen Fällen sind die Maße und die Herstellung des Probestabes bei der Bestellung zu vereinbaren, soweit angebracht, unter Berücksichtigung der in Anhang A enthaltenen Angaben zur Ermittlung des maßgeblichen Wärmebehandlungsdurchmessers. Die Probestäbe sind entsprechend den Angaben in Tabelle 7 oder entsprechend den Bestellvereinbarungen zu vergüten. Die Einzelheiten der Wärmebehandlung sind in der Prüfbescheinigung anzugeben. Die Proben sind, wenn nicht anders vereinbart, entsprechend EN ISO 377 zu entnehmen.

B.2 Feinkornstahl

Wenn nicht anders vereinbart, muß der Stahl bei Prüfung nach einem der in EURONORM 103 beschriebenen Verfahren eine Korngröße von 5 bis 8 aufweisen. Das Korngefüge ist als zufriedenstellend anzusehen, wenn 70 % der Fläche innerhalb der festgelegten Grenzen liegen.

B.3 Zerstörungsfreie Prüfung

Die Erzeugnisse sind nach einem bei der Bestellung vereinbarten Verfahren und nach ebenfalls bei der Bestellung vereinbarten Bewertungskriterien zerstörungsfrei zu prüfen.

B.4 Stückanalyse

Zur Ermittlung der Elemente, für die für die betreffende Stahlsorte Werte für die Schmelzenanalyse (siehe Tabelle 1) festgelegt sind, ist eine Stückanalyse je Schmelze durchzuführen. Für die Probenahme gelten die Angaben in ISO 14284. In Schiedsfällen ist das anzuwendende Analysenverfahren, möglichst unter Bezugnahme auf entsprechende Europäische Normen oder EURONORMEN, zu vereinbaren.

B.5 Besondere Kennzeichnung

Die Erzeugnisse sind auf eine bei der Bestellung besonders vereinbarte Art zu kennzeichnen.

Anhang C (informativ)

Literaturhinweise

Europäische Normen mit zum Teil den gleichen oder sehr ähnlichen Stahlsorten wie in Tabelle 1, die jedoch für andere Erzeugnisformen oder Behandlungszustände oder für besondere Anwendungsfälle bestimmt sind:

EN 10083-1   Vergütungsstähle — Teil 1: Technische Lieferbedingungen für Edelstähle

EN 10083-2   Vergütungsstähle — Teil 2: Technische Lieferbedingungen für unlegierte Qualitätsstähle

EN 10083-3   Vergütungsstähle — Teil 3: Technische Lieferbedingungen für Borstähle

EN 10084   Einsatzstähle — Technische Lieferbedingungen

prEN 10277-1   Blankstahlerzeugnisse — Technische Lieferbedingungen — Teil 1: Allgemeines

prEN 10277-3   Blankstahlerzeugnisse — Technische Lieferbedingungen — Teil 3: Automatenstähle

Anhang D (informativ)

Für Erzeugnisse nach dieser Europäischen Norm in Betracht kommende Maßnormen

Für warmgewalzten Draht:

EURONORM 17   Walzdraht aus üblichen unlegierten Stählen zum Ziehen — Maße und zulässige Abweichungen

EURONORM 108   Runder Walzdraht aus Stahl für kaltgeformte Schrauben — Maße und zulässige Abweichungen

Für warmgewalzte Stäbe:

EURONORM 58   Warmgewalzter Flachstahl für allgemeine Verwendung

EURONORM 59   Warmgewalzter Vierkantstahl für allgemeine Verwendung

EURONORM 60   Warmgewalzter Rundstahl für allgemeine Verwendung

EURONORM 61   Warmgewalzter Sechskantstahl

EURONORM 65   Warmgewalzter Rundstahl für Schrauben und Niete

April 2003

	Warmgewalzte Stähle für vergütbare Federn **Technische Lieferbedingungen** Deutsche Fassung EN 10089:2002	**DIN** **EN 10089**

ICS 77.140.25

Ersatz für
DIN 17221:1988-12

Hot rolled steels for quenched and tempered springs —
Technical delivery conditions;
German version EN 10089:2002

Aciers laminés à chaud pour ressorts trempés et revenus —
Conditions techniques de livraison;
Version allemande EN 10089:2002

Die Europäische Norm EN 10089:2002 hat den Status einer Deutschen Norm.

Nationales Vorwort

Die Europäische Norm EN 10089:2002 ist vom Technischen Komitee (TC) 23 „Für eine Wärmebehandlung bestimmte Stähle, legierte Stähle und Automatenstähle — Güten und Maße" (Sekretariat: Deutschland) des Europäischen Komitees für die Eisen- und Stahlnormung (ECISS) ausgearbeitet worden.

Das zuständige deutsche Normungsgremium ist der Arbeitsausschuss 05/3 „Warmgewalzte Federstähle" des Normenausschusses Eisen und Stahl (FES).

Für die im Abschnitt 2 zitierten Europäischen Normen, soweit die Norm-Nummer geändert ist, und EURONORMEN wird im Folgenden auf die entsprechenden Deutschen Normen verwiesen:

CR 10260	siehe DIN V 17006-100
EURONORM 103	siehe DIN 50601
EURONORM 104	siehe DIN 50192

Fortsetzung Seite 2
und 33 Seiten EN

Normenausschuss Eisen und Stahl (FES) im DIN Deutsches Institut für Normung e. V.

Änderungen

Gegenüber DIN 17221:1988-12 wurden folgende Änderungen vorgenommen:

a) 13 Sorten (46Si7, 56Si7, 60Cr3, 56SiCr7, 45SiCrV6-2, 54SiCrV6, 60SiCrV7, 46SiCrMo6, 50SiCrMo6, 52SiCrNi5, 60CrMo3-1, 60CrMo3-2, 60CrMo3-3) zusätzlich aufgenommen.

b) Festlegungen für chemische Zusammensetzung teilweise geändert.

c) Grenzabmessungen für die Härtbarkeit der Stähle überarbeitet.

d) Festlegungen zur zulässigen Entkohlungstiefe geändert.

e) Aufnahme von Grenzwerten der Härte für Stahlsorten mit eingeschränktem Bereich der Härtbarkeit.

f) Aufnahme von graphischen Darstellungen mit den Streubändern der Härtbarkeit im Stirnabschreck-versuch.

g) Aufnahme eines Anhangs A mit Zusatz- oder Sonderanforderungen.

h) Aufnahme eines Anhangs D mit Anhaltswerten für die mechanischen Eigenschaften von vergüteten Proben.

i) Redaktionell überarbeitet.

Frühere Ausgaben

DIN 1669: 1942x-02
DIN 17221: 1955-04, 1972-12, 1988-12

Nationaler Anhang NA
(informativ)

Literaturhinweise

DIN 50192, *Ermittlung der Entkohlungstiefe.*

DIN 50601, *Metallographische Prüfverfahren — Ermittlung der Ferrit- oder Austenitkorngröße von Stahl und Eisenwerkstoffen.*

DIN V 17006-100, *Bezeichnungssysteme für Stähle — Zusatzsymbole; Deutsche Fassung CR 10260:1998.*

2

EUROPÄISCHE NORM
EUROPEAN STANDARD
NORME EUROPÉENNE

EN 10089

Dezember 2002

ICS 77.140.25

Deutsche Fassung

Warmgewalzte Stähle für vergütbare Federn —
Technische Lieferbedingungen

Hot-rolled steels for quenched and tempered springs -
Technical delivery conditions

Aciers laminés à chaud pour ressorts trempés et revenus -
Conditions techniques de livraison

Diese Europäische Norm wurde vom CEN am 1. November 2002 angenommen.

Die CEN-Mitglieder sind gehalten, die CEN/CENELEC-Geschäftsordnung zu erfüllen, in der die Bedingungen festgelegt sind, unter denen dieser Europäischen Norm ohne jede Änderung der Status einer nationalen Norm zu geben ist. Auf dem letzten Stand befindliche Listen dieser nationalen Normen mit ihren bibliographischen Angaben sind beim Management-Zentrum oder bei jedem CEN-Mitglied auf Anfrage erhältlich.

Diese Europäische Norm besteht in drei offiziellen Fassungen (Deutsch, Englisch, Französisch). Eine Fassung in einer anderen Sprache, die von einem CEN-Mitglied in eigener Verantwortung durch Übersetzung in seine Landessprache gemacht und dem Management-Zentrum mitgeteilt worden ist, hat den gleichen Status wie die offiziellen Fassungen.

CEN-Mitglieder sind die nationalen Normungsinstitute von Belgien, Dänemark, Deutschland, Finnland, Frankreich, Griechenland, Irland, Island, Italien, Luxemburg, Malta, Niederlande, Norwegen, Österreich, Portugal, Schweden, Schweiz, Spanien, der Tschechischen Republik und dem Vereinigten Königreich.

EUROPÄISCHES KOMITEE FÜR NORMUNG
EUROPEAN COMMITTEE FOR STANDARDIZATION
COMITÉ EUROPÉEN DE NORMALISATION

Management-Zentrum: rue de Stassart, 36   B-1050 Brüssel

Ref. Nr. EN 10089:2002 D

Inhalt

2

Vorwort

Dieses Dokument (EN 10089:2002) wurde vom Technischen Komitee ECISS/TC 23 „Steels for heat treatment, alloy steels and free-cutting steels — Qualities and dimensions" erarbeitet, dessen Sekretariat vom DIN gehalten wird.

Diese Europäische Norm muss den Status einer nationalen Norm erhalten, entweder durch Veröffentlichung eines identischen Textes oder durch Anerkennung bis Juni 2003, und etwaige entgegenstehende nationale Normen müssen bis Juni 2003 zurückgezogen werden.

In dieser Europäischen Norm ist der Anhang A normativ und die Anhänge B, C und D sind informativ.

Entsprechend der CEN/CENELEC-Geschäftsordnung sind die nationalen Normungsinstitute der folgenden Länder gehalten, diese Europäische Norm zu übernehmen: Belgien, Dänemark, Deutschland, Finnland, Frankreich, Griechenland, Irland, Island, Italien, Luxemburg, Malta, Niederlande, Norwegen, Österreich, Portugal, Schweden, Schweiz, Spanien, die Tschechische Republik und das Vereinigte Königreich.

3

1 Anwendungsbereich

1.1 Diese Europäische Norm legt die technischen Lieferanforderungen für Rund- und Flachstäbe, gerippten Federstahl und Walzdraht aus den in Tabelle 3 aufgeführten legierten Stählen fest, die für warmgeformte und anschließend wärmebehandelte Federn oder kaltgeformte und anschließend wärmebehandelte Federn vorgesehen sind. Die Erzeugnisse werden in einem der für die verschiedenen Erzeugnisformen in Tabelle 1, Zeilen 2 bis 6 angegebenen Wärmebehandlungszustände und in einer der in Tabelle 2 angegebenen Oberflächenausführungen geliefert.

1.2 In Sonderfällen können bei der Anfrage und Bestellung Abweichungen von oder Zusätze zu diesen technischen Lieferbedingungen vereinbart werden (siehe Anhang A).

1.3 Zusätzlich zu den Angaben dieser Europäischen Norm gelten, soweit im Folgenden nichts anderes festgelegt ist, die allgemeinen technischen Lieferbedingungen nach EN 10021.

2 Normative Verweisungen

Diese Europäische Norm enthält durch datierte oder undatierte Verweisungen Festlegungen aus anderen Publikationen. Diese normativen Verweisungen sind an den jeweiligen Stellen im Text zitiert, und die Publikationen sind nachstehend aufgeführt. Bei datierten Verweisungen gehören spätere Änderungen oder Überarbeitungen dieser Publikationen nur zu dieser Europäischen Norm, falls sie durch Änderung oder Überarbeitung eingearbeitet sind. Bei undatierten Verweisungen gilt die letzte Ausgabe der in Bezug genommenen Publikation (einschließlich Änderungen).

EN 10020, *Begriffsbestimmungen für die Einteilung der Stähle.*

EN 10021, *Allgemeine technische Lieferbedingungen für Stahl und Stahlerzeugnisse.*

EN 10027-1, *Bezeichnungssysteme für Stähle — Teil 1: Kurznamen, Hauptsymbole.*

EN 10027-2, *Bezeichnungssysteme für Stähle — Teil 2: Nummernsystem.*

EN 10052, *Begriffe der Wärmebehandlung von Eisenwerkstoffen.*

EN 10079, *Begriffsbestimmungen für Stahlerzeugnisse.*

EN 10204, *Metallische Erzeugnisse — Arten von Prüfbescheinigungen.*

EN 10221, *Oberflächengüteklassen für warmgewalzten Stabstahl und Walzdraht — Technische Lieferbedingungen.*

EN ISO 377, *Stahl und Stahlerzeugnisse — Lage von Proben und Probenabschnitten für mechanische Prüfungen (ISO 377:1997).*

EN ISO 642, *Stähle — Stirnabschreckversuch (Jominy-Versuch) (ISO 642:1999).*

EN ISO 6506-1, *Metallische Werkstoffe — Härteprüfung nach Brinell — Teil 1: Prüfverfahren (ISO 6506-1:1999).*

EN ISO 6508-1, *Metallische Werkstoffe — Härteprüfung nach Rockwell (Skalen A, B, C, D, E, F, G, H, K, N, T) — Teil 1: Prüfverfahren (ISO 6508-1:1999).*

EN ISO 14284, *Steel and iron — Sampling and preparation of samples for the determination of chemical composition (ISO 14284:1996).*

CR 10260, *Bezeichnungssysteme für Stähle — Zusatzsymbole.*

CR 10261, *ECISS Mitteilungen 11 — Eisen und Stahl — Übersicht über verfügbare Verfahren der chemischen Analyse.*

4

EURONORM 103[1] , *Mikroskopische Ermittlung der Ferrit- oder Austenitkorngröße von Stählen.*

EURONORM 104[1], *Ermittlung der Entkohlungstiefe von unlegierten und niedriglegierten Baustählen.*

3 Begriffe

Für die Anwendung dieser Europäischen Norm gilt zusätzlich zu den Begriffen in EN 10020, EN 10052, EN 10079, EN ISO 377 und EN ISO 14284 der folgende Begriff:

3.1
Federstähle
Werkstoffe, die wegen ihrer Eigenschaften im vergüteten Zustand für die Herstellung von federnden Teilen aller Art besonders geeignet sind. Das Federungsvermögen der Stähle beruht auf ihrer elastischen Verformbarkeit, aufgrund derer sie innerhalb eines bestimmten Bereichs belastet werden können, ohne dass nach der Entlastung eine bleibende Formänderung auftritt. Die für Federn gewünschten Eigenschaften der Stähle werden durch höhere Massenanteile Kohlenstoff und Legierungsbestandteile wie Silizium, Mangan, Chrom, Molybdän und Vanadium sowie durch die Wärmebehandlung, d. h. Härten mit nachfolgendem Anlassen, erreicht

4 Einteilung und Bezeichnung

4.1 Einteilung

Alle in dieser Europäischen Norm enthaltenen Stähle sind nach EN 10020 als legierte Edelstähle eingeteilt.

4.2 Bezeichnung

4.2.1 Kurznamen

Für die in dieser Europäischen Norm enthaltenen Stahlsorten sind die in den entsprechenden Tabellen angegebenen Kurznamen nach EN 10027-1 und CR 10260 gebildet.

4.2.2 Werkstoffnummern

Für die in dieser Europäischen Norm enthaltenen Stahlsorten sind die in den entsprechenden Tabellen angegebenen Werkstoffnummern nach EN 10027-2 gebildet.

---

1) Bis zur Überführung dieser EURONORM in eine Europäische Norm darf — je nach Vereinbarung bei der Bestellung — entweder diese EURONORM oder eine entsprechende nationale Norm zur Anwendung kommen.

5

5 Bestellangaben

5.1 Verbindliche Angaben

Der Besteller muss bei der Anfrage und Bestellung folgende Angaben machen:

a) die zu liefernde Menge;

b) die Benennung der Erzeugnisform (z. B. Rundstab oder Vierkantstab);

c) die Nummer der Maßnorm;

d) die Maße, Grenzabmaße und Formtoleranzen und, falls zutreffend, die Kennbuchstaben für etwaige besondere Grenzabweichungen;

e) die Nummer dieser Europäischen Norm (EN 10089);

f) Kurzname oder Werkstoffnummer (siehe 4.2);

g) falls verwendet, das Kurzzeichen für den Wärmebehandlungszustand bei Lieferung (siehe 6.3.1, 6.3.2 und Tabelle 1);

h) falls verwendet, das Kurzzeichen für die Oberflächenausführung bei Lieferung (siehe 6.3.3 und Tabelle 2);

i) falls verlangt, die Art der Prüfbescheinigung nach EN 10204 (siehe 8.1).

BEISPIEL   20 Rundstäbe prEN 10060 — 20 × 8000
            EN 10089 — 51CrV4+A
            EN 10204 — 3.1.B

oder

            20 Rundstäbe prEN 10060 — 20 × 8000
            EN 10089 — 1.8159+A
            EN 10204 — 3.1.B

5.2 Zusätzliche Angaben

Eine Anzahl von zusätzlichen Angaben sind in dieser Europäischen Norm festgelegt und nachstehend aufgeführt. Falls der Besteller nicht ausdrücklich seinen Wunsch zur Berücksichtigung einer dieser zusätzlichen Angaben äußert, muss der Lieferer nach den Grundanforderungen dieser Europäischen Norm liefern (siehe 5.1).

a) etwaige Anforderungen hinsichtlich Korngröße (siehe 7.3 und 8.2.3);

b) etwaige Anforderungen hinsichtlich des Gehaltes an nichtmetallischen Einschlüssen (siehe 7.3.2 und A.1);

c) etwaige Anforderungen an die innere Beschaffenheit (siehe 7.4 und A.2);

d) etwaige Anforderungen bezüglich der Oberflächenbeschaffenheit (siehe 7.5.2);

e) etwaige Anforderungen hinsichtlich des Ausbesserns von Oberflächenfehlern (siehe 7.5.4);

f) etwaige Anforderungen hinsichtlich einer besonderen Kennzeichnung der Erzeugnisse (siehe Abschnitt 9 und A.4);

g) etwaiger Nachweis der Stückanalyse (siehe Tabelle 10 und A.3).

6

6 Herstellverfahren

6.1 Allgemeines

Das Verfahren zur Herstellung des Stahles und der Erzeugnisse bleibt, mit den Einschränkungen nach 6.2 und 6.3, dem Hersteller überlassen.

6.2 Desoxidation

Alle Stähle müssen voll beruhigt sein.

6.3 Wärmebehandlungszustand und Oberflächenausführung bei der Lieferung

6.3.1 Üblicher Lieferzustand

Falls bei der Anfrage und Bestellung nicht anders vereinbart, werden die Erzeugnisse im unbehandelten, das heißt im Walzzustand geliefert.

6.3.2 Besonderer Wärmebehandlungszustand

Falls bei der Anfrage und Bestellung vereinbart, müssen die Erzeugnisse in einem der in den Zeilen 3 bis 6 der Tabelle 1 angegebenen Wärmebehandlungszustände geliefert werden.

6.3.3 Besondere Oberflächenausführung

Falls bei der Anfrage und Bestellung vereinbart, müssen die Erzeugnisse in einem der in den Zeilen 3 bis 6 der Tabelle 2 angegebenen Oberflächenausführungen geliefert werden.

6.3.4 Schmelzentrennung

Innerhalb einer Lieferung müssen die Erzeugnisse nach Schmelzen getrennt sein.

7 Anforderungen

7.1 Chemische Zusammensetzung, Härte und Härtbarkeit

7.1.1 Tabelle 1 gibt einen Überblick über die üblichen Kombinationen von Wärmebehandlungszuständen bei der Lieferung, Erzeugnisformen und Anforderungen nach den Tabellen 3 bis 8 (chemische Zusammensetzung, größte Abmessungen bei einer Mindest-Kernhärte, Härtbarkeit, Höchsthärte).

7.1.2 Wenn der Stahl nicht mit Anforderungen an die Kernhärte oder die Härtbarkeit bestellt wird, d. h., wenn die Bezeichnungen der Stahlsorte nach Tabelle 3, Tabelle 6 oder Tabelle 7 und nicht die Bezeichnungen nach Tabelle 5 oder Tabelle 8 gelten, gelten die in Tabelle 1 (Spalte 5) angegebenen Anforderungen an die chemische Zusammensetzung, Härtbarkeit und Höchsthärte auch für den besonderen Wärmebehandlungszustand.

7.1.3 Wenn der Stahl mit Anforderungen an die Kernhärte durch Verwendung der Bezeichnung nach Tabelle 5 bestellt wird, gelten zusätzlich zu den Anforderungen nach Tabelle 1, Spalten 5 (1) und 5 (2), die Werte für die Kernhärte nach Tabelle 5 oder Tabelle B.1.

In diesem Fall sind die Angaben für die Grenzwerte der Härtbarkeit in den Tabellen 7 oder 8 nur Anhaltswerte.

ANMERKUNG   Die größten Abmessungen nach Tabelle 5 entsprechen dem eingeschränkten Härtbarkeitsstreuband nach Tabelle 8. Für kleinere Abmessungen (Tabelle B.1) könnte das übliche Härtbarkeitsstreuband nach Tabelle 7 ausreichend sein.

7.1.4 Wenn der Stahl mit Anforderungen zur eingeschränkten Härtbarkeit durch Verwendung der Bezeichnungen nach Tabelle 8 bestellt wird, gelten zusätzlich zu den Anforderungen nach Tabelle 1, Spalten 5 (1) und 5 (2), die Werte für die eingeschränkte Härtbarkeit nach Tabelle 8.

7

7.2 Scherbarkeit

Unter geeigneten Bedingungen (Vermeidung von örtlichen Spannungsspitzen, Vorwärmen, Verwendung von Messern mit dem Erzeugnis angepassten Profil usw.) sind alle Stahlsorten im Walzzustand (+AR) scherbar, außer im Falle außergewöhnlicher Umstände, die die Lieferung der Zustände +S oder +A (siehe Tabelle 6) notwendig machen.

7.3 Gefüge

7.3.2 Bei Prüfung nach einem der in EURONORM 103 beschriebenen Verfahren muss der Stahl eine Korngröße des Austenits von 6 oder feiner aufweisen.

7.3.2 Hinsichtlich des Gehaltes an nichtmetallischen Einschlüssen siehe A.1.

7.4 Innere Beschaffenheit

Bei der Anfrage und Bestellung können, z. B. auf der Grundlage zerstörungsfreier Prüfungen, Anforderungen an die innere Beschaffenheit vereinbart werden (siehe A.2).

7.5 Oberflächenbeschaffenheit und Entkohlung

7.5.1 Sämtliche Erzeugnisse müssen eine dem Herstellverfahren entsprechende Oberfläche aufweisen.

7.5.2 Bei der Anfrage und Bestellung können Vereinbarungen in Bezug auf die gewünschte Oberflächenbeschaffenheit getroffen werden.

Bei warmgewalzten Rundstäben und Walzdraht sind diese Vereinbarungen auf der Grundlage von EN 10221 zu treffen.

7.5.3 Die Werte für die zulässige Entkohlungstiefe nach Tabelle 9 gelten für die Zustände wie gewalzt (+AR), behandelt auf Scherbarkeit (+S), weichgeglüht (+A) und geglüht zur Erzielung kugeliger Carbide (+AC) sowie für die Prüfbedingungen nach 8.2.2.2.

7.5.4 Das Entfernen von Oberflächenunregelmäßigkeiten durch Schweißen ist nicht erlaubt.

Falls die Notwendigkeit des Entfernens von Oberflächenunregelmäßigkeiten durch andere Verfahren besteht, sind die Art und die zulässige Tiefe des Ausbesserns bei der Anfrage und Bestellung zu vereinbaren.

7.6 Maße, Grenzabmaße und Formtoleranzen

Die Nennmaße, Grenzabmaße und Formtoleranzen der Erzeugnisse sind bei der Anfrage und Bestellung zu vereinbaren, möglichst unter Bezugnahme auf die dafür geltenden Maßnormen (siehe Anhang C).

8 Prüfung

8.1 Art und Inhalt von Prüfbescheinigungen

8.1.1 Bei der Anfrage und Bestellung kann für jede Lieferung die Ausstellung einer Prüfbescheinigung nach EN 10204 vereinbart werden.

8.1.2 Falls entsprechend den Bestellvereinbarungen ein Werkszeugnis auszustellen ist, muss dieses folgende Angaben enthalten:

a) die Bestätigung, dass die Lieferung den Bestellvereinbarungen entspricht;

b) die Ergebnisse der Schmelzenanalyse für alle für die betreffende Stahlsorte aufgeführten Elemente.

8

8.1.3   Falls entsprechend den Bestellvereinbarungen ein Abnahmeprüfzeugnis 3.1.A, 3.1.B oder 3.1.C oder ein Abnahmeprüfprotokoll 3.2 (siehe EN 10204) auszustellen ist, müssen die in 8.2 beschriebenen spezifischen Prüfungen durchgeführt und ihre Ergebnisse in der Prüfbescheinigung bestätigt werden.

Außerdem muss die Prüfbescheinigung folgende Angaben enthalten:

a)   die vom Hersteller mitgeteilten Ergebnisse der Schmelzenanalyse für alle für die betreffende Stahlsorte aufgeführten Elemente;

b)   die Ergebnisse der durch Zusatzanforderungen (siehe Anhang A) bestellten Prüfungen;

c)   Kennbuchstaben oder -zahlen, die eine gegenseitige Zuordnung von Prüfbescheinigungen, Proben und Erzeugnissen zulassen.

8.2   Spezifische Prüfung

8.2.1   Nachweis von Härtbarkeit und Härte

8.2.1.1   Für die Stähle, die nach der Bezeichnung in den Tabellen 7 und 8 bestellt werden, sind, falls nicht anders vereinbart, lediglich die Anforderungen an die Grenzwerte der Härten nach den Tabellen 7 und 8 nachzuweisen.

Für die Stähle, die ohne Anforderungen an die Grenzwerte der Härte aber mit Anforderungen an die Kernhärte bestellt werden, d. h. mit dem Kurzzeichen +CH in der Bezeichnung, sind die Anforderungen an die Härte im entsprechenden Wärmebehandlungszustand nach Tabelle 1, Spalte 5 (2) und die Härteanforderungen an die Kernhärtbarkeit nach Tabelle 5 nachzuweisen.

8.2.1.2   Der Prüfumfang, die Probenahmebedingungen und die zum Nachweis der Anforderungen anzuwendenden Prüfverfahren müssen den Angaben in Tabelle 10 entsprechen.

8.2.2   Prüfung von Oberflächenbeschaffenheit und Entkohlung

8.2.2.1   Falls nicht anders vereinbart, erfolgt der Nachweis der Oberflächenbeschaffenheit für Rundstäbe und Walzdraht nach EN 10221. Für Flachstäbe sind die Einzelheiten des Nachweises zum Zeitpunkt der Anfrage und Bestellung zu vereinbaren.

8.2.2.2   Für die Ermittlung der Entkohlungstiefe bleibt der Prüfumfang, falls nicht anders vereinbart, dem Hersteller überlassen. Die Prüfung wird nach einem in EURONORM 104 festgelegten mikroskopischen Verfahren und unter folgenden Bedingungen durchgeführt:

—   Bei runden Erzeugnissen beginnt die Prüfung an der tiefsten Stelle einheitlicher Entkohlung, danach erfolgen 3 weitere Messungen im rechten Winkel zueinander. Danach wird der Mittelwert dieser 4 Messungen genommen.

—   Bei Flachstäben erfolgt die Prüfung im mittleren Drittel des Erzeugnisses und beginnt an der tiefsten Stelle einheitlicher Entkohlung, gefolgt von einer Prüfung auf der gegenüberliegenden Seite. Danach wird der Mittelwert dieser 2 Messungen genommen.

—   Oberflächenunregelmäßigkeiten sind von der Prüfung auf Entkohlungstiefe ausgeschlossen.

8.2.3   Nachweis der Korngröße

Falls der Nachweis des Feinkorngefüges verlangt wird, sind das Verfahren zur Bestimmung der Korngröße nach EURONORM 103, der Prüfumfang und die Prüfbedingungen bei der Anfrage und Bestellung zu vereinbaren.

8.2.4   Besichtigung und Maßkontrolle

Eine ausreichende Zahl von Erzeugnissen ist zu prüfen, um die Erfüllung der Spezifikation sicherzustellen.

9

8.2.5 Wiederholungsprüfungen

Für Wiederholungsprüfungen gilt EN 10021.

9 Kennzeichnung

Der Hersteller hat die Erzeugnisse oder Bunde oder Pakete in angemessener Weise so zu kennzeichnen, dass die Bestimmung der Schmelze, der Stahlsorte und der Herkunft der Lieferung möglich ist (siehe A.4).

Tabelle 1 — Kombinationen von üblichen Wärmebehandlungszuständen bei der Lieferung, Erzeugnisformen und Anforderungen nach den Tabellen 3 bis 8

1	2	3	4	5				6			7		
1	Wärmebehandlungszustand bei der Lieferung	Kennbuchstabe(n)	In Betracht kommend für		In Betracht kommende Anforderungen									
			Stäbe (rund und flach) und gerippter Federstahl	Walzdraht	Falls nicht anders vereinbart				Falls der Stahl mit der Bezeichnung nach Tabelle 8 bestellt wird			Falls der Stahl mit der Bezeichnung nach Tabelle 5 bestellt wird		
					1	2	3	1	2	3	1	2	3
2	wie gewalzt	+AR	X	X	—								
3	behandelt auf Scherbarkeit	+S	X	—	Chemische Zusammensetzung nach den Tabellen 3 und 4	Brinell-Höchsthärte nach Tabelle 6	Spalte +S	Härtbarkeitswerte nach Tabelle 7	wie in den Spalten 5 (1) und 5 (2)	eingeschränkte Härtbarkeitswerte nach Tabelle 8	wie in den Spalten 5 (1) und 5 (2)	größte(r) Durchmesser oder Dicke für Kernhärte nach Tabelle 5		
4	weichgeglüht	+A	X	X			Spalte +A							
5	geglüht zur Erzielung kugeliger Carbide	+AC	X	X			Spalte +AC							
6	Sonstige				Andere Behandlungszustände können bei der Anfrage und Bestellung vereinbart werden.									

Tabelle 2 — Oberflächenausführung bei der Lieferung

1	2	3	4	5	6
1	Oberflächenausführung bei der Lieferung		Kennbuchstaben	im Allgemeinen in Betracht kommend für	
				Stäbe	Walzdraht
2	falls nicht anders vereinbart	wie gewalzt (+AR)	keiner oder +AR	×	×
3	nach Vereinbarung zu liefernde besondere Ausführungen	+AR + gebeizt	+ Pl	×	×
4		+AR + gestrahlt	+ BC	×	×
5		+ AR + Oberflächenabtrag[a]	—	×	×
6		Andere			
a	Die Art des Oberflächenabtrags kann, z. B. durch Verweis auf die entsprechende Maßnorm, vereinbart werden.				

Tabelle 3 — Stahlsorten und festgelegte chemische Zusammensetzung (Schmelzenanalyse)

| Stahlbezeichnung | | Massenanteil in % [a] [b] | | | | | | | | | |
Kurzname	Werkstoff-nummer	C	Si	Mn	P max.	S max.	Cr	Ni	Mo	V	Cu + Sn
38Si7	1.5023	0,35 bis 0,42	1,50 bis 1,80	0,50 bis 0,80	0,025	0,025					
46Si7	1.5024	0,42 bis 0,50	1,50 bis 2,00	0,50 bis 0,80	0,025	0,025					
56Si7	1.5026	0,52 bis 0,60	1,60 bis 2,00	0,60 bis 0,90	0,025	0,025					
55Cr3	1.7176	0,52 bis 0,59	max. 0,40	0,70 bis 1,00	0,025	0,025	0,70 bis 1,00				
60Cr3	1.7177	0,55 bis 0,65	max. 0,40	0,70 bis 1,00	0,025	0,025	0,60 bis 0,90				Cu+10Sn ± 0,60
54SiCr6	1.7102	0,51 bis 0,59	1,20 bis 1,60	0,50 bis 0,80	0,025	0,025	0,50 bis 0,80				
56SiCr7	1.7106	0,52 bis 0,60	1,60 bis 2,00	0,70 bis 1,00	0,025	0,025	0,20 bis 0,45				
61SiCr7	1.7108	0,57 bis 0,65	1,60 bis 2,00	0,70 bis 1,00	0,025	0,025	0,20 bis 0,45				
51CrV4	1.8159	0,47 bis 0,55	max. 0,40	0,70 bis 1,10	0,025	0,025	0,90 bis 1,20			0,10 bis 0,25	
45SiCrV6-2	1.8151	0,40 bis 0,50	1,30 bis 1,70	0,60 bis 0,90	0,025	0,025	0,40 bis 0,80			0,10 bis 0,20	
54SiCrV6	1.8152	0,51 bis 0,59	1,20 bis 1,60	0,50 bis 0,80	0,025	0,025	0,50 bis 0,80			0,10 bis 0,20	
60SiCrV7	1.8153	0,56 bis 0,64	1,50 bis 2,00	0,70 bis 1,00	0,025	0,025	0,20 bis 0,40			0,10 bis 0,20	
46SiCrMo6	1.8062	0,42 bis 0,50	1,30 bis 1,70	0,50 bis 0,80	0,025	0,025	0,50 bis 0,80		0,20 bis 0,30		
50SiCrMo6	1.8063	0,46 bis 0,54	1,40 bis 1,80	0,70 bis 1,00	0,025	0,025	0,80 bis 1,10		0,20 bis 0,35		
52SiCrNi5	1.7117	0,49 bis 0,56	1,20 bis 1,50	0,70 bis 1,00	0,025	0,025	0,70 bis 1,00	0,50 bis 0,70			
52CrMoV4	1.7701	0,48 bis 0,56	max. 0,40	0,70 bis 1,10	0,025	0,025	0,90 bis 1,20		0,15 bis 0,30	0,10 bis 0,20	
60CrMo3-1	1.7239	0,56 bis 0,64	max. 0,40	0,70 bis 1,00	0,025	0,025	0,70 bis 1,00		0,06 bis 0,15		
60CrMo3-2	1.7240	0,56 bis 0,64	max. 0,40	0,70 bis 1,00	0,025	0,025	0,70 bis 1,00		0,15 bis 0,25		
60CrMo3-3	1.7241	0,56 bis 0,64	max. 0,40	0,70 bis 1,00	0,025	0,025	0,70 bis 1,00		0,25 bis 0,35		

[a] In dieser Tabelle nicht aufgeführte Elemente dürfen dem Stahl, außer zum Fertigbehandeln der Schmelze, ohne Zustimmung des Bestellers nicht absichtlich zugesetzt werden. Es sind alle angemessenen Vorkehrungen zu treffen, um die Zufuhr solcher Elemente aus dem Schrott oder anderen bei der Herstellung verwendeten Stoffen zu vermeiden, die die Härtbarkeit, die mechanischen Eigenschaften und die Verwendbarkeit beeinträchtigen.

[b] Bei Stählen mit festgelegten Härtbarkeitsanforderungen (siehe Tabellen 7 und 8) sind, außer für Phosphor und Schwefel, geringfügige Abweichungen von den Grenzwerten der Schmelzanalyse erlaubt. Diese Abweichungen dürfen jedoch ± 0,01 % (Massenanteil) bei Kohlenstoff und in allen anderen Fällen die Werte nach Tabelle 4 nicht überschreiten.

Tabelle 4 — Grenzabweichungen der Stückanalyse von der festgelegten Schmelzenanalyse

Element	Zulässiger Höchstgehalt nach der Schmelzenanalyse Massenanteil in %		Grenzabweichung [a] Massenanteil in %
C	≤ 0,55		± 0,02
	> 0,55	≤ 0,65	± 0,03
Si	≤ 0,40		± 0,03
	> 0,40	≤ 2,00	± 0,05
Mn	≤ 1,00		± 0,04
	> 1,00	≤ 1,10	± 0,05
P	≤ 0,025		+ 0,005
S	≤ 0,025		+ 0,005
Cr	≤ 1,20		± 0,05
Mo	≤ 0,30		± 0,03
	> 0,30	≤ 0,35	± 0,04
Ni	≤ 0,70		± 0,05
V	≤ 0,20		± 0,02

[a] ± bedeutet, dass bei einer Schmelze die obere oder die untere Grenze der für die Schmelzenanalyse in Tabelle 3 angegebenen Spanne überschritten werden darf, aber nicht beides gleichzeitig.

Tabelle 5 — Größte Maße für Rund- und Flachstäbe auf Grundlage des oberen 2/3-Härtbarkeitsstreubandes[a]

| Stahlbezeichnung | | | C Massenanteil in % | Härte HRC bei | | Abstand von der abgeschreckten Stirnfläche A, mm | | Größte Maße bei in Öl abgeschreckten Rundstäben D_{max}, mm Martensitanteil im Kern | | Größte Maße bei in Öl abgeschreckten Flachstäben t_{max}, mm Martensitanteil im Kern | |
Kurzname	Werkstoffnummer	Symbol	min.	80 % Martensit H_{80}	90 % Martensit H_{90}	80 % Martensit A	90 % Martensit A	80 %	90 %	80 %	90 %
38Si7	1.5023	+CH	0,35	44	48	4,5	3,5	9	7	7	5
46Si7	1.5024	+CH	0,42	48	51	4	3,2	8	6	6	4
56Si7	1.5026	+CH	0,52	52	56	5,3	3,5	11	7	8	5
55Cr3	1.7126	+CH	0,52	52	56	11,5	9	28	21	20	15
60Cr3	1.7177	+CH	0,55	53	57	16,5	13	43	33	31	23
54SiCr6	1.7102	+CH	0,51	52	55	8,5	7	20	16	14	11
56SiCr7	1.7106	+CH	0,52	52	56	8	6	19	13	13	9
61SiCr7	1.7108	+CH	0,57	54	57	9	7,5	21	17	15	12
51CrV4	1.8159	+CH	0,47	50	54	20	13	54	33	39	23
45SiCrV6-2	1.8151	+CH	0,40	47	50	11	9	27	21	19	15
54SiCrV6	1.8152	+CH	0,51	52	55	8	6,5	19	14	13	10
60SiCrV7	1.8153	+CH	0,56	53	57	9,5	7	23	16	16	11
46SiCrMo6	1.8062	+CH	0,42	48	51	18,2	13	49	33	35	23
50SiCrMo6	1.8063	+CH	0,46	49	53	45	30	> 100	89	> 100	63
52SiCrNi5	1.7117	+CH	0,49	51	54	20	15	54	39	39	28
52CrMoV4	1.7701	+CH	0,48	50	54		20	> 100	54	> 100	39
60CrMo3-1	1.7239	+CH	0,56	53	57	22	15	61	39	44	28
60CrMo3-2	1.7240	+CH	0,56	53	57	33,2	25	> 100	71	72	51
60CrMo3-3	1.7241	+CH	0,56	53	57		40	> 100	> 100	> 100	91

[a] Für die Abschrecktemperatur (Jominy Versuch) siehe Tabelle 8.

Tabelle 6 — Höchsthärte in verschiedenen Wärmebehandlungszuständen

Stahlbezeichnung		Höchsthärte nach Brinell im Zustand		
Kurzname	Werkstoff-nummer	behandelt auf Scherbarkeit +S	weichgeglüht +A	geglüht zur Erzielung kugeliger Carbide +AC
38Si7	1.5023	280	217	200
46Si7	1.5024	280	248	230
56Si7	1.5026	280	248	230
55Cr3	1.7176	280	248	230
60Cr3	1.7177	280	248	230
54SiCr6	1.7102	280	248	230
56SiCr7	1.7106	280	248	230
61SiCr7	1.7108	280	248	230
51CrV4	1.8159	280	248	230
45SiCrV6-2	1.8151	280	248	230
54SiCrV6	1.8152	280	248	230
60SiCrV7	1.8153	280	248	230
46SiCrMo6	1.8062	280	248	230
50SiCrMo6	1.8063	280	248	230
52SiCrNi5	1.7117	280	248	230
52CrMoV4	1.7701	280	248	230
60CrMo3-1	1.7239	280	248	230
60CrMo3-2	1.7240	280	248	230
60CrMo3-3	1.7241	280	248	230

Tabelle 7 — Grenzwerte der Härte für Stahlsorten mit festgelegter Härtbarkeit (+ H, siehe 7.1.2)

Kurzname	Werkstoffnummer	Symbol	Abschrecktemperatur für den Stirnabschreckversuch °C	Grenzen der Spanne[a]	1,5	3	5	7	9	11	13	15	20	25	30	35	40	45	50
38Si7	1.5023	+H	880 ± 5	max.	61	58	51	44	40	37	34	32	29	27	26	25	25	25	24
				min.	54	48	38	31	27	24	21	19	—	—	—	—	—	—	—
46Si7	1.5024	+H	880 ± 5	max.	63	60	53	46	42	39	36	34	31	29	28	27	27	26	25
				min.	56	50	40	33	29	26	23	21	—	—	—	—	—	—	—
56Si7	1.5026	+H	850 ± 5	max.	65	62	60	57	54	50	46	42	39	37	36	35	34	34	33
				min.	57	55	49	43	37	34	32	31	28	27	26	26	25	25	24
55Cr3	1.7176	+H	850 ± 5	max.	67	67	66	65	64	63	62	61	57	53	49	46	43	41	40
				min.	57	56	55	54	52	48	43	39	32	30	28	26	25	24	23
60Cr3	1.7177	+H	850 ± 5	max.	66	66	66	65	65	65	65	64	64	63	63	62	62	61	60
				min.	57	57	57	56	56	55	53	50	40	33	30	29	29	28	28
54SiCr6	1.7102	+H	850 ± 5	max.	67	66	66	65	65	64	64	63	59	55	49	44	40	37	35
				min.	57	56	55	50	44	40	37	35	32	30	28	26	25	24	24
56SiCr7	1.7106	+H	850 ± 5	max.	65	65	64	63	62	60	57	54	47	42	39	37	36	36	35
				min.	60	58	55	50	44	40	37	35	32	30	28	26	25	24	24
61SiCr7	1.7108	+H	850 ± 5	max.	68	68	67	65	63	61	60	58	51	46	43	41	39	39	38
				min.	60	59	57	54	49	46	42	39	35	32	31	30	29	28	28
51CrV4	1.8159	+H	850 ± 5	max.	65	65	64	64	63	63	63	62	62	62	61	60	60	59	58
				min.	57	56	55	54	53	51	50	48	44	41	37	35	34	33	32
45SiCrV6-2	1.8151	+H	880 ± 5	max.	65	64	63	62	60	58	57	55	52	49	47	45	43	41	40
				min.	55	54	53	49	45	42	39	37	33	31	29	27	26	25	25
54SiCrV6	1.8152	+H	860 ± 5	max.	67	66	65	63	62	60	57	55	47	43	40	38	37	36	35
				min.	57	56	55	50	44	40	37	35	32	30	28	26	25	24	24
60SiCrV7	1.8153	+H	860 ± 5	max.	66	65	65	64	63	61	59	57	51	46	42	40	38	38	37
				min.	60	59	57	54	49	45	42	39	35	32	31	30	29	28	28
46SiCrMo6	1.8062	+H	880 ± 5	max.	63	63	63	62	61	61	60	59	57	54	52	50	49	49	48
				min.	55	54	53	52	50	48	47	45	42	39	37	35	34	33	33
50SiCrMo6	1.8063	+H	890 ± 5	max.	65	65	64	64	64	64	63	63	63	62	61	61	60	60	59
				min.	57	56	56	55	55	54	54	53	52	51	49	47	45	44	43
52SiCrNi5	1.7117	+H	860 ± 5	max.	63	63	63	62	62	62	61	61	60	59	57	56	54	52	49
				min.	56	56	55	54	53	52	51	47	42	38	35	33	31	30	
52CrMoV4	1.7701	+H	850 ± 5	max.	67	67	67	67	67	67	67	67	66	66	66	65	65	65	64
				min.	57	56	56	55	53	52	51	50	48	47	46	46	45	44	44
60CrMo3-1	1.7239	+H	850 ± 5	max.	66	66	66	65	65	65	65	64	64	63	63	62	62	61	60
				min.	57	57	57	56	56	56	55	53	50	43	36	32	30	30	30
60CrMo3-2	1.7240	+H	850 ± 5	max.	66	66	66	66	66	65	65	65	65	64	64	64	64	64	64
				min.	57	57	57	57	57	56	56	56	56	54	51	46	43	39	36
60CrMo3-3	1.7241	+H	850 ± 5	max.	66	66	66	66	66	65	65	65	65	64	64	64	64	64	64
				min.	57	57	57	57	57	56	56	56	56	55	55	53	53	52	50

[a] Siehe auch Bild 1.

15

Tabelle 8 — Grenzwerte der Härte für Stahlsorten mit festgelegter Härtbarkeit (+HH, siehe 7.1.4)

Stahlbezeichnung		Symbol	Abschreck-temperatur für den Stirnab-schreck-versuch °C	Grenzen der Spanne[a]	Abstand von der abgeschreckten Stirnfläche, in mm Härte in HRC														
Kurzname	Werkstoff-nummer				1,5	3	5	7	9	11	13	15	20	25	30	35	40	45	50
38Si7	1.5023	+HH	880 ± 5	max.	61	58	51	44	40	37	34	32	29	27	26	25	25	25	24
				min.	56	51	42	35	31	28	25	23	—	—	—	—	—	—	—
46Si7	1.5024	+HH	880 ± 5	max.	63	60	53	46	42	39	36	34	31	29	28	27	27	26	25
				min.	58	53	44	37	33	30	27	25	—	—	—	—	—	—	—
56Si7	1.5026	+HH	850 ± 5	max.	65	62	60	57	54	50	46	42	39	37	36	35	34	34	33
				min.	60	57	53	48	43	39	37	35	32	30	29	29	28	28	27
55Cr3	1.7176	+HH	850 ± 5	max.	67	67	66	65	64	63	62	61	57	53	49	46	43	41	40
				min.	60	60	59	58	56	53	49	46	40	38	35	33	31	30	29
60Cr3	1.7177	+HH	850 ± 5	max.	66	66	66	65	65	65	65	64	64	63	63	62	62	61	60
				min.	60	60	60	59	59	58	57	55	48	43	41	40	40	39	39
54SiCr6	1.7102	+HH	850 ± 5	max.	67	66	66	65	65	64	64	63	59	55	49	44	40	37	35
				min.	60	59	59	55	51	48	46	44	41	38	35	32	30	28	28
56SiCr7	1.7106	+HH	850 ± 5	max.	65	65	64	63	62	60	57	54	47	42	39	37	36	36	35
				min.	62	60	58	54	50	47	44	41	37	34	32	30	29	28	28
61SiCr7	1.7108	+HH	850 ± 5	max.	68	68	67	65	63	61	60	58	51	46	43	41	39	39	38
				min.	63	62	60	58	54	51	48	45	40	37	35	34	32	32	31
51CrV4	1.8159	+HH	850 ± 5	max.	65	65	64	64	63	63	63	62	62	62	61	60	60	59	58
				min.	60	59	58	57	56	55	54	53	50	48	45	43	43	42	41
45SiCrV6-2	1.8151	+HH	880 ± 5	max.	65	64	63	62	60	58	57	55	52	49	47	45	43	41	40
				min.	58	57	56	53	50	47	45	43	39	37	35	33	32	30	30
54SiCrV6	1.8152	+HH	860 ± 5	max.	67	66	65	63	62	60	57	55	47	43	40	38	37	36	35
				min.	60	59	58	54	50	47	44	42	37	34	32	30	29	28	28
60SiCrV7	1.8153	+HH	860 ± 5	max.	66	65	65	64	63	61	59	57	51	46	42	40	38	38	37
				min.	62	61	60	57	54	50	48	45	40	37	35	33	32	31	31
46SiCrMo6	1.8062	+HH	880 ± 5	max.	63	63	63	62	61	61	60	59	57	54	52	50	49	49	48
				min.	58	57	56	55	54	52	51	50	47	44	42	40	39	38	38
50SiCrMo6	1.8063	+HH	890 ± 5	max.	65	65	64	64	64	64	63	63	63	62	61	61	60	60	59
				min.	60	59	59	58	58	57	57	56	56	55	53	52	50	49	48
52SiCrNi5	1.7117	+HH	860 ± 5	max.	63	63	63	62	62	62	61	61	60	59	57	56	54	52	49
				min.	58	58	58	57	57	56	55	54	51	48	44	42	40	38	36
52CrMoV4	1.7701	+HH	850 ± 5	max.	67	67	67	67	67	67	67	67	66	66	66	65	65	65	64
				min.	60	60	60	59	58	57	56	56	54	53	53	52	52	51	51
60CrMo3-1	1.7239	+HH	850 ± 5	max.	66	66	66	65	65	65	65	64	64	63	63	62	62	61	60
				min.	60	60	60	59	59	59	58	57	55	50	45	42	41	40	40
60CrMo3-2	1.7240	+HH	850 ± 5	max.	66	66	66	66	66	65	65	65	65	64	64	64	64	64	64
				min.	60	60	60	60	60	59	59	59	59	57	55	52	50	47	45
60CrMo3-3	1.7241	+HH	850 ± 5	max.	66	66	66	66	66	65	65	65	65	64	64	64	64	64	64
				min.	60	60	60	60	60	59	59	59	59	58	58	57	57	56	55

[a] Siehe auch Bild 1.

Tabelle 9 — Zulässige Entkohlungstiefe

Maße in mm

Stahlbezeichnung		Flachstäbe		Rundstäbe		Walzdraht	
Kurzname	Werkstoff-nummer	Dicke, δ	Entkohlungs-tiefe max.	Durch-messer, D	Entkohlungstiefe max.	Durch-messer, D	Entkohlungs-tiefe max.
38Si7[a]	1.5023						
46Si7[a]	1.5024						
56Si7[a]	1.5026			$D \leq 10$	0,15		
54SiCr6[a]	1.7102						
56SiCr7[a]	1.7106						
61SiCr7[a]	1.7108	$0{,}15 + 0{,}012 \cdot \delta$				auf Vereinbarung	
45SiCrV6-2[a]	1.8151						
54SiCrV6[a]	1.8152						
60SiCrV7[a]	1.8153			$10 < D$	$0{,}015\,D$		
46SiCrMo6[a]	1.8062						
50SiCrMo6[a]	1.8063						
52SiCrNi5[a]	1.7117						
55Cr3	1.7176						
60Cr3	1.7177			$D \leq 10$	0,10		
51CrV4	1.8159						
52CrMoV4	1.7701	$0{,}10 + 0{,}008 \cdot \delta$				auf Vereinbarung	
60CrMo3-1	1.7239			$10 < D$	$0{,}010\,D$		
60CrMo3-2	1.7240						
60CrMo3-3	1.7241						

[a]　Bei Stählen mit hohem Si-Anteil kann eine örtliche vollständige Entkohlung nicht immer vermieden werden.

17

Tabelle 10 — Prüfbedingungen für den Nachweis der Anforderungen (Spalte 2)

ANMERKUNG   Ein Nachweis der Anforderungen ist nur erforderlich, wenn ein Abnahmeprüfzeugnis oder ein Abnahmeprüfprotokoll bestellt wurde und die Anforderung entsprechend Tabelle 1, Spalten 5, 6 oder 7 in Betracht kommt.

1	2		3	4	5	6	7
Nr.	Anforderungen		Prüf-einheit [b]	Prüfumfang Anzahl der		Probenahme[a]	Prüfverfahren
		siehe Tabelle		Probestücke je Prüfeinheit	Prüfungen je Probe-stück		
1	Chemische Zusammen-setzung	3 + 4	C			(Die Schmelzenanalyse wird vom Hersteller mitgeteilt, wegen Stückanalyse, siehe A.3)	
2	Härtbarkeit (Größte Maße bei einem Martensit-anteil von 80 % (90 %) im Kern)	5	C	1	1	Die Probe zur Ermittlung der Härtbarkeit des Kerns muss mindestens die in Tabelle 5 für einen Martensitanteil von 80 % (90 %) im Kern angegebenen Querschnittsmaße aufweisen. Die Länge der Probe muss nach den in Tabelle 5 angegebenen Bedingungen gehärtet und danach quer zur Längsachse durchgeschnitten werden.	Nach EN ISO 6508-1 (C-Skala)
3	Härtbarkeit	7 oder 8	C	1	1	In Schiedsfällen muss die Probe wie folgt hergestellt werden: a) Bei Durchmessern ≤ 40 mm wird die Probe durch Spanen hergestellt. b) Bei Durchmessern > 40 mm ≤ 150 mm ist der Stab durch Schmieden auf einen Durchmesser von 40 mm zu bringen. c) Bei Durchmessern > 150 mm ist die Probe so zu entnehmen, dass ihre Achse 20 mm unter der Erzeugnis-oberfläche liegt. In allen anderen Fällen (einschließlich des Verfahrens bei dem die Probeblöcke zunächst vergossen und anschließend warmgeformt werden oder von vergossenen und nicht warmgeformten Probenstücken) bleibt, wenn bei der Anfrage und Bestellung nicht anders vereinbart, das Verfahren zur Probenherstellung dem Hersteller überlassen.	Die Prüfung ist nach EN ISO 642 durchzuführen.
4	Härte im Zustand +S, +A oder +AC	6	C+D+T	1	1	In Schiedsfällen ist die Härte möglichst an der Erzeugnisoberfläche in einem Abstand von 1 × Durchmesser von einem Ende, bei Erzeugnissen mit rechteckigem oder quadratischem Querschnitt in einem Abstand von 0,25 × b (wobei b die Breite des Erzeugnisses ist) von einer Längskante zu ermitteln. Falls die obigen Festlegungen nicht einhaltbar sind, muss die zweckmäßige Lage der Härteeindrücke bei der Anfrage und Bestellung vereinbart werden.	Nach EN ISO 6506-1

[a]   Die allgemeinen Bedingungen für die Entnahme und Vorbereitung von Probenabschnitten und Proben müssen EN ISO 377 und EN ISO 14284 entsprechen.

[b]   Die Prüfungen sind getrennt auszuführen für jede Schmelze — angedeutet durch „C" —, für jede Abmessung — angedeutet durch „D" —, für jedes Wärmebehandlungslos — angedeutet durch "T".

18

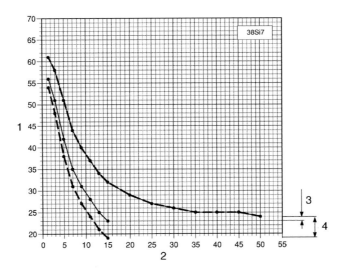

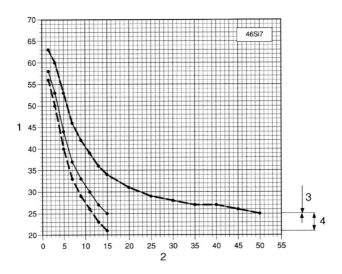

Legende
1 Härte in HRC
2 Abstand von der abgeschreckten Stirnfläche der Probe in mm
3 HH-Sorte
4 H-Sorte

Bild 1 — Streubänder für die Härtbarkeit im Stirnabschreckversuch

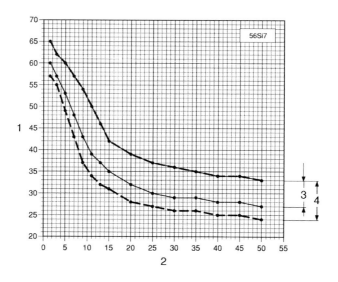

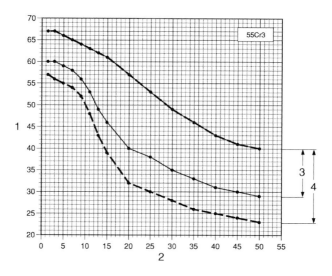

Bild 1 *(fortgesetzt)*

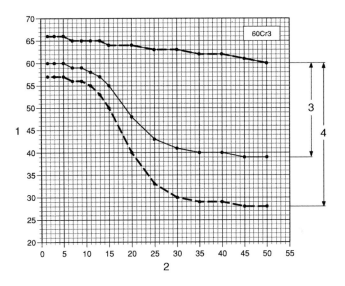

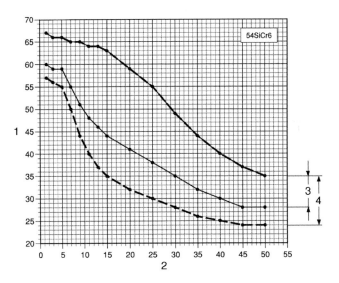

Bild 1 *(fortgesetzt)*

21

211

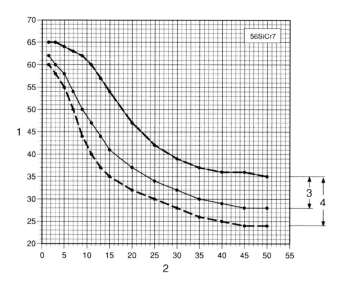

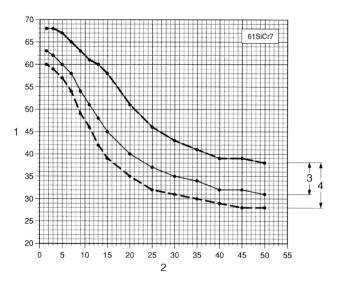

Bild 1 *(fortgesetzt)*

212

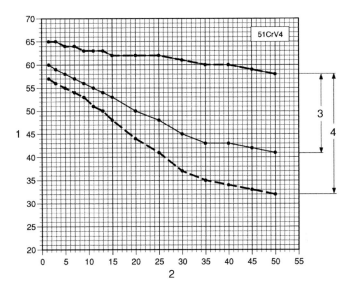

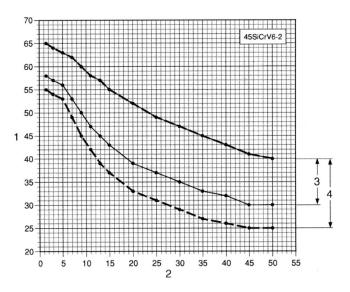

Bild 1 *(fortgesetzt)*

23

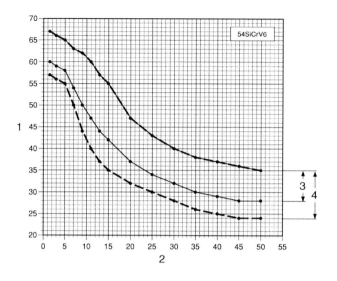

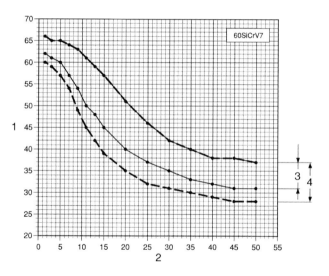

Bild 1 *(fortgesetzt)*

24

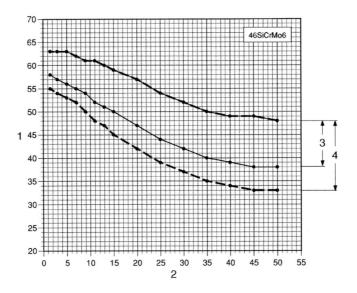

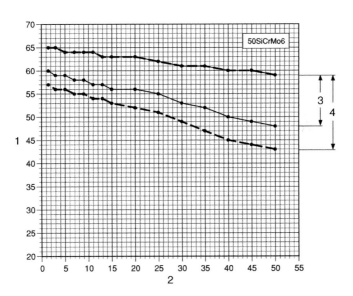

Bild 1 *(fortgesetzt)*

25

215

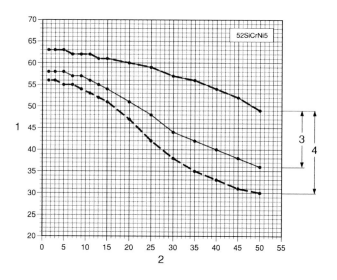

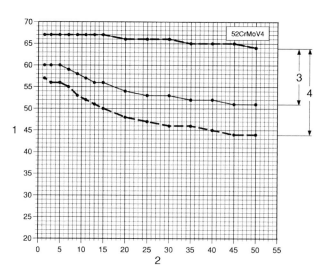

Bild 1 *(fortgesetzt)*

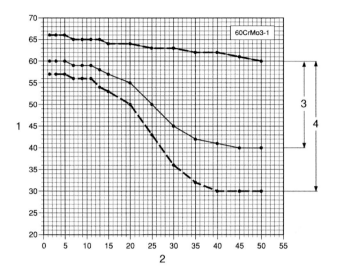

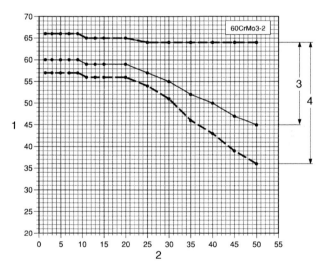

Bild 1 *(fortgesetzt)*

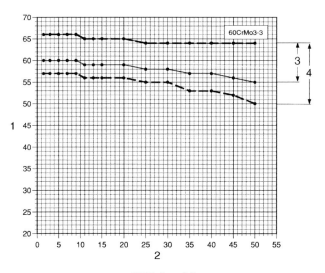

Bild 1 *(beendet)*

Anhang A
(normativ)

Zusatz- oder Sonderanforderungen

ANMERKUNG   Bei der Bestellung kann die Einhaltung von einer oder mehreren der nachstehenden Zusatz- oder Sonderanforderungen vereinbart werden. Soweit erforderlich, sind die Einzelheiten dieser Anforderungen zwischen Hersteller und Besteller bei der Anfrage und Bestellung zu vereinbaren.

A.1 Gehalt an nichtmetallischen Einschlüssen

Der mikroskopisch ermittelte Gehalt an nichtmetallischen Einschlüssen muss bei Prüfung nach einem zu vereinbarenden Verfahren innerhalb der vereinbarten Grenzen liegen (siehe z. B. ENV 10247).

A.2 Zerstörungsfreie Prüfung

Die Erzeugnisse sind nach einem bei der Anfrage und Bestellung vereinbarten Verfahren und nach ebenfalls bei der Anfrage und Bestellung vereinbarten Bewertungskriterien zerstörungsfrei zu prüfen.

A.3 Stückanalyse

Zur Ermittlung der Elemente, für die für die betreffende Stahlsorte Werte für die Schmelzenanalyse festgelegt sind, ist eine Stückanalyse je Schmelze durchzuführen.

Für die Probennahmen gelten die Angaben in EN ISO 14284. In Schiedsfällen ist das anzuwendende Analysenverfahren unter Bezugnahme auf die entsprechende Europäische Norm in CR 10261 zu vereinbaren.

A.4 Besondere Kennzeichnung

Die Erzeugnisse sind auf eine bei der Anfrage und Bestellung besonders vereinbarte Art zu kennzeichnen.

29

Anhang B
(informativ)

Größte Maße für Rund- und Flachstäbe auf der Grundlage des 100%-Härtbarkeitsstreubandes (siehe Tabelle 7)

Zur Information enthält Tabelle B.1 die größten Maße des üblichen Härtbarkeitsstreubandes (siehe ANMERKUNG zu 7.1.3)

Tabelle B.1 — Größte Maße für Rund- und Flachstäbe auf Grundlage des 100 %-Härtbarkeitsstreubandes (vorläufige Werte)[a]

| Stahlbezeichnung | | C Massenanteil in % | Härte HRC bei | | Abstand von der abgeschreckten Stirnfläche A, mm | | Größte Maße bei in Öl abgeschreckten Rundstäben D_{max}, mm Martensitanteil im Kern | | Größte Maße bei in Öl abgeschreckten Flachstäben t_{max}, mm Martensitanteil im Kern | |
Kurzname	Werkstoff-nummer	min.	80 % Martensit H_{80}	90 % Martensit H_{90}	80 % Martensit A	90 % Martensit A	80 %	90 %	80 %	90 %
38Si7	1.5023	0,35	44	48	3,8	3	7	5	5	4
46Si7	1.5024	0,42	48	51	3,3	2,8	6	5	4	3
56Si7	1.5026	0,52	52	56	4	2,2	8	3	6	2
55Cr3	1.7126	0,52	52	56	9	3	21	5	15	4
60Cr3	1.7177	0,55	53	57	13	5	33	10	23	7
54SiCr6	1.7102	0,51	52	55	6	5	13	10	9	7
56SiCr7	1.7106	0,52	52	56	6,2	4,5	14	9	10	7
61SiCr7	1.7108	0,57	54	57	7	5	16	10	11	7
51CrV4	1.8159	0,47	50	54	13	7	33	16	23	11
45SiCrV6-2	1.8151	0,40	47	50	8	6,5	19	14	13	10
54SiCrV6	1.8152	0,51	52	55	6	5	13	10	9	7
60SiCrV7	1.8153	0,56	53	57	7,3	5	17	10	12	7
46SiCrMo6	1.8062	0,42	48	51	11	8	27	19	19	13
50SiCrMo6	1.8063	0,46	49	53	30	15	89	39	63	28
52SiCrNi5	1.7117	0,49	51	54	15	9	39	21	28	15
52CrMoV4	1.7701	0,48	50	54	15	8	39	19	28	13
60CrMo3-1	1.7239	0,56	53	57	15	5	39	10	28	7
60CrMo3-2	1.7240	0,56	53	57	26,5	9	76	21	54	15
60CrMo3-3	1.7241	0,56	53	57	40	9	>100	21	91	15

[a] Für die Abschrecktemperatur (Jominy Versuch) siehe Tabelle 7.

Anhang C
(informativ)

Für Erzeugnisse nach dieser Europäischen Norm in Betracht kommende Maßnormen

Für warmgewalzten Draht:

prEN 10017, *Walzdraht aus unlegiertem Stahl zum Ziehen und/oder Kaltwalzen — Maße und Toleranzen.*

prEN 10108, *Runder Walzdraht aus Stahl für kaltgeformte Muttern und Schrauben — Maße und Toleranzen.*

Für warmgewalzte Stäbe:

prEN 10058, *Warmgewalzte Flachstäbe aus Stahl für allgemeine Verwendung — Maße, Formtoleranzen und Grenzabmaße.*

prEN 10059, *Warmgewalzte Vierkantstäbe aus Stahl für allgemeine Verwendung — Maße, Formtoleranzen und Grenzabmaße.*

prEN 10060, *Warmgewalzte Rundstäbe aus Stahl — Maße, Formtoleranzen und Grenzabmaße.*

prEN 10061, *Warmgewalzter Sechskantstäbe aus Stahl — Maße, Formtoleranzen und Grenzabmaße.*

prEN 10092-1, *Warmgewalzte Flachstäbe aus Federstahl — Teil 1: Flachstäbe — Maße, Formtoleranzen und Grenzabmaße.*

prEN 10092-2, *Warmgewalzte Flachstäbe aus Federstahl — Teil 2: Gerippter Federstahl — Maße, Formtoleranzen und Grenzabmaße.*

31

Anhang D
(informativ)

Anhaltswerte für die mechanischen Eigenschaften von vergüteten Proben
(größte Maße wie in Tabelle 5)

Stahlbezeichnung		Härte-temperatur	Härte-medium	Anlass-temperatur	$R_{p0,2}$ MPa	R_m MPa	A %	Z %	Kerb-schlag-arbeit bei 20 °C KU J
Kurzname	Werkstoff-nummer	± 10 °C		±10 °C	min.		min.	min.	min.
38Si7	1.5023	880	Wasser	450	1 150	1 300 bis 1 600	8	35	18
46Si7	1.5024	880	Wasser	450	1 250	1 400 bis 1 700	7	30	15
56Si7	1.5026	860	Öl	450	1 300	1 450 bis 1 750	6	25	13
55Cr3	1.7176	840	Öl	400	1 250	1 400 bis 1 700	3	20	5
60Cr3	1.7177	840	Öl	400	1 300	1 450 bis 1 750	3	20	5
54SiCr6	1.7102	860	Öl	450	1 300	1 450 bis 1 750	6	25	8
56SiCr7	1.7106	860	Öl	450	1 350	1 500 bis 1 800	6	25	8
61SiCr7	1.7108	860	Öl	450	1 400	1 550 bis 1 850	5,5	20	8
51CrV4	1.8159	850	Öl	450	1 200	1 350 bis 1 650	6	30	8
45SiCrV6-2	1.8151	880	Öl	400	1 550	1 600 bis 1 900	7	40	13
54SiCrV6	1.8152	860	Öl	400	1 600	1 650 bis 1 950	5	35	8
60SiCrV7	1.8153	860	Öl	400	1 650	1 700 bis 2 000	5	30	5
46SiCrMo6	1.8062	880	Öl	450	1 400	1 550 bis 1 850	6	35	10
50SiCrMo6	1.8063	890	Öl	450	1 420	1 650 bis 1 950	6	30	5
52SiCrNi5	1.7117	860	Öl	450	1 300	1 450 bis 1 750	6	35	10
52CrMoV4	1.7701	860	Öl	450	1 300	1 450 bis 1 750	6	35	10
60CrMo3-1	1.7239	860	Öl	450	1 300	1 450 bis 1 750	6	30	8
60CrMo3-2	1.7240	860	Öl	450	1 300	1 450 bis 1 750	6	30	8
60CrMo3-3	1.7241	860	Öl	450	1 300	1 450 bis 1 750	6	30	8

ANMERKUNG: Probenahme und Probenvorbereitung sind wie in EN 10083-1 beschrieben durchzuführen.

32

Literaturhinweise

[1]   EN 10083-1, *Vergütungsstähle — Teil 1: Technische Lieferbedingungen für Edelstähle.*

[2]   ENV 10247, *Metallographische Prüfung des Gehaltes nichtmetallischer Einschlüsse in Stählen mit Bildreihen.*

33

Kaltband aus Stahl für eine Wärmebehandlung Technische Lieferbedingungen Teil 1: Allgemeines Deutsche Fassung EN 10132-1: 2000	$\overline{\text{DIN}}$ EN 10132-1

ICS 77.140.10; 77.140.50

Mit DIN EN 10132-4 : 2000-05
Ersatz für
DIN 17222 : 1979-08

Cold-rolled narrow steel strip for heat-treatment –
Technical delivery conditions –
Part 1: General;
German version EN 10132-1 : 2000

Feuillards laminés à froid pour traitement thermique –
Conditions techniques de livraison –
Partie 1: Généralités;
Version allemande EN 10132-1 : 2000

Die Europäische Norm EN 10132-1 : 2000 hat den Status einer Deutschen Norm.

Nationales Vorwort

Die Europäische Norm EN 10132-1 wurde vom Technischen Komitee (TC) 23 „Für eine Wärmebehandlung bestimmte Stähle, legierte Stähle und Automatenstähle – Gütenormen" (Sekretariat: Deutschland) des Europäischen Komitees für die Eisen- und Stahlnormung (ECISS) ausgearbeitet.

Das zuständige deutsche Normungsgremium ist der Unterausschuss 05/1 des Normenausschusses Eisen und Stahl (FES).

Für die im Abschnitt 2 zitierten Normen, soweit die Norm-Nummer geändert ist, wird im folgenden auf die entsprechenden Deutschen Normen verwiesen:

EURONORM 103   siehe DIN 50601

CR 10260   siehe DIN V 17006-100

Änderungen

Gegenüber DIN 17222 : 1979-08 wurden folgende Änderungen vorgenommen:

a) Inhalt vollständig überarbeitet.

b) Vierzehn Sorten neu aufgenommen.

Frühere Ausgaben

DIN 17222: 1955-04 (Vornorm), 1979-08

DIN 1669: 1942x-02

Nationaler Anhang NA   (informativ)

Literaturhinweise

DIN V 17006-100
    Bezeichnungssysteme für Stähle – Zusatzsymbole; Deutsche Fassung CR 10260:1998

DIN 50601
    Metallographische Prüfverfahren – Ermittlung der Ferrit- oder Austenitkorngröße von Stahl

Fortsetzung 6 Seiten EN

Normenausschuss Eisen und Stahl (FES) im DIN Deutsches Institut für Normung e.V.

EUROPÄISCHE NORM
EUROPEAN STANDARD
NORME EUROPÉENNE

EN 10132-1

Februar 2000

ICS 77.140.10; 77.140.50

Deutsche Fassung

Kaltband aus Stahl für eine Wärmebehandlung
Technische Lieferbedingungen
Teil 1: Allgemeines

Cold rolled narrow steel strip for heat treatment – Technical delivery conditions – Part 1: General

Feuillards laminés à froid pour traitement thermique – Conditions techniques de livraison – Partie 1: Généralités

Diese Europäische Norm wurde von CEN am 3. Januar 2000 angenommen.

Die CEN-Mitglieder sind gehalten, die CEN/CENELEC-Geschäftsordnung zu erfüllen, in der die Bedingungen festgelegt sind, unter denen dieser Europäischen Norm ohne jede Änderung der Status einer nationalen Norm zu geben ist.

Auf dem letzten Stand befindliche Listen dieser nationalen Normen mit ihren bibliographischen Angaben sind beim Zentralsekretariat oder bei jedem CEN-Mitglied auf Anfrage erhältlich.

Diese Europäische Norm besteht in drei offiziellen Fassungen (Deutsch, Englisch, Französisch). Eine Fassung in einer anderen Sprache, die von einem CEN-Mitglied in eigener Verantwortung durch Übersetzung in seine Landessprache gemacht und dem Zentralsekretariat mitgeteilt worden ist, hat den gleichen Status wie die offiziellen Fassungen.

CEN-Mitglieder sind die nationalen Normungsinstitute von Belgien, Dänemark, Deutschland, Finnland, Frankreich, Griechenland, Irland, Island, Italien, Luxemburg, Niederlande, Norwegen, Österreich, Portugal, Schweden, Schweiz, Spanien, der Tschechischen Republik und dem Vereinigten Königreich.

CEN

EUROPÄISCHES KOMITEE FÜR NORMUNG
European Committee for Standardization
Comité Européen de Normalisation

Zentralsekretariat: rue de Stassart 36, B-1050 Brüssel

Ref. Nr. EN 10132-1: 2000 D

Inhalt

Vorwort

Diese Europäische Norm wurde vom Technischen Komitee ECISS/TC 23 „Für eine Wärmebehandlung bestimmte Stähle, legierte Stähle und Automatenstähle – Gütenormen" erarbeitet, dessen Sekretariat vom DIN gehalten wird.

Diese Europäische Norm muss den Status einer nationalen Norm erhalten, entweder durch Veröffentlichung eines identischen Textes oder durch Anerkennung bis August 2000, und etwaige entgegenstehende nationale Normen müssen bis August 2000 zurückgezogen werden.

Diese Europäische Norm wurde im Rahmen eines Mandates, das dem CEN von der Europäischen Kommission und der Europäischen Freihandelszone erteilt wurde, erarbeitet. Diese Europäische Norm wird als eine unterstützende Norm zu anderen Anwendungs- und Produktnormen betrachtet, die selbst eine grundlegende Sicherheitsanforderung einer Richtlinie der Neuen Konzeption unterstützen und auf die vorliegende Europäische Norm normativ verweisen.

Entsprechend der CEN/CENELEC-Geschäftsordnung sind die nationalen Normungsinstitute der folgenden Länder gehalten, diese Europäische Norm zu übernehmen:

Belgien, Dänemark, Deutschland, Finnland, Frankreich, Griechenland, Irland, Island, Italien, Luxemburg, Niederlande, Norwegen, Österreich, Portugal, Schweden, Schweiz, Spanien, die Tschechische Republik und das Vereinigte Königreich.

Die Europäische Norm EN 10132 „Kaltband aus Stahl für eine Wärmebehandlung – Technische Lieferbedingungen" ist wie folgt unterteilt:

Teil 1: Allgemeines;

Teil 2: Einsatzstähle;

Teil 3: Vergütungsstähle;

Teil 4: Federstähle und andere Anwendungen.

1 Anwendungsbereich

1.1 Der vorliegende Teil von EN 10132 legt die allgemeinen technischen Lieferbedingungen für unlegiertes und legiertes Kaltband aus Stahl für eine Wärmebehandlung in Walzbreiten < 600 mm fest.

1.2 In Sonderfällen können bei der Bestellung Abweichungen von oder Zusätze zu dieser Europäischen Norm zwischen Käufer und Lieferer vereinbart werden (siehe Anhang A).

1.3 Zusätzlich zu den Angaben dieser Norm gelten die allgemeinen technischen Lieferbedingungen nach EN 10021.

2 Normative Verweisungen

Diese Europäische Norm enthält durch datierte oder undatierte Verweisungen Festlegungen aus anderen Publikationen. Diese normativen Verweisungen sind an den jeweiligen Stellen im Text zitiert, und die Publikationen sind nachstehend aufgeführt. Bei datierten Verweisungen gehören spätere Änderungen oder Überarbeitungen dieser Publikation nur zu dieser Europäischen Norm, falls sie durch Änderung oder Überarbeitung eingearbeitet sind. Bei undatierten Verweisungen gilt die letzte Ausgabe der in Bezug genommenen Publikation.

CR 10260
> Bezeichnungssysteme für Stähle – Zusatzsymbole

CR 10261
> Eisen und Stahl – Überblick über verfügbare chemische Analysenverfahren

EN 10002-1
> Metallische Werkstoffe – Zugversuch – Teil 1: Prüfverfahren (bei Raumtemperatur)

EN 10020
> Begriffsbestimmungen für die Einteilung der Stähle

EN 10021
> Allgemeine technische Lieferbedingungen für Stahl und Stahlerzeugnisse

EN 10027-1
> Bezeichnungssysteme für Stähle – Teil 1: Kurznamen, Hauptsymbole

EN 10027-2
> Bezeichnungssysteme für Stähle – Teil 2: Nummernsystem

EN 10052
> Begriffe der Wärmebehandlung von Eisenwerkstoffen

EN 10079
> Begriffsbestimmungen für Stahlerzeugnisse

EN 10132-2
> Kaltband aus Stahl für eine Wärmebehandlung – Technische Lieferbedingungen – Teil 2: Einsatzstähle

EN 10132-3
> Kaltband aus Stahl für eine Wärmebehandlung – Technische Lieferbedingungen – Teil 3: Vergütungsstähle

EN 10132-4
> Kaltband aus Stahl für eine Wärmebehandlung – Technische Lieferbedingungen – Teil 4: Federstähle und andere Anwendungen

EN 10140
> Kaltband – Grenzabmaße und Formtoleranzen

EN 10204
> Metallische Erzeugnisse – Arten von Prüfbescheinigungen (enthält Änderung A1:1995)

ENV 10247
> Metallographische Prüfung des Gehaltes nichtmetallischer Einschlüsse in Stählen mit Bildreihen

EN ISO 377
> Stahl und Stahlerzeugnisse – Lage und Vorbereitung von Probenabschnitten und Proben für mechanische Prüfungen (ISO 377:1997)

EN ISO 6507-1
> Metallische Werkstoffe – Härteprüfung nach Vickers – Teil 1: Prüfverfahren (ISO 6507-1:1997)

EN ISO 6508-1
> Metallische Werkstoffe – Härteprüfung nach Rockwell – Teil 1: Prüfverfahren (Skalen A, B, C, D, E, F, G, H, K, N, T) (ISO 6508-1:1999)

EURONORM 103 [1]
> Mikroskopische Ermittlung der Ferrit- oder Austenitkorngröße von Stählen

ISO 14284
> Steel and iron – Sampling and preparation of samples for the determination of chemical composition

3 Begriffe

Für die Anwendung dieser Norm gilt zusätzlich zu den Begriffen in EN 10020, EN 10021, EN 10052, EN 10079, EN ISO 377 und ISO 14284 der folgende Begriff:

3.1
Fertigungslos

Erzeugnisse gleicher Dicke, die aus derselben Schmelze stammen und dem gleichen Wärmebehandlungszyklus unterzogen wurden

4 Einteilung und Bezeichnung

4.1 Einteilung

Die Einteilung der jeweiligen Stahlsorten nach EN 10020 ist in EN 10132-2, EN 10132-3 und EN 10132-4 angegeben.

4.2 Bezeichnung

4.2.1 Kurznamen

Für die in dieser Europäischen Norm enthaltenen Stahlsorten sind die in den betreffenden Tabellen von EN 10132-2, EN 10132-3 und EN 10132-4 angegebenen Kurznamen nach EN 10027-1 und CR 10260 gebildet.

4.2.2 Werkstoffnummern

Für die in dieser Europäischen Norm enthaltenen Stahlsorten sind die in den betreffenden Tabellen von EN 10132-2, EN 10132-3 und EN 10132-4 angegebenen Werkstoffnummern nach EN 10027-2 gebildet.

5 Bestellangaben

5.1 Verbindliche Angaben

Damit der Lieferer den Anforderungen dieser Europäischen Norm entsprechen kann, muß der Besteller bei der Anfrage und Bestellung folgende Angaben machen:

a) die zu liefernde Menge;

b) die Benennung der Erzeugnisform (Kaltband);

c) die Nummer der Maßnorm (EN 10140);

d) die Maße, Grenzabmaße und Formtoleranzen und, falls zutreffend, die Kennbuchstaben für etwaige besondere Grenzabweichungen;

e) Verweis auf diese Europäische Norm einschließlich Nummer des entsprechenden Teiles;

---

[1] Bis zur Überführung dieser EURONORM in eine Europäische Norm darf – je nach Vereinbarung bei der Bestellung – entweder diese EURONORM oder eine entsprechende nationale Norm zur Anwendung kommen.

f) Kurzname oder Werkstoffnummer (siehe 4.2);

g) Lieferzustand (siehe 7.3);

h) falls verlangt, die Art der Prüfbescheinigung nach EN 10204.

BEISPIEL: 5 Tonnen Kaltband EN 10140-1,50x200GK
EN 10132-2-16MnCr5+A
EN 10204-2.2

oder

5 Tonnen Kaltband EN 10140-1,50x200GK
EN 10132-2-1.7131+A
EN 10204-2.2

5.2 Zusätzliche Angaben

Eine Anzahl von zusätzlichen Angaben sind in dieser Europäischen Norm festgelegt und nachstehend aufgeführt. Falls der Besteller nicht ausdrücklich seinen Wunsch zur Berücksichtigung einer dieser zusätzlichen Angaben äußert, muß der Lieferer nach den Grundanforderungen dieser Europäischen Norm liefern (siehe 5.1):

a) etwaige Anforderungen an die Oberflächenbeschaffenheit;

b) etwaige Anforderungen hinsichtlich Ausführung der Kanten;

c) etwaige besondere Anforderungen hinsichtlich des Biegeversuchs (siehe 7.5);

d) etwaige besondere Anforderungen in bezug auf die Korngröße (siehe 7.6.1 und A.2);

e) etwaige Anforderungen hinsichtlich nichtmetallischer Einschlüsse (siehe 7.6.2 und A.3);

f) etwaige Anforderungen an die Rauheit der Oberfläche (siehe 7.7);

g) etwaige Anforderungen hinsichtlich Etikettierung (siehe Abschnitt 11);

h) etwaige besondere Anforderungen an die Kennzeichnung (siehe Abschnitt 11);

i) etwaige Anforderungen an die Abmessungen und das Gewicht der Rollen (siehe Abschnitt 11);

j) etwaige Anforderungen an die Art der Verpackung (siehe Abschnitt 11);

k) etwaige Anforderungen bezüglich Schutz während Transport und Handhabung (siehe Abschnitt 11);

l) etwaige Anforderungen hinsichtlich Strichcode-Etikettierung (siehe Abschnitt 11);

m) etwaiger Nachweis der Stückanalyse (siehe A.1).

6 Herstellverfahren

6.1 Allgemeines

Das Verfahren zur Herstellung des Stahles und der Erzeugnisse bleibt, mit den Einschränkungen nach 6.2, dem Hersteller überlassen.

6.2 Desoxidation

Alle Stähle müssen beruhigt sein.

7 Anforderungen

7.1 Allgemeines

Der Hersteller ist für die Überwachung seiner Erzeugung im Hinblick auf die verschiedenen festgelegten Qualitätsanforderungen mittels seiner Einschätzung nach geeigneter Maßnahmen verantwortlich.

7.2 Lieferart

Die Erzeugnisse sind nach Schmelzen oder Teilen der Schmelzen zu liefern. Die Anzahl der Schmelzen je Lieferung sind möglichst gering zu halten.

7.3 Lieferzustand

Die Erzeugnisse sind in einem bei der Anfrage und Bestellung zu vereinbarenden und in EN 10132-2, EN 10132-3 und EN 10132-4 angegebenen Lieferzustand zu liefern.

7.4 Chemische Zusammensetzung

7.4.1 Schmelzenanalyse

Die chemische Zusammensetzung nach der Schmelzenanalyse muß den Festlegungen in den betreffenden Tabellen von EN 10132-2, EN 10132-3 und EN 10132-4 entsprechen.

7.4.2 Stückanalyse

Die Grenzabweichungen der Stückanalyse von den für die Schmelzenanalyse festgelegten Grenzwerten (siehe 7.4.1) sind in betreffenden Tabellen von EN 10132-2, EN 10132-3 und EN 10132-4 festgelegt.

7.5 Mechanische Eigenschaften

Die mechanischen Eigenschaften der Erzeugnisse müssen den Festlegungen in den betreffenden Tabellen von EN 10132-2, EN 10132-3 und EN 10132-4 entsprechen.

7.6 Gefüge

7.6.1 Korngröße

Falls bei der Bestellung nicht anders vereinbart, bleibt die Korngröße dem Hersteller überlassen.

Falls Feinkörnigkeit nach Referenzbehandlung verlangt wird, ist die Sonderanforderung nach A.2 zu bestellen.

7.6.2 Nichtmetallische Einschlüsse

Die Stähle müssen einen der Edelstahlgüte entsprechenden Reinheitsgrad aufweisen. Der Reinheitsgrad darf bei der Bestellung vereinbart werden (siehe A.3).

7.6.3 Randentkohlung

Unabhängig von der Wärmebehandlung dürfen alle Stähle in EN 10132-3 mit Mindestkohlenstoffanteilen > 0,50 % und alle Stähle in EN 10132-4 die in EN 10132-3 und EN 10132-4 niedergeschriebenen Grenzwerte nicht überschreiten.

7.7 Oberflächenbeschaffenheit

Alle Erzeugnisse müssen eine wie in EN 10132-2, EN 10132-3 und EN 10132-4 beschriebene glatte Oberfläche aufweisen.

Anforderungen an die Rauheit können bei der Anfrage und Bestellung vereinbart werden.

7.8 Maße, Grenzabmaße und Formtoleranzen

Die Nennmaße, Grenzabmaße und Formtoleranzen der Erzeugnisse müssen EN 10140 entsprechen, außer wenn bei der Anfrage und Bestellung anders vereinbart. Grenzabmaße der Breite nach EN 10140 dürfen nicht für vergütetes Band (+QT) verlangt werden.

8 Prüfung

8.1 Allgemeines

Der Hersteller muß geeignete Verfahrenskontrollen und Prüfungen durchführen, um sich selbst zu vergewissern, daß die Lieferung den Bestellanforderungen entspricht. Dies schließt zum Beispiel folgendes ein:

– einen geeigneten Umfang für den Nachweis der Erzeugnisabmessungen;

– ein ausreichendes Ausmaß an visueller Untersuchung der Oberflächenbeschaffenheit der Erzeugnisse;

– einen geeigneten Umfang und Art der Prüfung, um sicherzustellen, daß die richtige Stahlsorte verwendet wird.

Art und Umfang dieser Nachweise, Untersuchungen und Prüfungen werden vom Hersteller unter Berücksichtigung des Grades der Übereinstimmung, der beim Nachweis des Qualitätsmanagementsystems ermittelt wurde, bestimmt. In Anbetracht dessen ist ein Nachweis dieser Anforderungen durch spezifische Prüfungen, falls nicht anders vereinbart, nicht erforderlich.

8.2 Spezifische Prüfung

8.2.1 Nachweis der mechanischen Eigenschaften

Der Nachweis der mechanischen Eigenschaften muß in dem in den entsprechenden Tabellen von EN 10132-2, EN 10132-3 und EN 10132-4 festgelegten Lieferzustand erfolgen.

8.2.2 Anzahl und Häufigkeit der Prüfungen

Die Anzahl der Prüfungen muß mindestens eine je Fertigungslos betragen.

9 Probenahme

9.1 Bei der Probenahme und Probenvorbereitung sind die Angaben von EN ISO 377 und ISO 14284 zu beachten. Für die mechanischen Prüfungen gelten außerdem die Angaben in 9.2.

9.2 Die Probenabschnitte für den Zugversuch sind in halbem Abstand zwischen Längskante und Mittellinie zu entnehmen.

Die Probenabschnitte sind den Erzeugnissen im Lieferzustand zu entnehmen. Falls vereinbart, dürfen die Probenabschnitte vor dem Richten entnommen werden. Bei Probenabschnitten, die für eine simulierende Wärmebehandlung vorgesehen sind, müssen die Glüh- oder Härt- und Anlaßbedingungen vereinbart werden.

10 Prüfverfahren

10.1 Chemische Zusammensetzung

Die zum Nachweis der chemischen Zusammensetzung anzuwendenden Verfahren sind bei der Bestellung unter Bezugnahme auf bestehende Europäische Normen zu vereinbaren, falls diese verfügbar sind.

10.2 Zugversuch

Der Zugversuch ist nach EN 10002-1 durchzuführen.

10.3 Härteprüfung

Die Härteprüfung ist nach EN ISO 6507-1 (Vickers) oder EN ISO 6508-1 (Rockwell) durchzuführen.

11 Kennzeichnung, Verpackung und Schutz

Der Hersteller muß die Erzeugnisse in geeigneter Weise kennzeichnen, damit es möglich ist, den Namen oder das Kurzzeichen des Herstellers, die Schmelzennummer, die Nennmaße und die Stahlsorte zu erkennen.

Etwaige besondere oder zusätzliche Kennzeichnungen sind bei der Anfrage und Bestellung zu vereinbaren.

Die inneren und äußeren Durchmesser der Rolle und die Art der Verpackung des zu liefernden Erzeugnisses sind bei der Bestellung zu vereinbaren.

Die Erzeugnisse werden üblicherweise geölt geliefert. In diesem Fall erhalten beide Seiten eine Schutzschicht aus Öl, das chemisch neutral, nicht trocknend sowie frei von Fremdkörpern sein muß und gleichmäßig aufzutragen ist, so daß die Erzeugnisse unter üblichen Verpackungs-, Versand-, Verlade- und Lagerungsbedingungen innerhalb von drei Monaten nicht korrodieren.

Wenn die Versand- oder Lagerungsbedingungen einen besonderen Korrosionsschutz erfordern, muß der Besteller den Hersteller bei der Bestellung entsprechend unterrichten.

Die Ölschicht muß sich mit alkalischen Lösungen oder anderen üblichen Lösemitteln entfernen lassen.

Die Art des Schutzöls kann besonders vereinbart werden.

Strichcode-Etikettierung nach ENV 606 kann bei der Bestellung vereinbart werden.

12 Wiederholungsprüfungen

Für Wiederholungsprüfungen gilt EN 10021.

Anhang A (normativ)

Zusatz- oder Sonderanforderungen

ANMERKUNG: Eine oder mehrere der nachstehenden Zusatz- oder Sonderanforderungen sind anzuwenden, aber nur, wenn in der Bestellung so festgelegt. Soweit erforderlich, sind die Einzelheiten dieser Anforderungen zwischen Hersteller und Besteller bei der Bestellung zu vereinbaren.

A.1 Stückanalyse

Zur Ermittlung der Elemente, für die für die betreffende Stahlsorte Werte für die Schmelzenanalyse festgelegt sind, ist eine Stückanalyse je Schmelze durchzuführen.

Die Probenahmebedingungen müssen ISO 14284 entsprechen. Im Streitfall über das Analyseverfahren ist die chemische Zusammensetzung nach einem Referenzverfahren einer der in CR 10260 aufgelisteten Europäischen Normen zu ermitteln.

A.2 Feinkornstahl

Der Stahl muß bei Prüfung nach EURONORM 103 eine Austenitkorngrößen-Kennzahl von 5 und größer haben. Wenn eine Abnahmeprüfung bestellt wird, ist zu vereinbaren, ob diese Anforderung an die Korngröße durch Ermittlung des Aluminiumgehaltes oder metallographisch nach-

gewiesen werden soll. Im ersten Fall ist auch der Aluminiumgehalt zu vereinbaren.

Im zweiten Fall ist für den Nachweis der Austenitkorngröße eine Probe je Schmelze zu prüfen. Die Probenahme und die Probenvorbereitung erfolgen nach EURONORM 103.

Falls bei der Bestellung nicht anders vereinbart, ist die Abschreckkorngröße zu ermitteln. Zur Ermittlung der Abschreckkorngröße wird wie folgt gehärtet:

- Bei Stählen mit einem unteren Grenzanteil an Kohlenstoff $\leq 0,35\%$: $(880 \pm 10)\,^{\circ}C$ 90 min/Wasser;

- bei Stählen mit einem unteren Grenzanteil an Kohlenstoff $> 0,35\%$: $(850 \pm 10)\,^{\circ}C$ 90 min/Wasser.

Im Schiedsfall ist zur Herstellung eines einheitlichen Ausgangszustandes eine Vorbehandlung $1150\,^{\circ}C$ 30 min/Luft durchzuführen.

A.3 Gehalt an nichtmetallischen Einschlüssen

Der mikroskopisch ermittelte Gehalt an nichtmetallischen Einschlüssen muß bei Prüfung nach einem bei der Bestellung vereinbarten Verfahren (siehe zum Beispiel ENV 10247) innerhalb der vereinbarten Grenzen liegen.

Literaturhinweise

ENV 606
  Strichcode-Etiketten für den Transport und die Handhabung von Stahlprodukten

ENV 10247
  Metallographische Prüfung des Gehaltes nichtmetallischer Einschlüsse in Stählen mit Bildreihen

	Kaltband aus Stahl für eine Wärmebehandlung	$\overline{\text{DIN}}$
	Technische Lieferbedingungen Teil 2: Einsatzstähle Deutsche Fassung EN 10132-2 : 2000	EN 10132-2

ICS 77.140.10; 77.140.50

Cold-rolled narrow steel strip for heat-treatment –
Technical delivery conditions –
Part 2: Case hardening steels;
German version EN 10132-2 : 2000

Feuillards laminés à froid pour traitement thermique –
Conditions techniques de livraison –
Partie 2: Aciers pour cémentation;
Version allemande EN 10132-2 : 2000

Die Europäische Norm EN 10132-2 : 2000 hat den Status einer Deutschen Norm.

Nationales Vorwort

Die Europäische Norm EN 10132-2 wurde vom Technischen Komitee (TC) 23 „Für eine Wärmebehandlung bestimmte Stähle, legierte Stähle und Automatenstähle – Gütenormen" (Sekretariat: Deutschland) des Europäischen Komitees für die Eisen- und Stahlnormung (ECISS) ausgearbeitet.

Das zuständige deutsche Normungsgremium ist der Unterausschuss 05/1 des Normenausschusses Eisen und Stahl (FES).

Die in der vorliegenden Norm erfassten vier Stahlsorten sind der Europäischen Norm EN 10084 : 1998-04 „Einsatzstähle – Technische Lieferbedingungen" entnommen.

Fortsetzung 5 Seiten EN

Normenausschuss Eisen und Stahl (FES) im DIN Deutsches Institut für Normung e.V.

EUROPÄISCHE NORM
EUROPEAN STANDARD
NORME EUROPÉENNE

EN 10132-2

Februar 2000

ICS 77.140.10; 77.140.50

Deutsche Fassung

Kaltband aus Stahl für eine Wärmebehandlung
Technische Lieferbedingungen
Teil 2: Einsatzstähle

Cold rolled narrow steel strip for heat treatment – Technical delivery conditions – Part 2: Case hardening steels

Feuillards laminés à froid pour traitement thermique – Conditions techniques de livraison – Partie 2: Aciers pour cémentation

Diese Europäische Norm wurde von CEN am 3. Januar 2000 angenommen.

Die CEN-Mitglieder sind gehalten, die CEN/CENELEC-Geschäftsordnung zu erfüllen, in der die Bedingungen festgelegt sind, unter denen dieser Europäischen Norm ohne jede Änderung der Status einer nationalen Norm zu geben ist.

Auf dem letzten Stand befindliche Listen dieser nationalen Normen mit ihren bibliographischen Angaben sind beim Zentralsekretariat oder bei jedem CEN-Mitglied auf Anfrage erhältlich.

Diese Europäische Norm besteht in drei offiziellen Fassungen (Deutsch, Englisch, Französisch). Eine Fassung in einer anderen Sprache, die von einem CEN-Mitglied in eigener Verantwortung durch Übersetzung in seine Landessprache gemacht und dem Zentralsekretariat mitgeteilt worden ist, hat den gleichen Status wie die offiziellen Fassungen.

CEN-Mitglieder sind die nationalen Normungsinstitute von Belgien, Dänemark, Deutschland, Finnland, Frankreich, Griechenland, Irland, Island, Italien, Luxemburg, Niederlande, Norwegen, Österreich, Portugal, Schweden, Schweiz, Spanien, der Tschechischen Republik und dem Vereinigten Königreich.

CEN

EUROPÄISCHES KOMITEE FÜR NORMUNG
European Committee for Standardization
Comité Européen de Normalisation

Zentralsekretariat: rue de Stassart 36, B-1050 Brüssel

© 2000 CEN – Alle Rechte der Verwertung, gleich in welcher Form und in welchem Verfahren, sind weltweit den nationalen Mitgliedern von CEN vorbehalten.

Ref. Nr. EN 10132-2 : 2000 D

232

Inhalt

Vorwort

Diese Europäische Norm wurde vom Technischen Komitee ECISS/TC 23 „Für eine Wärmebehandlung bestimmte Stähle, legierte Stähle und Automatenstähle – Gütenormen" erarbeitet, dessen Sekretariat vom DIN gehalten wird.

Diese Europäische Norm muss den Status einer nationalen Norm erhalten, entweder durch Veröffentlichung eines identischen Textes oder durch Anerkennung bis August 2000, und etwaige entgegenstehende nationale Normen müssen bis August 2000 zurückgezogen werden.

Diese Europäische Norm wurde im Rahmen eines Mandates, das dem CEN von der Europäischen Kommission und der Europäischen Freihandelszone erteilt wurde, erarbeitet. Diese Europäische Norm wird als eine unterstützende Norm zu anderen Anwendungs- und Produktnormen betrachtet, die selbst eine grundlegende Sicherheitsanforderung einer Richtlinie der Neuen Konzeption unterstützen und auf die vorliegende Europäische Norm normativ verweisen.

Entsprechend der CEN/CENELEC-Geschäftsordnung sind die nationalen Normungsinstitute der folgenden Länder gehalten, diese Europäische Norm zu übernehmen:

Belgien, Dänemark, Deutschland, Finnland, Frankreich, Griechenland, Irland, Island, Italien, Luxemburg, Niederlande, Norwegen, Österreich, Portugal, Schweden, Schweiz, Spanien, die Tschechische Republik und das Vereinigte Königreich.

Die Europäische Norm EN 10132 „Kaltband aus Stahl für eine Wärmebehandlung – Technische Lieferbedingungen" ist wie folgt unterteilt:

Teil 1: Allgemeines;

Teil 2: Einsatzstähle;

Teil 3: Vergütungsstähle;

Teil 4: Federstähle und andere Anwendungen.

1 Anwendungsbereich

1.1 Der vorliegende Teil von EN 10132 gilt für unlegiertes und legiertes Kaltband in Dicken bis zu 10 mm zum Einsatzhärten für allgemeine Verwendungen.

1.2 Die vorliegende EN 10132-2 wird durch EN 10132-1 vervollständigt.

2 Normative Verweisungen

Diese Europäische Norm enthält durch datierte oder undatierte Verweisungen Festlegungen aus anderen Publikationen. Diese normativen Verweisungen sind an den jeweiligen Stellen im Text zitiert, und die Publikationen sind nachstehend aufgeführt. Bei datierten Verweisungen gehören spätere Änderungen oder Überarbeitungen dieser Publikationen nur zu dieser Europäischen Norm, falls sie durch Änderung oder Überarbeitung eingearbeitet sind. Bei undatierten Verweisungen gilt die letzte Ausgabe der in Bezug genommenen Publikation.

EN 10020
Begriffsbestimmungen für die Einteilung der Stähle

EN 10132-1
Kaltband aus Stahl für eine Wärmebehandlung – Technische Lieferbedingungen – Teil 1: Allgemeines

EN ISO 6508-1
Metallische Werkstoffe – Härteprüfung nach Rockwell – Teil 1: Prüfverfahren (Skalen A, B, C, D, E, F, G, H, K, N, T) (ISO 6508-1:1999)

3 Begriffe

Für die Anwendung dieser Norm gelten die in EN 10132-1 angegebenen Begriffe.

4 Einteilung und Bezeichnung

4.1 Einteilung

Alle Stähle nach dieser Europäischen Norm sind nach EN 10020 eingeteilt. Die Stahlsorten C10E und C15E sind unlegierte Edelstähle, die Stahlsorten 16MnCr5 und 17Cr3 sind legierte Edelstähle.

4.2 Bezeichnung

Siehe EN 10132-1.

5 Bestellangaben

Siehe EN 10132-1.

6 Herstellverfahren

Siehe EN 10132-1.

7 Anforderungen

7.1 Allgemeines

Siehe EN 10132-1.

7.2 Lieferart

Siehe EN 10132-1.

7.3 Lieferzustand

Kaltband nach EN 10132-2 wird in einem der folgenden Zustände geliefert:

- weichgeglüht oder weichgeglüht und leicht nachgewalzt (+A oder +LC);
- kaltgewalzt (+CR).

7.4 Chemische Zusammensetzung

7.4.1 Schmelzenanalyse

Die chemische Zusammensetzung nach der Schmelzenanalyse muß den Festlegungen in der Tabelle 1 entsprechen.

7.4.2 Stückanalyse

Falls eine Stückanalyse verlangt wird, sind die Grenzabweichungen von den Werten für die Schmelzenanalyse der Tabelle 2 zu entnehmen.

7.5 Mechanische Eigenschaften

Die mechanischen Eigenschaften des Bandes müssen den Werten nach Tabelle 3 entsprechen.

ANMERKUNG: Für Kunden, die anstelle der Vickers-Härte oder der Zugfestigkeit die Angabe der Rockwell-Härte bevorzugen, sind in Tabelle A.1 die Rockwell-Härtewerte zur Information angegeben.

7.6 Gefüge

7.6.1 Korngröße

Siehe EN 10132-1.

7.6.2 Nichtmetallische Einschlüsse

Siehe EN 10132-1.

7.7 Oberflächenbeschaffenheit

Kaltband muß eine blanke Oberfläche aufweisen, wie es durch Walzen und Weichglühen in einer kontrollierten Atmosphäre erreicht wird.

7.8 Maße, Grenzabmaße und Formtoleranzen

Siehe EN 10132-1.

8 Prüfung

Siehe EN 10132-1.

9 Probenahme

Siehe EN 10132-1.

10 Prüfverfahren

Siehe EN 10132-1.

11 Kennzeichnung, Verpackung und Schutz

Siehe EN 10132-1.

12 Wiederholungsprüfungen

Siehe EN 10132-1.

Tabelle 1 – Stahlsorten und chemische Zusammensetzung (Schmelzenanalyse) [a]

Stahlbezeichnung		Massenanteile in %					
Kurzname	Werkstoff-nummer	C	Si max.	Mn	P max.	S max.	Cr
C10E	1.1121	0,07 bis 0,13	0,40	0,30 bis 0,60	0,035	0,035	max. 0,40
C15E	1.1141	0,12 bis 0,18	0,40	0,30 bis 0,60	0,035	0,035	max. 0,40
16MnCr5	1.7131	0,14 bis 0,19	0,40	1,00 bis 1,30	0,035	0,035	0,80 bis 1,10
17Cr3	1.7016	0,14 bis 0,20	0,40	0,60 bis 0,90	0,035	0,035	0,70 bis 1,00

[a] In dieser Tabelle nicht aufgeführte Elemente dürfen dem Stahl, außer zum Fertigbehandeln der Schmelze, ohne Zustimmung des Bestellers nicht absichtlich zugesetzt werden. Es sind alle angemessenen Vorkehrungen zu treffen, um die Zufuhr solcher Elemente aus dem Schrott oder anderen bei der Herstellung verwendeten Stoffen zu vermeiden, die die mechanischen Eigenschaften und die Verwendbarkeit beeinträchtigen.

Tabelle 2 – Grenzabweichungen der Stückanalyse von den nach Tabelle 1 für die Schmelzenanalyse gültigen Grenzwerten

Element	Zulässiger Höchstgehalt in der Schmelzenanalyse Massenanteil in %	Grenzabweichung [a] Massenanteil in %
C	≤ 0,20	± 0,02
Si	≤ 0,40	+ 0,03
Mn	≤ 1,00	± 0,04
	> 1,00 ≤ 1,30	± 0,05
P	≤ 0,035	+ 0,005
S	≤ 0,035	+ 0,005
Cr	≤ 0,40	+ 0,03
	> 0,40 ≤ 1,10	± 0,04

[a] ± bedeutet, daß bei einer Schmelze die obere oder die untere Grenze der für die Schmelzenanalyse in Tabelle 1 angegebenen Spanne überschritten werden darf, aber nicht beides gleichzeitig.

Tabelle 3 – Mechanische Eigenschaften und Härteanforderungen [a, b]

Stahlbezeichnung		Lieferzustand					
		weichgeglüht (+A) oder weichgeglüht und leicht nachgewalzt (+LC)				kaltgewalzt [c] (+CR)	
Kurzname	Werkstoff-nummer	$R_{p0,2}$ [d] N/mm² max.	R_m [d] N/mm² max.	A_{80} [d] % min.	HV [d] max.	R_m [d] N/mm² max.	HV [d] max.
C10E	1.1121	345	430	26	135	830	250
C15E	1.1141	360	450	25	140	870	260
16MnCr5	1.7131	420	550	21	170	e	e
17Cr3	1.7016	420	550	21	170	e	e

[a] Der Besteller darf Härtewerte oder Zugfestigkeitswerte verlangen, jedoch nicht beides. Falls nichts festgelegt wird, gelten die Zugfestigkeitswerte.

[b] Die Werte gelten für Dicken 0,30 mm ≤ t ≤ 3,00 mm. Bei dickerem Band müssen die Werte für die mechanischen Eigenschaften bei der Anfrage und Bestellung vereinbart werden.

[c] Für Erzeugnisse, die im kaltgewalzten Zustand geliefert werden, gelten Spannen von 150 N/mm² oder 50 HV, z.B. 650 N/mm² bis 800 N/mm² oder z.B. 150 HV bis 200 HV.

[d] $R_{p0,2}$ 0,2%-Dehngrenze; R_m Zugfestigkeit; A_{80} Bruchdehnung bei einer Anfangsmeßlänge von 80 mm; HV Vickershärte.

[e] Der kaltgewalzte Zustand kann auf Verlangen geliefert werden. In diesem Fall sind die mechanischen Eigenschaften bei der Anfrage und Bestellung zu vereinbaren.

Anhang A   (informativ)
Anhaltswerte der Rockwell-Härte für Einsatzstähle

Tabelle A.1 – Rockwell-Härtewerte [a]

Stahlbezeichnung		Lieferzustand weichgeglüht (+A) oder weichgeglüht und leicht nachgewalzt (+ LC)
Kurzname	Werkstoffnummer	HRB [b] max.
C10E	1.1121	73
C15E	1.1141	76
16MnCr5	1.7131	84
17Cr3	1.7016	84

[a] Für kleinere Dicken als in EN ISO 6508-1 erlaubt, ist die Skala der Rockwell-Härte bei der Anfrage und Bestellung zu vereinbaren.
[b] HRB Rockwellhärte (Härteskala B).

Anhang B   (informativ)
Liste vergleichbarer früherer nationaler Bezeichnungen

Tabelle B.1 – Liste vergleichbarer früherer Bezeichnungen

Stahlbezeichnung nach EN 10132-2 : 2000		Vergleichbare frühere Stahlbezeichnung in					
		Deutschland		Frankreich	Vereinigtes Königreich	Finnland	Italien	Spanien
Kurzname	Werkstoff-nummer	Kurzname	Werkstoff-nummer					
C10E	1.1121	Ck10	1.1121	XC10	CS12	–	C10	C10k
C15E	1.1141	Ck15	1.1141	–	CS17	505	C15	C16k
16MnCr5	1.7131	16MnCr5	1.7131	16MC5	–	–	16MnCr5	16MnCr5
17Cr3	1.7016	17Cr3	1.7016	–	–	–	–	–

236

Kaltband aus Stahl für eine Wärmebehandlung	$\overline{\text{DIN}}$
Technische Lieferbedingungen Teil 3: Vergütungsstähle Deutsche Fassung EN 10132-3 : 2000	EN 10132-3

ICS 77.140.10; 77.140.50

Cold-rolled narrow steel strip for heat-treatment –
Technical delivery conditions –
Part 3: Steels for quenching and tempering;
German version EN 10132-3 : 2000

Feuillards laminés à froid pour traitement thermique –
Conditions techniques de livraison –
Partie 3: Aciers pour trempe et revenu;
Version allemande EN 10132-3 : 2000

Die Europäische Norm EN 10132-3 : 2000 hat den Status einer Deutschen Norm.

Nationales Vorwort

Die Europäische Norm EN 10132-3 wurde vom Technischen Komitee (TC) 23 „Für eine Wärmebehandlung bestimmte Stähle, legierte Stähle und Automatenstähle – Gütenormen" (Sekretariat: Deutschland) des Europäischen Komitees für die Eisen- und Stahlnormung (ECISS) ausgearbeitet.

Das zuständige deutsche Normungsgremium ist der Unterausschuss 05/1 des Normenausschusses Eisen und Stahl (FES).

Festlegungen für Kaltband aus Vergütungsstählen waren in der Erstausgabe der DIN EN 10083-1 : 1991-10 „Vergütungsstähle – Teil 1: Technische Lieferbedingungen für Edelstähle" enthalten, wurden jedoch in der jetzt gültigen Neuausgabe von DIN EN 10083-1 : 1996-10 „Vergütungsstähle – Teil 1: Technische Lieferbedingungen für Edelstähle (enthält Änderung A1 : 1996)" nicht mehr berücksichtigt, da mittlerweile die Erarbeitung von separaten Normen für Kaltband aus Stahl für eine Wärmebehandlung in ECISS/TC 23 beschlossen war.

Elf der zwölf in der Europäischen Norm EN 10132-3 enthaltenen Stahlsorten sind mit identischer chemischer Zusammensetzung aus der gültigen Fassung von DIN EN 10083-1 übernommen worden. Lediglich die Sorte 25Mn4 ist neu hinzugekommen.

Fortsetzung 7 Seiten EN

Normenausschuss Eisen und Stahl (FES) im DIN Deutsches Institut für Normung e.V.

EUROPÄISCHE NORM
EUROPEAN STANDARD
NORME EUROPÉENNE

EN 10132-3

Februar 2000

ICS 77.140.10; 77.140.50

Deutsche Fassung

Kaltband aus Stahl für eine Wärmebehandlung
Technische Lieferbedingungen
Teil 3: Vergütungsstähle

Cold rolled narrow steel strip for heat treatment – Technical delivery conditions – Part 3: Steels for quenching and tempering

Feuillards laminés à froid pour traitement thermique – Conditions techniques de livraison – Partie 3: Acier pour trempe et revenu

Diese Europäische Norm wurde von CEN am 3. Januar 2000 angenommen.

Die CEN-Mitglieder sind gehalten, die CEN/CENELEC-Geschäftsordnung zu erfüllen, in der die Bedingungen festgelegt sind, unter denen dieser Europäischen Norm ohne jede Änderung der Status einer nationalen Norm zu geben ist.

Auf dem letzten Stand befindliche Listen dieser nationalen Normen mit ihren bibliographischen Angaben sind beim Zentralsekretariat oder bei jedem CEN-Mitglied auf Anfrage erhältlich.

Diese Europäische Norm besteht in drei offiziellen Fassungen (Deutsch, Englisch, Französisch). Eine Fassung in einer anderen Sprache, die von einem CEN-Mitglied in eigener Verantwortung durch Übersetzung in seine Landessprache gemacht und dem Zentralsekretariat mitgeteilt worden ist, hat den gleichen Status wie die offiziellen Fassungen.

CEN-Mitglieder sind die nationalen Normungsinstitute von Belgien, Dänemark, Deutschland, Finnland, Frankreich, Griechenland, Irland, Island, Italien, Luxemburg, Niederlande, Norwegen, Österreich, Portugal, Schweden, Schweiz, Spanien, der Tschechischen Republik und dem Vereinigten Königreich.

CEN

EUROPÄISCHES KOMITEE FÜR NORMUNG
European Committee for Standardization
Comité Européen de Normalisation

Zentralsekretariat: rue de Stassart 36, B-1050 Brüssel

Ref. Nr. EN 10132-3 : 2000 D

Inhalt

Vorwort

Diese Europäische Norm wurde vom Technischen Komitee ECISS/TC 23 „Für eine Wärmebehandlung bestimmte Stähle, legierte Stähle und Automatenstähle – Gütenormen" erarbeitet, dessen Sekretariat vom DIN gehalten wird.

Diese Europäische Norm muss den Status einer nationalen Norm erhalten, entweder durch Veröffentlichung eines identischen Textes oder durch Anerkennung bis August 2000, und etwaige entgegenstehende nationale Normen müssen bis August 2000 zurückgezogen werden.

Entsprechend der CEN/CENELEC-Geschäftsordnung sind die nationalen Normungsinstitute der folgenden Länder gehalten, diese Europäische Norm zu übernehmen:

Belgien, Dänemark, Deutschland, Finnland, Frankreich, Griechenland, Irland, Island, Italien, Luxemburg, Niederlande, Norwegen, Österreich, Portugal, Schweden, Schweiz, Spanien, die Tschechische Republik und das Vereinigte Königreich.

Die Europäische Norm EN 10132 „Kaltband aus Stahl für eine Wärmebehandlung – Technische Lieferbedingungen" ist wie folgt unterteilt:

Teil 1: Allgemeines;

Teil 2: Einsatzstähle;

Teil 3: Vergütungsstähle;

Teil 4: Federstähle und andere Anwendungen.

239

1 Anwendungsbereich

1.1 Der vorliegende Teil von EN 10132 gilt für unlegiertes und legiertes Kaltband in Dicken bis zu 6 mm zum Vergüten und für vergütetes Kaltband in Dicken zwischen 0,30 mm und 3,00 mm für allgemeine und besondere Anwendungen.

1.2 Die vorliegende EN 10132-3 wird durch EN 10132-1 vervollständigt.

2 Normative Verweisungen

Diese Europäische Norm enthält durch datierte oder undatierte Verweisungen Festlegungen aus anderen Publikationen. Diese normativen Verweisungen sind an den jeweiligen Stellen im Text zitiert, und die Publikationen sind nachstehend aufgeführt. Bei datierten Verweisungen gehören spätere Änderungen oder Überarbeitungen dieser Publikationen nur zu dieser Europäischen Norm, falls sie durch Änderung oder Überarbeitung eingearbeitet sind. Bei undatierten Verweisungen gilt die letzte Ausgabe der in Bezug genommenen Publikation.

EN 10020
Begriffsbestimmungen für die Einteilung der Stähle

EN 10132-1
Kaltband aus Stahl für eine Wärmebehandlung – Technische Lieferbedingungen – Teil 1: Allgemeines

EN 10140
Kaltband – Grenzabmaße und Formtoleranzen

EN ISO 6508-1
Metallische Werkstoffe – Härteprüfung nach Rockwell – Teil 1: Prüfverfahren (Skalen A, B, C, D, E, F, G, H, K, N, T) (ISO 6508-1:1999)

3 Begriffe

Für die Anwendung dieser Norm gelten die in EN 10132-1 angegebenen Begriffe.

4 Einteilung und Bezeichnung

4.1 Einteilung

Alle Stähle nach dieser Europäischen Norm sind nach EN 10020 eingeteilt. Die Stahlsorten C22E, C30E, C35E, C40E, C45E, C50E, C55E, C60E und 25Mn4 sind unlegierte Edelstähle, die Stahlsorten 25CrMo4, 34CrMo4 und 42CrMo4 sind legierte Edelstähle.

4.2 Bezeichnung

Siehe EN 10132-1.

5 Bestellangaben

Siehe EN 10132-1.

6 Herstellverfahren

Siehe EN 10132-1.

7 Anforderungen

7.1 Allgemeines

Siehe EN 10132-1.

7.2 Lieferart

Siehe EN 10132-1.

7.3 Lieferzustand

Kaltband nach EN 10132-3 wird in einem der folgenden Zuständen geliefert:

– weichgeglüht oder weichgeglüht und leicht nachgewalzt (+A oder +LC);

– kaltgewalzt (+CR);

– vergütet (+QT) – für die Sorten bei denen dies in Tabelle 3 dieser Norm angegeben ist.

ANMERKUNG: Der Lieferzustand – geglüht zur Erzielung kugeliger Karbide (+AC) – kann vereinbart werden. In solchen Fällen können auch der Grad der Einformung und die mechanischen Eigenschaften bei der Anfrage und Bestellung vereinbart werden.

7.4 Chemische Zusammensetzung

7.4.1 Schmelzenanalyse

Die chemische Zusammensetzung nach der Schmelzenanalyse muß den Festlegungen in der Tabelle 1 entsprechen.

7.4.2 Stückanalyse

Falls eine Stückanalyse verlangt wird, sind die Grenzabweichungen von den Werten für die Schmelzenanalyse der Tabelle 2 zu entnehmen.

7.5 Mechanische Eigenschaften

Die mechanischen Eigenschaften des Bandes müssen den Werten nach Tabelle 3 entsprechen. Für Dicken außerhalb dieser Bereiche sind die mechanischen Eigenschaften zwischen Besteller und Lieferer zu vereinbaren.

ANMERKUNG 1: Für Kunden, die anstelle der Vickers-Härte oder der Zugfestigkeit die Angabe der Rockwell-Härte bevorzugen, sind in Tabelle A.1 die Rockwell-Härtewerte zur Information angegeben.

ANMERKUNG 2: Zur Information sind in Tabelle A.2 die Mindestwerte der Härte angegeben. Diese Werte gelten nach dem Härten ohne Anlassen.

7.6 Gefüge

7.6.1 Korngröße

Siehe EN 10132-1.

7.6.2 Nichtmetallische Einschlüsse

Siehe EN 10132-1.

7.6.3 Randentkohlung

Bei Stählen mit Mindestkohlenstoffanteilen > 0,50 % darf die Entkohlungstiefe je Breitseite bei Prüfung in einem Abstand von 5 mm von der Bandkante einen Wert von 3 % der Banddicke nicht überschreiten.

7.7 Oberflächenbeschaffenheit

Kaltband muß eine blanke Oberfläche aufweisen, wie es durch Walzen und Weichglühen in einer kontrollierten Atmosphäre erreicht wird.

Vergütetes Band wird mit folgenden Oberflächen geliefert:

– graublau: nicht poliert;

– blank: nicht poliert;

– poliert: erzielt durch Schleifen, Bürsten oder andere Verfahren;

– poliert und auf Farbe angelassen: blaue oder gelbe Farbe, die durch Oxidation mittels Wärmebehandlung erzielt wird.

7.8 Maße, Grenzabmaße und Formtoleranzen

Die Grenzabmaße der Breite von vergütetem Band sind zwischen Besteller und Lieferer zu vereinbaren. Für alle anderen Grenzabmaße und Formtoleranzen gilt EN 10140 (siehe auch EN 10132-1).

Auf Vereinbarung zwischen Besteller und Lieferer können auch Sonderkanten geliefert werden. Die Grenzabmaße der Breite für diese Kanten sind zu vereinbaren.

8 Prüfung

Siehe EN 10132-1.

9 Probenahme

Siehe EN 10132-1.

10 Prüfverfahren

Siehe EN 10132-1.

11 Kennzeichnung, Verpackung und Schutz

Siehe EN 10132-1.

12 Wiederholungsprüfungen

Siehe EN 10132-1.

Tabelle 1 – Stahlsorten und chemische Zusammensetzung (Schmelzenanalyse) [a]

Stahlbezeichnung		Massenanteile in %							
Kurzname	Werkstoff-nummer	C	Si max.	Mn	P max.	S max.	Cr	Mo	Ni max.
C22E	1.1151	0,17 bis 0,24	0,40	0,40 bis 0,70	0,035	0,035	max. 0,40	max. 0,10	0,40
C30E	1.1178	0,27 bis 0,34	0,40	0,50 bis 0,80	0,035	0,035	max. 0,40	max. 0,10	0,40
C35E	1.1181	0,32 bis 0,39	0,40	0,50 bis 0,80	0,035	0,035	max. 0,40	max. 0,10	0,40
C40E	1.1186	0,37 bis 0,44	0,40	0,50 bis 0,80	0,035	0,035	max. 0,40	max. 0,10	0,40
C45E	1.1191	0,42 bis 0,50	0,40	0,50 bis 0,80	0,035	0,035	max. 0,40	max. 0,10	0,40
C50E	1.1206	0,47 bis 0,55	0,40	0,60 bis 0,90	0,035	0,035	max. 0,40	max. 0,10	0,40
C55E	1.1203	0,52 bis 0,60	0,40	0,60 bis 0,90	0,035	0,035	max. 0,40	max. 0,10	0,40
C60E	1.1221	0,57 bis 0,65	0,40	0,60 bis 0,90	0,035	0,035	max. 0,40	max. 0,10	0,40
25Mn4	1.1177	0,23 bis 0,28	0,40	0,95 bis 1,15	0,035	0,035	max. 0,40	max. 0,10	0,40
25CrMo4	1.7218	0,22 bis 0,29	0,40	0,60 bis 0,90	0,035	0,035	0,90 bis 1,20	0,15 bis 0,30	–
34CrMo4	1.7220	0,30 bis 0,37	0,40	0,60 bis 0,90	0,035	0,035	0,90 bis 1,20	0,15 bis 0,30	–
42CrMo4	1.7225	0,38 bis 0,45	0,40	0,60 bis 0,90	0,035	0,035	0,90 bis 1,20	0,15 bis 0,30	–

[a] In dieser Tabelle nicht aufgeführte Elemente dürfen dem Stahl, außer zum Fertigbehandeln der Schmelze, ohne Zustimmung des Bestellers nicht absichtlich zugesetzt werden. Es sind alle angemessenen Vorkehrungen zu treffen, um die Zufuhr solcher Elemente aus dem Schrott oder anderen bei der Herstellung verwendeten Stoffen zu vermeiden, die die Härtbarkeit, die mechanischen Eigenschaften und die Verwendbarkeit beeinträchtigen.

Tabelle 2 – Grenzabweichungen der Stückanalyse von den nach Tabelle 1 für die Schmelzenanalyse gültigen Grenzwerten

Element	Zulässiger Höchstgehalt in der Schmelzenanalyse Massenanteil in %	Grenzabweichung [a] Massenanteil in %
C	≤ 0,55	± 0,02
	> 0,55 ≤ 0,65	± 0,03
Si	≤ 0,40	+ 0,03
Mn	≤ 0,95	± 0,04
	> 0,95 ≤ 1,15	± 0,05
P	≤ 0,035	+ 0,005
S	≤ 0,035	+ 0,005
Cr	≤ 0,40	+ 0,03
	> 0,40 ≤ 1,20	± 0,04
Mo	≤ 0,10	+ 0,02
	> 0,10 ≤ 0,30	± 0,03
Ni	≤ 0,40	+ 0,04

[a] ± bedeutet, daß bei einer Schmelze die obere oder die untere Grenze der für die Schmelzenanalyse in Tabelle 1 angegebenen Spanne überschritten werden darf, aber nicht beides gleichzeitig.

Tabelle 3 – Mechanische Eigenschaften und Härteanforderungen [a, b]

Stahlbezeichnung		weichgeglüht (+A) oder weichgeglüht und leicht nachgewalzt (+LC)				kaltgewalzt [c] (+CR)		vergütet [d] (+ QT)	
Kurzname	Werkstoff-nummer	$R_{p0,2}$ [e] N/mm^2 max.	R_m [e] N/mm^2 max.	A_{80} [e] % min.	HV [e] max.	R_m [e] N/mm^2 max.	HV [e] max.	R_m [e] N/mm^2	HV [c]
C22E	1.1151	400	500	22	155	900	265	–	–
C30E	1.1178	420	520	20	165	920	270	–	–
C35E	1.1181	430	540	19	170	930	275	–	–
C40E	1.1186	440	550	18	170	970	280	–	–
C45E	1.1191	455	570	18	180	1020	290	–	–
C50E	1.1206	465	580	17	180	1050	295	1050 bis 1650	325 bis 505
C55E	1.1203	480	600	17	185	1070	300	1100 bis 1700	340 bis 520
C60E	1.1221	495	620	17	195	1100	305	1150 bis 1750	345 bis 530
25Mn4	1.1177	460	590	20	180	[f]	[f]	–	–
25CrMo4	1.7218	440	580	19	175	[f]	[f]	990 bis 1400	305 bis 435
34CrMo4	1.7220	460	600	16	185	[f]	[f]	1020 bis 1500	315 bis 465
42CrMo4	1.7225	480	620	15	195	[f]	[f]	1100 bis 1600	340 bis 490

[a] Der Besteller darf Härtewerte oder Zugfestigkeitswerte verlangen, jedoch nicht beides. Falls nichts festgelegt wird, gelten die Zugfestigkeitswerte.

[b] Die Werte gelten für Dicken 0,30 mm $\le t \le$ 3,00 mm. Bei dickerem Band müssen die Werte für die mechanischen Eigenschaften bei der Anfrage und Bestellung vereinbart werden.

[c] Für Erzeugnisse, die im kaltgewalzten Zustand geliefert werden, gelten Spannen von 150 N/mm^2 oder 50 HV, z. B. 700 N/mm^2 bis 850 N/mm^2 oder z. B. 200 HV bis 250 HV.

[d] Für Erzeugnisse, die im vergüteten Zustand geliefert werden, gelten Spannen von 150 N/mm^2 oder 50 HV, z. B. 1150 N/mm^2 bis 1300 N/mm^2 oder z. B. 350 HV bis 400 HV.

[e] $R_{p0,2}$ 0,2%-Dehngrenze; R_m Zugfestigkeit; A_{80} Bruchdehnung bei einer Anfangsmeßlänge von 80 mm; HV Vickershärte.

[f] Der kaltgewalzte Zustand kann auf Verlangen geliefert werden. In diesem Fall sind die mechanischen Eigenschaften bei der Anfrage und Bestellung zu vereinbaren.

Anhang A (informativ)

Technische Informationen über Vergütungsstähle

Tabelle A.1 – Anhaltswerte der Rockwell-Härte für Vergütungsstähle [a]

Stahlbezeichnung		Lieferzustand	
		weichgeglüht (+A) oder weichgeglüht und leicht nachgewalzt (+LC)	vergütet [b] (+QT)
Kurzname	Werkstoffnummer	HRB [c] max.	HRC [c]
C22E	1.1151	78	–
C30E	1.1178	82	–
C35E	1.1181	86	–
C40E	1.1186	87	–
C45E	1.1191	88	–
C50E	1.1206	89	33 bis 49,5
C55E	1.1203	90	34 bis 50,5
C60E	1.1221	91	35 bis 51
25Mn4	1.1177	88	–
25CrMo4	1.7218	87	31,5 bis 44
34CrMo4	1.7220	88	32 bis 46
42CrMo4	1.7225	90	35 bis 48,5

[a] Für kleinere Dicken als in EN ISO 6508-1 erlaubt, ist die Skala der Rockwell-Härte bei der Anfrage und Bestellung zu vereinbaren.

[b] Für Erzeugnisse, die im vergüteten Zustand geliefert werden, gilt eine Spanne von 5 HRC für Härtebereiche ≤ 40 HRC und eine Spanne von 4 HRC für Härtebereiche > 40 HRC.

[c] HRB Rockwellhärte (Härteskala B); HRC Rockwellhärte (Härteskala C).

Tabelle A.2 – Anhaltswerte für die Wärmebehandlung und die Mindesthärte im gehärteten Zustand

Stahlbezeichnung		Austenitisierungs-temperatur	Abkühlmedium	Mindestwerte der Härte [a] im gehärteten Zustand ohne Anlassen	
Kurzname	Werkstoff-nummer	°C		HRC [b, c]	HV [c]
C22E	1.1151	–	–	–	–
C30E	1.1178	–	–	–	–
C35E	1.1181	–	–	–	–
C40E	1.1186	840 bis 870	Wasser	51	530
C45E	1.1191	840 bis 870	Wasser	52	540
C50E	1.1206	830 bis 860	Wasser	53	560
C55E	1.1203	830 bis 860	Öl	55	600
C60E	1.1221	825 bis 855	Öl	57	640
25Mn4	1.1177	–	–	–	–
25CrMo4	1.7218	840 bis 870	Wasser	44	430
34CrMo4	1.7220	840 bis 870	Öl	48	480
42CrMo4	1.7225	840 bis 870	Öl	51	530

[a] Diese Mindestwerte gelten für einen Dickenbereich von 0,30 mm bis 3,00 mm.

[b] Für kleinere Dicken als in EN ISO 6508-1 erlaubt, ist die Skala der Rockwellhärte bei der Anfrage und Bestellung zu vereinbaren.

[c] HRC Rockwellhärte (Härteskala C); HV Vickershärte.

243

Anhang B (informativ)

Liste vergleichbarer früherer nationaler Bezeichnungen

Tabelle B.1 – Liste vergleichbarer früherer Bezeichnungen

Stahlbezeichnung nach EN 10132-3 : 2000		Vergleichbare frühere Stahlbezeichnung in						
		Deutschland		Frankreich	Vereinigtes Königreich	Finnland	Schweden	Spanien
Kurzname	Werkstoff-nummer	Kurzname	Werkstoff-nummer					
C22E	1.1151	Ck22	1.1151	XC18	CS22	–	–	–
C30E	1.1178	Ck30	1.1178	XC32	CS30	–	–	C25K
C35E	1.1181	Ck35	1.1181	XC38H1	–	C35	SS1572	–
C40E	1.1186	Ck40	1.1186	XC42H1	CS40	–	–	C35K
C45E	1.1191	Ck45	1.1191	XC48H1	–	C45	SS1672	–
C50E	1.1206	Ck50	1.1206	–	CS50	–	SS1674	C45K
C55E	1.1203	CK55	1.1203	XC55H1	–	–	–	–
C60E	1.1221	Ck60	1.1221	–	CS60	–	–	C55K
25Mn4	1.1177	–	–	–	–	–	–	–
25CrMo4	1.7218	25CrMo4	1.7218	25CD4	–	25CrMo4	SS2225	–
34CrMo4	1.7220	34CrMo4	1.7220	34CD4	–	34CrMo4	SS2234	–
42CrMo4	1.7225	42CrMo4	1.7225	42CD4	–	42CrMo4	SS2244	40CrMo4

244

Kaltband aus Stahl für eine Wärmebehandlung
Technische Lieferbedingungen
Teil 4: Federstähle und andere Anwendungen
Deutsche Fassung EN 10132-4 : 2000 + AC : 2002

DIN

EN 10132-4

ICS 77.140.10; 77.140.25; 77.140.50

Ersatz für
DIN EN 10132-4 : 2000-05

Cold-rolled narrow steel strip for heat-treatment –
Technical delivery conditions –
Part 4: Spring steels and other applications;
German version EN 10132-4 : 2000 + AC : 2002

Feuillards laminés à froid pour traitement thermique –
Conditions techniques de livraison –
Partie 4: Aciers à ressorts et autres applications;
Version allemande EN 10132-4 : 2000 + AC : 2002

Die Europäische Norm EN 10132-4 : 2000 hat den Status einer Deutschen Norm.

Nationales Vorwort

Die Europäische Norm EN 10132-3 wurde vom Technischen Komitee (TC) 23 „Für eine Wärmebehandlung bestimmte Stähle, legierte Stähle und Automatenstähle – Gütenormen" (Sekretariat: Deutschland) des Europäischen Komitees für die Eisen- und Stahlnormung (ECISS) ausgearbeitet.

Das zuständige deutsche Normungsgremium ist der Unterausschuss 05/1 des Normenausschusses Eisen und Stahl (FES).

Änderungen

Gegenüber DIN 17222 : 1979-08 wurden folgende Änderungen vorgenommen:

a) Inhalt vollständig überarbeitet und weitgehend durch Verweise auf EN 10132-1 ersetzt.

b) Alle Sorten außer 50CrV4 (1.8159) gestrichen; der Kurzname dieser Sorte lautet jetzt 51CrV4.

c) Vierzehn Sorten neu aufgenommen.

Gegenüber DIN EN 10132-4 : 2000-05 wurden folgende Berichtigungen vorgenommen:

– in der Tabelle 3 Zahlenwerte in der Spalte „weichgeglüht (+A) oder weichgeglüht und leicht nachgewalzt (+LC)" für C55S bis C125S nach EN 10132-4 : 2000/AC : 2002 berichtigt.

Frühere Ausgaben

DIN 17222: 1955-04, 1979-08

DIN 1669: 1942x-02

DIN EN 10132-4: 2000-05

Fortsetzung 8 Seiten EN

Normenausschuss Eisen und Stahl (FES) im DIN Deutsches Institut für Normung e.V.

EUROPÄISCHE NORM
EUROPEAN STANDARD
NORME EUROPÉENNE

EN 10132-4

Februar 2000
+ AC
Dezember 2002

ICS 77.140.10; 77.140.50

Deutsche Fassung

Kaltband aus Stahl für eine Wärmebehandlung
Technische Lieferbedingungen
Teil 4: Federstähle und andere Anwendungen

Cold rolled narrow steel strip for heat treatment –
Technical delivery conditions – Part 4: Spring steels and
other applications

Feuillards laminés à froid pour traitement thermique –
Conditions techniques de livraison – Partie 4: Aciers à
ressorts et autres applications

Diese Europäische Norm wurde von CEN am 3. Januar 2000 angenommen. Die Berichtigung
EN 10132-4 : 2000/AC : 2002 trat am 18. Dezember 2002 in Kraft.

Die CEN-Mitglieder sind gehalten, die CEN/CENELEC-Geschäftsordnung zu erfüllen, in der die
Bedingungen festgelegt sind, unter denen dieser Europäischen Norm ohne jede Änderung der
Status einer nationalen Norm zu geben ist.

Auf dem letzten Stand befindliche Listen dieser nationalen Normen mit ihren bibliographischen
Angaben sind beim Zentralsekretariat oder bei jedem CEN-Mitglied auf Anfrage erhältlich.

Diese Europäische Norm besteht in drei offiziellen Fassungen (Deutsch, Englisch, Französisch).
Eine Fassung in einer anderen Sprache, die von einem CEN-Mitglied in eigener Verantwortung
durch Übersetzung in seine Landessprache gemacht und dem Zentralsekretariat mitgeteilt
worden ist, hat den gleichen Status wie die offiziellen Fassungen.

CEN-Mitglieder sind die nationalen Normungsinstitute von Belgien, Dänemark, Deutschland,
Finnland, Frankreich, Griechenland, Irland, Island, Italien, Luxemburg, Niederlande, Norwegen,
Österreich, Portugal, Schweden, Schweiz, Spanien, der Tschechischen Republik und dem
Vereinigten Königreich.

CEN

EUROPÄISCHES KOMITEE FÜR NORMUNG
European Committee for Standardization
Comité Européen de Normalisation

Zentralsekretariat: rue de Stassart 36, B-1050 Brüssel

Ref. Nr. EN 10132-4 : 2000 + AC : 2002 D

Inhalt

Vorwort

Diese Europäische Norm wurde vom Technischen Komitee ECISS/TC 23 „Für eine Wärmebehandlung bestimmte Stähle, legierte Stähle und Automatenstähle – Gütenormen" erarbeitet, dessen Sekretariat vom DIN gehalten wird.

Diese Europäische Norm muss den Status einer nationalen Norm erhalten, entweder durch Veröffentlichung eines identischen Textes oder durch Anerkennung bis August 2000, und etwaige entgegenstehende nationale Normen müssen bis August 2000 zurückgezogen werden.

Entsprechend der CEN/CENELEC-Geschäftsordnung sind die nationalen Normungsinstitute der folgenden Länder gehalten, diese Europäische Norm zu übernehmen:

Belgien, Dänemark, Deutschland, Finnland, Frankreich, Griechenland, Irland, Island, Italien, Luxemburg, Niederlande, Norwegen, Österreich, Portugal, Schweden, Schweiz, Spanien, die Tschechische Republik und das Vereinigte Königreich.

Die Europäische Norm EN 10132 „Kaltband aus Stahl für eine Wärmebehandlung – Technische Lieferbedingungen" ist wie folgt unterteilt:

Teil 1: Allgemeines;

Teil 2: Einsatzstähle;

Teil 3: Vergütungsstähle;

Teil 4: Federstähle und andere Anwendungen.

1 Anwendungsbereich

1.1 Der vorliegende Teil von EN 10132 gilt für

- unlegiertes und legiertes Kaltband in Dicken bis zu 6 mm,
- unlegiertes und legiertes vergütetes Kaltband in Dicken zwischen 0,30 mm und 3,00 mm

für Federn und andere besondere Anwendungen.

1.2 Die vorliegende EN 10132-4 wird durch EN 10132-1 vervollständigt.

2 Normative Verweisungen

Diese Europäische Norm enthält durch datierte oder undatierte Verweisungen Festlegungen aus anderen Publikationen. Diese normativen Verweisungen sind an den jeweiligen Stellen im Text zitiert, und die Publikationen sind nachstehend aufgeführt. Bei datierten Verweisungen gehören spätere Änderungen oder Überarbeitungen dieser Publikationen nur zu dieser Europäischen Norm, falls sie durch Änderung oder Überarbeitung eingearbeitet sind. Bei undatierten Verweisungen gilt die letzte Ausgabe der in Bezug genommenen Publikation.

EN 10020
  Begriffsbestimmungen für die Einteilung der Stähle
EN 10132-1
  Kaltband aus Stahl für eine Wärmebehandlung – Technische Lieferbedingungen – Teil 1: Allgemeines
EN ISO 6508-1
  Metallische Werkstoffe – Härteprüfung nach Rockwell – Teil 1: Prüfverfahren (Skalen A, B, C, D, E, F, G, H, K, N, T) (ISO 6508-1:1999)

3 Begriffe

Für die Anwendung dieser Norm gelten die in EN 10132-1 angegebenen Begriffe.

4 Einteilung und Bezeichnung

4.1 Einteilung

Alle Stähle nach dieser Europäischen Norm sind nach EN 10020 eingeteilt. Die Stahlsorten C55S, C60S, C67S, C75S, C85S, C90S, C100S und C125S sind unlegierte Edelstähle, die Stahlsorten 48Si7, 56Si7, 51CrV4, 80CrV2, 75Ni8, 125Cr2 und 102Cr6 sind legierte Edelstähle.

4.2 Bezeichnung

Siehe EN 10132-1.

5 Bestellangaben

Siehe EN 10132-1.

6 Herstellverfahren

Siehe EN 10132-1.

7 Anforderungen

7.1 Allgemeines

Siehe EN 10132-1.

7.2 Lieferart

Siehe EN 10132-1.

7.3 Lieferzustand

Kaltband nach EN 10132-4 wird in einem der folgenden Zustände geliefert:

- weichgeglüht oder weichgeglüht und leicht nachgewalzt (+A oder +LC);
- kaltgewalzt (+CR);
- vergütet (+QT).

ANMERKUNG: Der Lieferzustand – geglüht zur Erzielung kugeliger Karbide (+AC) – kann vereinbart werden. In solchen Fällen können auch der Grad der Einformung und die mechanischen Eigenschaften bei der Anfrage und Bestellung vereinbart werden.

7.4 Chemische Zusammensetzung

7.4.1 Schmelzenanalyse

Die chemische Zusammensetzung nach der Schmelzenanalyse muß den Festlegungen in der Tabelle 1 entsprechen.

7.4.2 Stückanalyse

Falls eine Stückanalyse verlangt wird, sind die Grenzabweichungen von den Werten für die Schmelzenanalyse der Tabelle 2 zu entnehmen.

7.5 Mechanische Eigenschaften

7.5.1 Festigkeitseigenschaften und Härte

Die mechanischen Eigenschaften des Bandes müssen den Werten nach Tabelle 3 entsprechen. Für Dicken außerhalb dieser Bereiche sind die mechanischen Eigenschaften zwischen Besteller und Lieferer zu vereinbaren.

ANMERKUNG 1: Für Kunden, die anstelle der Vickers-Härte oder der Zugfestigkeit die Angabe der Rockwell-Härte bevorzugen, sind in Tabelle A.1 die Rockwell-Härtewerte zur Information angegeben.

ANMERKUNG 2: Die Stähle können ölgehärtet oder isothermisch wärmebehandelt geliefert werden. Zur Information sind in Tabelle A.2 die Mindestwerte der Härte angegeben. Diese Werte gelten nach dem Härten ohne Anlassen.

ANMERKUNG 3: Für Federanwendungen sind in Tabelle A.3 die bevorzugten Härtebereiche (HV) im vergüteten Zustand für Stähle nach Tabelle 3 zur Information angegeben.

7.5.2 Biegeversuch

Für Stähle im weichgeglühten Zustand (+A) können Anforderungen für den Biegeversuch bei der Anfrage und Bestellung vereinbart werden.

7.6 Gefüge

7.6.1 Korngröße

Siehe EN 10132-1.

7.6.2 Nichtmetallische Einschlüsse

Siehe EN 10132-1.

7.6.3 Randentkohlung

Bei Prüfung in einem Abstand von 5 mm von der Bandkante darf die Entkohlungstiefe je Breitseite bei mit Silicium legierten Stählen einen Wert von 3 % der Banddicke und bei nicht mit Silicium legierten Stählen einen Wert von 2 % der Banddicke nicht überschreiten (siehe auch EN 10132-1).

7.7 Oberflächenbeschaffenheit

Kaltband muß eine blanke Oberfläche aufweisen, wie es durch Walzen und Weichglühen in einer kontrollierten Atmosphäre erreicht wird.

Vergütetes Band wird mit folgenden Oberflächen geliefert:

- graublau: nicht poliert;
- blank: nicht poliert;
- poliert: erzielt durch Schleifen, Bürsten oder andere Verfahren;
- poliert und auf Farbe angelassene Oberfläche: blaue oder gelbe Farbe, die durch Oxidation mittels Wärmebehandlung erzielt wird.

7.8 Maße, Grenzabmaße und Formtoleranzen

Siehe EN 10132-1.

8 Prüfung

Siehe EN 10132-1.

9 Probenahme

Siehe EN 10132-1.

10 Prüfverfahren

Siehe EN 10132-1.

11 Kennzeichnung, Verpackung und Schutz

Siehe EN 10132-1.

12 Wiederholungsprüfungen

Siehe EN 10132-1.

Tabelle 1 – Chemische Zusammensetzung von Stählen für Federn und andere besondere Anwendungen [a]
(Schmelzenanalyse)

Stahlbezeichnung		Massenanteile in %								
Kurzname	Werkstoff-nummer	C	Si	Mn	P max.	S max.	Cr	Mo max.	V	Ni
C55S	1.1204	0,52 bis 0,60	0,15 bis 0,35	0,60 bis 0,90	0,025	0,025	max. 0,40	0,10	–	max. 0,40
C60S	1.1211	0,57 bis 0,65	0,15 bis 0,35	0,60 bis 0,90	0,025	0,025	max. 0,40	0,10	–	max. 0,40
C67S	1.1231	0,65 bis 0,73	0,15 bis 0,35	0,60 bis 0,90	0,025	0,025	max. 0,40	0,10	–	max. 0,40
C75S	1.1248	0,70 bis 0,80	0,15 bis 0,35	0,60 bis 0,90	0,025	0,025	max. 0,40	0,10	–	max. 0,40
C85S	1.1269	0,80 bis 0,90	0,15 bis 0,35	0,40 bis 0,70	0,025	0,025	max. 0,40	0,10	–	max. 0,40
C90S	1.1217	0,85 bis 0,95	0,15 bis 0,35	0,40 bis 0,70	0,025	0,025	max. 0,40	0,10	–	max. 0,40
C100S	1.1274	0,95 bis 1,05	0,15 bis 0,35	0,30 bis 0,60	0,025	0,025	max. 0,40	0,10	–	max. 0,40
C125S	1.1224	1,20 bis 1,30	0,15 bis 0,35	0,30 bis 0,60	0,025	0,025	max. 0,40	0,10	–	max. 0,40
48Si7	1.5021	0,45 bis 0,52	1,60 bis 2,00	0,50 bis 0,80	0,025	0,025	max. 0,40	0,10	–	max. 0,40
56Si7	1.5026	0,52 bis 0,60	1,60 bis 2,00	0,60 bis 0,90	0,025	0,025	max. 0,40	0,10	–	max. 0,40
51CrV4	1.8159	0,47 bis 0,55	max. 0,40	0,70 bis 1,10	0,025	0,025	0,90 bis 1,20	0,10	0,10 bis 0,25	max. 0,40
80CrV2	1.2235	0,75 bis 0,85	0,15 bis 0,35	0,30 bis 0,50	0,025	0,025	0,40 bis 0,60	0,10	0,15 bis 0,25	max. 0,40
75Ni8	1.5634	0,72 bis 0,78	0,15 bis 0,35	0,30 bis 0,50	0,025	0,025	< 0,15	0,10	–	1,80 bis 2,10
125Cr2	1.2002	1,20 bis 1,30	0,15 bis 0,35	0,25 bis 0,40	0,025	0,025	0,40 bis 0,60	0,10	–	max. 0,40
102Cr6	1.2067	0,95 bis 1,10	0,15 bis 0,35	0,20 bis 0,40	0,025	0,025	1,35 bis 1,60	0,10	–	max. 0,40

[a] In dieser Tabelle nicht aufgeführte Elemente dürfen dem Stahl, außer zum Fertigbehandeln der Schmelze, ohne Zustimmung des Bestellers nicht absichtlich zugesetzt werden. Es sind alle angemessenen Vorkehrungen zu treffen, um die Zufuhr solcher Elemente aus dem Schrott oder anderen bei der Herstellung verwendeten Stoffen zu vermeiden, die die Härtbarkeit, die mechanischen Eigenschaften und die Verwendbarkeit beeinträchtigen.

Tabelle 2 – Grenzabweichungen der Stückanalyse von den nach Tabelle 1 für die Schmelzenanalyse gültigen Grenzwerten

Element	Zulässiger Höchstgehalt in der Schmelzenanalyse Massenanteil in %	Grenzabweichung [a] Massenanteil in %
C	≤ 0,50	± 0,02
	> 0,50 ≤ 1,00	± 0,03
	> 1,00 ≤ 1,30	± 0,04
Si	≤ 1,00	+ 0,03
	> 1,00 ≤ 2,00	± 0,10
Mn	≤ 1,00	± 0,04
	> 1,00 ≤ 1,10	± 0,05
P	≤ 0,025	+ 0,005
S	≤ 0,025	+ 0,005
Cr	≤ 0,40	+ 0,03
	> 0,40 ≤ 1,60	± 0,04
Mo	≤ 0,10	+ 0,02
V	≤ 0,25	± 0,03
Ni	≤ 0,40	+ 0,03
	> 0,40 ≤ 2,10	± 0,05

[a] ± bedeutet, daß bei einer Schmelze die obere oder die untere Grenze der für die Schmelzenanalyse in Tabelle 1 angegebenen Spanne überschritten werden darf, aber nicht beides gleichzeitig.

Tabelle 3 – Mechanische Eigenschaften und Härteanforderungen [a, b]

Stahlbezeichnung		Lieferzustand							
		weichgeglüht (+A) oder weichgeglüht und leicht nachgewalzt (+LC)				kaltgewalzt [c] (+CR)		vergütet [d] (+QT)	
Kurzname	Werkstoff-nummer	$R_{p0,2}$ [e] N/mm^2 max.	R_m [e] N/mm^2 max.	A_{80} [e] % min.	HV [e] max.	R_m [e] N/mm^2 max.	HV [e] max.	R_m [e] N/mm^2	HV [c]
C55S	1.1204	480	600	17	185	1070	300	1100 bis 1700	340 bis 520
C60S	1.1211	495	620	17	195	1100	305	1150 bis 1750	345 bis 530
C67S	1.1231	510	640	16	200	1140	315	1200 bis 1900	370 bis 580
C75S	1.1248	510	640	15	200	1170	320	1200 bis 1900	370 bis 580
C85S	1.1269	535	670	15	210	1190	325	1200 bis 2000	370 bis 600
C90S	1.1217	545	680	14	215	1200	325	1200 bis 2100	370 bis 600
C100S	1.1274	550	690	13	220	1200	325	1200 bis 2100	370 bis 630
C125S	1.1224	600	740	11	230	1200	325	1200 bis 2100	370 bis 630
48Si7	1.5021	580	720	13	225	–	–	1200 bis 1700	370 bis 520
56Si7	1.5026	600	740	12	230	–	–	1200 bis 1700	370 bis 520
51CrV4	1.8159	550	700	13	220	–	–	1200 bis 1800	370 bis 550
80CrV2	1.2235	580	720	12	225	–	–	1200 bis 1800	370 bis 550
75Ni8	1.5634	540	680	13	210	–	–	1200 bis 1800	370 bis 550
125Cr2	1.2002	590	750	11	235	–	–	1300 bis 2100	405 bis 630
102Cr6	1.2067	590	750	11	235	–	–	1300 bis 2100	405 bis 630

[a] Der Besteller darf Härtewerte oder Zugfestigkeitswerte verlangen, jedoch nicht beides. Falls nichts festgelegt wird, gelten die Zugfestigkeitswerte.

[b] Die Werte gelten für Dicken 0,30 mm $\le t \le$ 3,00 mm. Bei dickerem Band müssen die Werte für die mechanischen Eigenschaften bei der Anfrage und Bestellung vereinbart werden.

[c] Für Erzeugnisse, die im kaltgewalzten Zustand geliefert werden, gelten Spannen von 150 N/mm^2 oder 50 HV, z. B. 850 N/mm^2 bis 1000 N/mm^2 oder z. B. 240 HV bis 290 HV.

[d] Für Erzeugnisse, die im vergüteten Zustand geliefert werden, gelten Spannen von 150 N/mm^2 oder 50 HV, z. B. 1350 N/mm^2 bis 1500 N/mm^2 oder z. B. 450 HV bis 500 HV.

[e] $R_{p0,2}$ 0,2%-Dehngrenze; R_m Zugfestigkeit; A_{80} Bruchdehnung bei einer Anfangsmeßlänge von 80 mm; HV Vickershärte.

Anhang A (informativ)

Technische Informationen über Stähle für Federn und andere Anwendungen

Tabelle A.1 – Anhaltswerte der Rockwell-Härte für Federstähle [a]

Stahlbezeichnung		Lieferzustand	
		weichgeglüht (+A) oder weichgeglüht und leicht nachgewalzt (+LC)	vergütet [b] (+QT)
Kurzname	Werkstoffnummer	HRB [c] max.	HRC [c]
C55S	1.1204	90	34 bis 50,5
C60S	1.1211	91	35 bis 51,5
C67S	1.1231	92	38,5 bis 54
C75S	1.1248	93	38,5 bis 54
C85S	1.1269	94	38,5 bis 55
C90S	1.1217	94	38,5 bis 55
C100S	1.1274	95	38,5 bis 57
C125S	1.1224	97	38,5 bis 57
48Si7	1.5021	95	38,5 bis 50,5
56Si7	1.5026	96	38,5 bis 50,5
51CrV4	1.8159	94	38,5 bis 52,5
80CrV2	1.2235	95	38,5 bis 52,5
75Ni8	1.5634	93	38,5 bis 52,5
125Cr2	1.2002	97	42 bis 57
102Cr6	1.2067	97	42 bis 57

[a] Für kleinere Dicken als in EN ISO 6508-1 erlaubt, ist die Skala der Rockwell-Härte bei der Anfrage und Bestellung zu vereinbaren.

[b] Für Erzeugnisse, die im vergüteten Zustand geliefert werden, gilt eine Spanne von 5 HRC für Härtebereiche ≤ 40 HRC und eine Spanne von 4 HRC für Härtebereiche > 40 HRC.

[c] HRB Rockwellhärte (Härteskala B); HRC Rockwellhärte (Härteskala C).

Tabelle A.2 – Anhaltswerte für die Wärmebehandlung und die Mindesthärte im gehärteten Zustand

Stahlbezeichnung		Austenitisierungs-temperatur	Abkühlmedium	Mindestwerte der Härte[a] im gehärteten Zustand ohne Anlassen	
Kurzname	Werkstoff-nummer	°C		HRC[b]	HV[b]
C55S	1.1204	830 bis 860	Öl	55	600
C60S	1.1211	825 bis 855	Öl	57	640
C67S	1.1231	815 bis 845	Öl	59	670
C75S	1.1248	810 bis 840	Öl	60	700
C85S	1.1269	800 bis 830	Öl	61	720
C90S	1.1217	790 bis 820	Öl	61	720
C100S	1.1274	790 bis 820	Öl	61	720
C125S	1.1224	780 bis 810	Öl	62	750
48Si7	1.5021	840 bis 870	Wasser	52	540
56Si7	1.5026	840 bis 870	Öl	55	600
51CrV4	1.8159	840 bis 870	Öl	57	640
80CrV2	1.2235	840 bis 870	Öl	60	700
75Ni8	1.5634	820 bis 850	Öl	60	700
125Cr2	1.2002	820 bis 850	Öl	62	750
102Cr6	1.2067	830 bis 860	Öl	61	720

[a] Diese Mindestwerte gelten für einen Dickenbereich von 0,30 mm bis 3,00 mm.
[b] HRC Rockwellhärte (Härteskala C); HV Vickershärte.

Tabelle A.3 – Anhaltswerte der Härte (HV) für vergütete Werkstoffe in verschiedenen Dickenbereichen

Stahlbezeichnung		Härte (HV) im vergüteten Zustand					
Kurzname	Werkstoff-nummer	Festgelegte Dicke mm					
		0,30 ≤ 0,50	0,50 ≤ 0,75	0,75 ≤ 1,00	1,00 ≤ 1,50	1,50 ≤ 2,00	2,00 ≤ 3,00
C55S	1.1204	485 bis 535	465 bis 515	455 bis 505	445 bis 495	425 bis 475	415 bis 465
C60S	1.1211	485 bis 535	465 bis 515	455 bis 505	445 bis 495	425 bis 475	415 bis 465
C67S	1.1231	485 bis 535	465 bis 515	455 bis 505	445 bis 495	425 bis 475	415 bis 465
C75S	1.1248	520 bis 570	500 bis 550	480 bis 530	465 bis 515	440 bis 490	435 bis 485
C85S	1.1269	520 bs 570	500 bis 550	480 bis 530	465 bis 515	440 bis 490	435 bis 485
C90S	1.1217	555 bis 605	525 bis 575	505 bis 555	485 bis 535	465 bis 515	455 bis 505
C100S	1.1274	555 bis 605	525 bis 575	505 bis 555	485 bis 535	465 bis 515	455 bis 505
C125S	1.1224	555 bis 605	525 bis 575	505 bis 555	485 bis 535	465 bis 515	455 bis 505
48Si7	1.5021	485 bis 535	465 bis 515	455 bis 505	445 bis 495	425 bis 475	415 bis 465
56Si7	1.5026	485 bis 535	465 bis 515	455 bis 505	445 bis 495	425 bis 475	415 bis 465
51CrV4	1.8159	520 bis 570	500 bis 550	480 bis 530	465 bis 515	440 bis 490	435 bis 485
80CrV2	1.2235	555 bis 605	525 bis 575	505 bis 555	485 bis 535	465 bis 515	455 bis 505
75Ni8	1.5634	520 bis 570	500 bis 550	480 bis 530	465 bis 515	440 bis 490	435 bis 485
125Cr2	1.2002	555 bis 605	525 bis 575	505 bis 555	485 bis 535	465 bis 515	455 bis 505
102Cr6	1.2067	555 bis 605	525 bis 575	505 bis 555	485 bis 535	465 bis 515	455 bis 505

Anhang B (informativ)

Liste vergleichbarer früherer nationaler Bezeichnungen

Tabelle B.1 – Liste vergleichbarer früherer Bezeichnungen

Stahlbezeichnung nach EN 10132-4 : 2000		Vergleichbare frühere Stahlbezeichnung in			
		Deutschland		Frankreich	Vereinigtes Königreich
Kurzname	Werkstoff-nummer	Kurzname	Werkstoff-nummer		
C55S	1.1204	Ck55	1.1203	C50RR	CS50
C60S	1.1211	Ck60	1.1221	C60RR	CS60
C67S	1.1231	Ck67	1.1231	C68RR	CS70
C75S	1.1248	Ck75	1.1248	C75RR	CS80
C85S	1.1269	Ck85	1.1269	–	CS80
C90S	1.1217		–	C90RR	CS95
C100S	1.1274	Ck101	1.1274	C100RR	CS95
C125S	1.1224	–	–	C125RR	–
48Si7	1.5021	–	–	46SiCr7	–
56Si7	1.5026	55Si7	1.5026	55Si7RR	–
51CrV4	1.8159	50CrV4	1.8159	51CrV4	–
80CrV2	1.2235	–	–	–	–
75Ni8	1.5634	–	–	75Ni8RR	–
125Cr2	1.2002	–	–	–	–
102Cr6	1.2067	–	–	100Cr6RR	–

253

Dezember 1999

	Freiformschmiedestücke aus Stahl für allgemeine Verwendung Teil 1: Allgemeine Anforderungen Deutsche Fassung EN 10250-1 : 1999	**DIN** **EN 10250-1**

ICS 77.140.85

Open die steel forgings for general engineering purposes – Part 1: General requirements;
German version EN 10250-1 : 1999
Pièces forgées en acier pour usage général – Partie 1: Exigences générales;
Version allemande EN 10250-1 : 1999

Mit DIN EN 10250-2 : 1999-12,
Ersatz für die im Januar 1991
zurückgezogene Norm
DIN 17100 : 1980-01;
teilweise Ersatz für
DIN 17440 : 1996-09

Die Europäische Norm EN 10250-1 : 1999 hat den Status einer Deutschen Norm.

Nationales Vorwort

Die Europäische Norm EN 10250-1 wurde vom Technischen Komitee (TC) 28 „Schmiedestücke" (Sekretariat: Vereinigtes Königreich) des Europäischen Komitees für die Eisen- und Stahlnormung (ECISS) erstellt.

Das zuständige deutsche Normungsgremium ist der Arbeitsausschuß 10 „Schmiedestücke" des Normenausschusses Eisen und Stahl (FES).

Die vorliegende Norm enthält die allgemeinen Anforderungen an den Herstellungsprozeß, die chemische Zusammensetzung, die mechanischen Eigenschaften und die Oberflächengüte, Prüfanforderungen sowie Anforderungen an die Kennzeichnung von Freiformschmiedestücken aus Stahl für allgemeine Verwendung.

DIN 17100 ist im Januar 1991 zurückgezogen worden. In den Nachfolgenormen DIN EN 10025 : 1991 und DIN EN 10025 : 1994 wird aber empfohlen, DIN 17100 : 1980-01 weiter zu verwenden, bis eine entsprechende Norm für Schmiedestücke verfügbar ist.

Für die im Abschnitt 2 genannten Europäischen Normen wird im folgenden auf die entsprechenden Deutschen Normen hingewiesen, soweit die Norm-Nummern voneinander abweichen:

CEN-Report CR 10260   siehe DIN V 17006 Teil 100

Fortsetzung Seite 2
und 9 Seiten EN

Normenausschuß Eisen und Stahl (FES) im DIN Deutsches Institut für Normung e.V.

Änderungen

Gegenüber der im Januar 1991 zurückgezogenen Norm DIN 17100 : 1980-01 und DIN 17440 : 1996-09 wurden folgende Änderungen vorgenommen:

a) Nur allgemeine Anforderungen für Freiformschmiedestücke festgelegt.

b) Anwendungsbereich auf Schmiedestücke für allgemeine Verwendung beschränkt (allgemeine Anforderungen an Schmiedestücke für Druckbehälter sind in DIN EN 10222-1 festgelegt).

c) Bestellangaben präzisiert.

d) Festlegungen zum Herstellverfahren präzisiert.

e) Erzeugnisse sind grundsätzlich mit spezifischer Prüfung zu liefern.

f) Festlegungen zur Probenahme, Probenvorbereitung und zum Prüfumfang überarbeitet.

g) Festlegungen zur Ermittlung der maßgeblichen Maße geändert.

h) Festlegungen zu den anzuwendenden Prüfverfahren geändert.

i) Festlegungen zur Kennzeichnung geändert.

Frühere Ausgaben

DIN 17100: 1957-10, 1966-09, 1980-01
DIN 17440: 1967-01, 1972-12, 1985-07, 1996-09

Nationaler Anhang NA   (informativ)

Literaturhinweise

DIN EN 10222-1
  Schmiedestücke aus Stahl für Druckbehälter – Teil 1: Allgemeine Anforderungen an Freiformschmiedestücke; Deutsche Fassung EN 10222-1 : 1998

DIN V 17006-100
  Bezeichnungssysteme für Stähle – Zusatzsymbole; Deutsche Fassung CR 10260 : 1998

EUROPÄISCHE NORM
EUROPEAN STANDARD
NORME EUROPÉENNE

EN 10250-1

August 1999

ICS 77.140.85

Deutsche Fassung

Freiformschmiedestücke aus Stahl für allgemeine Verwendung
Teil 1: Allgemeine Anforderungen

Open die steel forgings for general engineering purposes –
Part 1: General requirements

Pièces forgées en acier pour usage général – Partie 1:
Exigences générales

Diese Europäische Norm wurde von CEN am 16. Juli 1999 angenommen.

Die CEN-Mitglieder sind gehalten, die CEN/CENELEC-Geschäftsordnung zu erfüllen, in der die Bedingungen festgelegt sind, unter denen dieser Europäischen Norm ohne jede Änderung der Status einer nationalen Norm zu geben ist.

Auf dem letzten Stand befindliche Listen dieser nationalen Normen mit ihren bibliographischen Angaben sind beim Zentralsekretariat oder bei jedem CEN-Mitglied auf Anfrage erhältlich.

Diese Europäische Norm besteht in drei offiziellen Fassungen (Deutsch, Englisch, Französisch). Eine Fassung in einer anderen Sprache, die von einem CEN-Mitglied in eigener Verantwortung durch Übersetzung in seine Landessprache gemacht und dem Zentralsekretariat mitgeteilt worden ist, hat den gleichen Status wie die offiziellen Fassungen.

CEN-Mitglieder sind die nationalen Normungsinstitute von Belgien, Dänemark, Deutschland, Finnland, Frankreich, Griechenland, Irland, Island, Italien, Luxemburg, Niederlande, Norwegen, Österreich, Portugal, Schweden, Schweiz, Spanien, der Tschechischen Republik und dem Vereinigten Königreich.

CEN

EUROPÄISCHES KOMITEE FÜR NORMUNG
European Committee for Standardization
Comité Européen de Normalisation

Zentralsekretariat: rue de Stassart 36, B-1050 Brüssel

Ref. Nr. EN 10250-1 : 1999 D

Inhalt

Vorwort

Dieser Teil dieser Europäischen Norm wurde vom Technischen Komitee ECISS/TC 28, Schmiedestücke, erstellt, dessen Sekretariat von British Standards Institution (BSI) geführt wird.

Diese Europäische Norm muß den Status einer nationalen Norm erhalten, entweder durch Veröffentlichung eines identischen Textes oder durch Anerkennung bis Februar 2000, und etwaige entgegenstehende nationale Normen müssen bis Februar 2000 zurückgezogen werden.

Diese Europäische Norm wurde im Rahmen eines Mandats, das dem CEN von der Europäischen Kommission und der Europäischen Freihandelszone erteilt wurde, erarbeitet. Diese Europäische Norm wird als eine unterstützende Norm zu anderen Anwendungs- und Produktnormen betrachtet, die selbst eine grundlegende Sicherheitsanforderung einer Richtlinie der Neuen Konzeption unterstützen und auf die vorliegende Europäische Norm normativ verweisen.

Entsprechend der CEN/CENELEC-Geschäftsordnung sind die nationalen Normungsinstitute der folgenden Länder gehalten, diese Europäische Norm zu übernehmen:

Belgien, Dänemark, Deutschland, Finnland, Frankreich, Griechenland, Irland, Island, Italien, Luxemburg, Niederlande, Norwegen, Österreich, Portugal, Schweden, Schweiz, Spanien, die Tschechische Republik und das Vereinigte Königreich.

Die Titel der anderen Teile dieser Europäischen Norm sind:

Teil 2: Unlegierte Qualitäts- und Edelstähle

Teil 3: Legierte Edelstähle

Teil 4: Nichtrostende Stähle

1 Anwendungsbereich

Dieser Teil dieser Europäischen Norm legt die allgemeinen technischen Lieferbedingungen für Freiformschmiedestücke, geschmiedete Stäbe und Erzeugnisse, die vorgeschmiedet und in Ringwalzwerken fertig umgeformt werden, fest. Sie sind für allgemeine Verwendung bestimmt. Allgemeine Angaben über die technischen Lieferbedingungen enthält EN 10021.

2 Normative Verweisungen

Diese Europäische Norm enthält durch datierte oder undatierte Verweisungen Festlegungen aus anderen Publikationen. Diese normativen Verweisungen sind an den jeweiligen Stellen im Text zitiert, und die Publikationen sind nachstehend aufgeführt. Bei datierten Verweisungen

gehören spätere Änderungen oder Überarbeitungen dieser Publikationen nur dann zu dieser Europäischen Norm, falls sie durch Änderung oder Überarbeitung eingearbeitet sind. Bei undatierten Verweisungen gilt die letzte Ausgabe der in Bezug genommenen Publikation.

CR 10260
   Bezeichnungssysteme für Stähle – Zusatzsymbole für Kurznamen (CEN-Report)

CR 10261
   ECISS-Mitteilung 11 – Eisen und Stahl – Überblick von verfügbaren chemischen Analyseverfahren (CEN-Report)

EN 287-1
   Prüfung von Schweißern – Schmelzschweißen – Teil 1: Stahl

EN 288-1
Anforderung und Anerkennung von Schweißverfahren für metallische Werkstoffe – Teil 1: Allgemeine Regeln für das Schmelzschweißen (enthält Änderung A1 : 1997)

EN 288-2
Anforderung und Anerkennung von Schweißverfahren für metallische Werkstoffe – Teil 2: Schweißanweisung für das Lichtbogenschweißen (enthält Änderung A1 : 1997)

EN 288-3
Anforderung und Anerkennung von Schweißverfahren für metallische Werkstoffe – Teil 3: Schweißverfahrensprüfungen für das Lichtbogenschweißen von Stählen (enthält Änderung A1 : 1997)

EN 10002-1
Metallische Werkstoffe – Zugversuch – Teil 1: Prüfverfahren (bei Raumtemperatur) (enthält Änderung AC 1 : 1990)

EN 10003-1
Metallische Werkstoffe – Härteprüfung – Brinell – Teil 1: Prüfverfahren

EN 10020
Begriffsbestimmungen für die Einteilung der Stähle

EN 10021
Allgemeine technische Lieferbedingungen für Stahl und Stahlerzeugnisse

EN 10027-1
Bezeichnungssysteme für Stähle – Teil 1: Kurznamen, Hauptsymbole

EN 10027-2
Bezeichnungssysteme für Stähle – Teil 2: Nummernsystem

EN 10045-1
Metallische Werkstoffe – Kerbschlagbiegeversuch nach Charpy – Teil 1: Prüfverfahren

EN 10052
Begriffe der Wärmebehandlung von Eisenwerkstoffen

EN 10079
Begriffsbestimmungen für Stahlerzeugnisse

prEN 10168
Stahlerzeugnisse – Prüfbescheinigungen – Liste und Beschreibung der Angaben

EN 10204
Metallische Erzeugnisse – Arten von Prüfbescheinigungen (enthält Änderung A1 : 1995)

EN 10228-1
Zerstörungsfreie Prüfung von Schmiedestücken aus Stahl – Teil 1: Magnetpulverprüfung

EN 10228-2
Zerstörungsfreie Prüfung von Schmiedestücken aus Stahl – Teil 2: Eindringprüfung

EN 10228-3
Zerstörungsfreie Prüfung von Schmiedestücken aus Stahl – Teil 3: Ultraschallprüfung von Schmiedestücken aus ferritischem und martensitischem Stahl

EN 10228-4
Zerstörungsfreie Prüfung von Schmiedestücken aus Stahl – Teil 4: Ultraschallprüfung von Schmiedestücken aus austenitischem und austenitisch-ferritischem nichtrostendem Stahl

EN ISO 377
Stahl und Stahlerzeugnisse – Lage und Vorbereitung von Probenabschnitten und Proben für mechanische Prüfungen (ISO 377 : 1997)

EN ISO 3651-2
Bestimmung der Beständigkeit nichtrostender Stähle gegen interkristalline Korrosion – Teil 2: Ferritische, austenitische und austenitisch-ferritische (Duplex-) nichtrostende Stähle – Korrosionsprüfung in Schwefelsäure enthaltenden Medien (ISO 3651-2 : 1998)

3 Definitionen

Für diesen Teil dieser Europäischen Norm gilt die nachstehend angegebene Definition zusätzlich zu den Definitionen in EN 10020, EN 10021, EN 10052, EN 10079 und EN ISO 377.

3.1 Los: Schmiedestücke mit ähnlichen Maßen, aus einer Schmelze, die nach demselben Schmiedeverfahren hergestellt wurden und aus demselben Wärmebehandlungslos stammen. Als „ähnliche Maße" gelten Maße von Schmiedestücken, die sich innerhalb eines Bereiches von ± 10 % der gleichwertigen Dicke bewegen.

4 Einteilung und Bezeichnung

4.1 Einteilung

Die Stähle nach dieser Europäischen Norm sind nach EN 10020 wie folgt eingeteilt:

Teil 2: Unlegierte Qualitäts- und Edelstähle

Teil 3: Legierte Edelstähle

Teil 4: Nichtrostende Stähle

4.2 Bezeichnung

Die Stähle der Teile 2 bis 4 dieser Europäischen Norm sind entsprechend den Festlegungen in EN 10027-1, EN 10027-2 und CR 10260 bezeichnet.

5 Erforderliche Bestellangaben

5.1 Verbindliche Angaben

Der Besteller hat Stahlsorte, Form und Maße der Schmiedestücke unter Berücksichtigung des vorgesehenen Einsatzgebietes auszuwählen.

Der Besteller hat in seiner Bestellung alle Angaben zu machen, die für die Beschreibung der Schmiedestücke und ihrer Merkmale und Einzelheiten erforderlich sind, sowie die über die Lieferung betreffende Einzelheiten einschließlich folgender Angaben:

a) Anzahl der benötigten Schmiedestücke;

b) Maße der Schmiedestücke oder Nummer(n) der Zeichnung(en) mit Angaben über die Maße, Grenzabmaße und Formtoleranzen und die Oberflächenbeschaffenheit, mit denen die Schmiedestücke zu liefern sind;

c) Stahlbezeichnung (Kurzname oder Werkstoffnummer) des Werkstoffes, aus dem die Schmiedestücke zu fertigen sind (siehe 4.2);

d) ob der Besteller besondere Anforderungen an den Warmumformungsprozeß stellt oder Angaben über das Schmiedeverfahren benötigt (siehe A.2 und A.3);

e) ob Produktion und Prüfung der Schmiedestücke durch einen Vertreter des Bestellers abzunehmen sind und, soweit dies zutrifft, die einzelnen Abschnitte in der Produktion und Prüfung, für die der Vertreter des Bestellers seine Anwesenheit fordern kann (siehe Abschnitt 14);

f) alle erforderlichen Optionen (siehe 5.2 und Anhang A);

g) soweit erforderlich, die Art der Prüfbescheinigung nach EN 10204.

5.2 Optionen

Eine Reihe von Optionen ist festgelegt, die in Anhang A eingehend beschrieben werden. Wird von diesen Optionen zum Zeitpunkt der Anfrage und Bestellung Gebrauch gemacht, so müssen die Schmiedestücke die entsprechenden Anforderungen zusätzlich zu den verbindlichen Anforderungen dieser Europäischen Norm erfüllen.

Wenn der Besteller zum Zeitpunkt der Anfrage und Bestellung keine dieser Optionen festlegt, hat der Hersteller nach den Grundfestlegungen zu liefern.

6 Stahlherstellung

6.1 Stahlherstellungsverfahren

Der Stahl ist nach einem elektrischen Schmelzverfahren oder einem Sauerstoffblasverfahren herzustellen (siehe A.1).

6.2 Desoxidation

Die Stähle müssen vollberuhigt sein.

7 Herstellung der Schmiedestücke

7.1 Warmumformung

Die Wahl des Warmumformverfahrens bleibt dem Hersteller überlassen (siehe A.2).

7.2 Verschmiedungsgrad

Bei der Herstellung der Schmiedestücke ist auf einen ausreichenden Verschmiedungsgrad zu achten, um für das Schmiedestück eine vollständige Verdichtung und Beseitigung des Gußgefüges sicherzustellen (siehe A.3).

7.3 Wärmebehandlung

Die Schmiedestücke sind nach den Festlegungen des entsprechenden Teils der EN 10250 wärmezubehandeln, soweit zum Zeitpunkt der Anfrage und Bestellung nichts anderes vereinbart wurde.

7.4 Schweißeignung

Die Stähle nach dieser Europäischen Norm werden grundsätzlich als schweißbar angesehen. Schweißungen müssen in Übereinstimmung mit EN 287 und EN 288 ausgeführt werden.

8 Oberflächenbeschaffenheit und innere Beschaffenheit

8.1 Allgemeines

Die Schmiedestücke müssen dicht und frei von solchen Seigerungen, Rissen, Dopplungen oder anderen Fehlern sein, die ihre Verwendung für den beabsichtigten Einsatzzweck ausschließen (siehe auch A.4, A.5 und A.6).

8.2 Entfernung von Oberflächenfehlern

8.2.1 Übereinstimmung mit 8.1

Vor dem Versand oder der Abnahme der Schmiedestücke sind Oberflächenfehler zu entfernen, damit die Anforderungen nach 8.1 erfüllt werden.

8.2.2 Spanende Bearbeitung und/oder Schleifen

Oberflächenfehler sind durch spanende Bearbeitung und/oder Schleifen so zu entfernen, daß die unteren Grenzabmaße eingehalten werden und die entstehenden Vertiefungen die verbleibende Oberfläche nicht unterschneiden. Wird bei den Maßen der zulässige Mindestwert unterschritten, darf die dann notwendige Reparatur nur nach Vereinbarung mit dem Besteller ausgeführt werden.

8.2.3 Spanen und/oder Schleifen und Wiederherstellung der Oberfläche durch Schweißen

Wenn der Besteller einer Oberflächenreparatur durch Schweißen vor Reparaturausführung zugestimmt hat, können die Zulässigkeitskriterien überschreitende Oberflächenfehler durch spanende Bearbeitung und/oder Schleifen mit anschließender Wiederherstellung der Oberfläche durch Schweißen und Glätten der Schweißung beseitigt werden. Bei allen Schweißprozessen sind die Festlegungen in EN 287-1 sowie EN 288-1, EN 288-2 und EN 288-3 zu beachten.

8.3 Maße, Form, Grenzabmaße und Formtoleranzen sowie Nennmasse

Maße und Form des Erzeugnisses müssen den in der Bestellung festgelegten Grenzabmaßen und Formtoleranzen genügen.

Bei Berechnungen der Nennmasse des Erzeugnisses ist von folgenden Dichtewerten auszugehen:
- unlegierte und legierte Stähle in den Teilen EN 10250-2 und EN 10250-3 $7{,}85 \ \text{kg/dm}^3$
- austenitische nichtrostende CrNi-Stähle in EN 10250-4 $7{,}9 \ \text{kg/dm}^3$
- austenitische nichtrostende CrNiMo-Stähle in EN 10250-4 $8{,}0 \ \text{kg/dm}^3$

8.4 Vereinbarkeit mit der zerstörungsfreien Prüfung (ZfP)

Die vereinbarten Anforderungen an die Oberflächenbeschaffenheit müssen mit den Anforderungen in den herangezogenen ZfP-Normen (Reihe EN 10228) vereinbar sein.

9 Chemische Zusammensetzung

9.1 Schmelzenanalyse

Die mittels Schmelzenanalyse bestimmte chemische Zusammensetzung des Stahles muß den in dem entsprechenden Teil der EN 10250 festgelegten Anforderungen entsprechen.

Elemente, die in den Tabellen der chemischen Zusammensetzung im entsprechenden Teil der EN 10250 nicht angegeben sind, dürfen ohne Zustimmung des Bestellers nicht absichtlich zugegeben werden (siehe A.7 und A.8). Ausgenommen hiervon sind Zugaben zum Fertigbehandeln der Schmelze.

9.2 Stückanalyse (Option)

Soweit erforderlich und durch den Besteller festgelegt, ist anstelle der Schmelzenanalyse eine Stückanalyse durchzuführen und ihr Ergebnis mitzuteilen (siehe A.9). Die Ergebnisse einer Stückanalyse an Proben, die in Übereinstimmung mit Abschnitt 11 entnommen und vorbereitet wurden, dürfen von den für die Schmelzenanalyse festgelegten Grenzwerten um nicht mehr als die in der jeweiligen Tabelle des entsprechenden Teils der EN 10250 angegebenen Werte abweichen (siehe Optionen A.9 bis A.11).

10 Mechanische Eigenschaften

Die mechanischen Eigenschaften, die an in Übereinstimmung mit den Anforderungen der Abschnitte 11 und 12 ausgewählten, vorbereiteten und geprüften Proben ermittelt wurden, müssen den in dem entsprechenden Teil der EN 10250 festgelegten Werten genügen.

Einzelheiten über die Auswertung von Kerbschlagbiegeversuchen auf der Grundlage eines sequentiellen Verfahrens werden unter 8.3 in EN 10021 angegeben. Der Durchschnittswert für die Charpy-Kerbschlagarbeit, der in drei Versuchen bei Raumtemperatur ermittelt wurde, darf nicht niedriger sein als der in dem entsprechenden Teil der EN 10250 für den zutreffenden maßgeblichen Grenzquerschnitt (siehe Anhang B) des jeweiligen Stahles festgelegte Wert. Nur ein Einzelwert darf niedriger sein als der festgelegte Wert, aber 70 % dieses festgelegten Wertes nicht unterschreiten.

Kerbschlagbiegeversuche bei Temperaturen unterhalb der Raumtemperatur können festgelegt werden (siehe A.12).

11 Probenahme und Probenvorbereitung

11.1 Allgemeines

Die Mindestanzahl der Proben ist in Übereinstimmung mit 11.2 und 11.3 entsprechend der Masse und/oder Größe des Schmiedestücks zu wählen.

Für die Probenahme können Schmiedestücke bis zu der in Tabelle 1 angegebenen maximalen Stückmasse in Lose eingeteilt werden.

Tabelle 1: Höchstmasse je Fertigerzeugnis und je Los

Höchstmasse je Fertigerzeugnis, kg	10 000
Höchstmasse je Los, kg	35 000
Größte Stückzahl je Los	50

11.2 Probenahmeverfahren

11.2.1 Allgemeines

Probenabschnitte sind auf folgende Weise zu entnehmen:

a) bei kleinen Schmiedestücken (bis zu 1 000 kg) – soweit dies mit dem Besteller vereinbart wurde – als separat geschmiedete Probenabschnitte, die aus den Stäben, Halbzeug oder Blöcken geschmiedet wurden, aus denen auch das Schmiedestück gefertigt wurde. Die Probenabschnitte müssen nominell denselben Verschmiedungsgrad und dieselbe gleichwertige Dicke aufweisen, wie der maßgebliche Querschnitt des entsprechenden Schmiedestücks, das sie repräsentieren, wie in Anhang B definiert;

b) aus Verlängerungen an den Schmiedestücken, die einen Durchmesser oder Querschnitt haben, der annähernd jenem des maßgeblichen Querschnitts des Schmiedestücks zum Zeitpunkt der Wärmebehandlung entspricht (siehe Anhang B). Integrierte Probenabschnitte dürfen vom Schmiedestück nicht getrennt werden, bevor die Wärmebehandlung vollständig abgeschlossen ist.

c) aus zusätzlichen Schmiedestücken.

11.2.2 Separate Probenabschnitte oder zusätzliche Schmiedestücke

Separate Probenabschnitte oder zusätzliche Schmiedestücke sind mit dem Schmiedestück oder Los wärmezubehandeln, das sie repräsentieren.

11.2.3 Schmiedestücke bis 1 000 kg Masse (≤ 5 m Länge)

Es sind Probenabschnitte nach 11.2.1 a), 11.2.1 b) oder 11.2.1 c) vorzusehen.

11.2.4 Schmiedestücke im Massebereich von 1 000 kg bis 4 000 kg (≤ 5 m Länge)

Es sind Probenabschnitte nach 11.2.1 b) oder 11.2.1 c) vorzusehen. An einem Ende des zu beprobenden Schmiedestücks ist ein Probenabschnitt zu entnehmen.

11.2.5 Schmiedestücke mit mehr als 4 000 kg Masse oder mehr als 5 m Länge (beliebige Masse)

Es sind Probenabschnitte nach 11.2.1 b) oder 11.2.1 c) vorzusehen. An beiden Enden des zu beprobenden Schmiedestücks ist ein Probenabschnitt zu entnehmen.

Bei Schmiedestücken, deren Durchmesser größer ist als ihre Achslänge – wie bei Scheiben oder Ringen –, sind Probenabschnitte durch Vergrößerung des Außendurchmessers, der Länge oder der Dicke der Schmiedestücke oder durch Verminderung ihres Innendurchmessers – wie jeweils anwendbar – vorzusehen.

11.3 Probenvorbereitung

Die Probenabschnitte sind im Abstand $t/4$ von der wärmebehandelten Oberfläche (mindestens 20 mm, maximal 80 mm) sowie $t/2$ von den Schmiedestücks zu entnehmen (dabei ist t die gleichwertige Dicke (t_{cq}) oder die Dicke des maßgeblichen Querschnitts (t_R) des Schmiedestücks zum Zeitpunkt der Wärmebehandlung, siehe Anhang B).

Schmiedestücke mit integriertem Probenabschnitt sind mit einer Pufferung zu versehen, deren Höhe mindestens $t/2$ (maximal 90 mm) erreicht. Diese Pufferung, deren Breite mindestens gleich t sein muß, ist vor der Wärmebehandlung an das Teil anzuschweißen.

Die Probenrichtung muß auf folgende Weise gewählt werden:

– quer zur Kornstreckung für Hohlzylinder-Schmiedestücke und geschmiedete Stäbe ≥ 160 mm Durchmesser;

– parallel zur Kornstreckung für geschmiedete Stäbe < 160 mm Durchmesser;

– quer zur Kornstreckung für sonstige Erzeugnisse, wobei die Kornstreckung durch Ätzen oder an Hand des Schmiedeverfahrens zu bestimmen ist.

Auf Anforderung des Bestellers zum Zeitpunkt der Anfrage und Bestellung sind zusätzliche Versuche mit abweichenden Richtungen und Positionen durchzuführen.

Aus jedem Probenabschnitt sind folgende Proben zu fertigen:

a) eine Probe für den Zugversuch, die hinsichtlich Typ und Maßen die Anforderungen der EN 10002-1 erfüllt.

b) soweit in der Spezifikation verlangt, drei Kerbschlagbiegeproben nach EN 10045-1. Die Kerbachse muß zur nahegelegensten Oberfläche des Schmiedestücks senkrecht orientiert sein.

12 Mechanische Prüfverfahren

12.1 Allgemeines

Soweit dies nach EN 10250-2, -3 und -4 gefordert wird, sind die Prüfungen nach den folgenden Verfahren durchzuführen.

12.2 Härteprüfung

Die Härteprüfung ist nach EN 10003-1 durchzuführen.

12.3 Zugversuch

Zugversuche bei Raumtemperatur sind nach EN 10002-1 durchzuführen.

12.4 Kerbschlagbiegeversuch

Kerbschlagbiegeversuche sind bei der festgelegten Temperatur nach EN 10045-1 durchzuführen (siehe A.13).

12.5 Prüfung auf interkristalline Korrosion

Siehe A.14.

13 Wiederholungsprüfungen und Wiederholung der Wärmebehandlung

13.1 Wiederholungsprüfungen

Wiederholungsprüfungen sind nach EN 10021 durchzuführen.

13.2 Wiederholung der Wärmebehandlung

Der Hersteller hat das Recht, Material beliebiger Art, einschließlich jenes Materials, bei dem bereits eine Nichterfüllung der Prüfanforderungen festgestellt wurde, einer erneuten Wärmebehandlung zu unterziehen und es danach wiederum zur Prüfung bereitzustellen. Für kein Schmiedestück darf jedoch die Wärmebehandlung mehr als zweimal wiederholt werden.

14 Prüfung

Die Prüfung ist in Übereinstimmung mit den Vorgaben in EN 10021 durchzuführen.

Dem Besteller ist eine Prüfbescheinigung für spezifische Prüfung nach EN 10204 zu liefern. Ein Abnahmeprüfzeugnis 3.1.B ist zu liefern, soweit nicht zum Zeitpunkt der Anfrage und Bestellung eine andere Prüfbescheinigung wie 3.1.A, 3.1.C oder 3.2 verlangt wurde. Die Prüfbescheinigung muß inhaltlich die Anforderungen von prEN 10168 erfüllen und folgende Angaben enthalten:

a) Nummer des entsprechenden Teils der EN 10250 und die Stahlbezeichnung (Kurzname oder Werkstoffnummer);

b) Referenznummer jedes Schmiedestücks;

c) Stahlherstellungsverfahren;

d) Schmelzenanalyse mit allen festgelegten Elementen;

e) Gehalt an Begleitelementen, soweit gefordert;

f) Einzelheiten der Wärmebehandlung, der die Schmiedestücke unterzogen wurden;

g) die mechanischen Eigenschaften bei Raumtemperatur, die nach den Anforderungen dieser Europäischen Norm bestimmt wurden, und die Ergebnisse aller optionalen Prüfungen;

h) Ergebnisse der zerstörungsfreien Prüfungen;

i) Einzelheiten der vereinbarten zusätzlichen Prüfungen und ihre Ergebnisse;

j) ob Reparaturen durchgeführt wurden (siehe 8.2). Die Lage derartiger Reparaturen ist auf den Zeichnungen und/oder den Schmiedestücken selbst deutlich zu kennzeichnen.

15 Kennzeichnung

15.1 Jedes Schmiedestück oder – wenn zweckmäßig – jedes Los von Schmiedestücken ist lesbar zu kennzeichnen mit:

a) dem Namen oder Kennzeichen des Herstellers;

b) der Referenznummer oder anderen Identifizierungskennzeichen, die eine Zuordnung zum Herstellerzertifikat gestatten;

c) dem Kennzeichen des Abnahmebeauftragten, soweit erforderlich (siehe Abschnitt 14).

ANMERKUNG: Durch direkte oder indirekte Kennzeichnung eines Erzeugnisses mit EN 10250 erhebt der Hersteller den Anspruch, das Erzeugnis nach den Anforderungen dieser Europäischen Norm hergestellt zu haben. Wie exakt dieser Anspruch erfüllt wird, liegt daher allein in der Verantwortung des Herstellers.

15.2 Die Kennzeichnung hat an der in der Schmiedestückzeichnung angegebenen Stelle oder, soweit in der Zeichnung nicht angegeben, nach Wahl des Lieferers zu erfolgen.

15.3 Ist Stempeln nicht zulässig, hat die Kennzeichnung mit Farbe zu erfolgen (siehe A.15).

15.4 Für kleine Schmiedestücke, die in Behältern geliefert werden, können die nach 15.1 zu liefernden Angaben durch Kennzeichnung auf dem Behälter oder auf einem sicher an dem Transportbehälter befestigten Anhänger gemacht werden.

Anhang A (normativ)

Optionen

A.1 Stahlherstellungsverfahren

Alle besonderen Anforderungen an das Stahlherstellungs-verfahren und vom Besteller dazu benötigte Angaben sind zum Zeitpunkt der Anfrage und Bestellung anzuzeigen.

A.2 Warmumformung

Beim Warmumformungsverfahren und – soweit vereinbart – beim Warmumformgrad sind alle zum Zeitpunkt der Anfrage und Bestellung getroffenen besonderen Verein-barungen einzuhalten.

A.3 Verschmiedungsgrad

Der Besteller kann Angaben über das Schmiedeverfahren und den berechneten Verschmiedungsgrad verlangen.

A.4 Ultraschallprüfung

Die Ultraschallprüfung ist nach EN 10228-3 oder nach EN 10228-4 durchzuführen. Die Zulässigkeitskriterien sind zum Zeitpunkt der Anfrage und Bestellung zu vereinbaren. Die Anzahl der zu prüfenden Schmiedestücke ist nach Vereinbarung zwischen Besteller und Lieferer entweder auf der Grundlage statistischer Prüfung festzulegen, oder es ist eine 100 %ige Prüfung durchzuführen.

A.5 Magnetpulverprüfung

Die Magnetpulverprüfung ist nach EN 10228-1 durchzu-führen. Die Zulässigkeitskriterien sind zum Zeitpunkt der Anfrage und Bestellung zu vereinbaren. Die Anzahl der zu prüfenden Schmiedestücke ist nach Vereinbarung zwischen Besteller und Lieferer entweder auf der Grund-lage statistischer Prüfung festzulegen, oder es ist eine 100 %ige Prüfung durchzuführen.

A.6 Eindringprüfung

Die Eindringprüfung ist nach EN 10228-2 durchzuführen. Die Zulässigkeitskriterien sind zum Zeitpunkt der Anfrage und Bestellung zu vereinbaren. Die Anzahl der zu prüfenden Schmiedestücke ist nach Vereinbarung zwischen Besteller und Lieferer entweder auf der Grundlage statistischer Prüfung festzulegen, oder es ist eine 100 %ige Prüfung durchzuführen.

A.7 Angabe der Spurenelemente

Die im Auftrag festgelegten Spurenelemente sind im Herstellerzertifikat anzugeben.

A.8 Grenzwerte für Spurenelemente

Für nichtspezifizierte Spurenelemente sind nach Verein-barung zwischen Besteller und Hersteller Grenzwerte festgelegt.

A.9 Stückanalyse

Eine Stückanalyse, wobei die Anzahl der entsprechenden Proben durch den Besteller festgelegt wird, ist durchzu-führen. Die Proben sind entweder den für den Nachweis der mechanischen Eigenschaften verwendeten Probe-stücken oder aus Bohrungen an den gleichen Stellen zu entnehmen (siehe auch A.10 und A.11).

A.10 Stückanalyse von einer anderen Stelle

Eine Stückanalyse ist für eine andere Stelle als in A.9 ange-geben durchzuführen. Diese Stelle ist ebenso zwischen Besteller und Hersteller zu vereinbaren wie die unter Berücksichtigung der Heterogenität des Erzeugnisses zu-lässigen Analysenabweichungen (siehe auch A.11).

A.11 Strittige Fälle bei der Stückanalyse

In strittigen Fällen ist die Stückanalyse nach den Anforde-rungen an die Analyseverfahren durchzuführen, die in den in CR 10261 aufgelisteten Europäischen Normen festge-legt sind.

A.12 Kerbschlagbiegeversuch bei Tempera-turen unterhalb der Raumtemperatur

Kerbschlagbiegeversuche bei Temperaturen unterhalb der Raumtemperatur (siehe Abschnitt 10) sind festgelegt. Die jeweiligen Prüftemperaturen und die zu erreichenden Werte sind zum Zeitpunkt der Anfrage und Bestellung zu vereinbaren. Die Charpy-V-Kerbschlagbiegeversuche sind nach EN 10045-1 durchzuführen.

A.13 Charpy-U-Kerbschlagbiegeversuche

Für austenitische nichtrostende Stähle sind Charpy-U-Kerb-schlagbiegeversuche nach EN 10045-1 durchzuführen. Die geforderten Werte sind zum Zeitpunkt der Anfrage und Bestellung festzulegen.

A.14 Prüfung auf interkristalline Korrosion

Zur Prüfung auf Anfälligkeit für interkristalline Korrosion ist ein Biegeversuch nach EN ISO 3651-2 (soweit in der Be-stellung nichts anderes festgelegt wurde) durchzuführen. Für jede Schmelze oder jedes Wärmebehandlungslos ist für das Schmiedestück mit der größten gleichwertigen Dicke des Loses ein Versuch durchzuführen.

A.15 Farbkennzeichnung

Ist Prägemarkieren nicht zugelassen, so ist eine dauer-hafte Farbkennzeichnung in einem im Hinblick auf den Stahl neutralen Anstrichstoff vorzunehmen. Beschränkun-gen hinsichtlich der Zusammensetzung des Anstrichstoffes sind durch den Besteller zum Zeitpunkt der Anfrage und Bestellung festzulegen.

ANMERKUNG: Bei der Wahl des Anstrichstoffs sollten gesetzliche Vorschriften der EU-Kommission oder nationale Vorschriften berücksichtigt werden.

Anhang B   (informativ)

Maßgeblicher Querschnitt und gleichwertige Dicke

B.1   Allgemeines

Dieser Anhang umfaßt Definitionen für die Begriffe „Maßgeblicher Querschnitt", „Dicke des maßgeblichen Querschnitts" (t_R) und „Gleichwertige Dicke" (t_{eq}) und erläutert Verfahren zur Bestimmung von t_{eq}.

B.2   Definitionen

B.2.1   Maßgeblicher Querschnitt

Jener Querschnitt, für den die mechanischen Eigenschaften festgelegt sind.

B.2.2   Dicke des maßgeblichen Querschnitts t_R

Dicke eines rechteckigen Querschnitts mit einem Verhältnis Breite zu Dicke von ≥ 2 und einem Verhältnis Länge zu Dicke von ≥ 4, wobei beide Verhältniswerte gleichzeitig gelten.

B.2.3   Gleichwertige Dicke t_{eq}

Jene Dicke eines Querschnitts der Form X, für die die gleichen Eigenschaften wie für die Dicke t_R des maßgeblichen Querschnitts erwartet werden können, wenn die gleichen Bedingungen für Wärmebehandlung, Probenahme und Prüfungen eingehalten werden.

B.3   Bestimmung der gleichwertigen Dicke

B.3.1   Normalgeglühter und normalgeglühter und angelassener Zustand

Im normalgeglühten und im normalgeglühten und angelassenen Zustand sind gleichwertige Dicke t_{eq} und Dicke des maßgeblichen Querschnitts t_R gleich.

B.3.2   Vergüteter Zustand

Dickenwerte, die jenen gleichwertig sind, die in den Tabellen für die mechanischen Eigenschaften der Teile 2 und 3 dieser Europäischen Norm angegeben werden, sind, soweit zum Zeitpunkt der Anfrage und Bestellung nichts anderes vereinbart wurde, aus Tabelle B.1 zu entnehmen (siehe B.3.3).

B.3.3   Komplexe Schmiedestücke im vergüteten Zustand

Ist für die Querschnittsform des bestellten Erzeugnisses keine gleichwertige Dicke in Tabelle B.1 angegeben, so ist der Dickenbereich aus Tabelle 1 in Teil 2 oder Teil 3 dieser Europäischen Norm, der für den entsprechenden Querschnitt anwendbar ist, zum Zeitpunkt der Anfrage und Bestellung zu vereinbaren (siehe auch 5.1.b)).

Tabelle B.1: Gleichwertige Dicke für Querschnitte mit vom maßgeblichen Querschnitt abweichender Form

Maße in mm

Dicke des maßgeblichen Querschnitts*) t_R $\frac{b}{t_R} \geq 2; \frac{l}{t_R} \geq 4$	Stäbe runder Querschnitt $t_{eq} \approx 1,5\,t_R$	Stäbe rechteckiger Querschnitt $1 \leq \frac{b}{t_{eq}} \leq 2$ $t_{eq} \approx 1,2\,t_R$	Scheiben $(D_0 - D_i) \geq 2\,t_{eq}$ $D_i \leq 200$ mm $t_{eq} = t_R$	Ringe $h > t_{eq}$ $D_i > 200$ mm $t_{eq} = t_R$	Zyl. Hohlprofile beids. offen $D_i > 200$ mm $t_{eq} = t_R$	Zyl. Hohlprofile beids. offen $80 \leq D_i \leq 200$ mm $t_{eq} \approx 0,85$	Zyl. Hohlprofile beids. offen $D_i < 80$ mm $t_{eq} \approx 0,75\,t_R$	Zyl. Hohlprofile einseitig/beidseitig geschlossen $t_{eq} \approx 0,6\,t_R$	Sonstige Querschnitte
16	25	20	16	16	16	15	12	10	nach Vereinbarung (siehe B.3.2)
35	50	40	35	35	35	30	25	20	
50	75	60	50	50	50	40	35	30	
70	100	80	70	70	70	55	50	40	
100	150	120	100	100	100	85	75	60	
130	200	160	130	130	130	115	100	80	
160	250	200	160	160	160	140	125	100	
200	300	250	200	200	200	170	150	120	
250	375	300	250	250	250	210	180	150	
330	500	400	330	330	330	280	250	200	
400	600	480	400	400	400	340	300	240	
500	750	600	500	500	500	425	375	300	

Gleichwertige Dicke t_{eq} in mm für

*) Angegeben sind die Dickenwerte aus den Tabellen für die mechanischen Eigenschaften in EN 10250-2 und -3 für den maßgeblichen Querschnitt, d. h. für einen rechteckigen Querschnitt mit einem Verhältnis Breite zu Dicke von ≥ 2 und einem Verhältnis Länge zu Dicke von ≥ 4, wobei beide Werte gleichzeitig gelten.

Dezember 1999

	Freiformschmiedestücke aus Stahl für allgemeine Verwendung Teil 2: Unlegierte Qualitäts- und Edelstähle Deutsche Fassung EN 10250-2 : 1999	**DIN** EN 10250-2

ICS 77.140.45; 77.140.85

Open die steel forgings for general engineering purposes – Part 2: Non-alloy quality and special steels;
German version EN 10250-2 : 1999
Pièces forgées en acier pour usage général – Partie 2: Aciers de qualité non alliés et aciers spéciaux;
Version allemande EN 10250-2 : 1999

Mit DIN EN 10250-1 : 1999-12
Ersatz für die im Januar 1991
zurückgezogene Norm
DIN 17100 : 1980-01

Die Europäische Norm EN 10250-2 : 1999 hat den Status einer Deutschen Norm.

Nationales Vorwort

Die Europäische Norm EN 10250-2 wurde vom Technischen Komitee (TC) 28 „Schmiede-stücke" (Sekretariat: Vereinigtes Königreich) des Europäischen Komitees für die Eisen- und Stahlnormung (ECISS) erstellt.

Das zuständige deutsche Normungsgremium ist der Arbeitsausschuß 10 „Schmiede-stücke" des Normenausschusses Eisen und Stahl (FES).

Die vorliegende Norm enthält die Anforderungen an die chemische Zusammensetzung, die mechanischen Eigenschaften bei Raumtemperatur und die Wärmebehandlung von Schmiedestücken aus unlegierten Baustählen für allgemeine Verwendung.

DIN 17100 ist im Januar 1991 zurückgezogen worden. In den Nachfolgenormen DIN EN 10025 : 1991 und DIN EN 10025 : 1994 wird aber empfohlen, DIN 17100 : 1980-01 weiter zu verwenden, bis eine entsprechende Norm für Schmiedestücke verfügbar ist.

Fortsetzung Seite 2
und 7 Seiten EN

Normenausschuß Eisen und Stahl (FES) im DIN Deutsches Institut für Normung e.V.

Änderungen

Gegenüber der im Januar 1991 zurückgezogenen Norm DIN 17100 : 1980-01 wurden folgende Änderungen vorgenommen:

a) Anforderungen an Schmiedestücke aus unlegierten Vergütungsstählen aufgenommen (legierte Vergütungsstähle – siehe DIN EN 10250-3).

b) Allgemeine Anforderungen an Freiformschmiedestücke ausgegliedert (siehe DIN EN 10250-1).

c) Entfallen sind die folgenden Stahlsorten:

St 33 (1.0035), St 37-2 (1.0037), USt 37-2 (1.0036), St 44-2 (1.0044), St 44-3 (1.0144), St 50-2 (1.0050), St 60-2 (1.0060) und St 70-2 (1.0070).

d) Zusätzlich aufgenommen wurden aus DIN EN 10083-1 sechs unlegierte Edelstähle und aus DIN EN 10083-2 neun unlegierte Qualitätsstähle sowie zusätzlich die Stahlsorte 20Mn5 (1.1133).

e) Kurznamen teilweise geändert; die bisherigen Werkstoffnummern wurden aber unverändert beibehalten.

f) Festlegungen für chemische Zusammensetzung, mechanische Eigenschaften und Wärmebehandlung überarbeitet.

Frühere Ausgaben

DIN 17100: 1957-10, 1966-09, 1980-01

Nationaler Anhang NA   (informativ)

Literaturhinweise

DIN EN 10025
   Warmgewalzte Erzeugnisse aus unlegierten Baustählen – Technische Lieferbedingungen (enthält Änderung A1 : 1993); Deutsche Fassung EN 10025 : 1990 + A1 : 1993

DIN EN 10083-1
   Vergütungsstähle – Teil 1: Technische Lieferbedingungen für Edelstähle (enthält Änderung A1 : 1996); Deutsche Fassung EN 10083-1 : 1996 + A1 : 1996

DIN EN 10083-2
   Vergütungsstähle – Teil 2: Technische Lieferbedingungen für unlegierte Qualitätsstähle (enthält Änderung A1 : 1996); Deutsche Fassung EN 10083-2 : 1991 + A1 : 1996

DIN EN 10250-1
   Freiformschmiedestücke aus Stahl für allgemeine Verwendung – Teil 1: Allgemeine Anforderungen; Deutsche Fassung EN 10250-1 : 1999

DIN EN 10250-3
   Freiformschmiedestücke aus Stahl für allgemeine Verwendung – Teil 3: Legierte Edelstähle; Deutsche Fassung EN 10250-3 : 1999

EUROPÄISCHE NORM
EUROPEAN STANDARD
NORME EUROPÉENNE

EN 10250-2

Oktober 1999

ICS 77.140.45; 77.140.85

Deutsche Fassung

Freiformschmiedestücke aus Stahl für allgemeine Verwendung
Teil 2: Unlegierte Qualitäts- und Edelstähle

Open die steel forgings for general engineering purposes
– Part 2: Non-alloy quality and special steels

Pièces forgées en acier pour usage général – Partie 2: Aciers de qualité non alliés et aciers spéciaux

Diese Europäische Norm wurde von CEN am 9. September 1999 angenommen.

Die CEN-Mitglieder sind gehalten, die CEN/CENELEC-Geschäftsordnung zu erfüllen, in der die Bedingungen festgelegt sind, unter denen dieser Europäischen Norm ohne jede Änderung der Status einer nationalen Norm zu geben ist.

Auf dem letzten Stand befindliche Listen dieser nationalen Normen mit ihren bibliographischen Angaben sind beim Zentralsekretariat oder bei jedem CEN-Mitglied auf Anfrage erhältlich.

Diese Europäische Norm besteht in drei offiziellen Fassungen (Deutsch, Englisch, Französisch). Eine Fassung in einer anderen Sprache, die von einem CEN-Mitglied in eigener Verantwortung durch Übersetzung in seine Landessprache gemacht und dem Zentralsekretariat mitgeteilt worden ist, hat den gleichen Status wie die offiziellen Fassungen.

CEN-Mitglieder sind die nationalen Normungsinstitute von Belgien, Dänemark, Deutschland, Finnland, Frankreich, Griechenland, Irland, Island, Italien, Luxemburg, Niederlande, Norwegen, Österreich, Portugal, Schweden, Schweiz, Spanien, der Tschechischen Republik und dem Vereinigten Königreich.

CEN

EUROPÄISCHES KOMITEE FÜR NORMUNG
European Committee for Standardization
Comité Européen de Normalisation

Zentralsekretariat: rue de Stassart 36, B-1050 Brüssel

Ref. Nr. EN 10250-2 : 1999 D

Inhalt

Vorwort

Dieser Teil dieser Europäischen Norm wurde vom Technischen Komitee ECISS/TC 28, Schmiedestücke, erstellt, dessen Sekretariat von British Standards Institution (BSI) geführt wird.

Diese Europäische Norm wurde im Rahmen eines Mandats, das dem CEN von der Europäischen Kommission und der Europäischen Freihandelszone erteilt wurde, erarbeitet. Diese Europäische Norm wird als eine unterstützende Norm zu anderen Anwendungs- und Produktnormen betrachtet, die selbst eine grundlegende Sicherheitsanforderung einer Richtlinie der Neuen Konzeption unterstützen und auf die vorliegende Europäische Norm normativ verweisen.

Diese Europäische Norm muß den Status einer nationalen Norm erhalten, entweder durch Veröffentlichung eines identischen Textes oder durch Anerkennung bis April 2000, und etwaige entgegenstehende nationale Normen müssen bis April 2000 zurückgezogen werden.

Entsprechend der CEN/CENELEC-Geschäftsordnung sind die nationalen Normungsinstitute der folgenden Länder gehalten, diese Europäische Norm zu übernehmen:

Belgien, Dänemark, Deutschland, Finnland, Frankreich, Griechenland, Irland, Island, Italien, Luxemburg, Niederlande, Norwegen, Österreich, Portugal, Schweden, Schweiz, Spanien, die Tschechische Republik und das Vereinigte Königreich.

Die Titel der anderen Teile dieser Europäischen Norm sind:

Teil 1: Allgemeine Anforderungen

Teil 3: Legierte Edelstähle

Teil 4: Nichtrostende Stähle

1 Anwendungsbereich

1.1 Dieser Teil dieser Europäischen Norm legt die technischen Lieferbedingungen für Freiformschmiedestücke, geschmiedete Stäbe sowie für vorgeschmiedete und in Ringwalzwerken fertigumgeformte Erzeugnisse fest, die aus unlegierten Qualitäts- und Edelstählen gefertigt und im normalgeglühten, im normalgeglühten und angelassenen, im vergüteten oder im weichgeglühten Zustand geliefert werden.

ANMERKUNG: Die meisten Stähle, die in diesem Teil der EN 10250 mit Eigenschaften im vergüteten Zustand für bis zu 160 mm Dicke aufgeführt sind, sind mit Stählen identisch, die in EN 10083-1 und -2 festgelegt sind. Umfassendere Angaben über die Härtbarkeit und technologische Eigenschaften werden in jenen Europäischen Normen gemacht.

Allgemeine Angaben über die technischen Lieferbedingungen enthält EN 10021.

2 Normative Verweisungen

Diese Europäische Norm enthält durch datierte oder undatierte Verweisungen Festlegungen aus anderen Publikationen. Diese normativen Verweisungen sind an den jeweiligen Stellen im Text zitiert, und die Publikationen sind nachstehend aufgeführt. Bei datierten Verweisungen gehören spätere Änderungen oder Überarbeitungen dieser Publikationen nur dann zu dieser Europäischen Norm, falls sie durch Änderung oder Überarbeitung eingearbeitet sind. Bei undatierten Verweisungen gilt die letzte Ausgabe der in Bezug genommenen Publikation.

EN 10003-1
    Metallische Werkstoffe – Härteprüfung – Brinell – Teil 1: Prüfverfahren

EN 10021
    Allgemeine technische Lieferbedingungen für Stahl und Stahlerzeugnisse

EN 10083-1
    Vergütungsstähle – Teil 1: Technische Lieferbedingungen für Edelstähle (enthält Änderung A1 : 1996)

EN 10083-2
    Vergütungsstähle – Teil 2: Technische Lieferbedingungen für unlegierte Qualitätsstähle (enthält Änderung A1 : 1996)

EN 10250-1
    Freiformschmiedestücke aus Stahl für allgemeine Verwendung – Teil 1: Allgemeine Anforderungen

3 Chemische Zusammensetzung

3.1 Schmelzenanalyse

Die chemische Zusammensetzung der Stähle muß nach der Schmelzenanalyse bestimmt werden und den in Tabelle 1 angegebenen Analysewerten entsprechen (siehe A.7 und A.8 in EN 10250-1).

Es sollten alle angemessenen Vorkehrungen getroffen werden, um zu verhindern, daß solche Elemente, die die Härtbarkeit, die mechanischen Eigenschaften und die Anwendbarkeit des Stahles beeinflussen, aus dem Schrott oder anderen bei der Stahlherstellung verwendeten Einsatzstoffen zugeführt werden.

3.2 Stückanalyse

Die Stückanalyse darf von den für die Schmelzenanalyse festgelegten Werten (siehe Tabelle 1) um nicht mehr als die in Tabelle 2 festgelegten Werte abweichen (siehe 9.2 in EN 10250-1).

Tabelle 1: Stahlsorten und ihre chemische Zusammensetzung (Schmelzenanalyse)[1]

Stahlbezeichnung		Massenanteil in %									
Kurzname	Werkstoff-nummer	C	Si max.	Mn	P max.	S max.	Al min.	Cr max.	Mo max.	Ni max.	Cr+ Mo+ Ni max.
S235JRG2	1.0038	≤ 0,20 [2]	0,55	≤ 1,40	0,045	0,045	0,020	0,30	0,08	0,30	0,48
S235J2G3	1.0116	≤ 0,17 [2]	0,55	≤ 1,40	0,035	0,035	0,020	0,30	0,08	0,30	0,48
S355J2G3	1.0570	≤ 0,22 [2]	0,55	≤ 1,60	0,035	0,035	0,020	0,30	0,08	0,30	0,48
C22	1.0402	0,17 bis 0,24	0,40	0,40 bis 0,70	0,045	0,045	–	0,40	0,10	0,40	0,63
C25	1.0406	0,22 bis 0,29	0,40	0,40 bis 0,70	0,045	0,045	–	0,40	0,10	0,40	0,63
C25E	1.1158				0,035	0,035					
C30	1.0528	0,27 bis 0,34	0,40	0,50 bis 0,80	0,045	0,045	–	0,40	0,10	0,40	0,63
C35	1.0501	0,32 bis 0,39	0,40	0,50 bis 0,80	0,045	0,045	–	0,40	0,10	0,40	0,63
C35E	1.1181				0,035	0,035					
C40	1.0511	0,37 bis 0,44	0,40	0,50 bis 0,80	0,045	0,045	–	0,40	0,10	0,40	0,63
C45	1.0503	0,42 bis 0,50	0,40	0,50 bis 0,80	0,045	0,045	–	0,40	0,10	0,40	0,63
C45E	1.1191				0,035	0,035					
C50	1.0540	0,47 bis 0,55	0,40	0,60 bis 0,90	0,045	0,045	–	0,40	0,10	0,40	0,63
C55	1.0535	0,52 bis 0,60	0,40	0,60 bis 0,90	0,045	0,045	–	0,40	0,10	0,40	0,63
C55E	1.1203				0,035	0,035					
C60	1.0601	0,57 bis 0,65	0,40	0,60 bis 0,90	0,045	0,045	–	0,40	0,10	0,40	0,63
C60E	1.1221				0,035	0,035					
28Mn6	1.1170	0,25 bis 0,32	0,40	1,30 bis 1,65	0,035	0,035	–	0,40	0,10	0,40	0,63
20Mn5	1.1133	0,17 bis 0,23	0,40	1,00 bis 1,50	0,035	0,035	0,020	0,40	0,10	0,40	0,63

[1] Nach Wahl des Herstellers dürfen die Elemente Aluminium, Titan, Vanadium und Niob einzeln oder kombiniert zur Kontrolle der Korngröße zugegeben werden. Weitere Elemente, die in Tabelle 1 nicht aufgeführt sind, dürfen ohne Zustimmung des Bestellers nicht absichtlich zugegeben werden, außer zum Fertigbehandeln der Schmelze.

[2] Für Schmiedestücke mit einem gleichwertigen Durchmesser oder einer gleichwertigen Dicke > 100 mm ist der Kohlenstoffanteil zwischen Besteller und Lieferer zu vereinbaren.

Tabelle 2: Grenzabweichungen der chemischen Zusammensetzung nach der Stückanalyse von den für die Schmelzanalyse in Tabelle 1 angegebenen Werten

Element	Festgelegte Grenzwerte nach der Schmelzenanalyse %	Grenzabweichungen %
Kohlenstoff	< 0,55	± 0,02
	> 0,55 bis 0,65	± 0,03
Silicium	≤ 0,40	+ 0,03
	> 0,40 bis 0,55	+ 0,04
Mangan	≤ 1,00	± 0,04
	> 1,00 bis 1,65	± 0,06
Phosphor	≤ 0,045	+ 0,005
Schwefel	≤ 0,045	+ 0,005
Aluminium	≥ 0,020	− 0,005
Chrom	≤ 0,40	+ 0,05
Molybdän	≤ 0,10	+ 0,03
Nickel	≤ 0,40	+ 0,05

4 Wärmebehandlung

Anhaltsangaben zur Wärmebehandlung enthält Tabelle A.1.

5 Mechanische Eigenschaften

5.1 Schmiedestücke im normalgeglühten, normalgeglühten und angelassenen sowie im vergüteten Zustand

Die mechanischen Eigenschaften sind an Proben zu bestimmen, die nach den Abschnitten 11 und 12 der EN 10250-1 zu entnehmen, vorzubereiten und zu prüfen sind. Es gelten die Festlegungen in den Tabellen 3 bzw. 4.

5.2 Schmiedestücke im weichgeglühten Zustand (Stähle C45, C55 und C60)

Repräsentative Schmiedestücke, die nach einem mit dem Besteller zu vereinbarenden Verfahren auszuwählen sind, müssen an festgelegten Stellen einer Brinellhärteprüfung unter Anwendung von in EN 10003-1 beschriebenen Techniken unterzogen werden. Die Härte darf den für den entsprechenden Stahl in Tabelle 5 angegebenen Höchstwert nicht überschreiten.

Tabelle 3: Mechanische Eigenschaften im normalgeglühten und im normalgeglühten und angelassenen Zustand

Dicke des maßgeblichen Querschnitts t_R — Werte für die Thickness-Gruppen. Einheiten: R_e, R_m in N/mm² (min); A in % (min); KV in J (min). l, tr: Längs- bzw. Querrichtung.

Kurzname	Werkstoffnummer	R_e ≤100	R_m ≤100	A_l ≤100	A_{tr} ≤100	KV_l ≤100	KV_{tr} ≤100	R_e 100–250	R_m 100–250	A_l 100–250	A_{tr} 100–250	KV_l 100–250	KV_{tr} 100–250	R_e 250–500	R_m 250–500	A_l 250–500	A_{tr} 250–500	KV_l 250–500	KV_{tr} 250–500	R_e 500–1000	R_m 500–1000	A_l 500–1000	A_{tr} 500–1000	KV_l 500–1000	KV_{tr} 500–1000
S235JRG2	1.0038	215	340	24	–	–	–	175	340	23	–	–	–	165	340	–	–	–	–	–	–	–	–	–	–
S235J2G3 [1]	1.0116	215	340	24	–	35	–	175	340	23	17	30	20	165	340	23	17	27	15	–	–	–	–	–	–
S355J2G3 [1]	1.0570	315	490	20	–	35	–	275	450	18	17	30	20	265	450	18	17	27	15	–	–	–	–	–	–
C22	1.0402	210	410	25	–	–	–	–	–	–	–	–	–	–	–	–	–	–	–	–	–	–	–	–	–
C25	1.0406	230	440	23	–	–	–	210	420	23	17	30	20	–	–	–	–	–	–	–	–	–	–	–	–
C25E	1.1158	–	–	–	–	–	–	–	–	–	–	–	–	190	400	23	17	25	15	180	390	22	16	20	15
C30	1.0528	250	480	21	–	–	–	230	460	21	15	30	20	–	–	–	–	–	–	–	–	–	–	–	–
C35	1.0501	270	520	19	–	–	–	245	500	19	12	25	15	–	–	–	–	–	–	–	–	–	–	–	–
C35E	1.1181	–	–	–	–	–	–	–	–	–	–	–	–	220	480	19	15	20	12	210	470	18	14	17	12
C40	1.0511	290	550	17	–	–	–	260	530	17	–	18	10	–	–	–	–	–	–	–	–	–	–	–	–
C45	1.0503	305	580	16	–	–	–	275	560	16	12	–	–	–	–	–	–	–	–	–	–	–	–	–	–
C45E	1.1191	–	–	–	–	–	–	–	–	–	–	–	–	240	540	16	12	15	10	230	530	15	11	12	10
C50	1.0540	320	610	14	–	–	–	290	590	14	9	–	–	–	–	–	–	–	–	–	–	–	–	–	–
C55	1.0535	330	640	12	–	–	–	300	620	12	–	–	–	–	–	–	–	–	–	–	–	–	–	–	–
C55E	1.1203	–	–	–	–	–	–	–	–	–	–	–	–	260	600	12	9	–	–	250	590	11	8	–	–
C60	1.0601	340	670	11	–	–	–	310	650	11	8	–	–	–	–	–	–	–	–	–	–	–	–	–	–
C60E	1.1221	–	–	–	–	–	–	–	–	–	–	–	–	275	630	11	8	–	–	260	620	10	7	–	–
28Mn6	1.1170	310	600	18	20	35	–	290	570	18	12	30	20	270	540	18	12	30	25	260	540	17	11	20	15
20Mn5	1.1133	300	530	22	20	50	35	280	520	22	20	50	35	260	500	22	20	40	27	250	490	22	20	40	27

[1] Die Kerbschlagbiegeversuche sind bei –20 °C durchzuführen.
[2] l, tr: in Längs- bzw. Querrichtung.
[3] Bei der Stahlsorte 20Mn5 gilt für t_R ein Höchstwert von 750 mm.

Tabelle 4: Mechanische Eigenschaften im vergüteten Zustand

Stahlbezeichnung		Dicke des maßgeblichen Querschnitts t_R												
		$t_R \leq 70$ mm [1]				70 mm < $t_R \leq 160$ mm [1]				160 mm < $t_R \leq 330$ mm [1]			
		R_e N/mm² min.	R_m N/mm² min	A % min.	KV J min.	R_e N/mm² min.	R_m N/mm² min.	A % min.	KV J min.	R_e N/mm² min.	R_m N/mm² min.	A % min.	KV J min.
Kurzname	Werkstoffnummer			l | tr	l | tr			l | tr	l | tr			l | tr	l | tr
C25E	1.1158	270	450	25 | –	45 | –	220	410	25 | 18	38 | 25	210	390	24 | 16	33 | 20
C35E	1.1181	320	550	20 | –	35 | –	290	490	22 | 15	31 | 20	270	470	21 | 14	25 | 16
C45E	1.1191	370	630	17 | –	25 | –	340	590	18 | 12	22 | 15	320	540	17 | 11	20 | 12
C55E	1.1203	420	700	15 | –	– | –	360	630	17 | 11	– | –	330	610	16 | 10	– | –
C60E	1.1221	450	750	14 | –	– | –	390	690	15 | 10	– | –	350	670	14 | 9	– | –
28Mn6	1.1170	440	650	16 | –	40 | –	390	590	18 | 12	34 | 21	340	540	19 | 13	29 | 17
20Mn5	1.1133	400 [2]	550	16 | –	50 | –	300 [2]	500	20 | 18	45 | 30	300 [2]	500	20 | 18	45 | 30

[1] l, tr: in Längs- bzw. Querrichtung
[2] $R_{p0,2}$

Tabelle 5: Höchstwerte der Härte für Schmiedestücke, die im weichgeglühten Zustand zu liefern sind

| Stahlbezeichnung | | Härte HB max. |
Kurzname	Werkstoffnummer	
C45	1.0503	207
C55	1.0535	229
C60	1.0601	241

Anhang A (informativ)
Wärmebehandlung

Anhaltsangaben zur Wärmebehandlung enthält Tabelle A.1.

Tabelle A.1: Wärmebehandlung

Stahlbezeichnung		Härten, Temperatur °C	Abkühlmedium	Anlassen, Temperatur °C	Normalglühen, Temperatur °C
Kurzname	Werkstoffnummer				
S235JRG2	1.0038	–	–	–	890 bis 950
S235J2G3	1.0116	–	–	–	890 bis 950
S355J2G3	1.0570	–	–	–	890 bis 950
C22	1.0402	860 bis 900	Wasser	550 bis 660	880 bis 920
C25	1.0406	860 bis 900	Wasser	550 bis 660	880 bis 920
C25E	1.1158				
C30	1.0528	850 bis 890	Wasser	550 bis 660	870 bis 910
C35	1.0501	840 bis 880	Wasser oder Öl	550 bis 660	860 bis 900
C35E	1.1181				
C40	1.0511	830 bis 870	Wasser oder Öl	550 bis 660	850 bis 890
C45	1.0503	820 bis 860	Wasser oder Öl	550 bis 660	840 bis 880
C45E	1.1191				
C50	1.0540	810 bis 850	Öl oder Wasser	550 bis 660	830 bis 870
C55	1.0535	805 bis 845	Öl oder Wasser	550 bis 660	825 bis 865
C55E	1.1203				
C60	1.0601	800 bis 840	Öl oder Wasser	550 bis 660	820 bis 860
C60E	1.1221				
28Mn6	1.1170	830 bis 870	Wasser oder Öl	540 bis 680	850 bis 890
20Mn5	1.1133	870 bis 910	Wasser oder Öl	550 bis 660	880 bis 930

Dezember 1999

| | Freiformschmiedestücke aus Stahl
für allgemeine Verwendung
Teil 3: Legierte Edelstähle
Deutsche Fassung EN 10250-3 : 1999 | <u>DIN</u>
EN 10250-3 |

ICS 77.140.20; 77.140.85

Open die steel forgings for general engineering purposes – Part 3: Alloy special steels;
German version EN 10250-3 : 1999
Pièces forgées en acier pour usage général – Partie 3: Aciers spéciaux alliés;
Version allemande EN 10250-3 : 1999

Die Europäische Norm EN 10250-3 : 1999 hat den Status einer Deutschen Norm.

Nationales Vorwort

Die Europäische Norm EN 10250-3 wurde vom Technischen Komitee (TC) 28 „Schmiede-stücke" (Sekretariat: Vereinigtes Königreich) des Europäischen Komitees für die Eisen-und Stahlnormung (ECISS) erstellt.

Das zuständige deutsche Normungsgremium ist der Arbeitsausschuß 10 „Schmiede-stücke" des Normenausschusses Eisen und Stahl (FES).

Die vorliegende Norm enthält die Anforderungen an die chemische Zusammensetzung, die mechanischen Eigenschaften bei Raumtemperatur und die Wärmebehandlung von Schmiedestücken aus legierten Vergütungsstählen für allgemeine Verwendung.

Fortsetzung 6 Seiten EN

Normenausschuß Eisen und Stahl (FES) im DIN Deutsches Institut für Normung e.V.

EUROPÄISCHE NORM
EUROPEAN STANDARD
NORME EUROPÉENNE

EN 10250-3

Oktober 1999

ICS 77.140.20; 77.140.85

Deutsche Fassung

Freiformschmiedestücke aus Stahl für allgemeine Verwendung
Teil 3: Legierte Edelstähle

Open die steel forgings for general engineering purposes – Part 3: Alloy special steels

Pièces forgées en acier pour usage général – Partie 3: Aciers spéciaux alliés

Diese Europäische Norm wurde von CEN am 9. September 1999 angenommen.

Die CEN-Mitglieder sind gehalten, die CEN/CENELEC-Geschäftsordnung zu erfüllen, in der die Bedingungen festgelegt sind, unter denen dieser Europäischen Norm ohne jede Änderung der Status einer nationalen Norm zu geben ist.

Auf dem letzten Stand befindliche Listen dieser nationalen Normen mit ihren bibliographischen Angaben sind beim Zentralsekretariat oder bei jedem CEN-Mitglied auf Anfrage erhältlich.

Diese Europäische Norm besteht in drei offiziellen Fassungen (Deutsch, Englisch, Französisch). Eine Fassung in einer anderen Sprache, die von einem CEN-Mitglied in eigener Verantwortung durch Übersetzung in seine Landessprache gemacht und dem Zentralsekretariat mitgeteilt worden ist, hat den gleichen Status wie die offiziellen Fassungen.

CEN-Mitglieder sind die nationalen Normungsinstitute von Belgien, Dänemark, Deutschland, Finnland, Frankreich, Griechenland, Irland, Island, Italien, Luxemburg, Niederlande, Norwegen, Österreich, Portugal, Schweden, Schweiz, Spanien, der Tschechischen Republik und dem Vereinigten Königreich.

CEN

EUROPÄISCHES KOMITEE FÜR NORMUNG
European Committee for Standardization
Comité Européen de Normalisation

Zentralsekretariat: rue de Stassart 36, B-1050 Brüssel

Ref. Nr. EN 10250-3 : 1999 D

Inhalt

Vorwort

Dieser Teil dieser Europäischen Norm wurde vom Technischen Komitee ECISS/TC 28, Schmiedestücke, erstellt, dessen Sekretariat von British Standards Institution (BSI) geführt wird.

Diese Europäische Norm wurde im Rahmen eines Mandats, das dem CEN von der Europäischen Kommission und der Europäischen Freihandelszone erteilt wurde, erarbeitet. Diese Europäische Norm wird als eine unterstützende Norm zu anderen Anwendungs- und Produktnormen betrachtet, die selbst eine grundlegende Sicherheitsanforderung einer Richtlinie der Neuen Konzeption unterstützen und auf die vorliegende Europäische Norm normativ verweisen.

Diese Europäische Norm muß den Status einer nationalen Norm erhalten, entweder durch Veröffentlichung eines identischen Textes oder durch Anerkennung bis April 2000, und etwaige entgegenstehende nationale Normen müssen bis April 2000 zurückgezogen werden.

Entsprechend der CEN/CENELEC-Geschäftsordnung sind die nationalen Normungsinstitute der folgenden Länder gehalten, diese Europäische Norm zu übernehmen:

Belgien, Dänemark, Deutschland, Finnland, Frankreich, Griechenland, Irland, Island, Italien, Luxemburg, Niederlande, Norwegen, Österreich, Portugal, Schweden, Schweiz, Spanien, die Tschechische Republik und das Vereinigte Königreich.

Die Titel der anderen Teile dieser Europäischen Norm sind:

Teil 1: Allgemeine Anforderungen

Teil 2: Unlegierte Qualitäts- und Edelstähle

Teil 4: Nichtrostende Stähle

1 Anwendungsbereich

Dieser Teil dieser Europäischen Norm legt die technischen Lieferbedingungen für Freiformschmiedestücke und geschmiedete Stäbe sowie vorgeschmiedete und in Ringwalzwerken fertigumgeformte Erzeugnisse fest, die aus legiertem Edelstahl gefertigt und im vergüteten Zustand geliefert werden.

ANMERKUNG: Die meisten Stähle, die in diesem Teil der EN 10250 aufgeführt sind, sind mit jenen identisch, die in EN 10083-1 festgelegt sind. Umfassende Angaben über die Härtbarkeit und technologischen Eigenschaften werden in jener Europäischen Norm gemacht.

Angaben über die allgemeinen technischen Lieferbedingungen enthält EN 10021.

2 Normative Verweisungen

Diese Europäische Norm enthält durch datierte oder undatierte Verweisungen Festlegungen aus anderen Publikationen. Diese normativen Verweisungen sind an den jeweiligen Stellen im Text zitiert, und die Publikationen sind nachstehend aufgeführt. Bei datierten Verweisungen gehören spätere Änderungen oder Überarbeitungen dieser Publikationen nur dann zu dieser Europäischen Norm, falls sie durch Änderung oder Überarbeitung eingearbeitet sind. Bei undatierten Verweisungen gilt die letzte Ausgabe der in Bezug genommenen Publikation.

EN 10021
  Allgemeine technische Lieferbedingungen für Stahl und Stahlerzeugnisse

EN 10083-1
  Vergütungsstähle – Teil 1: Technische Lieferbedingungen für Edelstähle

EN 10250-1
  Freiformschmiedestücke aus Stahl für allgemeine Verwendung – Teil 1: Allgemeine Anforderungen

3 Chemische Zusammensetzung

3.1 Schmelzenanalyse

Die chemische Zusammensetzung der Stähle muß nach der Schmelzenanalyse bestimmt werden und den in Tabelle 1 angegebenen Analysenwerten entsprechen. (Siehe A.7 und A.8 in EN 10250-1.)

Es sollten alle angemessenen Vorkehrungen getroffen werden, um zu verhindern, daß solche Elemente, die die Härtbarkeit, die mechanischen Eigenschaften und die Anwendbarkeit des Stahles beeinflussen, aus dem Schrott oder anderen bei der Herstellung von Schmiedestücken verwendeten Einsatzstoffen zugeführt werden.

3.2 Stückanalyse

Die Stückanalyse darf von den für die Schmelzenanalyse festgelegten Werten (siehe Tabelle 1) um nicht mehr als die in Tabelle 2 festgelegten Werte abweichen (siehe 9.2 in EN 10250-1).

4 Wärmebehandlung

Anhaltsangaben zur Wärmebehandlung enthält Tabelle A.1.

5 Mechanische Eigenschaften

Die mechanischen Eigenschaften sind an Proben zu bestimmen, die nach den Abschnitten 11 und 12 der EN 10250-1 zu entnehmen, vorzubereiten und zu prüfen sind. Es gelten die Festlegungen in Tabelle 3.

Tabelle 1: Stahlsorten und ihre chemische Zusammensetzung [1]

Stahlbezeichnung		Massenanteil in %								
Kurzname	Werkstoffnummer	C	Si	Mn	P max.	S max.	Cr	Mo	Ni	V
38Cr2	1.7003	0,35 bis 0,42	≤ 0,40	0,50 bis 0,80	0,035	0,035	0,40 bis 0,60	–	–	–
46Cr2	1.7006	0,42 bis 0,50	≤ 0,40	0,50 bis 0,80	0,035	0,035	0,40 bis 0,60	–	–	–
34Cr4	1.7033	0,30 bis 0,37	≤ 0,40	0,60 bis 0,90	0,035	0,035	0,90 bis 1,20	–	–	–
37Cr4	1.7034	0,34 bis 0,41	≤ 0,40	0,60 bis 0,90	0,035	0,035	0,90 bis 1,20	–	–	–
41Cr4	1.7035	0,38 bis 0,45	≤ 0,40	0,60 bis 0,90	0,035	0,035	0,90 bis 1,20	–	–	–
25CrMo4	1.7218	0,22 bis 0,29	≤ 0,40	0,60 bis 0,90	0,035	0,035	0,90 bis 1,20	0,15 bis 0,30	–	–
34CrMo4	1.7220	0,30 bis 0,37	≤ 0,40	0,60 bis 0,90	0,035	0,035	0,90 bis 1,20	0,15 bis 0,30	–	–
42CrMo4	1.7225	0,38 bis 0,45	≤ 0,40	0,60 bis 0,90	0,035	0,035	0,90 bis 1,20	0,15 bis 0,30	–	–
50CrMo4	1.7228	0,46 bis 0,54	≤ 0,40	0,50 bis 0,80	0,035	0,035	0,90 bis 1,20	0,15 bis 0,30	–	–
36CrNiMo4	1.6511	0,32 bis 0,40	≤ 0,40	0,50 bis 0,80	0,035	0,035	0,90 bis 1,20	0,15 bis 0,30	0,90 bis 1,20	–
34CrNiMo6	1.6582	0,30 bis 0,38	≤ 0,40	0,50 bis 0,80	0,035	0,035	1,30 bis 1,70	0,15 bis 0,30	1,30 bis 1,70	–
30CrNiMo8	1.6580	0,26 bis 0,34	≤ 0,40	0,30 bis 0,60	0,035	0,035	1,80 bis 2,20	0,30 bis 0,50	1,80 bis 2,20	–
36NiCrMo16	1.6773	0,32 bis 0,39	≤ 0,40	0,30 bis 0,60	0,030	0,025	1,60 bis 2,00	0,25 bis 0,45	3,60 bis 4,10	–
51CrV4	1.8159	0,47 bis 0,55	≤ 0,40	0,70 bis 1,10	0,035	0,035	0,90 bis 1,20	–	–	0,10 bis 0,25
33NiCrMoV14-5	1.6956	0,28 bis 0,38	≤ 0,40	0,15 bis 0,40	0,035	0,035	1,00 bis 1,70	0,30 bis 0,60	2,90 bis 3,80	0,08 bis 0,25
40CrMoV13-9	1.8523	0,35 bis 0,45	0,15 bis 0,40	0,40 bis 0,70	0,035	0,035	3,00 bis 3,50	0,80 bis 1,10	–	0,15 bis 0,25
18CrMo4	1.7243	0,15 bis 0,21	≤ 0,40	0,60 bis 0,90	0,035	0,035	0,90 bis 1,20	0,15 bis 0,25	–	–
20MnMoNi4-5	1.6311	0,17 bis 0,23	≤ 0,40	1,00 bis 1,50	0,035	0,035	≤ 0,50	0,45 bis 0,60	0,40 bis 0,80[2]	–
30CrMoV9	1.7707	0,26 bis 0,34	≤ 0,40	0,40 bis 0,70	0,035	0,035	2,30 bis 2,70	0,15 bis 0,25	≤ 0,60	0,10 bis 0,20
32CrMo12	1.7361	0,28 bis 0,35	≤ 0,40	0,40 bis 0,70	0,035	0,035	2,80 bis 3,30	0,30 bis 0,50	≤ 0,60	–
28NiCrMoV8-5	1.6932	0,24 bis 0,32	≤ 0,40	0,15 bis 0,40	0,035	0,035	1,00 bis 1,50	0,35 bis 0,55	1,80 bis 2,10	0,05 bis 0,15

[1] Nach Wahl des Herstellers dürfen die Elemente Aluminium, Titan, Vanadium und Niob einzeln oder kombiniert zur Kontrolle der Korngröße zugegeben werden. Weitere Elemente, die in den Tabellen 1 und 2 nicht aufgeführt sind, dürfen ohne Zustimmung des Bestellers nicht absichtlich zugeben werden, außer zum Fertigbehandeln der Schmelze.

[2] Für größere Querschnitte sind bis zu 1,00 % Ni zugelassen.

**Tabelle 2: Grenzabweichungen der chemischen Zusammensetzung
nach der Stückanalyse von den für die Schmelzenanalyse
in Tabelle 1 angegebenen Werten**

Element	Festgelegte Grenzwerte nach der Schmelzenanalyse %	Grenzabweichungen %
Kohlenstoff	< 0,55	± 0,02
Silicium[1]	≤ 0,40	+ 0,03
Mangan	≤ 1,00	± 0,04
	> 1,00 bis 1,50	± 0,06
Phosphor	≤ 0,035	+ 0,005
Schwefel	≤ 0,035	+ 0,005
Chrom	≤ 2,00	± 0,05
	> 2,00 bis 3,50	± 0,12
Molybdän	≤ 0,30	± 0,03
	> 0,30 bis 1,10	± 0,06
Nickel	≤ 2,00	± 0,05
	> 2,00 bis 4,10	± 0,07
Vanadium	≤ 0,25	± 0,02

[1] Für den Stahl 40CrMoV13-9 betragen die Grenzabweichungen ± 0,03 %.

Tabelle 3: Mechanische Eigenschaften im vergüteten Zustand

Stahlbezeichnung		Dicke des maßgeblichen Querschnitts t_R in mm																	
		$t_R \leq 70$ (Längswerte) [1]						$70 < t_R \leq 160$ [1]						$160 < t_R \leq 330$ [1]					
		R_e N/mm² min.	R_m N/mm² min.	A % min.	KV J min.			R_e N/mm² min.	R_m N/mm² min.	A % min.	KV J min.			R_e N/mm² min.	R_m N/mm² min.	A % min.	KV J min.		
Kurzname	Werkstoffnummer			l	tr	l	tr			l	tr	l	tr			l	tr	l	tr
38Cr2	1.7003	350	600	17	–	35	–	–	–	–	–	–	–	–	–	–	–	–	–
46Cr2	1.7006	400	650	15	–	35	–	–	–	–	–	–	–	–	–	–	–	–	–
34Cr4	1.7033	460	700	15	–	40	–	–	–	–	–	–	–	–	–	–	–	–	–
37Cr4	1.7034	510	750	14	–	35	–	–	–	–	–	–	–	–	–	–	–	–	–
41Cr4	1.7035	560	800	14	–	35	–	–	–	–	–	–	–	–	–	–	–	–	–
25CrMo4	1.7218	450	700	15	–	50	–	400	650	17	13	45	27	380	600	18	14	38	22
34CrMo4	1.7220	550	800	14	–	45	–	450	700	15	10	40	22	410	650	16	12	33	17
		$t_R \leq 160$						$160 < t_R \leq 330$						$330 < t_R \leq 660$ [2]					
42CrMo4	1.7225	500	750	14	10	30	16	460	700	15	11	27	14	390	600	16	12	22	12
50CrMo4	1.7228	550	800	13	9	25	14	540	750	14	10	20	12	490	700	15	11	15	10
36CrNiMo4	1.6511	550	750	14	10	45	22	500	700	15	11	45	22	450	650	16	12	40	20
34CrNiMo6	1.6582	600	800	13	9	45	22	540	750	14	10	45	22	490	700	15	11	40	20
30CrNiMo8	1.6580	700	900	12	8	45	22	630	850	12	8	45	22	590	800	12	8	40	20
36NiCrMo16	1.6773	800	1 000	11	8	45	22	800	1 000	11	8	45	22	800	1 000	11	8	45	22
51CrV4	1.8159	600	800	13	9	30	16	–	–	–	–	–	–	–	–	–	–	–	–
33NiCrMoV14-5	1.6956	980	1 100	10	7	28	17	820	1 000	12	8	48	27	780	950	12	8	48	27
40CrMoV13-9	1.8523	660	850	15	15	35	35	660	850	15	15	35	35	660	850	15	15	35	35
		720	900	15	15	32	32	720	900	15	15	32	32	720	900	15	15	32	32
		780	950	14	14	30	30	780	950	14	14	30	30	780	950	14	14	30	30
		840	1 000	12	12	25	25	840	1 000	12	12	25	25	–	–	–	–	–	–
		890	1 050	11	11	22	22	–	–	–	–	–	–	–	–	–	–	–	–
		940	1 100	11	11	20	20	–	–	–	–	–	–	–	–	–	–	–	–
18CrMo4	1.7243	275 $(R_{p0,2})$	485 bis 660	20	20	50	50	–	–	–	–	–	–	–	–	–	–	–	–
20MnMoNi4-5	1.6311	420	580	17	14	39	24	390	550	17	14	39	24	–	–	–	–	–	–
30CrMoV9	1.7707	700	900	12	8	35	20	590	800	14	10	35	20	–	–	–	–	–	–
32CrMo12	1.7361	680	900	12	8	35	20	630	850	13	9	35	20	490	700	15	11	35	20
28NiCrMoV8-5	1.6932	630	800	14	10	45	25	590	750	15	11	40	21	590	750	15	11	40	21

[1] l, tr: in Längs- bzw. Querrichtung
[2] Für die Stähle 42CrMo4, 50CrMo4 und 36CrNiMo4 gelten die angegebenen Werte nur für $t_R \leq 500$ mm.

279

Anhang A   (informativ)

Wärmebehandlung

Anhaltsangaben zur Wärmenbehandlung werden in Tabelle A.1 gemacht.

Tabelle A.1: Wärmebehandlung

Stahlbezeichnung		Härten, Temperatur [1]	Anlassen, Temperatur
Kurzname	Werkstoff-nummer	°C	°C
38Cr2	1.7003	830 bis 870	
46Cr2	1.7006	820 bis 860	
34Cr4	1.7033	830 bis 870	
37Cr4	1.7034	825 bis 865	
41Cr4	1.7035	820 bis 860	
25CrMo4	1.7218	840 bis 880	540 bis 680
34CrMo4	1.7220	830 bis 870	
42CrMo4	1.7225	820 bis 860	
50CrMo4	1.7228		
36CrNiMo4	1.6511	820 bis 850	
34CrNiMo6	1.6582	830 bis 860	
30CrNiMo8	1.6580		
36NiCrMo16	1.6773	865 bis 885	550 bis 650
51CrV4	1.8159	820 bis 860	540 bis 680
33NiCrMoV14-5	1.6956	820 bis 890	550 bis 650
40CrMoV13-9	1.8523	920 bis 970	550 bis 720
18CrMo4	1.7243	850 bis 880	595 bis 700
20MnMoNi4-5	1.6311	870 bis 940	630 bis 680
30CrMoV9	1.7707	840 bis 870	540 bis 680
32CrMo12	1.7361	890 bis 940	550 bis 740
28NiCrMoV8-5	1.6932	830 bis 870	550 bis 850

[1] ANMERKUNG: Zum Härten darf in Öl, Wasser oder in wäßrigen Lösungen abgeschreckt werden. Bei Anwendung von Wasser als Abschreckmedium ist wegen des Rißrisikos Vorsicht geboten.

	Freiformschmiedestücke aus Stahl für allgemeine Verwendung Teil 4: Nichtrostende Stähle Deutsche Fassung EN 10250-4 : 1999	**DIN** **EN 10250-4**

ICS 77.140.20; 77.140.85

Teilweise Ersatz für
DIN 17440 : 1996-09

Open die steel forgings for general engineering purposes – Part 4: Stainless steels;
German version EN 10250-4 : 1999
Pièces forgées en acier pour usage général – Partie 4: Aciers inoxydables;
Version allemande EN 10250-4 : 1999

Die Europäische Norm EN 10250-4 : 1999 hat den Status einer Deutschen Norm.

Nationales Vorwort

Die Europäische Norm EN 10250-4 wurde vom Technischen Komitee (TC) 28 „Schmiedestücke" (Sekretariat: Vereinigtes Königreich) des Europäischen Komitees für die Eisen- und Stahlnormung (ECISS) erstellt.

Die zuständigen deutschen Normungsgremien sind der Arbeitsausschuß 10 „Schmiedestücke" und der Unterausschuß 06/1 „Nichtrostende Stähle" des Normenausschusses Eisen und Stahl (FES).

Die vorliegende Norm enthält die Anforderungen an die chemische Zusammensetzung, die mechanischen Eigenschaften bei Raumtemperatur und die Wärmebehandlung von Freiformschmiedestücken aus nichtrostenden ferritischen, martensitischen, austenitischen und austenitisch-ferritischen Stählen für allgemeine Verwendung.

Änderungen

Gegenüber DIN 17440 : 1996-09 wurden folgende Änderungen vorgenommen:

a) Anwendungsbereich auf Schmiedestücke für allgemeine Verwendung beschränkt (Anforderungen an Schmiedestücke aus nichtrostendem Stahl für Druckbehälter sind in DIN EN 10222-1 und DIN EN 10222-5 festgelegt).

b) Allgemeine Anforderungen an Freiformschmiedestücke ausgegliedert (siehe DIN EN 10250-1).

c) Entfallen sind die folgenden Stahlsorten:
 – Ferritische Stähle
  X6Cr13 (1.4000), X3CrTi17 (1.4510); X6CrMoS17 (1.4105);
 – Martensitische Stähle
  X14CrMoS17 (1.4104), X17CrNi16-2 (1.4057);
 – Austenitische Stähle
  X4CrNi18-12 (1.4303), X8CrNiS18-9 (1.4305), X6CrNiMoNb17-12-2 (1.4580), X2CrNiMo18-15-4 (1.4438).

d) Zusätzlich aufgenommen wurden zwei martensitische Stähle, drei austenitische Stähle und die sechs austenitisch-ferritischen Stähle.

e) Ferritische Stähle für Schmiedestücke anwendbar.

f) Festlegungen für mechanische Eigenschaften bei Raumtemperatur und Wärmebehandlung überarbeitet.

g) Werte der 0,2 %- und 1,0 %-Dehngrenze bei erhöhten Temperaturen sind nicht normativ.

h) Spezifische Angaben zur Oberflächenbeschaffenheit sind entfallen.

i) Anhaltswerte für mechanische Eigenschaften (einiger austenitischer Stähle) bei tiefen Temperaturen aufgenommen.

Frühere Ausgaben

DIN 17440: 1967-01, 1972-12, 1985-07, 1996-09

Nationaler Anhang NA   (informativ)

Literaturhinweise

DIN EN 10222-1
 Schmiedestücke aus Stahl für Druckbehälter – Teil 1: Allgemeine Anforderungen an Freiformschmiedestücke; Deutsche Fassung EN 10222-1 : 1998

DIN EN 10222-5
 Schmiedestücke aus Stahl für Druckbehälter – Teil 5: Martensitische, austenitische und austenitisch-ferritische nichtrostende Stähle; Deutsche Fassung EN 10222-5 : 1999

DIN EN 10250-1
 Freiformschmiedestücke aus Stahl für allgemeine Verwendung – Teil 1: Allgemeine Anforderungen; Deutsche Fassung EN 10250-1 : 1999

Fortsetzung 12 Seiten EN

Normenausschuß Eisen und Stahl (FES) im DIN Deutsches Institut für Normung e.V.

EUROPÄISCHE NORM
EUROPEAN STANDARD
NORME EUROPÉENNE

EN 10250-4

Oktober 1999

ICS 77.140.20; 77.140.85

Deutsche Fassung

Freiformschmiedestücke aus Stahl für allgemeine Verwendung
Teil 4: Nichtrostende Stähle

Open die steel forgings for general engineering purposes – Part 4: Stainless steels

Pièces forgées en acier pour usage général – Partie 4: Aciers inoxydables

Diese Europäische Norm wurde von CEN am 9. September 1999 angenommen.

Die CEN-Mitglieder sind gehalten, die CEN/CENELEC-Geschäftsordnung zu erfüllen, in der die Bedingungen festgelegt sind, unter denen dieser Europäischen Norm ohne jede Änderung der Status einer nationalen Norm zu geben ist.

Auf dem letzten Stand befindliche Listen dieser nationalen Normen mit ihren bibliographischen Angaben sind beim Zentralsekretariat oder bei jedem CEN-Mitglied auf Anfrage erhältlich.

Diese Europäische Norm besteht in drei offiziellen Fassungen (Deutsch, Englisch, Französisch). Eine Fassung in einer anderen Sprache, die von einem CEN-Mitglied in eigener Verantwortung durch Übersetzung in seine Landessprache gemacht und dem Zentralsekretariat mitgeteilt worden ist, hat den gleichen Status wie die offiziellen Fassungen.

CEN-Mitglieder sind die nationalen Normungsinstitute von Belgien, Dänemark, Deutschland, Finnland, Frankreich, Griechenland, Irland, Island, Italien, Luxemburg, Niederlande, Norwegen, Österreich, Portugal, Schweden, Schweiz, Spanien, der Tschechischen Republik und dem Vereinigten Königreich.

CEN

EUROPÄISCHES KOMITEE FÜR NORMUNG
European Committee for Standardization
Comité Européen de Normalisation

Zentralsekretariat: rue de Stassart 36, B-1050 Brüssel

Ref. Nr. EN 10250-4 : 1999 D

Inhalt

Vorwort

Dieser Teil dieser Europäischen Norm wurde vom Technischen Komitee ECISS/TC 28 „Schmiedestücke" erstellt, dessen Sekretariat von British Standards Institution (BSI) geführt wird.

Diese Europäische Norm wurde im Rahmen eines Mandats, das dem CEN von der Europäischen Kommission und der Europäischen Freihandelszone erteilt wurde, erarbeitet. Diese Europäische Norm wird als eine unterstützende Norm zu anderen Anwendungs- und Produktnormen betrachtet, die selbst eine grundlegende Sicherheitsanforderung einer Richtlinie der Neuen Konzeption unterstützen und auf die vorliegende Europäische Norm normativ verweisen.

Diese Europäische Norm muß den Status einer nationalen Norm erhalten, entweder durch Veröffentlichung eines identischen Textes oder durch Anerkennung bis April 2000, und etwaige entgegenstehende nationale Normen müssen bis April 2000 zurückgezogen werden.

Entsprechend der CEN/CENELEC-Geschäftsordnung sind die nationalen Normungsinstitute der folgenden Länder gehalten, diese Europäische Norm zu übernehmen:

Belgien, Dänemark, Deutschland, Finnland, Frankreich, Griechenland, Irland, Island, Italien, Luxemburg, Niederlande, Norwegen, Österreich, Portugal, Schweden, Schweiz, Spanien, die Tschechische Republik und das Vereinigte Königreich.

Die Titel der anderen Teile dieser Europäischen Norm sind:

Teil 1: Allgemeine Anforderungen

Teil 2: Unlegierte Qualitäts- und Edelstähle

Teil 3: Legierte Edelstähle

1 Anwendungsbereich

Dieser Teil dieser Europäischen Norm legt die technischen Lieferbedingungen für Freiformschmiedestücke, geschmiedete Stäbe sowie vorgeschmiedete und in Ringwalzwerken fertigumgeformte Erzeugnisse fest, die aus nichtrostenden Stählen mit ferritischem, martensitischem, austenitischem oder austenitisch-ferritischem Gefüge gefertigt werden.

ANMERKUNG: Die meisten Stähle, die in diesem Teil der EN 10250 aufgeführt sind, sind mit Stählen identisch, die in EN 10088-3 festgelegt sind. Umfassende Angaben über deren Eigenschaften werden in jener Europäischen Norm gemacht.

Allgemeine Angaben über die technischen Lieferbedingungen enthält EN 10021.

2 Normative Verweisungen

Diese Europäische Norm enthält durch datierte oder undatierte Verweisungen Festlegungen aus anderen Publikationen. Diese normativen Verweisungen sind an den jeweiligen Stellen im Text zitiert, und die Publikationen sind nachstehend aufgeführt. Bei datierten Verweisungen gehören spätere Änderungen oder Überarbeitungen dieser Publikation nur dann zu dieser Norm, falls sie durch Änderung oder Überarbeitung eingearbeitet sind. Bei undatierten Verweisungen gilt die letzte Ausgabe der in Bezug genommenen Publikation.

EN 10021
    Allgemeine technische Lieferbedingungen für Stahl und Stahlerzeugnisse

EN 10088-3
    Nichtrostende Stähle – Teil 3: Technische Lieferbedingungen für Halbzeug, Stäbe, Walzdraht und Profile für allgemeine Verwendung

EN 10250-1
    Freiformschmiedestücke aus Stahl für allgemeine Verwendung – Teil 1: Allgemeine Anforderungen

3 Chemische Zusammensetzung

3.1 Schmelzenanalyse

Die chemische Zusammensetzung der Stähle muß nach der Schmelzenanalyse bestimmt werden und den in den Tabellen 1, 2 und 3 angegebenen Analysenwerten entsprechen. (Siehe A.7, A.8 und A.11 in EN 10250-1).

Elemente, die in den Tabellen 1, 2 und 3 nicht aufgeführt sind, dürfen dem Stahl ohne Zustimmung des Bestellers – außer zum Fertigbehandeln der Schmelze – nicht absichtlich zugegeben werden. Es sollten alle angemessenen Vorkehrungen getroffen werden, um zu verhindern, daß solche Elemente, die die Korrosionsbeständigkeit, die mechanischen Eigenschaften und die Anwendbarkeit des Stahles beeinflussen, aus dem Schrott oder anderen bei der Stahlherstellung verwendeten Einsatzstoffen zugeführt werden.

3.2 Stückanalyse

Die Stückanalyse darf von den für die Schmelzenanalyse festgelegten Werten (siehe Tabellen 1, 2 und 3) um nicht mehr als die in Tabelle 4 festgelegten Werte abweichen (siehe 9.2 in EN 10250-1).

4 Wärmebehandlung

4.1 Anhaltsangaben zur Wärmebehandlung enthalten die Tabellen A.1, A.2 und A.3.

4.2 Die Korngröße der Schmiedestücke ist der Wahl des Herstellers überlassen.

4.3 Werden die Schmiedestücke nach der abschließenden Wärmebehandlung gerichtet, so muß dies in einer Weise erfolgen, daß die Schmiedestücke frei von schädlichen Eigenspannungen sind. Wenn das entsprechende Verfahren mit Zustimmung des Bestellers ein Spannungsarmglühen einschließt, so sind auch die Probenabschnitte, die entweder noch mit dem Schmiedestück verbunden oder bereits abgetrennt sind, entsprechend zu behandeln.

5 Mechanische Eigenschaften

5.1 Eigenschaften bei Raumtemperatur

Die mechanischen Eigenschaften sind an Proben zu bestimmen, die nach den Abschnitten 11 und 12 der EN 10250-1 zu entnehmen, vorzubereiten und zu prüfen sind. Es gelten die Festlegungen in den Tabellen 8, 9 und 10.

5.2 Eigenschaften bei tiefen Temperaturen

Angaben zu den Eigenschaften bei tiefen Temperaturen für bestimmte Stähle enthält Tabelle B.1 zur Information.

5.3 Eigenschaften bei erhöhten Temperaturen

Werte der Dehngrenze bei erhöhten Temperaturen werden in den Tabellen C.1, C.2 und C.3 zur Information angegeben.

Tabelle 1: Stahlsorten und ihre chemische Zusammensetzung – Ferritische und martensitische Stähle

Stahlbezeichnung		Massenanteil in %								
Kurzname	Werkstoff-nummer	C	Si max.	Mn max.	P max.	S max.	Cr	Mo	Ni	Sonstige
X6CrAl13	1.4002	≤ 0,08	1,00	1,00	0,040	0,030 [1]	12,00 bis 14,00	–	–	0,10 bis 0,30 Al
X6Cr17	1.4016	≤ 0,08	1,00	1,00	0,040	0,030 [1]	16,00 bis 18,00	–	–	–
X12Cr13	1.4006	0,08 bis 0,15	1,00	1,50	0,040	0,030 [1]	11,50 bis 13,50	–	≤ 0,75	–
X20Cr13	1.4021	0,16 bis 0,25	1,00	1,50	0,040	0,030 [1]	12,00 bis 14,00	–	–	–
X30Cr13	1.4028	0,26 bis 0,35	1,00	1,50	0,040	0,030 [1]	12,00 bis 14,00	–	–	–
X17CrNi16-2	1.4057	0,12 bis 0,22	1,00	1,50	0,040	0,030 [1]	15,00 bis 17,00	–	1,50 bis 2,50	–
X3CrNiMo13-4	1.4313	≤ 0,05	0,70	1,50	0,040	0,015	12,00 bis 14,00	0,30 bis 0,70	3,50 bis 4,50	≥ 0,020 N
X4CrNiMo16-5-1	1.4418	≤ 0,06	0,70	1,50	0,040	0,030 [1]	15,00 bis 17,00	0,80 bis 1,50	4,00 bis 6,00	≥ 0,020 N
X5CrNiCuNb16-4	1.4542	≤ 0,07	0,70	1,50	0,040	0,030 [1]	15,00 bis 17,00	≤ 0,60	3,00 bis 5,00	Nb: 5xC, bis 0,45 3,00 bis 5,00 Cu

[1] Für zu bearbeitende Erzeugnisse wird ein geregelter Schwefelanteil von 0,015 bis 0,030 % empfohlen.

Tabelle 2: Stahlsorten und ihre chemische Zusammensetzung – Austenitische Stähle

Kurzname	Werkstoffnummer	C max.	Si max.	Mn max.	P max.	S max.	N	Cr	Mo	Ni	Nb	Ti	Sonstige
X2CrNi18-9	1.4307	0,030	1,00	2,00	0,045	0,030[1]	≤ 0,11	17,50 bis 19,50	–	8,00 bis 10,00	–	–	–
X2CrNi19-11	1.4306	0,030	1,00	2,00	0,045	0,030[1]	≤ 0,11	18,00 bis 20,00	–	10,00 bis 12,00[2]	–	–	–
X2CrNiN18-10	1.4311	0,030	1,00	2,00	0,045	0,030[1]	0,12 bis 0,22	17,00 bis 19,50	–	8,50 bis 11,50	–	–	–
X5CrNi18-10	1.4301	0,07	1,00	2,00	0,045	0,030[1]	≤ 0,11	17,00 bis 19,50	–	8,00 bis 10,50	–	–	–
X6CrNiTi18-10	1.4541	0,08	1,00	2,00	0,045	0,030[1]	–	17,00 bis 19,00	–	9,00 bis 12,00[2]	–	5xC, bis 0,70	–
X2CrNiMo17-12-2	1.4404	0,030	1,00	2,00	0,045	0,030[1]	≤ 0,11	16,50 bis 18,50	2,00 bis 2,50	10,00 bis 13,00[2]	–	–	–
X2CrNiMoN17-11-2	1.4406	0,030	1,00	2,00	0,045	0,030[1]	0,12 bis 0,22	16,50 bis 18,50	2,00 bis 2,50	10,00 bis 12,00	–	–	–
X5CrNiMo17-12-2	1.4401	0,07	1,00	2,00	0,045	0,030[1]	≤ 0,11	16,50 bis 18,50	2,00 bis 2,50	10,00 bis 13,00	–	–	–
X6CrNiMoTi17-12-2	1.4571	0,08	1,00	2,00	0,045	0,030[1]	–	16,50 bis 18,50	2,00 bis 2,50	10,50 bis 13,50[2]	–	5xC, bis 0,70	–
X2CrNiMoN17-13-3	1.4429	0,030	1,00	2,00	0,045	0,015	0,12 bis 0,22	16,50 bis 18,50	2,50 bis 3,00	11,00 bis 14,00[2]	–	–	–
X3CrNiMo17-13-3	1.4436	0,05	1,00	2,00	0,045	0,030[1]	≤ 0,11	16,50 bis 18,50	2,50 bis 3,00	10,50 bis 13,00[2]	–	–	–
X2CrNiMo18-14-3	1.4435	0,030	1,00	2,00	0,045	0,030[1]	≤ 0,11	17,00 bis 19,00	2,50 bis 3,00	12,50 bis 15,00	–	–	–
X1NiCrMoCu25-20-5	1.4539	0,020	0,70	2,00	0,030	0,010	≤ 0,15	19,00 bis 21,00	4,00 bis 5,00	24,00 bis 26,00	–	–	1,20 bis 2,00 Cu
X6CrNiNb18-10	1.4550	0,08	1,00	2,00	0,045	0,015	–	17,00 bis 19,00	–	9,00 bis 12,00[2]	10xC, bis 1,00	–	–
X1NiCrMoCu31-27-4	1.4563	0,020	0,70	2,00	0,030	0,010	≤ 0,11	26,00 bis 28,00	3,00 bis 4,00	30,00 bis 32,00	–	–	0,70 bis 1,50 Cu
X1CrNiMoCuN20-18-7	1.4547	0,020	0,70	1,00	0,030	0,010	0,18 bis 0,25	19,50 bis 20,50	6,00 bis 7,00	17,50 bis 18,50	–	–	0,50 bis 1,00 Cu
X1NiCrMoCuN25-20-7	1.4529	0,020	0,50	1,00	0,030	0,010	0,15 bis 0,25	19,00 bis 21,00	6,00 bis 7,00	24,00 bis 26,00	–	–	0,50 bis 1,50 Cu

[1] Für zu bearbeitende Erzeugnisse wird ein geregelter Schwefelanteil von 0,015 bis 0,030 empfohlen.

[2] Wenn es aus besonderen Gründen notwendig ist, z. B. zur Sicherung der Warmumformbarkeit durch Minimierung des Deltaferritgehalts oder zur Erzielung einer niedrigen Permeabilität, darf der Höchstanteil an Nickel um die folgenden Beträge erhöht werden:

0,50 %: 1.4571
1,00 %: 1.4306, 1.4541, 1.4429, 1.4436, 1.4550
1,50 %: 1.4404

Tabelle 3: Stahlsorten und ihre chemische Zusammensetzung – Austenitisch-ferritische Stähle

Stahlbezeichnung		Massenanteil in %										
Kurzname	Werkstoffnummer	C max.	Si max.	Mn max.	P max.	S max.	N	Cr	Mo	Ni	Sonstige
X2CrNiN23-4[1]	1.4362[1]	0,030	1,00	2,00	0,035	0,015	0,05 bis 0,20	22,00 bis 24,00	0,10 bis 0,60	3,50 bis 5,50	0,10 bis 0,60 Cu
X3CrNiMoN27-5-2	1.4460	0,05	1,00	2,00	0,035	0,030[2]	0,05 bis 0,20	25,00 bis 28,00	1,30 bis 2,00	4,50 bis 6,50	–
X2CrNiMoN22-5-3	1.4462	0,030	1,00	2,00	0,035	0,015	0,10 bis 0,22	21,00 bis 23,00	2,50 bis 3,50	4,50 bis 6,50	–
X2CrNiMoCuN25-6-3	1.4507	0,030	0,70	2,00	0,035	0,015	0,15 bis 0,30	24,00 bis 26,00	2,70 bis 4,00	5,50 bis 7,50	1,00 bis 2,50 Cu
X2CrNiMoN25-7-4[1]	1.4410[1]	0,030	1,00	2,00	0,035	0,015	0,20 bis 0,35	24,00 bis 26,00	3,00 bis 4,50	6,00 bis 8,00	–
X2CrNiMoCuWN25-7-4	1.4501	0,030	1,00	1,00	0,035	0,015	0,20 bis 0,30	24,00 bis 26,00	3,00 bis 4,00	6,00 bis 8,00	0,50 bis 1,00 W 0,50 bis 1,00 Cu

[1] Patentierte Stahlsorte
[2] Für zu bearbeitende Erzeugnisse wird ein geregelter Schwefelanteil von 0,015 bis 0,030 % empfohlen.

Tabelle 4: Grenzabweichungen der chemischen Zusammensetzung nach der Stückanalyse von den für die Schmelzenanalyse in den Tabellen 1 bis 3 angegebenen Werten

Element	Festgelegte Grenzwerte nach der Schmelzenanalyse %	Grenzabweichungen %
Kohlenstoff	≤ 0,030	+ 0,005
	> 0,030 bis 0,20	± 0,01
	> 0,20 bis 0,35	± 0,02
Silicium	≤ 1,00	+ 0,05
Mangan	≤ 1,00	+ 0,03
	> 1,00 bis 2,00	+ 0,04
Phosphor	≤ 0,045	+ 0,005
Schwefel	≤ 0,015	+ 0,003
	> 0,15 bis 0,030	+ 0,005
Stickstoff	≤ 0,35	± 0,01
Aluminium	≥ 0,10 bis 0,30	± 0,05
Chrom	≥ 11,50 bis 15,00	± 0,15
	> 15,00 bis 20,00	± 0,20
	> 20,0 bis 28,00	± 0,25
Kupfer	≤ 1,00	± 0,07
	> 1,00 bis 5,00	± 0,10
Molybdän	≤ 0,60	± 0,03
	> 0,60 bis 1,75	± 0,05
	> 1,75 bis 7,00	± 0,10
Nickel	≤ 1,00	± 0,03
	> 1,00 bis 5,00	± 0,07
	> 5,00 bis 10,00	± 0,10
	> 10,00 bis 20,00	± 0,15
	> 20,00 bis 32,00	± 0,20
Niob	≤ 1,00	± 0,05
Titan	≤ 0,70	± 0,05
Wolfram	≤ 1,00	± 0,05

Tabelle 5: Mechanische Eigenschaften bei Raumtemperatur – Ferritische und martensitische Stähle

Stahlbezeichnung		Wärme-behand-lungs-zustand[1)	Dicke des maß-geblichen Quer-schnitts t_R mm max.	Härte HB [2) max.	0,2%-Dehn-grenze $R_{p0,2}$ N/mm² min.	Zugfestigkeit R_m N/mm²	Bruch-dehnung A % 3) min.		Kerb-schlag-arbeit KV J 3) min.	
Kurzname	Werkstoff-nummer						l	tr	l	tr
X6CrAl13	1.4002	A	25	–	230	400 bis 600	–	–	–	–
X6Cr17	1.4016	A	100	200	240	400 bis 630	–	–	–	–
X12Cr13	1.4006	A	–	220	–	≤ 730	–	–	–	–
		QT 650	160	–	450	650 bis 850	15	–	25	–
X20Cr13	1.4021	A	–	230	–	≤ 760	–	–	–	–
		QT 700	160	–	500	700 bis 850	13	–	25	–
		QT 800			600	800 bis 950	12	–	20	–
X30Cr13	1.4028	A	–	245	–	≤ 800	–	–	–	–
		QT 850	160	–	650	850 bis 1 000	10	–	–	–
X17CrNi16-2	1.4057	A		295	–	≤ 1 000	–	–	–	–
		QT 800	250		600	800 bis 900	10	8	20	15
		QT 900		–	700	900 bis 1 050	10	8	15	10
X3CrNiMo13-4	1.4313	A	–	320	–	≤ 1 100	–	–	–	–
		QT 650			520	650 bis 830	15	12	70	50
		QT 780	450	–	620	780 bis 980	15	12	70	50
		QT 900			800	900 bis 1 100	12	10	50	40
X4CrNiMo16-5-1	1.4418	A	–	320	–	≤ 1 100	–	–	–	–
		QT 760	450		550	760 bis 960	16	14	90	70
		QT 900		–	700	900 bis 1 100	16	14	80	60
X5CrNiCuNb16-4	1.4542	A		360	–	≤ 1 200	–	–	–	–
		P 930			720	≥ 930	15	12	40	30
		P 1 070	250	–	1 000	≥ 1 070	12	10	20	15
		P 1 300			1 150	≥ 1 300	8	6	–	–

[1) A: geglüht, QT: vergütet, P: ausscheidungsgehärtet
[2) nur zur Information
[3) l, tr: in Längs- bzw. Querrichtung

Tabelle 6: Mechanische Eigenschaften bei Raumtemperatur im lösungsgeglühten Zustand – Austenitische Stähle

Stahlbezeichnung		Dicke des maßgeblichen Querschnitts t_R mm max.	Dehngrenze		Zugfestigkeit R_m	Bruchdehnung A %	Kerbschlagarbeit KV J
			$R_{p0,2}$ N/mm² min.	$R_{p1,0}$ N/mm² min.	min.	min. [1]	min. [1]
Kurzname	Werkstoffnummer					tr	l | tr
X2CrNi18-9	1.4307	250	175	210	450 bis 680	35	100 | 60
X2CrNi19-11	1.4306	250	180	215	460 bis 680	35	100 | 60
X2CrNiN18-10	1.4311	250	270	305	550 bis 760	30	100 | 60
X4CrNi18-10	1.4301	250	190	225	500 bis 700	35	100 | 60
X6CrNiTi18-10	1.4541	450	190	225	500 bis 700	30	100 | 60
X2CrNiMo17-12-2	1.4404	250	200	235	500 bis 700	30	100 | 60
X2CrNiMoN17-12-2	1.4406	250	280	315	580 bis 800	30	100 | 60
X4CrNiMo17-12-2	1.4401	250	200	235	500 bis 700	30	100 | 60
X6CrNiMoTi17-12-2	1.4571	450	200	235	500 bis 700	30	100 | 60
X2CrNiMoN17-13-3	1.4429	400	280	315	580 bis 800	30	100 | 60
X4CrNiMo17-13-3	1.4436	250	200	235	500 bis 700	30	100 | 60
X2CrNiMo18-14-3	1.4435	250	200	235	500 bis 700	30	100 | 60
X1NiCrMoCu25-20-5	1.4539	250	230	260	530 bis 730	30	100 | 60
X6CrNiNb18-10	1.4550	450	205	240	510 bis 740	30	100 | 60
X1NiCrMoCu31-27-4	1.4563	250	220	250	500 bis 750	30	100 | 60
X1CrNiMoCuN20-18-7	1.4547	250	300	340	650 bis 850	30	100 | 60
X1NiCrMoCuN25-20-7	1.4529	250	300	340	650 bis 850	35	100 | 60

[1] l, tr: in Längs- bzw. Querrichtung

Tabelle 7: Mechanische Eigenschaften bei Raumtemperatur im lösungsgeglühten Zustand – Austenitisch-ferritische Stähle

Stahlbezeichnung		Dicke des maßgeblichen Querschnitts t_R mm max.	0,2%-Dehngrenze $R_{p0,2}$ N/mm² min.	Zugfestigkeit R_m N/mm²	Bruchdehnung A % min. [1]	Kerbschlagarbeit KV J min. [1]
Kurzname	Werkstoffnummer				l | tr	l | tr
X2CrNiN23-4	1.4362	160	400	600 bis 830	25 | 20	100 | 60
X3CrNiMoN27-5-2	1.4460	160	460	620 bis 880	20 | 15	85 | 50
X2CrNiMoN22-5-3	1.4462	350	450	650 bis 880	25 | 20	100 | 60
X2CrNiMoCuN25-6-3	1.4507	160	500	700 bis 900	25 | 20	100 | 60
X2CrNiMoN25-7-4	1.4410	160	530	730 bis 930	25 | 20	100 | 60
X2CrNiMoCuWN25-7-4	1.4501	160	530	730 bis 930	25 | 20	100 | 60

[1] l, tr: in Längs- bzw. Querrichtung

288

Anhang A (informativ)

Wärmebehandlung

Anhaltsangaben zur Wärmebehandlung enthalten die Tabellen A.1, A.2 und A.3.

Tabelle A.1: Wärmebehandlung – Ferritische und martensitische Stähle

Stahlbezeichnung		Wärme-behand-lungs-symbol[1]	Glühen, Temperatur	Abschrecken, Temperatur	Abkühlungs-art	Anlassen, Temperatur
Kurzname	Werkstoff-nummer		°C	°C		°C
X6CrAl13	1.4002	A	750 bis 850	–	Luft	–
X6Cr17	1.4016	A	750 bis 850	–	Luft	–
X12Cr13	1.4006	A	750 bis 850	–	Öl oder Luft	680 bis 780
		QT 650	–	950 bis 1 000	–	–
X20Cr13	1.4021	A	750 bis 85	–	–	–
		QT 700	–	950 bis 1 050	Öl oder Luft	650 bis 750
		QT 800				600 bis 750
X30Cr13	1.4028	A	750 bis 850	–	–	–
		QT 850	–	950 bis 1 050	Öl oder Luft	625 bis 675
X17CrNi16-2	1.4057	A	600 bis 800	–	Ofen oder Luft	–
		QT 800	–	1 020 bis 1 080	Öl	(580 bis 630) + (550 bis 650)
		QT 900				(540 bis 600) + (520 bis 640)
X3CrNiMo13-4	1.4313	A	600 bis 650	–	–	–
		QT 650	–	950 bis 1 050	Öl oder Luft	(650 bis 700) + (600 bis 620)
		QT 780				550 bis 620
		QT 900				520 bis 580
X4CrNiMo16-5-1	1.4418	A	600 bis 650	–	–	–
		QT 760	–	950 bis 1 050	Öl	590 bis 640
		QT 900				550 bis 620
X5CrNiCuNb16-4	1.4542	A	600 bis 750	–	Ofen oder Luft	–
		P 930	–	1 020 bis 1 080	Öl	620
		P 1 070				550
		P 1 300				480
[1] A: geglüht, QT: vergütet, P: ausscheidungsgehärtet						

Tabelle A.2: Wärmebehandlung – Austenitische Stähle

Stahlbezeichnung		Lösungsglühen, Temperatur	Abkühlungsart
Kurzname	Werkstoffnummer	°C	
X2CrNi18-9	1.4307	1 000 bis 1 100	Wasser oder Luft
X2CrNi19-11	1.4306	1 000 bis 1 100	
X2CrNiN18-10	1.4311	1 000 bis 1 100	
X4CrNi18-10	1.4301	1 000 bis 1 100	
X6CrNiTi18-10	1.4541	1 020 bis 1 120	
X2CrNiMo17-12-2	1.4404	1 020 bis 1 120	
X2CrNiMoN17-11-2	1.4406	1 020 bis 1 120	
X5CrNiMo17-12-2	1.4401	1 020 bis 1 120	
X6CrNiMoTi17-12-2	1.4571	1 020 bis 1 120	
X2CrNiMoN17-13-3	1.4429	1 020 bis 1 120	
X3CrNiMo17-13-2	1.4436	1 020 bis 1 120	
X2CrNiMo18-14-3	1.4435	1 020 bis 1 120	
X1NiCrMoCu25-20-5	1.4539	1 050 bis 1 150	
X6CrNiNb18-10	1.4550	1 020 bis 1 120	
X1NiCrMoCu31-27-4	1.4563	1 050 bis 1 150	Wasser
X1NiCrMoCuN20-18-7	1.4547	1 140 bis 1 200	Wasser oder Luft
X1NiCrMoCuN25-20-7	1.4529	1 120 bis 1 180	

Tabelle A.3: Wärmebehandlung – Austenitisch-ferritische Stähle

Stahlbezeichnung		Lösungsglühen, Temperatur	Abkühlungsart
Kurzname	Werkstoffnummer	°C	
X2CrNiN23-4	1.4362	950 bis 1 050	Wasser oder Luft
X3CrNiMoN27-5-2	1.4460	1 020 bis 1 100	
X2CrNiMoN22-5-3	1.4462	1 020 bis 1 100	
X2CrNiMoCuN25-6-3	1.4507	1 040 bis 1 120	
X2CrNiMoN25-7-4	1.4410	1 040 bis 1 120	
X2CrNiMoCuWN25-7-5	1.4501	1 040 bis 1 120	

290

Anhang B (informativ)

Mechanische Eigenschaften bei tiefen Temperaturen

Anhaltsangaben über die mechanischen Eigenschaften einiger austenitischer Stähle bei tiefen Temperaturen enthält Tabelle B.1.

Tabelle B.1: Mechanische Eigenschaften bei tiefen Temperaturen (Anhaltswerte)

Stahlbezeichnung		$-150\,°C$				$-196\,°C$			
Kurzname	Werkstoff-nummer	$R_{p0,2}$ N/mm^2	R_m N/mm^2	A %	KV J	$R_{p0,2}$ N/mm^2	R_m N/mm^2	A %	KV J
X2CrNi19-11	1.4306	230	1 200	45	60	240	1 350	40	60
X2CrNiN18-10	1.4311	450	1 050	35	60	550	1 250	35	60
X5CrNi18-10	1.4301	370	1 400	40	60	400	1 500	35	60
X6CrNiTi18-10	1.4541	360	1 200	40	60	400	1 350	35	60
X2CrNiMoN17-13-3	1.4429	500	1 000	30	60	600	1 150	30	60
X6CrNiNb18-10	1.4550	360	1 200	40	40	400	1 350	35	40

Anhang C (informativ)

Dehngrenze bei erhöhten Temperaturen

Werte der Dehngrenze bei erhöhten Temperaturen werden in den Tabellen C.1, C.2 und C3 zur Information angegeben.

Tabelle C.1: Mindestwerte der 0,2 %-Dehngrenze ferritischer und martensitischer Stähle bei erhöhten Temperaturen

Stahlbezeichnung		Wärme-behand-lungs-zustand [1)	Mindestwert der 0,2 %-Dehngrenze N/mm^2 bei einer Temperatur in °C von						
Kurzname	Werkstoff-nummer		100	150	200	250	300	350	400
X6Cr17	1.4016	A	220	215	210	205	200	195	190
X12Cr13	1.4006	QT 650	420	410	400	385	365	335	305
X20Cr13	1.4021	QT 700	460	445	430	415	395	365	330
		QT 800	515	495	475	460	440	405	355
X3CrNiMo13-4	1.4313	QT 650	500	490	480	470	460	450	–
		QT 780	590	575	560	545	530	515	–
		QT 900	720	690	665	640	620	–	–
X4CrNiMo16-5-1	1.4418	QT 760	520	510	500	490	480	–	–
		QT 900	660	640	620	600	580	–	–

[1) A: geglüht; QT: vergütet

Tabelle C.2: Mindestwerte der 0,2%- und 1,0%-Dehngrenze austenitischer Stähle bei erhöhten Temperaturen im lösungsgeglühten Zustand

Stahlbezeichnung		Mindestwert der 0,2%-Dehngrenze N/mm²										Mindestwert der 1,0%-Dehngrenze N/mm²									
		bei einer Temperatur in °C von																			
Kurzname	Werkstoff-nummer	100	150	200	250	300	350	400	450	500	550	100	150	200	250	300	350	400	450	500	550
X2CrNi18-9	1.4307	145	130	118	108	100	94	89	85	81	80	180	160	145	135	127	121	116	112	109	108
X2CrNi19-11	1.4306	147	132	118	108	100	94	89	85	81	80	181	162	147	137	127	121	116	112	109	108
X2CrNiN18-10	1.4311	205	175	157	145	136	130	125	121	119	118	240	210	187	175	167	161	156	152	149	147
X4CrNi18-10	1.4301	157	142	127	118	110	104	98	95	92	90	191	172	157	145	135	129	125	122	120	120
X6CrNiTi18-10	1.4541	176	167	157	147	136	130	125	121	119	118	208	196	186	177	167	161	156	152	149	147
X2CrNiMo17-12-2	1.4404	166	152	137	127	118	113	108	103	100	98	199	181	167	157	145	139	135	130	128	127
X2CrNiMoN17-12-2	1.4406	211	185	167	155	145	140	135	131	128	127	246	218	198	183	175	169	164	160	158	157
X5CrNiMo17-12-2	1.4401	177	162	147	137	127	120	115	112	110	108	211	191	177	167	156	150	144	141	139	137
X6CrNiMoTi17-12-2	1.4571	185	177	167	157	145	140	135	131	129	127	218	206	196	186	175	169	164	160	158	157
X2CrNiMoN17-13-3	1.4429	211	185	167	155	145	140	135	131	129	127	246	218	198	183	175	169	164	160	158	157
X3CrNiMo17-13-3	1.4436	177	162	147	137	127	120	115	112	110	108	211	191	177	167	156	150	144	141	139	137
X2CrNiMo18-14-3	1.4435	165	150	137	127	119	113	108	103	100	98	200	180	165	153	145	139	135	130	128	127
X1NiCrMoCu25-20-5	1.4539	205	190	175	160	145	135	125	115	110	105	235	220	205	190	175	165	155	145	140	135
X6CrNiNb18-10	1.4550	177	167	157	147	136	130	125	121	119	118	211	196	186	177	167	161	156	152	149	147
X1NiCrMoCu31-27-4	1.4563	190	175	160	155	150	145	135	125	120	115	220	205	190	185	180	175	165	155	150	145
X1CrNiMoCuN20-18-7	1.4547	230	205	190	180	170	165	160	153	148	–	270	245	225	212	200	195	190	184	180	–
X1NiCrMoCuN25-20-7	1.4529	230	210	190	180	170	165	160	130	120	105	270	245	225	215	205	195	190	160	150	135

Tabelle C.3: Mindestwerte der 0,2 %-Dehngrenze austenitisch-ferritischer Stähle bei erhöhten Temperaturen im lösungsgeglühten Zustand

Stahlbezeichnung		Mindestwerte der 0,2 %-Dehngrenze N/mm^2 bei einer Temperatur in °C von			
Kurzname	Werkstoff-nummer	100	150	200	250
X2CrNiN23-4	1.4362	330	300	280	265
X3CrNiMoN27-5-2	1.4460	360	335	310	295
X2CrNiMoN22-5-3	1.4462	360	335	315	300
X2CrNiMoCuN25-6-3	1.4507	450	420	400	380
X2CrNiMoN25-7-4	1.4410	450	420	400	380
X2CrNiMoCuWN25-7-4	1.4501	450	420	400	380

293

Dezember 2008

DIN EN 10250-4 Berichtigung 1

ICS 77.140.20; 77.140.85

> Es wird empfohlen, auf der betroffenen Norm einen Hinweis auf diese Berichtigung zu machen.

Freiformschmiedestücke aus Stahl für allgemeine Verwendung – Teil 4: Nichtrostende Stähle; Deutsche Fassung EN 10250-4:1999, Berichtigung zu DIN EN 10250-4:2000-02

Open die steel forgings for general engineering purposes –
Part 4: Stainless steels;
German version EN 10250-4:1999,
Corrigendum to DIN EN 10250-4:2000-02

Pièces forgées en acier pour usage général –
Partie 4: Aciers inoxydables;
Version allemande EN 10250-4:1999,
Corrigendum à DIN EN 10250-4:2000-02

Gesamtumfang 2 Seiten

Normenausschuss Eisen und Stahl (FES) im DIN

In

DIN EN 10250-4:2000-02

sind folgende Korrekturen vorzunehmen:

Änderung in 5.1

Der zweite Satz muss korrekt lauten: "Es gelten die Festlegungen in den Tabellen **5**, **6** und **7**.

Änderung in Tabelle 5

In der Zeile „QT 800" muss es für die Stahlsorte X17CrNi16-2 (1.4057), Spalte „Zugfestigkeit R_m", korrekt lauten:

„800 bis 950"

Änderungen in Tabelle 6

Die Kurznamen der Stahlsorten mit den Werkstoffnummern 1.4301, 1.4401 und 1.4436 müssen korrekt lauten:

X5CrNi18-10, X5CrNiMo17-12-2, X3CrNiMo17-13-3

Änderung in den Tabellen A. 2 und C.2

Der Kurzname der Stahlsorte mit der Werkstoffnummer 1.4301 muss korrekt lauten:

X5CrNi18-10

2

Februar 2002

Walzdraht, Stäbe und Draht aus Kaltstauch- und Kaltfließpressstählen

Teil 1: Allgemeine technische Lieferbedingungen
Deutsche Fassung EN 10263-1:2001

DIN

EN 10263-1

ICS 77.140.60; 77.140.65

Ersatz für
DIN 1654-1:1989-10

Steel rod, bars and wire for cold heading and cold extrusion –
Part 1: General technical delivery conditions;
German version EN 10263-1:2001

Barres, fil machine et fils en acier pour transformation à froid et
extrusion à froid –
Partie 1: Conditions techniques générales de livraison;
Version allemande EN 10263-1:2001

Die Europäische Norm EN 10263-1:2001 hat den Status einer Deutschen Norm.

Nationales Vorwort

Die Europäische Norm EN 10263-1 wurde von der gemeinsamen Arbeitsgruppe „Besonderer Walz-draht zum Kaltumformen" (Sekretariat: Italien) der Technischen Komitees TC 15 "Walzdraht – Güten, Maße, Grenzabmaße und besondere Prüfungen", TC 23 „Für eine Wärmebehandlung bestimmte Stähle, legierte Stähle und Automatenstähle – Güten und Maße" und TC 30 „Draht und Drahter-zeugnisse" des Europäischen Komitees für die Eisen- und Stahlnormung (ECISS) ausgearbeitet.

Das zuständige deutsche Normungsgremium ist der Unterausschuss 08/5 „Kaltstauch- und Kalt-fließpressstähle" des Normenausschusses Eisen und Stahl (FES).

Für die im Abschnitt 2 zitierten Europäischen Normen, soweit die Norm-Nummer geändert ist, und EURONORMEN wird im Folgenden auf die entsprechenden Deutschen Normen verwiesen.

ENV 10247   siehe DIN 50602

EURONORM 103   siehe DIN 50601

EURONORM 104   siehe DIN 50192

CR 10260   siehe DIN V 17006-100

Fortsetzung Seite 2
und 19 Seiten EN

Normenausschuss Eisen und Stahl (FES) im DIN Deutsches Institut für Normung e.V.

Änderungen

Gegenüber DIN 1654-1:1989-10 wurden folgende Änderungen vorgenommen:

a) Der Hersteller muss ein Qualitätssicherungssystem betreiben.

b) Anforderungen an Oberflächenbeschaffenheit und Randentkohlung geändert.

c) Festlegungen für den Prüfumfang überarbeitet.

d) Zusatz- und Sonderanforderungen in einem normativen Anhang zusammengefaßt.

e) Redaktionell völlig überarbeitet.

Frühere Ausgaben

DIN 1654: 1954-08;

DIN 1654-1: 1980-03; 1989-10.

Nationaler Anhang NA
(informativ)
Literaturhinweise

DIN V 17006-100, *Bezeichnungssysteme für Stähle – Zusatzsymbole; Deutsche Fassung CR 10260:1998*

DIN 50192, *Ermittlung der Entkohlungstiefe*

DIN 50601, *Metallographische Prüfverfahren – Ermittlung der Ferrit- oder Austenitkorngröße von Stahl und Eisenwerkstoffen*

DIN 50602, *Metallographische Prüfverfahren – Mikroskopische Prüfung von Edelstählen auf nicht-metallische Einschlüsse mit Bildreihen*

EUROPÄISCHE NORM
EUROPEAN STANDARD
NORME EUROPÉENNE

EN 10263-1

Juni 2001

ICS 77.140.60; 77.140.65

Deutsche Fassung

Walzdraht, Stäbe und Draht aus Kaltstauch- und Kaltfließpressstählen
Teil 1: Allgemeine technische Lieferbedingungen

Steel rod, bars and wire for cold heading and cold extrusion –
Part 1: General technical delivery conditions

Barres, fil machine et fils en acier pour transformation à froid et extrusion à froid –
Partie 1: Conditions techniques générales de livraison

Diese Europäische Norm wurde von CEN am 2001-04-19 angenommen.

Die CEN-Mitglieder sind gehalten, die CEN/CENELEC-Geschäftsordnung zu erfüllen, in der die Bedingungen festgelegt sind, unter denen dieser Europäischen Norm ohne jede Änderung der Status einer nationalen Norm zu geben ist.

Auf dem letzten Stand befindliche Listen dieser nationalen Normen mit ihren bibliographischen Angaben sind beim Management-Zentrum oder bei jedem CEN-Mitglied auf Anfrage erhältlich.

Diese Europäische Norm besteht in drei offiziellen Fassungen (Deutsch, Englisch, Französisch). Eine Fassung in einer anderen Sprache, die von einem CEN-Mitglied in eigener Verantwortung durch Übersetzung in seine Landessprache gemacht und dem Management-Zentrum mitgeteilt worden ist, hat den gleichen Status wie die offiziellen Fassungen.

CEN-Mitglieder sind die nationalen Normungsinstitute von Belgien, Dänemark, Deutschland, Finnland, Frankreich, Griechenland, Irland, Island, Italien, Luxemburg, Niederlande, Norwegen, Österreich, Portugal, Schweden, Schweiz, Spanien, der Tschechischen Republik und dem Vereinigten Königreich.

EUROPÄISCHES KOMITEE FÜR NORMUNG
EUROPEAN COMMITTEE FOR STANDARDIZATION
COMITÉ EUROPÉEN DE NORMALISATION

Management-Zentrum: rue de Stassart, 36 B-1050 Brüssel

Ref. Nr. EN ISO 3543:2001 D

Inhalt

Vorwort

Diese Europäische Norm wurde vom Technischen Komitee ECISS/TC 15 „Walzdraht – Güten, Maße, Grenzabmaße und besondere Prüfungen", erarbeitet, dessen Sekretariat von UNI gehalten wird.

Diese Europäische Norm muss den Status einer nationalen Norm erhalten, entweder durch Veröffentlichung eines identischen Textes oder durch Anerkennung bis Dezember 2001, und etwaige entgegenstehende nationale Normen müssen bis Dezember 2001 zurückgezogen werden.

Diese Europäische Norm EN 10263 ist wie folgt unterteilt:

Teil 1: Allgemeine technische Lieferbedingungen

Teil 2: Technische Lieferbedingungen für nicht für eine Wärmebehandlung nach der Kaltverarbeitung vorgesehene Stähle

Teil 3: Technische Lieferbedingungen für Einsatzstähle

Teil 4: Technische Lieferbedingungen für Vergütungsstähle

Teil 5: Technische Lieferbedingungen für nichtrostende Stähle

Entsprechend der CEN/CENELEC-Geschäftsordnung sind die nationalen Normungsinstitute der folgenden Länder gehalten, diese Europäische Norm zu übernehmen: Belgien, Dänemark, Deutschland, Finnland, Frankreich, Griechenland, Irland, Island, Italien, Luxemburg, Niederlande, Norwegen, Österreich, Portugal, Schweden, Schweiz, Spanien, die Tschechische Republik und das Vereinigte Königreich.

1 Anwendungsbereich

1.1 Dieser Teil von EN 10263 legt die allgemeinen technischen Lieferbedingungen fest für runden Walzdraht, runde Stäbe und Draht zum Kaltstauchen und Kaltfließpressen aus

a) unlegierten, nicht für eine Wärmebehandlung nach der Kaltverarbeitung vorgesehenen Stählen nach EN 10263-2;

b) unlegierten und legierten Einsatzstählen nach EN 10263-3;

c) unlegierten und legierten Vergütungsstählen nach EN 10263-4;

d) nichtrostenden Stählen nach EN 10263-5.

1.2 Die Teile 2, 3 und 4 dieser EN 10263 enthalten Erzeugnisse mit einem Durchmesser bis einschließlich 100 mm.

Teil 5 enthält Erzeugnisse mit einem Durchmesser bis einschließlich

– 25 mm bei ferritischen und austenitisch-ferritischen Stählen,

– 50 mm bei austenitischen Stählen,

– 100 mm bei martensitischen Stählen.

1.3 In Sonderfällen können zusätzliche Anforderungen oder Abweichungen von dieser Europäischen Norm zwischen Besteller und Lieferant bei der Anfrage und Bestellung vereinbart werden (siehe Anhang B).

1.4 Die allgemeinen technischen Lieferbedingungen nach EN 10021 gelten auch für nach dieser Europäischen Norm gelieferte Erzeugnisse.

2 Normative Verweisungen

Diese Europäische Norm enthält durch datierte oder undatierte Verweisungen Festlegungen aus anderen Publikationen. Diese normativen Verweisungen sind an den jeweiligen Stellen im Text zitiert, und die Publikationen sind nachstehend aufgeführt. Bei datierten Verweisungen gehören spätere Änderungen oder Überarbeitungen dieser Publikationen nur zu dieser Europäischen Norm, falls sie durch Änderung oder Überarbeitung eingearbeitet sind. Bei undatierten Verweisungen gilt die letzte Ausgabe der in Bezug genommenen Publikation (einschließlich Änderungen).

EN 10002-1, *Metallische Werkstoffe – Zugversuch – Teil 1: Prüfverfahren (bei Raumtemperatur).*

EN 10020, *Begriffsbestimmung für die Einteilung der Stähle.*

EN 10021, *Allgemeine technische Lieferbedingungen für Stahl und Stahlerzeugnisse.*

EN 10027-1, *Bezeichnungssysteme für Stähle – Teil 1: Kurznamen, Hauptsymbole.*

EN 10027-2, *Bezeichnungssysteme für Stähle – Teil 2: Nummernsystem.*

EN 10052, *Begriffe der Wärmebehandlung von Eisenwerkstoffen.*

EN 10079, *Begriffsbestimmungen für Stahlerzeugnisse.*

EN 10088-1, *Nichtrostende Stähle – Teil 1: Verzeichnis der nichtrostenden Stähle.*

EN 10204, *Metallische Erzeugnisse – Arten von Prüfbescheinigungen.*

EN 10221, *Oberflächengüteklassen für warmgewalzten Stabstahl und Walzdraht – Technische Lieferbedingungen.*

ENV 10247, *Mikroskopische Untersuchung des Einschlussgehaltes in Stählen mittels Bildrichtreihen.*

EN ISO 377, *Stahl und Stahlerzeugnisse – Lage und Vorbereitung von Probenabschnitten und Proben für mechanische Prüfungen.*

EN ISO 642, *Stahl – Stirnabschreckversuch (Jominy-Versuch).*

EN ISO 3651-2, *Ermittlung der Beständigkeit nichtrostender Stähle gegen interkristalline Korrosion – Teil 2: Nichtrostende ferritische, austenitische und ferritisch-austenitische (Duplex) Stähle – Korrosionsversuch in schwefelsäurehaltigen Medien.*

EN ISO 6508-1, *Metallische Werkstoffe – Härteprüfung nach Rockwell – Teil 1: Prüfverfahren (Skalen A, B, C, D, E, F, G, H, K, N, T).*

EN ISO 9002, *Qualitätsmanagementsysteme – Modell zur Qualitätssicherung/QM-Darlegung in Produktion, Montage und Wartung.*

CR 10260, *Bezeichnungssysteme für Stähle – Zusatzsymbole.*

CR 10261, *Eisen und Stahl – Überblick über verfügbare chemische Analysenverfahren.*

prEN 10060[1], *Warmgewalzte Rundstäbe aus Stahl – Maße, Formtoleranzen und Grenzabmaße.*

prEN ISO 14284, *Stahl und Eisen – Entnahme und Vorbereitung der Proben für die Bestimmung der chemischen Zusammensetzung.*

EURONORM 103[2], *Mikroskopische Ermittlung der Ferrit- oder Austenitkorngröße von Stählen.*

EURONORM 104[2], *Ermittlung der Entkohlungstiefe von unlegierten und niedriglegierten Baustählen.*

prEN 10168[1], *Stahl und Stahlerzeugnisse – Liste und Beschreibung der Angaben.*

3 Begriffe

Für die Anwendung dieser Norm gelten die Begriffe in EN 10020, EN 10021, EN 10052, EN 10079, EN ISO 377 und prEN ISO 14284.

4 Einteilung und Bezeichnung

4.1 Einteilung

Die Einteilung der in dieser Europäischen Norm enthaltenen Stahlsorten nach EN 10020 ist in 4.1 der Teile 2, 3, 4 und 5 dieser Norm für die entsprechenden Stahlsorten angegeben.

4.2 Bezeichnung

4.2.1 Kurznamen

Für die Stahlsorten nach dieser Europäischen Norm wurden die in den betreffenden Tabellen der Teile 2, 3, 4 und 5 dieser Norm angegebenen Kurznamen nach EN 10027-1 und CR 10260 gebildet.

4.2.2 Werkstoffnummern

Für die Stahlsorten nach dieser Europäischen Norm wurden die in den betreffenden Tabellen der Teile 2, 3, 4 und 5 dieser Norm angegebenen Werkstoffnummern nach EN 10027-2 gebildet.

5 Bestellangaben

5.1 Verbindliche Angaben

Der Besteller muss zum Zeitpunkt der Anfrage und Bestellung die folgenden Angaben machen, um dem Lieferer in ausreichender Form die Einhaltung der Anforderungen nach dieser Europäischen Norm zu gestatten:

a) zu liefernde Menge;1

b) Bezeichnung des Erzeugnisses (Walzdraht oder Stab oder Draht);

c) die in Betracht kommende Europäische Norm oder EURONORM für die Maße (siehe Abschnitt 8);

---

1) In Vorbereitung; bis zu ihrer Veröffentlichung als Europäische Norm sollte eine entsprechende nationale Norm zum Zeitpunkt der Anfrage und Bestellung vereinbart werden.

2) Bis zur Überführung dieser EURONORM in eine Europäische Norm darf – je nach Vereinbarung bei der Bestellung – entweder diese EURONORM oder eine entsprechende nationale Norm zur Anwendung kommen (siehe Anhang A).

d) den Nenndurchmesser des Erzeugnisses;

e) Länge für Stäbe und Maße und Masse für Ringe;

f) Verweis auf diese Europäische Norm einschließlich Nummer des betreffenden Teiles;

g) Kurzname oder Werkstoffnummer (siehe 4.2);

h) Angabe des Lieferzustandes (siehe 7.4.1);

i) Oberflächenbeschaffenheit (siehe 7.10);

j) gegebenenfalls Angabe des Kurzzeichens für Härtbarkeitsanforderungen (siehe 7.7);

k) Art der Prüfung und Prüfbescheinigung nach EN 10021 bzw. EN 10204 (siehe 9.1).

5.2 Zusätzliche Angaben

Im Rahmen des Folgenden können zusätzliche Anforderungen vom Besteller zum Zeitpunkt der Anfrage und Bestellung festgelegt werden. Wenn keine zusätzliche Anforderung festgelegt ist, bleiben alle diesbezüglichen Entscheidungen dem Hersteller überlassen:

a) gegebenenfalls Angabe einer beliebigen zusätzlichen Anforderung durch Verweis auf die betreffende Abschnittsnummer in Anhang B;

b) Nachweis der Härtbarkeit durch Berechnung (siehe 7.7);

c) besondere Oberflächenbehandlung (siehe 7.4.3);

d) Verpackung (siehe Abschnitt 12);

e) Schutz während Transport und Handhabung (siehe Abschnitt 13).

5.3 Bestellbeispiel

100 t Stäbe nach Teil 4 dieser Europäischen Norm mit einem Durchmesser von 50 mm und einer Länge von 6 000 mm nach prEN 10060 aus dem Stahl 32CrB4 (1.7076), geglüht auf kugelige Carbide und kaltgezogen, mit einem Abnahmeprüfzeugnis 3.1B nach EN 10204.

100 t Stäbe – prEN 10060 – 50 × 6 000 – EN 10263-4 – 32CrB4 + AC + C – EN 10204 – 3.1B

6 Herstellverfahren

Falls bei der Bestellung nicht anders vereinbart, bleibt das Herstellverfahren dem Hersteller überlassen.

7 Anforderungen

7.1 Allgemeines

Der Hersteller ist verantwortlich, mit ihm angemessen erscheinenden Verfahren die Herstellung im Hinblick auf die verschiedenen festgelegten Gütekriterien zu überwachen. In Anbetracht der Tatsache, dass es schwierig ist, Walzdraht- und Drahtringe, abgesehen von den Enden der gelieferten Ringe, zu prüfen, kann nicht sichergestellt werden, dass im gesamten Walzdraht- oder Drahtring kein Wert außerhalb der festgelegten Grenzen gefunden wird. Die vom Hersteller verwendeten Mittel und Verfahren zur Herstellungsüberwachung müssen in Übereinstimmung mit dem Qualitätssicherungsschema sein (siehe 7.2).

Statistische Auswertungsverfahren können zwischen Hersteller und Besteller zum Zeitpunkt der Anfrage und Bestellung vereinbart werden.

7.2 Qualitätsmanagement-System

Der Hersteller sollte ein mindestens EN ISO 9002 entsprechendes Qualitätsmanagement-System betreiben.

7.3 Lieferart

Die in den Teilen 2 bis 5 dieser Europäischen Norm enthaltenen Erzeugnisse sind je Schmelze oder einem Teil davon zu liefern.

302

7.4 Lieferzustand

7.4.1 Basislieferzustand

Walzdraht, Stäbe und Draht sind in einem der bei der Bestellung vereinbarten Lieferzustände nach Tabelle 1 von EN 10263-2:2001 bis EN 10263-5:2001 zu liefern.

7.4.2 Zusammenfassung der Kombinationen von Lieferzuständen, Erzeugnisformen und zugehörigen Anforderungen

Eine Zusammenfassung von üblichen Lieferzuständen und Erzeugnisformen und zugehörigen Anforderungen bezüglich chemischer Zusammensetzung, mechanischen Eigenschaften und, gegebenenfalls, Härtbarkeit ist in Tabelle 1 von EN 10263-2:2001 bis EN 10263-5:2001 angegeben.

7.4.3 Oberflächenbehandlung

Jegliche Oberflächenbehandlung, die das nachfolgende Kaltstauchen und Kaltfließpressen erleichtern oder teilweise eine Rostbildung verzögern kann, muss Gegenstand einer Vereinbarung bei der Bestellung sein.

Obige Behandlung kann z. B. Entzunderung, Behandlung mit Kalk und/oder Phosphat einschließen.

7.5 Chemische Zusammensetzung

7.5.1 Schmelzenanalyse

7.5.1.1 Die chemische Zusammensetzung nach der Schmelzenanalyse muss – der betreffenden Stahlsorte entsprechend – in Übereinstimmung sein mit den festgelegten Werten in Tabelle 2 von EN 10263-2:2001, Tabelle 2 von EN 10263-3:2001, Tabellen 2 und 3 von EN 10263-4:2001 und Tabelle 2 von EN 10263-5:2001.

7.5.1.2 In Fällen, in denen Einsatz- oder Vergütungsstähle mit den in den Tabellen 7 und 8 von EN 10263-3:2001 und Tabellen 7 bis 9 von EN 10263-4:2001 angegebenen Bezeichnungen, die Übereinstimmung mit Härtbarkeitsanforderungen im Jominy-Versuch einschließen, bestellt werden, sind solche Härtbarkeitsanforderungen als für die Annahme entscheidendes Kriterium anzusehen.

In solchen Fällen ist eine Abweichung der Schmelzenanalyse gegenüber den in Tabelle 2 von EN 10263-3:2001 und den Tabellen 2 und 3 von EN 10263-4:2001 zulässig unter Berücksichtigung der in Fußnote 2 zu jenen Tabellen angegebenen Festlegungen. In jedem Falle jedoch dürfen die Abweichungen in der Stückanalyse gegenüber den festgelegten Grenzen der Schmelzenanalyse die in Tabelle 3 von EN 10263-3:2001 und in Tabelle 4 von EN 10263-4:2001 angegebenen Werte nicht überschreiten.

7.5.2 Stückanalyse

Der Besteller kann bei der Anfrage und Bestellung festlegen, dass die chemische Zusammensetzung nach der Stückanalyse nachgewiesen werden muss. In diesem Falle ist auf B.2 zu verweisen.

Die in der Stückanalyse gegenüber den für die Schmelzenanalyse festgelegten Grenzen (siehe 7.5.1) zulässigen Abweichungen sind in Tabelle 3 von EN 10263-2:2001, Tabelle 3 von EN 10263-3:2001, Tabelle 4 von EN 10263-4:2001 und Tabelle 3 von EN 10263-5:2001 angegeben.

7.6 Mechanische Eigenschaften

Die mechanischen Eigenschaften von Erzeugnissen nach dieser Europäischen Norm müssen den Festlegungen in 6.3 von EN 10263-2:2001 bis EN 10263-5:2001 entsprechen.

7.7 Härtbarkeitsanforderungen

7.7.1 Allgemeines

Die Erzeugnisse dürfen nicht mit gleichzeitigen Anforderungen an die Härtbarkeit im Stirnabschreckversuch und an die Kernhärte bestellt und geliefert werden.

7.7.2 Anforderungen an die Härtbarkeit im Stirnabschreckversuch (Jominy-Versuch)

Wenn ein Erzeugnis mit Verweis auf eine in den Tabellen 7 und 8 von EN 10263-3:2001 oder in den Tabellen 7 bis 9 von EN 10263-4:2001 aufgeführte Bezeichnung einer Stahlsorte bestellt wird, muss das Erzeugnis die in jenen Tabellen angegebenen Härtbarkeitsanforderungen erfüllen.

7.7.3 Anforderungen an die Kernhärte

Wenn ein Erzeugnis mit Verweis auf eine in Tabelle 10 von EN 10263-4:2001 aufgeführte Bezeichnung einer Stahlsorte bestellt wird, müssen die Kernhärteeigenschaften die in dieser Tabelle angegebenen Anforderungen erfüllen.

Mindestens 90 % des Gefüges müssen aus Martensit bestehen.

In Schiedsfällen bezüglich Lieferungen von Erzeugnissen mit größeren Durchmessern als in Tabelle 10 von EN 10263-4:2001 angegeben, müssen die zu prüfenden Probenabschnitte durch Warmumformen oder Schmieden unter Berücksichtigung der Anforderungen in EN ISO 642 auf die in dieser Tabelle angegebenen Maße gebracht werden.

7.7.4 Härtbarkeitsberechnung

Ein Nachweis der Härtbarkeit durch Berechnung kann bei der Bestellung vereinbart werden. In diesem Falle sollte auch das Berechnungsverfahren vereinbart werden.

7.8 Gefüge

7.8.1 Austenitkorngröße

Falls zum Zeitpunkt der Anfrage und Bestellung nicht anders festgelegt, bleibt die Wahl der Austenit-korngröße dem Hersteller überlassen. Falls für Stähle nach EN 10263-3:2001 oder EN 10263-4:2001 Feinkorn verlangt wird, ist auf B.3 zu verweisen.

7.8.2 Carbideinformung

Für Stähle nach den Teilen 2, 3 und 4 dieser Europäischen Norm ist auf B.4 zu verweisen, falls Carbid-einformung verlangt wird.

7.8.3 Nichtmetallische Einschlüsse

Siehe B.5.

7.9 Innere Beschaffenheit

7.9.1 Walzdraht, Stäbe und Draht müssen frei von inneren Fehlern sein, die schädlich sein könnten für das Kaltstauchen oder Kaltfließpressen oder bei sachgemäßem Härten und daher für das Erzeugnis eine nachteilige Wirkung haben.

7.9.2 Anforderungen bezüglich der inneren Beschaffenheit können bei der Anfrage und Bestellung vereinbart werden, z. B. durch Verweis auf zerstörungsfreie Prüfungen (siehe B.6).

7.10 Oberflächenbeschaffenheit

7.10.1 Allgemeines

Die Oberflächenanforderungen für Stähle nach den Teilen 2, 3 und 4 dieser Europäischen Norm sind wie folgt. Jene für Stähle nach Teil 5 sind dort angegeben.

7.10.2 Warmgewalzte Erzeugnisse

7.10.2.1 Walzdraht muss die Anforderungen entsprechend Oberflächengüteklasse E nach EN 10221 erfüllen.

7.10.2.2 Stäbe müssen die Anforderungen entsprechend Oberflächengüteklasse D nach EN 10221 erfüllen. Übereinstimmung mit Oberflächengüteklasse E nach EN 10221 kann bei der Anfrage und Bestellung vereinbart werden. Wenn der Erzeugnisdurchmesser größer als der größte für die betref-fende Oberflächengüteklasse in EN 10221 festgelegte Durchmesser ist, darf die größte zulässige Tiefe von Oberflächenfehlern nicht größer sein als für den größten Durchmesser festgelegt.

7.10.3 Kaltgezogene Erzeugnisse

Je nach Ausgangsmaterial für die kaltgezogenen Erzeugnisse gelten dieselben Anforderungen wie in 7.10.2.1 bzw. 7.10.2.2 festgelegt.

Für Durchmesser unter 5 mm ist die zulässige Tiefe von Oberflächenfehlern proportional zur Durch-messerabnahme beim Kaltziehen zu verringern.

7.10.4 Stauchversuch

Der Stauchversuch kommt für Erzeugnisse in Ringform und nach Vereinbarung für Stäbe in Betracht.

Das Fehlen von Rissen auf der Probe nach Durchführung des Stauchversuches ist als Beweis dafür anzusehen, dass das betreffende Erzeugnis frei von Oberflächenfehlern ist. Von Führungskratzern herrührende Kerben auf der Probe dürfen nicht als Fehler in Betracht gezogen werden.

Für das Prüfverfahren siehe 10.3.

Die Prüfeinheit muss „C + D + T" sein (siehe Fußnote a zu Tabelle 2).

Von jedem Probenabschnitt ist eine Probe zu nehmen.

ANMERKUNG   Üblicherweise wird der Stauchversuch bei Erzeugnissen aus nichtrostenden Stählen nach Teil 5 dieser Europäischen Norm nicht durchgeführt.

7.10.5 Beseitigung von Oberflächenfehlern und Unvollkommenheiten

Beseitigung von Oberflächenfehlern und Unvollkommenheiten ist nur mit Zustimmung des Bestellers gestattet.

Bis zur Veröffentlichung einer Europäischen Norm hierfür müssen die für die Beseitigung von Fehlern und Unvollkommenheiten zulässige Tiefe und das entsprechende Verfahren zur Beseitigung Gegenstand einer Vereinbarung bei der Anfrage und Bestellung sein.

7.11 Entkohlung

Unabhängig vom Wärmebehandlungszustand müssen Walzdraht und Stäbe mit Walzoberfläche und Draht aus Stählen nach Tabelle 2 von EN 10263-3:2001 und nach den Tabellen 2 und 3 von EN 10263-4:2001 frei sein von Zonen vollständiger Entkohlung.

Für in nicht kontrollierter Atmosphäre geglühte Stäbe ist die Entkohlungstiefe zum Zeitpunkt der Anfrage und Bestellung zu vereinbaren.

Abkohlung (Ferrit-Perlit) ist zulässig, sofern sie nicht die in Bild 1 angegebenen Grenzen überschreitet. Für Durchmesser ≤ 10 mm ist die höchstzulässige Abkohlungstiefe 0,07 mm; für Durchmesser über 10 mm entspricht das Diagramm der folgenden Formel

$$E = 0,007 \cdot d \text{ mm}$$

dabei ist d = Durchmesser.

Maße in Millimeter

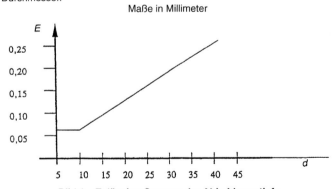

Bild 1 – Zulässige Grenzen der Abkohlungstiefe

Für kaltgezogene Erzeugnisse mit Durchmessern über 5 mm gelten für die Entkohlung die gleichen Grenzen wie für warmgewalzte Erzeugnisse.

Für kaltgezogene Erzeugnisse mit einem Durchmesser unter 5 mm verringert sich die zulässige Entkohlungstiefe in Abhängigkeit von der Durchmesserabnahme beim Kaltziehen.

Wenn in Sonderfällen der Besteller andere Werte der Abkohlungstiefen verlangt, sind jene Werte unter Bezugnahme auf B.7 bei der Anfrage und Bestellung zu vereinbaren.

7.12 Korrosionsbeständigkeit nichtrostender Stähle

Prüfungen zur Ermittlung der Korrosionsbeständigkeit nichtrostender Stähle nach Teil 5 dieser Europäischen Norm können bei der Anfrage und Bestellung vereinbart werden. In diesem Falle sollte man sich auf B.8 beziehen.

8 Maße, Grenzabmaße und Formtoleranzen

Die Nennmaße, Grenzabmaße und Formtoleranzen für das Erzeugnis sind bei der Anfrage und Bestellung zu vereinbaren, möglichst unter Bezugnahme auf die in Betracht kommenden Maßnormen (siehe Anhang D).

9 Prüfung

9.1 Arten und Inhalte von Prüfbescheinigungen

9.1.1 Erzeugnisse nach dieser Europäischen Norm sind zu bestellen und zu liefern mit einer der Prüfbescheinigungen nach EN 10204. Die Art der Prüfbescheinigung ist bei der Anfrage und Bestellung zu vereinbaren.

9.1.2 Falls entsprechend den bei der Anfrage und Bestellung getroffenen Vereinbarungen ein Abnahmeprüfzeugnis oder Abnahmeprüfprotokoll auszustellen ist, sind die in 9.3 beschriebenen spezifischen Prüfungen durchzuführen und ihre Ergebnisse in die Prüfbescheinigung aufzunehmen.

Außerdem muss die Prüfbescheinigung folgende Angaben enthalten:

a) die Ergebnisse der vom Hersteller durchgeführten Schmelzenanalyse für die in den betreffenden Tabellen der Teile 2, 3, 4 und 5 dieser Europäischen Norm für die betreffende Stahlsorte aufgeführten Elemente;

b) die Ergebnisse der bezüglich Zusatzanforderungen (siehe Anhang B) bestellten Prüfungen;

c) die Kurzzeichen, Buchstaben oder Zahlen, die die Prüfbescheinigungen, Proben und Erzeugnisse einander zuordnen.

9.2 Prüfumfang

Falls bei der Bestellung ein Werksprüfzeugnis oder ein Abnahmeprüfzeugnis oder ein Abnahmeprüfprotokoll verlangt wird, ist die Prüfung entsprechend Tabelle 1 durchzuführen.

Tabelle 1 – Prüfumfang

Art der Prüfung	Nicht für eine Wärmebehandlung vorgesehene Erzeugnisse siehe EN 10263-2	Erzeugnisse zum Einsatzhärten siehe EN 10263-3	Erzeugnisse zum Vergüten siehe EN 10263-4	Erzeugnisse aus nichtrostenden Stählen siehe EN 10263-5
Schmelzenanalyse	+	+	+	+
Stückanalyse	0	0	0	0
Mechanische Eigenschaften	+	0	0	0
Härtbarkeit im Stirnabschreckversuch	–	0	0	–
Kernhärteanforderungen	–	–	0	–
Austenitkorngröße	–	0	0	–
Carbideinformung	0	0	0	–
Nichtmetallische Einschlüsse	–	0	0	–
Oberflächenfehler	0	0	0	0
Randentkohlung	–	0	0	–

(fortgesetzt)

Tabelle 1 *(abgeschlossen)*

Korrosionsbeständigkeit		–	–	–	0

+ Prüfung wird durchgeführt

– Prüfung wird nicht durchgeführt

0 Prüfung wird nur durchgeführt, wenn bei der Bestellung vereinbart.

9.3 Spezifische Prüfung

9.3.1 Nachweis von Härtbarkeit und mechanischen Eigenschaften

Der Nachweis von Härtbarkeit oder mechanischen Eigenschaften ist nur zu erbringen, wenn die Bestellung die Bitte um Ausstellung eines Abnahmeprüfzeugnisses oder Abnahmeprüfprotokolles enthält und unter der Voraussetzung, dass die Anforderungen zutreffen nach den Angaben in Tabelle 1 von EN 10263-2:2001, EN 10263-3:2001, EN 10263-4:2001 oder EN 10263-5:2001.

9.3.1.1 Nachweis der mechanischen Eigenschaften

Der Nachweis der mechanischen Eigenschaften muss im festgelegten Lieferzustand erfolgen (siehe Tabelle 1 von EN 10263-2:2001, EN 10263-3:2001, EN 10263-4:2001 oder EN 10263-5:2001).

9.3.1.2 Nachweis der Härte im Stirnabschreckversuch (Jominy-Versuch)

Wenn Erzeugnisse unter Bezug auf eine Stahlsorte, deren Bezeichnung eines der Kurzzeichen +H, +HH, +HL einschließt, bestellt werden, ist die Übereinstimmung mit den Härtbarkeitsanforderungen im Stirnabschreckversuch (Jominy-Versuch) entsprechend den Angaben in den Tabellen 7 und 8 von EN 10263-3:2001 und Tabellen 7 bis 9 von EN 10263-4:2001 nachzuweisen.

9.3.1.3 Nachweis der Übereinstimmung mit Kernhärteanforderungen

Wenn Erzeugnisse unter Bezug auf eine Stahlsorte, deren Bezeichnung das Kurzzeichen +CH einschließt, bestellt werden, ist die Übereinstimmung mit den Kernhärteanforderungen entsprechend den Angaben in Tabelle 10 von EN 10263-4:2001 nachzuweisen.

9.3.1.4 Anzahl der Prüfungen

Die Anzahl der Prüfungen, die Bedingungen für Probenahme und Probenvorbereitung sowie die für den Nachweis der Übereinstimmung mit den verschiedenen Anforderungen zu verwendenden Prüfverfahren sind in Tabelle 2 angegeben.

9.3.2 Maßprüfung

Eine ausreichende Anzahl von Erzeugnissen ist zu prüfen, um die Übereinstimmung mit der jeweiligen Spezifikation sicherzustellen.

10 Prüfverfahren

10.1 Mechanische Prüfungen

10.1.1 Zugversuch

Der Zugversuch ist nach EN 10002-1 durchzuführen. Für die Lage der Proben für den Zugversuch siehe Bild 2.

10.1.2 Härteprüfung

Die Rockwell-Härteprüfung ist nach EN ISO 6508-1 durchzuführen.

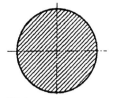

a) Probe mit vollem Querschnitt

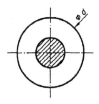

b) Rundprobe bei $d \leq 25$ mm

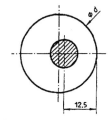

c) Rundprobe bei d > 25 mm

Bild 2 – Lage der Proben für den Zugversuch

10.2 Nachweis der Härtbarkeit

10.2.1 Stirnabschreckversuch (Jominy-Versuch)

Der Stirnabschreckversuch ist nach EN ISO 642 durchzuführen (siehe auch Tabelle 2, Spalten 6a und 7a).

10.2.2 Anforderungen an die Kernhärte

Für die zu verwendende Probe siehe Tabelle 2, Spalte 6a.

Die Probe ist in einem Ofen mit neutraler oder reduzierender Atmosphäre auf die in Tabelle 10 von EN 10263-4:2001 angegebene Temperatur zu erwärmen. Sie ist bei dieser Temperatur zu halten, bis sie vollständig austenitisiert ist.

Sie ist dann aus dem Ofen zu nehmen und unverzüglich in einem Hochleistungsabschrecköl bei einer Badtemperatur von etwa $50\,°C$ und einer Bewegungsgeschwindigkeit der Probe von etwa 0,25 m/s abzuschrecken, bis ein vollständiger Temperaturausgleich erreicht ist. Die Probe ist dann in ihrer Mitte senkrecht zur Längsachse anzukerben und zu brechen. Eine der Bruchflächen ist dann zu polieren (es ist darauf zu achten, dass übermäßige örtliche Erwärmung vermieden wird).

Die Rockwell-Härte in der Mitte der Bruchfläche ist dann nach EN ISO 6508-1 zu ermitteln.

10.3 Stauchversuch

10.3.1 Unlegierte und legierte Stahlsorten (außer nichtrostenden Stählen)

Wenn bei der Bestellung nicht anders vereinbart, sind den betreffenden Probenabschnitten gerade Proben zu entnehmen. Die Oberflächen der Querschnitte der Enden der Proben müssen eben und zueinander parallel sein; ihre Anfangslänge (Höhe) muss $h = 1,5\,d$ sein, wobei d der Probendurchmesser ist.

Bei der Prüfung ist die Länge (Höhe) der Probe auf ⅓ ihres Anfangswertes zu verringern.

10.3.2 Nichtrostende Stahlsorten

Es gelten die Anforderungen nach Teil 5 dieser Europäischen Norm.

10.4 Ermittlung der Entkohlungstiefe

Die Prüfung auf Entkohlung ist – mit folgenden Ausnahmen – nach EURONORM 104 durchzuführen.

Die Entkohlung wird an einem in geeigneter Weise geätzten Querschliff bei 200facher Vergrößerung mikroskopisch ermittelt.

Als Entkohlungstiefe ist das Mittel aus 8 Messungen an den Enden von 4 um 45° gegeneinander versetzten Durchmessern zu werten, wobei man von dem Bereich mit der größten Entkohlungstiefe ausgeht und vermeidet, von einem fehlerhaften Bereich auszugehen. Bei der Berechnung des oben genannten Mittelwertes ist jede in einem örtlichen Oberflächenfehler liegende Messstelle der verbleibenden sieben Messstellen nicht zu berücksichtigen.

In Schiedsfällen ist die Entkohlungstiefe durch Kleinlasthärtemessungen (HV 0,3) entlang 4 um 45° gegeneinander versetzten Durchmessern an entsprechend den Angaben in den verschiedenen Tabellen für die Härtbarkeitsprüfung der Teile 3 und 4 dieser Europäischen Norm abgeschreckten Proben zu ermitteln. Als Entkohlungstiefe gilt der Mittelwert der 8 Werte e_1, e_2, e_3, ... (siehe Bild 3), die den Abständen zwischen der Oberfläche und dem nächstgelegenen Punkt auf der Härtekurve entsprechen, für den der Härtewert 80 % des höchsten Härtewertes in dem an den entkohlten Bereich angrenzenden Bereich entspricht. Jeder in einem örtlichen Oberflächenfehler liegende Messpunkt darf nicht berücksichtigt werden.

10.5 Wiederholungsprüfungen, Sortieren sowie Nachbehandeln und Ausbessern

Es gilt EN 10021.

11 Kennzeichnung

Der Hersteller hat die Erzeugnisse oder Bunde oder Ringe in geeigneter Weise so zu kennzeichnen, dass es möglich ist, den Namen oder das Symbol des Herstellers, die Schmelze, den Nenndurchmesser und die Stahlsorte zu identifizieren.

Für jede besondere oder zusätzliche Kennzeichnung siehe B.9.

12 Verpackung

Der Durchmesser und die Masse des Ringes sowie die Art der Verpackung des zu liefernden Erzeugnisses sind bei der Bestellung zu vereinbaren.

13 Schutz

Jeglicher Oberflächenschutz kann bei der Anfrage und Bestellung vereinbart werden.

14 Beanstandungen nach der Lieferung

Bezüglich Ansprüchen und daraus resultierenden Handlungen gilt EN 10021.

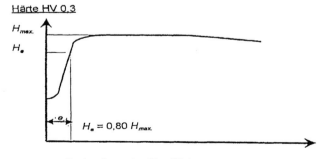

Abstand von der Oberfläche, mm

Bild 3 – Ermittlung der Entkohlungstiefe (siehe B.7)

15 Optionen

Siehe Anhang B.

Tabelle 2 – Prüfbedingungen für den Nachweis der in Spalte 2 angegebenen Anforderungen

Art der Anforderung	Siehe Teil	siehe Tabelle	Prüfeinheit[a]	Anzahl der Probenabschnitte je Prüfeinheit	Anzahl der Proben je Probenabschnitt	Anzuwendendes Prüfverfahren (siehe Zeile T1 und Zeile ... in der Ergänzung zu dieser Tabelle)	Zeile	Probenahme und Probenvorbereitung	Anzuwendendes Prüfverfahren
Chemische Zusammensetzung	2 3 4 5	2 2 2 und 3 2	C	Die Schmelzenanalyse wird vom Hersteller mitgeteilt. Wegen einer möglichen Stückanalyse siehe B.2.			T1	Die allgemeinen Bedingungen und die Vorbereitung von Probenabschnitten und Proben müssen prEN ISO 14284 entsprechen.	
Mechanische Eigenschaften im vorgeschriebenen Lieferzustand	2 3 4 5	4 4, 5 und 6 5 und 6 4, 5, 6 und 7	C + D + T	1 je 15 t, aber höchstens 3	1	T2	T2	Erzeugnisse mit $d > 25$ mm: Der Probenabschnitt für den Zugversuch muss entsprechend den Angaben in Bild 2 entnommen werden. Die Probe muss entsprechend den Festlegungen in EN 10002-1 vorbereitet werden. Erzeugnisse mit $d \leq 25$ mm. Der Probenabschnitt für den Zugversuch ist ohne vorhergehende Bearbeitung zu prüfen.	Nach EN 10002-1
Härtbarkeit im Stirnabschreckversuch	3 4	7 und 8 7, 8 und 9	C	1	1	T3	T3	Jominy-Versuch: Bei $d \leq 40$ mm ist die Probe durch Spanen herzustellen. Je nach Vereinbarung bei der Bestellung sind die Probenabschnitte dem betreffenden Erzeugnis oder einem aus derselben Schmelze stammenden Knüppel oder Vorblock zu entnehmen. Fehlen derartige Vereinbarungen, ist der Ursprung des Probenabschnittes dem Hersteller überlassen. Der Probenabschnitt ist durch Warmwalzen oder -schmieden herzustellen.	EN ISO 642

(fortgesetzt)

Tabelle 2 *(abgeschlossen)*

Art der Anforderung		Prüf-einheit[a]	Anzahl der Prüfungen		Probenahme und Proben-vorbereitung (siehe Zeile T1 und Zeile … in der Ergänzung zu dieser Tabelle)	Zeile	Ergänzung zu Probenahme und Prüfverfahren	
Siehe Teil	siehe Tabelle		Anzahl der Probenabschnitte je Prüfeinheit	Anzahl der Proben je Probenabschnitt	Anzuwendendes Prüfverfahren		Probenahme und Probenvorbereitung	Anzuwendendes Prüfverfahren
Kernhärte								
4	10	C	1	1	T4	T4	Der Durchmesser der Probe muss, falls möglich, dem in Tabelle 10 von EN 10263-4:2000 angegebenen größten Durchmesser entsprechen. Probenahme und Probenvorbereitung bleiben – unter Berücksichtigung der Angaben für die Stirnabschreckprobe (Jominy-Versuch) (siehe EN ISO 642) – dem Hersteller überlassen. Die Länge der Probe muss gleich oder größer viermal der Durchmesser sein.	Siehe 10.2.2

a Die Prüfungen sind getrennt durchzuführen für jede Schmelze (angedeutet durch „C"), für jede Abmessung (angedeutet durch „D") und für jedes Wärmebehandlungslos (angedeutet durch „T"). Walzdraht, Stäbe und Draht, bei denen das Verhältnis der Nennquerschnitte nicht größer ist als 3 : 1, dürfen zu einer einzigen Prüfeinheit zusammengefasst werden. Wenn die Wärmebehandlung mit einem kontinuierlichen Verfahren erfolgt, bedeutet „T", dass die Prüfungen je 25 t oder Teil davon durchzuführen sind.

Anhang A
(informativ)

Verzeichnis der den EURONORMEN entsprechenden nationalen Normen

Bis zu ihrer Überführung in Europäische Normen können entweder die zitierten EURONORMEN oder die entsprechenden nationalen Normen nach Tabelle A.1 angewendet werden.

Tabelle A.1 – EURONORMEN und entsprechende nationale Normen

EURONORM	Entsprechende Normen in					
	DEUTSCH-LAND	FRANKREICH	VEREINIGTES KÖNIGREICH	SPANIEN	ITALIEN	SCHWEDEN
	DIN	NF	BS	UNE	UNI	SIS
103	50601	A 04-303	4490	7279	3150	–
104	50192	A 04-201	6617/1	7317/1	4839	11 70 20

Anhang B
(normativ)

Zusatz- oder Sonderanforderungen

B.1 Allgemeines

Bei der Anfrage und Bestellung können eine oder mehrere der nachfolgenden Zusatz- oder Sonder-anforderungen vereinbart werden. Soweit erforderlich, können Einzelheiten dieser Anforderungen zwischen Hersteller und Besteller bei der Anfrage und Bestellung vereinbart werden.

B.2 Stückanalyse

Zur Ermittlung der Elemente, für die für die betreffende Stahlsorte in dem entsprechenden Teil dieser Norm Werte festgelegt sind, ist eine Stückanalyse je Schmelze durchzuführen.

Für die Probenahme gelten die Angaben in prEN ISO 14284. Weitere Einzelheiten bezüglich Probe-nahme und Probenvorbereitung und anzuwendenden Analysenverfahren können bei der Anfrage und Bestellung vereinbart werden. In Schiedsfällen ist das anzuwendende Verfahren, wenn möglich, unter Bezugnahme auf entsprechende Europäische Normen oder EURONORMEN zu vereinbaren.

Für die derzeit verfügbaren EURONORMEN oder Europäischen Normen auf dem Gebiet der chemischen Analyse von Eisen und Stahl siehe CR 10261.

B.3 Feinkornstahl

Diese Anforderung kommt in Betracht für Erzeugnisse nach EN 10263-3:2001 und EN 10263-4:2001.

B.3.1 Einsatzstähle (EN 10263-3)

Der Stahl muss bei Prüfung nach einem der in EURONORM 103 beschriebenen Verfahren eine Korn-größe des Austenits von 5 oder feiner aufweisen. Das Korngefüge ist als zufriedenstellend anzusehen, wenn 70 % der Fläche innerhalb der festgelegten Grenzen liegen.

B.3.2 Vergütungsstähle (EN 10263-4)

Der Stahl muss bei Prüfung nach EURONORM 103 eine Austenitkorngröße von 5 oder feiner haben. Wenn eine spezifische Prüfung bestellt wird, ist auch zu vereinbaren, ob diese Anforderung an die Korngröße durch Ermittlung des Aluminiumgehaltes oder metallographisch nachgewiesen werden soll.

Im ersten Fall ist auch der Aluminiumgehalt zu vereinbaren.

Im zweiten Fall ist für den Nachweis der Austenitkorngröße eine Probe je Schmelze zu prüfen.

Die Probenahme und die Probenvorbereitung erfolgen entsprechend EURONORM 103.

Falls bei der Bestellung nicht anders vereinbart, ist die Abschreckkorngröße zu ermitteln. Zur Ermittlung der Abschreckkorngröße wird wie folgt gehärtet:

- Bei Stählen mit einem unteren Grenzgehalt an Kohlenstoff
  $< 0{,}35\,\%$: (880 ± 10) °C 90 min/Wasser;

- bei Stählen mit einem unteren Grenzgehalt an Kohlenstoff
  $\geq 0{,}35\,\%$: (850 ± 10) °C 90 min/Wasser.

Im Schiedsfall ist zur Herstellung eines einheitlichen Ausgangszustandes eine Vorbehandlung 1 150 °C 30 min/Luft durchzuführen.

B.4 Carbideinformung

Diese Anforderung kommt in Betracht für Erzeugnisse nach den Teilen 2, 3 und 4 dieser Europäischen Norm, wenn diese in den in Tabelle 1 obiger Teile 2, 3 und 4 definierten Wärmbehandlungszuständen „+ AC", „+ AC + PE", „+ U + AC", „+ U + C + AC", „+ U + C + AC + LC" und „+ AC + C" bestellt werden.

ANMERKUNG Es sollte beachtet werden, dass mit abnehmendem Kohlenstoffgehalt es schwieriger wird, eingeformten Zementit zu erzielen.

Die Querschnittsfläche jeder Probe ist vorzubereiten, zu polieren und dann in einer geeigneten Lösung zu ätzen.

Der Einformungsgrad des Zementits ist durch mikroskopische Prüfung des Querschnittes zu ermitteln, üblicherweise bei 500facher Vergrößerung.

Falls bei der Bestellung vereinbart, ist der Einformungsgrad nach einer vereinbarten Richtreihe zu bewerten.

B.5 Gehalt an nichtmetallischen Einschlüssen

Diese Anforderung kommt in Betracht für Erzeugnisse nach den Teilen 3 und 4 dieser Europäischen Norm.

Der mikroskopisch ermittelte Gehalt an nichtmetallischen Einschlüssen muss bei Prüfung nach einem bei der Bestellung zu vereinbarenden Verfahren innerhalb der vereinbarten Grenzen liegen (siehe Anhang C).

ANMERKUNG Die Anforderungen für den Gehalt an nichtmetallischen Einschlüssen gelten in jedem Fall, jedoch setzt der Nachweis eine besondere Vereinbarung voraus.

B.6 Innere Beschaffenheit

Diese Prüfanforderung kommt nur für Stäbe nach EN 10263-2:2001, EN 10263-3:2001, EN 10263-4:2001, EN 10263-5:2001 in Betracht.

Die Erzeugnisse sind einer zerstörungsfreien Prüfung zu unterziehen, um ihre Übereinstimmung mit den bei der Anfrage und Bestellung vereinbarten Anforderungen an die innere Beschaffenheit nachzuweisen.

Die Prüfeinheit und die entsprechende Anzahl von Probenabschnitten und Proben sind bei der Anfrage und Bestellung zu vereinbaren.

Die Erzeugnisse sind nach einem bei der Anfrage und Bestellung zu vereinbarenden Verfahren und nach ebenfalls bei der Anfrage und Bestellung zu vereinbarenden Bewertungskriterien zu prüfen.

B.7 Besondere Grenzen für Entkohlung

Diese Anforderung kommt in Betracht für Erzeugnisse nach EN 10263-3:2001 und EN 10263-4:2001.

Werte unterhalb der in Bild 3 für die Abkohlung angegebenen sind bei der Anfrage und Bestellung zu vereinbaren.

Die Prüfeinheit und die entsprechende Anzahl von Probenabschnitten und Proben sind ebenfalls bei der Anfrage und Bestellung zu vereinbaren.

Für das Verfahren zur Ermittlung der Abkohlungstiefe siehe 10.4.

B.8 Korrosionsbeständigkeit von Erzeugnissen aus nichtrostenden Stählen

Diese Anforderung kommt in Betracht für Erzeugnisse nach EN 10263-5:2001.

Die Beständigkeit gegen interkristalline Korrosion ist nach EN ISO 3651-2 zu prüfen. Die Definition des Grades der Korrosionsbeständigkeit der betreffenden Erzeugnisse ist bei der Anfrage und Bestellung zu vereinbaren.

Die Prüfeinheit und die entsprechende Anzahl von Probenabschnitten und Proben sind bei der Bestellung zu vereinbaren.

B.9 Besondere oder zusätzliche Kennzeichnung

Die Erzeugnisse sind auf eine bei der Anfrage und Bestellung besonders vereinbarte Art zu kennzeichnen.

Anhang C
(normativ)
Prüfung des Gehaltes an nichtmetallischen Einschlüssen

C.1 Zur mikroskopischen Prüfung von Edelstählen auf nichtmetallische Einschlüsse kann bei der Anfrage und Bestellung eine Prüfung nach einer der nachstehend aufgeführten Normen vereinbart werden:

ENV 10247, *Mikroskopische Untersuchung des Einschlussgehaltes in Stählen mittels Bildrichtreihen.*

DIN 50602, *Metallographische Prüfverfahren; Mikroskopische Prüfung von Edelstählen auf nichtmetallische Einschlüsse mit Bildreihen.*

NF A 04-106, *Eisen und Stahl – Methoden zur Ermittlung des Gehaltes an nichtmetallischen Einschlüssen in Stahl – Teil 2: Mikroskopisches Verfahren mit Richtreihen.*

ANMERKUNG   ISO 4967:1979 „Stahl – Bestimmung des Gehaltes an nichtmetallischen Einschlüssen – Mikroskopisches Verfahren mit Bildreihen" ist identisch mit NF A 04-106.

SS 11 11 16, *Stahl – Verfahren zur Ermittlung des Gehaltes an nichtmetallischen Einschlüssen – Mikroskopisches Verfahren – Jernkontoret's Einschlusstafel 2 für die Ermittlung nichtmetallischer Einschlüsse.*

C.2 Es gelten folgende Anforderungen:

C.2.1 Falls der Nachweis nach DIN 50602 erfolgt, gelten die Anforderungen nach Tabelle C.1.

Tabelle C.1 – Anforderungen an den mikroskopischen Reinheitsgrad bei Prüfung nach DIN 50602 (Verfahren K) (gültig für oxidische nichtmetallische Einschlüsse)

Stabstahl Durchmesser d mm	Summenkennwert K (Oxide) für die einzelne Schmelze
$70 < d \le 100$	K $4 \le 40$
$35 < d \le 70$	K $4 \le 35$
$17 < d \le 35$	K $3 \le 40$
$8 < d \le 17$	K $3 \le 30$
$d \le 8$	K $2 \le 35$

C.2.2 Falls der Nachweis nach NF A 04-106 erfolgt, gelten die Anforderungen nach Tabelle C.2.

Tabelle C.2 – Anforderungen an den mikroskopischen Reinheitsgrad bei Prüfung nach NF A 04-106

Einschlusstyp	Serie	Grenzwerte
Typ B	fein	≤ 3
	dick	≤ 2
Typ C	fein	≤ 1
	dick	≤ 1
Typ D	fein	≤ 2
	dick	≤ 1

C.2.3 Falls der Nachweis nach SS 11 11 16 erfolgt, gelten die Anforderungen nach Tabelle C.3.

Tabelle C.3 – Anforderungen an den mikroskopischen Reinheitsgrad bei Prüfung nach SS 11 11 16

Einschlusstyp	Serie	Grenzwerte
Typ B	fein	≤ 4
	mittel	≤ 3
	dick	≤ 2
Typ C	fein	≤ 4
	mittel	≤ 3
	dick	≤ 2
Typ D	fein	≤ 4
	mittel	≤ 2
	dick	≤ 1

C.2.4 Falls ENV 10247 für die Prüfung des Gehaltes an nichtmetallischen Einschlüssen verwendet wird, sind das Bewertungsverfahren und die Anforderungen zum Zeitpunkt der Anfrage und Bestellung zu definieren.

Anhang D
(informativ)
Für Erzeugnisse nach dieser Europäischen Norm in Betracht kommende Maßnormen

EN 10218-2, *Stahldraht und Drahterzeugnisse – Allgemeines – Teil 2: Drahtmaße und Toleranzen.*

prEN 10060[1], *Warmgewalzte Rundstäbe aus Stahl – Maße, Formtoleranzen und Grenzabmaße.*

prEN 10017[1], *Walzdraht aus unlegiertem Stahl zum Ziehen und/oder Kaltwalzen – Maße und Toleranzen.*

prEN 10108[1], *Runder Walzdraht aus Stahl für kaltgeformte Muttern und Schrauben – Maße und Toleranzen.*

---

1) In Vorbereitung; bis zu ihrer Veröffentlichung als Europäische Norm sollte eine entsprechende nationale Norm zum Zeitpunkt der Anfrage und Bestellung vereinbart werden.

Februar 2002

Walzdraht, Stäbe und Draht aus Kaltstauch- und Kaltfließpressstählen Teil 2: Technische Lieferbedingungen für nicht für eine Wärmebehandlung nach der Kaltverarbeitung vorgesehene Stähle Deutsche Fassung EN 10263-2:2001	$\overline{\text{DIN}}$ EN 10263-2

ICS 77.140.60; 77.140.65

Steel rod, bars and wire for cold heading and cold extrusion –
Part 2: Technical delivery conditions for steels not intended for
heat treatment after cold working;
German version EN 10263-2:2001

Barres, fil machine et fils en acier pour transformation à froid et
extrusion à froid –
Partie 2: Conditions techniques de livraison des aciers n'étant pas
destinés à un traitement thermique après travail à froid;
Version allemande EN 10263-2:2001

Ersatz für
DIN 1654-2:1989-10

Die Europäische Norm EN 10263-2:2001 hat den Status einer Deutschen Norm.

Nationales Vorwort

Die Europäische Norm EN 10263-2 wurde von der gemeinsamen Arbeitsgruppe „Besonderer Walzdraht zum Kaltumformen" (Sekretariat: Italien) der Technischen Komitees TC 15 „Walzdraht – Güten, Maße, Grenzabmaße und besondere Prüfungen", TC 23 „Für eine Wärmebehandlung bestimmte Stähle, legierte Stähle und Automatenstähle – Güten und Maße" und TC 30 „Draht und Drahterzeugnisse" des Europäischen Komitees für die Eisen- und Stahlnormung (ECISS) ausgearbeitet.

Das zuständige deutsche Normungsgremium ist der Unterausschuss 08/5 „Kaltstauch- und Kaltfließpressstähle" des Normenausschusses Eisen und Stahl (FES).

Fortsetzung Seite 2
und 6 Seiten EN

Normenausschuss Eisen und Stahl (FES) im DIN Deutsches Institut für Normung e.V.

Nachstehend sind die Bezeichnungen nach DIN 1654-2:1989-10 denen in dieser Norm gegenübergestellt.

DIN 1654-2:1989-10		EN 10263-2:2000	
Kurzname	Werkstoff-nummer	Kurzname	Werkstoff-nummer
Qst 32-3	1.0303	C4C	1.0303
Qst 34-3	1.0213	C8C	1.0213
QSt 36-3	1.0214	C10C	1.0214
QSt 38-3	1.0234	C15C	1.0234

Änderungen

Gegenüber DIN 1654-2:1989-10 wurden folgende Änderungen vorgenommen:

a) Zusätzliche Lieferzustände aufgenommen.

b) Kurznamen geändert (siehe Gegenüberstellung).

c) 4 Sorten zusätzlich aufgenommen.

d) Angaben zur chemischen Zusammensetzung geändert.

e) Symbole für die Lieferzustände geändert.

f) Angaben zu den mechanischen Eigenschaften teilweise geändert und für weitere Lieferzustände neu aufgenommen.

Frühere Ausgaben

DIN 1654-2: 1980-03, 1989-10

EUROPÄISCHE NORM
EUROPEAN STANDARD
NORME EUROPÉENNE

EN 10263-2

Juni 2001

ICS 77.140.60; 77.140.65

Deutsche Fassung

Walzdraht, Stäbe und Draht aus Kaltstauch- und Kaltfließpressstählen
Teil 2: Technische Lieferbedingungen für nicht für eine Wärmebehandlung
nach der Kaltverarbeitung vorgesehene Stähle

Steel rod, bars and wire for cold heading and
cold extrusion – Part 2: Technical delivery
conditions for steels not intended for heat
treatment after cold working

Barres, fil machine et fils en acier pour
transformation à froid et extrusion à froid –
Partie 2: Conditions techniques de livraison des
aciers n'étant pas destinés à un traitement
thermique après travail à froid

Diese Europäische Norm wurde von CEN am 2001-04-19 angenommen.

Die CEN-Mitglieder sind gehalten, die CEN/CENELEC-Geschäftsordnung zu erfüllen, in der die Bedingungen festgelegt sind, unter denen dieser Europäischen Norm ohne jede Änderung der Status einer nationalen Norm zu geben ist. Auf dem letzten Stand befindliche Listen dieser nationalen Normen mit ihren bibliographischen Angaben sind beim Management-Zentrum oder bei jedem CEN-Mitglied auf Anfrage erhältlich.

Diese Europäische Norm besteht in drei offiziellen Fassungen (Deutsch, Englisch, Französisch). Eine Fassung in einer anderen Sprache, die von einem CEN-Mitglied in eigener Verantwortung durch Übersetzung in seine Landessprache gemacht und dem Management-Zentrum mitgeteilt worden ist, hat den gleichen Status wie die offiziellen Fassungen.

CEN-Mitglieder sind die nationalen Normungsinstitute von Belgien, Dänemark, Deutschland, Finnland, Frankreich, Griechenland, Irland, Island, Italien, Luxemburg, Niederlande, Norwegen, Österreich, Portugal, Schweden, Schweiz, Spanien, der Tschechischen Republik und dem Vereinigten Königreich.

EUROPÄISCHES KOMITEE FÜR NORMUNG
EUROPEAN COMMITTEE FOR STANDARDIZATION
COMITÉ EUROPÉEN DE NORMALISATION

Management-Zentrum: rue de Stassart, 36   B-1050 Brüssel

Ref. Nr. EN 10263-2:2001 D

Inhalt

Vorwort

Diese Europäische Norm wurde vom Technischen Komitee ECISS/TC 15 „Walzdraht – Güten, Maße, Grenzabmaße und besondere Prüfungen", erarbeitet, dessen Sekretariat von UNI gehalten wird.

Diese Europäische Norm muss den Status einer nationalen Norm erhalten, entweder durch Veröffentlichung eines identischen Textes oder durch Anerkennung bis Dezember 2001, und etwaige entgegenstehende nationale Normen müssen bis Dezember 2001 zurückgezogen werden.

Diese Europäische Norm EN 10263 ist wie folgt unterteilt:

Teil 1: Allgemeine technische Lieferbedingungen

Teil 2: Technische Lieferbedingungen für nicht für eine Wärmebehandlung nach der Kaltverarbeitung vorgesehene Stähle

Teil 3: Technische Lieferbedingungen für Einsatzstähle

Teil 4: Technische Lieferbedingungen für Vergütungsstähle

Teil 5: Technische Lieferbedingungen für nichtrostende Stähle

Entsprechend der CEN/CENELEC-Geschäftsordnung sind die nationalen Normungsinstitute der folgenden Länder gehalten, diese Europäische Norm zu übernehmen: Belgien, Dänemark, Deutschland, Finnland, Frankreich, Griechenland, Irland, Island, Italien, Luxemburg, Niederlande, Norwegen, Österreich, Portugal, Schweden, Schweiz, Spanien, die Tschechische Republik und das Vereinigte Königreich.

1 Anwendungsbereich

1.1 Dieser Teil von EN 10263 gilt für runden Walzdraht und Stäbe und Draht mit einem Durchmesser bis einschließlich 100 mm aus unlegiertem und legiertem Stahl zum Kaltstauchen und Kaltfließpressen ohne nachfolgende Wärmebehandlung der Fertigteile.

1.2 Dieser Teil von EN 10263 wird ergänzt durch EN 10263-1.

2 Normative Verweisungen

Diese Europäische Norm enthält durch datierte oder undatierte Verweisungen Festlegungen aus anderen Publikationen. Diese normativen Verweisungen sind an den jeweiligen Stellen im Text zitiert, und die Publikationen sind nachstehend aufgeführt. Bei datierten Verweisungen gehören spätere Änderungen oder Überarbeitungen dieser Publikationen nur zu dieser Europäischen Norm, falls sie durch Änderung oder Überarbeitung eingearbeitet sind. Bei undatierten Verweisungen gilt die letzte Ausgabe der in Bezug genommenen Publikation (einschließlich Änderungen).

EN 10020, *Begriffsbestimmung für die Einteilung der Stähle.*

EN 10263-1, *Walzdraht, Stäbe und Draht aus Kaltstauch- und Kaltfließpressstählen – Teil 1: Allgemeine technische Lieferbedingungen.*

3 Begriffe

Für die Anwendung dieser Norm gelten die Begriffe in EN 10263-1.

4 Einteilung und Bezeichnung

4.1 Einteilung

Alle Stahlsorten nach diesem Teil dieser Europäischen Norm sind entsprechend EN 10020 unlegierte oder legierte (8MnSi7) Qualitätsstähle.

4.2 Bezeichnung

4.2.1 Kurznamen

Siehe EN 10263-1:2001.

4.2.2 Werkstoffnummern

Siehe EN 10263-1:2001.

5 Herstellverfahren

5.1 Allgemeines

Siehe EN 10263-1:2001.

5.2 Desoxidation

Mit Ausnahme von 8MnSi7 sind alle in Tabelle 2 aufgeführten Stahlsorten aluminiumberuhigt. Nach Vereinbarung darf Aluminium durch ein anderes geeignetes Element mit ähnlicher Wirkung ersetzt werden.

6 Anforderungen

6.1 Lieferzustand

Die Lieferzustände, in denen die Erzeugnisse nach diesem Teil dieser Europäischen Norm üblicherweise geliefert werden, die Erzeugnisformen und die in Betracht kommenden Anforderungen sind in Tabelle 1 aufgeführt.

6.2 Chemische Zusammensetzung

6.2.1 Schmelzenanalyse

Die chemische Zusammensetzung muss in Übereinstimmung sein mit den in Tabelle 2 für die Schmelzenanalyse festgelegten Werten.

6.2.2 Stückanalyse

Für Fälle, in denen eine Stückanalyse verlangt wird, sind die Grenzabweichungen von den für die Schmelzenanalyse festgelegten Werten in Tabelle 3 angegeben.

6.3 Mechanische Eigenschaften

Die im Zugversuch zu ermittelnden mechanischen Eigenschaften der Erzeugnisse müssen in Übereinstimmung sein mit den in Tabelle 4 angegebenen Festlegungen.

6.4 Oberflächenbeschaffenheit

Siehe EN10263-1:2001.

6.5 Zusatz- oder Sonderanforderungen

Andere Anforderungen, die bei der Anfrage und Bestellung vereinbart werden können, sind in Anhang B zu EN 10263-1:2001 beschrieben.

Tabelle 1 – Zusammenfassung von Lieferzuständen, Erzeugnisformen und in Betracht kommende Anforderungen

Lieferzustand		Symbole	Erzeugnisform [a]				In Betracht kommende Anforderungen		
			Walzdraht	Stab	Draht				
unbehandelt	wie warmgewalzt	+U	×	×	–	Chemische Zusammensetzung nach den Tabellen 2 und 3	Mechanische Eigenschaften nach Tabelle 4	Zusatz- oder Sonderanforderungen nach Anhang B von EN 10263-1:2001 [b]	
	walzgeschält	+U+PE	×	×	–				
	kaltgezogen	+U+C	–	×	×				
	kaltgezogen+ geglüht zur Erzielung kugeliger Carbide	+U+C+AC	–	×	×				
	kaltgezogen+ geglüht zur Erzielung kugeliger Carbide+ nachgezogen	+U+C+AC+LC	–	×	×				
geglüht zur Erzielung kugeliger Carbide	wie behandelt oder walzgeschält	+AC oder +AC+PE	×	×	–				
	kaltgezogen	+AC+C	–	×	×				
Sonstige			Andere Lieferzustände können bei der Bestellung vereinbart werden.						

[a] × = kommt in Betracht
  – = kommt nicht in Betracht
[b] Falls bei der Bestellung vereinbart.

Tabelle 2 – Chemische Zusammensetzung, Schmelzenanalyse, Massenanteil in %[a]

Stahlsorten		C	Si	Mn	P	S	Al[b]
Kurz-name	Werkstoff-nummer						
C2C	1.0314	0,03 max.	0,10 max.	0,20 bis 0,40[d]	0,020	0,025	0,020 bis 0,060
C4C	1.0303	0,02 bis 0,06	0,10 max.	0,25 bis 0,40	0,020	0,025	0,020 bis 0,060
C8C	1.0213	0,06 bis 0,10	0,10 max.	0,25 bis 0,45	0,020	0,025	0,020 bis 0,060
C10C	1.0214	0,08 bis 0,12	0,10 max.[c]	0,30 bis 0,50	0,025	0,025	0,020 bis 0,060
C15C	1.0234	0,13 bis 0,17	0,10 max.[c]	0,35 bis 0,60	0,025	0,025	0,020 bis 0,060
C17C	1.0434	0,15 bis 0,19	0,10 max.[c]	0,65 bis 0,85	0,025	0,025	0,020 bis 0,060
C20C	1.0411	0,18 bis 0,22	0,10 max.[c]	0,70 bis 0,90[d]	0,025	0,025	0,020 bis 0,060
8MnSi7	1.5113	0,10 max.	0,90 bis 1,10	1,60 bis 1,80	0,025	0,025	

[a] In dieser Tabelle nicht aufgeführte Elemente dürfen dem Stahl, außer zum Fertigbehandeln der Schmelze, ohne Zustimmung des Bestellers nicht absichtlich zugesetzt werden. Es sind alle angemessenen Vorkehrungen zu treffen, um die Zufuhr solcher Elemente aus dem Schrott und anderen bei der Herstellung verwendeten Stoffen zu vermeiden. Jedoch dürfen Begleitelemente vorhanden sein, sofern die in Tabelle 4 festgelegten mechanischen Eigenschaften und die Endverwendung nicht beeinträchtigt werden.

[b] Aluminium darf durch ein anderes Element oder durch Elemente mit ähnlicher Wirkung ersetzt werden.

[c] Für die Sorten C10C, C15C, C17C und C20C kann für Feuerverzinkung ein Massenanteil Silicium von 0,15 % bis 0,35 % festgelegt werden; in diesem Falle können die mechanischen Eigenschaften nach Tabelle 4 beeinflusst werden.

[d] Für die Sorten C2C und C20C kann ein niedrigerer Massenanteil Mangan mit einer Spanne von 0,20 % festgelegt werden.

Tabelle 3 – Grenzabweichungen der Stückanalyse von den nach Tabelle 2 für die Schmelzenanalyse gültigen Grenzwerten

Element	Grenzwerte nach der Schmelzenanalyse Massenanteil in %	Grenzabweichungen für die Stückanalyse[a] Massenanteil in %
C	≤ 0,22	± 0,02
Si	≤ 1,00	+ 0,03
	> 1,00	± 0,05
Mn	≤ 1,00	± 0,04
	> 1,00 ≤ 1,80	± 0,05
P	≤ 0,025	+ 0,005
S	≤ 0,025	+ 0,005
Al	≤ 0,060	± 0,005

[a] ± bedeutet, dass bei einer Schmelze die obere oder die untere Grenze der für die Schmelzenanalyse in Tabelle 2 angegebenen Spanne überschritten werden darf, aber nicht beides gleichzeitig.

Tabelle 4 – Nicht für eine Wärmebehandlung nach der Kaltverarbeitung vorgesehener Walzdraht, Stäbe und Draht – Mechanische Eigenschaften

Stahlsorte Kurzname	Werkstoffnummer	Durchmesser über mm	bis mm	+U oder +U+PE R_m max MPa	+U oder +U+PE Z^c min %	+AC oder +AC+PE R_m max MPa	+AC oder +AC+PE Z min %	+U+C R_m max MPa	+U+C Z min %	+U+C+AC R_m max MPa	+U+C+AC Z min %	+U+C+AC+LC R_m max MPa	+U+C+AC+LC Z min %	+AC+C R_m max MPa	+AC+C Z min %
C2C[a]	1.0314	2	5	–	–	–	–	–	–	310	80	350	75	–	–
		5	10	360	75	–	–	450	70	300	80	340	75	–	–
		10	40	360	75	–	–	440	70	300	80	340	75	–	–
		40	100	360	75	–	–	440	68	300	80	340	75	–	–
C4C	1.0303	2	5	–	–	–	–	–	–	320	77	360	73	–	–
		5	10	390	70	330	75	470	66	310	77	350	73	410	70
		10	40	390	70	330	75	460	66	300	77	350	73	400	70
		40	100	390	70	330	75	–	–	–	–	–	–	–	–
C8C	1.0213	2	5	–	–	–	–	–	–	350	72	390	68	–	–
		5	10	410	65	360	65	490	63	340	72	380	68	450	65
		10	40	410	65	360	65	480	63	–	–	380	68	440	65
		40	100	410	65	360	65	–	–	–	–	–	–	–	–
C10C	1.0214	2	5	–	–	–	–	–	–	370	72	410	68	–	–
		5	10	430	60	380	70	520	58	360	72	400	68	470	63
		10	40	430	60	380	70	510	58	360	72	400	68	460	63
		40	100	430	60	380	70	–	–	–	–	–	–	–	–
C15C	1.0234	2	5	–	–	–	–	–	–	390	70	430	66	–	–
		5	10	460	58	400	68	550	56	380	70	420	66	490	66
		10	40	460	58	400	68	540	56	380	70	420	66	480	66
		40	100	460	58	400	68	–	–	–	–	–	–	–	–
C17C	1.0434	2	5	–	–	–	–	–	–	430	67	470	63	–	–
		5	10	520	58	440	65	610	56	420	67	460	63	530	60
		10	40	520	58	440	65	600	56	–	–	460	63	520	60
		40	100	520	58	440	65	–	–	–	–	–	–	–	–
C20C	1.0411	2	5	–	–	–	–	–	–	470	67	510	63	–	–
		5	10	560	55	480	65	650	53	460	67	500	63	570	60
		10	40	560	55	480	65	640	53	460	67	500	63	560	60
		40	100	560	55	480	65	–	–	–	–	–	–	–	–
8MnSi7	1.5113	2	5	540[b]	60	–	–	800[b]	–	–	–	–	–	–	–
		5	10	520[b]	60	–	–	800[b]	–	–	–	–	–	–	–
		10	25	–	–	–	–	–	–	–	–	–	–	–	–
		25	40	–	–	–	–	–	–	–	–	–	–	–	–

1 MPa = 1 N/mm²

[a] Für diese Sorte ist der Zustand „weichgeglüht".
[b] Mindestwerte.
[c] Die Werte sind nur zur Information aufgenommen.

Februar 2002

Walzdraht, Stäbe und Draht aus Kaltstauch- und Kaltfließpressstählen Teil 3: Technische Lieferbedingungen für Einsatzstähle Deutsche Fassung EN 10263-3:2001	**DIN** **EN 10263-3**

ICS 77.140.60; 77.140.65

Ersatz für
DIN 1654-3:1989-10

Steel rod, bars and wire for cold heading and cold extrusion –
Part 3: Technical delivery conditions for case hardening steels;
German version EN 10263-3:2001

Barres, fil machine et fils en acier pour transformation à froid et
extrusion à froid –
Partie 3: Conditions techniques de livraison des aciers de cémentation;
Version allemande EN 10263-3:2001

Die Europäische Norm EN 10263-3:2001 hat den Status einer Deutschen Norm.

Nationales Vorwort

Die Europäische Norm EN 10263-3 wurde von der gemeinsamen Arbeitsgruppe „Besonderer Walzdraht zum Kaltumformen" (Sekretariat: Italien) der Technischen Komitees TC 15 „Walzdraht –
Güten, Maße, Grenzabmaße und besondere Prüfungen", TC 23 „Für eine Wärmebehandlung
bestimmte Stähle, legierte Stähle und Automatenstähle – Güten und Maße" und TC 30 „Draht und
Drahterzeugnisse" des Europäischen Komitees für die Eisen- und Stahlnormung (ECISS) ausgearbeitet.

Das zuständige deutsche Normungsgremium ist der Unterausschuss 08/5 „Kaltstauch- und Kalt-
fließpressstähle" des Normenausschusses Eisen und Stahl (FES).

Fortsetzung Seite 2
und 13 Seiten EN

Normenausschuss Eisen und Stahl (FES) im DIN Deutsches Institut für Normung e.V.

Nachstehend sind die Bezeichnungen nach DIN 1654-3:1989-10 denen in dieser Norm gegenübergestellt.

DIN 1654-3:1989-10		EN 10263-3:2000	
Kurzname	Werkstoff-nummer	Kurzname	Werkstoff-nummer
Cq 15	1.1132	C15E2C	1.1132
17 Cr 3	1.7016	17Cr3	1.7016
16 MnCr 5	1.7131	16MnCr5	1.7131
20 MoCr 4	1.7321	20MoCr4	1.7321
21 NiCrMo 2	1.6523	20NiCrMo2-2	1.6523
15 CrNi 6	1.5919	17CrNi6-6	1.5918

Änderungen

Gegenüber DIN 1654-3:1989-10 wurden folgende Änderungen vorgenommen:

a) Zusätzliche Lieferzustände aufgenommen.

b) Kurznamen geändert (siehe Gegenüberstellung).

c) 19 Sorten zusätzlich aufgenommen.

d) Angaben zur chemischen Zusammensetzung geändert.

e) Symbole für die Lieferzustände geändert.

f) Angaben zu den mechanischen Eigenschaften teilweise geändert und für weitere Lieferzustände neu aufgenommen.

g) Härtewerte für den Stirnabschreckversuch teilweise geändert und Werte für eingeengte Härtbarkeit aufgenommen.

Frühere Ausgaben

DIN 1654: 1954-08;
DIN 1654-3: 1980-03, 1989-10.

EUROPÄISCHE NORM
EUROPEAN STANDARD
NORME EUROPÉENNE

EN 10263-3

Juni 2001

ICS 77.140.60; 77.140.65

Deutsche Fassung

Walzdraht, Stäbe und Draht aus Kaltstauch- und Kaltfließpressstählen
Teil 3: Technische Lieferbedingungen für Einsatzstähle

Steel rod, bars and wire for cold heading and cold extrusion – Part 3: Technical delivery conditions for case hardening steels

Barres, fil machine et fils en acier pour transformation à froid et extrusion à froid – Partie 3: Conditions techniques de livraison des aciers de cémentation

Diese Europäische Norm wurde von CEN am 2001-04-19 angenommen.

Die CEN-Mitglieder sind gehalten, die CEN/CENELEC-Geschäftsordnung zu erfüllen, in der die Bedingungen festgelegt sind, unter denen dieser Europäischen Norm ohne jede Änderung der Status einer nationalen Norm zu geben ist.

Auf dem letzten Stand befindliche Listen dieser nationalen Normen mit ihren bibliographischen Angaben sind beim Management-Zentrum oder bei jedem CEN-Mitglied auf Anfrage erhältlich.

Diese Europäische Norm besteht in drei offiziellen Fassungen (Deutsch, Englisch, Französisch). Eine Fassung in einer anderen Sprache, die von einem CEN-Mitglied in eigener Verantwortung durch Übersetzung in seine Landessprache gemacht und dem Management-Zentrum mitgeteilt worden ist, hat den gleichen Status wie die offiziellen Fassungen.

CEN-Mitglieder sind die nationalen Normungsinstitute von Belgien, Dänemark, Deutschland, Finnland, Frankreich, Griechenland, Irland, Island, Italien, Luxemburg, Niederlande, Norwegen, Österreich, Portugal, Schweden, Schweiz, Spanien, der Tschechischen Republik und dem Vereinigten Königreich.

EUROPÄISCHES KOMITEE FÜR NORMUNG
EUROPEAN COMMITTEE FOR STANDARDIZATION
COMITÉ EUROPÉEN DE NORMALISATION

Management-Zentrum: rue de Stassart, 36 B-1050 Brüssel

Ref. Nr. EN 10263-3:2001 D

Inhalt

Vorwort

Diese Europäische Norm wurde vom Technischen Komitee ECISS/TC 15 „Walzdraht – Güten, Maße, Grenzabmaße und besondere Prüfungen", erarbeitet, dessen Sekretariat von UNI gehalten wird.

Diese Europäische Norm muss den Status einer nationalen Norm erhalten, entweder durch Veröffentlichung eines identischen Textes oder durch Anerkennung bis Dezember 2001, und etwaige entgegenstehende nationale Normen müssen bis Dezember 2001 zurückgezogen werden.

Diese Europäische Norm EN 10263 ist wie folgt unterteilt:

Teil 1: Allgemeine technische Lieferbedingungen

Teil 2: Technische Lieferbedingungen für nicht für eine Wärmebehandlung nach der Kaltverarbeitung vorgesehene Stähle

Teil 3: Technische Lieferbedingungen für Einsatzstähle

Teil 4: Technische Lieferbedingungen für Vergütungsstähle

Teil 5: Technische Lieferbedingungen für nichtrostende Stähle

Entsprechend der CEN/CENELEC-Geschäftsordnung sind die nationalen Normungsinstitute der folgenden Länder gehalten, diese Europäische Norm zu übernehmen: Belgien, Dänemark, Deutschland, Finnland, Frankreich, Griechenland, Irland, Island, Italien, Luxemburg, Niederlande, Norwegen, Österreich, Portugal, Schweden, Schweiz, Spanien, die Tschechische Republik und das Vereinigte Königreich.

1 Anwendungsbereich

1.1 Dieser Teil von EN 10263 gilt für runden Walzdraht, runde Stäbe und Draht mit einem Durchmesser bis einschließlich 100 mm aus unlegiertem und legiertem Stahl zum Kaltstauchen und Kaltfließpressen und nachfolgendem Einsatzhärten.

1.2 Dieser Teil von EN 10263 wird ergänzt durch EN 10263-1.

2 Normative Verweisungen

Diese Europäische Norm enthält durch datierte oder undatierte Verweisungen Festlegungen aus anderen Publikationen. Diese normativen Verweisungen sind an den jeweiligen Stellen im Text zitiert, und die Publikationen sind nachstehend aufgeführt. Bei datierten Verweisungen gehören spätere Änderungen oder Überarbeitungen dieser Publikationen nur zu dieser Europäischen Norm, falls sie durch Änderung oder Überarbeitung eingearbeitet sind. Bei undatierten Verweisungen gilt die letzte Ausgabe der in Bezug genommenen Publikation (einschließlich Änderungen).

EN 10020, *Begriffsbestimmung für die Einteilung der Stähle.*

EN 10263-1, *Walzdraht, Stäbe und Draht aus Kaltstauch- und Kaltfließpressstählen – Teil 1: Allgemeine technische Lieferbedingungen.*

3 Begriffe

Für die Anwendung dieser Norm gelten die Begriffe in EN 10263-1:2001 und der folgende:

3.1
Einsatzstahl

Stahl mit verhältnismäßig niedrigem Kohlenstoffgehalt, der zum Aufkohlen oder Carbonitrieren und anschließendes Härten vorgesehen ist. Solche Stähle sind nach der Behandlung gekennzeichnet durch eine Randschicht mit hoher Härte und einen zähen Kern

ANMERKUNG Andere Einsatzhärteverfahren schließen Nitrieren und Nitrocarburieren ein.

4 Einteilung und Bezeichnung

4.1 Einteilung

Alle Stahlsorten nach diesem Teil von EN 10263 sind entsprechend EN 10020 Edelstähle.

Entsprechend EN 10020 sind die in Tabelle 2 aufgeführten Stahlsorten C10E2C bis C20E2C unlegiert und alle übrigen legiert.

4.2 Bezeichnung

Siehe EN 10263-1:2001.

5 Herstellverfahren

5.1 Erschmelzungsverfahren

Siehe EN 10263-1:2001.

5.2 Desoxidation

Alle in Tabelle 2 aufgeführten Stähle müssen beruhigt sein.

6 Anforderungen

6.1 Lieferzustand

Die Lieferzustände, in denen die Erzeugnisse nach diesem Teil von EN 10263 üblicherweise geliefert werden, die Erzeugnisformen und die in Betracht kommenden Anforderungen sind in Tabelle 1 aufgeführt.

6.2 Chemische Zusammensetzung

6.2.1 Schmelzenanalyse

Die chemische Zusammensetzung muss in Übereinstimmung sein mit den in Tabelle 2 für die Schmelzenanalyse festgelegten Werten.

6.2.2 Stückanalyse

Falls eine Stückanalyse verlangt wird, sind die Grenzabweichungen von den für die Schmelzenanalyse festgelegten Werten in Tabelle 3 angegeben.

6.3 Mechanische Eigenschaften

Die im Zugversuch oder durch Härteprüfung zu ermittelnden mechanischen Eigenschaften der Erzeugnisse müssen entsprechend den Festlegungen für den Lieferzustand in Tabelle 1 in Übereinstimmung sein mit den Tabellen 4, 5 und 6.

6.4 Härtbarkeit

6.4.1 Falls die Erzeugnisse mit Standardanforderungen bezüglich Härtbarkeit bestellt werden, das heißt, wenn die Kurznamen oder Werkstoffnummern nach Tabelle 2 um das Symbol „+H" ergänzt werden, müssen die im Stirnabschreckversuch (Jominy-Versuch) (siehe Tabelle 1 in EN 10263-1:2001) ermittelten Werte den in Tabelle 7 angegebenen Werten entsprechen.

6.4.2 Falls die Erzeugnisse mit eingeengten Anforderungen an die im Jominy-Versuch ermittelten Streubänder der Härte bestellt werden, das heißt, wenn der Kurzname oder die Werkstoffnummer nach Tabelle 2 um das Symbol „+HH" oder „+HL" ergänzt wird, müssen obige Härtewerte den in Tabelle 8 angegebenen Werten entsprechen.

ANMERKUNG 1   Das Symbol „+HH" bedeutet, dass die obere Grenze des Streubandes mit der oberen Grenze für den entsprechenden Stahl „+H" zusammenfällt.

ANMERKUNG 2   Das Symbol „+HL" bedeutet, dass die untere Grenze des Streubandes mit der unteren Grenze für den entsprechenden Stahl „+H" zusammenfällt.

ANMERKUNG 3   Siehe EN 10263-1:2001, 7.7.4.

6.4.3 Die Austenitisierungstemperaturen für den Jominy-Versuch sind in den Tabellen 7 und 8 angegeben.

6.5 Oberflächenbeschaffenheit

Für jede, bei der Bestellung zu vereinbarende, besondere Oberflächenanforderung siehe EN 10263-1:2001, 7.10.

6.6 Zusatz- oder Sonderanforderungen

Andere Anforderungen, die bei der Anfrage und Bestellung vereinbart werden können, sind in Anhang B zu EN 10263-1:2001 beschrieben.

Tabelle 1 – Lieferzustände, Erzeugnisformen und in Betracht kommende Anforderungen

Lieferzustand		Symbole	Erzeugnisform[a]			In Betracht kommende Anforderungen, wenn der betreffende Stahl bestellt wurde unter Bezugnahme auf die Kurznamen in		
			Walzdraht	Stab	Draht	Tabelle 2 und 4 oder 5 oder 6	Tabelle 7 oder 8	Tabelle 2, 4, 5, 6, 7 oder 8
unbehandelt	wie warmgewalzt	+U oder +U+PE	x	x	–	Chemische Zusammensetzung nach den Tabellen 2 und 3 — Mechanische Eigenschaften nach Tabelle 4 oder 5 oder 6	Chemische Zusammensetzung nach den Tabellen 2 und 3 — Mechanische Eigenschaften nach Tabelle 4 oder 6 — Härtbarkeitswerte nach Tabelle 7 oder 8	Zusatz- oder Sonderanforderungen nach Anhang B von EN 10263-1:2001[b]
	kaltgezogen	+U+C	–	x	x			
	kaltgezogen + geglüht zur Erzielung kugeliger Carbide	+U+C+AC	–	x	x			
	kaltgezogen + geglüht zur Erzielung kugeliger Carbide + nachgezogen	+U+C+AC+LC	–	x	x			
geglüht zur Erzielung kugeliger Carbide	wie behandelt	+AC	x	x	–			
	walzgeschält	+AC+PE	x	x	–			
	kaltgezogen	+AC+C	–	x	x			
behandelt auf Ferrit-Perlit-Gefüge und Härtespanne	wie behandelt	+FP	–	x	–			
Sonstige						Andere Lieferzustände können bei der Bestellung vereinbart werden.		

a x = kommt in Betracht
   – = kommt nicht in Betracht
b Falls bei der Bestellung vereinbart.

Tabelle 2 – Stahlsorten und chemische Zusammensetzung. Schmelzenanalyse, Massenanteil in %[a,b]

Stahlsorten		C	Si max.[c]	Mn	P max.	S	Cr	Mo	N	B	Cu max.
Kurzname	Werkstoffnummer										
C10E2C	1.1122	0,08 bis 0,12	0,30	0,30 bis 0,60	0,025	0,025 max.					0,25
C15E2C	1.1132	0,13 bis 0,17	0,30	0,30 bis 0,60	0,025	0,025 max.					0,25
C17E2C	1.1147	0,15 bis 0,19	0,30	0,60 bis 0,90	0,025	0,025 max.					0,25
C20E2C	1.1152	0,18 bis 0,22	0,30	0,30 bis 0,60	0,025	0,025 max.					0,25
15B2	1.5501	0,13 bis 0,16	0,30	0,60 bis 0,80	0,025	0,025 max.				0,0008 bis 0,005	0,25
18B2	1.5503	0,16 bis 0,18	0,30	0,60 bis 0,80	0,025	0,025 max.				0,0008 bis 0,005	0,25
18MnB4	1.5521	0,16 bis 0,20	0,30	0,90 bis 1,20	0,025	0,025 max.				0,0008 bis 0,005	0,25
22MnB4	1.5522	0,20 bis 0,24	0,30	0,90 bis 1,20	0,025	0,025 max.				0,0008 bis 0,005	0,25
17Cr3	1.7016	0,14 bis 0,20	0,30	0,60 bis 0,90	0,025	0,025 max.	0,70 bis 1,00				0,25
17CrS3	1.7014	0,14 bis 0,20	0,30	0,60 bis 0,90	0,025	0,020 bis 0,040	0,70 bis 1,00				0,25
16MnCr5	1.7131	0,14 bis 0,19	0,30	1,00 bis 1,30	0,025	0,025 max.	0,80 bis 1,10				0,25
16MnCrS5	1.7139	0,14 bis 0,19	0,30	1,00 bis 1,30	0,025	0,020 bis 0,040	0,80 bis 1,10				0,25
16MnCrB5	1.7160	0,14 bis 0,19	0,30	1,00 bis 1,30	0,025	0,025 max.	0,80 bis 1,10			0,0008 bis 0,005	0,25
20MnCrS5	1.7149	0,17 bis 0,22	0,30	1,10 bis 1,40	0,025	0,020 bis 0,040	1,00 bis 1,30				0,25
12CrMo4	1.7201	0,10 bis 0,15	0,30	0,60 bis 0,90	0,025	0,025 max.	0,90 bis 1,20	0,15 bis 0,25			0,25
18CrMo4	1.7243	0,15 bis 0,21	0,30	0,60 bis 0,90	0,025	0,025 max.	0,90 bis 1,20	0,15 bis 0,25			0,25
18CrMoS4	1.7244	0,15 bis 0,21	0,30	0,60 bis 0,90	0,025	0,020 bis 0,040	0,90 bis 1,20	0,15 bis 0,25			0,25
20MoCr4	1.7321	0,17 bis 0,23	0,30	0,70 bis 1,00	0,025	0,025 max.	0,30 bis 0,60	0,40 bis 0,50			0,25
20MoCrS4	1.7323	0,17 bis 0,23	0,30	0,70 bis 1,00	0,025	0,020 bis 0,040	0,30 bis 0,60	0,40 bis 0,50			0,25
10NiCr5-4	1.5805	0,07 bis 0,12	0,30	0,60 bis 0,90	0,025	0,025 max.	0,90 bis 1,20		1,20 bis 1,50		0,25
12NiCr3-2	1.5701	0,09 bis 0,15	0,30	0,60 bis 0,90	0,025	0,025 max.	0,40 bis 0,70		0,50 bis 0,80		0,25
17CrNi6-6	1.5918	0,14 bis 0,20	0,30	0,50 bis 0,90	0,025	0,025 max.	1,40 bis 1,70		1,40 bis 1,70		0,25
20NiCrMo2-2	1.6523	0,17 bis 0,23	0,30	0,65 bis 0,95	0,025	0,025 max.	0,35 bis 0,70	0,15 bis 0,25	0,40 bis 0,70		0,25
20NiCrMoS2-2	1.6526	0,17 bis 0,23	0,30	0,65 bis 0,95	0,025	0,020 bis 0,040	0,35 bis 0,70	0,15 bis 0,25	0,40 bis 0,70		0,25
20NiCrMoS6-4	1.6571	0,16 bis 0,23	0,30	0,50 bis 0,90	0,025	0,020 bis 0,040	0,60 bis 0,90	0,25 bis 0,35	1,40 bis 1,70		0,25

a In dieser Tabelle nicht aufgeführte Elemente dürfen dem Stahl, außer zum Fertigbehandeln der Schmelze, nicht absichtlich zugesetzt werden. Es sind alle angemessenen Vorkehrungen zu treffen, um die Zufuhr solcher Elemente aus dem Schrott und anderen bei der Herstellung verwendeten Stoffen zu vermeiden. Jedoch dürfen Begleitelemente vorhanden sein, sofern die in Tabelle 4 festgelegten mechanischen Eigenschaften eingehalten sind und die Endverwendung des Erzeugnisses nicht beeinträchtigt wird.

b Bei Stählen mit Härtbarkeitsanforderungen (siehe Tabellen 7 und 8) sind (mit Ausnahme von Schwefel und Phosphor) kleinere Abweichungen von den festgelegten Grenzen zulässig, sofern sie bei Kohlenstoff 0,01 % und bei den übrigen Elementen die in Tabelle 3 angegebenen Werte nicht überschreiten.

c Ein niedrigerer Massenanteil Silicium oder eine bestimmte Siliciumspanne kann bei der Bestellung vereinbart werden.

Tabelle 3 – Grenzabweichungen der Stückanalyse von den nach Tabelle 2 für die Schmelzenanalyse gültigen Grenzwerten

Element	Grenzwerte nach der Schmelzenanalyse Massenanteil in %	Grenzabweichungen für die Stückanalyse[a] Massenanteil in %
C	≤ 0,24	± 0,02
Si	≤ 0,30	± 0,03
Mn	≤ 1,00	± 0,04
	> 1,00 ≤ 1,40	± 0,06
P	≤ 0,025	+ 0,005
S	≤ 0,040	+ 0,005[b]
Cr	≤ 1,70	± 0,05
Mo	≤ 0,30	± 0,03
	> 0,30 ≤ 0,50	± 0,04
Ni	≤ 1,00	± 0,03
	> 1,00 ≤ 1,70	± 0,05
B	≤ 0,005 0	± 0,000 3
Cu	≤ 0,25	+ 0,03

[a] ± bedeutet, dass bei einer Schmelze die obere oder die untere Grenze der für die Schmelzenanalyse in Tabelle 2 angegebenen Spanne überschritten werden darf, aber nicht beides gleichzeitig.

[b] Für Stähle mit einer festgelegten Schwefelspanne (0,020 bis 0,040 % nach der Schmelzenanalyse) beträgt die Grenzabweichung ± 0,005 %.

Tabelle 4 – Mechanische Eigenschaften für unlegierte Stähle

Stahlsorte		Durchmesser		Lieferzustand											
Kurzname	Werkstoff-nummer	über mm	bis mm	+U oder +PE		+AC oder +AC+PE		+U+C		+U+C+AC		+U+C+AC+LC		+AC+C	
				R_m max. MPa	Z^a min. %	R_m max. MPa	Z min. %	R_m max. MPa	Z min. %	R_m max. MPa	Z min. %	R_m max. MPa	Z min. %	R_m max. MPa	Z min. %
								Mechanische Eigenschaften							
C10E2C	1.1122	2	5	–	–	–	–	–	–	390	67	430	65	–	–
		5	10	450	58	400	65	540	56	380	67	420	65	490	62
		10	40	450	58	400	65	530	56	380	67	420	65	480	62
		40	100	450	58	400	65	–	–	–	–	–	–	–	–
C15E2C	1.1132	2	5	–	–	–	–	–	–	420	67	460	65	–	–
		5	10	480	58	430	65	570	56	410	67	450	65	520	62
		10	40	480	58	430	65	560	56	410	67	450	65	510	62
		40	100	480	58	430	65	–	–	–	–	–	–	–	–
C17E2C	1.1147	2	5	–	–	–	–	–	–	440	67	480	65	–	–
		5	10	530	58	450	65	630	56	430	67	470	65	550	62
		10	40	530	58	450	65	620	56	430	67	470	65	540	62
		40	100	530	58	450	65	–	–	–	–	–	–	–	–
C20E2C	1.1152	2	5	–	–	–	–	–	–	460	67	500	65	–	–
		5	10	530	58	470	65	640	56	450	67	490	65	580	62
		10	40	530	58	470	65	630	56	450	67	490	65	570	62
		40	100	530	58	470	65	–	–	–	–	–	–	–	–

a Diese Werte sind nur zur Information angegeben.
1 MPa = 1 N/mm²

Tabelle 5 – Mechanische Eigenschaften für borlegierte Stähle

Stahlsorte		Durchmesser		Lieferzustand											
Kurzname	Werkstoff-nummer	über	bis	+U		+AC oder +AC+PE		+U+C		+U+C+AC		+U+C+AC+LC		+AC+C	
				Mechanische Eigenschaften											
		mm	mm	R_m max. MPa	Z^a min. %	R_m max. MPa	Z min. %	R_m max. MPa	Z min. %	R_m max. MPa	Z min. %	R_m max. MPa	Z min. %	R_m max. MPa	Z min. %
15B2	1.5501	2	5	–	–	–	–	–	–	440	67	480	65	–	–
		5	10	500	58	450	65	590	56	430	67	470	65	540	62
		10	40	500	58	450	65	580	56	430	67	470	65	530	62
18B2	1.5503	2	5	–	–	–	–	–	–	450	67	490	65	–	–
		5	10	520	58	460	64	610	56	440	67	480	65	550	62
		10	40	520	58	460	64	600	56	440	67	480	65	540	62
18MnB4	1.5521	2	5	–	–	–	–	–	–	500	64	540	62	–	–
		5	10	580	55	500	64	680	53	480	64	520	62	600	59
		10	40	580	55	500	64	670	53	480	64	520	62	590	59
22MnB4	1.5522	2	5	–	–	–	–	–	–	520	64	560	62	–	–
		5	10	600	55	520	62	720	53	500	64	540	62	630	59
		10	40	600	55	520	62	710	53	500	64	540	62	620	59

a Diese Werte sind nur zur Information angegeben.

1 MPa = 1 N/mm²

Tabelle 6 – Mechanische Eigenschaften für legierte Stähle

Kurzname	Werkstoff-nummer	über mm	bis mm	+AC Rm max MPa	+AC Z min %	+FP HB min	+FP HB max	+U+C+AC Rm max MPa	+U+C+AC Z min %	+U+C+AC+LC Rm max MPa	+U+C+AC+LC Z min %	+AC+C Rm max MPa	+AC+C Z min %
17Cr3 17CrS3	1.7016 1.7014	2	5	–	–	–	–	520	62	560	60	–	–
		5	10	520	60	140	187	500	62	540	60	630	57
		10	40	520	60	140	187	500	62	540	60	620	57
16MnCr5 16MnCrS5 16MnCrB5	1.7131 1.7139 1.7160	2	5	–	–	–	–	550	64	590	62	–	–
		5	10	550	62	140	187	530	64	570	62	660	59
		10	40	550	62	140	187	530	64	570	62	650	59
20MnCrS5	1.7149	2	5	–	–	–	–	570	62	610	60	–	–
		5	10	570	60	152	201	550	62	590	60	680	57
		10	40	570	60	152	201	550	62	590	60	670	57
12CrMo4	1.7201	2	5	–	–	–	–	500	–	–	–	–	–
		5	10	500	62	135	185	480	64	520	62	–	–
		10	40	500	62	135	185	480	64	520	62	–	–
18CrMo4 18CrMoS4	1.7243 1.7244	2	5	–	–	–	–	550	62	590	60	–	–
		5	10	550	60	140	187	530	62	570	60	660	57
		10	40	550	60	140	187	530	62	570	60	650	57
20MoCr4 20MoCrS4	1.7321 1.7323	2	5	–	–	–	–	560	62	600	60	–	–
		5	10	560	60	140	187	540	62	580	60	670	57
		10	40	560	60	140	187	540	62	580	60	660	57
10NiCr5-4	1.5805	2	5	–	–	–	–	520	64	560	62	–	–
		5	10	520	62	137	187	500	64	540	62	640	59
		10	40	520	62	137	187	500	64	540	62	630	59
12NiCr3-2	1.5701	2	5	–	–	–	–	500	64	540	62	–	–
		5	10	500	62	130	180	480	64	520	62	620	59
		10	40	500	62	130	180	480	64	520	62	610	59
17CrNi6-6	1.5918	2	5	–	–	–	–	600	62	640	60	–	–
		5	10	600	60	156	207	580	62	620	60	720	57
		10	40	600	60	156	207	580	62	620	60	710	57
20NiCrMo2-2 20NiCrMoS2-2	1.6523 1.6526	2	5	–	–	–	–	590	62	630	60	–	–
		5	10	590	60	149	194	570	62	610	60	720	57
		10	40	590	60	149	194	570	62	610	60	710	57
20NiCrMoS6-4	1.6571	2	5	–	–	–	–	610	60	650	58	–	–
		5	10	610	58	149	201	590	60	630	58	730	55
		10	25	610	58	149	201	590	60	630	58	720	55

1 MPa = 1 N/mm²

Tabelle 7 – Grenzwerte der Härte für Stahlsorten mit (normalen) Härtbarkeitsanforderungen (+H-Sorten; siehe 6.5.1)

Kurzname	Werkstoffnummer	Symbol	Härtetemperatur °C ±5°C	Grenzen der Spanne	Abstand von der abgeschreckten Stirnfläche in mm – Härte in HRC												
					1,5	3	5	7	9	11	13	15	20	25	30	35	40
18MnB4	1.5521	+H	890	max.	46	45	44	41	39	35	32	28	21	–	–	–	–
				min.	40	38	37	30	21	–	–	–	–	–	–	–	–
22MnB4	1.5522	+H	880	max.	49	48	47	45	42	39	35	32	24	20	–	–	–
				min.	43	41	40	32	23	–	–	–	–	–	–	–	–
17Cr3	1.7016	+H	880	max.	47	44	40	33	29	27	25	24	23	21	–	–	–
17CrS3	1.7014	+H		min.	39	35	25	20	–	–	–	–	–	–	–	–	–
16MnCr5	1.7131	+H	870	max.	47	46	44	41	39	37	35	33	31	30	29	28	27
16MnCrS5	1.7139	+H		min.	39	36	31	28	24	21	–	–	–	–	–	–	–
16MnCrB5	1.7160	+H	870	max.	47	46	44	41	39	37	35	33	31	30	29	28	27
				min.	39	36	31	28	24	21	–	–	–	–	–	–	–
20MnCrS5	1.7149	+H	870	max.	49	49	48	46	43	42	41	39	37	35	34	33	32
				min.	41	39	36	33	30	28	26	25	23	21	–	–	–
12CrMo4	1.7201	+H	870	max.	44	43	41	38	34	30	28	27	23	21	–	–	–
				min.	36	34	30	26	22	–	–	–	–	–	–	–	–
18CrMo4	1.7243	+H	880	max.	47	46	45	42	39	37	35	34	31	29	28	27	26
18CrMoS4	1.7244	+H		min.	39	37	34	30	27	24	22	21	–	–	–	–	–
20MoCr4	1.7321	+H	910	max.	49	47	44	41	38	35	33	31	28	26	25	24	24
20MoCrS4	1.7323	+H		min.	41	37	31	27	24	22	–	–	–	–	–	–	–
10NiCr5-4	1.5805	+H	880	max.	41	39	37	34	32	30	–	–	–	–	–	–	–
				min.	32	27	24	22	21	–	–	–	–	–	–	–	–
12NiCr3-2	1.5701	+H	870	max.	43	40	35	26	21	–	–	–	–	–	–	–	–
				min.	37	32	25	–	–	–	–	–	–	–	–	–	–
17CrNi6-6	1.5918	+H	870	max.	47	47	46	45	43	42	41	39	37	35	34	34	33
				min.	39	38	36	35	32	30	28	26	24	22	21	20	20
20NiCrMo2-2	1.6523	+H	920	max.	49	48	45	42	36	33	31	30	27	25	24	24	23
20NiCrMoS2-2	1.6526	+H		min.	41	37	31	25	22	20	–	–	–	–	–	–	–
20NiCrMoS6-4	1.6571	+H	880	max.	49	49	48	48	47	47	46	44	41	39	38	37	36
				min.	41	40	39	36	33	30	28	26	23	21	–	–	–

Tabelle 8 – Grenzwerte der Härte für Stahlsorten mit eingeengten Härtbarkeitsanforderungen (+HH- und +HL-Sorten; siehe 6.5.2)

Stahlsorte		Symbol	Härtetemperatur °C ±5°C	Grenzen der Spanne	Abstand von der abgeschreckten Stirnfläche in mm — Härte in HRC												
Kurzname	Werkstoffnummer				1,5	3	5	7	9	11	13	15	20	25	30	35	40
17Cr3	1.7016	+HH	880	max.	47	44	40	33	29	27	25	24	23	21	–	–	–
17CrS3	1.7014	+HH		min.	42	38	30	24	20	–	–	–	–	–	–	–	–
17Cr3	1.7016	+HL		max.	44	41	35	29	25	23	21	20	–	–	–	–	–
17CrS3	1.7014	+HL		min.	39	35	25	20	–	–	–	–	–	–	–	–	–
16MnCr5	1.7131	+HH	870	max.	47	46	44	41	39	37	35	33	31	30	29	28	27
16MnCrS5	1.7139	+HH		min.	42	39	35	32	29	26	24	22	20	–	–	–	–
16MnCr5	1.7131	+HL		max.	44	43	40	37	34	32	30	28	26	25	24	23	22
16MnCrS5	1.7139	+HL		min.	39	36	31	28	24	21	–	–	–	–	–	–	–
16MnCrB5	1.7160	+HH	870	max.	47	46	44	41	39	37	35	33	31	30	29	28	27
16MnCrB5	1.7160	+HH		min.	42	39	35	32	29	26	24	22	20	–	–	–	–
16MnCrB5	1.7160	+HL		max.	44	43	40	37	34	32	30	28	26	25	24	23	22
16MnCrB5	1.7160	+HL		min.	39	36	31	28	24	21	–	–	–	–	–	–	–
20MnCrS5	1.7149	+HH	870	max.	49	49	48	46	43	42	41	39	37	35	34	33	32
20MnCrS5	1.7149	+HH		min.	44	44	40	37	34	33	31	30	28	26	25	24	23
20MnCrS5	1.7149	+HL		max.	46	46	44	42	39	37	36	34	32	30	29	28	27
20MnCrS5	1.7149	+HL		min.	41	39	36	33	30	28	26	25	23	21	–	–	–
12CrMo4	1.7201	+HH	870	max.	44	43	41	38	34	30	26	–	–	–	–	–	–
12CrMo4	1.7201	+HH		min.	39	37	34	30	26	21	–	–	–	–	–	–	–
12CrMo4	1.7201	+HL		max.	41	40	38	34	30	26	22	–	–	–	–	–	–
12CrMo4	1.7201	+HL		min.	36	34	30	26	22	–	–	–	–	–	–	–	–
18CrMo4	1.7243	+HH	880	max.	47	46	45	42	39	37	35	34	31	29	28	27	26
18CrMoS4	1.7244	+HH		min.	42	40	38	34	31	28	26	25	22	20	–	–	–
18CrMo4	1.7243	+HL		max.	44	43	41	38	35	33	31	30	27	25	24	23	22
18CrMoS4	1.7244	+HL		min.	39	37	34	30	27	24	22	21	–	–	–	–	–
20MoCr4	1.7321	+HH	910	max.	49	47	44	41	38	35	33	31	28	26	25	24	24
20MoCrS4	1.7323	+HH		min.	44	40	35	32	29	26	24	22	–	–	–	–	–
20MoCr4	1.7321	+HL		max.	46	44	40	36	33	31	29	27	24	22	21	20	20
20MoCrS4	1.7323	+HL		min.	41	37	31	27	24	22	–	–	–	–	–	–	–
10NiCr5-4	1.5805	+HH	880	max.	41	39	37	34	32	30	–	–	–	–	–	–	–
10NiCr5-4	1.5805	+HH		min.	33	29	26	24	21	20	–	–	–	–	–	–	–
10NiCr5-4	1.5805	+HL		max.	38	35	32	30	27	25	–	–	–	–	–	–	–
10NiCr5-4	1.5805	+HL		min.	32	27	24	22	–	–	–	–	–	–	–	–	–
17CrNi6-6	1.5918	+HH	870	max.	47	47	46	45	43	42	41	39	37	35	34	34	33
17CrNi6-6	1.5918	+HH		min.	42	41	39	38	36	34	32	30	28	26	25	25	24
17CrNi6-6	1.5918	+HL		max.	44	44	43	42	39	38	37	35	33	31	30	29	29
17CrNi6-6	1.5918	+HL		min.	39	38	36	35	32	30	28	26	24	22	21	20	20

(fortgesetzt)

Tabelle 8 *(abgeschlossen)*

| Stahlsorte | | Symbol | Härte-temperatur °C ±5 °C | Grenzen der Spanne | Abstand von der abgeschreckten Stirnfläche in mm Härte in HRC | | | | | | | | | | | | |
Kurzname	Werkstoff-nummer				1,5	3	5	7	9	11	13	15	20	25	30	35	40
20NiCrMo2-2	1.6523	+HH	920	max.	49	48	45	42	36	33	31	30	27	25	24	24	23
20NiCrMoS2-2	1.6526	+HH		min.	44	41	36	31	27	24	22	21	–	–	–	–	–
20NiCrMo2-2	1.6523	+HL		max.	46	44	40	36	31	29	27	26	23	21	20	20	–
20NiCrMoS2-2	1.6526	+HL		min.	41	37	31	25	22	20	–	–	–	–	–	–	–
20NiCrMoS6-4	1.6571	+HH	880	max.	49	49	48	48	47	47	46	44	41	39	38	37	36
				min.	44	43	42	40	38	36	34	32	29	27	26	25	24
20NiCrMoS6-4	1.6571	+HL		max.	46	46	45	44	42	41	40	38	35	33	32	31	30
				min.	41	40	39	36	33	30	28	26	23	21	–	–	–

339

Februar 2002

Walzdraht, Stäbe und Draht aus Kaltstauch- und Kaltfließpressstählen Teil 4: Technische Lieferbedingungen für Vergütungsstähle Deutsche Fassung EN 10263-4:2001	D̲I̲N̲ EN 10263-4

ICS 77.140.60; 77.140.65

Steel rod, bars and wire for cold heading and cold extrusion –
Part 4: Technical delivery conditions for steels for quenching and tempering;
German version EN 10263-4:2001

Barres, fil machine et fils en acier pour transformation à froid et extrusion à froid –
Partie 4: Conditions techniques de livraison des aciers pour trempe et revenu;
Version allemande EN 10263-4:2001

Ersatz für
DIN 1654-4:1989-10

Die Europäische Norm EN 10263-4:2001 hat den Status einer Deutschen Norm.

Nationales Vorwort

Die Europäische Norm EN 10263-4 wurde von der gemeinsamen Arbeitsgruppe „Besonderer Walzdraht zum Kaltumformen" (Sekretariat: Italien) der Technischen Komitees TC 15 „Walzdraht – Güten, Maße, Grenzabmaße und besondere Prüfungen", TC 23 „Für eine Wärmebehandlung bestimmte Stähle, legierte Stähle und Automatenstähle – Güten und Maße" und TC 30 „Draht und Drahterzeugnisse" des Europäischen Komitees für die Eisen- und Stahlnormung (ECISS) ausgearbeitet.

Das zuständige deutsche Normungsgremium ist der Unterausschuss 08/5 „Kaltstauch- und Kaltfließpressstähle" des Normenausschusses Eisen und Stahl (FES).

Fortsetzung Seite 2
und 16 Seiten EN

Normenausschuss Eisen und Stahl (FES) im DIN Deutsches Institut für Normung e. V.

Nachstehend sind die Bezeichnungen nach DIN 1654-4:1989-10 denen in dieser Norm gegenübergestellt.

DIN 1654-4:1989-10		EN 10263-4:2001	
Kurzname	Werkstoff-nummer	Kurzname	Werkstoff-nummer
Cq 22	1.1152	–	–
Cq 35	1.1172	C35EC	1.1172
Cq 45	1.1192	C45EC	1.1192
38 Cr 2	1.7003	38Cr2	1.7003
46 Cr 2	1.7006	46Cr2	1.7006
34 Cr 4	1.7033	34Cr4	1.7033
37 Cr 4	1.7034	37Cr4	1.7034
41 Cr 4	1.7035	41Cr4	1.7035
25 CrMo 4	1.7218	25CrMo4	1.7218
34 CrMo 4	1.7220	34CrMo4	1.7220
42 CrMo 4	1.7225	42CrMo4	1.7225
34 CrNiMo 6	1.6582	34CrNiMo6	1.6582
30 CrNiMo 8	1.6580	–	–
22 B 2	1.5508	23B2	1.5508
28 B 2	1.5510	28B2	1.5510
35 B 2	1.5511	–	–
19 MnB 4	1.5523	(20MnB4)	(1.5525)

Änderungen

Gegenüber DIN 1654-4:1989-10 wurden folgende Änderungen vorgenommen:

a) Zusätzliche Lieferzustände aufgenommen.

b) Kurznamen geändert (siehe Gegenüberstellung).

c) 21 Sorten zusätzlich aufgenommen. 3 Sorten gestrichen (siehe Gegenüberstellung).

d) Angaben zur chemischen Zusammensetzung geändert.

e) Symbole für die Lieferzustände geändert.

f) Angaben zu den mechanischen Eigenschaften geändert und für weitere Lieferzustände neu aufgenommen.

g) Härtewerte für den Stirnabschreckversuch teilweise geändert und Werte für eingeengte Härtbarkeit aufgenommen.

h) Angaben für Kernhärte und maximalen Durchmesser für eine bestimmte Kernhärte geändert.

Frühere Ausgaben

DIN 1654: 1954-08
DIN 1654-4: 1980-03, 1989-10

EUROPÄISCHE NORM
EUROPEAN STANDARD
NORME EUROPÉENNE

EN 10263-4

Juni 2001

ICS 77.140.60; 77.140.65

Deutsche Fassung

Walzdraht, Stäbe und Draht aus Kaltstauch-
und Kaltfließpressstählen
Teil 4: Technische Lieferbedingungen für Vergütungsstähle

Steel rod, bars and wire for cold heading and cold extrusion – Part 4: Technical delivery conditions for steels for quenching and tempering

Barres, fil machine et fils en acier pour transformation à froid et extrusion à froid – Partie 4: Conditions techniques de livraison des aciers pour trempe et revenu

Diese Europäische Norm wurde von CEN am 2001-04-19 angenommen.

Die CEN-Mitglieder sind gehalten, die CEN/CENELEC-Geschäftsordnung zu erfüllen, in der die Bedingungen festgelegt sind, unter denen dieser Europäischen Norm ohne jede Änderung der Status einer nationalen Norm zu geben ist.

Auf dem letzten Stand befindliche Listen dieser nationalen Normen mit ihren bibliographischen Angaben sind beim Management-Zentrum oder bei jedem CEN-Mitglied auf Anfrage erhältlich.

Diese Europäische Norm besteht in drei offiziellen Fassungen (Deutsch, Englisch, Französisch). Eine Fassung in einer anderen Sprache, die von einem CEN-Mitglied in eigener Verantwortung durch Übersetzung in seine Landessprache gemacht und dem Management-Zentrum mitgeteilt worden ist, hat den gleichen Status wie die offiziellen Fassungen.

CEN-Mitglieder sind die nationalen Normungsinstitute von Belgien, Dänemark, Deutschland, Finnland, Frankreich, Griechenland, Irland, Island, Italien, Luxemburg, Niederlande, Norwegen, Österreich, Portugal, Schweden, Schweiz, Spanien, der Tschechischen Republik und dem Vereinigten Königreich.

EUROPÄISCHES KOMITEE FÜR NORMUNG
EUROPEAN COMMITTEE FOR STANDARDIZATION
COMITÉ EUROPÉEN DE NORMALISATION

Management-Zentrum: rue de Stassart, 36   B-1050 Brüssel

Ref. Nr. EN 10263-4:2001 D

Inhalt

Vorwort

Diese Europäische Norm wurde vom Technischen Komitee ECISS/TC 15 „Walzdraht – Güten, Maße, Grenzabmaße und besondere Prüfungen", erarbeitet, dessen Sekretariat von UNI gehalten wird.

Diese Europäische Norm muss den Status einer nationalen Norm erhalten, entweder durch Veröffentlichung eines identischen Textes oder durch Anerkennung bis Dezember 2001, und etwaige entgegenstehende nationale Normen müssen bis Dezember 2001 zurückgezogen werden.

Diese Europäische Norm EN 10263 ist wie folgt unterteilt:

Teil 1: Allgemeine technische Lieferbedingungen

Teil 2: Technische Lieferbedingungen für nicht für eine Wärmebehandlung nach der Kaltverarbeitung vorgesehene Stähle

Teil 3: Technische Lieferbedingungen für Einsatzstähle

Teil 4: Technische Lieferbedingungen für Vergütungsstähle

Teil 5: Technische Lieferbedingungen für nichtrostende Stähle

Entsprechend der CEN/CENELEC-Geschäftsordnung sind die nationalen Normungsinstitute der folgenden Länder gehalten, diese Europäische Norm zu übernehmen: Belgien, Dänemark, Deutschland, Finnland, Frankreich, Griechenland, Irland, Island, Italien, Luxemburg, Niederlande, Norwegen, Österreich, Portugal, Schweden, Schweiz, Spanien, die Tschechische Republik und das Vereinigte Königreich.

1 Anwendungsbereich

1.1 Dieser Teil von EN 10263 gilt für runden Walzdraht, runde Stäbe und Draht mit einem Durchmesser bis einschließlich 100 mm aus unlegiertem und legiertem Stahl zum Kaltstauchen und Kaltfließpressen und nachfolgendem Vergüten.

1.2 Dieser Teil von EN 10263 wird ergänzt durch EN 10263-1.

2 Normative Verweisungen

Diese Europäische Norm enthält durch datierte oder undatierte Verweisungen Festlegungen aus anderen Publikationen. Diese normativen Verweisungen sind an den jeweiligen Stellen im Text zitiert, und die Publikationen sind nachstehend aufgeführt. Bei datierten Verweisungen gehören spätere Änderungen oder Überarbeitungen dieser Publikationen nur zu dieser Europäischen Norm, falls sie durch Änderung oder Überarbeitung eingearbeitet sind. Bei undatierten Verweisungen gilt die letzte Ausgabe der in Bezug genommenen Publikation (einschließlich Änderungen).

EN 10020, *Begriffsbestimmung für die Einteilung der Stähle.*

EN 10263-1, *Walzdraht, Stäbe und Draht aus Kaltstauch- und Kaltfließpressstählen – Teil 1: Allgemeine technische Lieferbedingungen.*

3 Begriffe

Für die Anwendung dieser Norm gelten die Begriffe in EN 10263-1 und der Folgende:

3.1
Vergütungsstähle

Vergütungsstähle im Sinne dieser Europäischen Norm sind Maschinenbaustähle, die sich aufgrund ihrer chemischen Zusammensetzung zum Härten eignen und die im vergüteten Zustand gute Zähigkeit bei gegebener Zugfestigkeit aufweisen

4 Einteilung und Bezeichnung

4.1 Einteilung

Alle Stahlsorten nach diesem Teil von EN 10263 sind entsprechend EN 10020 Edelstähle.

Entsprechend EN 10020 sind die in Tabelle 2 aufgeführten Stahlsorten C35EC bis C45RC unlegierte Stähle und alle übrigen legierte Stähle.

4.2 Bezeichnung

Siehe EN 10263-1:2001.

5 Herstellverfahren

5.1 Erschmelzungsverfahren

Siehe EN 10263-1:2001.

5.2 Desoxidation

Alle Stähle müssen mit Aluminium und/oder Silicium beruhigt sein. Aluminium und/oder Silicium darf durch ein anderes Element mit ähnlicher Wirkung ersetzt werden.

6 Anforderungen

6.1 Lieferzustand

Die Lieferzustände, in denen die Erzeugnisse nach diesem Teil dieser Europäischen Norm üblicherweise geliefert werden, die Erzeugnisformen und die in Betracht kommenden Anforderungen sind in Tabelle 1 aufgeführt.

6.2 Chemische Zusammensetzung

6.2.1 Schmelzenanalyse

Die chemische Zusammensetzung muss in Übereinstimmung sein mit den in Tabelle 2 und Tabelle 3 für die Schmelzenanalyse festgelegten Werten.

6.2.2 Stückanalyse

Falls eine Stückanalyse verlangt wird, sind die Grenzabweichungen von den für die Schmelzenanalyse festgelegten Werten in Tabelle 4 angegeben.

6.3 Mechanische Eigenschaften

Die im Zugversuch zu ermittelnden mechanischen Eigenschaften der Erzeugnisse müssen entsprechend den Festlegungen für den Lieferzustand in Tabelle 1 in Übereinstimmung sein mit den Tabellen 5 und 6.

6.4 Härtbarkeit

6.4.1 Falls die Erzeugnisse mit Standardanforderungen bezüglich Härtbarkeit bestellt werden, das heißt, wenn die Kurznamen oder Werkstoffnummern nach Tabelle 2 und Tabelle 3 um das Symbol „+H" ergänzt werden, müssen die im Stirnabschreckversuch (Jominy-Versuch) (siehe Tabelle 1 in EN 10263-1:2001) ermittelten Werte den in Tabelle 7 und Tabelle 9 angegebenen Werten entsprechen.

6.4.2 Falls die Erzeugnisse mit eingeengten Anforderungen an die im Jominy-Versuch ermittelten Streubänder der Härte bestellt werden, das heißt, wenn der Kurzname oder die Werkstoffnummer nach Tabelle 2 um das Symbol „+HH" oder „+HL" ergänzt wird, müssen obige Härtewerte den in Tabelle 8 angegebenen Werten entsprechen.

ANMERKUNG 1   Das Symbol „+HH" bedeutet, dass die obere Grenze des Streubandes mit der oberen Grenze für den entsprechenden Stahl „+H" zusammenfällt.

ANMERKUNG 2   Das Symbol „+HL" bedeutet, dass die untere Grenze des Streubandes mit der unteren Grenze für den entsprechenden Stahl „+H" zusammenfällt.

ANMERKUNG 3   Siehe EN 10263-1:2001, 7.7.4.

6.4.3 Die Austenitisierungstemperaturen für den Jominy-Versuch sind in den Tabellen 7, 8 und 9 angegeben.

6.4.4 Kernhärten

Falls die Erzeugnisse mit Anforderungen an die Kernhärte bestellt werden, das heißt, wenn der Kurzname oder die Werkstoffnummer nach Tabelle 2 und Tabelle 3 um das Symbol „+CH" ergänzt wird, müssen die Kernhärtetemperatur, die Härtewerte und die zugehörigen größten Durchmesser den in Tabelle 10 angegebenen Werten entsprechen.

6.5 Oberflächenbeschaffenheit

Für jede, bei der Bestellung zu vereinbarende, besondere Oberflächenanforderung siehe EN 10263-1:2001, 7.10.

6.6 Zusatz- oder Sonderanforderungen

Andere Anforderungen, die bei der Anfrage und Bestellung vereinbart werden können, sind in Anhang B zu EN 10263-1:2001 beschrieben.

Tabelle 1 – Zusammenfassung von Lieferzuständen, Erzeugnisformen und in Betracht kommenden Anforderungen

Lieferzustand		Symbole	Erzeugnisform [a]			In Betracht kommende Anforderungen, wenn der betreffende Stahl bestellt wurde unter Bezugnahme auf die Kurznamen in			
			Walzdraht	Stab	Draht	Tabelle 2 oder 3 oder 5 oder 6	Tabelle 7 oder 8 oder 9	Tabelle 10	Tabelle 2, 3, 5, 6, 7, 8, 9 oder 10
unbehandelt	wie warmgewalzt oder walzgeschält	+U oder +U+PE	x	x	–	Chemische Zusammensetzung nach den Tabellen 2 oder 3 und 4	Chemische Zusammensetzung nach den Tabellen 2 oder 3 und 4	Chemische Zusammensetzung nach den Tabellen 2 oder 3 und 4	Zusatz- oder Sonderanforderungen nach Anhang B von EN 10263-1:2001 [b]
	+ kaltgezogen	+U+C	–	x	x				
	+ kaltgezogen + geglüht zur Erzeugung kugeliger Carbide	+U+C+AC	–	x	x	Mechanische Eigenschaften nach Tabelle 5 oder 6	Mechanische Eigenschaften nach Tabelle 5 oder 6	Mechanische Eigenschaften nach Tabelle 5 oder 6	
	+ kaltgezogen + geglüht zur Erzeugung kugeliger Carbide + nachgezogen	+U+C+AC+LC	–	x	x				
geglüht zur Erzeugung kugeliger Carbide	wie behandelt	+AC	x	x	–		Härtbarkeitswerte nach Tabelle 7 oder 8 oder 9	Mindestkernhärte und maximaler Durchmesser nach Tabelle 10	
	+ walzgeschält	+AC+PE	x	x	–				
	+ kaltgezogen	+AC+C	–	x	x				
	+ kaltgezogen + geglüht zur Erzeugung kugeliger Carbide	+AC+C+AC	–	x	x				
	+ kaltgezogen + geglüht zur Erzeugung kugeliger Carbide + nachgezogen	+AC-C+AC+LC	–	x	x				
Sonstige						Andere Lieferzustände können bei der Bestellung vereinbart werden.			

[a] x = kommt in Betracht
– = kommt nicht in Betracht
[b] Falls bei der Bestellung vereinbart.

346

Tabelle 2 – Stahlsorten und chemische Zusammensetzung für Stahlsorten ohne Bor – Schmelzenanalyse, Massenanteil in %[a,b]

Stahlsorten		C[c]	Si[d]	Mn	P	S	Cr	Mo	Ni	Cu
Kurzname	Werkstoffnummer		max.		max.					max.
C35EC	1.1172	0,32 bis 0,39	0,30	0,50 bis 0,80	0,025	0,025 max.				0,25
C35RC	1.1060	0,32 bis 0,39	0,30	0,50 bis 0,80	0,025	0,020 bis 0,035				0,25
C45EC	1.1192	0,42 bis 0,50	0,30	0,50 bis 0,80	0,025	0,025 max.				0,25
C45RC	1.1061	0,42 bis 0,50	0,30	0,50 bis 0,80	0,025	0,020 bis 0,035				0,25
37Mo2	1.5418	0,35 bis 0,40	0,30	0,60 bis 0,90	0,025	0,025 max.		0,20 bis 0,30		0,25
38Cr2	1.7003	0,35 bis 0,42	0,30	0,50 bis 0,80	0,025	0,025 max.	0,40 bis 0,60			0,25
46Cr2	1.7006	0,42 bis 0,50	0,30	0,50 bis 0,80	0,025	0,025 max.	0,40 bis 0,60			0,25
34Cr4	1.7033	0,30 bis 0,37	0,30	0,60 bis 0,90	0,025	0,025 max.	0,90 bis 1,20			0,25
37Cr4	1.7034	0,34 bis 0,41	0,30	0,60 bis 0,90	0,025	0,025 max.	0,90 bis 1,20			0,25
41Cr4	1.7035	0,38 bis 0,45	0,30	0,60 bis 0,90	0,025	0,025 max.	0,90 bis 1,20			0,25
41CrS4	1.7039	0,38 bis 0,45	0,30	0,60 bis 0,90	0,025	0,020 bis 0,040	0,90 bis 1,20			0,25
25CrMo4	1.7218	0,22 bis 0,29	0,30	0,60 bis 0,90	0,025	0,025 max.	0,90 bis 1,20	0,15 bis 0,30		0,25
25CrMoS4	1.7213	0,22 bis 0,29	0,30	0,60 bis 0,90	0,025	0,020 bis 0,040	0,90 bis 1,20	0,15 bis 0,30		0,25
34CrMo4	1.7220	0,30 bis 0,37	0,30	0,60 bis 0,90	0,025	0,025 max.	0,90 bis 1,20	0,15 bis 0,30		0,25
37CrMo4	1.7202	0,35 bis 0,40	0,30	0,60 bis 0,90	0,025	0,025 max.	0,90 bis 1,20	0,15 bis 0,30		0,25
42CrMo4	1.7225	0,38 bis 0,45	0,30	0,60 bis 0,90	0,025	0,025 max.	0,90 bis 1,20	0,15 bis 0,30		0,25
42CrMoS4	1.7227	0,38 bis 0,45	0,30	0,60 bis 0,90	0,025	0,020 bis 0,040	0,90 bis 1,20	0,15 bis 0,30		0,25
34CrNiMo6	1.6582	0,30 bis 0,38	0,30	0,50 bis 0,60	0,025	0,025 max.	1,30 bis 1,70	0,15 bis 0,30	1,30 bis 1,70	0,25
41NiCrMo7-3-2	1.6563	0,38 bis 0,44	0,30	0,60 bis 0,90	0,025	0,025 max.	0,70 bis 0,90	0,15 bis 0,30	1,65 bis 2,00	0,25

[a] In dieser Tabelle nicht aufgeführte Elemente dürfen dem Stahl, außer zum Fertigbehandeln der Schmelze, nicht absichtlich zugesetzt werden. Es sind alle angemessenen Vorkehrungen zu treffen, um die Zufuhr solcher Elemente aus dem Schrott und anderen bei der Herstellung verwendeten Stoffen zu vermeiden. Jedoch dürfen Begleitelemente vorhanden sein, sofern sie die Härtbarkeit, die mechanischen Eigenschaften und die Verwendbarkeit nicht beeinträchtigen.

[b] Bei Stählen mit Härtbarkeitsanforderungen (siehe Tabellen 7 bis 9) sind (mit Ausnahme von Schwefel und Phosphor) kleinere Abweichungen von den festgelegten Grenzen zulässig, sofern sie bei Kohlenstoff 0,01 % und bei den übrigen Elementen die in Tabelle 4 angegebenen Werte nicht überschreiten.

[c] Eine Kohlenstoffspanne von 0,04 % (z. B. 0,33 % bis 0,37 %) kann bei der Anfrage und Bestellung vereinbart werden.

[d] Niedrigere Massenanteile Silicium können bei der Bestellung vereinbart werden. In diesem Falle sollte genau bedacht werden, welche Auswirkungen dies auf die festgelegten Eigenschaften, z. B. Härtbarkeit, haben könnte.

347

Tabelle 3 – Stahlsorten und chemische Zusammensetzung für borlegierte Stähle – Schmelzenanalyse, Massenanteil in %[a,b]

Stahlsorten		C	Si[c]	Mn	P max.	Si max.	Cr[d]	Mo	Cu max.	B
Kurzname	Werkstoff-nummer									
17B2	1.5502	0,15 bis 0,20	≤ 0,30	0,60 bis 0,90	0,025	0,025	≤ 0,30		0,25	0,0008 bis 0,005
23B2	1.5508	0,20 bis 0,25	≤ 0,30	0,60 bis 0,90	0,025	0,025	≤ 0,30		0,25	0,0008 bis 0,005
28B2	1.5510	0,25 bis 0,30	≤ 0,30	0,60 bis 0,90	0,025	0,025	≤ 0,30		0,25	0,0008 bis 0,005
33B2	1.5514	0,30 bis 0,35	≤ 0,30	0,60 bis 0,90	0,025	0,025	≤ 0,30		0,25	0,0008 bis 0,005
38B2	1.5515	0,35 bis 0,40	0,15 bis 0,30	0,60 bis 0,90	0,025	0,025	≤ 0,30		0,25	0,0008 bis 0,005
17MnB4	1.5520	0,15 bis 0,20	≤ 0,30	0,90 bis 1,20	0,025	0,025	≤ 0,30		0,25	0,0008 bis 0,005
20MnB4	1.5525	0,18 bis 0,23	≤ 0,30	0,90 bis 1,20	0,025	0,025	≤ 0,30		0,25	0,0008 bis 0,005
23MnB4	1.5535	0,20 bis 0,25	≤ 0,30	0,90 bis 1,20	0,025	0,025	≤ 0,30		0,25	0,0008 bis 0,005
27MnB4	1.5536	0,25 bis 0,30	0,15 bis 0,30	0,90 bis 1,20	0,025	0,025	≤ 0,30		0,25	0,0008 bis 0,005
30MnB4	1.5526	0,27 bis 0,32	≤ 0,30	0,80 bis 1,10	0,025	0,025	≤ 0,30		0,25	0,0008 bis 0,005
36MnB4	1.5537	0,33 bis 0,38	≤ 0,30	0,80 bis 1,10	0,025	0,025	≤ 0,30		0,25	0,0008 bis 0,005
37MnB5	1.5538	0,35 bis 0,40	≤ 0,30	1,15 bis 1,45	0,025	0,025	≤ 0,30		0,25	0,0008 bis 0,005
30MoB1	1.5408	0,28 bis 0,32	≤ 0,30	0,80 bis 1,00	0,025	0,025	≤ 0,30	0,08 bis 0,12	0,25	0,0008 bis 0,005
32CrB4	1.7076	0,30 bis 0,34	≤ 0,30	0,60 bis 0,90	0,025	0,025	0,90 bis 1,20		0,25	0,0008 bis 0,005
36CrB4	1.7077	0,34 bis 0,38	≤ 0,30	0,70 bis 1,00	0,025	0,025	0,90 bis 1,20		0,25	0,0008 bis 0,005
31CrMoB2-1	1.7272	0,28 bis 0,33	≤ 0,30	0,90 bis 1,20	0,025	0,025	0,40 bis 0,55	0,10 bis 0,15	0,25	0,0008 bis 0,005

a, b, c Wie a, b und d in Tabelle 2.
d Soweit ein maximaler Massenanteil Chrom von 0,30 % festgelegt ist, kann bei der Anfrage und Bestellung auch ein Mindestwert festgelegt werden.

**Tabelle 4 – Grenzabweichungen der Stückanalyse
von den nach Tabelle 2 und 3 für die Schmelzenanalyse
gültigen Grenzwerten**

Element	Grenzwerte nach der Schmelzenanalyse Massenanteil in %	Grenzabweichungen für die Stückanalyse[a] Massenanteil in %
C	≤ 0,50	± 0,02
Si	≤ 0,30	± 0,03
Mn	≤ 1,00	± 0,04
	> 1,00 ≤ 1,45	± 0,05
P	≤ 0,025	+ 0,005
S	≤ 0,025	+ 0,005[b]
Cr	≤ 1,70	± 0,05
Mo	≤ 0,30	± 0,03
Ni	≤ 2,00	± 0,05
B	≤ 0,0050	± 0,0003
Cu	≤ 0,25	+ 0,03

[a] ± bedeutet, dass bei einer Schmelze die obere oder die untere Grenze der für die Schmelzenanalyse in den Tabellen 2 und 3 angegebenen Spanne überschritten werden darf, aber nicht beides gleichzeitig.

[b] Für Stähle mit einer festgelegten Schwefelspanne (0,020 % bis 0,035 % oder 0,020 % bis 0,040 % nach der Schmelzenanalyse) beträgt die Grenzabweichung ± 0,005 %.

Tabelle 5 – Mechanische Eigenschaften für Stahlsorten ohne Bor

Stahlsorte		Durchmesser		Lieferzustand							
				+AC oder +AC+PE		+U+C+AC		+U+C+AC+LC		+AC+C	
Kurzname	Werkstoffnummer	über	bis	R_m max.	Z min.	R_m max.	Z min.	R_m max.	Z min.	R_m max.	Z min.
		mm	mm	MPa	%	MPa	%	MPa	%	MPa	%
C35EC	1.1172	2	5	–	–	550	62	590	60	–	–
C35RC	1.1060	5	10	560	60	540	62	580	60	670	–
		10	40	560	60	540	62	580	60	660	–
C45EC	1.1192	2	5	–	–	590	62	630	60	–	–
C45RC	1.1061	5	10	600	60	580	62	620	60	720	–
		10	40	600	60	580	62	620	60	710	–

Stahlsorte		Durchmesser		Lieferzustand					
				+AC oder +AC+PE		+AC+C+AC		+AC+C+AC+LC	
		über	bis	R_m max.	Z min.	R_m max.	Z min.	R_m max.	Z min.
				MPa	%	MPa	%	MPa	%
37Mo2	1.5418		5	–	–	560	61	600	59
		5	40	570	59	550	61	590	59
38Cr2	1.7003	2	5	–	–	590	62	630	60
		5	40	600	60	580	62	620	60
46Cr2	1.7006	2	5	–	–	610	60	650	58
		5	40	620	56	600	60	640	58
34Cr4	1.7033	2	5	–	–	570	64	610	62
		5	40	580	62	560	64	600	62
37Cr4	1.7034	2	5	–	–	580	62	620	60
		5	40	590	60	570	62	610	60
41Cr4	1.7035	2	5	–	–	610	60	650	58
41CrS4	1.7039	5	40	620	58	600	60	640	58
25CrMo4	1.7218	2	5	–	–	570	62	610	60
25CrMoS4	1.7213	5	40	580	60	560	62	600	60
34CrMo4	1.7220	2	5	–	–	590	62	630	60
		5	40	600	60	580	62	620	60
37CrMo4	1.7202	2	5	–	–	610	62	650	60
		5	40	620	60	600	62	640	60
42CrMo4	1.7225	2	5	–	–	620	60	660	58
42CrMoS4	1.7227	5	40	630	58	610	60	650	58
34CrNiMo6	1.6582	2	5	–	–	710	60	750	58
		5	40	720	58	700	60	740	58
41NiCrMo7-3-2	1.6563	2	5	–	–	710	60	750	58
		5	40	720	58	700	60	740	58

1 MPa = 1 N/mm^2

Tabelle 6 – Mechanische Eigenschaften für borlegierte Stähle

Stahlsorte		Durchmesser		Lieferzustand											
				+U oder +PE		+AC oder +AC+PE		+U+C		+U+C+AC		+U+C+AC+LC		+AC+C	
								Mechanische Eigenschaften							
Kurzname	Werkstoffnummer	über mm	bis mm	R_m max MPa	Z^a min %	R_m max MPa	Z min %	R_m max MPa	Z min %	R_m max MPa	Z min %	R_m max MPa	Z min %	R_m max MPa	Z min %
17B2	1.5502	2	5	–	–	–	–	–	–	450	70	490	68	–	–
		5	10	540	60	460	68	630	55	440	70	480	68	550	63
		10	25	540	60	460	68	620	55	440	70	480	68	540	63
23B2	1.5508	2	5	–	–	–	–	–	–	480	68	520	66	–	–
		5	10	600	60	490	66	690	55	470	68	510	66	580	61
		10	25	600	60	490	66	680	55	470	68	510	66	570	61
28B2	1.5510	2	5	–	–	–	–	–	–	510	66	550	64	–	–
		5	10	630	60	520	64	720	55	500	66	540	64	610	59
		10	25	630	60	520	64	710	55	500	66	540	64	600	59
33B2	1.5514	2	5	–	–	–	–	–	–	540	64	580	62	–	–
		5	10	–	–	550	62	–	–	530	64	570	62	640	57
		10	40	–	–	550	62	–	–	530	64	570	62	630	57
38B2	1.5515	2	5	–	–	–	–	–	–	560	64	600	62	–	–
		5	10	–	–	570	62	–	–	550	64	590	62	660	57
		10	40	–	–	570	62	–	–	550	64	590	62	650	57
17MnB4	1.5520	2	5	–	–	–	–	–	–	470	69	510	67	–	–
		5	10	570	60	480	67	660	55	460	69	500	67	570	62
		10	40	570	60	480	67	650	55	460	69	500	67	560	62
20MnB4	1.5525	2	5	–	–	–	–	–	–	490	68	530	66	–	–
		5	10	580	60	500	66	680	55	480	68	520	66	600	61
		10	25	580	60	500	66	670	55	480	68	520	66	590	61
23MnB4	1.5535	2	5	–	–	–	–	–	–	510	66	550	64	–	–
		5	10	600	60	520	64	700	55	500	66	540	64	620	59
		10	40	600	60	520	64	690	55	500	66	540	64	610	59

Für den Zustand +U sollte +U zugestanden werden, dass die Zugfestigkeitswerte nicht mit dem gesamten in Tabelle 3 angegebenen Zusammensetzungsbereich vereinbar sind. Man sollte darauf achten, dass, abhängig von Durchmesser und gelieferter Zusammensetzung, die Zugfestigkeitswerte mit den Härtbarkeitsanforderungen vereinbar sind.
1 MPa = 1 N/mm²

(fortgesetzt)

Tabelle 6 *(abgeschlossen)*

Stahlsorte		Durchmesser		Lieferzustand											
				+U oder +PE		+AC oder +AC+PE		+U+C		+U+C+AC		+U+C+AC+LC		+AC+C	
				Mechanische Eigenschaften											
Kurzname	Werkstoff-nummer	über mm	bis mm	R_m max. MPa	Z^a min. %	R_m max. MPa	Z min. %	R_m max. MPa	Z min. %	R_m max. MPa	Z min. %	R_m max. MPa	Z min. %	R_m max. MPa	Z min. %
27MnB4	1.5536	2	5	–	–	–	–	–	–	530	65	570	63	–	–
		5	40	–	–	540	63	–	–	520	65	560	63	640	58
30MnB4	1.5526	2	5	–	–	–	–	–	–	560	65	600	63	–	–
		5	40	–	–	570	63	–	–	550	65	590	63	670	58
36MnB4	1.5537	2	5	–	–	–	–	–	–	590	64	630	62	–	–
		5	40	–	–	600	62	–	–	580	64	620	62	700	57
37MnB5	1.5538	2	5	–	–	–	–	–	–	610	64	650	62	–	–
		5	40	–	–	620	62	–	–	600	64	640	62	720	57
30MoB1	1.5408	2	5	–	–	–	–	–	–	530	64	570	62	–	–
		5	40	–	–	530	62	–	–	510	64	550	62	630	57
32CrB4	1.7076	2	5	–	–	–	–	–	–	550	64	590	62	–	–
		5	40	–	–	550	62	–	–	530	64	570	62	670	57
36CrB4	1.7077	2	5	–	–	–	–	–	–	570	63	610	61	–	–
		5	40	–	–	570	61	–	–	550	63	590	61	690	56
31CrMoB2-1	1.7272	2	5	–	–	–	–	–	–	570	63	610	61	–	–
		5	40	–	–	570	61	–	–	550	63	590	61	690	56

Für den Zustand +U sollte zugestanden werden, dass die Zugfestigkeitswerte nicht mit dem gesamten in Tabelle 3 angegebenen Zusammensetzungsbereich vereinbar sind. Man sollte darauf achten, dass, abhängig von Durchmesser und gelieferter Zusammensetzung, die Zugfestigkeitswerte mit den Härtbarkeitsanforderungen vereinbar sind.
$1\ MPa = 1\ N/mm^2$

Tabelle 7 – Grenzwerte der Härte für Stahlsorten ohne Bor mit (normalen) Härtbarkeitsanforderungen (+H-Sorten; siehe 6.4.1)

Härte in HRC bei einem Abstand von der abgeschreckten Stirnfläche in mm

(Für die oberen vier Sorten gilt der Abstand 1 mm, für die übrigen Sorten 1,5 mm in der ersten Spalte.)

Kurzname	Werkstoffnummer	Symbol	Härtetemperatur °C ±5 °C	Grenzen der Spanne	1 / 1,5	2 / 3	3 / 5	4 / 7	5 / 9	6 / 11	7 / 13	8 / 15	9 / 20	10 / 25	11 / 30	13	15	20	25	30
C35EC	1.1172	+H	870	max.	58	57	55	53	49	41	34	31	28	27	26	25	24	23	20	–
C35RC	1.1060	+H		min.	48	40	33	24	22	20	–	–	–	–	–	–	–	–	–	–
C45EC	1.1192	+H	850	max.	60	61	59	57	53	47	39	34	31	30	29	28	27	26	25	24
C45RC	1.1061	+H		min.	51	46	35	27	25	24	23	22	21	20	–	–	–	–	–	–
37Mo2	1.5418	+H	850	max.	59	57	53	47	41	36	32	29	27	25	–	–	–	–	–	–
				min.	51	48	41	33	27	26	22	20	–	–	–	–	–	–	–	–
38Cr2	1.7003	+H	850	max.	59	57	54	49	43	39	37	35	32	30	27	25	24	23	22	–
				min.	51	46	37	29	25	22	20	–	–	–	–	–	–	–	–	–
46Cr2	1.7006	+H	850	max.	63	61	57	52	46	42	40	38	35	33	31	29	28	27	26	–
				min.	54	49	40	32	28	25	23	22	20	–	–	–	–	–	–	–
34Cr4	1.7033	+H	850	max.	57	57	56	54	52	49	46	44	39	37	35	34	33	32	31	–
				min.	49	48	45	41	35	32	29	27	23	21	20	–	–	–	–	–
37Cr4	1.7034	+H	850	max.	59	59	58	57	55	52	50	48	42	39	37	36	35	34	33	–
				min.	51	50	48	44	39	36	33	31	26	24	22	20	–	–	–	–
41Cr4	1.7035	+H	850	max.	61	61	60	59	58	56	54	52	46	42	40	38	37	36	35	–
41CrS4	1.7039	+H		min.	53	52	50	47	44	40	37	35	30	27	25	23	22	21	20	–
25CrMo4	1.7218	+H	850	max.	52	52	51	50	48	46	43	41	37	35	33	32	31	31	31	–
25CrMoS4	1.7213	+H		min.	44	43	40	37	34	32	29	27	23	21	20	–	–	–	–	–
34CrMo4	1.7220	+H	850	max.	57	57	57	56	55	54	53	52	48	45	43	41	40	40	39	–
				min.	49	49	48	45	42	39	36	34	30	28	27	26	25	24	24	–
37CrMo4	1.7202	+H	850	max.	60	60	60	59	58	56	55	54	51	48	46	45	44	43	42	–
				min.	52	50	49	47	45	43	40	37	34	32	31	30	30	29	29	–
42CrMo4	1.7225	+H	850	max.	61	61	61	60	60	59	59	58	56	53	51	48	47	46	45	–
42CrMoS4	1.7227	+H		min.	53	53	52	51	49	43	40	37	34	32	31	30	30	29	29	–
34CrNiMo6	1.6582	+H	850	max.	58	58	58	58	57	57	57	57	57	57	57	57	57	57	57	–
				min.	50	50	50	50	48	48	48	48	48	47	47	47	46	45	44	–
41NiCrMo7-3-2	1.6563	+H	860	max.	60	60	60	60	60	60	60	59	59	58	58	57	57	57	57	–
				min.	54	54	54	54	54	54	54	54	53	52	52	51	50	–	–	–

Tabelle 8 – Grenzwerte der Härte für Stahlsorten ohne Bor mit eingeengten Härtbarkeitsanforderungen[a] (+HH- und +HL-Sorten; siehe 6.4.2)

Stahlsorte Kurzname	Werkstoff-nummer	Symbol	Härte-temperatur °C ±5°C	Grenzen der Spanne	1,5	3	5	7	9	11	13	15	20	25	30	35	40	45	50
37Mo2	1.5418	+HH	850	max.	59	57	53	47	41	36	32	29	27	25	–	–	–	–	–
				min.	54	51	45	38	32	29	25	23	–	–	–	–	–	–	–
37Mo2	1.5418	+HL	850	max.	56	54	49	42	36	33	29	26	–	–	–	–	–	–	–
				min.	51	48	41	33	27	26	22	20	–	–	–	–	–	–	–
38Cr2	1.7003	+HH	850	max.	59	57	54	49	43	39	37	35	32	30	27	25	24	23	22
				min.	54	50	43	36	31	28	26	24	21	–	–	–	–	–	–
38Cr2	1.7003	+HL	850	max.	56	53	48	42	37	33	31	29	26	24	21	–	–	–	–
				min.	51	46	37	29	25	22	20	–	–	–	–	–	–	–	–
46Cr2	1.7006	+HH	850	max.	61	59	56	51	46	41	39	37	33	31	29	27	26	25	24
				min.	55	51	45	38	33	30	28	26	22	20	–	–	–	–	–
46Cr2	1.7006	+HL	850	max.	56	55	50	44	39	35	33	31	27	25	23	21	20	–	–
				min.	52	47	39	31	27	24	22	–	–	–	–	–	–	–	–
34Cr4	1.7033	+HH	850	max.	57	57	56	54	52	49	46	44	39	37	35	34	33	32	31
				min.	52	51	49	45	41	38	35	33	28	26	25	24	23	22	21
34Cr4	1.7033	+HL	850	max.	54	54	52	50	46	43	40	38	34	32	30	29	28	27	26
				min.	49	48	45	41	35	32	29	27	23	21	20	–	–	–	–
37Cr4	1.7034	+HH	850	max.	59	59	58	57	55	52	50	48	42	39	37	36	35	34	33
				min.	54	53	51	48	44	41	39	37	31	29	27	25	24	23	22
37Cr4	1.7034	+HL	850	max.	56	56	55	53	50	47	44	42	37	34	32	31	30	29	28
				min.	51	50	48	44	39	36	33	31	26	24	22	20	–	–	–
41Cr4	1.7035	+HH	850	max.	61	61	60	59	58	56	54	52	46	42	40	38	37	36	35
41CrS4	1.7039	+HH		min.	56	55	53	51	47	43	41	39	35	31	29	27	26	25	24
41Cr4	1.7035	+HL	850	max.	58	58	57	55	52	50	47	45	40	37	34	32	31	30	29
41CrS4	1.7039	+HL		min.	53	52	50	47	44	40	37	35	30	27	25	23	22	21	20

Härte in HRC bei einem Abstand von der abgeschreckten Stirnfläche in mm

[a] Diese Tabelle kommt nicht in Betracht für mit eingeengtem Kohlenstoffgehalt bestellte Stähle – Siehe Fußnote c in Tabelle 2.

Tabelle 8 (*abgeschlossen*)

Stahlsorte Kurzname	Werkstoff-nummer	Symbol	Härte-temperatur °C ±5 °C	Grenzen der Spanne	Härte in HRC bei einem Abstand von der abgeschreckten Stirnfläche in mm														
					1,5	3	5	7	9	11	13	15	20	25	30	35	40	45	50
25CrMo4	1.7218	+HH	850	max.	52	52	51	50	48	46	43	41	37	35	33	32	31	31	31
25CrMoS4	1.7213	+HH		min.	47	46	44	41	39	37	34	32	28	26	24	23	22	22	22
25CrMo4	1.7218	+HL	850	max.	49	49	47	46	43	41	38	36	32	30	29	28	27	27	27
25CrMoS4	1.7213	+HL		min.	44	43	40	37	34	32	29	27	23	21	20	–	–	–	–
34CrMo4	1.7220	+HH	850	max.	57	57	57	56	55	54	53	52	48	45	43	41	40	40	39
				min.	52	52	51	49	46	44	42	40	36	34	32	31	30	29	29
34CrMo4	1.7220	+HL	850	max.	54	54	54	52	51	49	47	46	42	39	38	36	35	35	34
				min.	49	49	48	45	42	39	36	34	30	28	27	26	25	24	24
37CrMo4	1.7202	+HH	850	max.	60	60	60	59	58	56	55	54	51	48	46	45	–	–	–
				min.	55	53	53	51	49	47	45	45	40	39	36	36	–	–	–
37CrMo4	1.7202	+HL	850	max.	57	57	56	55	54	52	50	46	44	41	41	39	–	–	–
				min.	52	50	50	47	45	43	40	37	34	32	31	30	–	–	–
42CrMo4	1.7225	+HH	850	max.	61	61	61	60	60	59	59	58	56	53	51	48	47	46	45
42CrMoS4	1.7227	+HH		min.	56	56	55	54	52	48	46	44	41	39	38	36	36	35	34
42CrMo4	1.7225	+HL	850	max.	58	58	58	57	56	54	53	51	49	46	44	42	41	40	40
42CrMoS4	1.7227	+HL		min.	53	53	52	51	49	43	40	37	34	32	31	30	30	29	29
34CrNiMo6	1.6582	+HH	850	max.	58	58	58	58	57	57	57	57	57	57	57	57	57	57	57
				min.	53	53	53	53	52	51	51	51	51	50	50	50	50	49	48
34CrNiMo6	1.6582	+HL	850	max.	55	55	55	55	54	54	54	54	54	54	54	54	53	53	53
				min.	50	50	50	50	49	48	48	48	48	47	47	47	46	45	44

a Diese Tabelle kommt nicht in Betracht für mit eingeengtem Kohlenstoffgehalt bestellte Stähle – Siehe Fußnote c in Tabelle 2.

Tabelle 9 – Grenzwerte der Härte für borlegierte Stähle mit (normalen) Härtbarkeitsanforderungen (+H-Sorten; siehe 6.4.1)

Kurzname	Werkstoff-nummer	Symbol	Härte-temperatur °C±5°C	Grenzen der Spanne	1,5	3	5	7	9	11	13	15	20	25	30	35	40	45	50
17B2	1.5502	+H	900	max.	46	45	45	41	35	–	–	–	–	–	–	–	–	–	–
				min.	39	34	30	20	–	–	–	–	–	–	–	–	–	–	–
23B2	1.5508	+H	890	max.	49	48	47	45	39	–	–	–	–	–	–	–	–	–	–
				min.	41	39	37	21	–	–	–	–	–	–	–	–	–	–	–
28B2	1.5510	+H	880	max.	53	51	51	49	45	39	29	24	20	–	–	–	–	–	–
				min.	46	42	39	23	–	–	–	–	–	–	–	–	–	–	–
33B2	1.5514	+H	870	max.	55	55	54	52	49	43	–	–	–	–	–	–	–	–	–
				min.	–	45	43	27	20	–	–	–	–	–	–	–	–	–	–
38B2	1.5515	+H	860	max.	58	57	56	55	51	49	44	–	–	–	–	–	–	–	–
				min.	51	49	47	36	25	20	–	–	–	–	–	–	–	–	–
17MnB4	1.5520	+H	890	max.	47	46	46	44	41	36	–	–	–	–	–	–	–	–	–
				min.	40	38	37	30	20	–	–	–	–	–	–	–	–	–	–
20MnB4	1.5525	+H	880	max.	48	48	47	46	44	39	–	–	–	–	–	–	–	–	–
				min.	41	40	38	30	20	–	–	–	–	–	–	–	–	–	–
23MnB4	1.5535	+H	880	max.	49	48	47	47	45	41	–	–	–	–	–	–	–	–	–
				min.	43	41	40	32	23	–	–	–	–	–	–	–	–	–	–
27MnB4	1.5536	+H	870	max.	53	52	51	50	48	45	41	–	–	–	–	–	–	–	–
				min.	46	44	43	36	27	21	–	–	–	–	–	–	–	–	–
30MnB4	1.5526	+H	860	max.	54	53	53	53	51	46	42	–	–	–	–	–	–	–	–
				min.	48	46	44	36	25	20	–	–	–	–	–	–	–	–	–
36MnB4	1.5537	+H	850	max.	58	57	57	56	54	52	48	43	–	–	–	–	–	–	–
				min.	51	49	48	43	31	25	20	–	–	–	–	–	–	–	–
37MnB5	1.5538	+H	850	max.	60	60	59	58	57	57	55	53	48	–	–	–	–	–	–
				min.	52	51	50	48	43	37	32	29	–	–	–	–	–	–	–
30MoB1	1.5408	+H	870	max.	53	52	52	51	49	48	46	43	34	–	–	–	–	–	–
				min.	47	46	45	39	30	24	21	–	–	–	–	–	–	–	–
32CrB4	1.7076	+H	860	max.	56	56	55	55	55	54	53	53	51	49	45	42	40	38	–
				min.	49	48	47	46	46	45	–	–	–	–	–	–	–	–	–
36CrB4	1.7077	+H	850	max.	58	58	57	56	56	55	55	55	53	51	48	46	–	–	–
				min.	50	49	48	48	47	46	46	45	34	30	27	–	–	–	–
31CrMoB2-1	1.7272	+H	860	max.	54	54	54	53	53	52	51	51	48	43	41	–	–	–	–
				min.	48	48	48	47	45	45	41	39	31	27	25	–	–	–	–

Härte in HRC bei einem Abstand von der abgeschreckten Stirnfläche in mm

Tabelle 10 – Maximaler Durchmesser für das Erreichen von mindestens 90 % Martensit im Kernhärteversuch (+CH-Sorten)

Stahlsorten		Symbol	Härtetemperatur im Kernhärteversuch[a] °C ± 5 °C	Kernhärte (90 % Martensitgefüge) HRC	Maximaler Durchmesser, um 90 % Martensit im Kern sicherzustellen[b] mm
Kurzname	Werkstoffnummer				
Stähle ohne Bor					
37Mo2	1.5418	+CH	850	48	8
38Cr2	1.7003	+CH	850	48	8
46Cr2	1.7006	+CH	850	51	9
34Cr4	1.7033	+CH	850	46	14
37Cr4	1.7034	+CH	850	48	15
41Cr4	1.7035	+CH	850	50	16
41CrS4	1.7039	+CH	850	50	16
25CrMo4	1.7218	+CH	850	41	13
25CrMoS4	1.7213	+CH	850	41	13
34CrMo4	1.7220	+CH	850	45	18
37CrMo4	1.7202	+CH	850	48	18
42CrMo4	1.7225	+CH	850	50	21
42CrMoS4	1.7227	+CH	850	50	21
34CrNiMo6	1.6582	+CH	850	46	31
41NiCrMo 7-3-2	1.6563	+CH	850	50	34
Borlegierte Stähle					
17B2	1.5502	+CH	900	37	9
23B2	1.5508	+CH	890	40	9
28B2	1.5510	+CH	880	43	10
33B2	1.5514	+CH	870	45	11
38B2	1.5515	+CH	860	48	11
17MnB4	1.5520	+CH	890	37	12
20MnB4	1.5525	+CH	880	39	14
23MnB4	1.5535	+CH	880	40	14
27MnB4	1.5536	+CH	870	43	14
30MnB4	1.5526	+CH	860	44	14
36MnB4	1.5537	+CH	850	47	14
37MnB5	1.5538	+CH	850	48	16
30MoB1	1.5408	+CH	870	45	18
32CrB4	1.7076	+CH	860	46	30
36CrB4	1.7077	+CH	850	48	30
31CrMoB2-1	1.7272	+CH	860	45	30

[a] Als Anhalt wird eine Austenitisierungsdauer von wenigstens 30 min vorgeschlagen.
[b] Die angegebenen maximalen Durchmesser sind die, die mit dem für die jeweilige Stahlsorte angegebenen Mindestkohlenstoffgehalt erreichbar sind.

357

Februar 2002

Walzdraht, Stäbe und Draht aus Kaltstauch- und Kaltfließpressstählen Teil 5: Technische Lieferbedingungen für nichtrostende Stähle Deutsche Fassung EN 10263-5:2001	**DIN** **EN 10263-5**

ICS 77.140.60; 77.140.65

Ersatz für
DIN 1654-5:1989-10

Steel rod, bars and wire for cold heading and cold extrusion –
Part 5: Technical delivery conditions for stainless steels;
German version EN 10263-5:2001

Barres, fil machine et fils en acier pour transformation à froid et
extrusion à froid –
Partie 5: Conditions techniques de livraison des aciers inoxydables;
Version allemande EN 10263-5:2001

Die Europäische Norm EN 10263-5:2001 hat den Status einer Deutschen Norm.

Nationales Vorwort

Die Europäische Norm EN 10263-5 wurde von der gemeinsamen Arbeitsgruppe „Besonderer Walzdraht zum Kaltumformen" (Sekretariat: Italien) der Technischen Komitees TC 15 „Walzdraht –
Güten, Maße, Grenzabmaße und besondere Prüfungen", TC 23 „Für eine Wärmebehandlung
bestimmte Stähle, legierte Stähle und Automatenstähle – Güten und Maße" und TC 30 „Draht und
Drahterzeugnisse" des Europäischen Komitees für die Eisen- und Stahlnormung (ECISS) ausgearbeitet.

Das zuständige deutsche Normungsgremium ist der Unterausschuss 08/5 „Kaltstauch- und Kalt-
fließpressstähle" des Normenausschusses Eisen und Stahl (FES).

Fortsetzung Seite 2
und 10 Seiten EN

Normenausschuss Eisen und Stahl (FES) im DIN Deutsches Institut für Normung e. V.

Nachstehend sind die Bezeichnungen nach DIN 1654-5:1989-10 denen in dieser Norm gegenübergestellt.

DIN 1654-5:1989-10		EN 10263-5:2000	
Kurzname	Werkstoffnummer	Kurzname	Werkstoffnummer
X 6 Cr 17	1.4016	X6Cr17	1.4016
X 10 Cr 13	1.4006	X12Cr13	1.4006
X 2 CrNi 19 11	1.4306	X2CrNi19-11	1.4306
X 5 CrNi 18 12	1.4303	X4CrNi18-12	1.4303
X 5 CrNiMo 17 12 2	1.4401	X5CrNiMo17-12-2	1.4401
X 2 CrNiN 18 10	1.4311	–	–
X 2 CrNiMoN 17 13 3	1.4429	X2CrNiMoN17-13-3	1.4429
X 6 CrNiTi 18 10	1.4541	X6CrNiTi18-10	1.4541
X 6 CrNiMoTi 17 12 2	1.4571	X6CrNiMoTi17-12-2	1.4571
X 3 CrNiCu 18 9	1.4567	X3CrNiCu18-9-4	1.4567

Änderungen

Gegenüber DIN 1654-5:1989-10 wurden folgende Änderungen vorgenommen:

a) Angaben zu den Lieferzuständen überarbeitet und geänderte Symbole für die Lieferzustände aufgenommen.

b) Kurznamen bei unveränderten Werkstoffnummern geändert (siehe Gegenüberstellung).

c) 10 Sorten zusätzlich aufgenommen. Sorte X 2 CrNiN 18 10 (1.4311) gestrichen.

d) Angaben zur chemischen Zusammensetzung geändert.

e) Angaben zu den mechanischen Eigenschaften geändert und für weitere Lieferzustände neu aufgenommen.

f) Angaben zur Tiefe von Oberflächenfehlern geändert.

Frühere Ausgaben

DIN 1654-5: 1980-03, 1989-10

EUROPÄISCHE NORM
EUROPEAN STANDARD
NORME EUROPÉENNE

EN 10263-5

Juni 2001

ICS 77.140.60; 77.140.65

Deutsche Fassung

Walzdraht, Stäbe und Draht aus Kaltstauch- und Kaltfließpressstählen
Teil 5: Technische Lieferbedingungen für nichtrostende Stähle

Steel rod, bars and wire for cold heading and cold extrusion – Part 5: Technical delivery conditions for stainless steels

Barres, fil machine et fils en acier pour transformation à froid et extrusion à froid – Partie 5: Conditions techniques de livraison des aciers inoxydables

Diese Europäische Norm wurde von CEN am 2001-04-19 angenommen.

Die CEN-Mitglieder sind gehalten, die CEN/CENELEC-Geschäftsordnung zu erfüllen, in der die Bedingungen festgelegt sind, unter denen dieser Europäischen Norm ohne jede Änderung der Status einer nationalen Norm zu geben ist.

Auf dem letzten Stand befindliche Listen dieser nationalen Normen mit ihren bibliographischen Angaben sind beim Management-Zentrum oder bei jedem CEN-Mitglied auf Anfrage erhältlich.

Diese Europäische Norm besteht in drei offiziellen Fassungen (Deutsch, Englisch, Französisch). Eine Fassung in einer anderen Sprache, die von einem CEN-Mitglied in eigener Verantwortung durch Übersetzung in seine Landessprache gemacht und dem Management-Zentrum mitgeteilt worden ist, hat den gleichen Status wie die offiziellen Fassungen.

CEN-Mitglieder sind die nationalen Normungsinstitute von Belgien, Dänemark, Deutschland, Finnland, Frankreich, Griechenland, Irland, Island, Italien, Luxemburg, Niederlande, Norwegen, Österreich, Portugal, Schweden, Schweiz, Spanien, der Tschechischen Republik und dem Vereinigten Königreich.

EUROPÄISCHES KOMITEE FÜR NORMUNG
EUROPEAN COMMITTEE FOR STANDARDIZATION
COMITÉ EUROPÉEN DE NORMALISATION

Management-Zentrum: rue de Stassart, 36   B-1050 Brüssel

Ref. Nr. EN 10263-5:2001 D

Inhalt

Vorwort

Diese Europäische Norm wurde vom Technischen Komitee ECISS/TC 15 „Walzdraht – Güten, Maße, Grenzabmaße und besondere Prüfungen", erarbeitet, dessen Sekretariat von UNI gehalten wird.

Diese Europäische Norm muss den Status einer nationalen Norm erhalten, entweder durch Veröffentlichung eines identischen Textes oder durch Anerkennung bis Dezember 2001, und etwaige entgegenstehende nationale Normen müssen bis Dezember 2001 zurückgezogen werden.

Diese Europäische Norm EN 10263 ist wie folgt unterteilt:

Teil 1: Allgemeine technische Lieferbedingungen

Teil 2: Technische Lieferbedingungen für nicht für eine Wärmebehandlung nach der Kaltverarbeitung vorgesehene Stähle

Teil 3: Technische Lieferbedingungen für Einsatzstähle

Teil 4: Technische Lieferbedingungen für Vergütungsstähle

Teil 5: Technische Lieferbedingungen für nichtrostende Stähle

Entsprechend der CEN/CENELEC-Geschäftsordnung sind die nationalen Normungsinstitute der folgenden Länder gehalten, diese Europäische Norm zu übernehmen: Belgien, Dänemark, Deutschland, Finnland, Frankreich, Griechenland, Irland, Island, Italien, Luxemburg, Niederlande, Norwegen, Österreich, Portugal, Schweden, Schweiz, Spanien, die Tschechische Republik und das Vereinigte Königreich.

1 Anwendungsbereich

1.1 Dieser Teil von EN 10263 gilt für runden Walzdraht, runde Stäbe und Draht aus nichtrostendem Stahl zum Kaltstauchen und Kaltfließpressen mit einem Durchmesser bis einschließlich:

– 25 mm bei ferritischen und austenitisch-ferritischen Stählen,

– 50 mm bei austenitischen Stählen,

– 100 mm bei martensitischen Stählen.

1.2 Dieser Teil von EN 10263 wird ergänzt durch EN 10263-1.

2 Normative Verweisungen

Diese Europäische Norm enthält durch datierte oder undatierte Verweisungen Festlegungen aus anderen Publikationen. Diese normativen Verweisungen sind an den jeweiligen Stellen im Text zitiert, und die Publikationen sind nachstehend aufgeführt. Bei datierten Verweisungen gehören spätere Änderungen oder Überarbeitungen dieser Publikationen nur zu dieser Europäischen Norm, falls sie durch Änderung oder Überarbeitung eingearbeitet sind. Bei undatierten Verweisungen gilt die letzte Ausgabe der in Bezug genommenen Publikation (einschließlich Änderungen).

EN 10020, *Begriffsbestimmung für die Einteilung der Stähle.*

EN 10088-1, *Nichtrostende Stähle – Teil 1: Verzeichnis der nichtrostenden Stähle.*

EN 10263-1, *Walzdraht, Stäbe und Draht aus Kaltstauch- und Kaltfließpressstählen – Teil 1: Allgemeine technische Lieferbedingungen.*

3 Begriffe

Für die Anwendung dieser Norm gelten die Begriffe in EN 10263-1:2001 und der Folgende:

3.1
Nichtrostende Stähle

für die Anwendung dieser Europäischen Norm gelten Stähle mit mindestens 10,5 % Cr und höchstens 1,2 % C als nichtrostende Stähle, wenn ihre Korrosionsbeständigkeit von höchster Wichtigkeit ist

4 Einteilung und Bezeichnung

4.1 Einteilung

Alle Stahlsorten nach diesem Teil von EN 10263 sind entsprechend EN 10020 legierte Edelstähle.

Unter einem praktischen Gesichtspunkt sind diese Stähle auch auf Grund ihres Gefüges eingeteilt, siehe EN 10088-1:1995, Anhang B.

4.2 Bezeichnung

Siehe EN 10263-1:2001.

5 Herstellverfahren

Siehe EN 10263-1:2001.

6 Anforderungen

6.1 Lieferzustand

Die Lieferzustände, in denen die Erzeugnisse nach diesem Teil von EN 10263 üblicherweise geliefert werden, die Erzeugnisformen und die in Betracht kommenden Anforderungen sind in Tabelle 1 aufgeführt.

6.2 Chemische Zusammensetzung

6.2.1 Schmelzenanalyse

Die chemische Zusammensetzung muss in Übereinstimmung sein mit den in Tabelle 2 für die Schmelzenanalyse festgelegten Werten.

6.2.2 Stückanalyse

Falls eine Stückanalyse verlangt wird, sind die Grenzabweichungen von den für die Schmelzenanalyse festgelegten Werten in Tabelle 3 angegeben.

6.3 Mechanische Eigenschaften

Die im Zugversuch zu ermittelnden mechanischen Eigenschaften der Erzeugnisse müssen in Übereinstimmung sein mit den Tabellen 4, 5, 6 und 7.

6.4 Oberflächenbeschaffenheit

6.4.1 Walzdraht wird üblicherweise im gebeizten Zustand geliefert. Mechanische Entzunderung (Sandstrahlen) kann auch angewendet werden; in diesem Falle ist, wenn nicht anders vereinbart, eine Behandlung in einer Beizlösung vorzunehmen. Nach besonderer Vereinbarung bei der Anfrage und Bestellung können auch spezielle Verfahren, wie das Walzschälen, angewendet werden.

6.4.2 Kleinere Oberflächenunvollkommenheiten, die unter üblichen Herstellbedingungen entstehen können, wie z.B. von eingewalztem Zunder herrührende Kerben, dürfen nicht als Fehler betrachtet werden.

6.4.3 Jegliche speziellen Oberflächenanforderungen können bei der Anfrage und Bestellung vereinbart werden.

6.5 Zusatz- oder Sonderanforderungen

6.5.1 Eignung zum Kaltumformen

Eine Prüfung zum Nachweis der Eignung der Erzeugnisse zum Kaltumformen kann durchgeführt werden, wenn dies bei der Anfrage und Bestellung vereinbart wurde.

Wenn zum Nachweis der Eignung zum Kaltumformen der Stauchversuch angewendet wird, ist dieser wie folgt durchzuführen:

– Eine Probe mit einer Anfangslänge (Höhe) von $1,5 d$, wobei d der Erzeugnisdurchmesser ist, wird mittels einer Presse axial gestaucht, bis ihre Länge auf 1/3 des Anfangswertes verringert ist.

Der obige Versuch ist bei Umgebungstemperatur durchzuführen und ist beschränkt auf Erzeugnisse mit einem Durchmesser von höchstens 15 mm.

Die Kriterien für die Bewertung der Versuchsergebnisse sind bei der Bestellung zu vereinbaren, unter Berücksichtigung der für die Erzeugnisse vorgesehenen Endverwendung.

6.5.2 Tiefe von Oberflächenfehlern

Die höchstzulässige Tiefe von Oberflächenfehlern ist in Tabelle 8 angegeben. Als Tiefe eines Fehlers wird der Abstand zwischen der Oberfläche des Erzeugnisses und dem Fehlergrund, gemessen in radialer Richtung senkrecht zur Oberfläche, betrachtet. Im Schiedsfalle ist die Ermittlung der Tiefe von Oberflächenfehlern metallographisch mit 100facher Vergrößerung an einem glatten Querschnitt des Erzeugnisses in dem betreffenden Lieferzustand durchzuführen.

Tabelle 1 – Zusammenfassung von Lieferzuständen, Erzeugnisformen und in Betracht kommenden Anforderungen

Lieferzustand		Symbole	Erzeugnisform[a]			Stähle			In Betracht kommende Anforderungen		
			Walzdraht	Stab	Draht	Ferritisch	Martensitisch	Austenitisch und Austenitisch-ferritisch	Chemische Zusammensetzung nach den Tabellen 2 und 3	Mechanische Eigenschaften nach Tabelle 4 oder 5 oder 6 oder 7	Zusatz- oder Sonderanforderungen nach Anhang B von EN 10263-1:2001[b]
weichgeglüht	+ kaltgezogen + weichgeglüht	+C+A	–	×	×	×	×	–			
	+ kaltgezogen + weichgeglüht + nachgezogen	+C+A+LC	–	×	×	×	×	–			
	wie behandelt oder + walzgeschält	+A oder +A+PE	×	–	–	×	×	–			
	+ nachgezogen	+A+LC	–	×	×	×	×	–			
lösungsgeglüht	wie behandelt oder + walzgeschält	+AT oder +AT+PE	×	–	–	–	–	×			
	+ kaltgezogen	+AT+C	–	×	×	–	–	×			
	+ kaltgezogen + lösungsgeglüht	+AT+C+AT	–	×	×	–	–	×			
	+ kaltgezogen + lösungsgeglüht + nachgezogen	+AT+C+AT+LC	–	×	×	–	–	×			
Sonstige			Andere Lieferzustände können bei der Bestellung vereinbart werden.								

[a] × = kommt in Betracht
   – = kommt nicht in Betracht
[b] Falls bei der Bestellung vereinbart.

Tabelle 2 – Stahlsorten und chemische Zusammensetzung (Schmelzenanalyse), Massenanteil in %[a]

Kurzname	Werkstoffnummer	C	Si max.	Mn	P max.	S max.	Cr	Cu	Mo	Ni	Sonstige
Ferritische Stähle											
X6Cr17	1.4016	≤ 0,08[b]	1,00	≤ 1,00	0,040	0,030	16,00 bis 18,00				
X6CrMo17-1	1.4113	≤ 0,08	1,00	≤ 1,00	0,040	0,030	16,00 bis 18,00		0,90 bis 1,40		
Martensitischer Stahl											
X12Cr13	1.4006	0,08 bis 0,15	1,00	≤ 1,50	0,040	0,030	11,50 bis 13,50			≤ 0,75	
Austenitisch-ferritischer Stahl											
X2CrNiMoN22-5-3	1.4462	≤ 0,030	1,00	≤ 2,00	0,035	0,015	21,00 bis 23,00		2,50 bis 3,50	4,50 bis 6,50	N: 0,10 bis 0,22[c]
Austenitische Stähle											
X10CrNi18-8	1.4310	0,05 bis 0,15	2,00	≤ 2,00	0,045	0,015	16,00 bis 19,00	≤ 1,00	≤ 0,80	6,00 bis 9,00	N ≤ 0,11
X2CrNi18-9	1.4307	≤ 0,030	1,00	≤ 2,00	0,045	0,030	17,50 bis 19,50	≤ 1,00		8,00 bis 10,00	N ≤ 0,11
X2CrNi19-11	1.4306	≤ 0,030	1,00	≤ 2,00	0,045	0,030	18,00 bis 20,00	≤ 1,00		10,00 bis 12,00	N ≤ 0,11
X5CrNi18-10	1.4301	≤ 0,07	1,00	≤ 2,00	0,045	0,030	17,00 bis 19,50	≤ 1,00		8,00 bis 10,50	N ≤ 0,11
X6CrNiTi18-10	1.4541	≤ 0,08	1,00	≤ 2,00	0,045	0,030	17,00 bis 19,00	≤ 1,00		9,00 bis 12,00	Ti:5xC bis 0,70
X4CrNi18-12	1.4303	≤ 0,06	1,00	≤ 2,00	0,045	0,030	17,00 bis 19,00	–		11,00 bis 13,00	N ≤ 0,11
X2CrNiMo17-12-2	1.4404	≤ 0,030	1,00	≤ 2,00	0,045	0,030	16,50 bis 18,50	≤ 1,00	2,00 bis 2,50	10,00 bis 13,00	N ≤ 0,11
X2CrNiMo17-12-3	1.4432	≤ 0,030	1,00	≤ 2,00	0,045	0,015	16,50 bis 18,50	≤ 1,00	2,50 bis 3,00	10,50 bis 13,00	N ≤ 0,11
X5CrNiMo17-12-2	1.4401	≤ 0,07	1,00	≤ 2,00	0,045	0,030	16,50 bis 18,50	≤ 1,00	2,00 bis 2,50	10,00 bis 13,00	N ≤ 0,11
X2CrNiMoTi17-12-2	1.4571	≤ 0,08	1,00	≤ 2,00	0,045	0,015	16,50 bis 18,50	≤ 1,00	2,00 bis 2,50	10,50 bis 13,50	Ti:5xC bis 0,70
X2CrNiMoN17-13-3	1.4429	≤ 0,030	1,00	≤ 2,00	0,045	0,015	16,50 bis 18,50	≤ 1,00	2,50 bis 3,00	11,00 bis 14,00	N:0,12 bis 0,22
X3CrNiMo17-13-3	1.4436	≤ 0,05	1,00	≤ 2,00	0,045	0,015	16,50 bis 18,50	–	2,50 bis 3,00	10,50 bis 13,00	N ≤ 0,11
X3CrNiCu18-9-4	1.4567	≤ 0,04	1,00	≤ 2,00	0,045	0,030	17,00 bis 19,00	3,00 bis 4,00	–	8,50 bis 10,50[e]	N ≤ 0,11
X3CrNiCu19-9-2	1.4560	≤ 0,035	1,00	1,50 bis 2,00	0,045	0,015	18,00 bis 19,00	1,50 bis 2,00	–	8,00 bis 9,00	N ≤ 0,11
X4CrNiCuMo17-11-3-2	1.4578	≤ 0,04	1,00	≤ 1,00[d]	0,045	0,015	16,50 bis 17,50	3,00 bis 3,50	2,00 bis 2,50	10,00 bis 11,00	N ≤ 0,11

[a] In dieser Tabelle nicht aufgeführte Elemente dürfen dem Stahl, außer zum Fertigbehandeln der Schmelze, ohne Zustimmung des Bestellers nicht absichtlich zugesetzt werden. Es sind alle angemessenen Vorkehrungen zu treffen, um die Zufuhr solcher Elemente aus dem Schrott und anderen bei der Herstellung verwendeten Stoffen zu vermeiden, die mechanischen Eigenschaften und die Verwendbarkeit des Stahles beeinträchtigen könnten.

[b] Zur Verbesserung der Kaltumformbarkeit wird ein Massenanteil Kohlenstoff von höchstens 0,04 % empfohlen und darf bei der Anfrage und Bestellung vereinbart werden.

[c] Bei der Anfrage und Bestellung darf ein Massenanteil N von mindestens 0,06 vereinbart werden.

[d] Ein Massenanteil Mn von höchstens 2 % ist zulässig, falls bei der Anfrage und Bestellung nichts anderes vereinbart wurde.

[e] Ein Massenanteil Ni von mindestens 8 % ist zulässig, falls bei der Anfrage und Bestellung nichts anderes vereinbart wurde.

**Tabelle 3 – Grenzabweichungen zwischen Stückanalyse und den in Tabelle 2
angegebenen Grenzwerten für die Schmelzenanalyse**

Element	Grenzwerte nach der Schmelzenanalyse Massenanteil in %		Grenzabweichungen für die Stückanalyse [a] Massenanteil in %
C		≤ 0,030	+ 0,005
	> 0,030	≤ 0,15	± 0,01
Si		≤ 1,00	+ 0,05
	> 1,00	≤ 2,00	+ 0,10
Mn		≤ 1,00	+ 0,03
	> 1,00	≤ 2,00	± 0,04
P		≤ 0,045	+ 0,005
S		≤ 0,015	+ 0,003
	> 0,015	≤ 0,030	+ 0,005
N		≤ 0,22	± 0,01
Cr	≥ 11,50	< 15,00	± 0,15
	≥ 15,00	≤ 20,00	± 0,20
	> 20,00	≤ 23,00	± 0,25
Cu		≤ 1,00	+ 0,07
	> 1,00	≤ 4,00	± 0,10
Mo		< 1,75	± 0,05
	≥ 1,75	≤ 3,50	± 0,10
Ni		≤ 1,00	+ 0,03
	> 1,00	≤ 5,00	± 0,07
	> 5,00	≤ 10,00	± 0,10
	> 10,00	≤ 14,00	± 0,15
Ti		≤ 0,70	± 0,05

[a] ± bedeutet, dass bei einer Schmelze die Abweichung der Stückanalyse eines Elementes über oder unter den Werten der in Tabelle 2 festgelegten Spanne liegen darf, aber nicht beides gleichzeitig

Tabelle 4 – Mechanische Eigenschaften der ferritischen nichtrostenden Stähle im festgelegten Lieferzustand

Stahlsorte		Durchmesser		Lieferzustand							
				+A oder +A+PE		+A+LC		+A+C+A		+A+C+A+LC	
Kurzname	Werkstoff-nummer	über	bis	R_m max.	Z min.	R_m max.	Z min.	R_m max.	Z min.	R_m max.	Z min.
		mm	mm	MPa	%	MPa	%	MPa	%	MPa	%
X6Cr17	1.4016	2	5	–	–	–	–	560	63	620	61
		5	10	560	63	660	60	560	63	600	61
		10	25	560	63	640	60	560	63	–	–
X6CrMo17-1	1.4113	2	5	–	–	–	–	600	60	660	58
		5	10	600	60	710	57	600	60	640	58
		10	25	600	60	690	57	600	60	–	–

1 MPa = 1 N/mm^2

Tabelle 5 – Mechanische Eigenschaften des martensitischen nichtrostenden Stahles im festgelegten Lieferzustand

Stahlsorte		Durchmesser		Lieferzustand							
				+A oder +A+PE		+A+LC		+A+C+A		+A+C+A+LC	
Kurzname	Werkstoff-nummer	über	bis	R_m max.	Z min.	R_m max.	Z min.	R_m max.	Z min.	R_m max.	Z min.
		mm	mm	MPa	%	MPa	%	MPa	%	MPa	%
X12Cr13	1.4006	2	5	–	–	–	–	600	60	660	58
		5	10	600	60	720	57	600	60	640	58
		10	25	600	60	700	57	600	60	–	–
		25	100	600	60	–	–	–	–	–	–

1 MPa = 1 N/mm^2

Tabelle 6 – Mechanische Eigenschaften des austenitisch-ferritischen nichtrostenden Stahles im festgelegten Lieferzustand

Stahlsorte		Durchmesser		Lieferzustand							
				+AT oder +AT+PE		+AT+LC		+AT+C+AT		+AT+C+AT+LC	
Kurzname	Werkstoff-nummer	über	bis	R_m max.	Z min.	R_m max.	Z min.	R_m max.	Z min.	R_m max.	Z min.
		mm	mm	MPa	%	MPa	%	MPa	%	MPa	%
X2CrNiMoN22-5-3	1.4462	2	5	880	55	–	–	950	55	1 010	50
		5	10	880	55	1 020	–	900	55	970	50
		10	25	880	55	1 020	–	880	55	–	–

1 MPa = 1 N/mm^2

Tabelle 7 – Mechanische Eigenschaften der austenitischen nichtrostenden Stähle im festgelegten Lieferzustand

Stahlsorte		Durchmesser		Lieferzustand							
				+AT oder +AT+PE		+AT+C		+AT+C+AT		+AT+C+AT+LC	
Kurzname	Werkstoff-nummer	über	bis	R_m max.	Z min.	R_m max.	Z min.	R_m max.	Z min.	R_m max.	Z min.
		mm	mm	MPa	%	MPa	%	MPa	%	MPa	%
X10CrNi18-8	1.4310	2	5	–	–	–	–	720	65	770	60
		5	10	660	65	890	–	680	65	730	60
		10	25	660	65	850	–	660	65	–	–
		25	50	660	65	–	–	–	–	–	–
X2CrNi18-9	1.4307	2	5	–	–	–	–	680	68	730	63
		5	10	630	68	800	–	630	68	680	63
		10	25	630	68	760	–	630	68	–	–
		25	50	630	68	740	–	630	68	–	–
X2CrNi19-11	1.4306	2	5	–	–	–	–	680	68	730	63
		5	10	630	68	780	–	630	68	680	63
		10	25	630	68	740	–	630	68	–	–
		25	50	630	68	–	–	–	–	–	–
X5CrNi18-10	1.4301	2	5	–	–	–	–	700	60	750	60
		5	10	650	65	820	–	650	65	700	60
		10	25	650	65	780	–	650	65	–	–
		25	50	650	65	–	–	–	–	–	–
X6CrNiTi18-10	1.4541	2	5	–	–	–	–	720	65	770	60
		5	10	680	65	850	–	680	65	730	60
		10	25	680	65	810	–	680	65	–	–
		25	50	680	65	–	–	–	–	–	–
X4CrNi18-12	1.4303	2	5	–	–	–	–	670	65	720	60
		5	10	650	65	800	–	650	65	700	60
		10	25	650	65	770	–	650	65	–	–
		25	50	650	65	–	–	–	–	–	–
X2CrNiMo17-12-2	1.4404	2	5	–	–	–	–	670	68	720	63
		5	10	650	68	780	–	650	68	700	63
		10	25	650	68	750	–	650	68	–	–
		25	50	650	68	–	–	–	–	–	–
X2CrNiMo17-12-3	1.4432	2	5	–	–	–	–	670	68	720	63
		5	10	650	68	780	–	650	68	700	63
		10	25	650	68	750	–	650	68	–	–
		25	50	650	68	–	–	–	–	–	–
X5CrNiMo17-12-2	1.4401	2	5	–	–	–	–	690	65	740	60
		5	10	660	65	830	–	670	65	720	60
		10	25	660	65	790	–	660	65	–	–
		25	50	660	65	–	–	–	–	–	–
X6CrNiMoTi17-12-2	1.4571	2	5	–	–	–	–	720	65	770	60
		5	10	680	65	850	–	680	65	730	60
		10	25	680	65	810	–	680	65	–	–
		25	50	680	65	–	–	–	–	–	–
X2CrNiMoN17-13-3	1.4429	2	5	–	–	–	–	820	60	870	55
		5	10	780	60	940	–	800	60	850	55
		10	25	780	60	910	–	780	60	–	–
		25	50	780	60	–	–	–	–	–	–
X3CrNiMo17-13-3	1.4436	2	5	–	–	–	–	690	65	740	60
		5	10	660	65	830	–	670	65	720	60
		10	25	660	65	790	–	660	65	–	–
		25	50	660	65	–	–	–	–	–	–

1 MPa = 1 N/mm^2

(fortgesetzt)

Tabelle 7 *(abgeschlossen)*

Stahlsorte		Durchmesser		Lieferzustand							
				+AT oder +AT+PE		+AT+C		+AT+C+AT		+AT+C+AT+LC	
Kurzname	Werkstoff-nummer	über	bis	R_m max.	Z min.	R_m max.	Z min.	R_m max.	Z min.	R_m max.	Z min.
		mm	mm	MPa	%	MPa	%	MPa	%	MPa	%
X3CrNiCu18-9-4	1.4567	2	5	–	–	–	–	600	68	650	63
		5	10	590	68	740	–	590	68	640	63
		10	25	590	68	700	–	590	68	–	–
		25	50	590	68	–	–	–	–	–	–
X3CrNiCu19-9-2	1.4560	2	5	–	–	–	–	630	68	680	63
		5	10	610	68	790	–	610	68	660	63
		10	25	610	68	750	–	610	68	–	–
		25	50	610	68	–	–	–	–	–	–
X3CrNiCuMo17-11-3-2	1.4578	2	5	–	–	–	–	630	68	680	63
		5	10	610	68	760	–	610	68	660	63
		10	25	610	68	720	–	610	68	–	–
		25	50	610	68	–	–	–	–	–	–

1 MPa = 1 N/mm^2

Tabelle 8 – Tiefe von Oberflächenfehlern

Durchmesser im Lieferzustand [a] mm	Höchstzulässige Fehlertiefe [b] mm
≤ 10	0,10
> 10	1 % des Durchmessers

[a] Für Durchmesser unter 5 mm ist die zulässige Tiefe von Oberflächenfehlern proportional zur Durchmesser-abnahme beim Kaltziehen zu verringern.

[b] Für ferritische, martensitische und austenitisch-ferritische Stähle dürfen bei der Anfrage und Bestellung höhere Werte vereinbart werden.

Februar 1998

Von Warmformgebungstemperatur ausscheidungshärtende ferritisch-perlitische Stähle Deutsche Fassung EN 10267 : 1998	**DIN** **EN 10267**

ICS 77.140.10; 77.140.20

Deskriptoren: Stahl, ferritischer Stahl, perlitisch, Halbzeug, Lieferbedingung

Ferritic-pearlitic steels for precipitation hardening from hot-working temperatures; German version EN 10267 : 1998

Aciers de type ferrite-perlite apte au durcissement par précipitation à partir des températures de formage à chaud; Version allemande EN 10267 : 1998

Die Europäische Norm EN 10267 : 1998 hat den Status einer Deutschen Norm.

Nationales Vorwort

Die Europäische Norm EN 10267 wurde vom Technischen Komitee (TC 23) "Für eine Wärmebehandlung bestimmte Stähle, legierte Stähle und Automatenstähle – Gütenormen" (Sekretariat: Deutschland) des Europäischen Komitees für die Eisen- und Stahlnormung (ECISS) ausgearbeitet.

Das zuständige deutsche Normungsgremium ist der Unterausschuß 05/1 des Normenausschusses Eisen und Stahl (FES).

Eine entsprechende DIN-Norm gab es bisher nicht.

Nachstehende Tabelle enthält eine Gegenüberstellung der in dieser Europäischen Norm enthaltenen Stähle mit den bisher in der Stahl-Eisen-Liste*) aufgeführten vergleichbaren Sorten:

Bezeichnung nach			
DIN EN 10267 : 1998		Stahl-Eisen-Liste (9. Auflage)	
Kurzname	Werkstoffnummer	Kurzname	Werkstoffnummer
19MnVS6	**1.1301**	**17MnV6**	**1.5216**
30MnVS6	**1.1302**	**27MnSiVS6**	**1.5232**
38MnVS6	**1.1303**	**38MnSiVS5**	**1.5231**
46MnVS6	**1.1304**	**44MnSiVS6**	**1.5233**
46MnVS3	**1.1305**	**42MnSiV3-3**	**1.5243**

Die neuen Kurznamen und Werkstoffnummern sind durch die Änderung der Siliziumspannen zu 0,15 % bis 0,80 % bedingt, die zur Folge hat, daß die Stähle nach DIN EN 10267 : 1998 gemäß DIN EN 10020 : 1989 als unlegierte Edelstähle eingeteilt sind.

---

*) Zu beziehen durch: Verlag Stahleisen GmbH, Postfach 10 51 64, 40042 Düsseldorf

Fortsetzung 11 Seiten EN

Normenausschuß Eisen und Stahl (FES) im DIN Deutsches Institut für Normung e.V.

EUROPÄISCHE NORM
EUROPEAN STANDARD
NORME EUROPÉENNE

EN 10267

Januar 1998

ICS 77.140; 77.140.10

Deskriptoren: Stahl, unlegierter Stahl, für eine Wärmebehandlung geeignete Stähle, Warmumformen, Knüppel, Stäbe, Bezeichnung, Sorte, chemische Zusammensetzung, mechanische Eigenschaften, Qualität, Prüfung, Konformitätsprüfung, Prüfbedingungen, Kennzeichnung

Deutsche Fassung

Von Warmformgebungstemperatur ausscheidungshärtende ferritisch-perlitische Stähle

Ferritic-pearlitic steels for precipitation hardening from hot-working temperatures

Aciers de type ferrite-perlite apte au durcissement par précipitation à partir des températures de formage à chaud

Diese Europäische Norm wurde von CEN am 1997-12-11 angenommen.

Die CEN-Mitglieder sind gehalten, die CEN/CENELEC-Geschäftsordnung zu erfüllen, in der die Bedingungen festgelegt sind, unter denen dieser Europäischen Norm ohne jede Änderung der Status einer nationalen Norm zu geben ist.

Auf dem letzten Stand befindliche Listen dieser nationalen Normen mit ihren bibliographischen Angaben sind beim Zentralsekretariat oder bei jedem CEN-Mitglied auf Anfrage erhältlich.

Diese Europäische Norm besteht in drei offiziellen Fassungen (Deutsch, Englisch, Französisch). Eine Fassung in einer anderen Sprache, die von einem CEN-Mitglied in eigener Verantwortung durch Übersetzung in seine Landessprache gemacht und dem Zentralsekretariat mitgeteilt worden ist, hat den gleichen Status wie die offiziellen Fassungen.

CEN-Mitglieder sind die nationalen Normungsinstitute von Belgien, Dänemark, Deutschland, Finnland, Frankreich, Griechenland, Irland, Island, Italien, Luxemburg, Niederlande, Norwegen, Österreich, Portugal, Schweden, Schweiz, Spanien, der Tschechischen Republik und dem Vereinigten Königreich.

CEN

EUROPÄISCHES KOMITEE FÜR NORMUNG
European Committee for Standardization
Comité Européen de Normalisation

Zentralsekretariat: rue de Stassart 36, B-1050 Brüssel

Ref. Nr. EN 10267 : 1998 D

Inhalt

Vorwort

Diese Europäische Norm wurde vom Technischen Komitee ECISS/TC 23 "Für eine Wärmebehandlung bestimmte Stähle, legierte Stähle und Automatenstähle; Gütenormen" ausgearbeitet, dessen Sekretariat vom DIN gehalten wird.

Diese Europäische Norm muß den Status einer nationalen Norm erhalten, entweder durch Veröffentlichung eines identischen Textes oder durch Anerkennung bis Juli 1998, und etwaige entgegenstehende nationalen Normen müssen bis Juli 1998 zurückgezogen werden.

Entsprechend der CEN/CENELEC-Geschäftsordnung sind die nationalen Normungsinstitute der folgenden Länder gehalten, diese Europäische Norm zu übernehmen:

Belgien, Dänemark, Deutschland, Finnland, Frankreich, Griechenland, Irland, Island, Italien, Luxemburg, Niederlande, Norwegen, Österreich, Portugal, Schweden, Schweiz, Spanien, die Tschechische Republik und das Vereinigte Königreich.

1 Anwendungsbereich

1.1 Diese Europäische Norm legt die technischen Lieferbedingungen fest für Halbzeug und Stäbe aus den in den Tabellen 3 und 5 aufgeführten unlegierten Edelstählen. Die Erzeugnisse werden in den in Tabelle 1, Zeile 2 bis 4, angegebenen Zuständen und in einer der in Tabelle 2 angegebenen Oberflächenausführungen geliefert.

1.2 In Sonderfällen können bei der Bestellung Abweichungen von oder Zusätze zu diesen technischen Lieferbedingungen vereinbart werden (siehe Anhang A).

1.3 Zusätzlich zu den Angaben dieser Europäischen Norm gelten, soweit im folgenden nichts anderes festgelegt ist, die allgemeinen technischen Lieferbedingungen nach EN 10021.

2 Normative Verweisungen

Diese Europäische Norm enthält durch datierte oder undatierte Verweisungen Festlegungen aus anderen Publikationen. Diese normativen Verweisungen sind an den jeweiligen Stellen im Text zitiert, und die Publikationen sind nachstehend aufgeführt. Bei datierten Verweisungen gehören spätere Änderungen oder Überarbeitungen dieser Publikationen nur zu dieser Europäischen Norm, falls sie durch Ände-

rung oder Überarbeitung eingearbeitet sind. Bei undatierten Verweisungen gilt die letzte Ausgabe der in Bezug genommenen Publikation.

EN 10002-1
Metallische Werkstoffe – Zugversuch – Teil 1: Prüfverfahren (bei Raumtemperatur); enthält Änderung AC 1 : 1990

EN 10003-1
Metallische Werkstoffe – Härteprüfung nach Brinell – Teil 1: Prüfverfahren

EN 10020
Begriffsbestimmungen für die Einteilung der Stähle

EN 10021
Allgemeine technische Lieferbedingungen für Stahl und Stahlerzeugnisse

EN 10027-1
Bezeichnungssysteme für Stähle – Teil 1: Kurznamen, Hauptsymbole

EN 10027-2
Bezeichnungssysteme für Stähle – Teil 2: Nummernsystem

EN 10079
Begriffsbestimmungen für Stahlerzeugnisse

EN 10204
Metallische Erzeugnisse – Arten von Prüfbescheinigungen
(enthält Änderung A1 : 1995)

EN 10221
Oberflächengüteklassen für warmgewalzten Stabstahl
und Walzdraht – Technische Lieferbedingungen

CR 10260
ECISS/IC 10 – Bezeichnungssysteme für Stähle –
Zusatzsymbole für Kurznamen

CR 10261
ECISS/IC 11 – Eisen und Stahl – Überblick über verfügbare chemische Analysenverfahren

EN ISO 377
Stahl und Stahlerzeugnisse – Lage von Probenabschnitten
und Proben für mechanische Prüfungen

ISO 14284
Steel and iron – Sampling and preparation of samples for
the determination of chemical composition

3 Definitionen

Für die Anwendung dieser Europäischen Norm gelten
die Definitionen nach EN 10020, EN 10021, EN 10079,
EN ISO 377 und ISO 14284.

4 Einteilung und Bezeichnung

4.1 Einteilung

Alle in dieser Europäischen Norm enthaltenen Stähle sind
nach EN 10020 als unlegierte Edelstähle eingeteilt.

4.2 Bezeichnung

4.2.1 Kurznamen

Für die in dieser Europäischen Norm enthaltenen Stahlsorten sind die in den Tabellen 3 und 5 angegebenen Kurznamen nach EN 10027-1 und CR 10260 gebildet.

4.2.2 Werkstoffnummern

Für die in dieser Europäischen Norm enthaltenen Stahlsorten sind die in den Tabellen 3 und 5 angegebenen Werkstoffnummern nach EN 10027-2 gebildet.

5 Bestellangaben

5.1 Verbindliche Angaben

Der Besteller muß bei der Anfrage und Bestellung folgende
Angaben machen:

a) die zu liefernde Menge;

b) die Benennung der Erzeugnisform (z. B. Rundstab
oder Vierkantstab);

c) die Nummer der Maßnorm;

d) die Maße, Grenzabmaße und Formtoleranzen und,
falls zutreffend, die Kennbuchstaben für etwaige besondere Grenzabweichungen;

e) die Nummer dieser Europäischen Norm (EN 10267);

f) Kurzname oder Werkstoffnummer (siehe 4.2);

g) falls verwendet, das Kurzzeichen für den Wärmebehandlungszustand bei Lieferung (siehe 6.3.1 und
Tabelle 1);

h) falls verwendet, das Kurzzeichen für die Oberflächenausführung (siehe 6.3.2 und Tabelle 2);

i) falls verlangt, die Art der Prüfbescheinigung nach
EN 10204 (siehe 8.1).

BEISPIEL:

**20 Rundstäbe EURONORM 60 – 40 × 8 000
EN 10267 – 19MnVS6 + P
EN 10204 – 2.2**

oder

**20 Rundstäbe EURONORM 60 – 40 × 8 000
EN 10267 – 1.1301 + P
EN 10204 – 2.2**

5.2 Zusätzliche Angaben

Eine Anzahl von zusätzlichen Angaben sind in dieser Europäischen Norm festgelegt und nachstehend aufgeführt. Falls
der Besteller nicht ausdrücklich seinen Wunsch zur Berücksichtigung einer dieser zusätzlichen Angaben äußert, muß
der Lieferer nach den Grundanforderungen dieser Europäischen Norm liefern (siehe 5.1)

a) etwaige Anforderungen hinsichtlich nichtmetallischer
Einschlüsse (siehe 7.2.2 und A.1);

b) etwaige Anforderungen an die innere Beschaffenheit
(siehe 7.3 und A.2);

c) etwaige Anforderungen an die Oberflächenbeschaffenheit (siehe 7.4.1);

d) etwaige Anforderungen hinsichtlich des Ausbesserns
von Oberflächenungänzen (siehe 7.4.2);

e) etwaige Anforderungen hinsichtlich besonderer Kennzeichnung der Erzeugnisse (siehe Abschnitt 9 und A.4);

f) etwaiger Nachweis der Stückanalyse (siehe Tabelle 6
und A.3).

6 Herstellverfahren

6.1 Allgemeines

Das Verfahren zur Herstellung des Stahles und der Erzeugnisse bleibt, mit den Einschränkungen nach 6.2 und 6.3, dem
Hersteller überlassen.

6.2 Desoxidation

Alle Stähle müssen beruhigt sein.

6.3 Wärmebehandlung und Oberflächenausführung bei der Lieferung

6.3.1 Wärmebehandlungszustand

Für ein Warmschmieden vorgesehene Erzeugnisse sind im
unbehandelten Zustand oder im Zustand "behandelt auf Kaltscherbarkeit" zu bestellen.

Für spanende Bearbeitung vorgesehene Erzeugnisse sind im
ausscheidungsgehärteten Zustand zu liefern.

6.3.2 Oberflächenausführung

Wenn bei der Bestellung nicht anders vereinbart (siehe
Tabelle 2, Zeilen 3 bis 6), sind die Erzeugnisse im warmgeformten Zustand zu liefern.

6.3.3 Schmelzentrennung

Innerhalb einer Lieferung müssen die Erzeugnisse nach
Schmelzen getrennt sein. Gekennzeichnete Erzeugnisse, die
aus verschiedenen Schmelzen stammen, dürfen im gleichen
Transportmittel, z. B. Lastwagen oder Waggon, geliefert
werden.

7 Anforderungen

7.1 Chemische Zusammensetzung und mechanische Eigenschaften

7.1.1 Wenn die Erzeugnisse im unbehandelten Zustand zu
liefern sind, gelten die Anforderungen an die chemische
Zusammensetzung nach den Tabellen 3 und 4. Zusätzlich
gilt für im Zustand "behandelt auf Kaltscherbarkeit" zu liefernde Erzeugnisse eine maximale Brinell-Härte von 255.

ANMERKUNG: Anhaltswerte für die mechanischen
Eigenschaften von Schmiedestücken nach einem
Ausscheidungshärten sind in Tabelle B.1 angegeben.

7.1.2 Wenn die Erzeugnisse im ausscheidungsgehärteten Zustand zu liefern sind, gelten die Anforderungen an die mechanischen Eigenschaften nach Tabelle 5.

ANMERKUNG: In diesem Falle ist die in Tabelle 3 angegebene chemische Zusammensetzung nur zur Information.

7.2 Gefüge

7.2.1 Stähle nach Tabelle 5 werden von der Warmformgebungstemperatur kontrolliert abgekühlt, um ein ferritisch-perlitisches Gefüge zu erzeugen. Unter gewissen Umständen können geringe Anteile von Bainit und/oder Martensit vorhanden sein.

7.2.2 Für den Gehalt an nichtmetallischen Einschlüssen siehe A.1.

7.3 Innere Beschaffenheit

Anforderungen an die innere Beschaffenheit können bei der Anfrage und Bestellung vereinbart werden, z.B. auf der Grundlage von zerstörungsfreien Prüfungen (siehe A.2).

7.4 Oberflächenbeschaffenheit

7.4.1 Bei der Bestellung können Vereinbarungen getroffen werden bezüglich der benötigten Oberflächengüte. Bei Stabstahl sollten solche Vereinbarungen in Übereinstimmung mit EN 10221 getroffen werden.

7.4.2 Ausbessern von Oberflächenungänzen durch Schweißen ist nicht zulässig.

Falls Oberflächenungänzen entfernt werden, sollten die Art der Oberflächenungänzen und die für das Ausbessern zulässige Tiefe, soweit angebracht, bei der Bestellung vereinbart werden.

7.5 Maße, Grenzabmaße und Formtoleranzen

Die Nennmaße, Grenzabmaße und Formtoleranzen der Erzeugnisse sind bei der Bestellung zu vereinbaren, möglichst unter Bezugnahme auf die dafür geltenden Maßnormen (siehe Anhang C).

8 Prüfung

8.1 Art und Inhalt von Prüfbescheinigungen

8.1.1 Für jede Lieferung kann bei der Bestellung die Ausstellung einer der Prüfbescheinigungen nach EN 10204 vereinbart werden.

8.1.2 Falls entsprechend den Bestellvereinbarungen ein Werkzeugnis auszustellen ist, muß dieses folgende Angaben enthalten:

a) die Bestätigung, daß die Lieferung den Bestellvereinbarungen entspricht;

b) die Ergebnisse der Schmelzenanalyse für alle in Tabelle 3 für die betreffende Stahlsorte aufgeführten Elemente. (Dies gilt auch für die Sorten nach Tabelle 5.)

8.1.3 Falls entsprechend den Bestellvereinbarungen ein Abnahmeprüfzeugnis 3.1.A, 3.1.B oder 3.1.C oder ein Abnahmeprüfprotokoll 3.2 (siehe EN 10204) auszustellen ist, müssen die in 8.2 beschriebenen spezifischen Prüfungen durchgeführt und ihre Ergebnisse in der Prüfbescheinigung bestätigt werden.

Außerdem muß die Prüfbescheinigung folgende Angaben enthalten:

a) die vom Hersteller mitgeteilten Ergebnisse der Schmelzenanalyse für alle in Tabelle 3 für die betreffende Stahlsorte aufgeführten Elemente (dies gilt auch für die Sorten nach Tabelle 5);

b) die Ergebnisse der durch Zusatzanforderungen (siehe Anhang A) bestellten Prüfungen;

c) Kennbuchstaben oder -zahlen, die eine gegenseitige Zuordnung von Prüfbescheinigungen, Proben und Erzeugnissen zulassen.

8.2 Spezifische Prüfung

8.2.1 Nachweis der mechanischen Eigenschaften

8.2.1.1 Wenn nicht anders vereinbart, werden bei im ausscheidungsgehärteten Zustand bestellten und gelieferten Stählen nur die mechanischen Eigenschaften nach Tabelle 5 nachgewiesen.

8.2.1.2 Der Prüfumfang, die Probenahmebedingungen und die für den Nachweis der Anforderungen anzuwendenden Prüfverfahren müssen Tabelle 6 entsprechen.

8.2.2 Prüfung der Oberflächenbeschaffenheit

Bei Stabstahl erfolgt der Nachweis der Oberflächenbeschaffenheit, wenn nicht anders vereinbart, nach EN 10221. Für Knüppel sind die Einzelheiten des Nachweises bei der Bestellung zu vereinbaren.

8.2.3 Besichtigung und Maßkontrolle

Eine ausreichende Zahl von Erzeugnissen ist zu prüfen, um die Erfüllung der Spezifikation sicherzustellen.

8.2.4 Wiederholungsprüfungen

Für Wiederholungsprüfungen gilt EN 10021.

9 Kennzeichnung

Der Hersteller hat die Erzeugnisse oder Bunde oder Pakete, in denen die Erzeugnisse sind, in angemessener Weise so zu kennzeichnen, daß die Bestimmung der Schmelze, der Stahlsorte und der Herkunft der Lieferung möglich ist (siehe A.4).

Tabelle 1: Kombinationen von üblichen Zuständen bei der Lieferung, Erzeugnisformen (einschließlich ihrer Verwendung) und Anforderungen nach den Tabellen 3 bis 5

1	2		3		4
1	Zustand bei der Lieferung	Kennbuchstabe	x bedeutet, daß in Betracht kommend für		In Betracht kommende Anforderungen
			Halbzeug und Stäbe zum Schmieden	Stäbe zum Bearbeiten	
2	Unbehandelt	Ohne Kennbuchstabe oder + U	x	–	Chemische Zusammensetzung nach den Tabellen 3 und 4.
3	Behandelt auf Kaltscherbarkeit	+S	x	–	Chemische Zusammensetzung nach den Tabellen 3 und 4 und maximale Brinellhärte nach 7.1.1.
4	Ausscheidungsgehärtet	+P	–	x	Mechanische Eigenschaften nach Tabelle 5. Die in Tabelle 3 angegebene chemische Zusammensetzung ist nur zur Information.

Tabelle 2: Oberflächenausführung bei der Lieferung

1	2	3	4	5	6
1	Oberflächenausführung bei der Lieferung		Kennbuchstaben	x bedeutet, daß im allgemeinen in Betracht kommend für	
				Stäbe	Halbzeug
2	Wenn nicht anders vereinbart	Warmgeformt	Ohne Kennbuchstaben oder +HW	x	x
3	Nach entsprechender Vereinbarung zu liefernde Ausführung	HW und gebeizt	+PI	x	x
4		HW und gestrahlt	+BC	x	x
5		HW und Oberflächenbearbeitung[1])	–	x	–
6		Sonstige			

[1]) Die Art der Oberflächenbearbeitung kann, zum Beispiel durch Bezugnahme auf die in Betracht kommende Maßnorm, vereinbart werden.

375

Tabelle 3: Stahlsorten und festgelegte chemische Zusammensetzung
(gültig für die Schmelzenanalyse)

Stahlbezeichnung		Chemische Zusammensetzung, Massenanteil in % [1] [4]							
Kurzname	Werkstoff-nummer	C	Si	Mn	P max.	S [2]	N	Cr max.	Mo max.	V [3]
19MnVS6	1.1301	0,15 bis 0,22	0,15 bis 0,80	1,20 bis 1,60	0,025	0,020 bis 0,060	0,010 bis 0,020	0,30	0,08	0,08 bis 0,20
30MnVS6	1.1302	0,26 bis 0,33	0,15 bis 0,80	1,20 bis 1,60	0,025	0,020 bis 0,060	0,010 bis 0,020	0,30	0,08	0,08 bis 0,20
38MnVS6	1.1303	0,34 bis 0,41	0,15 bis 0,80	1,20 bis 1,60	0,025	0,020 bis 0,060	0,010 bis 0,020	0,30	0,08	0,08 bis 0,20
46MnVS6	1.1304	0,42 bis 0,49	0,15 bis 0,80	1,20 bis 1,60	0,025	0,020 bis 0,060	0,010 bis 0,020	0,30	0,08	0,08 bis 0,20
46MnVS3	1.1305	0,42 bis 0,49	0,15 bis 0,80	0,60 bis 1,00	0,025	0,020 bis 0,060	0,010 bis 0,020	0,30	0,08	0,08 bis 0,20

[1] In dieser Tabelle nicht aufgeführte Elemente dürfen dem Stahl, außer zum Fertigbehandeln der Schmelze, ohne Zustimmung des Bestellers nicht absichtlich zugesetzt werden. Es sind alle angemessenen Vorkehrungen zu treffen, um die Zufuhr von Elementen aus dem Schrott oder anderen bei der Herstellung verwendeten Stoffen zu vermeiden, die die Härtbarkeit, die mechanischen Eigenschaften und die Verwendbarkeit beeinträchtigen.

[2] Andere Elemente können nach Vereinbarung zur Verbesserung der Bearbeitbarkeit (oder zur Kontrolle der Sulfidmorphologie und Oxidausbildung) zugesetzt werden. Auch die Schwefelspanne kann Gegenstand einer Vereinbarung sein.

[3] Der Vanadiumgehalt kann nach Vereinbarung teilweise oder ganz durch Niob ersetzt werden. In diesem Fall ist auch die untere Grenze für Vanadium Gegenstand einer Vereinbarung.

[4] Der Zusatz von Titan muß vereinbart werden.

**Tabelle 4: Grenzabweichungen zwischen festgelegter Analyse (siehe Tabelle 3)
und der Stückanalyse**

Element	Zulässiger Höchstgehalt in der Schmelzenanalyse Massenanteil in %	Grenz-abweichung[1]) Massenanteil in %
C	≤ 0,30	± 0,02
	> 0,30 und ≤ 0,49	± 0,03
Si	≤ 0,80	± 0,05
Mn	≤ 1,00	± 0,04
	> 1,00 und ≤ 1,60	± 0,06
P	≤ 0,025	+ 0,005
S	≤ 0,060	± 0,005
N	≤ 0,020	± 0,002
Cr	≤ 0,30	+ 0,05
Mo	≤ 0,08	+ 0,02
V	≤ 0,20	± 0,02

[1]) ± bedeutet, daß bei einer Schmelze die obere oder die untere Grenze der für die Schmelzenanalyse in Tabelle 3 angegebenen Spanne überschritten werden darf, aber nicht beides gleichzeitig.

Tabelle 5: Mechanische Eigenschaften im ausscheidungsgehärteten Zustand (+P) für Stäbe zum Bearbeiten

Stahlbezeichnung		Mechanische Eigenschaften [1]) [2])			
		R_e min.	R_m	A min.	Z min.
Kurzname	Werkstoff-nummer	N/mm² [3])	N/mm² [3])	%	%
19MnVS6+P	**1.1301+P**	390	600 bis 750	16	32
30MnVS6+P	**1.1302+P**	450	700 bis 900	14	30
38MnVS6+P	**1.1303+P**	520	800 bis 950	12	25
46MnVS6+P	**1.1304+P**	580	900 bis 1 050	10	20
46MnVS3+P	**1.1305+P**	450	700 bis 900	14	30

[1]) Siehe EN 10002-1

R_e: obere Streckgrenze oder, bei nicht ausgeprägter Streckgrenze, die 0,2 %-Dehngrenze $R_{p0,2}$;

R_m: Zugfestigkeit;

A: prozentuale Verlängerung nach dem Bruch;

Z: Brucheinschnürung.

[2]) Die Werte gelten für Abmessungen von 30 mm bis 120 mm. Die mechanischen Eigenschaften von anderen Abmessungen müssen vereinbart werden.

[3]) 1 N/mm² = 1 MPa

Tabelle 6: Prüfbedingungen für den Nachweis der in Spalte 2 angegebenen Anforderungen

ANMERKUNG: Ein Nachweis der Anforderungen ist nur erforderlich, wenn ein Abnahmeprüfzeugnis oder ein Abnahmeprüfprotokoll bestellt wurde und die Anforderung entsprechend Tabelle 1, Spalte 4, in Betracht kommt.

1	2		3	4	5	6	7
	Anforderungen			Prüfumfang		Probenahme[1])	Prüfverfahren
Nr		siehe	Prüfeinheit[2])	Zahl der Probestücke je Prüfeinheit	Zahl der Prüfungen je Probestück		
1	Chemische Zusammensetzung	Tabellen 3 und 4	C	In jedem Falle wird die Schmelzenanalyse vom Hersteller zur Verfügung gestellt; wegen einer Stückanalyse siehe A.3.			Nach den in ECISS IC 11 (CR 10261) aufgelisteten Europäischen Normen.
2	Härte im Zustand "behandelt auf Kaltscherbarkeit"	7.1.1	C+D+T	1	1	Im Schiedsfall ist die Härte möglichst an der Erzeugnisoberfläche in einem Abstand von 1 × Dicke von einem Ende und, bei Erzeugnissen mit rechteckigem oder quadratischem Querschnitt, in einem Abstand von 0,25 × b, wobei b die Erzeugnisbreite ist, von einer Längskante zu messen.	Nach EN 10003-1
3	Mechanische Eigenschaften im ausscheidungsgehärteten Zustand	Tabelle 5	C+D+T	1	1	Die Proben für den Zugversuch sind entsprechend Bild 1 zu entnehmen.	Der Zugversuch ist nach EN 10002-1 an proportionalen Proben mit einer Meßlänge $L_0 = 5{,}65\sqrt{S_0}$, wobei S_0 der Probenquerschnitt ist, durchzuführen.

[1]) Die allgemeinen Bedingungen für die Entnahme und Vorbereitung von Probenabschnitten und Proben sollen EN ISO 377 und ISO 14284 entsprechen.

[2]) Die Prüfungen sind getrennt auszuführen für jede Schmelze – angedeutet durch "C" –, für jede Abmessung – angedeutet durch "D" – und für jedes Wärmebehandlungslos – angedeutet durch "T" –.

Maße in mm

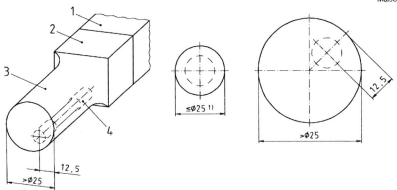

1 Probestück
2 Probeabschnitt
3 Probestab
4 Probe

Kreisförmige und ähnliche Querschnitte

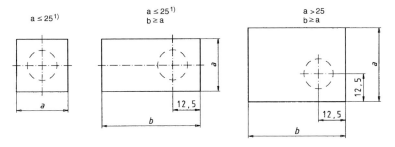

Rechteckige einschließlich quadratische Querschnitte

 Zugprobe

[1]) Für dünne Erzeugnisse (a oder b ≤ 25 mm) soll die Probe möglichst aus einem unbearbeiteten Stück des Stabes bestehen.

Bild 1: Lage der Proben in Stäben

Anhang A (normativ)
Zusatz- oder Sonderanforderungen

ANMERKUNG: Eine oder mehrere der nachstehenden Zusatz- oder Sonderanforderungen ist anzuwenden, aber nur, wenn in der Bestellung so festgelegt. Soweit erforderlich, sind die Einzelheiten dieser Anforderungen zwischen Hersteller und Besteller bei der Bestellung zu vereinbaren.

A.1 Gehalt an nichtmetallischen Einschlüssen

Der mikroskopisch ermittelte Gehalt an nichtmetallischen Einschlüssen muß bei Prüfung nach einem bei der Bestellung vereinbarten Verfahren (siehe zum Beispiel ENV 10247 "Metallographische Prüfung des Gehaltes nichtmetallischer Einschlüsse in Stählen mit Bildreihen") innerhalb der vereinbarten Grenzen liegen.

A.2 Zerstörungsfreie Prüfung

Die Erzeugnisse sind nach einem bei der Bestellung vereinbarten Verfahren und nach ebenfalls bei der Bestellung vereinbarten Bewertungskriterien zerstörungsfrei zu prüfen.

A.3 Stückanalyse

Zur Ermittlung der Elemente, für die für die betreffende Stahlsorte Werte für die Schmelzenanalyse festgelegt sind, ist eine Stückanalyse je Schmelze durchzuführen.

Die Probenahmebedingungen müssen ISO 14284 entsprechen. Im Streitfall über das Analyseverfahren ist die chemische Zusammensetzung nach einem Referenzverfahren einer der in ECISS IC 11 (CR 10261) aufgelisteten Europäischen Normen zu ermitteln.

A.4 Besondere Vereinbarungen für die Kennzeichnung

Das Erzeugnis ist auf eine bei der Bestellung vereinbarte Art besonders zu kennzeichnen.

Anhang B (informativ)
Hinweise auf zusätzliche Eigenschaftswerte

B.1 Einleitung

In dieser Europäischen Norm enthaltene Eigenschaftswerte sind, soweit nicht anders angegeben (siehe Tabelle 1 und ANMERKUNG zu 7.1.2), Anforderungen bei der Lieferung. Nur in diesem Anhang aufgeführte Eigenschaftswerte sind keine Anforderungen bei der Lieferung, weil sie das Ergebnis einer Weiterverarbeitung nach der Lieferung sind. Die Angaben in diesem Anhang werden nur als Leitfaden für die relative Darstellung der verschiedenen in dieser Europäischen Norm enthaltenen Stähle gemacht. Sie sind nicht gedacht für die Verwendung bei Kauf oder Auslegung. Für solche Zwecke sind die Anforderungen zwischen dem Lieferanten und seinem Kunden zu vereinbaren.

B.2 Mechanische Eigenschaften

Tabelle B.1 enthält Informationen über die mechanischen Eigenschaften von Schmiedestücken nach dem Ausscheidungshärten.

Tabelle B.1: Anhaltswerte für die mechanischen Eigenschaften von Schmiedestücken nach dem Ausscheidungshärten

Stahlbezeichnung		Mechanische Eigenschaften [1] [2]			
		R_e min.	R_m	A min.	Z min.
Kurzname	Werkstoff-nummer	N/mm² [3]	N/mm² [3]	%	%
19MnVS6	1.1301	420	650 bis 850	16	32
30MnVS6	1.1302	470	750 bis 950	14	30
38MnVS6	1.1303	520	800 bis 1 000	12	25
46MnVS6	1.1304	570	900 bis 1 100	8	20
46MnVS3	1.1305	470	750 bis 950	10	20

[1] Siehe B.1
[2] R_e: obere Streckgrenze oder, bei nicht ausgeprägter Streckgrenze, die 0,2 %-Dehngrenze $R_{p0,2}$;
R_m: Zugfestigkeit;
A: prozentuale Verlängerung nach dem Bruch;
Z: Brucheinschnürung.
[3] 1 N/mm² = 1 MPa

Anhang C (informativ)
Für Erzeugnisse nach dieser Europäischen Norm in Betracht kommende Maßnormen

Für warmgewalzte Stäbe:

EURONORM 58   Warmgewalzter Flachstahl für allgemeine Verwendung

EURONORM 59   Warmgewalzter Vierkantstahl für allgemeine Verwendung

EURONORM 60   Warmgewalzter Rundstahl für allgemeine Verwendung

EURONORM 61   Warmgewalzter Sechskantstahl

EURONORM 65   Warmgewalzter Rundstahl für Schrauben und Niete

Januar 2012

DIN EN 10270-1

ICS 77.140.25

Ersatz für
DIN EN 10270-1:2001-12

Stahldraht für Federn –
Teil 1: Patentiert gezogener unlegierter Federstahldraht;
Deutsche Fassung EN 10270-1:2011

Steel wire for mechanical springs –
Part 1: Patented cold drawn unalloyed spring steel wire;
German version EN 10270-1:2011

Fils en acier pour ressorts mécaniques –
Partie 1: Fils pour ressorts en acier non allié, patentés, tréfilés à froid;
Version allemande EN 10270-1:2011

Gesamtumfang 28 Seiten

Normenausschuss Eisen und Stahl (FES) im DIN
Normenausschuss Federn, Stanzteile und Blechformteile (NAFS) im DIN
Normenausschuss Stahldraht und Stahldrahterzeugnisse (NAD) im DIN

Nationales Vorwort

Dieses Dokument (EN 10270-1:2011) wurde vom Technischen Komitee CEN/TC 106 „Walzdraht und gezogener Draht" erarbeitet, dessen Sekretariat von AFNOR (Frankreich) gehalten wird.

Das zuständige deutsche Normungsgremium ist der Unterausschuss 08/4 „Patentiert–gezogener oder vergüteter Federstahldraht" des Normenausschusses Eisen und Stahl (FES) im DIN.

Änderungen

Gegenüber DIN EN 10270-1:2001-12 wurden folgende Änderungen vorgenommen:

a) Normative Verweisungen aktualisiert;

b) Unterabschnitt „Bezeichnung" entfallen;

c) Bestellangaben überarbeitet;

d) Tabelle 2: Chemische Zusammensetzung für die Stahlsorten SL, SM, SH, DM und DH aktualisiert;

e) Tabelle 2: Neue Option für Mangangehalt (s. Fußnote c));

f) Tabelle 3: „Mechanische Eigenschaften und Güteanforderungen", überarbeitet;

g) 6.6.4 „Schraubenlinienform des Drahtes": neue Symbole und neues Bild;

h) Tabelle 6 „Mindestmasse des Überzuges": Neue Option für verschiedene Stärken des Überzuges (s. Fußnote b));

i) 7.4.2 „Zugversuch": Norm EN 10218-1 als Verweisung, entfallen;

j) 7.4.5 „Verwindeversuch": Prüfgeschwindigkeit nach EN 10218-1, neu aufgenommen;

k) Tabelle 10 „Prüfumfang": Prüfung der Masse des Überzuges ist nicht mehr als „Option" sondern als „Pflichtprüfung";

l) Tabelle 10: Fußnotenreferenzen in Spalte 10 „Anforderungen" entfallen;

m) redaktionelle Überarbeitung.

Frühere Ausgaben

DIN 2076: 1944-02, 1964-03, 1984-12
DIN 17223: 1955-04
DIN 17223-1: 1964-03, 1984-12
DIN EN 10270-1: 2001-12

EUROPÄISCHE NORM

EUROPEAN STANDARD

NORME EUROPÉENNE

EN 10270-1

Oktober 2011

ICS 77.140.25

Ersatz für EN 10270-1:2001

Deutsche Fassung

Stahldraht für Federn —
Teil 1: Patentiert gezogener unlegierter Federstahldraht

Steel wire for mechanical springs —
Part 1: Patented cold drawn unalloyed spring steel wire

Fils en acier pour ressorts mécaniques —
Partie 1 : Fils pour ressorts en acier non allié, patentés, tréfilés à froid

Diese Europäische Norm wurde vom CEN am 10. September 2011 angenommen.

Die CEN-Mitglieder sind gehalten, die CEN/CENELEC-Geschäftsordnung zu erfüllen, in der die Bedingungen festgelegt sind, unter denen dieser Europäischen Norm ohne jede Änderung der Status einer nationalen Norm zu geben ist. Auf dem letzten Stand befindliche Listen dieser nationalen Normen mit ihren bibliographischen Angaben sind beim Management-Zentrum des CEN-CENELEC oder bei jedem CEN-Mitglied auf Anfrage erhältlich.

Diese Europäische Norm besteht in drei offiziellen Fassungen (Deutsch, Englisch, Französisch). Eine Fassung in einer anderen Sprache, die von einem CEN-Mitglied in eigener Verantwortung durch Übersetzung in seine Landessprache gemacht und dem Management-Zentrum mitgeteilt worden ist, hat den gleichen Status wie die offiziellen Fassungen.

CEN-Mitglieder sind die nationalen Normungsinstitute von Belgien, Bulgarien, Dänemark, Deutschland, Estland, Finnland, Frankreich, Griechenland, Irland, Island, Italien, Kroatien, Lettland, Litauen, Luxemburg, Malta, den Niederlanden, Norwegen, Österreich, Polen, Portugal, Rumänien, Schweden, der Schweiz, der Slowakei, Slowenien, Spanien, der Tschechischen Republik, Ungarn, dem Vereinigten Königreich und Zypern.

EUROPÄISCHES KOMITEE FÜR NORMUNG
EUROPEAN COMMITTEE FOR STANDARDIZATION
COMITÉ EUROPÉEN DE NORMALISATION

Management-Zentrum: Avenue Marnix 17, B-1000 Brüssel

Inhalt

Seite

2

3

Vorwort

Dieses Dokument (EN 10270-1:2011) wurde vom Technischen Komitee ECISS/TC 106 „Walzdraht und gezogener Draht" erarbeitet, dessen Sekretariat vom AFNOR gehalten wird.

Diese Europäische Norm muss den Status einer nationalen Norm erhalten, entweder durch Veröffentlichung eines identischen Textes oder durch Anerkennung bis April 2012, und etwaige entgegenstehende nationale Normen müssen bis April 2012 zurückgezogen werden.

Es wird auf die Möglichkeit hingewiesen, dass einige Texte dieses Dokuments Patentrechte berühren können. CEN [und/oder CENELEC] sind nicht dafür verantwortlich, einige oder alle diesbezüglichen Patentrechte zu identifizieren.

Dieses Dokument ersetzt EN 10270-1:2001.

Diese Europäische Norm für Stahldraht für Federn besteht aus folgenden Teilen:

— Teil 1: Patentiert-gezogener unlegierter Federstahldraht

— Teil 2: Ölschlussvergüteter Federstahldraht

— Teil 3: Nichtrostender Federstahldraht

Entsprechend der CEN/CENELEC-Geschäftsordnung sind die nationalen Normungsinstitute der folgenden Länder gehalten, diese Europäische Norm zu übernehmen: Belgien, Bulgarien, Dänemark, Deutschland, Estland, Finnland, Frankreich, Griechenland, Irland, Island, Italien, Kroatien, Lettland, Litauen, Luxemburg, Malta, Niederlande, Norwegen, Österreich, Polen, Portugal, Rumänien, Schweden, Schweiz, Slowakei, Slowenien, Spanien, Tschechische Republik, Ungarn, Vereinigtes Königreich und Zypern.

1 Anwendungsbereich

1.1 Diese Europäische Norm gilt für patentiert-gezogenen unlegierten Stahldraht mit rundem Querschnitt zur Herstellung von Federn für statische und dynamische Beanspruchungen.

1.2 Zusätzlich zu dieser Europäischen Norm gelten die allgemeinen technischen Lieferbedingungen nach EN 10021.

2 Normative Verweisungen

Die folgenden zitierten Dokumente sind für die Anwendung dieses Dokuments erforderlich. Bei datierten Verweisungen gilt nur die in Bezug genommene Ausgabe. Bei undatierten Verweisungen gilt die letzte Ausgabe des in Bezug genommenen Dokuments (einschließlich aller Änderungen).

EN 10021, *Allgemeine technische Lieferbedingungen für Stahl und Stahlerzeugnisse*

EN 10052, *Begriffe der Wärmebehandlung von Eisenwerkstoffen*

EN 10204:2004, *Metallische Erzeugnisse — Arten von Prüfbescheinigungen*

EN 10218-1:2011, *Stahldraht und Drahterzeugnisse — Allgemeines — Teil 1: Prüfverfahren*

EN 10218-2, *Stahldraht und Drahterzeugnisse — Allgemeines — Teil 2: Drahtmaße und Toleranzen*

EN 10244-2:2009, *Stahldraht und Drahterzeugnisse — Überzüge aus Nichteisenmetall auf Stahldraht — Teil 2: Überzüge aus Zink oder Zinklegierung auf Stahldraht und Drahterzeugnissen*

CEN/TR 10261, *Eisen und Stahl — Überblick über verfügbare chemische Analysenverfahren*

EN ISO 377, *Stahl und Stahlerzeugnisse — Lage und Vorbereitung von Probenabschnitten und Proben für mechanische Prüfungen (ISO 377:1997)*

EN ISO 3887, *Stahl — Bestimmung der Entkohlungstiefe (ISO 3887:2003)*

EN ISO 6892-1, *Metallische Werkstoffe — Zugversuch — Teil 1: Prüfverfahren bei Raumtemperatur (ISO 6892-1:2009)*

EN ISO 14284, *Stahl und Eisen — Entnahme und Vorbereitung von Proben für die Bestimmung der chemischen Zusammensetzung (ISO 14284:1996)*

EN ISO 16120-1, *Walzdraht aus unlegiertem Stahl zum Ziehen und/oder Kaltwalzen — Teil 1: Allgemeine Anforderungen (ISO 16120-1:2011)*

EN ISO 16120-2, *Walzdraht aus unlegiertem Stahl zum Ziehen und/oder Kaltwalzen — Teil 2: Besondere Anforderungen an Walzdraht für allgemeine Verwendung (ISO 16120-2:2011)*

EN ISO 16120-4, *Walzdraht aus unlegiertem Stahl zum Ziehen und/oder Kaltwalzen — Teil 4: Besondere Anforderungen an Walzdraht für Sonderanwendungen (ISO 16120-4:2011)*

3 Begriffe

Für die Anwendung dieses Dokuments gelten die folgenden Begriffe.

3.1
patentiert-gezogener Draht
Draht, der durch Kaltumformung eines zuvor durch Patentieren (siehe EN 10052) wärmebehandelten Ausgangswerkstoffes auf Maß gezogen wurde

5

4 Sorteneinteilung

Die verwendete Drahtsorte hängt von der Höhe und der Art der Beanspruchung ab. Soweit Federn statischen Beanspruchungen oder gelegentlicher dynamischer Belastung ausgesetzt sind, wird eine Drahtsorte für statische Beanspruchung (S) verwendet. In den anderen Fällen mit häufiger oder vorwiegend dynamischer Belastung und bei kleinen Wickelverhältnissen oder engem Biegeradius wird eine Drahtsorte für dynamische Beanspruchung (D) verwendet. In Abhängigkeit von der Höhe der Spannung wird Federdraht in 3 Zugfestigkeitsklassen hergestellt: niedrig, mittel und hoch.

Tabelle 1 gibt einen Überblick über die verschiedenen Sorten.

Tabelle 1 — Federdrahtsorten

Zugfestigkeit[a]	statisch	dynamisch
Niedrige Zugfestigkeit	SL	—
Mittlere Zugfestigkeit	SM	DM
Hohe Zugfestigkeit	SH	DH

a   Für besondere Anwendungen kann eine andere Zugfestigkeit vereinbart werden.

5 Bestellangaben

Der Besteller muss bei der Anfrage oder Bestellung eindeutig das Erzeugnis nennen und folgende Angaben machen:

a) gewünschte Menge;

b) der Begriff „Federstahldraht" oder „gerichteter und abgelängter Stab";

c) die Nummer dieser Europäischen Norm, EN 10270-1;

d) Stahlsorte (siehe Tabellen 1 und 2);

e) Nenndurchmesser des Drahtes (siehe Tabelle 3); für abgelängte Stäbe gelten die Angaben für die Länge und Grenzabmaße der Länge, nach Tabelle 7;

f) Kennzeichnung für den Überzug und Oberflächenausführung (siehe 6.3);

g) Lieferform und Einzelgewicht (siehe 6.2);

h) Art der Prüfbescheinigung;

i) getroffene Sondervereinbarungen.

BEISPIEL   5 t Federstahldraht nach dieser Norm aus der Federdrahtsorte SM mit einem Nenndurchmesser von 2,50 mm, phosphatiert (ph) auf Spulen von etwa 300 kg mit einer Prüfbescheinigung 3.1 nach EN 10204:2004

5 t Federstahldraht EN 10270-1 – SM–2,50 ph auf Spulen von etwa 300 kg; EN 10204:2004 – 3.1

6 Anforderungen

6.1 Werkstoff

6.1.1 Allgemeines

Federstahldraht ist aus Stahl nach EN ISO 16120-1 und zusätzlich:

— für SL, SM und SH nach EN ISO 16120-2

— für DM und DH nach EN ISO 16120-4

herzustellen.

6.1.2 Chemische Zusammensetzung

Die chemische Zusammensetzung nach der Schmelzenanalyse muss den Grenzwerten nach Tabelle 2 entsprechen. Die Grenzabweichungen der Stückanalyse von der Schmelzenanalyse müssen EN ISO 16120-2 bzw. EN ISO 16120-4 entsprechen.

Tabelle 2 — Chemische Zusammensetzung, Massenanteile in %

Sorte	C^a	Si	$Mn^{b, c}$	P max.	S max.	Cu max.
SL, SM, SH	0,35 bis 1,00	0,10 bis 0,30	0,40 bis 1,20	0,035	0,035	0,20
DM, DH	0,45 bis 1,00	0,10 bis 0,30	0,40 bis 1,20	0,020	0,025	0,12

[a] Dieser breite Bereich ist festgelegt, um den gesamten Abmessungsbereich abzudecken. Für die einzelnen Abmessungen ist der Kohlenstoffanteil wesentlich mehr eingeengt.

[b] Die Spanne des Mangananteils in der Tabelle ist so breit, um den verschiedenen Herstellgegebenheiten und dem weiten Abmessungsbereich zu genügen. Die tatsächlichen Werte je Abmessung sind mehr eingeengt.

[c] Für den Mangananteil kann bei der Bestellung ein anderer Bereich vereinbart werden, vorausgesetzt das Maximum überschreitet nicht 1,20 % und die Mindestspanne beträgt 0,20 %.

Die Zugabe von Mikrolegierungselementen kann zwischen Hersteller und Besteller vereinbart werden.

ANMERKUNG Für einige Durchmesserbereiche ist eine besondere Beachtung der Begleitelemente erforderlich. Deshalb sind keine Werte angegeben für Chrom, Nickel, Molybdän, Zinn usw., um, abhängig von deren Verarbeitungsbedingungen, Besteller und Hersteller Raum für besondere Vereinbarungen zu lassen. Dies gilt auch für den Aluminiumanteil.

6.2 Lieferform

Der Federdraht ist in Einheiten eines Ringes, einzeln oder auf Trägern, einer Spule oder eines spulenlosen Ringes oder als gerichtete Stäbe zu liefern. Falls bei der Bestellung nicht anders vereinbart, erfolgt die Lieferung in Ringen; gerichtete Stäbe werden in Bündeln geliefert.

6.3 Überzug und Oberflächenausführung

Der Federdraht kann phosphatiert (ph) – entweder trockenblank oder nassblank gezogen, verkupfert (cu), mit Zink- (Z) oder Zink/Aluminium-Überzug (ZA) geliefert werden.

Andere, als Besonderheit angesehene Überzüge können zwischen Hersteller und Besteller vereinbart werden (siehe Anhang A).

Wenn keine besondere Oberflächenausführung festgelegt ist, bleibt die Ausführungsart dem Hersteller überlassen.

Bei allen Oberflächenausführungen kann der Federdraht zusätzlich mit geölter Oberfläche bestellt werden.

7

6.4 Mechanische Eigenschaften

Für Zugfestigkeit (R_m) und Brucheinschnürung (Z) gelten für die Federdrahtsorten die in Tabelle 3 aufgeführten Werte. Die Brucheinschnürung ist nur bei Drahtdurchmessern von 0,80 mm und darüber zu ermitteln.

Die Spannweite der Zugfestigkeitswerte innerhalb einer Einheit darf die Werte nach Tabelle 4 nicht überschreiten.

Tabelle 3 — Mechanische Eigenschaften[a] und Güteanforderungen für Drahtsorten SL, SM, DM, SH und DH

1	2	3	4	5	6	7	8	9	10	11	12
Drahtdurchmesser d		Zugfestigkeit R_m[b, c, d] für Drahtsorten					Mindest-brucheinschnürung Z für die Drahtsorten SL, SM, SH, DM und DH	Mindest-Verwindezahl N_t für die Drahtsorten SL, SM, SH, DM und DH[c]	Zulässige Tiefe von Oberflächenungänzen für die Drahtsorten DM, DH	Zulässige Entkohlungs-tiefe für die Drahtsorten DM, DH	Masse[h] kg/1 000 m
Nennmaß mm	Grenz-abmaße mm	SL MPa	SM MPa	DM MPa	SH MPa	DH[e] MPa	%		mm	mm	
d = 0,05											
0,05 < d ≤ 0,06	± 0,003					2 800 bis 3 520					0,015 4
0,06 < d ≤ 0,07						2 800 bis 3 520					0,022 2
0,07 < d ≤ 0,08						2 800 bis 3 520					0,030 2
0,08 < d ≤ 0,09						2 800 bis 3 480					0,039 5
0,09 < d ≤ 0,10	± 0,004					2 800 bis 3 430					0,049 9
0,10 < d ≤ 0,11						2 800 bis 3 380					0,061 7
0,11 < d ≤ 0,12						2 800 bis 3 350					0,074 6
0,12 < d ≤ 0,14						2 800 bis 3 320					0,088 8
0,14 < d ≤ 0,16						2 800 bis 3 250		Wickelversuch nach 7.4.3			0,121
0,16 < d ≤ 0,18	± 0,005					2 800 bis 3 200					0,158
0,18 < d ≤ 0,20						2 800 bis 3 160					0,200
0,20 < d ≤ 0,22						2 800 bis 3 110					0,247
0,22 < d ≤ 0,25						2 770 bis 3 080			–[f]	–[f]	0,298
0,25 < d ≤ 0,28						2 720 bis 3 010					0,385
0,28 < d ≤ 0,30	± 0,008		2 370 bis 2 650	2 370 bis 2 650	2 660 bis 2 940	2 680 bis 2 970					0,488
0,30 < d ≤ 0,32			2 350 bis 2 630	2 350 bis 2 630	2 640 bis 2 920	2 660 bis 2 940					0,555
0,32 < d ≤ 0,34			2 330 bis 2 600	2 330 bis 2 600	2 610 bis 2 890	2 640 bis 2 920					0,631
0,34 < d ≤ 0,36			2 310 bis 2 580	2 310 bis 2 580	2 590 bis 2 870	2 610 bis 2 890					0,713
0,36 < d ≤ 0,38			2 290 bis 2 560	2 290 bis 2 560	2 570 bis 2 850	2 590 bis 2 870					0,799
						2 570 bis 2 850					0,890

Tabelle 3 *(fortgesetzt)*

1	2	3	4	5	6	7	8	9	10	11	12
Drahtdurchmesser *d*		Zugfestigkeit R_m[b, c, d] für Drahtsorten					Mindest-brucheinschnürung Z für die Drahtsorten SL, SM, SH, DM und DH	Mindest-Verwindezahl N_i für die Drahtsorten SL, SM, SH, DM und DH[c]	Zulässige Tiefe von Oberflächenunganzen für die Drahtsorten DM, DH	Zulässige Entkohlungstiefe für die Drahtsorten DM, DH	Masse[h] kg/1 000 m
Nennmaß mm	Grenz-abmaße mm	SL MPa	SM MPa	DM MPa	SH MPa	DH[e] MPa	%		mm	mm	
0,38 < *d* ≤ 0,40			2 270 bis 2 550	2 270 bis 2 550	2 560 bis 2 830	2 560 bis 2 830					0,985
0,40 < *d* ≤ 0,43	± 0,008		2 250 bis 2 520	2 250 bis 2 520	2 530 bis 2 800	2 530 bis 2 800					1,14
0,43 < *d* ≤ 0,45			2 240 bis 2 500	2 240 bis 2 500	2 510 bis 2 780	2 510 bis 2 780					1,25
0,45 < *d* ≤ 0,48			2 220 bis 2 480	2 220 bis 2 480	2 490 bis 2 760	2 490 bis 2 760					1,42
0,48 < *d* ≤ 0,50			2 200 bis 2 470	2 200 bis 2 470	2 480 bis 2 740	2 480 bis 2 740					1,54
0,50 < *d* ≤ 0,53			2 180 bis 2 450	2 180 bis 2 450	2 460 bis 2 720	2 460 bis 2 720					1,73
0,53 < *d* ≤ 0,56			2 170 bis 2 430	2 170 bis 2 430	2 440 bis 2 700	2 440 bis 2 700	40		max. 1 % des Drahtdurchmessers	max. 1,5 % des Drahtdurchmessers	1,93
0,56 < *d* ≤ 0,60			2 140 bis 2 400	2 140 bis 2 400	2 410 bis 2 670	2 410 bis 2 670		Wickelversuch nach 7.4.3			2,22
0,60 < *d* ≤ 0,63			2 130 bis 2 380	2 130 bis 2 380	2 390 bis 2 650	2 390 bis 2 650			−[t]	−[t]	2,45
0,63 < *d* ≤ 0,65	± 0,010		2 120 bis 2 370	2 120 bis 2 370	2 380 bis 2 640	2 380 bis 2 640					2,60
0,65 < *d* ≤ 0,70			2 090 bis 2 350	2 090 bis 2 350	2 360 bis 2 610	2 360 bis 2 610					3,02
0,70 < *d* ≤ 0,75			2 070 bis 2 320	2 070 bis 2 320	2 330 bis 2 580	2 330 bis 2 580		25			3,47
0,75 < *d* ≤ 0,80			2 050 bis 2 300	2 050 bis 2 300	2 310 bis 2 560	2 310 bis 2 560					3,95
0,80 < *d* ≤ 0,85	± 0,015		2 030 bis 2 280	2 030 bis 2 280	2 290 bis 2 530	2 290 bis 2 530					4,45
0,85 < *d* ≤ 0,90			2 010 bis 2 260	2 010 bis 2 260	2 270 bis 2 510	2 270 bis 2 510					4,99
0,90 < *d* ≤ 0,95			2 000 bis 2 240	2 000 bis 2 240	2 250 bis 2 490	2 250 bis 2 490					5,59
0,95 < *d* ≤ 1,00		1 720 bis 1 970	1 980 bis 2 220	1 980 bis 2 220	2 230 bis 2 470	2 230 bis 2 470					6,17
1,00 < *d* ≤ 1,05		1 710 bis 1 950	1 960 bis 2 200	1 960 bis 2 200	2 210 bis 2 450	2 210 bis 2 450					6,80
1,05 < *d* ≤ 1,10	± 0,020	1 690 bis 1 940	1 950 bis 2 190	1 950 bis 2 190	2 200 bis 2 430	2 200 bis 2 430					7,46
1,10 < *d* ≤ 1,20		1 670 bis 1 910	1 920 bis 2 160	1 920 bis 2 160	2 170 bis 2 400	2 170 bis 2 400					8,88

10

Tabelle 3 *(fortgesetzt)*

Drahtdurchmesser d Nennmaß mm	Grenz-abmaße mm	Zugfestigkeit R_m [a, b, c, d] für Drahtsorten SL MPa	SM MPa	DM MPa	SH MPa	DH [e] MPa	Mindest-bruch-einschnürung Z für die Drahtsorten SL, SM, SH, DM und DH %	Mindest-Verwinde-zahl N_t für die Drahtsorten SL, SM, SH, DM und DH [c]	Zulässige Tiefe von Oberflächen-ungänzen für die Drahtsorten DM, DH mm	Zulässige Entkohlungs-tiefe für die Draht-sorten DM, DH mm	Masse [h] kg/1 000 m
1,20 < d ≤ 1,25	± 0,020	1 660 bis 1 900	1 910 bis 2 140	1 910 bis 2 140	2 150 bis 2 380	2 150 bis 2 380	40	25	max. 1 % des Drahtdurch-messers	max. 1,5 % des Drahtdurch-messers	9,63
1,25 < d ≤ 1,30		1 640 bis 1 890	1 900 bis 2 130	1 900 bis 2 130	2 140 bis 2 370	2 140 bis 2 370					10,42
1,30 < d ≤ 1,40		1 620 bis 1 860	1 870 bis 2 100	1 870 bis 2 100	2 110 bis 2 340	2 110 bis 2 340					12,08
1,40 < d ≤ 1,50		1 600 bis 1 840	1 850 bis 2 080	1 850 bis 2 080	2 090 bis 2 310	2 090 bis 2 310					13,90
1,50 < d ≤ 1,60		1 590 bis 1 820	1 830 bis 2 050	1 830 bis 2 050	2 060 bis 2 290	2 060 bis 2 290					15,8
1,60 < d ≤ 1,70		1 570 bis 1 800	1 810 bis 2 030	1 810 bis 2 030	2 040 bis 2 260	2 040 bis 2 260					17,8
1,70 < d ≤ 1,80		1 550 bis 1 780	1 790 bis 2 010	1 790 bis 2 010	2 020 bis 2 240	2 020 bis 2 240					20,0
1,80 < d ≤ 1,90		1 540 bis 1 760	1 770 bis 1 990	1 770 bis 1 990	2 000 bis 2 220	2 000 bis 2 220					22,3
1,90 < d ≤ 2,00		1 520 bis 1 750	1 760 bis 1 970	1 760 bis 1 970	1 980 bis 2 200	1 980 bis 2 200		22			24,7
2,00 < d ≤ 2,10	± 0,025	1 510 bis 1 730	1 740 bis 1 960	1 740 bis 1 960	1 970 bis 2 180	1 970 bis 2 180					27,2
2,10 < d ≤ 2,25		1 490 bis 1 710	1 720 bis 1 930	1 720 bis 1 930	1 940 bis 2 150	1 940 bis 2 150					31,2
2,25 < d ≤ 2,40		1 470 bis 1 690	1 700 bis 1 910	1 700 bis 1 910	1 920 bis 2 130	1 920 bis 2 130					35,5
2,40 < d ≤ 2,50		1 460 bis 1 680	1 690 bis 1 890	1 690 bis 1 890	1 900 bis 2 110	1 900 bis 2 110					38,5
2,50 < d ≤ 2,60		1 450 bis 1 660	1 670 bis 1 880	1 670 bis 1 880	1 890 bis 2 100	1 890 bis 2 100					41,7
2,60 < d ≤ 2,80		1 420 bis 1 640	1 650 bis 1 850	1 650 bis 1 850	1 860 bis 2 070	1 860 bis 2 070					48,3
2,80 < d ≤ 3,00		1 410 bis 1 620	1 630 bis 1 830	1 630 bis 1 830	1 840 bis 2 040	1 840 bis 2 040					55,5
3,00 < d ≤ 3,20	± 0,030	1 390 bis 1 600	1 610 bis 1 810	1 610 bis 1 810	1 820 bis 2 020	1 820 bis 2 020		16			63,1
3,20 < d ≤ 3,40		1 370 bis 1 580	1 590 bis 1 780	1 590 bis 1 780	1 790 bis 1 990	1 790 bis 1 990					71,3
3,40 < d ≤ 3,60		1 350 bis 1 560	1 570 bis 1 760	1 570 bis 1 760	1 770 bis 1 970	1 770 bis 1 970					79,9
3,60 < d ≤ 3,80		1 340 bis 1 540	1 550 bis 1 740	1 550 bis 1 740	1 750 bis 1 950	1 750 bis 1 950					89,0

Tabelle 3 *(fortgesetzt)*

1	2	3	4	5	6	7	8	9	10	11	12
Drahtdurchmesser d		Zugfestigkeit R_m [b,c,d] für Drahtsorten					Mindest-brucheinschnürung Z für die Drahtsorten SL, SM, SH, DM und DH	Mindest-Verwindezahl N_t für die Drahtsorten SL, SM, SH, DM und DH [c]	Zulässige Tiefe von Oberflächenunganzen für die Drahtsorten DM, DH	Zulässige Entkohlungs-tiefe für die Drahtsorten DM, DH	Masse [h]
Nennmaß	Grenz-abmaße	SL	SM	DM	SH	DH [e]					
mm	mm	MPa	MPa	MPa	MPa	MPa	%		mm	mm	kg/1 000 m
3,80 < d ≤ 4,00	± 0,030	1 320 bis 1 520	1 530 bis 1 730	1 530 bis 1 730	1 740 bis 1 930	1 740 bis 1 930					98,6
4,00 < d ≤ 4,25		1 310 bis 1 500	1 510 bis 1 700	1 510 bis 1 700	1 710 bis 1 900	1 710 bis 1 900		16			111
4,25 < d ≤ 4,50	± 0,035	1 290 bis 1 490	1 500 bis 1 680	1 500 bis 1 680	1 690 bis 1 880	1 690 bis 1 880					125
4,50 < d ≤ 4,75		1 270 bis 1 470	1 480 bis 1 670	1 480 bis 1 670	1 680 bis 1 860	1 680 bis 1 860		12			139
4,75 < d ≤ 5,00		1 260 bis 1 450	1 460 bis 1 650	1 460 bis 1 650	1 660 bis 1 840	1 660 bis 1 840					154
5,00 < d ≤ 5,30		1 240 bis 1 430	1 440 bis 1 630	1 440 bis 1 630	1 640 bis 1 820	1 640 bis 1 820	35	11			173
5,30 < d ≤ 5,60		1 230 bis 1 420	1 430 bis 1 610	1 430 bis 1 610	1 620 bis 1 800	1 620 bis 1 800		11			193
5,60 < d ≤ 6,00	± 0,040	1 210 bis 1 390	1 400 bis 1 580	1 400 bis 1 580	1 590 bis 1 770	1 590 bis 1 770		10	max. 1 % des Drahtdurch-messers	max. 1,5 % des Drahtdurch-messers	222
6,00 < d ≤ 6,30		1 190 bis 1 380	1 390 bis 1 560	1 390 bis 1 560	1 570 bis 1 750	1 570 bis 1 750		9			245
6,30 < d ≤ 6,50		1 180 bis 1 370	1 380 bis 1 550	1 380 bis 1 550	1 560 bis 1 740	1 560 bis 1 740		9			260
6,50 < d ≤ 7,00		1 160 bis 1 340	1 350 bis 1 530	1 350 bis 1 530	1 540 bis 1 710	1 540 bis 1 710		9			302
7,00 < d ≤ 7,50		1 140 bis 1 320	1 330 bis 1 500	1 330 bis 1 500	1 510 bis 1 680	1 510 bis 1 680		7 [g]			347
7,50 < d ≤ 8,00	± 0,045	1 120 bis 1 300	1 310 bis 1 480	1 310 bis 1 480	1 490 bis 1 660	1 490 bis 1 660		7 [g]			395
8,00 < d ≤ 8,50		1 110 bis 1 280	1 290 bis 1 460	1 290 bis 1 460	1 470 bis 1 630	1 470 bis 1 630	30	6 [g]			445
8,50 < d ≤ 9,00		1 090 bis 1 260	1 270 bis 1 440	1 270 bis 1 440	1 450 bis 1 610	1 450 bis 1 610		6 [g]			499
9,00 < d ≤ 9,50		1 070 bis 1 250	1 260 bis 1 420	1 260 bis 1 420	1 430 bis 1 590	1 430 bis 1 590		6 [g]			559
9,50 < d ≤ 10,00	± 0,050	1 060 bis 1 230	1 240 bis 1 400	1 240 bis 1 400	1 410 bis 1 570	1 410 bis 1 570		5 [g]			617
10,00 < d ≤ 10,50		-	1 220 bis 1 380	1 220 bis 1 380	1 390 bis 1 550	1 390 bis 1 550		5 [g]			680
10,50 < d ≤ 11,00	± 0,070	-	1 210 bis 1 370	1 210 bis 1 370	1 380 bis 1 530	1 380 bis 1 530		-			746
11,00 < d ≤ 12,00	± 0,080	-	1 180 bis 1 340	1 180 bis 1 340	1 350 bis 1 500	1 350 bis 1 500					888

12

Tabelle 3 (fortgesetzt)

1	2	3	4	5	6	7	8	9	10	11	12
Drahtdurchmesser d		Zugfestigkeit $R_m^{b,c,d}$ für Drahtsorten					Mindest-bruch-einschnürung Z für die Drahtsorten SL, SM, SH, DM und DH^c	Mindest-Verwindezahl N, für die Drahtsorten SL, SM, SH, DM und DH^c	Zulässige Tiefe von Oberflächenungänzen für die Drahtsorten DM, DH	Zulässige Entkohlungstiefe für die Drahtsorten DM, DH	Masse^h kg/1 000 m
Nennmaß d	Grenz-abmaße	SL	SM	DM	SH	DH^e					
mm	mm	MPa	MPa	MPa	MPa	MPa	%		mm	mm	
12,00 < d ≤ 12,50	± 0,080	-	1 170 bis 1 320	1 170 bis 1 320	1 330 bis 1 480	1 330 bis 1 480	28	-	max. 1 % des Drahtdurch-messers	max. 1,5 % des Drahtdurch-messers	963
12,50 < d ≤ 13,00			1 160 bis 1 310	1 160 bis 1 310	1 320 bis 1 470	1 320 bis 1 470					1 042
13,00 < d ≤ 14,00			1 130 bis 1 280	1 130 bis 1 280	1 290 bis 1 440	1 290 bis 1 440					1 208
14,00 < d ≤ 15,00	± 0,090		1 160 bis 1 260	1 160 bis 1 260	1 270 bis 1 410	1 270 bis 1 410					1 387
15,00 < d ≤ 16,00			1 090 bis 1 230	1 090 bis 1 230	1 240 bis 1 390	1 240 bis 1 390					1 578
16,00 < d ≤ 17,00			1 070 bis 1 210	1 070 bis 1 210	1 220 bis 1 360	1 220 bis 1 360					1 782
17,00 < d ≤ 18,00			1 050 bis 1 190	1 050 bis 1 190	1 200 bis 1 340	1 200 bis 1 340					1 998
18,00 < d ≤ 19,00	± 0,100		1 030 bis 1 170	1 030 bis 1 170	1 180 bis 1 320	1 180 bis 1 320					2 225
19,00 < d ≤ 20,00			1 020 bis 1 150	1 020 bis 1 150	1 160 bis 1 300	1 160 bis 1 300					2 466

a   Draht mit einem Durchmesser über 20 mm wird verwendet. Wenn solcher Draht bestellt wird, müssen die Beteiligten zum Zeitpunkt der Anfrage und Bestellung die Eigenschaften vereinbaren.

b   Für nicht angegebene Maße ist die Zugfestigkeit nach den in A.4 angegebenen mathematischen Formeln abzuleiten.

c   Für gerichtete, abgelängte Stäbe können die Zugfestigkeitswerte bis zu 10 % niedriger sein; auch die Verwindezahlen werden durch den Richt- und Schneidvorgang erniedrigt.

d   1 MPa = 1 N/mm².

e   Für Durchmesser von 0,05 mm bis 0,18 mm kann innerhalb der festgelegten Spanne eine auf 300 MPa eingeengte Zugfestigkeitsspanne vereinbart werden.

f   Wegen der geringen Drahtdurchmesser ist die Messung der Ungänzen oder Entkohlungstiefe nur schwierig durchzuführen. Daher wurde für diesen Durchmesserbereich kein Höchstwert festgelegt.

g   Richtwerte; müssen nicht eingehalten werden.

h   Die Angaben für die Masse gelten nur für die oberen Werte der Durchmesserspanne. Für Zwischenwerte des Drahtdurchmessers kann die Masse mit folgender Formel berechnet werden:
    $m = d^2 \times 0{,}062$ kg / (1 000 m × mm²).

Tabelle 4 — Spannweite der Zugfestigkeit (MPa) innerhalb einer einzelnen Einheit

Nenndurchmesser d mm	SL, SM, SH	DM, DH
$d < 0,80$	150	150
$0,80 \leq d < 1,60$	120	100
$1,60 \leq d$	120	70

Die Festlegungen gelten für Einheiten mit einer Masse, die in Kilogramm den Zahlenwert 250 x d (d = Drahtdurchmesser in mm) bzw. den Höchstwert von 1000 kg nicht überschreitet.

Bei Ringen mit größerem Gewicht sind geeignete Vereinbarungen zu treffen.

6.5 Technologische Eigenschaften

6.5.1 Wickelversuch

Zur Beurteilung der Gleichmäßigkeit des Drahtes beim Wickeln und seiner Oberflächenbeschaffenheit ist bei Draht aus den Drahtsorten DM, SH und DH mit einem Durchmesser bis 0,70 mm der Wickelversuch durchzuführen.

Bei dem in 7.4.3 näher beschriebenen Versuch muss die Probe eine fehlerfreie Oberfläche ohne Riss oder Bruch, eine gleichmäßige Steigung der Windungen nach dem Wickeln und einen gleichmäßigen Durchmesser aufweisen.

ANMERKUNG   Obwohl die Aussagekraft des Wickelversuches nicht allgemein anerkannt wird, wurde dieser Versuch beibehalten, weil er die einzige Möglichkeit zur Aufdeckung innerer Spannungen bietet. Bei Vorliegen zweifelhafter Versuchsergebnisse sollte der betroffene Draht nicht sogleich zurückgewiesen, sondern zwischen den Beteiligten eine Klärung herbeigeführt werden.

6.5.2 Verwindeversuch

Zur Beurteilung der Verformbarkeit, des Bruchverhaltens und der Oberflächenbeschaffenheit ist bei allen Drahtsorten mit einem Durchmesser über 0,70 mm bis 10,00 mm der Verwindeversuch durchzuführen. Die in Tabelle 3 angegebenen Mindest-Verwindezahlen sind für Durchmesser bis 7,00 mm verbindlich. Für Drähte mit größerem Durchmesser gelten sie nur als Richtwerte.

Bei Prüfung nach 7.4.5 müssen die einzuhaltenden Verwindezahlen erreicht werden, bevor der Bruch der Probe eintritt. Der Bruch der Verwindeprobe muss senkrecht zur Drahtachse liegen (siehe EN 10218-1:2011, Typ 1a, 2a oder 3a).

Rückfederungsanrisse oder Rückfederungsbrüche ("Löffel-" bzw. "Sekundärbrüche") werden nicht zur Beurteilung herangezogen. In jedem Falle muss eine gleichmäßige Verwindung der Bruchstücke in sich vorhanden sein, wobei die Steigung der Verwindungen in den zwei Bruchstücken jedoch nicht dieselbe sein muß. Bei der Drahtsorte DH dürfen nach dem Verwindeversuch keine mit bloßem Auge erkennbaren Oberflächenrisse vorhanden sein (nur Bruchtyp "1a" ist zulässig).

6.5.3 Wickelversuch (Stahlkernprobe)

Der Wickelversuch (siehe 7.4.4) kann für Draht bis 3,00 mm Durchmesser angewendet werden. Der Draht darf keine Anzeichen von Bruch aufweisen, wenn acht Windungen eng auf einen Dorn mit dem Durchmesser des Drahtes aufgewickelt werden.

14

397

6.5.4 Biegeversuch

Wenn verlangt, ist der Biegeversuch bei Draht über 3,00 mm Durchmesser anzuwenden. Der Draht darf nach der Prüfung keine Fehler aufweisen.

ANMERKUNG   Bei manchen Anwendungen wird der Werkstoff stark durch Biegen verformt. Dies ist der Fall bei Zugfedern mit engen Haken, Federn mit angebogenen Schenkeln, Formfedern, usw. In solchen Fällen bietet der Biegeversuch eine der tatsächlichen Verwendung sehr nahe kommenden Drahtprüfung.

6.6 Lieferbedingungen für Draht in Ringen und auf Spulen

6.6.1 Allgemeines

Der Draht je Einheit muss aus einem einzigen, von nur einer Schmelze stammenden Stück bestehen. Für die Drahtsorten DM und DH sind nur Schweißstellen vor der letzten Patentierbehandlung zulässig; alle übrigen Schweißstellen sind zu entfernen oder – falls so vereinbart – in geeigneter Weise zu kennzeichnen.

Für die Drahtsorten SL, SM und SH sind Schweißstellen bei der letzten Patentierbehandlung zulässig. Für andere Schweißstellen muss das Vorgehen, in Abhängigkeit von Drahtdurchmesser und Verwendung, Gegenstand einer Vereinbarung zwischen den Beteiligten sein.

6.6.2 Ringabmessung

Falls nicht anders vereinbart, muss der Innendurchmesser von Ringen mindestens die in Tabelle 5 angegebenen Werte erreichen.

Tabelle 5 — Drahtdurchmesser und zugehöriger Mindestinnendurchmesser der Ringe

Nenndurchmesser[a] d mm	Mindestinnendurchmesser mm
$0,25 \leq d < 0,28$	100
$0,28 \leq d < 0,50$	150
$0,50 \leq d < 0,70$	180
$0,70 \leq d < 1,60$	250
$1,60 \leq d < 4,50$	400
$4,50 \leq d$	500

[a]   Für Drahtdurchmesser unter 0,25 mm sind zwischen den Beteiligten besondere Vereinbarungen zu treffen.

6.6.3 Schlag des Drahtes

Der Draht muss bezüglich Schlag und Richtung einheitlich sein. Wenn nicht anders vereinbart, darf sich bei in Ringen geliefertem Draht der Drahtumgang nach dem Lösen der Bindedrähte aufweiten, aber der Innendurchmesser sollte üblicherweise, außer nach Vereinbarung zwischen Lieferer und Besteller, nicht kleiner werden als der ursprüngliche Ziehscheibendurchmesser. Die Aufweitung innerhalb einer einzelnen Einheit und innerhalb aller Einheiten eines Herstellungsloses muss annähernd gleich sein.

15

6.6.4 Schraubenlinienform des Drahtes

Der Draht muss drallfrei sein. Diese Anforderung gilt für Draht unter 5,00 mm Durchmesser als erfüllt, wenn die folgende Bedingung eingehalten ist.

Ein einzelner dem Ring entnommener und frei an einem Haken aufgehängter Drahtumgang kann an den Enden des Drahtumganges einen axialen Versatz „f_a" aufweisen (siehe Bild 1). Dieser Versatz f_a darf nicht größer sein als durch die folgende Gleichung gegeben:

$$f_a \leq \frac{0,2W}{\sqrt[4]{d}}$$

Dabei ist

f_a axialer Versatz in mm;

W Durchmesser eines freien Drahtumganges in mm;

d Drahtdurchmesser in mm.

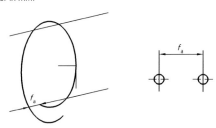

Legende

f_a axialer Versatz in mm

Bild 1 — Schraubenlinienform des Drahtes

6.6.5 Andere Prüfungen für Schlag und Richtung des Drahtes

Wenn angebracht, können andere in EN 10218-1 festgelegte Verfahren zur Prüfung von Schlag und Richtung des Drahtes zum Zeitpunkt der Anfrage und Bestellung vereinbart werden.

6.7 Oberflächenbeschaffenheit

6.7.1 Die Oberfläche des Drahtes muss glatt und möglichst frei von Riefen, Rissen, Rost und anderen Oberflächenfehlern sein, die die Verwendung des Drahtes mehr als unerheblich beeinträchtigen.

6.7.2 Die Prüfung der Oberflächenbeschaffenheit (siehe 7.4.7 und 7.4.8) erfolgt nur bei Drähten, die zur Herstellung dynamisch beanspruchter Federn vorgesehen sind (DM und DH). Diese Prüfungen sind nach EN 10218-1 durchzuführen.

— Die radiale Tiefe von Rissen oder anderen Oberflächenungänzen darf nicht größer sein als 1 % des Nenndurchmessers des Drahtes.

— Der Querschnitt darf für die Federdrahtsorten DM und DH keine Auskohlung aufweisen. Die durch Korngrenzenferrit angezeigte Abkohlung darf in größerem Umfang als im Hauptteil oder „Kern" des Querschnittes eine radiale Tiefe von 1,5 % des Nenndurchmessers des Drahtes nicht überschreiten.

16

6.7.3 Bei Federdrähten mit Zink- oder Zink/Aluminium-Überzug muss die Zink- oder Zink/Aluminium-Auflage auf dem Draht die in Tabelle 6 festgelegten Mindestwerte erfüllen.

Andere Werte können zwischen Lieferer und Besteller vereinbart werden (siehe Fußnote b in Tabelle 6). Die Haftung des Überzuges ist mit dem Wickelversuch nach EN 10244-2 zu prüfen (siehe 7.4.11).

ANMERKUNG   Die üblichen Verfahren zum Aufbringen von Überzügen können die Eigenschaften des Stahldrahtes verändern. Die Duktilität und Dauerfestigkeit des Drahtes können hierdurch verringert werden, so dass man für zinküberzogenen Federstahldraht nicht dieselben Verwindezahlen zusagen oder dasselbe dynamische Verhalten (DM und DH) wie bei dem betreffenden blanken Draht erwarten kann.

Tabelle 6 — Mindestmasse des Überzuges von Zink oder Zink/Aluminium

Nenndurchmesser d mm	Mindestmasse des Überzuges [a, b] g/m^2
$0,20 \leq d < 0,25$	20
$0,25 \leq d < 0,40$	25
$0,40 \leq d < 0,50$	30
$0,50 \leq d < 0,60$	35
$0,60 \leq d < 0,70$	40
$0,70 \leq d < 0,80$	45
$0,80 \leq d < 0,90$	50
$0,90 \leq d < 1,00$	55
$1,00 \leq d < 1,20$	60
$1,20 \leq d < 1,40$	65
$1,40 \leq d < 1,65$	70
$1,65 \leq d < 1,85$	75
$1,85 \leq d < 2,15$	80
$2,15 \leq d < 2,50$	85
$2,50 \leq d < 2,80$	95
$2,80 \leq d < 3,20$	100
$3,20 \leq d < 3,80$	105
$3,80 \leq d \leq 10,00$	110

[a]   Die Anforderungen an den Zinküberzug entsprechen der Klasse C von EN 10244-2:2009.

[b]   Falls verschiedene Stärken des Überzuges verlangt werden, sollen vorzugsweise diejenigen nach EN 10244-2 verwendet werden (Beispiel: Klasse D nach EN 10244-2:2009).

17

6.8 Maße und Toleranzen

6.8.1 Grenzabmaße

a) Aufgewickelter Draht
Die Grenzabmaße des Durchmessers sind in Tabelle 3 festgelegt.
Sie entsprechen EN 10218-2:

1) T5 für Durchmesser unterhalb 0,80 mm;

2) T4 für Durchmesser von 0,80 mm bis 10,00 mm;

3) T3 für Durchmesser über 10,00 mm.

Wenn andere Grenzabmaße als nach Tabelle 3 gewünscht werden, ist das bei der Bestellung anzugeben.

b) Draht in Form gerichteter und abgelängter Stäbe

Die Anforderungen an Grenzabmaße für die Länge und an die Geradheit entsprechen EN 10218-2. Die Grenzabmaße der Länge sind, unter Beibehaltung derselben Toleranzbreite, nur im Plus (siehe Tabelle 7).

Tabelle 7 — Grenzabmaße der Länge von Stäben

Nennlänge L mm	Grenzabmaß		
	Klasse 1	Klasse 2	Klasse 3
$L \leq 300$	$+1,0 \atop 0$ mm		
$300 < L \leq 1\ 000$	$+2,0 \atop 0$ mm	$+1,0 \atop 0$ %	$+2,0 \atop 0$ %
$1\ 000 < L$	$+0,2 \atop 0$ %		

Das Grenzabmaß für den Durchmesser des Drahtes nach dem Richten muss größer sein, um die durch einige Richtverfahren bedingte Querschnittszunahme abzudecken. Die Werte der Grenzabmaße stehen in Tabelle 8.

18

Tabelle 8 — Grenzabmaße des Durchmessers von gerichteten und abgelängten Stäben

Nenndurchmesser d mm	Grenzabmaß mm	
	Unteres Grenzabmaß	Oberes Grenzabmaß
0,05 ≤ d < 0,12	- 0,005	+ 0,007
0,12 ≤ d < 0,22	- 0,005	+ 0,008
0,22 ≤ d < 0,26	- 0,005	+ 0,009
0,26 ≤ d < 0,37	- 0,006	+ 0,012
0,37 ≤ d < 0,47	- 0,008	+ 0,015
0,47 ≤ d < 0,65	- 0,008	+ 0,018
0,65 ≤ d < 0,80	- 0,010	+ 0,022
0,80 ≤ d < 1,01	- 0,015	+ 0,030
1,01 ≤ d < 1,35	- 0,020	+ 0,040
1,35 ≤ d < 1,78	- 0,020	+ 0,045
1,78 ≤ d < 2,01	- 0,025	+ 0,055
2,01 ≤ d < 2,35	- 0,025	+ 0,060
2,35 ≤ d < 2,78	- 0,025	+ 0,065
2,78 ≤ d < 3,01	- 0,030	+ 0,075
3,01 ≤ d < 3,35	- 0,030	+ 0,080
3,35 ≤ d < 4,01	- 0,030	+ 0,090
4,01 ≤ d < 4,35	- 0,035	+ 0,100
4,35 ≤ d < 5,01	- 0,035	+ 0,110
5,01 ≤ d < 5,45	- 0,035	+ 0,120
5,45 ≤ d < 6,01	- 0,040	+ 0,130
6,01 ≤ d < 7,12	- 0,040	+ 0,150
7,12 ≤ d < 7,67	- 0,045	+ 0,160
7,67 ≤ d < 9,01	- 0,045	+ 0,180
9,01 ≤ d < 10,01	- 0,050	+ 0,200
10,01 ≤ d < 11,12	- 0,070	+ 0,240
11,12 ≤ d < 12,01	- 0,080	+ 0,260
12,01 ≤ d < 14,52	- 0,080	+ 0,300
14,52 ≤ d < 17,34	- 0,090	+ 0,350
17,34 ≤ d < 18,37	- 0,090	+ 0,370
18,37 ≤ d < 20,01	- 0,100	+ 0,400

6.8.2 Rundheitsabweichungen (Unrundheit)

Der Unterschied zwischen größtem und kleinstem Drahtdurchmesser in derselben Querschnittsebene darf nicht mehr als 50 % der gesamten in Tabelle 3 angegebenen Toleranz betragen.

19

7 Prüfung

7.1 Prüfungen und Prüfbescheinigungen

Erzeugnisse nach dieser Norm sind mit spezifischer Prüfung (siehe EN 10021) und der betreffenden, bei der Anfrage und Bestellung vereinbarten Prüfbescheinigung (siehe EN 10204) zu liefern.

Die Prüfbescheinigung muss folgende Angaben enthalten:

— Schmelzenanalyse;

— Ergebnis des Zugversuches (R_m und Z);

— Ergebnis des Verwindeversuches (N_t);

— Ist-Durchmesser des Drahtes;

— gegebenenfalls Masse des Überzuges;

— Ergebnisse vereinbarter Sonderprüfungen.

7.2 Prüfumfang bei spezifischen Prüfungen

Für den Prüfumfang gilt Tabelle 10.

7.3 Probenahme

Probenahme und Probenvorbereitung müssen EN ISO 377 und EN ISO 14284 entsprechen. Die Probenabschnitte werden an den Enden der Einheiten entnommen. Tabelle 10, Spalte 8, enthält weitere Einzelheiten.

7.4 Prüfverfahren

7.4.1 Chemische Zusammensetzung

Wenn bei der Bestellung nicht anders vereinbart, bleibt für die Ermittlung der Stückanalyse dem Hersteller die Wahl eines geeigneten physikalischen oder chemischen Analysenverfahrens überlassen.

In Schiedsfällen ist die Analyse von einem von beiden Seiten anerkannten Laboratorium durchzuführen. Das anzuwendende Analysenverfahren ist, möglichst in Übereinstimmung mit CEN/TR 10261, zu vereinbaren.

7.4.2 Zugversuch

Der Zugversuch ist nach EN ISO 6892-1 durchzuführen, und zwar an Proben im vollen Drahtquerschnitt. Für die Berechnung der Zugfestigkeit ist der auf dem Ist-Durchmesser des Drahtes basierende Ist-Querschnitt zu verwenden.

7.4.3 Wickelversuch

Der Wickelversuch ist folgendermaßen durchzuführen: Eine Probe – ungefähr 500 mm lang – wird mit geringer, aber möglichst gleichmäßiger Zugspannung auf einen Dorn mit dem drei- bis dreieinhalbfachen Nenndurchmesser eng aufgewickelt. Der Dorn muss jedoch einen Mindestdurchmesser von 1,00 mm haben. Die Wicklung ist so auseinanderzuziehen, dass sie sich nach dem Entlasten bei ungefähr der dreifachen Ausgangslänge setzt.

In diesem Zustand werden die Oberflächenbeschaffenheit des Drahtes und die Gleichmäßigkeit der Steigung und der einzelnen Windungen der Probe geprüft.

20

403

7.4.4 Wickelversuch (Stahlkernprobe)

Der Wickelversuch ist nach EN 10218-1 durchzuführen. Der Draht ist mit 8 Windungen auf einen Dorn mit dem Durchmesser des Drahtes aufzuwickeln.

7.4.5 Verwindeversuch

Für den Verwindeversuch ist die Probe so in das Gerät einzuspannen, dass ihre Längsachse mit der Achse der Einspannköpfe übereinstimmt und die Probe während des Versuches gerade bleibt. Ein Einspannkopf wird mit einer möglichst gleichbleibenden Drehzahl (nicht mehr als eine Umdrehung je Sekunde) solange gedreht, bis die Probe bricht. Die Umdrehungsgeschwindigkeit muss EN 10218-1 entsprechen (als Funktion des Drahtdurchmessers). Die Anzahl der vollen Umdrehungen des sich drehenden Einspannkopfes wird festgestellt. Die Versuchslänge beträgt einheitlich 100 x d (d = Nenndurchmesser des Drahtes), höchstens 300 mm.

7.4.6 Biegeversuch

Für den Biegeversuch wird ein Drahtabschnitt von ausreichender Länge zu einem U um einen Dorn mit dem zweifachen Drahtdurchmesser bei Drahtdurchmessern über 3,00 mm bis 6,50 mm bzw. dem dreifachen Drahtdurchmesser bei Drahtdurchmessern über 6,50 mm gebogen. Aus praktischen Gründen werden die Anforderungen dieser Norm als erfüllt angesehen, wenn der Draht das Biegen um einen kleineren als den festgelegten Dorn besteht. Bei der Durchführung des Versuches muss sich der Draht frei längs der Umformeinrichtung bewegen können.

7.4.7 Oberflächenfehler

Die Prüfung auf Oberflächenfehler erfolgt an Proben von den Enden der Drahteinheiten nach Tiefätzung oder mikroskopisch an Querschliffen. Für Drahtdurchmesser unter 2,00 mm kann bei der Bestellung vereinbart werden, dass die mikroskopische Prüfung unmittelbar nach der letzten Wärmebehandlung durchgeführt wird.

Der Tiefätzversuch ist nach EN 10218-1 durchzuführen.

Wenn die Empfindlichkeit der Wirbelstromprüfung angemessen ist, kann nach Vereinbarung dieses Verfahren angewendet werden.

In Schiedsfällen gilt das Ergebnis der Messung am Querschliff.

7.4.8 Entkohlung

Die Randentkohlung ist nach EN ISO 3887 an einem in geeigneter Weise geätzten metallographischen Querschliff bei 200facher Vergrößerung mikroskopisch zu ermitteln. Als Entkohlungstiefe ist das Mittel aus 8 Messungen an den Enden von 4 um 45° gegeneinander versetzten Durchmessern zu werten, wobei man von dem Bereich mit der größten Entkohlungstiefe ausgeht und einen fehlerhaften Bereich als Ausgangspunkt meidet. Bei der Berechnung des oben genannten Mittelwertes ist jede in einem örtlichen Oberflächenfehler liegende Messstelle der verbleibenden sieben Messstellen nicht zu berücksichtigen.

Für Drahtdurchmesser unter 2,00 mm kann bei der Bestellung vereinbart werden, dass die Prüfung unmittelbar nach der letzten Wärmebehandlung durchgeführt wird.

7.4.9 Durchmesser

Der Durchmesser ist mit Grenzrachenlehren, mit einer Messschraube oder nach einem anderen geeigneten Verfahren zu messen. Die Unrundheit ist als Unterschied zwischen dem größten und kleinsten Durchmesser desselben Querschnittes zu ermitteln. Unter 0,65 mm muss man die relative Bedeutung der einzelnen Messungen in Betracht ziehen (siehe A.3), da die Messungen an der Grenze der technischen Eignung der Geräte liegen.

21

7.4.10 Zink-und Zink/Aluminium-Überzug

Der Zink- oder Zink/Aluminium-Überzug ist entsprechend EN 10244-2 nach dem volumetrischen oder dem gravimetrischen Verfahren zu messen.

7.4.11 Haftung des Überzugs

Die Haftung des Zink- oder Zink/Aluminium-Überzuges ist bei Draht bis 5,00 mm Durchmesser entsprechend EN 10244-2 mit einem Wickelversuch um einen Dorn von $3 \times d$ zu prüfen.

7.5 Wiederholungsprüfungen

Wiederholungsprüfungen sind nach EN 10021 durchzuführen.

8 Kennzeichnung und Verpackung

Jede Einheit ist in geeigneter Weise zu kennzeichnen und zu identifizieren, um die Rückverfolgbarkeit und den Bezug zu den Prüfbescheinigungen zu gestatten.

Die Anhängeschilder müssen gegen übliche Behandlung und den Kontakt mit Öl beständig sein. Sie müssen die Informationen nach Tabelle 9 enthalten. Andere Informationen können Gegenstand einer Vereinbarung zwischen den Beteiligten sein.

Drahtlieferungen müssen in geeigneter Weise gegen mechanische Beschädigung und/oder Verunreinigungen während des Transportes geschützt sein.

Tabelle 9 — Informationen auf den Anhängeschildern[a]

Bezeichnung	+
Hersteller	+
Nenndurchmesser	+
Federdrahtsorte	+
Oberflächenausführung	(+)
Schmelzennummer	(+)
Identifizierungsnummer	+
Überzug	(+)

[a] Die Symbole in der Tabelle bedeuten:
+ Die Information ist auf den Anhängeschildern anzubringen.
(+) Die Information ist auf den Anhängeschildern anzubringen, falls so vereinbart.

Tabelle 10 — Prüfumfang und Probenahme bei spezifischen Prüfungen und Übersicht über die Angaben zur Durchführung der Prüfungen und über die Anforderungen

1	2	3	4	5	6	7	8	9	10
Prüfverfahren	Gilt für Drahtsorten	Pflicht-prüfung/ optional[a]	Prüfeinheit	Anzahl der Erzeugnisse je Prüfeinheit	Anzahl der Proben-abschnitte je Erzeugnis	Anzahl der Proben je Erzeugnis	Probenahme	Prüfverfahren nach	Anforderungen siehe
1	Stückanalyse	Alle	o[b]	Liefermenge je Schmelze	1	1	1	nach EN ISO 14284	7.4.1	6.1.2
2	Zugversuch R_m / Brucheinschnürung Z	Alle ≥ 0,80 mm	m		10 %[c]	1	1		7.4.2	6.4
3	Wickelversuch	DM, SH, DH ≤ 0,70 mm	o						7.4.3	6.5.1
3a	Wickelversuch (Stahlkernprobe)	Alle ≤ 3 mm	o		Der Prüfumfang ist bei der Bestellung zu vereinbaren				7.4.4	6.5.3
3b	Biegeversuch	Alle ≤ 3 mm	o						7.4.6	6.5.4
4	Verwindeversuch[e]	Alle	m	Liefermenge je Fertigungslos[d]					7.4.5	6.5.2
5	Prüfung auf Drallfreiheit	Alle	m		10 %[c]	1	1	von den Ringenden entnommene Proben	6.6.3 / 6.6.4	6.6.3 / 6.6.4
6	Prüfung auf Oberflächenfehler	DM, DH	m						7.4.7	6.7
7	Prüfung auf Entkohlung	DM, DH	m						7.4.8	6.7.2
8	Maßkontrolle	Alle	m		100 %				7.4.9	6.8
9	Prüfung der Masse des Überzuges	Z und ZA	m		Bei der Bestellung zu vereinbaren				7.4.10	6.7.3
9a	Haftung des Überzuges	Z und ZA d ≤ 5 mm	m		10 %[c]	1	1		7.4.11	6.7.3

a m (= mandatory): Die Prüfung ist in jedem Fall durchzuführen; o (=optional): Die Prüfung wird nur durchgeführt, wenn bei der Bestellung vereinbart.

b Die Ergebnisse der Schmelzenanalyse für die in Tabelle 1 für die betreffende Sorte aufgeführten Elemente ist dem Besteller in jedem Fall mitzuteilen.

c 10 % der Drahteinheiten im Fertigungslos, jedoch mindestens 2, höchstens 10 Ringe oder Spulen.

d Als Fertigungslos gilt eine Erzeugnismenge, die aus demselben Schmelze stammt, die denselben Wärmebehandlungsbedingungen unterworfen und mit derselben Querschnittsabnahme gezogen wurde und dieselbe Oberflächenausführung hat.

e Nur für Durchmesser über 0,70 mm bis 10,00 mm.

Anhang A
(informative)

Zusätzliche Informationen

A.1 Definition des Oberflächenzustandes des Drahtes

A.1.1 Ziehzustand

Kaltgezogener Federdraht wird im Allgemeinen durch Ziehen verformt. Bezüglich Ziehverfahren kann man unterscheiden zwischen

— trockenblank gezogen (d): Gezogen durch pulverförmige Schmiermittel wie Seife, Stearate oder ähnliche Mittel;

— schmierblank gezogen (ps): gezogen durch sehr viskose Fette auf Mineralölbasis, Talg, synthetische Wachse oder ähnliche Mittel;

— graublank (gr): gezogen durch Rüböl, dünnflüssige Mineralöle oder ähnliche Mittel;

— nassgezogen (w): gezogen durch wässrige Emulsionen mit Fett oder Ölemulsion;

— nassblank (l): gezogen durch wässrige Lösungen mit oder ohne Zugabe metallischer Salze.

A.1.2 Oberflächenbehandlung

Die Oberfläche von Federdraht hat im allgemeinen ein Überzug zur Erleichterung des Drahtziehens und Federformens. Ausnahmsweise kann der Werkstoff ohne Überzug sein. Übliche Oberflächenüberzüge sind:

— blank (b): ohne jeden besonderen Überzug; Borax- oder Kalküberzug kann angewendet werden;

— phosphatiert (ph): der Draht wurde in einer Lösung behandelt, um auf der Oberfläche eine Schicht aus Metall- Phosphat zu bilden;

— rötlich (rd): die Oberfläche ist mit einem dünnen Kupferüberzug bedeckt, im allgemeinen ein Umwandlungsüberzug;

— verkupfert (cu): die Oberfläche ist mit einem (gleichmäßigen) dicken Kupferüberzug bedeckt;

— verzinkt (Z): die Oberfläche ist mit einem Zinküberzug bedeckt;

— Zink/Aluminium-Überzug (ZA): die Oberfläche ist mit einem Zn 95/Al5-Überzug bedeckt;

— gelblich überzogen (y): dies gilt nur für nassblank hergestellte Erzeugnisse, wobei der Schlusslösung eine Mischung aus Zinnsalzen und Kupfersalzen zugegeben wird;

— weiß (nassblank) (wh): dies gilt für nassblank hergestellte Erzeugnisse, wobei der Schlusslösung Zinnsalze zugegeben werden.

24

407

A.1.3 Abkürzungen

— Wenn kein besonderer Ziehzustand verlangt wird, sind Abkürzungen für den Oberflächenüberzug (siehe A.1.2) nur an den Drahtdurchmesser anzufügen.

BEISPIEL 1   phosphatierter Federdraht von 2,5 mm Durchmesser: 2,5 ph

Abhängig vom Maß ist der Draht im trockengezogenen (d) oder nassgezogenen (w) Zustand.

— Für andere Ziehzustände oder wenn der Kunde ausdrücklich einen nassgezogenen oder trockengezogenen Oberflächenzustand wünscht, ist dieses anzuzeigen durch eine Kombination der Abkürzung für den Überzug gefolgt von der Abkürzung für den Ziehzustand.

BEISPIEL 2   graublank phosphatierter Federdraht von 3,0 mm Durchmesser: 3,0 ph gr
              nassblank rötlich gezogener Federdraht von 1,5 mm Durchmesser: 1,5 rd w

A.2 Physikalische Eigenschaften bei Raumtemperatur

A.2.1 Elastizitätsmodul und Schubmodul

Der Elastizitätsmodul wird mit 206 GPa, der Schubmodul mit 81,5 GPa angenommen.

A.2.2 Dichte

Wenn nicht besonders gemessen, wird die Dichte des Stahldrahtes mit 7,85 kg/dm³ angenommen.

A.3 Genauigkeit der Messgeräte

Um die Genauigkeit der gemessenen Werte sicherzustellen, sollte die Genauigkeit des Messgerätes 10 Mal höher sein als die für die Messwerte zugelassene Toleranz.

Für Durchmesser unter 0,65 mm sind solche Messgeräte nicht industriell verfügbar. Trotzdem sind wegen des Einflusses des tatsächlichen Durchmessers auf die Federeigenschaften Toleranzen von 3 µm, 5 µm und 8 µm festgelegt. Dies bedeutet, dass alles getan werden muss, um alle Parameter konstant zu halten, die die Genauigkeit beeinflussen können; solche sind Temperatur, Staub usw. Auch kann jeder Wert nur als relativer Wert eingeordnet werden. Jedoch zeigt die Praxis, dass man bei Durchführung mehrerer Messungen eine ausreichende Anzeige für den genauen Wert bekommt.

A.4 Formeln für die Zugfestigkeit

Wenn kleinere Drahtdurchmesser als in Tabelle 3 angegeben für die statischen Sorten erforderlich sind, ist die Zugfestigkeit nach folgenden Formeln zu berechnen:

— Für Sorte SL: R_{av} = 1845 − 700 log d

— Für Sorte SM: R_{av} = 2105 − 780 log d

Dabei ist

d Durchmesser in mm;

R_{av} Durchschnittliche Zugfestigkeit in MPa.

Die Spanne ist dieselbe, wie für Drahtsorte DH bei demselben Drahtdurchmesser festgelegt (siehe Tabelle 3).

Drahtsorte DM muss dieselbe Zugfestigkeit haben wie Sorte SM. Für SH gelten die Werte von DH.

25

A.5 Hinweise für die Verwendung von kaltgezogenem Federstahldraht

Tabelle A.1 enthält Informationen über die Verwendung der verschiedenen Federstahldrahtsorten.

Tabelle A.1

Federdrahtsorte	Zu verwenden für
SL	Zug-, Druck- oder Torsionsfedern (Schraubenfedern), die vorwiegend niedriger statischer Beanspruchung ausgesetzt sind.
SM	Zug-, Druck- oder Torsionsfedern (Schraubenfedern), die mittleren statischen Beanspruchungen oder selten dynamischen Beanspruchungen ausgesetzt sind.
DM	Zug-, Druck- oder Torsionsfedern, die mittleren dynamischen Beanspruchungen ausgesetzt sind. Auch für Federn, die auf starke Biegung beansprucht werden.
SH	Zug-, Druck- oder Torsionsfedern (Schraubenfedern), die hohen statischen Beanspruchungen oder geringen dynamischen Beanspruchungen ausgesetzt sind.
DH	Zug-, Druck- oder Torsionsfedern (Schraubenfedern) oder Formfehlern, die hohen statischen oder mittleren dynamischen Beanspruchungen ausgesetzt sind.

Januar 2012

DIN EN 10270-2

ICS 77.140.25

Ersatz für
DIN EN 10270-2:2001-12

Stahldraht für Federn –
Teil 2: Ölschlussvergüteter Federstahldraht;
Deutsche Fassung EN 10270-2:2011

Steel wire for mechanical springs –
Part 2: Oil hardened and tempered spring steel wire;
German version EN 10270-2:2011

Fils en acier pour ressorts mécaniques –
Partie 2: Fils en acier trempés à l'huile et revenus;
Version allemande EN 10270-2:2011

Gesamtumfang 20 Seiten

Normenausschuss Eisen und Stahl (FES) im DIN
Normenausschuss Federn, Stanzteile und Blechformteile (NAFS) im DIN
Normenausschuss Stahldraht und Stahldrahterzeugnisse (NAD) im DIN

Nationales Vorwort

Die Europäische Norm EN 10270-2:2011 wurde vom Technischen Komitee (TC) 106 „Walzdraht und gezogener Draht" (Sekretariat: AFNOR, Frankreich) des Europäischen Komitees für die Eisen- und Stahlnormung (ECISS) ausgearbeitet.

Das zuständige deutsche Normungsgremium ist der Unterausschuss 08/4 „Patentiert–gezogener oder vergüteter Federstahldraht" des Normenausschusses Eisen und Stahl (FES).

Änderungen

Gegenüber DIN EN 10270-2:2001-12 wurden folgende Änderungen vorgenommen:

a) Normative Verweisungen aktualisiert;

b) Unterabschnitt „Bezeichnung" entfallen;

c) Neue Stahldrahtsorten in Tabelle 1 aufgenommen: FDSiCrV, TDSiCrV und VDSiCrV;

d) Bestellangaben überarbeitet;

e) Tabelle 1 „Chemische Zusammensetzung": Für die Stahlsorten VDSiCr, TDSiCr und FDSiCr wurde die Manganspanne geändert: neu „0,50-0,90". Für die neuen Stahlsorten wurden die entsprechenden Werte hinzugefügt. Für die Drahtsorten mit mittlerer bzw. hoher Zugfestigkeit kann der Vanadiumanteil, bei Vereinbarung, geändert werden (s. Fußnote c));

f) Tabellen 3, 4, 5, 6 und 8 überarbeitet und ergänzt mit Angaben für den neuen Drahtsorten;

g) Tabelle 7: neue Unterteilung nach Drahtdurchmesser;

h) Abschnitt 6.8.1 „Grenzabmaße": Definition der Klasse T5 neu formuliert;

i) 7.4.2 „Zugversuch": Norm EN 10218-1 als Referenz entfallen;

j) 7.4.4 „Verwindeversuch" überarbeitet;

k) Redaktionelle Überarbeitung.

Frühere Ausgaben

DIN 17223: 1955-04
DIN 17223-2: 1964-03, 1990-09
DIN EN 10270-2: 2001-12

ICS 77.140.25

Ersatz für EN 10270-2:2001

Deutsche Fassung

Stahldraht für Federn —
Teil 2: Ölschlussvergüteter Federstahldraht

Steel wire for mechanical springs —
Part 2: Oil hardened and tempered spring steel wire

Fils en acier pour ressorts mécaniques —
Partie 2: Fils en acier trempés à l'huile et revenus

Diese Europäische Norm wurde vom CEN am 10. September 2011 angenommen.

Die CEN-Mitglieder sind gehalten, die CEN/CENELEC-Geschäftsordnung zu erfüllen, in der die Bedingungen festgelegt sind, unter denen dieser Europäischen Norm ohne jede Änderung der Status einer nationalen Norm zu geben ist. Auf dem letzten Stand befindliche Listen dieser nationalen Normen mit ihren bibliographischen Angaben sind beim Management-Zentrum des CEN-CENELEC oder bei jedem CEN-Mitglied auf Anfrage erhältlich.

Diese Europäische Norm besteht in drei offiziellen Fassungen (Deutsch, Englisch, Französisch). Eine Fassung in einer anderen Sprache, die von einem CEN-Mitglied in eigener Verantwortung durch Übersetzung in seine Landessprache gemacht und dem Management-Zentrum mitgeteilt worden ist, hat den gleichen Status wie die offiziellen Fassungen.

CEN-Mitglieder sind die nationalen Normungsinstitute von Belgien, Bulgarien, Dänemark, Deutschland, Estland, Finnland, Frankreich, Griechenland, Irland, Island, Italien, Kroatien, Lettland, Litauen, Luxemburg, Malta, den Niederlanden, Norwegen, Österreich, Polen, Portugal, Rumänien, Schweden, der Schweiz, der Slowakei, Slowenien, Spanien, der Tschechischen Republik, Ungarn, dem Vereinigten Königreich und Zypern.

EUROPÄISCHES KOMITEE FÜR NORMUNG
EUROPEAN COMMITTEE FOR STANDARDIZATION
COMITÉ EUROPÉEN DE NORMALISATION

Management-Zentrum: Avenue Marnix 17, B-1000 Brüssel

Inhalt

Vorwort

Dieses Dokument (EN 10270-2:2011) wurde vom Technischen Komitee ECISS/TC 106 „Walzdraht und Draht zum Ziehen" erarbeitet, dessen Sekretariat vom AFNOR gehalten wird.

Diese Europäische Norm muss den Status einer nationalen Norm erhalten, entweder durch Veröffentlichung eines identischen Textes oder durch Anerkennung bis April 2012, und etwaige entgegenstehende nationale Normen müssen bis April 2012 zurückgezogen werden.

Es wird auf die Möglichkeit hingewiesen, dass einige Texte dieses Dokuments Patentrechte berühren können. CEN [und/oder CENELEC] sind nicht dafür verantwortlich, einige oder alle diesbezüglichen Patentrechte zu identifizieren.

Dieses Dokument ersetzt EN 10270-2:2001.

Diese Europäische Norm für Stahldraht für Federn besteht aus folgenden Teilen:

— Teil 1: Patentiert-gezogener unlegierter Federstahldraht

— Teil 2: Ölschlussvergüteter Federstahldraht

— Teil 3: Nichtrostender Federstahldraht

Entsprechend der CEN/CENELEC-Geschäftsordnung sind die nationalen Normungsinstitute der folgenden Länder gehalten, diese Europäische Norm zu übernehmen: Belgien, Bulgarien, Dänemark, Deutschland, Estland, Finnland, Frankreich, Griechenland, Irland, Island, Italien, Kroatien, Lettland, Litauen, Luxemburg, Malta, Niederlande, Norwegen, Österreich, Polen, Portugal, Rumänien, Schweden, Schweiz, Slowakei, Slowenien, Spanien, Tschechische Republik, Ungarn, Vereinigtes Königreich und Zypern.

3

1 Anwendungsbereich

1.1 Diese Europäische Norm gilt für ölschlussvergüteten Federstahldraht aus unlegierten oder legierten Stählen. Er wird vorwiegend auf Torsion beansprucht wie z. B. bei Schraubenfedern und in Sonderfällen auch für Anwendungen, bei denen der Federdraht auf Biegung beansprucht wird wie z. B. bei Schenkelfedern.

In der Regel werden unlegierte Stähle bei Raumtemperatur eingesetzt, während legierte Stähle im Allgemeinen bei Temperaturen oberhalb Raumtemperatur verwendet werden. Legierte Stähle können auch wegen überdurchschnittlicher Zugfestigkeit ausgewählt werden.

1.2 Zusätzlich zu dieser Europäischen Norm gelten die allgemeinen technischen Lieferbedingungen nach EN 10021.

2 Normative Verweisungen

Die folgenden zitierten Dokumente sind für die Anwendung dieses Dokuments erforderlich. Bei datierten Verweisungen gilt nur die in Bezug genommene Ausgabe. Bei undatierten Verweisungen gilt die letzte Ausgabe des in Bezug genommenen Dokuments (einschließlich aller Änderungen).

EN 10021, *Allgemeine technische Lieferbedingungen für Stahl und Stahlerzeugnisse*

EN 10204:2004, *Metallische Erzeugnisse — Arten von Prüfbescheinigungen*

EN 10218-1:2011, *Stahldraht und Drahterzeugnisse — Allgemeines — Teil 1: Prüfverfahren*

EN 10218-2, *Stahldraht und Drahterzeugnisse — Allgemeines — Teil 2: Drahtmaße und Toleranzen*

EN 10247, *Metallographische Prüfung des Gehaltes nichtmetallischer Einschlüsse in Stählen mit Bildreihen*

CEN/TR 10261, *Eisen und Stahl — Überblick über verfügbare chemische Analyseverfahren*

EN ISO 377, *Stahl und Stahlerzeugnisse — Lage und Vorbereitung von Probenabschnitten und Proben für mechanische Prüfungen (ISO 377:1997)*

EN ISO 3887, *Stahl — Bestimmung der Entkohlungstiefe (ISO 3887:2003)*

EN 6892-1, *Metallische Werkstoffe — Zugversuch — Teil 1: Prüfverfahren bei Raumtemperatur (ISO 6892-1:2009)*

EN ISO 14284, *Stahl und Eisen — Entnahme und Vorbereitung von Proben für die Bestimmung der chemischen Zusammensetzung (ISO 14284:1996)*

ISO 7800, *Metallische Werkstoffe — Draht — Einfacher Verwindeversuch*

3 Begriffe

Für die Anwendung dieses Dokuments gelten die folgenden Begriffe.

3.1
ölschlussvergüteter Federstahldraht
Draht, der im Durchlauf wie folgt wärmebehandelt wird: Zunächst Umwandlung zu Austenit, Abschrecken in Öl oder ähnlichem Abschreckmittel gefolgt von unmittelbarem Anlassen durch Erwärmen auf die geeignete Temperatur

4

4 Sorteneinteilung

Diese Norm gilt für alle Arten von ölschlussvergüteten Federstahldrähten. Die aus unlegiertem oder legiertem Stahl hergestellte Sorte für übliche Anwendungen hat die Abkürzung FD und ist für statische Beanspruchungen vorgesehen.

Federstahldraht hergestellt aus unlegierten und legierten Stählen für mittlere Dauerfestigkeiten, wie er z. B. für einige Kupplungsfedern verlangt werden, hat die Abkürzung TD.

Aus unlegierten oder legierten Stählen hergestellter Federstahldraht für die Verwendung unter schwierigen dynamischen Beanspruchungen wie Ventilfedern oder anderen Federn mit ähnlichen Anforderungen hat die Abkürzung VD.

Die Durchmesserbereiche für die verschiedenen Drahtsorten sind in Tabelle 1 aufgeführt.

Tabelle 1 — Federdrahtsorten und Durchmesserbereich

Zugfestigkeit	statisch	mittlere Dauerfestigkeit	hohe Dauerfestigkeit
Niedrige Zugfestigkeit	FDC	TDC	VDC
Mittlere Zugfestigkeit	FDCrV	TDCrV	VDCrV
Hohe Zugfestigkeit	FDSiCr	TDSiCr	VDSiCr
Sehr hohe Zugfestigkeit	FDSiCrV	TDSiCrV	VDSiCrV
Durchmesserbereich in (mm)	0,50 bis 17,00	0,50 bis 10,00	0,50 bis 10,00

Die Güten TD und VD mit mittlerer bzw. hoher Dauerfestigkeit sind durch hohen Reinheitsgrad des Stahles, besondere chemische, mechanische und technologische Eigenschaften sowie durch ihre definierte Oberflächenbeschaffenheit bezüglich zulässiger Tiefe von Oberflächenungänzen und Randentkohlung gekennzeichnet.

Die Güte FD für statische Beanspruchungen ist durch ihre chemischen, mechanischen und technologischen Eigenschaften sowie durch ihre definierte Oberflächenbeschaffenheit bezüglich zulässiger Tiefe von Oberflächenungänzen und Randentkohlung gekennzeichnet.

5 Bestellangaben

In der Bestellung muss der Besteller eindeutig das Erzeugnis nennen und folgende Angaben machen:

a) gewünschte Menge;

b) der Begriff "Federstahldraht" oder "gerichteter und abgelängter Stab";

c) die Nummer dieser Europäischen Norm, EN 10270-2;

d) Stahlsorte (siehe Tabellen 1 und 2);

e) Nenndurchmesser des Drahtes (siehe Tabellen 4 oder 5); für abgelängte Stäbe gelten die Angaben für die Länge und Grenzabmaße der Länge, nach Tabelle 9;

f) Lieferform und Einzelgewicht (siehe 6.1);

g) Art der Prüfbescheinigung;

h) getroffene Sondervereinbarungen.

BEISPIEL   5 t ölschlussvergüteter Federstahldraht nach dieser Norm aus der Drahtsorte VDC mit einem Nenndurchmesser von 2,50 mm in Ringen von etwa 300 kg mit einer Prüfbescheinigung 3.1 nach EN 10204:2004:

5 t Federstahldraht EN 10270-2–VDC–2,50 in Ringen von etwa 300 kg; EN 10204:2004 – 3.1

5

6 Anforderungen

6.1 Lieferform

6.1.1 Ölschlussvergüteter Federstahldraht wird in Ringen, auf Spulen oder in Stäben geliefert. Der Draht in Ringen oder auf Spulen muss aus einem Stück sein. Draht in Ringen kann auch auf Trägern mit einem oder mehreren Ringen geliefert werden.

Für VD- und TD-Güten sind keine nach der Wärmebehandlung vor dem abschließenden Ziehen entstandene Schweißstellen zugelassen; für FD-Güten dürfen, sofern nicht zwischen den Beteiligten anders vereinbart, keine Schweißungen an der Fertigabmessung gemacht werden.

6.1.2 Die gelieferten Drahteinheiten müssen fest gebunden sein, um gegen unbeabsichtigtes Aufspringen der Windungen gesichert zu sein. Der Ringanfang muss gekennzeichnet und die Ringenden müssen mit einer Schutzkappe abgedeckt sein.

6.2 Oberflächenausführung

Der Draht ist gegen Korrosion und mechanische Beschädigung zu schützen. Wenn nicht anders festgelegt, ist der Draht im leicht geölten Zustand zu liefern.

6.3 Chemische Zusammensetzung

Für die chemische Zusammensetzung nach der Schmelzenanalyse gelten die Werte nach Tabelle 2. Die Grenzabweichungen der Stückanalyse von den Grenzwerten der Schmelzenanalyse müssen Tabelle 3 entsprechen.

6.4 Nichtmetallische Einschlüsse

Die VD-Güten sind nach EN 10247 auf maximale Einschlussgrößen zu prüfen. Die zulässige Höhe an Einschlüssen ist zwischen den Beteiligten bei Anfrage und Bestellung zu vereinbaren.

6.5 Mechanische Eigenschaften

Für die Zugfestigkeit R_m und Brucheinschnürung Z gelten für die Drahtsorten die in Tabelle 4 und Tabelle 5 aufgeführten Werte. Die Brucheinschnürung wird nur bei Drahtdurchmessern über 1,00 mm ermittelt (siehe Tabellen 4, 5 und 11).

Die Spannweite der Zugfestigkeitswerte innerhalb eines Ringes darf 50 MPa bei den VD-Güten, 60 MPa bei den TD-Güten und 70 MPa bei den FD-Güten nicht überschreiten.

6

Tabelle 2 — Chemische Zusammensetzung, Massenanteile in %

Draht-sorte	C	Si	Mn[a]	P max.	S max.	Cu max.	Cr	V
VDC	0,60 bis 0,75	0,15 bis 0,30	0,50 bis 1,00	0,020	0,020	0,06	_[b]	–
VDCrV	0,62 bis 0,72	0,15 bis 0,30	0,50 bis 0,90	0,025	0,020	0,06	0,40 bis 0,60	0,15 bis 0,25
VDSiCr	0,50 bis 0,60	1,20 bis 1,60	0,50 bis 0,90	0,025	0,020	0,06	0,50 bis 0,80	–
VDSiCrV	0,50 bis 0,70	1,20 bis 1,65	0,40 bis 0,90	0,020	0,020	0,06	0,50 bis 1,00	0,10 bis 0,25[c]
TDC	0,60 bis 0,75	0,10 bis 0,35	0,50 bis 1,20	0,020	0,020	0,10	_[b]	–
TDCrV	0,62 bis 0,72	0,15 bis 0,30	0,50 bis 0,90	0,025	0,020	0,10	0,40 bis 0,60	0,15 bis 0,25
TDSiCr	0,50 bis 0,60	1,20 bis 1,60	0,50 bis 0,90	0,025	0,020	0,10	0,50 bis 0,80	–
TDSiCrV	0,50 bis 0,70	1,20 bis 1,65	0,40 bis 0,90	0,020	0,020	0,10	0,50 bis 1,00	0,10 bis 0,25[c]
FDC	0,60 bis 0,75	0,10 bis 0,35	0,50 bis 1,20	0,030	0,025	0,12	_[b]	–
FDCrV	0,62 bis 0,72	0,15 bis 0,30	0,50 bis 0,90	0,030	0,025	0,12	0,40 bis 0,60	0,15 bis 0,25
FDSiCr	0,50 bis 0,60	1,20 bis 1,60	0,50 bis 0,90	0,030	0,025	0,12	0,50 bis 0,80	–
FDSiCrV	0,50 bis 0,70	1,20 bis 1,65	0,40 bis 0,90	0,030	0,025	0,12	0,50 bis 1,00	0,10 bis 0,25

[a] Mangan kann mit eingeengter Spanne, aber einer Mindestspanne von 0,20% bestellt werden.

[b] Für größere Abmessungen (über 8,5 mm) kann für gutes Durchhärten bis zu 0,30% Chrom zugegeben werden.

[c] Für die Drahtsorten mit mittlerer und hoher Zugfestigkeit kann ein Vanadiumanteil von 0,05% bis 0,15% vereinbart werden.

Tabelle 3 — Grenzabweichungen in der Stückanalyse von den Grenzwerten der Schmelzenanalyse

Chemisches Element	Drahtsorte	Grenzabweichung Massenanteil in %
C	alle	± 0,03
Si	SiCr, SiCrV	± 0,05
	sonstige Sorten	± 0,03
Mn	alle	± 0,04
P	alle	+ 0,005
S	alle	+ 0,005
Cu	alle	+ 0,02
Cr	alle	± 0,05
V	alle	± 0,02

7

Tabelle 4 — Mechanische und technologische Eigenschaften für die Drahtsorten FDC, FDCrV, FDSiCr und FDSiCrV

1	2	3	4	5	6	7	8	9	10	11	12	13	14
Draht-Nenndurchmesser	Grenzabmaß	Zugfestigkeit R_m				Mindestbrucheinschnürung Z				Mindestverwindezahl N_t [a]			
mm	mm	FDC[b]	FDCrV[b]	FDSiCr[b]	FDSiCrV[b]	FDC	FDCrV	FDSiCr	FDSiCrV	FDC	FDCrV	FDSiCr	FDSiCrV
		MPa	MPa	MPa	MPa	%	%	%	%				
d = 0,50		1 900 bis 2 100	2 000 bis 2 200	2 100 bis 2 300	2 280 bis 2 430	—	—	—	—	—	—	—	—
0,50 < d ≤ 0,60	± 0,010	1 900 bis 2 100	2 000 bis 2 200	2 100 bis 2 300	2 280 bis 2 430								
0,60 < d ≤ 0,80		1 900 bis 2 100	2 000 bis 2 200	2 100 bis 2 300	2 280 bis 2 430								
0,80 < d ≤ 1,00	± 0,015	1 860 bis 2 060	1 960 bis 2 160	2 100 bis 2 300	2 280 bis 2 430								
1,00 < d ≤ 1,30		1 810 bis 2 010	1 900 bis 2 100	2 070 bis 2 260	2 280 bis 2 430								
1,30 < d ≤ 1,40	± 0,020	1 790 bis 1 970	1 870 bis 2 070	2 060 bis 2 250	2 260 bis 2 410								
1,40 < d ≤ 1,60		1 760 bis 1 940	1 840 bis 2 030	2 040 bis 2 220	2 260 bis 2 410								
1,60 < d ≤ 2,00		1 720 bis 1 890	1 790 bis 1 970	2 000 bis 2 180	2 210 bis 2 360	45	45	45	45	nach Vereinbarung	nach Vereinbarung	nach Vereinbarung	nach Vereinbarung
2,00 < d ≤ 2,50	± 0,025	1 670 bis 1 820	1 750 bis 1 900	1 970 bis 2 140	2 160 bis 2 310								
2,50 < d ≤ 2,70		1 640 bis 1 790	1 720 bis 1 870	1 950 bis 2 120	2 110 bis 2 260								
2,70 < d ≤ 3,00		1 620 bis 1 770	1 700 bis 1 850	1 930 bis 2 100	2 110 bis 2 260	42	42	42	42				
3,00 < d ≤ 3,20	± 0,030	1 600 bis 1 750	1 680 bis 1 830	1 910 bis 2 080	2 110 bis 2 260								
3,20 < d ≤ 3,50		1 580 bis 1 730	1 660 bis 1 810	1 900 bis 2 060	2 110 bis 2 260								
3,50 < d ≤ 4,00		1 550 bis 1 700	1 620 bis 1 770	1 870 bis 2 030	2 060 bis 2 210								

8

Tabelle 4 (fortgesetzt)

1	2	3	4	5	6	7	8	9	10	11	12	13	14
Draht-Nenn-durch-messer	Grenz-abmaß	Zugfestigkeit R_m				Mindestbrucheinschnürung Z				Mindestverwindezahl N_t [a]			
		FDC[b]	FDCrV[b]	FDSICr[b]	FDSICrV[b]	FDC	FDCrV	FDSICr	FDSICrV	FDC	FDCrV	FDSICr	FDSICrV
mm	mm	MPa	MPa	MPa	MPa	%	%	%	%				
4,00 < d ≤ 4,20	± 0,035	1 540 bis 1 690	1 610 bis 1 760	1 860 bis 2 020	2 060 bis 2 210	40	40	40	40				
4,20 < d ≤ 4,50		1 520 bis 1 670	1 590 bis 1 740	1 850 bis 2 000	2 060 bis 2 210								
4,50 < d ≤ 4,70		1 510 bis 1 660	1 580 bis 1 730	1 840 bis 1 990	2 010 bis 2 160								
4,70 < d ≤ 5,00		1 500 bis 1 650	1 560 bis 1 710	1 830 bis 1 980	2 010 bis 2 160								
5,00 < d ≤ 5,60		1 470 bis 1 620	1 540 bis 1 690	1 800 bis 1 950	2 010 bis 2 160	38	38	38	38				
5,60 < d ≤ 6,00	± 0,040	1 460 bis 1 610	1 520 bis 1 670	1 780 bis 1 930	1 960 bis 2 110								
6,00 < d ≤ 6,50		1 440 bis 1 590	1 510 bis 1 660	1 760 bis 1 910	1 960 bis 2 110								
6,50 < d ≤ 7,00		1 430 bis 1 580	1 500 bis 1 650	1 740 bis 1 890	1 960 bis 2 110	35	35	35	35	nach Verein-barung	nach Verein-barung	nach Verein-barung	nach Verein-barung
7,00 < d ≤ 8,00	± 0,045	1 400 bis 1 550	1 480 bis 1 630	1 710 bis 1 860	1 910 bis 2 050								
8,00 < d ≤ 8,50	± 0,050	1 380 bis 1 530	1 470 bis 1 620	1 700 bis 1 850	1 890 bis 2 030	32	32	32	32				
8,50 < d ≤ 10,00		1 360 bis 1 510	1 450 bis 1 600	1 660 bis 1 810	1 870 bis 2 010								
10,00 < d ≤ 12,00	± 0,070	1 320 bis 1 470	1 430 bis 1 580	1 620 bis 1 770	1 830 bis 1 970	30	30	30	30				
12,00 < d ≤ 14,00	± 0,080	1 280 bis 1 430	1 420 bis 1 570	1 580 bis 1 730	1 790 bis 1 930								
14,00 < d ≤ 15,00		1 270 bis 1 420	1 410 bis 1 560	1 570 bis 1 720	1 780 bis 1 920	–	–	–	–				
15,00 < d ≤ 17,00	± 0,090	1 250 bis 1 400	1 400 bis 1 550	1 550 bis 1 700	1 760 bis 1 900								

[a] Anforderungen für Mindestverwindezahl gelten nur für d ≥ 0,70 mm.
[b] 1 MPa = 1 N/mm².

Tabelle 5 — Mechanische und technologische Eigenschaften für die Drahtsorten TDC, TDCrV, TDSiCr, TDSiCrV, VDC, VDCrV, VDSiCr und VDSiCrV

1	2	3	4	5	6	7	8	9	10	11	12	13	14	15	16
Draht-Nenndurch-messer	Grenz-abmaß	Zugfestigkeit R_m				Mindestbrucheinschnürung Z				Mindestverwindezahl N_t[a]					
		TDC VDC	TDCrV VDCrV	TDSiCr VDSiCr	TDSiCrV VDSiCrV	TDC VDC	TDCrV VDCrV	TDSiCr VDSiCr	TDSiCrV VDSiCrV	TDC VDC		TDCrV VDCrV		TDSiCr VDSiCr	TDSiCrV VDSiCrV
mm	mm	MPa[b]	MPa[b]	MPa[b]	MPa[b]	%	%	%	%	rechts	links	rechts	links	min.	min.
d = 0,50	± 0,010	1850 bis 2000	1910 bis 2060	2080 bis 2230	2230 bis 2380	–	–	–	–	–	–	–	–	–	–
0,50 < d ≤ 0,60		1850 bis 2000	1910 bis 2060	2080 bis 2230	2230 bis 2380					6	24	6	12	6	5
0,60 < d ≤ 0,80	± 0,015	1850 bis 2000	1910 bis 2060	2080 bis 2230	2230 bis 2380										
0,80 < d ≤ 1,00		1850 bis 1950	1910 bis 2060	2080 bis 2230	2230 bis 2380										
1,00 < d ≤ 1,30	± 0,020	1750 bis 1850	1860 bis 2010	2080 bis 2230	2230 bis 2380						16				
1,30 < d ≤ 1,40		1700 bis 1800	1820 bis 1970	2060 bis 2210	2210 bis 2360										
1,40 < d ≤ 1,60		1700 bis 1800	1820 bis 1970	2060 bis 2210	2210 bis 2360							6	8	5	5
1,60 < d ≤ 2,00	± 0,025	1670 bis 1770	1770 bis 1920	2010 bis 2160	2160 bis 2310	50	50	50	50	6	14				
2,00 < d ≤ 2,50		1630 bis 1730	1720 bis 1860	1960 bis 2060	2100 bis 2250										
2,50 < d ≤ 2,70		1600 bis 1700	1670 bis 1810	1910 bis 2010	2060 bis 2210						12				
2,70 < d ≤ 3,00		1600 bis 1700	1670 bis 1810	1910 bis 2010	2060 bis 2210										
3,00 < d ≤ 3,20	± 0,030	1570 bis 1670	1670 bis 1770	1910 bis 2010	2060 bis 2210					6	10	6	4	4	4
3,20 < d ≤ 3,50		1570 bis 1670	1670 bis 1770	1910 bis 2010	2010 bis 2160										
3,50 < d ≤ 4,00		1550 bis 1650	1620 bis 1720	1860 bis 1960	2010 bis 2160					6	8				
4,00 < d ≤ 4,20	± 0,035	1550 bis 1650	1570 bis 1670	1860 bis 1960	1960 bis 2110	45	45	45	45						3
4,20 < d ≤ 4,50		1550 bis 1650	1570 bis 1670	1860 bis 1960	1960 bis 2110										

Tabelle 5 (fortgesetzt)

1	2	3	4	5	6	7	8	9	10	11	12	13	14	15	16
		Zugfestigkeit R_m				Mindestbrucheinschnürung Z				Mindestverwindezahl N_i [a]					
Draht-Nenndurchmesser	Grenz-abmaß	TDC VDC	TDCrV VDCrV	TDSiCr VDSiCr	TDSiCrV VDSiCrV	TDC VDC	TDCrV VDCrV	TDSiCr VDSiCr	TDSiCrV VDSiCrV	TDC VDC		TDCrV VDCrV		TDSiCr VDSiCr	TDSiCrV VDSiCrV
mm	mm	MPa[b]	MPa[b]	MPa[b]	MPa[b]	%	%	%	%	rechts	links	rechts	links	min.	min.
4,50 < d ≤ 4,70		1540 bis 1640	1570 bis 1670	1810 bis 1910	1960 bis 2110	45	45	45	40	6	6	6	4	3	3
4,70 < d ≤ 5,00	± 0,035	1540 bis 1640	1570 bis 1670	1810 bis 1910	1960 bis 2110										
5,00 < d ≤ 5,60		1520 bis 1620	1520 bis 1620	1810 bis 1910	1910 bis 2060	40	40	40							
5,60 < d ≤ 6,30		1520 bis 1620	1520 bis 1620	1760 bis 1860	1910 bis 2060				35	6	4				
6,00 < d ≤ 6,50	± 0,040	1470 bis 1570	1470 bis 1570	1760 bis 1860	1910 bis 2060										
6,50 < d ≤ 7 00		1470 bis 1570	1470 bis 1570	1710 bis 1810	1860 bis 2010			35							
7,00 < d ≤ 8,00	± 0,045	1420 bis 1520	1420 bis 1520	1710 bis 1810	1860 bis 2010	38		35	35	–	–	–	–	–	–
8,00 < d ≤ 9,00		1390 bis 1490	1390 bis 1490	1670 bis 1770	1810 bis 1960										
9,00 < d ≤ 13,00	± 0,050	1390 bis 1490	1390 bis 1490	1670 bis 1770	1810 bis 1960										

a Anforderungen für Mindestverwindezahl gelten nur für d ≥ 0,70 mm.

b 1 MPa = 1 N/mm².

6.6 Technologische Eigenschaften

6.6.1 Wickelversuch

Zur Beurteilung der Gleichmäßigkeit des Drahtes beim Wickeln und seiner Oberflächenbeschaffenheit kann bei Draht mit einem Durchmesser bis 0,70 mm der Wickelversuch durchgeführt werden.

Bei dem in 7.4.3 näher beschriebenen Versuch muss die Probe eine fehlerfreie Oberfläche ohne Riss oder Bruch und eine gleichmäßige Steigung der Windungen nach dem Wickeln aufweisen.

ANMERKUNG   Obwohl die Aussagekraft des Wickelversuches nicht allgemein anerkannt wird, wurde dieser Versuch beibehalten, weil er die einzige Möglichkeit zur Aufdeckung innerer Spannungen bietet. Bei Vorliegen zweifelhafter Versuchsergebnisse sollte der betroffene Draht nicht sogleich zurückgewiesen, sondern zwischen den Beteiligten eine Klärung herbeigeführt werden.

6.6.2 Verwindeversuch

Zur Beurteilung der Verformbarkeit, des Bruchverhaltens und der Oberflächenbeschaffenheit wird bei einem Durchmesser über 0,70 mm bis 6,00 mm der Verwindeversuch durchgeführt. Drähte aus den Güten „VD" und „TD" müssen die in Tabelle 5 angegebenen Mindestanforderungen erfüllen.

Der Bruch der Verwindeprobe muss glatt sein und senkrecht zur Drahtachse liegen. Der Bruch muss Typ 1a nach EN 10218-1:2011 entsprechen. Der Bruch darf keine Längsrisse aufweisen.

Bei Draht der Güte „FD" wird der Verwindeversuch bei einem Durchmesser über 0,70 mm bis 6,00 mm durchgeführt. Die Probe wird in eine Richtung bis zum Bruch verwunden. Der Bruch muss eine glatte Oberfläche vom Typ 1a oder 3a nach EN 10218-1:2011 aufweisen.

Mindestwerte für die Anzahl der Verwindungen für Güte „FD" können bei der Bestellung vereinbart werden.

6.7 Oberflächenbeschaffenheit

6.7.1 Die Oberfläche des Drahtes muss glatt sein. Für die zulässige Tiefe von Oberflächenunganzen an den Ringenden gelten die Angaben in Tabelle 6.

Falls für VD-Güten erforderlich, kann der Draht geschält oder geschliffen sein.

Bei der Durchlaufprüfung auf Oberflächenfehler sind Bereiche des Ringes mit größeren Fehlern als nach Tabelle 7 zulässig zu kennzeichnen. Für FD-Güten kommt Durchlaufprüfung nicht in Betracht. Zwischen den Beteiligten kann ein zulässiger Anteil an Ungänzen vereinbart werden.

Tabelle 6 — Zulässige Tiefe von Oberflächenunganzen (mm)

Drahtsorte	VD	TD	FD
C	0,005 d	0,008 d	0,010 d
CrV	0,007 d	0,008 d	0,010 d
SiCr, SiCrV	0,010 d	0,013 d	0,015 d

Tabelle 7 — Zulässige Tiefe von Oberflächenunganzen bei Durchlaufprüfung

Nenndurchmesser d mm	Maximale Tiefe von Oberflächenunganzen[a]	
	VD	TD
2,50 mm ≤ d ≤ 4,99 mm	40 µm	60 µm
4,99 mm < d ≤ 5,99 mm	50 µm	60 µm
5,99 mm < d ≤ 8,00 mm	60 µm	0,01 d
[a] Andere Werte können zum Zeitpunkt der Anfrage und Bestellung vereinbart werden.		

6.7.2 Oberflächenentkohlung

Die Drahtsorten nach dieser Norm müssen frei von Auskohlung sein. Die Höchstwerte der abgekohlten Zone sind an den Ringenden zu prüfen. Die zulässige Tiefe ist in Tabelle 8 angegeben.

Falls für VD- und TD-Güten erforderlich, kann der Draht geschält oder geschliffen sein.

Tabelle 8 — Zulässige Randentkohlungstiefe (mm)

Drahtsorte	VD	TD	FD
C	0,005 d	0,008 d	0,010 d
CrV	0,007 d	0,008 d	0,010 d
SiCr, SiCrV	0,010 d	0,013 d	0,015 d

6.8 Maße und Toleranzen

6.8.1 Grenzabmaße

a) Aufgewickelter Draht

Die Toleranzklassen für die Drahtdurchmesser entsprechen EN 10218-2:

1) T5 für Durchmesser unterhalb bis einschließlich 0,80 mm;

2) T4 für Durchmesser über 0,80 bis 10,00 mm;

3) T3 für Durchmesser über 10,00 mm.

b) Abgelängter Draht

Die Anforderungen an die Grenzabmaße der Länge und die Geradheitstoleranzen müssen EN 10218-2 entsprechen. Die Grenzabmaße der Länge dürfen unter Beibehaltung der Toleranz nur im Plus liegen (Tabelle 9).

Tabelle 9 — Genzabmaße der Länge von Stäben

Nennlänge L mm	Grenzabmaß mm	
	Klasse 1	Klasse 2
$L \leq 300$	$^{+1,0}_{0}$ mm	
$300 < L \leq 1\ 000$	$^{+2,0}_{0}$ mm	$^{+1,0}_{0}$ %
$1\ 000 < L$	$^{+0,2}_{0}$ %	

6.8.2 Rundheitsabweichung (Unrundheit)

Der Unterschied zwischen größtem und kleinstem Drahtdurchmesser in derselben Querschnittsebene darf nicht mehr als 50 % der gesamten in Tabelle 4 und Tabelle 5 angegebenen Toleranz betragen.

13

7 Prüfung

7.1 Prüfungen und Prüfbescheinigungen

Erzeugnisse nach dieser Norm sind mit spezifischer Prüfung (siehe EN 10021) und der betreffenden, bei der Anfrage und Bestellung vereinbarten Prüfbescheinigung (siehe EN 10204) zu liefern.

Die Prüfbescheinigung muss folgende Angaben enthalten:

— Schmelzenanalyse;

— Ergebnis des Zugversuches (R_m und Z);

— Ergebnis des Verwindeversuches (N_t);

— Ist-Durchmesser des Drahtes;

— Ergebnisse vereinbarter Sonderprüfungen.

7.2 Prüfumfang bei spezifischen Prüfungen

Für den Prüfumfang gilt Tabelle 11.

7.3 Probenahme

Probenahme und Probenvorbereitung müssen EN ISO 377 und EN ISO 14284 entsprechen. Die Probenabschnitte werden an den Enden der Einheiten entnommen. Tabelle 11, Spalte 8, enthält weitere Einzelheiten.

7.4 Prüfverfahren

7.4.1 Chemische Zusammensetzung

Wenn bei der Bestellung nicht anders vereinbart, bleibt für die Ermittlung der Stückanalyse dem Hersteller die Wahl eines geeigneten physikalischen oder chemischen Analysenverfahrens überlassen.

In Schiedsfällen ist die Analyse von einem von beiden Seiten anerkannten Laboratorium durchzuführen. Das anzuwendende Analysenverfahren ist, möglichst in Übereinstimmung mit CEN/TR 10261, zu vereinbaren.

7.4.2 Zugversuch

Der Zugversuch ist nach EN ISO 6892-1 durchzuführen, und zwar an Proben im vollen Drahtquerschnitt. Für die Berechnung der Zugfestigkeit ist der auf dem Ist-Durchmesser des Drahtes basierende Ist-Querschnitt zu verwenden.

7.4.3 Wickelversuch

Der Wickelversuch ist folgendermaßen durchzuführen: Eine Probe - ungefähr 500 mm lang - wird mit geringer, aber möglichst gleichmäßiger Zugspannung auf einen Dorn mit dem drei- bis dreieinhalbfachen Nenndurchmesser eng aufgewickelt. Der Dorn muss jedoch einen Mindestdurchmesser von 1,00 mm haben. Die Wicklung ist so auseinanderzuziehen, dass sie sich nach dem Entlasten bei ungefähr der dreifachen Ausgangslänge setzt.

In diesem Zustand werden die Oberflächenbeschaffenheit des Drahtes und die Gleichmäßigkeit der Steigung und der einzelnen Windungen der Probe geprüft.

14

425

7.4.4 Verwindeversuch

Der Verwindeversuch ist nach ISO 7800 durchzuführen.

Für die Güte FD wird der Versuch in einer Richtung bis zum Bruch fortgesetzt. Bei den Güten TDC, TDCrV, VDC und VDCrV wird die Probe zunächst in eine Richtung verwunden - entsprechend der in Tabelle 5 angegebenen Zahl der Verwindungen - und wird dann bis zum Bruch in die andere Richtung verwunden.

7.4.5 Oberflächenfehler

Die Prüfung auf Oberflächenfehler erfolgt an Proben von beiden Enden der Drahteinheiten durch Tiefätzung oder mikroskopisch an Querschliffen. Für Drahtdurchmesser unter 2,00 mm kann bei der Anfrage und Bestellung vereinbart werden, dass die mikroskopische Prüfung unmittelbar nach der letzten Wärmebehandlung durchgeführt wird.

Der Tiefätzversuch ist nach EN 10218-1 oder alternativ wie folgt durchzuführen:

Der zu untersuchende Drahtabschnitt ist zunächst in geeigneter Weise zu entfetten. Das Ätzen erfolgt in einer auf $(75 \, ^{+5}_{0})$ °C erwärmten Lösung aus 50 Volumenprozent konzentrierte Salzsäure und 50 Volumenprozent Wasser bis etwa 1 %, höchstens jedoch 0,03 mm Durchmesserabnahme. Falls Oberflächenfehler festgestellt werden, kann deren Tiefe, zum Beispiel durch Querschliffe oder Tastverfahren, gemessen werden. In Streitfällen gilt das Ergebnis der Messung am Querschliff bei 200facher Vergrößerung, wobei die Tiefe des Oberflächenfehlers in radialer Richtung gemessen wird.

Bei Drahtsorten vom Typ „TD" und „VD" im Durchmesserbereich von 2,50 mm bis 8,00 mm ist die gesamte Ringlänge mit einem geeigneten Verfahren zerstörungsfrei zu prüfen. Alle Bereiche mit größeren Fehlern als nach Tabelle 7 zulässig sind deutlich und dauerhaft zu kennzeichnen.

7.4.6 Entkohlung

Die Entkohlungstiefe wird metallographisch ermittelt. Die Proben werden von den Enden der Drahteinheit entnommen. Die Auswertung erfolgt an mit Nital geätzten Querschliffen bei 200facher Vergrößerung entsprechend EN ISO 3887.

7.4.7 Durchmesser

Der Durchmesser ist mit Grenzrachenlehren, mit einer Messschraube oder nach einem anderen geeigneten Verfahren zu messen. Die Unrundheit ist als Unterschied zwischen dem größten und kleinsten Durchmesser desselben Querschnitts zu ermitteln.

7.5 Wiederholungsprüfungen

Wiederholungsprüfungen sind nach EN 10021 durchzuführen.

8 Kennzeichnung und Verpackung

Jede Einheit ist in geeigneter Weise zu kennzeichnen und zu identifizieren, um die Rückverfolgbarkeit und den Bezug zu den Prüfbescheinigungen zu gestatten.

Die Anhängeschilder müssen gegen übliche Behandlung und den Kontakt mit Öl beständig sein. Sie müssen mindestens die Informationen nach Tabelle 10 enthalten. Andere Informationen können Gegenstand einer Vereinbarung zwischen den Beteiligten sein.

Drahtlieferungen müssen in geeigneter Weise gegen mechanische Beschädigung und/oder Verunreinigungen während des Transportes geschützt sein.

15

Tabelle 10 — Information auf den Anhängeschildern[a]

Drahtsorte	VD	TD	FD
Bezeichnung	+	+	+
Hersteller	+	+	+
Nenndurchmesser	+	+	+
Federdrahtsorte	+	+	+
Schmelzennummer	+	+	(+)
Identifizierungsnummer	+	+	(+)

[a]   Die Symbole in der Tabelle bedeuten:
+   Die Information ist auf den Anhängeschildern anzubringen.
(+)   Die Information ist auf den Anhängeschildern anzubringen, falls so vereinbart.

Tabelle 11 — Prüfumfang und Probenahme bei spezifischen Prüfungen und Übersicht über die Angaben zur Durchführung der Prüfungen und über die Anforderungen

	1	2	3	4	5	6	7	8	9	10
	Prüfverfahren	Gilt für Drahtsorten	Pflichtprüfung/ Optional[a]	Prüfeinheit	Anzahl der Erzeugnisse je Prüfeinheit	Anzahl der Probenabschnitte je Erzeugnis	Anzahl der Proben je Probenabschnitt	Probenahme	Prüfverfahren nach	Anforderung siehe
1	Stückanalyse	Alle	o[b]	Liefermenge je Schmelze	1	1	1	nach EN ISO 14284	7.4.1	6.3[b]
2	Zugversuch R_m Brucheinschnürung Z	Alle > 1 mm	m		10 %[c]	1	1	von den Ringenden entnommene Proben	7.4.2	6.5[d]
3	Wickelversuch	Alle ≤ 0,70 mm	o		Der Prüfumfang ist bei der Bestellung zu vereinbaren				7.4.3	6.6.1
4	Verwindeversuch[e]	VD, TD / FD	m / o	Liefermenge je Fertigungslos[d]					7.4.4	6.6.2
5	Nichtmetallische Einschlüsse	VD / TD	m / o						EN 10247	6.4
6	Prüfung auf Oberflächenfehler	FD / TD, VD	o / m						7.4.5	6.7.1
7	Prüfung auf Entkohlung	FD / TD, VD	o / m						7.4.6	6.7.2
8	Maßkontrolle	alle	m		100 %	1	1		7.4.7	6.8

a m (= mandatory): Die Prüfung ist in jedem Fall durchzuführen; o (=optional): Die Prüfung wird nur durchgeführt, wenn bei der Bestellung vereinbart.

b Die Ergebnisse der Schmelzenanalyse für die in Tabelle 2 für die betreffende Sorte aufgeführten Elemente ist dem Besteller in jedem Fall mitzuteilen.

c 10 % der Dranteinheiten im Fertigungslos, jedoch mindestens 2, höchstens 10 Ringe oder Spulen.

d Als Fertigunslos gilt eine Erzeugnismenge, die aus derselben Schmelze stammt, die denselben Wärmebehandlungsbedingungen unterworfen und mit derselben Querschnittsabnahme gezogen wurde.

e Nur für Durchmesser über 0,70 mm bis 6,00 mm.

Anhang A
(informativ)

Zusätzliche Informationen

A.1 Elastizitätsmodul und Schubmodul bei Raumtemperatur

Der Elastizitätsmodul wird mit 206 GPa, der Schubmodul mit 79,5 GPa angenommen.

Januar 2012

DIN EN 10270-3

ICS 77.140.25

Ersatz für
DIN EN 10270-3:2001-08

Stahldraht für Federn –
Teil 3: Nichtrostender Federstahldraht –
Deutsche Fassung EN 10270-3:2011

Steel wire for mechanical springs –
Part 3: Stainless spring steel wire;
German version EN 10270-3:2011

Fils en acier pour ressorts mécaniques –
Partie 3: Fils en acier inoxydable;
Version allemande EN 10270-3:2011

Gesamtumfang 24 Seiten

Normenausschuss Eisen und Stahl (FES) im DIN
Normenausschuss Federn, Stanzteile und Blechformteile (NAFS) im DIN
Normenausschuss Stahldraht und Stahldrahterzeugnisse (NAD) im DIN

Nationales Vorwort

Dieses Dokument (EN 10270-3:2012) wurde vom Technischen Komitee CEN/TC 106 „Walzdraht und Draht" erarbeitet, dessen Sekretariat von AFNOR (Frankreich) gehalten wird.

Das zuständige deutsche Normungsgremium ist ein aus Vertretern des FES, NAD und des Ausschusses Federn gebildeter Spiegelausschuss NA 021-00-06-02 UA „Nichtrostende Federstähle" unter der Federführung des Nomenausschusses Eisen und Stahl (FES).

Änderungen

Gegenüber DIN EN 10270-3:2001-08 wurden folgende Änderungen vorgenommen:

a) es wurden folgende neue Stahldrahtsorten aufgenommen: X5CrNi18-10 (1.4301), X1NiCrMoCu25-20-5 (1.4539), X2CrNiMoN22-5-3 (1.4462);

b) für die Grenzabmaße des Durchmessers für Draht auf Spulen oder als Ringe wurden vier verschiedene Klassen eingeführt;

c) Norm wurde redaktionell überarbeitet.

Frühere Ausgaben

DIN 17224: 1955-04, 1968-07, 1982-02
DIN EN 10270-3: 2001-08

2

EUROPÄISCHE NORM

EUROPEAN STANDARD

NORME EUROPÉENNE

EN 10270-3

Oktober 2011

ICS 77.140.25; 77.140.65

Ersatz für EN 10270-3:2001

Deutsche Fassung

Stahldraht für Federn —
Teil 3: Nichtrostender Federstahldraht

Steel wire for mechanical springs —
Part 3: Stainless spring steel wire

Fils en acier pour ressorts mécaniques —
Partie 3: Fils en acier inoxydable

Diese Europäische Norm wurde vom CEN am 10. September 2011 angenommen.

Die CEN-Mitglieder sind gehalten, die CEN/CENELEC-Geschäftsordnung zu erfüllen, in der die Bedingungen festgelegt sind, unter denen dieser Europäischen Norm ohne jede Änderung der Status einer nationalen Norm zu geben ist. Auf dem letzten Stand befindliche Listen dieser nationalen Normen mit ihren bibliographischen Angaben sind beim Management-Zentrum des CEN-CENELEC oder bei jedem CEN-Mitglied auf Anfrage erhältlich.

Diese Europäische Norm besteht in drei offiziellen Fassungen (Deutsch, Englisch, Französisch). Eine Fassung in einer anderen Sprache, die von einem CEN-Mitglied in eigener Verantwortung durch Übersetzung in seine Landessprache gemacht und dem Management-Zentrum mitgeteilt worden ist, hat den gleichen Status wie die offiziellen Fassungen.

CEN-Mitglieder sind die nationalen Normungsinstitute von Belgien, Bulgarien, Dänemark, Deutschland, Estland, Finnland, Frankreich, Griechenland, Irland, Island, Italien, Kroatien, Lettland, Litauen, Luxemburg, Malta, den Niederlanden, Norwegen, Österreich, Polen, Portugal, Rumänien, Schweden, der Schweiz, der Slowakei, Slowenien, Spanien, der Tschechischen Republik, Ungarn, dem Vereinigten Königreich und Zypern.

EUROPÄISCHES KOMITEE FÜR NORMUNG
EUROPEAN COMMITTEE FOR STANDARDIZATION
COMITÉ EUROPÉEN DE NORMALISATION

Management-Zentrum: Avenue Marnix 17, B-1000 Brüssel

Inhalt

Vorwort

Dieses Dokument (EN 10270-3:2011) wurde vom Technischen Komitee ECISS/TC 106 „Walzdraht und Draht" erarbeitet, dessen Sekretariat vom AFNOR gehalten wird.

Diese Europäische Norm muss den Status einer nationalen Norm erhalten, entweder durch Veröffentlichung eines identischen Textes oder durch Anerkennung bis April 2012, und etwaige entgegenstehende nationale Normen müssen bis April 2012 zurückgezogen werden.

Es wird auf die Möglichkeit hingewiesen, dass einige Texte dieses Dokuments Patentrechte berühren können. CEN [und/oder CENELEC] sind nicht dafür verantwortlich, einige oder alle diesbezüglichen Patentrechte zu identifizieren.

Dieses Dokument ersetzt EN 10270-3:2001.

Diese Europäische Norm für Stahldraht für Federn besteht aus folgenden Teilen:

— *Teil 1: Patentiert-gezogener unlegierter Federstahldraht*

— *Teil 2: Ölschlussvergüteter Federstahldraht*

— *Teil 3: Nichtrostender Federstahldraht*

Entsprechend der CEN/CENELEC-Geschäftsordnung sind die nationalen Normungsinstitute der folgenden Länder gehalten, diese Europäische Norm zu übernehmen: Belgien, Bulgarien, Dänemark, Deutschland, Estland, Finnland, Frankreich, Griechenland, Irland, Island, Italien, Kroatien, Lettland, Litauen, Luxemburg, Malta, Niederlande, Norwegen, Österreich, Polen, Portugal, Rumänien, Schweden, Schweiz, Slowakei, Slowenien, Spanien, Tschechische Republik, Ungarn, Vereinigtes Königreich und Zypern.

3

1 Anwendungsbereich

1.1 Diese Europäische Norm gilt für die nichtrostenden Stähle nach Tabelle 1, die üblicherweise im kaltgezogenen Zustand in Form von Draht mit kreisförmigem Querschnitt bis 10,00 mm Durchmesser für die Fertigung von Federn und federnden Teilen, die Korrosionseinflüssen und mitunter leicht erhöhten Temperaturen (siehe A.1) ausgesetzt sind, verwendet werden.

1.2 Außer den Stählen nach Tabelle 1 werden auch einige Sorten nach EN 10088-3, zum Beispiel 1.4571, 1.4539, 1.4028, für Federn verwendet, allerdings in wesentlich geringerem Umfang. In diesen Fällen sind die mechanischen Eigenschaften (Zugfestigkeit usw.) zwischen Besteller und Lieferer zu vereinbaren. Ähnlich können Durchmesser zwischen 10,00 mm und 15,00 mm nach dieser Norm bestellt werden; in diesem Falle müssen die Beteiligten die benötigten mechanischen Eigenschaften vereinbaren.

1.3 Zusätzlich zu dieser Europäischen Norm gelten die allgemeinen technischen Lieferbedingungen nach EN 10021.

2 Normative Verweisungen

Die folgenden zitierten Dokumente sind für die Anwendung dieses Dokuments erforderlich. Bei datierten Verweisungen gilt nur die in Bezug genommene Ausgabe. Bei undatierten Verweisungen gilt die letzte Ausgabe des in Bezug genommenen Dokuments (einschließlich aller Änderungen).

EN 10021, *Allgemeine technische Lieferbedingungen für Stahlerzeugnisse*

EN 10027-1:2005, *Bezeichnungssysteme für Stähle — Teil 1: Kurznamen*

EN 10027-2:1992, *Bezeichnungssysteme für Stähle — Teil 2: Nummernsystem*

EN 10088-3, *Nichtrostende Stähle — Teil 3: Technische Lieferbedingungen für Halbzeug, Stäbe, Walzdraht, gezogenen Draht, Profile und Blankstahlerzeugnisse aus korrosionsbeständigen Stählen für allgemeine Verwendung*

EN 10204:2004, *Metallische Erzeugnisse — Arten von Prüfbescheinigungen*

EN 10218-1, *Stahldraht und Drahterzeugnisse — Allgemeines — Teil 1: Prüfverfahren*

EN 10218-2, *Stahldraht und Drahterzeugnisse — Allgemeines — Teil 2: Drahtmaße und Toleranzen*

CEN/TR 10261, *Eisen und Stahl — Übersicht über verfügbare chemische Analyseverfahren*

EN ISO 377, *Stahl und Stahlerzeugnisse — Lage und Vorbereitung von Probenabschnitten und Proben für mechanische Prüfungen (ISO 377:1997)*

EN ISO 6892-1, *Metallische Werkstoffe — Zugversuch — Teil 1: Prüfverfahren bei Raumtemperatur (ISO 6892-1:2009)*

EN ISO 14284, *Stahl und Eisen — Entnahme und Vorbereitung von Proben für die Bestimmung der chemischen Zusammensetzung (ISO 14284:1996)*

4

3 Bestellangaben

Der Besteller muss bei der Anfrage oder Bestellung eindeutig das Erzeugnis nennen und folgende Angaben machen:

a) gewünschte Menge;

b) das Wort Federstahldraht oder gerichtete Stäbe;

c) Nummer dieser Europäischen Norm: EN 10270-3;

d) Stahlsorte (siehe Tabelle 1) und für Sorten 1.4301, 1.4310 und 1.4462 auch die Festigkeitsstufe (siehe Tabelle 2);

e) Nenndurchmesser des Drahtes (siehe Tabelle 4) und für Stäbe die Länge und die Grenzabmaße der Länge (siehe Tabelle 6);

f) Oberflächenausführung (siehe 4.3, z.B. Überzug);

g) Lieferform (siehe 4.2);

h) Art der zu liefernden Prüfbescheinigung (siehe 5.1);

i) getroffene Sondervereinbarungen.

BEISPIEL   2 t nichtrostender Federstahldraht nach dieser Norm, Sorte 1.4310, übliche Festigkeitsstufe (NS) und Nenndurchmesser 2,50 mm, mit Nickelüberzug in Ringen und mit Prüfbescheinigung 3.1 nach EN 10204:2004:

   2 t nichtrostender Federstahldraht EN 10270-3–1.4310–NS–2,50 mit Nickelüberzug, in Ringen, EN 10204:2004-3.1

4 Anforderungen

4.1 Herstellverfahren

Wenn bei der Bestellung nicht anders vereinbart, bleibt das Verfahren zur Herstellung des nichtrostenden Stahldrahtes dem Hersteller überlassen. Der Ausgangszustand (+AT: lösungsgeglüht) des Drahtes (Walzdrahtes) ist in EN 10088-3 festgelegt.

4.2 Lieferform

Der Draht ist in Ringen, auf Spulen, spulenlosen Ringen oder Trägern zu liefern. Mehrere Ringe können auf einem Träger zusammengefasst werden. Wenn nicht anders festgelegt, bleibt die Lieferform dem Hersteller überlassen. Der Käufer ist jedoch über die Lieferform zu unterrichten.

Die Lieferanforderungen sind in 4.7 festgelegt.

Gerichtete Stäbe werden üblicherweise in Bündeln geliefert.

4.3 Oberflächenausführung

Der Draht kann mit und ohne Überzug sein. Der spezifische Überzug und die Ausführung des nichtrostenden Federstahldrahtes sind bei der Bestellung zu vereinbaren, z.B. ohne Überzug, polierte Ausführung, mit Nickelüberzug.

5

4.4 Chemische Zusammensetzung

4.4.1 Die Anforderungen an die in Tabelle 1 angegebene chemische Zusammensetzung gelten für die Schmelzenanalyse.

4.4.2 Die Grenzabweichungen der Stückanalyse von den in Tabelle 1 festgelegten Werten müssen den Angaben in EN 10088-3 entsprechen. Bei einer Schmelze darf die Abweichung eines Elementes in der Stückanalyse nur unter dem Mindestwert oder nur über dem Höchstwert des für die Schmelzenanalyse angegebenen Bereiches liegen, jedoch nicht beides gleichzeitig.

Tabelle 1 — Chemische Zusammensetzung — Schmelzenanalyse[a], Massenanteile in %

Stahlsorte		C	Si	Mn	P	S	Cr	Mo	Ni	Sonstige
Kurzname[b]	Werkstoff-nummer[b]	max.	max.	max.	max.					
X10CrNi18-8	1.4310	0,05 bis 0,15	2,00	2,00	0,045	0,015	16,0 bis 19,0	≤ 0,80	6,0 bis 9,5	N:≤ 0,11
X5CrNiMo17-12-2	1.4401[c]	≤ 0,07	1,00	2,00	0,045	0,015	16,5 bis 18,5	2,00 bis 2,50	10,0 bis 13,0	N:≤ 0,11
X7CrNiAl17-7	1.4568[d]	≤ 0,09	0,70	1,00	0,040	0,015	16,0 bis 18,0	–	6,5 bis 7,8	Al: 0,70 bis 1,50
X5CrNi18-10	1.4301	≤ 0,07	1,00	2,00	0,045	0,015	17,5 bis 19,5	–	8,0 bis 10,5	N:≤ 0,11
X1NiCrMoCu25-20-5	1.4539	≤ 0,020	0,70	2,00	0,030	0,010	19,0 bis 21,0	4,0 bis 5,0	24,0 bis 26,0	N: ≤ 0,15 Cu: 1,20 bis 2,00
X2CrNiMoN22-5-3	1.4462[e]	≤ 0,030	1,00	2,00	0,035	0,015	21,0 bis 23,0	2,50 bis 3,5	4,5 bis 6,5	N: 0,10 bis 0,22

[a] Andere Zusammensetzungen dürfen nach Vereinbarung verwendet werden.

[b] Kurzname und Werkstoffnummern entsprechend EN 10027-1 bzw. EN 10027-2.

[c] Im Hinblick auf gegenüber 1.4401 erhöhte Korrosionsbeständigkeit darf der Stahl 1.4436 mit den in diesem Teil der EN 10270 für den Stahl 1.4401 geltenden Festlegungen verwendet werden.

[d] Zwecks besserer Kaltumformbarkeit darf die obere Grenze des Ni-Anteils auf 8,30 % angehoben werden.

[e] Duplex-Sorte

4.5 Mechanische Eigenschaften

4.5.1 Für die Zugfestigkeit im gezogenen Zustand gelten die Werte nach Tabelle 2.

6

Tabelle 2 — Zugfestigkeit im gezogenen Zustand

Nenndurchmesser mm [g]	Zugfestigkeit (MPa) [a, b, c, d, e, f] für folgende Stahlsorten																
	1.4310				1.4401		1.4568		1.4301			1.4539		1.4462			
	Übliche Zugfestigkeit (NS)		Hohe Zugfestigkeit (HS)						Übliche Zugfestigkeit (NS)		Hohe Zugfestigkeit (HS)			Übliche Zugfestigkeit (NS)		Hohe Zugfestigkeit (HS)	
	min.	max.	min.	max.	min.	max.	min.	max.	min.	max.	min.	min.	max.	min.	max.	min.	max.
d ≤ 0,20	2 200	2 530	2 350	2 710	1 725	1 990	1 975	2 280	2 000	2 300	2 150	1 600	1 840	2 150	2 480	2 370	2 730
0,20 < d ≤ 0,30	2 150	2 480	2 300	2 650	1 700	1 960	1 950	2 250	1 975	2 280	2 050	1 550	1 790	2 100	2 420	2 370	2 730
0,30 < d ≤ 0,40	2 100	2 420	2 250	2 590	1 675	1 930	1 925	2 220	1 925	2 220	2 050	1 550	1 790	2 000	2 300	2 370	2 730
0,40 < d ≤ 0,50	2 050	2 360	2 200	2 530	1 650	1 900	1 900	2 190	1 900	2 190	1 950	1 500	1 730	2 000	2 300	2 370	2 730
0,50 < d ≤ 0,65	2 000	2 300	2 150	2 480	1 625	1 870	1 850	2 130	1 850	2 130	1 950	1 450	1 670	1 900	2 190	2 370	2 730
0,65 < d ≤ 0,80	1 950	2 250	2 100	2 420	1 600	1 840	1 825	2 100	1 800	2 070	1 850	1 450	1 670	1 900	2 190	2 230	2 570
0,80 < d ≤ 1,00	1 900	2 190	2 050	2 360	1 575	1 820	1 800	2 070	1 775	2 050	1 850	1 400	1 610	1 800	2 070	2 140	2 470
1,00 < d ≤ 1,25	1 850	2 130	2 000	2 300	1 550	1 790	1 750	2 020	1 725	1 990	1 750	1 400	1 610	1 800	2 070	2 090	2 410
1,25 < d ≤ 1,50	1 800	2 070	1 950	2 250	1 500	1 730	1 700	1 960	1 675	1 930	1 750	1 350	1 560	1 700	1 960	2 090	2 410
1,50 < d ≤ 1,75	1 750	2 020	1 900	2 190	1 450	1 670	1 650	1 900	1 625	1 870	1 650	1 300	1 500	1 700	1 960	2 000	2 300
1,75 < d ≤ 2,00	1 700	1 960	1 850	2 130	1 400	1 610	1 600	1 840	1 575	1 820	1 650	1 300	1 500	1 550	1 790	2 000	2 300
2,00 < d ≤ 2,50	1 650	1 900	1 750	2 020	1 350	1 560	1 550	1 790	1 525	1 760	1 550	1 300	1 500	1 550	1 790	1 900	2 190
2,50 < d ≤ 3,00	1 600	1 840	1 700	1 960	1 300	1 500	1 500	1 730	1 475	1 700	1 550	1 300	1 500	1 550	1 790	1 860	2 140
3,00 < d ≤ 3,50	1 550	1 790	1 650	1 900	1 250	1 440	1 450	1 670	1 425	1 640	1 450	1 250	1 440	1 450	1 670	—	—
3,50 < d ≤ 4,25	1 500	1 730	1 600	1 840	1 225	1 410	1 400	1 610	1 400	1 610	1 450	1 250	1 440	1 450	1 670	—	—
4,25 < d ≤ 5,00	1 450	1 670	1 550	1 790	1 200	1 380	1 350	1 560	1 350	1 560	1 350	1 250	1 440	1 350	1 560	—	—
5,00 < d ≤ 6,00	1 400	1 610	1 500	1 730	1 150	1 330	1 300	1 500	1 300	1 500	1 350	1 250	1 440	1 350	1 560	—	—
6,00 < d ≤ 7,00	1 350	1 560	1 450	1 670	1 125	1 300	1 250	1 440	1 250	1 440	1 300	1 200	1 380	—	—	—	—
7,00 < d ≤ 8,50	1 300	1 500	1 400	1 610	1 075	1 240	1 250	1 440	1 200	1 380	1 300	1 150	1 330	—	—	—	—
8,50 < d ≤ 10,00	1 250	1 440	1 350	1 560	1 050	1 210	1 250	1 440	1 175	1 360	1 250	1 150	1 330	—	—	—	—

a Zugfestigkeit ist am Istdurchmesser zu ermitteln.

b Der Bereich der Zugfestigkeitswerte in einem Herstellos mit der gleichen Wärmebehandlung darf maximal 9 % der Minimumwerte dieser Tabelle betragen.

c Nach dem Richten darf die Zugfestigkeit bis zu 10 % niedriger sein, aber die unteren Grenzen in dieser Tabelle müssen eingehalten werden.

d Wenn eine bessere Umformbarkeit verlangt wird, dürfen niedrigere Zugfestigkeitswerte vereinbart werden.

e Der Draht wird im kaltgezogenen Zustand geliefert. Die Zugfestigkeit der fertigen Feder darf wesentlich durch eine Wärmebehandlung beeinflusst werden. Insbesondere führt Ausscheidungshärten der Sorte 1.4568 zu einer wesentlich höheren Zugfestigkeit (siehe A.5.2 und Tabelle A.3).

f 1 MPa = 1 N/mm².

g Größere Durchmesser können bestellt werden. In diesem Falle müssen alle Beteiligten zum Zeitpunkt der Anfrage und Bestellung die Zugfestigkeit vereinbaren.

ANMERKUNG 1 Die Sorten 1.4301, 1.4310 und 1.4462 können mit üblicher Zugfestigkeit (NS) oder mit hoher Zugfestigkeit (HS) geliefert werden.

ANMERKUNG 2 Beim Stahl 1.4568 werden die Federeigenschaften nicht nur durch die Eigenschaften des gezogenen Drahtes, sondern auch durch die Wärmebehandlung der Feder bestimmt (siehe A.2). Der Stahl muss daher eine solche Qualität besitzen, dass die mechanischen Eigenschaften nach Ziehen und Wärmebehandlung eingehalten werden.

4.5.2 Zusätzlich zu den Anforderungen nach Tabelle 2 gelten die maximalen Spannweiten der Zugfestigkeit innerhalb einer Einheit (einzelner Ring, Spule) nach Tabelle 3.

Bei gerichteten Stäben gelten die Werte nach Tabelle 3 für die einzelnen Bunde.

Tabelle 3 — Spannweite der Zugfestigkeit innerhalb einer einzelnen Einheit (Ring, Spule, Bund)

Drahtdurchmesser d mm	Spannweite MPa
$d \leq 1,50$	100
$1,50 < d \leq 10,00$	70

4.6 Technologische Eigenschaften

4.6.1 Wickelversuch

Zur Beurteilung der Gleichmäßigkeit beim Wickeln und der Oberflächenbeschaffenheit kann bei Draht mit einem Durchmesser von 0,50 mm bis 1,50 mm der Wickelversuch durchgeführt werden. Die nach 5.4.3 gewickelte Feder muss eine fehlerfreie Oberfläche ohne Riss oder Bruch, eine gleichmäßige Steigung der Windungen und einen gleichmäßigen Durchmesser aufweisen.

ANMERKUNG   Obwohl die Aussagekraft des Wickelversuches nicht allgemein anerkannt wird, wurde dieser Versuch beibehalten, weil er die einzige Möglichkeit zur Aufdeckung innerer Spannungen bietet. Bei Vorliegen zweifelhafter Versuchsergebnisse sollte der betroffene Draht nicht sogleich zurückgewiesen, sondern zwischen den Beteiligten eine Klärung herbeigeführt werden.

4.6.2 Wickelversuch (Stahlkernprobe)

Der Wickelversuch kann bei Draht mit einem Durchmesser von 0,30 mm bis 3,00 mm durchgeführt werden. Der Draht darf keine Anzeichen von Rissen oder Unvollkommenheiten der Oberfläche aufweisen, wenn acht Windungen eng auf einen Dorn mit dem Durchmesser des Drahtes aufgewickelt werden (siehe auch 5.4.4).

4.6.3 Biegeversuch

Der Biegeversuch kann bei Draht über 3,00 mm Durchmesser angewendet werden. Der Draht darf nach der Prüfung keine Fehler aufweisen.

ANMERKUNG   Bei manchen Anwendungen wird der Werkstoff stark durch Biegen verformt. Dies ist der Fall bei Zugfedern mit engen Haken, Federn mit angebogenen Schenkeln, Formfedern, usw.. In solchen Fällen bietet der Biegeversuch eine der tatsächlichen Verwendung sehr nahekommende Drahtprüfung.

4.7 Lieferbedingungen für Draht in Ringen und auf Spulen

4.7.1 Allgemeines

Der Draht je Ring muss aus einem einzigen, von nur einer Schmelze stammenden Stück bestehen. Er muss so gewickelt sein, dass keine Knicke entstehen.

Wenn Draht auf Spulen, spulenlosen Ringen oder Trägern geliefert wird, dürfen bis zu 10 % davon aus höchstens zwei Drahtlängen bestehen. Die Verbindungsstellen müssen einwandfrei hergestellt, in geeigneter Weise markiert und etikettiert sein.

8

4.7.2 Ringabmessung

Falls nicht anders vereinbart, muss der Innendurchmesser einer Einheit (Ringe oder Spulen) mindestens die in Tabelle 4 angegebenen Werte erreichen.

Tabelle 4 — Drahtdurchmesser und zugehöriger Mindestinnendurchmesser der Ringe

Drahtdurchmesser d mm	Mindestinnendurchmesser mm
$0,18 \leq d \leq 0,28$	100
$0,28 < d \leq 0,50$	150
$0,50 < d \leq 0,70$	180
$0,70 < d \leq 1,60$	250
$1,60 < d \leq 4,50$	400
$d > 4,50$	500

4.7.3 Kreisform des Drahtes

Der Draht muss bezüglich Schlag und Richtung einheitlich sein und Kreisform haben. Wenn nicht anders vereinbart, darf sich bei in Ringen geliefertem Draht der Drahtumgang nach dem Lösen der Bindedrähte aufweiten, aber der Innendurchmesser sollte üblicherweise, außer nach Vereinbarung zwischen Lieferer und Besteller, nicht kleiner werden als der ursprüngliche Ziehscheibendurchmesser. Die Aufweitung innerhalb einer einzelnen Einheit und innerhalb aller Einheiten eines Herstellungsloses muss annähernd gleich sein.

4.7.4 Schraubenlinienform des Drahtes

Der Draht muss drallfrei sein ohne Schraubenlinienform. Diese Anforderung gilt für Draht unter 5,00 mm Durchmesser als erfüllt, wenn die folgende Bedingung eingehalten ist.

Ein einzelner der Einheit entnommener und frei an einem Haken aufgehängter Drahtumgang kann an den Enden des Drahtumganges einen axialen Versatz „f_a"aufweisen (siehe Bild 1). Dieser Versatz f_a darf nicht größer sein als durch die folgende Ungleichung gegeben:

$$f_a \leq \frac{0,2W}{\sqrt[4]{d}}$$

Dabei ist:

f_a axialer Versatz in mm

W Durchmesser eines freien Drahtumganges in mm

d Drahtdurchmesser in mm

9

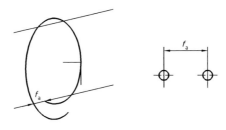

Bild 1 — Schraubenlinienform des Drahtes

4.8 Oberflächenbeschaffenheit

4.8.1 Die Oberfläche des Drahtes muss, soweit praktisch möglich, frei von Riefen, Narben und anderen Oberflächenfehlern sein, die die sachgemäße Verwendung des Drahtes beeinträchtigen könnten. Ein Verfahren zur Aufdeckung von Oberflächenungänzen ist der Wechselverwindeversuch (siehe 5.4.6).

4.8.2 Falls der Draht für Federn mit hoher Beanspruchung vorgesehen ist, können Besteller und Lieferer bei der Bestellung besondere Anforderungen an die Oberfläche und Prüfungen vereinbaren.

4.9 Innere Beschaffenheit

Der Draht muss frei von inneren Fehlern und jeglicher Inhomogenität sein, die seine Verwendung mehr als unerheblich einschränken.

Bei der Bestellung können geeignete Versuche zur Prüfung der inneren Beschaffenheit, z.B. der Wickelversuch, vereinbart werden.

4.10 Maße und Toleranzen

4.10.1 Grenzabmaße des Durchmessers

Die Grenzabmaße des Durchmessers sind in Tabelle 5 festgelegt.

Tabelle 5 — Grenzabmaße des Durchmessers

Nenndurchmesser d mm	Grenzabmaß mm				Stäbe
	Spulen oder Ringe				
	T12	T13	T14	T15	T14
$d \leq 0{,}20$	± 0,010	± 0,008	± 0,005	± 0,004	+ 0,009 - 0,005
$0{,}20 < d \leq 0{,}25$	± 0,010	± 0,008	± 0,005	± 0,004	+ 0,009 - 0,005
$0{,}25 < d \leq 0{,}40$	± 0,015	± 0,010	± 0,008	± 0,005	+ 0,018 - 0,008
$0{,}40 < d \leq 0{,}64$	± 0,015	± 0,010	± 0,008	± 0,005	+ 0,018 - 0,008
$0{,}64 < d \leq 0{,}80$	± 0,020	± 0,015	± 0,010	± 0,008	+ 0,025 - 0,010
$0{,}80 < d \leq 1{,}00$	± 0,020	± 0,015	± 0,010	± 0,008	+ 0,025 - 0,010
$1{,}00 < d \leq 1{,}60$	± 0,025	± 0,020	± 0,015	± 0,010	+ 0,040 - 0,015
$1{,}60 < d \leq 2{,}25$	± 0,025	± 0,020	± 0,015	± 0,010	+ 0,050 - 0,015
$2{,}25 < d \leq 3{,}19$	± 0,030	± 0,025	± 0,020	± 0,015	+ 0,070 - 0,020
$3{,}19 < d \leq 4{,}00$	± 0,030	± 0,025	± 0,020	± 0,015	+ 0,080 - 0,020
$4{,}00 < d \leq 4{,}50$	± 0,035	± 0,030	± 0,025	± 0,020	+ 0,100 - 0,025
$4{,}50 < d \leq 6{,}00$	± 0,035	± 0,030	± 0,025	± 0,020	+ 0,120 - 0,025
$6{,}00 < d \leq 6{,}25$	± 0,035	± 0,030	± 0,025	± 0,020	+ 0,120 - 0,025
$6{,}25 < d \leq 7{,}00$	± 0,040	± 0,035	± 0,030	± 0,025	+ 0,135 - 0,030
$7{,}00 < d \leq 9{,}00$	± 0,040	± 0,035	± 0,030	± 0,025	+ 0,160 - 0,030
$9{,}00 < d \leq 10{,}00$	± 0,045	± 0,040	± 0,035	± 0,030	+ 0,185 - 0,035

4.10.2 Rundheitsabweichungen

Die Rundheitsabweichung, das ist der Unterschied zwischen größtem und kleinstem Drahtdurchmesser in derselben Querschnittsebene, darf nicht mehr als 50 % der gesamten für Draht in Ringen in Tabelle 5 angegebenen Toleranz betragen. Für besondere Anwendungen können zum Zeitpunkt der Anfrage und Bestellung engere Toleranzen vereinbart werden.

4.10.3 Grenzabmaße der Länge von gerichteten Stäben

Die Anforderungen an die Grenzabmaße für die Länge und die Geradheit entsprechen EN 10218-2. Die Grenzabmaße der Länge dürfen, unter Beibehaltung derselben Toleranzbreite, nur im Positiven liegen (siehe Tabelle 6).

Tabelle 6 — Grenzabmaße der Länge von gerichteten Stäben

Nennlänge	Grenzabmaß		
l mm	Klasse 1	Klasse 2	Klasse 3
$l \leq 300$	$+1,00 \atop 0$ mm		
$300 < l \leq 1\ 000$	$+2,00 \atop 0$ mm	$+1 \atop 0$ %	$+2 \atop 0$ %
$1\ 000 < l$	$+0,2 \atop 0$ %		

5 Prüfung

5.1 Prüfungen und Prüfbescheingungen

Erzeugnisse nach dieser Norm sind mit spezifischer Prüfung (siehe EN 10021) und der betreffenden, bei der Anfrage und Bestellung vereinbarten Prüfbescheinigung (siehe EN 10204) zu liefern.

Die Prüfbescheinigung muss folgende Angaben enthalten:

— Die Nummer der Bescheinigung,

— das Ausstellungsdatum,

— Bestellnummer und Name des Kunden,

— die Bestätigung, dass das Material den Anforderungen der Bestellung entspricht,

— die Prüfungen, ihre Ergebnisse und soweit angebracht die Ergebnisse in statistischer Form,

— die Identifizierung durch Nummer des Fertigungsloses und Schmelzennummer,

— Schmelzenanalyse,

— Ergebnis vereinbarter Sonderprüfungen.

5.2 Prüfumfang bei spezifischen Prüfungen

Der Prüfumfang muss Tabelle 7 entsprechen.

Tabelle 7 — Prüfumfang bei spezifischen Prüfungen und Übersicht über die Angaben zur Durchführung der Prüfungen und über die Anforderungen

	1	2	3	4	5	6	7	8	9	10
	Prüfverfahren	Gilt für Drahtdurchmesser und -sorten	verpflichtend / optional [a]	Prüfeinheit	Anzahl der Erzeugnisse je Prüfeinheit	Anzahl der Proben-abschnitte je Erzeugniss	Anzahl der Proben je Proben-abschnitt	Probenahme	Prüfverfahren nach	Anforderungen siehe
1	Stückanalyse	Alle	o[b]	Liefermenge je Schmelze	1	1	1	nach EN ISO 14284	5.4.1	4.4
2	Zugversuch	Alle	m		10 %[c]	1	1		5.4.2	4.5
3	Wickelversuch	0,5 mm ≤ d ≤ 1,5 mm	o		Der Prüfumfang ist bei der Bestellung zu vereinbaren			von den Ringenden entnommene Proben	5.4.3	4.6.1
4	Wickelversuch (Stahlkernprobe)	0,3 mm ≤ d ≤ 3 mm	o	Liefermenge je Fertigungslos[d]					5.4.4	4.6.2
5	Biegeversuch	d > 3 mm	o						5.4.5	4.6.3
6	Eigenschaften des Drahtes	Alle	m		10 %[c]	1	1		5.4.7	4.7.3 4.7.4
7	Prüfung auf Oberflächenfehler	Alle	o		Bei der Bestellung zu vereinbaren				5.4.6	4.8
8	Maßkontrolle	Alle	m		100 %	1	1		EN 10218-2	4.10

[a] m (= mandatory): Die Prüfung ist in jedem Fall durchzuführen; o (=optional): Die Prüfung wird nur durchgeführt, wenn bei der Bestellung vereinbart.

[b] Die Ergebnisse der Schmelzenanalyse für die in Tabelle 1 für die betreffende Sorte aufgeführten Elemente sind dem Besteller in jedem Fall mitzuteilen.

[c] 10 % der Drahteinheiten im Fertigungslos, jedoch mindestens 2, höchstens 10 Ringe oder Spulen.

[d] Als Fertigungslos gilt eine Erzeugungsmenge, die aus derselben Schmelze stammt, die denselben Wärmebehandlungsbedingungen unterworfen und mit derselben Querschnittsabnahme gezogen wurde und dieselbe Oberflächenausführung hat.

5.3 Probenahme

Probenahme und Probenvorbereitung müssen EN ISO 377 und EN ISO 14284 entsprechen. Die Probenabschnitte werden an den Enden der Ringe oder Spulen oder stichprobenweise bei Draht in Form von gerichteten Stäben entnommen. Tabelle 7, Spalte 8, enthält weitere Einzelheiten.

5.4 Prüfverfahren

5.4.1 Chemische Zusammensetzung

Wenn bei der Bestellung nicht anders vereinbart, bleibt für die Ermittlung der Stückanalyse dem Hersteller die Wahl eines geeigneten physikalischen oder chemischen Analysenverfahrens überlassen.

In Schiedsfällen ist die Analyse von einem von beiden Seiten anerkannten Laboratorium durchzuführen. Das anzuwendende Analysenverfahren ist, möglichst in Übereinstimmung mit CEN/TR 10261, zu vereinbaren.

5.4.2 Zugversuch

Der Zugversuch ist nach EN ISO 6892-1 durchzuführen, und zwar an Proben im vollen Drahtquerschnitt. Für die Berechnung der Zugfestigkeit ist der auf dem Ist-Durchmesser basierende Ist-Querschnitt zu verwenden.

5.4.3 Wickelversuch

Der Wickelversuch ist folgendermaßen durchzuführen: Eine Probe - ungefähr 500 mm lang - wird mit geringer, aber möglichst gleichmäßiger Zugspannung auf einen Dorn mit dem drei- bis dreieinhalbfachen Nenndurchmesser eng aufgewickelt. Der Dorn muss jedoch einen Mindestdurchmesser von 1,00 mm haben. Die enge Wicklung wird dann so auseinandergezogen, dass sie sich nach dem Entlasten bei ungefähr der dreifachen Ausgangslänge setzt.

In diesem Zustand werden die Oberflächenbeschaffenheit des Drahtes und die Gleichmäßigkeit der Steigung und der einzelnen Windungen der Probe geprüft.

5.4.4 Wickelversuch (Stahlkernprobe)

Der Wickelversuch ist nach EN 10218-1 durchzuführen. Der Draht ist mit 8 Windungen auf einen Dorn mit dem Durchmesser des Drahtes aufzuwickeln.

5.4.5 Biegeversuch

Für den Biegeversuch ist ein Drahtabschnitt von ausreichender Länge zu einem U um einen Dorn mit dem zweifachen Drahtdurchmesser über 3,00 mm bis 6,50 mm bzw. dem dreifachen Drahtdurchmesser bei Drahtdurchmessern über 6,50 mm zu biegen. Aus praktischen Gründen werden die Anforderungen dieser Norm als erfüllt angesehen, wenn der Draht das Biegen um einen kleineren als den festgelegten Dorn besteht.

Bei der Durchführung des Versuches muss sich der Draht frei längs der Umformeinrichtung bewegen können.

5.4.6 Wechselverwindeversuch

Der Verwindeversuch ist nach EN 10218-1, jedoch mit der besonderen Anforderung durchzuführen, dass der Draht zunächst 2 volle Drehungen in eine Richtung und dann 2 Drehungen zurück in die andere Richtung verwunden wird, wobei keine mit bloßem Auge sichtbare Oberflächenrisse aufgedeckt werden dürfen.

Die Versuchslänge beträgt 100 x d, höchstens 300 mm.

14

5.4.7 Schlag und Richtung des Drahtes

Die in EN 10218-1 definierte Kreis- und Schraubenlinienform ist an einem zur Bildung eines freien Drahtumganges (einzelne Drahtwicklung) ausreichend langen Stück Draht zu prüfen, dabei ist sicherzustellen, dass es weder gebogen noch mechanisch beschädigt ist.

5.5 Wiederholungsprüfungen

Wiederholungsprüfungen sind nach EN 10021 durchzuführen.

6 Kennzeichnung und Verpackung

Jede Einheit ist in geeigneter Weise zu kennzeichnen und zu identifizieren, um die Rückverfolgbarkeit und den Bezug zu den Prüfbescheinigungen zu gestatten. Die Anhängeschilder müssen gegen übliche Behandlung beständig sein und die Informationen nach Tabelle 8 enthalten. Andere Informationen können Gegenstand einer Vereinbarung zwischen den Beteiligten sein.

Draht muss für den Versand/Transport in geeigneter Weise gegen mechanische Beschädigung und/oder Verschmutzung geschützt werden.

Tabelle 8 — Information auf den Anhängeschildern[a]

Bezeichnung	+
Hersteller	+
Nenndurchmesser	+
Stahlsorte	+
Festigkeitsstufe	+[b]
Oberflächenausführung	(+)
Schmelzennummer	(+)
Identifizierungsnummer	+[b]
Überzug	+[b]

[a] Die Symbole in der Tabelle bedeuten:
    +   Die Information ist auf den Anhängeschildern anzubringen.
    (+)   Die Information ist auf den Anhängeschildern anzubringen, falls so vereinbart.

[b] Nur wenn zutreffend.

15

Anhang A
(informativ)

Zusätzliche Informationen

A.1 Hinweise zur Einteilung der Stahlsorten

Je nach Beanspruchung kann die höchste Anwendungstemperatur des Stahles 1.4310 bis zu 250 °C betragen.

Wird im Rahmen der in diesem Teil der EN 10270 enthaltenen Stähle höchste Beständigkeit gegen Korrosion gefordert, kann für eine höchste Anwendungstemperatur von 250 °C der austenitische Stahl 1.4401 eingesetzt werden.

Die höchste Anwendungstemperatur des aushärtbaren austenitisch-martensitischen Stahles 1.4568 kann je nach Beanspruchung bis zu 300 °C betragen. Dieser Stahl weist eine hohe Dauerfestigkeit und größere Festigkeit bei höheren Temperaturen, aber eine verminderte Korrosionsbeständigkeit auf.

Die verschiedenen Stähle haben etwas unterschiedliche Werte für den Elastizitäts-, ermittelt an Längsproben, und Schubmodul (siehe Tabelle A.1). Es ist zu beachten, dass mit steigender Temperatur die Werte für den Elastizitäts- und Schubmodul abfallen.

Tabelle A.1 — Anhaltsangaben für den Elastizitäts- und Schubmodul (Mittelwerte)[a, b, c]

Stahlsorte		Elastizitätsmodul[a]		Schubmodul[b]	
Kurzname	Werkstoff-nummer	Lieferzustand	Zustand HT[e]	Lieferzustand	Zustand HT[e]
		GPa[d]	GPa[d]	GPa[d]	Gpa[d]
X10CrNi18-8	1.4310	180	185	70	73
X5CrNiMo17-12-2	1.4401	175	180	68	71
X7CrNiAl17-7	1.4568	190	200	73	78
X5CrNi18-10	1.4301	185	190	65	68
X2CrNiMoN22-5-3	1.4462	200	205	77	79
X1NiCrMoCu25-20-5	1.4539	180	185	69	71

[a] Die Anhaltsangaben für den Elastizitätsmodul (E) wurden aus dem Schubmodul (G) nach der Formel $G = E/2$ $(1+v)$ berechnet, wobei v (Poisson-Konstante) mit 0,3 eingesetzt wurde. Die Werte gelten für die mittlere Zugfestigkeit von 1 800 MPa; bei einer mittleren Zugfestigkeit von 1300 MPa liegen die Werte um 6 GPa niedriger. Zwischenwerte können interpoliert werden.

[b] Die Anhaltsangaben für den Schubmodul gelten für Messungen mittels Torsionspendel an Drähten mit $\leq$ 2,8 mm Durchmesser bei einer mittleren Zugfestigkeit von 1 800 MPa; bei einer mittleren Zugfestigkeit von 1 300 MPa, liegen die Werte um 2 GPa niedriger. Zwischenwerte können interpoliert werden. Mittels Elastomat ermittelte Werte sind nicht immer mit den mit dem Torsionspegel ermittelten Werten vergleichbar.

[c] An der fertigen Feder können niedrigere Werte ermittelt werden. Deshalb können in Normen für die Berechnung der Federn andere als die hier angegebenen, auf Messungen an Draht basierenden Werte festgelegt sein.

[d] 1 MPa = 1 N/mm^2, 1 GPa = 1 kN/mm^2.

[e] HT-behandelt: Siehe A.5 und Tabelle A.2.

A.2 Änderung der Zugfestigkeit durch Wärmebehandlung

Ein Spannungsarmglühen oder, im Falle des Stahles 1.4568, ein Ausscheidungshärten erhöht die Zugfestigkeit und Streckgrenze im Vergleich zum kaltgezogenen (+C) Zustand. Derartige Wärmebehandlungen verringern auch die im Draht durch das Ziehen und Formen der Federn entstandenen inneren Spannungen.

Der durch Ausscheidungshärten bei der Sorte 1.4568 verursachte Anstieg der Zugfestigkeit ist größer als bei den übrigen Sorten nach dieser Norm durch das Spannungsarmglühen. Wenn der Draht vor der Wärmebehandlung gerichtet wurde, kann die durch das Richten verursachte Erniedrigung der Zugfestigkeit nahezu ausgeglichen werden.

Dementsprechend ist eine abschließende Spannungsarmglüh- oder Aushärtebehandlung grundsätzlich zu empfehlen. Anhaltsangaben für die Wärmebehandlung stehen in A.5.2 und Tabelle A.2. Anhaltswerte für die Erhöhung der Zugfestigkeit durch diese Wärmebehandlung sind Bild A.1, für 1.4568+P Tabelle A.3, für 1.4462 Tabelle A.4 und für 1.4539 Tabelle A.5 zu entnehmen. Die Wärmebehandlung kann Ungeradheit und auch etwas Verfärbung verursachen.

A.3 Physikalische Eigenschaften

Anhaltsangaben für den Elastizitäts- und Schubmodul sind in Tabelle A.1 enthalten. Weitere physikalische Eigenschaften (z. B. Dichte) sind in EN 10088-1 enthalten.

A.4 Magnetische Eigenschaften

Es ist zu beachten, dass in Abhängigkeit von chemischer Zusammensetzung und Kaltumformgrad diese Stähle in gewissem Umfang magnetische Permeabilität aufweisen (siehe EN 10088-1).

A.5 Hinweise für die Weiterverarbeitung und Wärmebehandlung

A.5.1 Federherstellung

Die Formgebung erfolgt durch Kaltumformen. Daher ist zu berücksichtigen, dass die Umformbarkeit von kalt verfestigtem gezogenen Draht begrenzt ist. Je nach den Ansprüchen an die Formgebung kann bei der Bestellung eine niedrigere Zugfestigkeit vereinbart werden (siehe Fußnote d zu Tabelle 2).

17

Tabelle A.2 — Anhaltsangaben für die Wärmebehandlung von Federn aus Draht[a, b, c] (siehe auch A.5.2)

Stahlsorte		Temperatur	Dauer	Abkühlungsmittel
Kurzname	Werkstoffnummer	°C		
X10CrNi18-8	1.4310[d]	250 bis 425	30 min bis 4 h	Luft
X5CrNiMo17-12-2	1.4401[d]	250 bis 425	30 min bis 4 h	Luft
X7CrNiAl17-7	1.4568	450 bis 480	30 min bis 1 h	Luft
X5CrNi18-10	1.4301[d]	250 bis 425	30 min bis 4 h	Luft
X2CrNiMoN22-5-3	1.4462[d]	250 bis 450	1h bis 3h	Luft
X1NiCrMoCu25-20-5	1.4539[d]	250 bis 425	30 min bis 4 h	Luft

ANMERKUNG   Allgemein werden Zug- und Torsionsfedern mit einer Vorspannung nicht mit den gleichen hohen Temperaturen wie die vorgenannten Federn behandelt. Falls ein geringer Abfall der Vorspannung hingenommen werden kann, wird eine Wärmebehandlung bei max. 200 °C für die Stahlsorten 1.4301, 1.4310, 1.4401 und bei 300 °C für die Sorte 1.4568 empfohlen.

[a]   Siehe Zuordnung der Zugfestigkeitswerte in Tabelle 2 und Bild A.1.

[b]   Die optimale Wärmebehandlungsbedingungen können sehr unterschiedlich sein. Der Federnhersteller hat die Wärmebehandlungsbedingungen zweckentsprechend auszuwählen (siehe auch A.5.2.1).

[c]   Die Angaben zur Wärmebehandlung beziehen sich auf Druckfedern, Torsions- und Zugfedern ohne Vorspannung.

[d]   Die niedrigere Temperatur wird für Zugfedern unter Vorspannung empfohlen.

A.5.2 Wärmebehandlung

5.2.1   Tabelle A.2 enthält Anhaltsangaben für die an den fertigen Federn durchzuführende Wärmebehandlung, um geeignete Festigkeits- und Elastizitätseigenschaften zu erzielen. In Sonderfällen können abgewandelte, in Betriebsversuchen zu bestimmende Wärmebehandlungen erforderlich sein, um spezielle Anforderungen zu erfüllen.

5.2.2   Falls die bei der Wärmebehandlung entstehenden Anlauffarben aus optischen Gründen oder aus denen der Korrosionsbeständigkeit unzulässig sind, sind die Federn vor der Wärmebehandlung gründlich zu reinigen oder die Wärmebehandlung ist in einer Schutzgasatmosphäre durchzuführen.

18

449

Tabelle A.3 — Erwartete Mindestzugfestigkeit von ausscheidungsgehärtetem 1.4568

Nenndurchmesser	Zugfestigkeit
mm	MPa
$d \leq 0,20$	2 275
$0,20 < d \leq 0,30$	2 250
$0,30 < d \leq 0,40$	2 225
$0,40 < d \leq 0,50$	2 200
$0,50 < d \leq 0,65$	2 150
$0,65 < d \leq 0,80$	2 125
$0,80 < d \leq 1,00$	2 100
$1,00 < d \leq 1,25$	2 050
$1,25 < d \leq 1,50$	2 000
$1,50 < d \leq 1,75$	1 950
$1,75 < d \leq 2,00$	1 900
$2,00 < d \leq 2,50$	1 850
$2,50 < d \leq 3,00$	1 800
$3,00 < d \leq 3,50$	1 750
$3,50 < d \leq 4,25$	1 700
$4,25 < d \leq 5,00$	1 650
$5,00 < d \leq 6,00$	1 550
$6,00 < d \leq 7,00$	1 500
$7,00 < d \leq 8,50$	1 500
$8,50 < d \leq 10,00$	1 500

Tabelle A.4 — Erwartete Erhöhung der Mindestzugfestigkeit für 1.4462

Nenndurchmesser	Zugfestigkeit
mm	MPa
$0,20 \leq d \leq 1,00$	300 bis 450
$1,00 < d \leq 8,5$	200 bis 400

Tabelle A.5 — Erwartete Erhöhung der Mindestzugfestigkeit für 1.4539

Nenndurchmesser	Zugfestigkeit
mm	MPa
$0,15 \leq d \leq 8,5$	50 bis 100

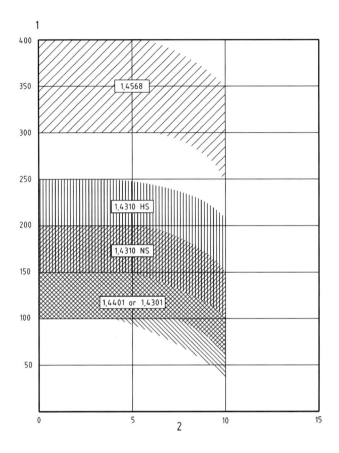

Legende

1   Erhöhung der Zugfestigkeit in MPa
2   Drahtdurchmesser in mm

Bild A.1 — Anhaltswerte für die Erhöhung der Zugfestigkeit von kaltgezogenem Draht durch eine Wärmebehandlung (siehe Tabelle A.2)

Anhang B
(informativ)

Querverweise auf Stahlsortenbezeichnungen

Tabelle B.1 — Querverweise auf Stahlsortenbezeichnungen

Bezeichnung in EN 10270-3		Entsprechende frühere Bezeichnung				ISO-Bezeichnungn
nach EN 10027-1:2005	nach EN 10027-2: 1992	DIN 17224: 1982	AFNOR	BS 2056: 1991	MMS 900	ISO 6931-1:1994
X10CrNi18-8	1.4310	X12CrNi17-7	Z 12 CN 18-09	302S26	SS-steel 2331	Nummer 1 X 9 CrNi 18-8
X5CrNiMo17-12-2	1.4401	X5CrNiMo18-10	Z 7 CND 17-11-02	316S42	SS-steel 2347	Nummer 2 X 5 CrNiMo 17-12-2
X7CrNiAl17-7	1.4568	X7CrNiAl 7-7	Z 9 CNA 17-07	301S81	SS-steel 2388	Nummer 3 X 7 CrNiAl 17-7
X5CrNi18-10	1.4301	X5 CrNi18-10	Z 7 CN 18-09	304S17	–	–

Literaturhinweise

[1]   EN 10088-1, *Nichtrostende Stähle — Teil 1: Verzeichnis der nichtrostenden Stähle*

[2]   ISO 6931-1:1994, *Stainless steels for springs – Part 1: Wire*

[3]   BS 2056:1991, *Specification for stainless steel wire for mechanical springs*

[4]   DIN 17224:1982, *Federdraht und Federband aus nichtrostenden Stählen — Technische Lieferbedingungen*

22

Juni 2008

DIN EN 10277-1

ICS 77.140.60

Ersatz für
DIN EN 10277-1:1999-10

**Blankstahlerzeugnisse –
Technische Lieferbedingungen –
Teil 1: Allgemeines;
Deutsche Fassung EN 10277-1:2008**

Bright steel products –
Technical delivery conditions –
Part 1: General;
German version EN 10277-1:2008

Produits en acier transformés à froid –
Conditions techniques de livraison –
Partie 1: Généralités;
Version allemande EN 10277-1:2008

Gesamtumfang 20 Seiten

Normenausschuss Eisen und Stahl (FES) im DIN

Nationales Vorwort

Dieses Dokument (EN 10277-1:2008) wurde vom Technischen Komitee (TC) 23 „Für eine Wärmebehandlung bestimmte Stähle, legierte Stähle und Automatenstähle — Gütenormen" (Sekretariat: DIN, Deutschland) des Europäischen Komitees für die Eisen- und Stahlnormung (ECISS) ausgearbeitet.

Das zuständige deutsche Normungsgremium ist der Unterausschuss 05/1 „Unlegierte und legierte Maschinenbaustähle" des Normenausschusses Eisen und Stahl (FES).

Während der Vorbereitung der ersten Ausgabe dieser Europäischen Norm standen nur unzureichende statistische Zahlen bezüglich der mechanischen Eigenschaften der Blankstahlerzeugnisse zur Verfügung. Mittlerweile hat man erkannt, dass die Werte für die Dehngrenze im kaltgezogenen Zustand zu hoch angesetzt wurden. Außerdem können die beim Richten auftretenden Spannungen die Dehngrenze erniedrigen (Bauschinger Effekt), was in der ersten Ausgabe der Norm nicht berücksichtigt wurde. In dieser zweiten Ausgabe wurden die Dehnwerte für die unlegierten und legierten Stahlsorten im Zustand +QT+C in den Teilen 3 und 5 gegenüber der ersten Ausgabe nach unten korrigiert.

Änderungen

Gegenüber DIN EN 10277-1:1999-10 wurden folgende Änderungen vorgenommen:

a) falls ein Nachweis der Feinkörnigkeit verlangt wird, kann, wenn der Besteller nicht einen Nachweis nach EN ISO 643 fordert, der Hersteller diesen durch die Angabe eines Mindestanteils an Aluminium im Stahl führen;

b) Überarbeitung des Abschnittes zur Oberflächenbeschaffenheit;

c) Abschnitt zu makroskopischen Einschlüssen wurde ergänzt (siehe 7.5.2);

d) redaktionelle Überarbeitung.

Frühere Ausgaben

DIN 1652: 1944x-08, 1963-05
DIN 1652-1: 1990-11
DIN EN 10277-1: 1999-10

2

EUROPÄISCHE NORM

EUROPEAN STANDARD

NORME EUROPÉENNE

EN 10277-1

März 2008

ICS 77.140.60

Ersatz für EN 10277-1:1999

Deutsche Fassung

Blankstahlerzeugnisse - Technische Lieferbedingungen - Teil 1: Allgemeines

Bright steel products - Technical delivery conditions - Part 1: General

Produits en acier transformés à froid - Conditions techniques de livraison - Partie 1: Généralités

Diese Europäische Norm wurde vom CEN am 4. Februar 2008 angenommen.

Die CEN-Mitglieder sind gehalten, die CEN/CENELEC-Geschäftsordnung zu erfüllen, in der die Bedingungen festgelegt sind, unter denen dieser Europäischen Norm ohne jede Änderung der Status einer nationalen Norm zu geben ist. Auf dem letzten Stand befindliche Listen dieser nationalen Normen mit ihren bibliographischen Angaben sind beim Management-Zentrum des CEN oder bei jedem CEN-Mitglied auf Anfrage erhältlich.

Diese Europäische Norm besteht in drei offiziellen Fassungen (Deutsch, Englisch, Französisch). Eine Fassung in einer anderen Sprache, die von einem CEN-Mitglied in eigener Verantwortung durch Übersetzung in seine Landessprache gemacht und dem Management-Zentrum mitgeteilt worden ist, hat den gleichen Status wie die offiziellen Fassungen.

CEN-Mitglieder sind die nationalen Normungsinstitute von Belgien, Bulgarien, Dänemark, Deutschland, Estland, Finnland, Frankreich, Griechenland, Irland, Island, Italien, Lettland, Litauen, Luxemburg, Malta, den Niederlanden, Norwegen, Österreich, Polen, Portugal, Rumänien, Schweden, der Schweiz, der Slowakei, Slowenien, Spanien, der Tschechischen Republik, Ungarn, dem Vereinigten Königreich und Zypern.

EUROPÄISCHES KOMITEE FÜR NORMUNG
EUROPEAN COMMITTEE FOR STANDARDIZATION
COMITÉ EUROPÉEN DE NORMALISATION

Management-Zentrum: rue de Stassart, 36 B-1050 Brüssel

Ref. Nr. EN 10277-1:2008 D

Inhalt

2

Vorwort

Dieses Dokument (EN 10277-1:2008) wurde vom Technischen Komitee ECISS/TC 23 „Für eine Wärmebehandlung bestimmte Stähle, legierte Stähle und Automatenstähle - Gütenormen" erarbeitet, dessen Sekretariat vom DIN gehalten wird.

Diese Europäische Norm muss den Status einer nationalen Norm erhalten, entweder durch Veröffentlichung eines identischen Textes oder durch Anerkennung bis September 2008, und etwaige entgegenstehende nationale Normen müssen bis September 2008 zurückgezogen werden.

Es wird auf die Möglichkeit hingewiesen, dass einige Texte dieses Dokuments Patentrechte berühren können. CEN [und/oder CENELEC] sind nicht dafür verantwortlich, einige oder alle diesbezüglichen Patentrechte zu identifizieren.

Dieses Dokument ersetzt EN 10277-1:1999.

Entsprechend der CEN/CENELEC-Geschäftsordnung sind die nationalen Normungsinstitute der folgenden Länder gehalten, diese Europäische Norm zu übernehmen: Belgien, Bulgarien, Dänemark, Deutschland, Estland, Finnland, Frankreich, Griechenland, Irland, Island, Italien, Lettland, Litauen, Luxemburg, Malta, Niederlande, Norwegen, Österreich, Polen, Portugal, Rumänien, Schweden, Schweiz, Slowakei, Slowenien, Spanien, Tschechische Republik, Ungarn, Vereinigtes Königreich und Zypern.

Die Europäische Norm EN 10277 *„Blankstahlerzeugnisse — Technische Lieferbedingungen"* ist wie folgt unterteilt:

— *Teil 1: Allgemeines*

— *Teil 2: Stähle für allgemeine technische Verwendung*

— *Teil 3: Automatenstähle*

— *Teil 4: Einsatzstähle*

— *Teil 5: Vergütungsstähle*

Während der Vorbereitung der ersten Ausgabe dieser Europäischen Norm standen nur unzureichende statistische Zahlen bezüglich der mechanischen Eigenschaften der Blankstahlerzeugnisse zur Verfügung. Mittlerweile hat man erkannt, dass die Werte für die Dehngrenze im kaltgezogenen Zustand zu hoch angesetzt wurden. Außerdem können die beim Richten auftretenden Spannungen die Dehngrenze erniedrigen (Bauschinger Effekt), was in der ersten Ausgabe der Norm nicht berücksichtigt wurde. In dieser zweiten Ausgabe wurden die Dehnwerte für die unlegierten und legierten Stahlsorten im Zustand +QT+C in den Teilen 3 und 5 gegenüber der ersten Ausgabe nach unten korrigiert.

1 Anwendungsbereich

Dieser Teil der EN 10277 legt die allgemeinen technischen Lieferbedingungen für gerichteten und abgelängten Blankstahl fest, im gezogenen, geschälten oder geschliffenen Zustand, aus den folgenden Stahlsorten:

a) Stähle für allgemeine technische Verwendung nach EN 10277-2;

b) Automatenstähle nach EN 10277-3;

c) Einsatzstähle nach EN 10277-4;

d) Vergütungsstähle nach EN 10277-5.

Diese Norm gilt nicht für kaltgewalzte Erzeugnisse und für aus Band und Blech geschnittene Stäbe.

In Sonderfällen können bei der Anfrage und Bestellung Abweichungen von oder Zusätze zu diesen technischen Lieferbedingungen vereinbart werden (siehe Anhang B).

Zusätzlich zu den Angaben dieser Europäischen Norm gelten, soweit im Folgenden nichts anderes festgelegt ist, die allgemeinen technischen Lieferbedingungen nach EN 10021.

2 Normative Verweisungen

Die folgenden zitierten Dokumente sind für die Anwendung dieses Dokuments erforderlich. Bei datierten Verweisungen gilt nur die in Bezug genommene Ausgabe. Bei undatierten Verweisungen gilt die letzte Ausgabe des in Bezug genommenen Dokuments (einschließlich aller Änderungen).

EN 606, *Strichcodierung — Etiketten für Transport und Handhabung von Stahlprodukten*

EN 10002-1, *Metallische Werkstoffe — Zugversuch — Teil 1: Prüfverfahren bei Raumtemperatur*

EN 10020:2000, *Begriffsbestimmungen für die Einteilung der Stähle*

EN 10021, *Allgemeine technische Lieferbedingungen für Stahlerzeugnisse*

EN 10027-1, *Bezeichnungssysteme für Stähle — Teil 1: Kurznamen*

EN 10027-2, *Bezeichnungssysteme für Stähle — Teil 2: Nummernsystem*

EN 10052, *Begriffe der Wärmebehandlung von Eisenwerkstoffen*

EN 10079:2007, *Begriffsbestimmungen für Stahlerzeugnisse*

EN 10083-2, *Vergütungsstähle — Teil 2: Technische Lieferbedingungen für unlegierte Stähle*

EN 10083-3, *Vergütungsstähle — Teil 3: Technische Lieferbedingungen für legierte Stähle*

EN 10084, *Einsatzstähle — Technische Lieferbedingungen*

EN 10204, *Metallische Erzeugnisse — Arten von Prüfbescheinigungen*

prCEN/TR 10261, *Eisen und Stahl — Überblick über verfügbare chemische Analyseverfahren*

EN 10277-2, *Blankstahlerzeugnisse — Technische Lieferbedingungen — Teil 2: Stähle für allgemeine technische Verwendung*

4

EN 10277-3, *Blankstahlerzeugnisse — Technische Lieferbedingungen — Teil 3: Automatenstähle*

EN 10277-4, *Blankstahlerzeugnisse — Technische Lieferbedingungen — Teil 4: Einsatzstähle*

EN 10277-5, *Blankstahlerzeugnisse — Technische Lieferbedingungen — Teil 5: Vergütungsstähle*

EN 10278, *Maße und Grenzabmaße von Blankstahlerzeugnissen*

EN ISO 377, *Stahl und Stahlerzeugnisse — Lage und Vorbereitung von Probenabschnitten und Proben für mechanische Prüfungen (ISO 377:1997)*

EN ISO 643, *Stahl — Mikrophotographische Bestimmung der scheinbaren Korngröße (ISO 643:2003)*

EN ISO 3887, *Stahl — Bestimmung der Entkohlungstiefe (ISO 3887:2003)*

EN ISO 6506-1, *Metallische Werkstoffe — Härteprüfung nach Brinell — Teil 1: Prüfverfahren (ISO 6506-1:2005)*

EN ISO 14284, *Stahl und Eisen — Entnahme und Vorbereitung von Proben für die Bestimmung der chemischen Zusammensetzung (ISO 14284:1996)*

3 Begriffe

Für die Anwendung dieses Dokuments gelten die Begriffe nach EN 10021, EN ISO 377, EN ISO 14284 und die folgenden Begriffe.

3.1
unlegierter und legierter Stahl
Qualitäts- und Edelstahl
siehe die Definitionen in EN 10020

3.2
Stahlerzeugnisse
Stahlerzeugnisse sind nach Form und Maßen in EN 10079 definiert; die folgenden Definitionen werden hier wiedergegeben

3.2.1
gezogene Erzeugnisse (3.4.5.1, EN 10079)
Stahlerzeugnisse verschiedener Querschnittsformen, die aus warmgewalztem Stabstahl oder Walzdraht nach Entzunderung durch Ziehen auf einer Ziehbank (spanlose Kaltumformung) hergestellt werden

ANMERKUNG   Dieser Arbeitsgang führt zu besonderen Merkmalen hinsichtlich der Form, der Maßgenauigkeit und der Oberflächenausführung des Erzeugnisses. Außerdem führt der Arbeitsvorgang zu einer Kaltverfestigung, die durch nachträgliche Wärmebehandlung rückgängig gemacht werden kann. Die Stäbe werden unabhängig von ihren Abmessungen stets gerichtet geliefert.

3.2.2
geschälte Erzeugnisse (3.4.5.2, EN 10079)
Rundstahl, der durch Schälen auf Schälmaschinen hergestellt und anschließend gerichtet und druckpoliert wird

ANMERKUNG 1   Dieser Arbeitsgang führt zu Stäben mit besonderen Eigenschaften hinsichtlich der Form, der Maßgenauigkeit und der Oberflächenausführung. Die Spanabnahme beim Schälen zur Erzielung von Blankstahl ist so bemessen, dass die Oberfläche nahezu frei von Walzfehlern und Randentkohlung ist.

ANMERKUNG 2   Aus fertigungstechnischen Gründen wird mitunter Rundstahl, der nicht als Blankstahl, sondern als Walzstahl bestellt wurde, geschält geliefert. Derartiger Rundstahl zählt nichtsdestoweniger zu den gewalzten Erzeugnissen und nicht zum Blankstahl.

5

3.2.3
geschliffene Erzeugnisse (3.4.5.3, EN 10079)
gezogener oder geschälter Rundstahl, der durch Schleifen oder Schleifen und Polieren eine noch bessere Beschaffenheit der Oberfläche und eine noch höhere Maßgenauigkeit erhält

3.3
Wärmebehandlungsbegriffe
die für die Wärmebehandlung von Stahl verwendeten Begriffe sind in EN 10052 definiert

3.4
maßgeblicher Wärmebehandlungsquerschnitt
Querschnitt eines Erzeugnisses, für den die mechanischen Eigenschaften festgelegt sind (siehe Anhang A)

Unabhängig von der tatsächlichen Form und den Maßen des Erzeugnisses wird das Maß für den maßgeblichen Wärmebehandlungsquerschnitt stets durch einen Durchmesser ausgedrückt. Dieser Durchmesser entspricht dem Durchmesser eines „gleichwertigen Rundstahles", der an der für die Entnahme der zur mechanischen Prüfung vorgesehenen Proben festgelegten Querschnittsstelle bei Abkühlung von der Austenitisierungstemperatur die gleiche Abkühlungsgeschwindigkeit aufweist wie der vorliegende maßgebliche Querschnitt des betreffenden Erzeugnisses an seiner zur Probenahme vorgesehenen Stelle

ANMERKUNG   Der Begriff „maßgeblicher Querschnitt" sollte nicht mit dem in EN 10052 definierten Begriff „gleichwertiger Durchmesser" verwechselt werden.

4   Einteilung und Bezeichnung

4.1   Einteilung

Die Einteilung der jeweiligen Stahlsorten nach EN 10020 ist in EN 10277-2 bis EN 10277-5 angegeben.

4.2   Bezeichnung

4.2.1   Kurznamen

Für die in dieser Europäischen Norm enthaltenen Stahlsorten wurden die in den betreffenden Tabellen der EN 10277-2 bis EN 10277-5 angegebenen Kurznamen nach EN 10027-1 gebildet.

4.2.2   Werkstoffnummern

Für die in dieser Europäischen Norm enthaltenen Stahlsorten wurden die in den betreffenden Tabellen der EN 10277-2 bis EN 10277-5 angegebenen Werkstoffnummern in Übereinstimmung mit EN 10027-2 zugeteilt.

5   Bestellangaben

5.1   Verbindliche Angaben

Der Besteller muss bei der Anfrage und Bestellung folgende Angaben machen:

a)   die zu liefernde Menge (Masse, Anzahl der Stäbe);

b)   die Form des Erzeugnisses (z. B. Rund, Sechskant, Vierkant, Flach);

c)   die Nummer der Maßnorm (EN 10278);

d)   die Maße und Grenzabmaße;

6

461

e) Verweis auf diese Europäische Norm, einschließlich Nummer des Teiles (z. B. EN 10277-3);

f) Kurzname oder Werkstoffnummer (siehe 4.2);

g) Lieferzustand (siehe 6.3);

h) Oberflächengüteklasse (siehe 7.7 und Tabelle 1);

5.2 Optionen

Der Besteller kann die folgenden zusätzlichen Angaben machen und mit dem Hersteller vereinbaren:

a) Prüfung an Referenzproben für im vergüteten Zustand verwendete Erzeugnisse (siehe B.1);

b) Anforderung an das Feinkorn und Überprüfung des Feinkorns (siehe 7.4 und B.2);

c) etwaige Anforderung an die Überprüfung der nichtmetallischen Einschlüsse (siehe 7.5 und B.3);

d) Entkohlungstiefe (siehe 7.6 und B.4);

e) weitere Anforderungen an die Formtoleranzen nach EN 10278;

f) zeitlich begrenzter Korrosionsschutz (siehe B.5);

g) zerstörungsfreie Prüfung (siehe 7.8 und B.6);

h) Stückanalyse (siehe 7.1.2 und B.7);

i) besondere Kennzeichnung (siehe Abschnitt 9 und B.8);

j) Härtbarkeitsanforderungen für Sorten nach EN 10277-4 und EN 10277-5 (siehe 7.1.1.2 und 7.3 von EN 10277-4 und EN 10277-5);

k) die Art der Prüfbescheinigung nach EN 10204 (siehe 8.1).

BEISPIEL

2 t Rundstäbe mit einem Nenndurchmesser von 20 mm, Toleranzfeld h9, Lagerlänge 6 000 mm nach EN 10278 aus einem Stahl der Sorte 38SMn28 (1.0760) gemäß EN 10277-3 im Lieferzustand +C, Oberflächengüteklasse 3 und einem Werkszeugnis 2.2 gemäß EN 10204.

2 t Rundstäbe EN 10278 – 20 h9 × Lagerlänge 6000
EN 10277-3-38SMn28+C – Oberflächengüteklasse 3
EN 10204 – 2.2

oder

2 t Rundstäbe EN 10278 – 20 h9 × Lagerlänge 6000
EN 10277-3-1.0760+C – Oberflächengüteklasse 3
EN 10204 – 2.2

7

6 Herstellverfahren

6.1 Stahlherstellungsverfahren

Das Verfahren zur Herstellung des Stahles bleibt dem Hersteller überlassen.

6.2 Herstellung des Erzeugnisses

Das Verfahren zur Herstellung des Stahlerzeugnisses bleibt dem Hersteller überlassen.

6.3 Lieferzustände

6.3.1 Fertigzustand

Das Stahlerzeugnis ist in einem oder einer Kombination der folgenden Fertigzustände mit oder ohne Wärmebehandlung zu liefern:

a) gezogen, Kurzzeichen +C;

b) geschält, Kurzzeichen +SH;

c) geschliffen, Kurzzeichen +SL.

6.3.2 Schmelzentrennung

Die Erzeugnisse sind nach Schmelzen getrennt zu liefern.

7 Anforderungen

7.1 Chemische Zusammensetzung

7.1.1 Schmelzenanalyse

7.1.1.1 Die chemische Zusammensetzung nach der Schmelzenanalyse muss den Festlegungen von Tabelle 1 in EN 10277-2 bis EN 10277-5 entsprechen.

7.1.1.2 Wenn Einsatzstähle (siehe EN 10277-4) oder Vergütungsstähle (siehe EN 10277-5) mit Anforderungen an die Härtbarkeit bestellt werden, sind die Härtbarkeitsanforderungen als maßgebliches Annahmemerkmal zu betrachten.

In solchen Fällen ist eine Abweichung der Schmelzenanalyse von den in Tabelle 1 der EN 10277-4 und EN 10277-5 angegebenen Werten unter Berücksichtigung von Fußnote b dieser Tabellen zulässig.

7.1.2 Stückanalyse

Die Grenzabweichungen der Stückanalyse von den für die Schmelzenanalyse festgelegten Grenzwerten (siehe 7.1.1) sind in Tabelle 2 von EN 10277-2 bis EN 10277-5 festgelegt.

Der Besteller kann bei der Anfrage und Bestellung den Nachweis der chemischen Zusammensetzung am Stück verlangen. In diesem Falle sollte auf B.7 verwiesen werden.

7.2 Mechanische Eigenschaften

Die mechanischen Eigenschaften von Erzeugnissen nach dieser Europäischen Norm müssen den Festlegungen von 7.2 in EN 10277-2 bis EN 10277-5 entsprechen.

8

7.3 Härtbarkeit

Siehe 7.3 von EN 10277-4 und EN 10277-5.

7.4 Korngröße

Falls vom Besteller bei der Anfrage und Bestellung nicht anders festgelegt, bleibt die Korngröße des Stahles, mit Ausnahme der Einsatzstähle nach EN 10277-4 und der legierten Vergütungsstähle nach EN 10277-5, dem Hersteller überlassen. Falls bei der Anfrage und Bestellung nicht anders festgelegt, sind Einsatzstähle nach EN 10277-4 und legierte Vergütungsstähle nach EN 10277-5 mit Feinkorn zu liefern.

Wenn vom Besteller bei der Anfrage und Bestellung verlangt, muss die Überprüfung des Feinkorns nach B.2 erfolgen.

7.5 Nichtmetallische Einschlüsse

7.5.1 Mikroskopische Einschlüsse

Falls vom Besteller bei der Anfrage und Bestellung festgelegt, müssen die nichtmetallischen Einschlüsse bei Einsatz- und Vergütungsstählen nach EN 10277-4 und EN 10277-5, B.3.1 überprüft werden.

7.5.2 Makroskopische Einschlüsse

Freiheit von makroskopischen Einschlüssen kann in Stahl nicht garantiert werden. Falls bei der Anfrage und Bestellung vereinbart, müssen Einsatzstähle und Vergütungsstähle auf makroskopische Einschlüsse nach B.3.2 überprüft werden (siehe EN 10277-4 und EN 10277-5).

7.6 Entkohlung

Falls vom Besteller bei der Anfrage und Bestellung festgelegt, müssen bei Vergütungsstählen nach EN 10277-5, die zulässige Entkohlungstiefe und das Verfahren zur Bestimmung der Entkohlungstiefe B.4 entsprechen.

7.7 Oberflächenbeschaffenheit

Gezogene Erzeugnisse müssen eine glatte, zunderfreie Oberfläche haben. Erzeugnisse im abschließend wärmebehandelten Zustand müssen frei von losem Oberflächenzunder sein; ihre Oberfläche darf verfärbt oder verdunkelt sein. Bei Sechskant-, Vierkant- und Flachstahl und Profilen mit besonderen Querschnitts-formen ist — aus herstellungstechnischen Gründen — nicht die gleiche Güte der Oberflächenausführung wie bei Rundstahl zu erzielen.

Da sich Oberflächenungänzen (Risse, Überlappungen, Zunder, isolierte Poren, Narben, Riefen usw.) bei der Herstellung (Warm- und Kaltumformen, Wärmebehandlung, Handhabung und Lagerung) nicht ganz vermeiden lassen, und diese beim Ziehen erhalten bleiben, sind hinsichtlich Oberflächenbeschaffenheit Vereinbarungen zu treffen. Die Oberflächenbeschaffenheit der Erzeugnisse muss einer der Klassen nach Tabelle 1 entsprechen. Kaltgezogene Erzeugnisse werden üblicherweise in Oberflächengüteklasse 1 geliefert, während geschälte und geschliffene Stäbe in der Klasse 3 geliefert werden. Andere Oberflächengüteklassen können bei der Anfrage und Bestellung vereinbart werden.

Bei Flach- und Vierkantstahl in Abmessungen größer als 20 mm und Sechskantstahl in Abmessungen größer als 50 mm muss die zulässige Tiefe von Oberflächenfehlern bei der Anfrage und Bestellung vereinbart werden.

ANMERKUNG   Bei Anwendung automatischer Oberflächenprüfung bleiben bis zu 50 mm an jedem Ende des Stabes ungeprüft.

Oberflächenfehler können nicht ohne Werkstoffbeseitigung entfernt werden. Erzeugnisse im Zustand „herstelltechnisch rissfrei" sind nur im geschälten und/oder geschliffenen Zustand verfügbar.

9

Tabelle 1 — Oberflächengüteklassen

Zustand	Klasse			
	1	2	3	4
Zulässige Tiefe der Ungänzen	max. 0,3 mm für $d \le$ 15 mm; max. 0,02 · d für 15 < $d \le$ 100 mm	max. 0,3 mm für $d \le$ 15 mm; max. 0,02 · d für 15 < $d \le$ 75 mm; max. 1,5 mm für d > 75 mm	max. 0,2 mm für $d \le$ 20 mm; max. 0,01 · d für 20 < $d \le$ 75 mm; max. 0,75 mm für d > 75 mm	herstelltechnisch rissfrei[e]
Maximaler Prozentsatz der Liefermasse an Ungänzen oberhalb der festgelegten Grenze	4 %	1 %	1 %	0,2 %
Erzeugnisform[a]				
Rund	+	+	+	+
Vierkant	+	+ (für $d \le$ 20 mm)[c]	–	–
Sechskant	+	+ (für $d \le$ 50 mm)[c]	–	–
Flach	+[b]	–	–	–
Sonderprofile	+[d]	–	–	–

ANMERKUNG d = Nenndurchmesser des Stabes oder Abstand zwischen parallelen Flächen bei Vierkant- und Sechskantstäben.

[a]   + bedeutet, dass in diesen Klassen verfügbar, – bedeutet, dass in diesen Klassen nicht verfügbar.

[b]   Die maximale Tiefe der Ungänzen bezieht sich auf den jeweiligen Querschnitt (Breite oder Dicke).

[c]   Rissauffinden mit Wirbelstromprüfung wie angegeben nicht möglich für d > 20 mm oder d > 50 mm.

[d]   Bezugsmaße sind zum Zeitpunkt der Anfrage und Bestellung zu vereinbaren.

[e]   Die Oberflächengüteklasse muss besser sein als Klasse 3. Die Anforderungen und die Verfahren zur Überprüfung sind zum Zeitpunkt der Anfrage und Bestellung zu vereinbaren.

7.8   Innere Beschaffenheit

Bei der Anfrage und Bestellung können, z. B. auf der Grundlage zerstörungsfreier Prüfungen, Anforderungen an die innere Beschaffenheit vereinbart werden (siehe B.6).

7.9   Maße, Form, Grenzabmaße und Formtoleranzen

Maße, Grenzabmaße und Formtoleranzen müssen vom Besteller bei Anfrage und Bestellung getroffenen Festlegungen entsprechen und in Übereinstimmung mit EN 10278 sein.

8   Prüfung

8.1   Art und Inhalt von Prüfbescheinigungen

8.1.1   Falls vom Besteller ausdrücklich gewünscht, wird eine Prüfbescheinigung nach EN 10204 ausgestellt. Der Besteller muss die Art der gewünschten Prüfbescheinigung angeben.

8.1.2   Falls entsprechend den Vereinbarungen bei der Anfrage und Bestellung ein Werkszeugnis 2.2 auszustellen ist, muss dieses folgende Angaben enthalten:

a)   die Bestätigung, dass die Lieferung den Bestellvereinbarungen entspricht;

b)   die Ergebnisse der Schmelzenanalyse für alle für die betreffende Stahlsorte aufgeführten Elemente.

10

8.1.3 Falls entsprechend den Vereinbarungen bei der Anfrage und Bestellung ein Abnahmeprüfzeugnis 3.1 oder 3.2 auszustellen ist, müssen die in 8.2 beschriebenen spezifischen Prüfungen durchgeführt und ihre Ergebnisse im Abnahmeprüfzeugnis bestätigt werden.

Außerdem muss das Abnahmeprüfzeugnis folgende Angaben enthalten:

a) die vom Hersteller mitgeteilten Ergebnisse der Schmelzenanalyse für alle für die betreffende Stahlsorte aufgeführten Elemente;

b) die Ergebnisse der durch Zusatzanforderungen (siehe Anhang B) bestellten Prüfungen;

c) Kennbuchstaben oder -zahlen, die eine gegenseitige Zuordnung von Prüfbescheinigungen, Proben und Erzeugnissen zulassen.

8.2 Spezifische Prüfung

8.2.1 Wenn bei der Anfrage und Bestellung festgelegt, ist die Konformität der Erzeugnisse durch spezifische Prüfung nachzuweisen.

8.2.2 Probenahme, Prüfumfang und Prüfverfahren müssen den Festlegungen von Tabelle 2 entsprechen.

8.2.3 Eine ausreichende Zahl von Erzeugnissen ist auf Übereinstimmung mit den Maßanforderungen zu prüfen.

8.2.4 Soweit erforderlich, sind Wiederholungsprüfungen nach EN 10021 durchzuführen.

9 Kennzeichnung

Das Stahlerzeugnis oder die Verpackung ist so zu kennzeichnen, dass die Rückverfolgbarkeit zu Hersteller, Stahlsorte und Schmelze sichergestellt ist.

Wenn vom Besteller bei der Anfrage und Bestellung festgelegt, muss die besondere Kennzeichnung des Stahlerzeugnisses B.8 entsprechen.

ANMERKUNG   Es wird empfohlen, bei nachfolgenden Prozessen die Rückverfolgbarkeit beizubehalten.

Tabelle 2 — Prüfbedingungen für den Nachweis der in Spalte 2 angegebenen Anforderungen

| Nr. | Anforderungen | Prüfeinheit[a] | Prüfumfang | | Probenahme und Probevorbereitung | Anzuwendendes Prüfverfahren |
| | | | Zahl der | | | |
			Probenabschnitte je Prüfeinheit	Prüfungen je Probenabschnitt		
1	Chemische Zusammensetzung	C	Die Schmelzenanalyse wird vom Hersteller mitgeteilt, bezüglich der Stückanalyse siehe B.7		EN ISO 14284	prCEN/TR 10261[b]
2	Mechanische Eigenschaften				EN ISO 377	Zugversuch[c] EN 10002-1
2.1	Gewalzt und geschält	C+D	1	1		
2.2		C+D	1	1		
2.3	Kaltgezogen	C+D+T	1	1		
	Vergütet, entweder vor oder nach Kaltumformung					
3	Härte				EN ISO 6506-1	Brinell-Härteprüfung EN ISO 6506-1[d]
3.1	Gewalzt und geschält	C+D	1	1		
3.2		C+D+T	1	1		
3.3	Wärmebehandelt und geschält	C+D+T	1	1		
	Wärmebehandelt und kaltgezogen					

[a] Die Prüfungen sind getrennt auszuführen, für jede Schmelze angedeutet durch „C"; für jede Abmessung angedeutet durch „D", und für jedes Wärmebehandlungslos angedeutet durch „T".
Erzeugnisse mit unterschiedlichen Dicken können zusammengefasst werden, falls die Dickenunterschiede die Eigenschaften nicht beeinflussen.

[b] Für Routineprüfungen sind auch andere Verfahren verfügbar (z. B. Spektroskopie).

[c] In Schiedsfällen muss der Zugversuch an proportionalen Proben mit der Anfangsmesslänge $L_0 = 5,65 \sqrt{S_0}$, mit S_0 = Anfangsquerschnitt, durchgeführt werden.

[d] In Schiedsfällen sind die Härteprüfungen im Querschnitt an der Stelle durchzuführen, die der Mittellinie der Zugprobe (Entnahmeposition aus dem Stab) entspricht.

12

467

Anhang A
(normativ)

Maßgeblicher Wärmebehandlungsquerschnitt für die mechanischen Eigenschaften

A.1 Definition

Siehe 3.2.

A.2 Ermittlung des Durchmessers des maßgeblichen Wärmebehandlungsquerschnitts

A.2.1 Falls die Proben von Erzeugnissen mit einfachen Querschnittsformen und von Stellen mit quasi zweidimensionalem Wärmefluss zu entnehmen sind, gelten die Festlegungen nach A.2.1.1 bis A.2.1.3.

A.2.1.1 Bei Rundstahl ist der Nenndurchmesser des Erzeugnisses (ohne Berücksichtigung der Bearbeitungszugabe) dem Durchmesser des maßgeblichen Wärmebehandlungsquerschnitts gleichzusetzen.

A.2.1.2 Bei Sechskantstahl ist der Nennabstand zwischen zwei gegenüberliegenden Seiten dem Durchmesser des maßgeblichen Wärmebehandlungsquerschnitts gleichzusetzen.

A.2.1.3 Bei Vierkant- und Flachstahl ist der Durchmesser des maßgeblichen Wärmebehandlungsquerschnitts entsprechend dem Beispiel in Bild A.1 zu bestimmen.

A.2.2 Für andere Erzeugnisformen ist der maßgebliche Wärmebehandlungsquerschnitt bei der Anfrage und Bestellung zu vereinbaren.

ANMERKUNG   Das nachstehende Verfahren kann in solchen Fällen als Leitlinie dienen.

Das Erzeugnis wird entsprechend der üblichen Praxis gehärtet. Dann wird es so durchgetrennt, dass die Härte und das Gefüge an der für die Probenahme vorgesehenen Stelle des maßgeblichen Querschnittes ermittelt werden können. Von einem weiteren gleichartigen Erzeugnis aus derselben Schmelze wird von der beschriebenen Stelle eine Jominy-Probe entnommen und in der üblichen Weise geprüft. Dann wird der Abstand ermittelt, in dem die Jominy-Probe die gleiche Härte und das gleiche Gefüge aufweist wie der maßgebliche Querschnitt an der für die Probenahme vorgesehenen Stelle.

Von diesem Abstand ausgehend, kann dann mithilfe von Bild A.2 und A.3 der Durchmesser des maßgeblichen Querschnittes abgeschätzt werden.

13

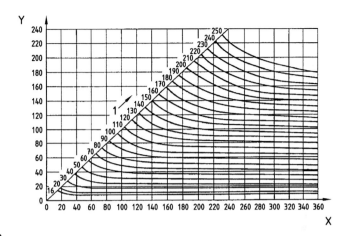

Legende

X Breite in mm
Y Dicke in mm

1 Durchmesser des maßgeblichen Wärmebehandlungsquerschnitts in mm

BEISPIEL   Für einen Flachstahl mit dem Querschnitt 40 mm × 60 mm ist der Durchmesser des maßgeblichen Wärmebehandlungsquerschnitts 50 mm.

Bild A.1 — Durchmesser des maßgeblicher Wärmebehandlungsquerschnitts für quadratische und rechteckige Querschnitte für Härten in Öl oder Wasser

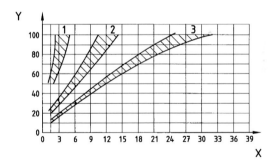

Legende

X Abstand von der abgeschreckten Stirnfläche in mm
Y Stabdurchmesser in mm

1 Oberfläche
2 ¾-Radius
3 Mitte

Bild A.2 — Beziehung zwischen Abkühlungsgeschwindigkeit in Stirnabschreckproben (Jominy-Proben) und gehärteten Rundstäben in mäßigt bewegtem Wasser (Quelle: SAE J406c)

14

469

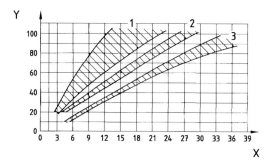

Legende
X   Abstand von der abgeschreckten Stirnfläche in mm
Y   Stabdurchmesser in mm

1   Oberfläche
2   3/4-Radius
3   Mitte

Bild A.3 — Beziehung zwischen Abkühlungsgeschwindigkeit in Stirnabschreckproben (Jominy-Proben) und gehärteten Rundstäben in mäßigt bewegtem Öl (Quelle: SAE J406c)

Anhang B
(normativ)

Optionen

ANMERKUNG   Bei der Anfrage und Bestellung kann die Einhaltung von einer oder mehreren dieser nachstehenden Optionen vereinbart werden (siehe 5.2). Soweit erforderlich, können die Einzelheiten dieser Anforderungen zwischen Hersteller und Besteller bei der Anfrage und Bestellung vereinbart werden.

B.1 Mechanische Eigenschaften von Bezugsproben im vergüteten Zustand

Für in einem anderen als dem vergüteten Zustand gelieferte Erzeugnisse sind die Anforderungen an die mechanischen Eigenschaften im vergüteten Zustand an einer Bezugsprobe nachzuweisen.

Bei Stäben muss der vergütete Probenabschnitt denselben Querschnitt aufweisen wie das betreffende Erzeugnis. Für andere Erzeugnisse sind die Maße und die Herstellung des Probenabschnittes bei der Anfrage und Bestellung zu vereinbaren, soweit angebracht, unter Berücksichtigung der in Anhang A enthaltenen Angaben zur Ermittlung des Durchmessers des maßgeblichen Wärmebehandlungsquerschnitts.

Die Probenabschnitte sind entsprechend den bei der Anfrage und Bestellung getroffenen Vereinbarungen zu vergüten. Die Einzelheiten der Wärmebehandlung sind in der Prüfbescheinigung anzugeben (siehe 8.1).

Probenabschnitte für die Herstellung von Proben sind dem Erzeugnis in Übereinstimmung mit EN ISO 377 zu entnehmen.

B.2 Feinkornstähle

B.2.1 Feinkornstahl muss eine Austenitkorngröße von 5 oder feiner besitzen. Falls eine spezifische Prüfung verlangt wird (siehe 7.4), muss die Anforderung an die Korngröße durch die Bestimmung des Aluminiumanteils oder metallographisch überprüft werden. Falls die Korngröße metallographisch überprüft wird, erfolgt die Probenahme und Probenvorbereitung nach EN ISO 643, wobei eine Probe je Schmelze zu überprüfen ist.

B.2.2 Für Automatenstähle, die nach einem der Verfahren nach EN ISO 643 überprüft werden, ist die Korngröße als zufrieden stellend anzusehen, falls 70 % der Fläche innerhalb der festgelegten Grenzen liegt.

Für Einsatzstähle wird die Feinkornstruktur normalerweise erreicht, falls der gesamte Aluminiumanteil ≥ 0,018 % ist. In diesem Fall ist die metallographische Bestimmung nicht erforderlich. Der Aluminiumanteil ist in der Prüfbescheinigung anzugeben. Anderenfalls ist der Stahl entsprechend dem Mc-Quaid-Ehn-Verfahren, beschrieben in EN ISO 643, zu überprüfen und die Korngröße wird als zufrieden stellend angesehen, falls 70 % der Fläche innerhalb der festgelegten Grenzen liegt, zu weiteren Einzelheiten, siehe EN 10084.

Vergütungsstähle werden entweder durch Bestimmung des Aluminiumanteils oder metallographisch überprüft. Im ersten Fall ist der Aluminiumanteil zu vereinbaren. Im zweiten Fall sind die Stähle nach einem der in EN ISO 643 beschriebenen Verfahren zu überprüfen, zu Einzelheiten, siehe EN 10083-2, A.3 für unlegierte Vergütungsstähle und EN 10083-3, A.2 für legierte Vergütungsstähle.

B.3 Nichtmetallische Einschlüsse

B.3.1 Mikroskopische Einschlüsse

Diese Anforderung ist anwendbar für die Überprüfung des Anteils an nichtmetallischen Einschlüssen in Edelstählen nach EN 10277-4 und EN 10277-5. Nichtmetallische Einschlüsse und ihre zulässigen Anteile sind bei der Anfrage und Bestellung zu vereinbaren. Für die nichtmetallischen Einschlüsse bei Einsatzstählen, siehe EN 10084, A.1 und bei Vergütungsstählen, siehe EN 10083-2, A.4 und EN 10083-3, A.3.

B.3.2 Makroskopische Einschlüsse

Diese Anforderung ist anwendbar für die Überprüfung auf makroskopische Einschlüsse in Edelstählen nach EN 10277-4 und EN 10277-5. Falls eine Überprüfung verlangt wird, sind die Methode und die Grenzwerte bei der Anfrage und Bestellung zu vereinbaren.

B.4 Entkohlungstiefe

Für Stähle nach EN 10277-5 ist die maximale Entkohlungstiefe bei der Anfrage und Bestellung zu vereinbaren. Die maximale Entkohlungstiefe ist nach dem mikrographischen Verfahren gemäß EN ISO 3887 zu bestimmen.

B.5 Korrosionsschutz

Vom Hersteller ist ein Schutzmittel zu verwenden, das einen zeitlich begrenzten, angemessenen Schutz während Transport und Lagerung ergibt. Wenn ein bestimmtes Schutzmittel gewünscht wird, ist dieses bei der Anfrage und Bestellung zu vereinbaren.

B.6 Zerstörungsfreie Prüfung

Die Erzeugnisse sind nach einem bei der Anfrage und Bestellung vereinbarten Verfahren und nach ebenfalls bei der Anfrage und Bestellung vereinbarten Bewertungskriterien zerstörungsfrei zu prüfen.

B.7 Stückanalyse

Eine Stückanalyse ist für jede Schmelze zur Bestimmung der chemischen Zusammensetzung des Erzeugnisses durchzuführen, wobei die Schmelzenanalyse in den Tabellen 1 von EN 10277-2 bis EN 10277-5 festgelegt ist.

Die Probenvorbereitung muss in Übereinstimmung mit ISO 14284 sein. In Schiedsfällen ist das Verfahren für die chemische Analyse aus prCEN/TR 10261 auszuwählen.

B.8 Besondere Kennzeichnung

Das Erzeugnis muss bei der Anfrage und Bestellung vereinbarte besondere Kennzeichnungen haben, z. B. Strichcode-Etikettierung nach EN 606.

17

Literaturhinweise

[1]   SAE J406c, *Verfahren zur Bestimmung der Härtbarkeit von Stahl*

[2]   ISO 286-1, *ISO-System für Toleranzen und Passungen — Teil 1: Grundlagen für Toleranzen, Abmaße und Passungen*

18

Juni 2008

DIN EN 10277-2

ICS 77.140.60

Ersatz für
DIN EN 10277-2:1999-10

Blankstahlerzeugnisse –
Technische Lieferbedingungen –
Teil 2: Stähle für allgemeine technische Verwendung;
Deutsche Fassung EN 10277-2:2008

Bright steel products –
Technical delivery conditions –
Part 2: Steels for general engineering purposes;
German version EN 10277-2:2008

Produits en acier transformés à froid –
Conditions techniques de livraison –
Partie 2: Aciers d'usage général;
Version allemande EN 10277-2:2008

Gesamtumfang 11 Seiten

Normenausschuss Eisen und Stahl (FES) im DIN

Nationales Vorwort

Dieses Dokument (EN 10277-2:2008) wurde vom Technischen Komitee (TC) 23 „Für eine Wärmebehandlung bestimmte Stähle, legierte Stähle und Automatenstähle — Gütenormen" (Sekretariat: DIN, Deutschland) des Europäischen Komitees für die Eisen- und Stahlnormung (ECISS) ausgearbeitet.

Das zuständige deutsche Normungsgremium ist der Unterausschuss 05/1 „Unlegierte und legierte Maschinenbaustähle" des Normenausschusses Eisen und Stahl (FES).

Während der Vorbereitung der ersten Ausgabe dieser Europäischen Norm standen nur unzureichende statistische Zahlen bezüglich der mechanischen Eigenschaften der Blankstahlerzeugnisse zur Verfügung. Mittlerweile hat man erkannt, dass die Werte für die Dehngrenze im kaltgezogenen Zustand zu hoch angesetzt wurden. Außerdem können die beim Richten auftretenden Spannungen die Dehngrenze erniedrigen (Bauschinger Effekt), was in der ersten Ausgabe der Norm nicht berücksichtigt wurde. In dieser zweiten Ausgabe wurden die Dehnwerte für die unlegierten und legierten Stahlsorten im Zustand +QT+C in den Teilen 3 und 5 gegenüber der ersten Ausgabe nach unten korrigiert.

Änderungen

Gegenüber DIN EN 10277-2:1999-10 wurden folgende Änderungen vorgenommen:

a) Aufnahme der Stahlsorte S355J2C für den gestrichenen Stahl S355J2G3C;

b) ferner wurden in diesem Teil die Werte für die Zugfestigkeit der Sorten S235JRC und S355J2C in der Tabelle für die mechanischen Eigenschaften an die Werte in der EN 10025-2 angepasst;

c) redaktionelle Überarbeitung.

Frühere Ausgaben

DIN 1652: 1944x-08, 1963-05
DIN 1652-2: 1990-11
DIN EN 10277-2: 1999-10

2

ICS 77.140.20; 77.140.60

Ersatz für EN 10277-2:1999

Deutsche Fassung

Blankstahlerzeugnisse - Technische Lieferbedingungen - Teil 2: Stähle für allgemeine technische Verwendung

Bright steel products - Technical delivery conditions - Part 2: Steels for general engineering purposes

Produits en acier transformés à froid - Conditions techniques de livraison - Partie 2: Aciers d'usage général

Diese Europäische Norm wurde vom CEN am 4. Februar 2008 angenommen.

Die CEN-Mitglieder sind gehalten, die CEN/CENELEC-Geschäftsordnung zu erfüllen, in der die Bedingungen festgelegt sind, unter denen dieser Europäischen Norm ohne jede Änderung der Status einer nationalen Norm zu geben ist. Auf dem letzten Stand befindliche Listen dieser nationalen Normen mit ihren bibliographischen Angaben sind beim Management-Zentrum des CEN oder bei jedem CEN-Mitglied auf Anfrage erhältlich.

Diese Europäische Norm besteht in drei offiziellen Fassungen (Deutsch, Englisch, Französisch). Eine Fassung in einer anderen Sprache, die von einem CEN-Mitglied in eigener Verantwortung durch Übersetzung in seine Landessprache gemacht und dem Management-Zentrum mitgeteilt worden ist, hat den gleichen Status wie die offiziellen Fassungen.

CEN-Mitglieder sind die nationalen Normungsinstitute von Belgien, Bulgarien, Dänemark, Deutschland, Estland, Finnland, Frankreich, Griechenland, Irland, Island, Italien, Lettland, Litauen, Luxemburg, Malta, den Niederlanden, Norwegen, Österreich, Polen, Portugal, Rumänien, Schweden, der Schweiz, der Slowakei, Slowenien, Spanien, der Tschechischen Republik, Ungarn, dem Vereinigten Königreich und Zypern.

EUROPÄISCHES KOMITEE FÜR NORMUNG
EUROPEAN COMMITTEE FOR STANDARDIZATION
COMITÉ EUROPÉEN DE NORMALISATION

Management-Zentrum: rue de Stassart, 36   B-1050 Brüssel

Inhalt

2

Vorwort

Dieses Dokument (EN 10277-2:2008) wurde vom Technischen Komitee ECISS/TC 23 „Für eine Wärmebehandlung bestimmte Stähle, legierte Stähle und Automatenstähle — Gütenormen" erarbeitet, dessen Sekretariat vom DIN gehalten wird.

Diese Europäische Norm muss den Status einer nationalen Norm erhalten, entweder durch Veröffentlichung eines identischen Textes oder durch Anerkennung bis September 2008, und etwaige entgegenstehende nationale Normen müssen bis September 2008 zurückgezogen werden.

Es wird auf die Möglichkeit hingewiesen, dass einige Texte dieses Dokuments Patentrechte berühren können. CEN [und/oder CENELEC] sind nicht dafür verantwortlich, einige oder alle diesbezüglichen Patentrechte zu identifizieren.

Dieses Dokument ersetzt EN 10277-2:1999.

Entsprechend der CEN/CENELEC-Geschäftsordnung sind die nationalen Normungsinstitute der folgenden Länder gehalten, diese Europäische Norm zu übernehmen: Belgien, Bulgarien, Dänemark, Deutschland, Estland, Finnland, Frankreich, Griechenland, Irland, Island, Italien, Lettland, Litauen, Luxemburg, Malta, Niederlande, Norwegen, Österreich, Polen, Portugal, Rumänien, Schweden, Schweiz, Slowakei, Slowenien, Spanien, Tschechische Republik, Ungarn, Vereinigtes Königreich und Zypern.

Die Europäische Norm EN 10277 „*Blankstahlerzeugnisse — Technische Lieferbedingungen*" ist wie folgt unterteilt:

— *Teil 1: Allgemeines*

— *Teil 2: Stähle für allgemeine technische Verwendung*

— *Teil 3: Automatenstähle*

— *Teil 4: Einsatzstähle*

— *Teil 5: Vergütungsstähle*

Während der Vorbereitung der ersten Ausgabe dieser Europäischen Norm standen nur unzureichende statistische Zahlen bezüglich der mechanischen Eigenschaften der Blankstahlerzeugnisse zur Verfügung. Mittlerweile hat man erkannt, dass die Werte für die Dehngrenze im kaltgezogenen Zustand zu hoch angesetzt wurden. Außerdem können die beim Richten auftretenden Spannungen die Dehngrenze erniedrigen (Bauschinger Effekt), was in der ersten Ausgabe der Norm nicht berücksichtigt wurde. In dieser zweiten Ausgabe wurden die Dehnwerte für die unlegierten und legierten Stahlsorten im Zustand +QT+C in den Teilen 3 und 5 gegenüber der ersten Ausgabe nach unten korrigiert.

Ferner wurden in diesem Teil die Werte für die Zugfestigkeit der Sorten S235JRC und S355J2C in der Tabelle für die mechanischen Eigenschaften an die Werte in der EN 10025-2 angepasst.

3

1 Anwendungsbereich

Dieser Teil der EN 10277 gilt für gerichteten und abgelängten Blankstahl im gezogenen, geschälten oder geschliffenen Zustand für allgemeine technische Verwendung.

Diese EN 10277-2 wird vervollständigt durch EN 10277-1.

2 Normative Verweisungen

Die folgenden zitierten Dokumente sind für die Anwendung dieses Dokuments erforderlich. Bei datierten Verweisungen gilt nur die in Bezug genommene Ausgabe. Bei undatierten Verweisungen gilt die letzte Ausgabe des in Bezug genommenen Dokuments (einschließlich aller Änderungen).

EN 10025-2, *Warmgewalzte Erzeugnisse aus Baustählen — Teil 2: Technische Lieferbedingungen für unlegierte Baustähle*

EN 10083-2, *Vergütungsstähle — Teil 2: Technische Lieferbedingungen für unlegierte Stähle*

EN 10277-1, *Blankstahlerzeugnisse — Technische Lieferbedingungen —Teil 1: Allgemeines*

3 Begriffe

Für die Anwendung dieser Europäischen Norm gelten die Begriffe nach EN 10277-1.

4 Einteilung und Bezeichnung

4.1 Einteilung

Alle Stähle nach dieser Europäischen Norm sind unlegierte Qualitätsstähle.

4.2 Bezeichnung

Siehe EN 10277-1.

ANMERKUNG   Diese Norm enthält keine Anforderungen an die Kerbschlagarbeit.

5 Bestellangaben

Siehe EN 10277-1.

6 Herstellverfahren

Siehe EN 10277-1.

4

7 Anforderungen

7.1 Chemische Zusammensetzung

7.1.1 Schmelzenanalyse

Die chemische Zusammensetzung des Stahles nach der Schmelzenanalyse muss Tabelle 1 entsprechen.

7.1.2 Stückanalyse

Die Grenzabweichungen der Stückanalyse von der in Tabelle 1 für die Schmelzenanalyse angegebenen chemischen Zusammensetzung müssen Tabelle 2 entsprechen.

7.2 Mechanische Eigenschaften

Die mechanischen Eigenschaften der Stähle müssen der Tabelle 3 entsprechen. Die Werte aus der EN 10025-2 und EN 10083-2 können angewendet werden für eine Wärmebehandlung nach dem Kaltziehen, z. B. +C+N.

7.3 Optionen

Siehe Anhang B von EN 10277-1.

8 Prüfung

Siehe EN 10277-1

9 Kennzeichnung

Siehe EN 10277-1.

5

Tabelle 1 — Stahlsorten und chemische Zusammensetzung (Schmelzenanalyse)

Bezeichnung		Stahlsorte nach	Chemische Zusammensetzung, Massenanteil in %										
Kurzname	Werkstoffnr.		C	Si max.	Mn	P max.	S max.	N^a max.	Cr max.	Mo max.	Ni max.	Cr+Mo+Ni max.	Sonstige
S235JRC	1.0122	EN 10025-2	$\leq 0,17^b$	$-^c$	$\leq 1,40$	0,040	$0,040^d$	0,012	-	-	-	-	$Cu:^e \leq 0,55$
$E295GC^f$	1.0533^f	EN 10025-2	-	$-^c$	-	0,045	$0,045^d$	0,012	-	-	-	-	-
E335GC	1.0543	EN 10025-2	-	$-^c$	-	0,045	$0,045^d$	0,012	-	-	-	-	-
$S355J2C^f$	1.0579^f	EN 10025-2	$\leq 0,20^g$	$0,55^h$	$\leq 1,60$	0,030	$0,030^d$	-	-	-	-	-	$Cu:^e \leq 0,55$
C10	1.0301	-	0,07 bis 0,13	0,40	0,30 bis 0,60	0,045	$0,045^i$	-	-	-	-	-	$-^j$
C15	1.0401	-	0,12 bis 0,18	0,40	0,30 bis 0,80	0,045	$0,045^i$	-	-	-	-	-	$-^j$
C16	1.0407	-	0,12 bis 0,18	0,40	0,60 bis 0,90	0,045	$0,045^i$	-	-	-	-	-	$-^j$
C35	1.0501	EN 10083-2	0,32 bis 0,39	0,40	0,50 bis 0,80	0,045	$0,045^i$	-	0,40	0,10	0,40	0,63	$-^j$
C40	1.0511	EN 10083-2	0,37 bis 0,44	0,40	0,50 bis 0,80	0,045	$0,045^i$	-	0,40	0,10	0,40	0,63	$-^j$
C45	1.0503	EN 10083-2	0,42 bis 0,50	0,40	0,50 bis 0,80	0,045	$0,045^i$	-	0,40	0,10	0,40	0,63	$-^j$
C55	1.0535	EN 10083-2	0,52 bis 0,60	0,40	0,60 bis 0,90	0,045	$0,045^i$	-	0,40	0,10	0,40	0,63	$-^j$
C60	1.0601	EN 10083-2	0,57 bis 0,65	0,40	0,60 bis 0,90	0,045	$0,045^i$	-	0,40	0,10	0,40	0,63	$-^j$

ANMERKUNG   Chemische Zusammensetzung nach der Schmelzenanalyse.

[a]   Der Höchstwert für den Stickstoffanteil gilt nicht, wenn der Stahl einen Gesamtanteil an Aluminium von mindestens 0,020 % oder alternativ einen Anteil an säurelöslichem Aluminium von mindestens 0,015 % oder genügend andere stickstoffabbindende Elemente enthält. Die stickstoffabbindenden Elemente sind in der Prüfbescheinigung anzugeben.

[b]   Max. 0,20 % C für Nenndicken > 40 mm.

[c]   Unberuhigter Stahl ist nicht zulässig.

[d]   Für Langerzeugnisse kann der Höchstanteil an Schwefel zwecks verbesserter Bearbeitbarkeit für die Stahlsorten E295GC und E335GC um 0,010 % sowie für S235JRC und S355J2C um 0,015 % nach Vereinbarung angehoben werden, falls der Stahl zwecks Änderung der Sulfidausbildung behandelt wurde und die chemische Zusammensetzung mindestens 0,0020 % Ca aufweist.

[e]   Cu-Anteile über 0,40 % können Warmrissigkeit beim Warmumformen verursachen.

[f]   Für Anwendungen, bei denen Schweißbarkeit erforderlich ist, sollte die Stahlsorte S355J2C (1.0579) statt E295GC (1.0533) verwendet werden.

[g]   Max. 0,22 % C für Nenndicken > 30 mm.

[h]   Vollberuhigter Stahl mit einem ausreichenden Anteil an stickstoffabbindenden Elementen (z. B. min. 0,020 % Al). Der gebräuchliche Anhaltswert ist ein minimales Verhältnis von Aluminium zu Stickstoff von 2 : 1, falls keine andere stickstoffabbindenden Elemente vorhanden sind. Wenn andere Elemente verwendet werden, ist dies in der Prüfbescheinigung anzugeben.

[i]   Stähle mit verbesserter Bearbeitbarkeit infolge höherer Schwefelanteile bis zu etwa 0,10 % S (einschließlich aufgeschwefelter Stähle mit kontrollierten Anteilen nicht metallischer Einschlüsse (z. B. Ca-Behandlung)) (modernes Verfahren) oder Zusatz von Blei können auf Anfrage geliefert werden. Im ersten Fall darf die obere Grenze des Mangananteils um 0,15 % erhöht werden.

[j]   In dieser Tabelle nicht aufgeführte Elemente dürfen dem Stahl, außer zum Fertigbehandeln der Schmelze, ohne Zustimmung des Bestellers nicht absichtlich zugesetzt werden. Es sind alle angemessenen Vorkehrungen zu treffen, um die Zufuhr solcher Elemente aus dem Schrott oder anderen bei der Herstellung verwendeten Stoffen zu vermeiden, die die Härtbarkeit, die mechanischen Eigenschaften und die Verwendbarkeit beeinträchtigen.

Tabelle 2 — Grenzabweichungen der Stückanalyse von den nach Tabelle 1 für
die Schmelzenanalyse gültigen Grenzwerten

Element	Zulässiger Höchstanteil in der Schmelzenanalyse Massenanteil in %		Stahlsorte	Grenzabweichung[a] Massenanteil in %
C	> 0,17	≤ 0,17 ≤ 0,20	S235JRC	+0,02 +0,03
	> 0,20	≤ 0,20 ≤ 0,22	S355J2C	+0,03 +0,02
	> 0,55	≤ 0,55 ≤ 0,65	C10, C15, C16, C35, C40 C45, C55, C60	±0,02 ±0,03
Si	≤ 0,55		S355J2C	+0,05
	≤ 0,40		C10 bis C60	+0,03
Mn	≤ 1,60		S235JRC, S355J2C	+0,10
	≤ 0,90		C10 bis C60	±0,04
P und S	≤ 0,045		S235JRC bis S355J2C	+0,010
	≤ 0,045		C10 bis C60	+0,005
N	≤ 0,012		S335JRC bis E335GC	+0,002
Cr	≤ 0,40		C35 bis C60	+0,05
Mo	≤ 0,10			+0,03
Ni	≤ 0,40			+0,05
Cu	≤ 0,55		S235JRC, S355J2C	+0,05

[a] ± bedeutet, dass bei einer Schmelze die obere oder die untere Grenze der für die Schmelzen-analyse in Tabelle 1 angegebenen Spanne überschritten werden darf, aber nicht beide gleichzeitig.

7

Tabelle 3 — Mechanische Eigenschaften

Bezeichnung		Dicke[a]	Mechanische Eigenschaften[a]				
			Gewalzt + geschält (+SH)[b]		Kaltgezogen (+C)		
Kurzname	Werkstoff-nummer	mm	Härte[c] HBW	R_m MPa	$R_{p0,2}$[d] MPa min.	R_m[d] MPa	A min.
S235JRC	1.0122	≥ 5 ≤ 10	-	-	355	470 bis 840	8
		> 10 ≤ 16	-	-	300	420 bis 770	9
		> 16 ≤ 40	102 bis 140	360 bis 510	260	390 bis 730	10
		> 40 ≤ 63	102 bis 140	360 bis 510	235	380 bis 670	11
		> 63 ≤ 100	102 bis 140	360 bis 510	215	360 bis 640	11
E295GC	1.0533	≥ 5 ≤ 10	-	-	510	650 bis 950	6
		> 10 ≤ 16	-	-	420	600 bis 900	7
		> 16 ≤ 40	140 bis 181	470 bis 610	320	550 bis 850	8
		> 40 ≤ 63	140 bis 181	470 bis 610	300	520 bis 770	9
		> 63 ≤ 100	140 bis 181	470 bis 610	255	470 bis 740	9
E335GC	1.0543	≥ 5 ≤ 10	-	-	540	700 bis 1 050	5
		> 10 ≤ 16	-	-	480	680 bis 970	6
		> 16 ≤ 40	169 bis 211	570 bis 710	390	640 bis 930	7
		> 40 ≤ 63	169 bis 211	570 bis 710	340	620 bis 870	8
		> 63 ≤ 100	169 bis 211	570 bis 710	295	570 bis 810	8
S355J2C	1.0579	≥ 5 ≤ 10	-	-	520	630 bis 950	6
		> 10 ≤ 16	-	-	450	580 bis 880	7
		> 16 ≤ 40	146 bis 187	470 bis 630	350	530 bis 850	8
		> 40 ≤ 63	146 bis 187	470 bis 630	335	500 bis 770	9
		> 63 ≤ 100	146 bis 187	470 bis 630	315	470 bis 740	9
C10	1.0301	≥ 5 ≤ 10	-	-	350	460 bis 760	8
		> 10 ≤ 16	-	-	300	430 bis 730	9
		> 16 ≤ 40	92 bis 163	310 bis 550	250	400 bis 700	10
		> 40 ≤ 63	92 bis 163	310 bis 550	200	350 bis 640	12
		> 63 ≤ 100	92 bis 163	310 bis 550	180	320 bis 580	12
C15	1.0401	≥ 5 ≤ 10	-	-	380	500 bis 800	7
		> 10 ≤ 16	-	-	340	480 bis 780	8
		> 16 ≤ 40	98 bis 178	330 bis 600	280	430 bis 730	9
		> 40 ≤ 63	98 bis 178	330 bis 600	240	380 bis 670	11
		> 63 ≤ 100	98 bis 178	330 bis 600	215	340 bis 600	12
C16	1.0407	≥ 5 ≤ 10	-	-	400	520 bis 820	7
		> 10 ≤ 16	-	-	360	500 bis 800	8
		> 16 ≤ 40	105 bis 184	350 bis 620	300	450 bis 750	9
		> 40 ≤ 63	105 bis 184	350 bis 620	260	400 bis 690	11
		> 63 ≤ 100	105 bis 184	350 bis 620	235	360 bis 620	12

Tabelle 3 *(fortgesetzt)*

Kurzname	Werkstoff-nummer	Dicke^a mm	Gewalzt + geschält (+SH)^b Härte^c HBW	Gewalzt + geschält (+SH)^b R_m MPa	Kaltgezogen (+C) $R_{p0,2}$^d MPa min.	Kaltgezogen (+C) R_m^d MPa	A min.
		≥ 5 ≤ 10	-	-	510	650 bis 1 000	6
		> 10 ≤ 16	-	-	420	600 bis 950	7
C35	1.0501	> 16 ≤ 40	154 bis 207	520 bis 700	320	580 bis 880	8
		> 40 ≤ 63	154 bis 207	520 bis 700	300	550 bis 840	9
		> 63 ≤ 100	154 bis 207	520 bis 700	270	520 bis 800	9
		≥ 5 ≤ 10	-	-	540	700 bis 1 000	6
		> 10 ≤ 16	-	-	460	650 bis 980	7
C40	1.0511	> 16 ≤ 40	163 bis 211	550 bis 710	365	620 bis 920	8
		> 40 ≤ 63	163 bis 211	550 bis 710	330	590 bis 840	9
		> 63 ≤ 100	163 bis 211	550 bis 710	290	550 bis 820	9
		≥ 5 ≤ 10	-	-	565	750 bis 1 050	5
		> 10 ≤ 16	-	-	500	710 bis 1 030	6
C45	1.0503	> 16 ≤ 40	172 bis 242	580 bis 820	410	650 bis 1 000	7
		> 40 ≤ 63	172 bis 242	580 bis 820	360	630 bis 900	8
		> 63 ≤ 100	172 bis 242	580 bis 820	310	580 bis 850	8
		≥ 5 ≤ 10	-	-	590	770 bis 1 100	5
		> 10 ≤ 16	-	-	520	730 bis 1 080	6
C55	1.0535	> 16 ≤ 40	181 bis 269	610 bis 910	440	690 bis 1 050	7
		> 40 ≤ 63	181 bis 269	610 bis 910	390	650 bis 1 030	8
		> 63 ≤ 100	181 bis 269	610 bis 910	-	-	-
		≥ 5 ≤ 10	-	-	630	800 bis 1 150	5
		> 10 ≤ 16	-	-	550	780 bis 1 130	5
C60	1.0601	> 16 ≤ 40	198 bis 278	670 bis 940	480	730 bis 1 100	6
		> 40 ≤ 63	198 bis 278	670 bis 940	-	-	-
		> 63 ≤ 100	198 bis 278	670 bis 940	-	-	-

ANMERKUNG   Diese Norm enthält keine Anforderungen an die Kerbschlagarbeit.

a   Für Dicken < 5 mm können die mechanischen Eigenschaften bei der Anfrage und Bestellung vereinbart werden.

b   Für den gewalzten und geschälten Zustand ist es ausreichend, stattdessen die Sorten S235JR, E295, E335 und S355J2 zu verwenden.

c   Nur zur Information.

d   Für Flachstäbe und Sonderprofile kann die Dehngrenze ($R_{p0,2}$) um −10 % und die Zugfestigkeit (R_m) um ±10 % abweichen.

9

Juni 2008

	DIN EN 10277-3	

ICS 77.140.60

Ersatz für
DIN EN 10277-3:1999-10

Blankstahlerzeugnisse –
Technische Lieferbedingungen –
Teil 3: Automatenstähle;
Deutsche Fassung EN 10277-3:2008

Bright steel products –
Technical delivery conditions –
Part 3: Free-cutting steels;
German version EN 10277-3:2008

Produits en acier transformés à froid –
Conditions techniques de livraison –
Partie 3: Aciers de décolletage;
Version allemande EN 10277-3:2008

Gesamtumfang 11 Seiten

Normenausschuss Eisen und Stahl (FES) im DIN

485

Nationales Vorwort

Dieses Dokument (EN 10277-3:2008) wurde vom Technischen Komitee (TC) 23 „Für eine Wärmebehandlung bestimmte Stähle, legierte Stähle und Automatenstähle — Gütenormen" (Sekretariat: DIN, Deutschland) des Europäischen Komitees für die Eisen- und Stahlnormung (ECISS) ausgearbeitet.

Das zuständige deutsche Normungsgremium ist der Unterausschuss 05/1 „Unlegierte und legierte Maschinenbaustähle" des Normenausschusses Eisen und Stahl (FES).

Während der Vorbereitung der ersten Ausgabe dieser Europäischen Norm standen nur unzureichende statistische Zahlen bezüglich der mechanischen Eigenschaften der Blankstahlerzeugnisse zur Verfügung. Mittlerweile hat man erkannt, dass die Werte für die Dehngrenze im kaltgezogenen Zustand zu hoch angesetzt wurden. Außerdem können die beim Richten auftretenden Spannungen die Dehngrenze erniedrigen (Bauschinger Effekt), was in der ersten Ausgabe der Norm nicht berücksichtigt wurde.

Änderungen

Gegenüber DIN EN 10277-3:1999-10 wurden folgende Änderungen vorgenommen:

a) in dieser zweiten Ausgabe wurden die Dehnwerte für die unlegierten und legierten Stahlsorten im Zustand +QT+C in den Teilen 3 und 5 gegenüber der ersten Ausgabe nach unten korrigiert;

b) Werte für die Dehngrenze und Zugfestigkeit im kaltgezogenen sowie im vergüteten und kaltgezogenen Zustand wurden teilweise geändert;

c) ferner wurden in diesem Teil die Werte für die Zugfestigkeit der Sorten 36SMn(Pb)14 und 38SMn(Pb)28 im Zustand +C und der Sorte 35S(Pb)20 im Zustand +QT+C in der Tabelle für die mechanischen Eigenschaften der Vergütungsstähle angepasst;

d) redaktionelle Überarbeitung.

Frühere Ausgaben

DIN 1651: 1944-08, 1954-08, 1960-11, 1970-04, 1988-04
DIN EN 10277-3: 1999-10

2

EUROPÄISCHE NORM

EUROPEAN STANDARD

NORME EUROPÉENNE

EN 10277-3

März 2008

ICS 77.140.10; 77.140.60

Ersatz für EN 10277-3:1999

Deutsche Fassung

Blankstahlerzeugnisse - Technische Lieferbedingungen - Teil 3: Automatenstähle

Bright steel products - Technical delivery conditions - Part 3: Free-cutting steels

Produits en acier transformés à froid - Conditions techniques de livraison - Partie 3: Aciers de décolletage

Diese Europäische Norm wurde vom CEN am 4. Februar 2008 angenommen.

Die CEN-Mitglieder sind gehalten, die CEN/CENELEC-Geschäftsordnung zu erfüllen, in der die Bedingungen festgelegt sind, unter denen dieser Europäischen Norm ohne jede Änderung der Status einer nationalen Norm zu geben ist. Auf dem letzten Stand befindliche Listen dieser nationalen Normen mit ihren bibliographischen Angaben sind beim Management-Zentrum des CEN oder bei jedem CEN-Mitglied auf Anfrage erhältlich.

Diese Europäische Norm besteht in drei offiziellen Fassungen (Deutsch, Englisch, Französisch). Eine Fassung in einer anderen Sprache, die von einem CEN-Mitglied in eigener Verantwortung durch Übersetzung in seine Landessprache gemacht und dem Management-Zentrum mitgeteilt worden ist, hat den gleichen Status wie die offiziellen Fassungen.

CEN-Mitglieder sind die nationalen Normungsinstitute von Belgien, Bulgarien, Dänemark, Deutschland, Estland, Finnland, Frankreich, Griechenland, Irland, Island, Italien, Lettland, Litauen, Luxemburg, Malta, den Niederlanden, Norwegen, Österreich, Polen, Portugal, Rumänien, Schweden, der Schweiz, der Slowakei, Slowenien, Spanien, der Tschechischen Republik, Ungarn, dem Vereinigten Königreich und Zypern.

EUROPÄISCHES KOMITEE FÜR NORMUNG
EUROPEAN COMMITTEE FOR STANDARDIZATION
COMITÉ EUROPÉEN DE NORMALISATION

Management-Zentrum: rue de Stassart, 36   B-1050 Brüssel

Ref. Nr. EN 10277-3:2008 D

Inhalt

2

Vorwort

Dieses Dokument (EN 10277-3:2008) wurde vom Technischen Komitee ECISS/TC 23 „Für eine Wärmebehandlung bestimmte Stähle, legierte Stähle und Automatenstähle - Gütenormen" erarbeitet, dessen Sekretariat vom DIN gehalten wird.

Diese Europäische Norm muss den Status einer nationalen Norm erhalten, entweder durch Veröffentlichung eines identischen Textes oder durch Anerkennung bis September 2008, und etwaige entgegenstehende nationale Normen müssen bis September 2008 zurückgezogen werden.

Es wird auf die Möglichkeit hingewiesen, dass einige Texte dieses Dokuments Patentrechte berühren können. CEN [und/oder CENELEC] sind nicht dafür verantwortlich, einige oder alle diesbezüglichen Patentrechte zu identifizieren.

Dieses Dokument ersetzt EN 10277-3:1999.

Entsprechend der CEN/CENELEC-Geschäftsordnung sind die nationalen Normungsinstitute der folgenden Länder gehalten, diese Europäische Norm zu übernehmen: Belgien, Bulgarien, Dänemark, Deutschland, Estland, Finnland, Frankreich, Griechenland, Irland, Island, Italien, Lettland, Litauen, Luxemburg, Malta, Niederlande, Norwegen, Österreich, Polen, Portugal, Rumänien, Schweden, Schweiz, Slowakei, Slowenien, Spanien, Tschechische Republik, Ungarn, Vereinigtes Königreich und Zypern.

Die Europäische Norm EN 10277 *„Blankstahlerzeugnisse — Technische Lieferbedingungen"* ist wie folgt unterteilt:

— *Teil 1: Allgemeines*

— *Teil 2: Stähle für allgemeine technische Verwendung*

— *Teil 3: Automatenstähle*

— *Teil 4: Einsatzstähle*

— *Teil 5: Vergütungsstähle*

Während der Vorbereitung der ersten Ausgabe dieser Europäischen Norm standen nur unzureichende statistische Zahlen bezüglich der mechanischen Eigenschaften der Blankstahlerzeugnisse zur Verfügung. Mittlerweile hat man erkannt, dass die Werte für die Dehngrenze im kaltgezogenen Zustand zu hoch angesetzt wurden. Außerdem können die beim Richten auftretenden Spannungen die Dehngrenze erniedrigen (Bauschinger Effekt), was in der ersten Ausgabe der Norm nicht berücksichtigt wurde. In dieser zweiten Ausgabe wurden die Dehnwerte für die unlegierten und legierten Stahlsorten im Zustand +QT+C in den Teilen 3 und 5 gegenüber der ersten Ausgabe nach unten korrigiert.

Ferner wurden in diesem Teil die Werte für die Zugfestigkeit der Sorten 36SMn(Pb)14 und 38SMn(Pb)28 im Zustand +C und der Sorte 35S(Pb)20 im Zustand +QT+C in der Tabelle für die mechanischen Eigenschaften der Vergütungsstähle angepasst.

3

1 Anwendungsbereich

Dieser Teil der EN 10277 gilt für gerichteten und abgelängten Blankstahl im gezogenen, geschälten oder geschliffenen Zustand aus Automatenstählen.

Diese EN 10277-3 wird vervollständigt durch EN 10277-1.

2 Normative Verweisungen

Die folgenden zitierten Dokumente sind für die Anwendung dieses Dokuments erforderlich. Bei datierten Verweisungen gilt nur die in Bezug genommene Ausgabe. Bei undatierten Verweisungen gilt die letzte Ausgabe des in Bezug genommenen Dokuments (einschließlich aller Änderungen).

EN 10087, *Automatenstähle — Technische Lieferbedingungen für Halbzeug, warmgewalzte Stäbe und Walzdraht*

EN 10277-1, *Blankstahlerzeugnisse — Technische Lieferbedingungen — Teil 1: Allgemeines*

3 Begriffe

Für die Anwendung dieses Dokuments gelten die Begriffe nach EN 10277-1.

4 Einteilung und Bezeichnung

4.1 Einteilung

Alle Stähle nach dieser Europäischen Norm sind unlegierte Qualitätsstähle.

4.2 Bezeichnung

Siehe EN 10277-1.

5 Bestellangaben

Siehe EN 10277-1.

6 Herstellverfahren

Siehe EN 10277-1.

4

7 Anforderungen

7.1 Chemische Zusammensetzung

7.1.1 Schmelzenanalyse

Die chemische Zusammensetzung des Stahls nach der Schmelzenanalyse muss Tabelle 1 entsprechen.

7.1.2 Stückanalyse

Die Grenzabweichungen der Stückanalyse von der in Tabelle 1 für die Schmelzenanalyse angegebenen chemischen Zusammensetzung müssen Tabelle 2 entsprechen.

7.2 Mechanische Eigenschaften

Die mechanischen Eigenschaften müssen den Festlegungen

— in Tabelle 3 bei nicht für die Wärmebehandlung bestimmten Stählen,

— in Tabelle 4 bei Einsatzstählen,

— in Tabelle 5 bei Vergütungsstählen

entsprechen.

7.3 Optionen

Siehe Anhang B von EN 10277-1.

8 Prüfung

Siehe EN 10277-1.

9 Kennzeichnung

Siehe EN 10277-1.

5

Tabelle 1 — Stahlsorten und chemische Zusammensetzung (Schmelzenanalyse)

Bezeichnung		Stahlsorte nach	Chemische Zusammensetzung, Massenanteil in %[a]					
Kurzname	Werkstoff-nummer		C	Si max.	Mn	P max.	S	Pb
Nicht für eine Wärmebehandlung bestimmte Stähle								
11SMn30	1.0715	EN 10087	≤ 0,14	0,05[b]	0,90 bis 1,30	0,11	0,27 bis 0,33	-
11SMnPb30	1.0718	EN 10087	≤ 0,14	0,05	0,90 bis 1,30	0,11	0,27 bis 0,33	0,20 bis 0,35
11SMn37	1.0736	EN 10087	≤ 0,14	0,05[b]	1,00 bis 1,50	0,11	0,34 bis 0,40	-
11SMnPb37	1.0737	EN 10087	≤ 0,14	0,05	1,00 bis 1,50	0,11	0,34 bis 0,40	0,20 bis 0,35
Einsatzstähle								
10S20	1.0721	EN 10087	0,07 bis 0,13	0,40	0,70 bis 1,10	0,06	0,15 bis 0,25	-
10SPb20	1.0722	EN 10087	0,07 bis 0,13	0,40	0,70 bis 1,10	0,06	0,15 bis 0,25	0,20 bis 0,35
15SMn13	1.0725	EN 10087	0,12 bis 0,18	0,40	0,90 bis 1,30	0,06	0,08 bis 0,18	-
Vergütungsstähle								
35S20	1.0726	EN 10087	0,32 bis 0,39	0,40	0,70 bis 1,10	0,06	0,15 bis 0,25	-
35SPb20	1.0756	EN 10087	0,32 bis 0,39	0,40	0,70 bis 1,10	0,06	0,15 bis 0,25	0,15 bis 0,35
36SMn14	1.0764	EN 10087	0,32 bis 0,39	0,40	1,30 bis 1,70	0,06	0,10 bis 0,18	-
36SMnPb14	1.0765	EN 10087	0,32 bis 0,39	0,40	1,30 bis 1,70	0,06	0,10 bis 0,18	0,15 bis 0,35
38SMn28	1.0760	EN 10087	0,35 bis 0,40	0,40	1,20 bis 1,50	0,06	0,24 bis 0,33	-
38SMnPb28	1.0761	EN 10087	0,35 bis 0,40	0,40	1,20 bis 1,50	0,06	0,24 bis 0,33	0,15 bis 0,35
44SMn28	1.0762	EN 10087	0,40 bis 0,48	0,40	1,30 bis 1,70	0,06	0,24 bis 0,33	-
44SMnPb28	1.0763	EN 10087	0,40 bis 0,48	0,40	1,30 bis 1,70	0,06	0,24 bis 0,33	0,15 bis 0,35
46S20	1.0727	EN 10087	0,42 bis 0,50	0,40	0,70 bis 1,10	0,06	0,15 bis 0,25	-
46SPb20	1.0757	EN 10087	0,42 bis 0,50	0,40	0,70 bis 1,10	0,06	0,15 bis 0,25	0,15 bis 0,35

[a] In dieser Tabelle nicht aufgeführte Elemente dürfen dem Stahl, außer zum Fertigbehandeln der Schmelze, ohne Zustimmung des Bestellers nicht absichtlich zugesetzt werden. Jedoch darf der Hersteller zur Verbesserung der Bearbeitbarkeit Elemente wie Te, Bi usw. hinzufügen, falls dies bei der Anfrage und Bestellung vereinbart wurde.

[b] Wenn durch metallurgische Maßnahmen die Bildung besonderer Oxide sichergestellt ist, kann ein Si-Anteil von 0,10 % bis 0,40 % vereinbart werden.

6

Tabelle 2 — Grenzabweichungen der Stückanalyse von den nach Tabelle 1 für
die Schmelzenanalyse gültigen Grenzwerten

Element	Zulässiger Höchstanteil nach der Schmelzenanalyse Massenanteil in %		Grenzabweichungen[a] Massenanteil in %
C	> 0,30	≤ 0,30 ≤ 0,50	±0,02 ±0,03
Si	> 0,05	≤ 0,05 ≤ 0,40	+0,01 +0,03
Mn	> 1,00	≤ 1,00 ≤ 1,70	±0,04 ±0,06
P	> 0,06	≤ 0,06 ≤ 0,11	+0,008 +0,02
S	> 0,33	≤ 0,33 ≤ 0,40	±0,03 ±0,04
Pb		≤ 0,35	+0,03 −0,02

[a] ± bedeutet, dass bei einer Schmelze die obere oder die untere Grenze der für die Schmelzenanalyse in Tabelle 1 angegebenen Spanne überschritten werden darf, aber nicht beides gleichzeitig.

Tabelle 3 — Mechanische Eigenschaften der nicht für eine Wärmebehandlung bestimmten
Automatenstähle

Bezeichnung		Dicke[a]	Mechanische Eigenschaften[a]				
			Gewalzt und geschält (+SH)		Kaltgezogen (+C)		
Kurzname	Werkstoff-nummer	mm	Härte[b] HBW	R_m MPa	$R_{p\,0,2}$[c] MPa min.	R_m[c] MPa	A % min.
11SMn30	1.0715	≥ 5 ≤ 10	-	-	440	510 bis 810	6
11SMnPb30	1.0718	> 10 ≤ 16	-	-	410	490 bis 760	7
11SMn37	1.0736	> 16 ≤ 40	112 bis 169	380 bis 570	375	460 bis 710	8
11SMnPb37	1.0737	> 40 ≤ 63	112 bis 169	370 bis 570	305	400 bis 650	9
		> 63 ≤ 100	107 bis 154	360 bis 520	245	360 bis 630	9

[a] Für Dicken < 5 mm können die mechanischen Eigenschaften bei der Anfrage und Bestellung vereinbart werden.
[b] Nur zur Information.
[c] Für Flachstäbe und Sonderprofile kann die Dehngrenze ($R_{p0,2}$) um −10 % und die Zugfestigkeit (R_m) um ±10 % abweichen.

7

Tabelle 4 — Mechanische Eigenschaften der Automateneinsatzstähle

Bezeichnung		Dicke[a]	Mechanische Eigenschaften[a]				
			Gewalzt und geschält (+SH)		Kaltgezogen (+C)		
Kurzname	Werkstoff-nummer	mm	Härte[b] HBW	R_m MPa	$R_{p\,0,2}$[c] MPa min.	R_m[c] MPa	A % min.
10S20	1.0721	≥ 5 ≤ 10	-	-	410	520 bis 780	7
10SPb20	1.0722	> 10 ≤ 16	-	-	390	490 bis 740	8
		> 16 ≤ 40	107 bis 156	360 bis 530	360	460 bis 720	9
		> 40 ≤ 63	107 bis 156	360 bis 530	295	410 bis 660	10
		> 63 ≤ 100	105 bis 146	350 bis 490	235	380 bis 630	11
15SMn13	1.0725	≥ 5 ≤ 10	-	-	450	560 bis 840	6
		> 10 ≤ 16	-	-	430	500 bis 800	7
		> 16 ≤ 40	128 bis 178	430 bis 600	390	470 bis 770	8
		> 40 ≤ 63	128 bis 172	430 bis 580	350	460 bis 680	9
		> 63 ≤ 100	125 bis 160	420 bis 540	265	440 bis 650	10

[a] Für Dicken < 5 mm können die mechanischen Eigenschaften bei der Anfrage und Bestellung vereinbart werden.

[b] Nur zur Information.

[c] Für Flachstäbe und Sonderprofile kann die Dehngrenze ($R_{p0,2}$) um −10 % und die Zugfestigkeit (R_m) um ±10 % abweichen.

8

Tabelle 5 — Mechanische Eigenschaften der Automatenvergütungsstähle

| Bezeichnung | | Dicke[a, b] | Mechanische Eigenschaften[b] | | | | | | | | | | |
| Kurzname | Werkstoff-nummer | | Gewalzt + geschält (+SH) | | Kaltgezogen (+C) | | | Kaltgezogen und vergütet (+C+QT)[c, g] | | | Vergütet und kaltgezogen (+QT+C)[g] | | |
		mm	Härte[d] HBW	R_m MPa	$R_{p0,2}$[e] MPa min.	R_m[e] MPa	A % min.	$R_{p0,2}$ MPa min.	R_m MPa	A % min.	$R_{p0,2}$ MPa min.	R_m MPa	A % min.
35S20	1.0726	≥ 5 ≤ 10	-	-	480	640 bis 880	6	-	-	-	490	700 bis 900	9
35SPb20	1.0756	> 10 ≤ 16	-	-	400	590 bis 830	7	-	-	-	490	700 bis 900	11
		> 16 ≤ 40	154 bis 201	520 bis 680	360	560 bis 800	8	380	600 bis 750	16	455	650 bis 850	12
		> 40 ≤ 63	154 bis 198	520 bis 670	340	530 bis 760	9	320	550 bis 700	17	400	570 bis 770	13
		> 63 ≤ 100	149 bis 193	500 bis 650	300	510 bis 680	9	320	550 bis 700	17	385	550 bis 750	14
36SMn14	1.0764	≥ 5 ≤ 10	-	-	500	660 bis 960	6	-	-	-	525	750 bis 1 000	6
36SMnPb14	1.0765	> 10 ≤ 16	-	-	440	620 bis 920	6	-	-	-	520	740 bis 990	6
		> 16 ≤ 40	166 bis 222	560 bis 750	390	600 bis 900	7	420	670 bis 820	15	505	720 bis 970	8
		> 40 ≤ 63	166 bis 219	560 bis 740	360	580 bis 840	8	400	640 bis 790	16	475	680 bis 930	9
		> 63 ≤ 100	163 bis 219	550 bis 740	340	560 bis 840	9	360	570 bis 720	17	405	580 bis 840	9
38SMn28	1.0760	≥ 5 ≤ 10	-	-	550	700 bis 960	6	-	-	-	595	850 bis 1 000	9
38SMnPb28	1.0761	> 10 ≤ 16	-	-	500	660 bis 930	6	-	-	-	545	775 bis 925	10
		> 16 ≤ 40	166 bis 216	560 bis 730	420	610 bis 900	7	420	700 bis 850	15	490	700 bis 900	12
		> 40 ≤ 63	166 bis 216	560 bis 730	400	600 bis 840	7	400	700 bis 850	16	490	700 bis 900	13
		> 63 ≤ 100	163 bis 207	550 bis 700	350	580 bis 820	8	380	630 bis 800	16	440	625 bis 850	14
44SMn28	1.0762	≥ 5 ≤ 10	-	-	600	760 bis 1 030[f]	5[f]	-	-	-	595	850 bis 1 000	9
44SMnPb28	1.0763	> 10 ≤ 16	-	-	530	710 bis 980[f]	5[f]	-	-	-	595	850 bis 1 000	9
		> 16 ≤ 40	187 bis 242	630 bis 820	460	660 bis 900[f]	6[f]	420	700 bis 850	16	490	700 bis 900	11
		> 40 ≤ 63	184 bis 235	620 bis 790	430	650 bis 870	7	410	700 bis 850	16	490	700 bis 900	12
		> 63 ≤ 100	181 bis 231	610 bis 780	390	630 bis 840	7	400	700 bis 850	16	490	700 bis 900	12
46S20	1.0727	≥ 5 ≤ 10	-	-	570	740 bis 980	5	-	-	-	595	850 bis 1 000	8
46SPb20	1.0757	> 10 ≤ 16	-	-	470	690 bis 930	6	-	-	-	560	800 bis 950	9
		> 16 ≤ 40	175 bis 225	590 bis 760	400	640 bis 880	7	430	650 bis 800	13	490	700 bis 850	10
		> 40 ≤ 63	172 bis 216	580 bis 730	380	610 bis 850	8	370	630 bis 780	14	490	700 bis 850	11
		> 63 ≤ 100	166 bis 211	560 bis 710	340	580 bis 820	8	370	630 bis 780	14	455	650 bis 850	11

a   Für nicht runde Erzeugnisse im vergüteten Zustand, siehe EN 10277-1, Bild A.1.
b   Für Dicken < 5 mm können die mechanischen Eigenschaften bei der Anfrage und Bestellung vereinbart werden.
c   Diese Werte gelten auch für den Zustand „vergütet + geschält".
d   Nur zur Information.
e   Für Flachstäbe und Sonderprofile kann die Dehngrenze ($R_{p0,2}$) um −10 % und die Zugfestigkeit (R_m) um ±10 % abweichen.
f   Mittels starkem Ziehens können diese Stähle mit einer Mindestzugfestigkeit (R_m) von 920 MPa und einer Mindestdehnung (A) von 4 % geliefert werden.
g   In der EN 10087 wurde der Ausdruck „direkthärtend" verwendet. Dieser Ausdruck muss bei der nächsten Überarbeitung dieser Norm durch „vergüten" ersetzt werden.

Juni 2008

DIN EN 10277-4

ICS 77.140.60

Ersatz für
DIN EN 10277-4:1999-10

Blankstahlerzeugnisse –
Technische Lieferbedingungen –
Teil 4: Einsatzstähle;
Deutsche Fassung EN 10277-4:2008

Bright steel products –
Technical delivery conditions –
Part 4: Case-hardening steels;
German version EN 10277-4:2008

Produits en acier transformés à froid –
Conditions techniques de livraison –
Partie 4: Aciers pour cémentation;
Version allemande EN 10277-4:2008

Gesamtumfang 12 Seiten

Normenausschuss Eisen und Stahl (FES) im DIN

Nationales Vorwort

Dieses Dokument (EN 10277-4:2008) wurde vom Technischen Komitee (TC) 23 „Für eine Wärmebehandlung bestimmte Stähle, legierte Stähle und Automatenstähle — Gütenormen" (Sekretariat: DIN, Deutschland) des Europäischen Komitees für die Eisen- und Stahlnormung (ECISS) ausgearbeitet.

Das zuständige deutsche Normungsgremium ist der Unterausschuss 05/1 „Unlegierte und legierte Maschinenbaustähle" des Normenausschusses Eisen und Stahl (FES).

Während der Vorbereitung der ersten Ausgabe dieser Europäischen Norm standen nur unzureichende statistische Zahlen bezüglich der mechanischen Eigenschaften der Blankstahlerzeugnisse zur Verfügung. Mittlerweile hat man erkannt, dass die Werte für die Dehngrenze im kaltgezogenen Zustand zu hoch angesetzt wurden. Außerdem können die beim Richten auftretenden Spannungen die Dehngrenze erniedrigen (Bauschinger Effekt), was in der ersten Ausgabe der Norm nicht berücksichtigt wurde. In dieser zweiten Ausgabe wurden die Dehnwerte für die unlegierten und legierten Stahlsorten im Zustand +QT+C in den Teilen 3 und 5 gegenüber der ersten Ausgabe nach unten korrigiert.

Änderungen

Gegenüber DIN EN 10277-4:1999-10 wurden folgende Änderungen vorgenommen:

a) redaktionelle Überarbeitung.

Frühere Ausgaben

DIN 1652:1990-11

DIN 1652-3:1944x-08, 1963-05

DIN EN 10277-5:1999-10

2

EUROPÄISCHE NORM

EUROPEAN STANDARD

NORME EUROPÉENNE

EN 10277-4

März 2008

ICS 77.140.20; 77.140.60

Ersatz für EN 10277-4:1999

Deutsche Fassung

Blankstahlerzeugnisse —
Technische Lieferbedingungen —
Teil 4: Einsatzstähle

Bright steel products —
Technical delivery conditions —
Part 4: Case hardening steels

Produits en acier transformés à froid —
Conditions techniques de livraison —
Partie 4: Aciers pour cémentation

Diese Europäische Norm wurde vom CEN am 4. Februar 2008 angenommen.

Die CEN-Mitglieder sind gehalten, die CEN/CENELEC-Geschäftsordnung zu erfüllen, in der die Bedingungen festgelegt sind, unter denen dieser Europäischen Norm ohne jede Änderung der Status einer nationalen Norm zu geben ist. Auf dem letzten Stand befindliche Listen dieser nationalen Normen mit ihren bibliographischen Angaben sind beim Management-Zentrum des CEN oder bei jedem CEN-Mitglied auf Anfrage erhältlich.

Diese Europäische Norm besteht in drei offiziellen Fassungen (Deutsch, Englisch, Französisch). Eine Fassung in einer anderen Sprache, die von einem CEN-Mitglied in eigener Verantwortung durch Übersetzung in seine Landessprache gemacht und dem Management-Zentrum mitgeteilt worden ist, hat den gleichen Status wie die offiziellen Fassungen.

CEN-Mitglieder sind die nationalen Normungsinstitute von Belgien, Bulgarien, Dänemark, Deutschland, Estland, Finnland, Frankreich, Griechenland, Irland, Island, Italien, Lettland, Litauen, Luxemburg, Malta, den Niederlanden, Norwegen, Österreich, Polen, Portugal, Rumänien, Schweden, der Schweiz, der Slowakei, Slowenien, Spanien, der Tschechischen Republik, Ungarn, dem Vereinigten Königreich und Zypern.

EUROPÄISCHES KOMITEE FÜR NORMUNG
EUROPEAN COMMITTEE FOR STANDARDIZATION
COMITÉ EUROPÉEN DE NORMALISATION

Management-Zentrum: rue de Stassart, 36   B-1050 Brüssel

Inhalt

Vorwort

Dieses Dokument (EN 10277-4:2008) wurde vom Technischen Komitee ECISS/TC 23 „Für eine Wärmebehandlung bestimmte Stähle, legierte Stähle und Automatenstähle - Gütenormen" erarbeitet, dessen Sekretariat vom DIN gehalten wird.

Diese Europäische Norm muss den Status einer nationalen Norm erhalten, entweder durch Veröffentlichung eines identischen Textes oder durch Anerkennung bis September 2008, und etwaige entgegenstehende nationale Normen müssen bis September 2008 zurückgezogen werden.

Es wird auf die Möglichkeit hingewiesen, dass einige Texte dieses Dokuments Patentrechte berühren können. CEN [und/oder CENELEC] sind nicht dafür verantwortlich, einige oder alle diesbezüglichen Patentrechte zu identifizieren.

Dieses Dokument ersetzt EN 10277-4:1999.

Entsprechend der CEN/CENELEC-Geschäftsordnung sind die nationalen Normungsinstitute der folgenden Länder gehalten, diese Europäische Norm zu übernehmen: Belgien, Bulgarien, Dänemark, Deutschland, Estland, Finnland, Frankreich, Griechenland, Irland, Island, Italien, Lettland, Litauen, Luxemburg, Malta, Niederlande, Norwegen, Österreich, Polen, Portugal, Rumänien, Schweden, Schweiz, Slowakei, Slowenien, Spanien, Tschechische Republik, Ungarn, Vereinigtes Königreich und Zypern.

Die Europäische Norm EN 10277 *„Blankstahlerzeugnisse — Technische Lieferbedingungen"* ist wie folgt unterteilt:

— *Teil 1: Allgemeines*

— *Teil 2: Stähle für allgemeine technische Verwendung*

— *Teil 3: Automatenstähle*

— *Teil 4: Einsatzstähle*

— *Teil 5: Vergütungsstähle*

Während der Vorbereitung der ersten Ausgabe dieser Europäischen Norm standen nur unzureichende statistische Zahlen bezüglich der mechanischen Eigenschaften der Blankstahlerzeugnisse zur Verfügung. Mittlerweile hat man erkannt, dass die Werte für die Dehngrenze im kaltgezogenen Zustand zu hoch angesetzt wurden. Außerdem können die beim Richten auftretenden Spannungen die Dehngrenze erniedrigen (Bauschinger Effekt), was in der ersten Ausgabe der Norm nicht berücksichtigt wurde. In dieser zweiten Ausgabe wurden die Dehnwerte für die unlegierten und legierten Stahlsorten im Zustand +QT+C in den Teilen 3 und 5 gegenüber der ersten Ausgabe nach unten korrigiert.

3

1 Anwendungsbereich

Dieser Teil der EN 10277 gilt für gerichteten und abgelängten Blankstahl im gezogenen, geschälten oder geschliffenen Zustand aus Einsatzstählen.

Diese EN 10277-4 wird vervollständigt durch EN 10277-1.

2 Normative Verweisungen

Die folgenden zitierten Dokumente sind für die Anwendung dieses Dokuments erforderlich. Bei datierten Verweisungen gilt nur die in Bezug genommene Ausgabe. Bei undatierten Verweisungen gilt die letzte Ausgabe des in Bezug genommenen Dokuments (einschließlich aller Änderungen).

EN 10084, *Einsatzstähle — Technische Lieferbedingungen*

EN 10277-1, *Blankstahlerzeugnisse — Technische Lieferbedingungen — Teil 1: Allgemeines*

3 Begriffe

Für die Anwendung dieses Dokuments gelten die Begriffe nach EN 10277-1 und der folgende Begriff.

3.1
Einsatzstähle
Stähle mit verhältnismäßig niedrigem Kohlenstoffanteil, die zum Aufkohlen oder Carbonitrieren und anschließendem Härten vorgesehen sind. Solche Stähle sind nach der Behandlung gekennzeichnet durch eine Randschicht mit hoher Härte und einen zähen Kern

4 Einteilung und Bezeichnung

4.1 Einteilung

Die Stahlsorten C10R, C15R und C16R sind unlegierte Edelstähle. Alle anderen Stahlsorten nach dieser Europäischen Norm sind legierte Edelstähle.

4.2 Bezeichnung

Siehe EN 10277-1.

5 Bestellangaben

Siehe EN 10277-1.

6 Herstellverfahren

Siehe EN 10277-1.

4

7 Anforderungen

7.1 Chemische Zusammensetzung

7.1.1 Schmelzenanalyse

Die chemische Zusammensetzung des Stahls nach der Schmelzenanalyse muss Tabelle 1 entsprechen.

7.1.2 Stückanalyse

Die Grenzabweichungen der Stückanalyse von der in Tabelle 1 für die Schmelzenanalyse angegebenen chemischen Zusammensetzung müssen Tabelle 2 entsprechen.

7.2 Mechanische Eigenschaften

Die mechanischen Eigenschaften der Stähle müssen Tabelle 3 und Tabelle 4 entsprechen.

7.3 Härtbarkeit

Wenn die Stähle mit Härtbarkeitsanforderungen bestellt werden, gelten die Anforderungen nach EN 10084.

7.4 Korngröße

Falls nicht anders vereinbart, muss der Stahl eine Korngröße des Austenits von 5 oder kleiner aufweisen.

Zum Nachweis, siehe EN 10277-1, B.2.

7.5 Nichtmetallische Einschlüsse

7.5.1 Mikroskopische Einschlüsse

Die Stähle müssen einen der Edelstahlgüte entsprechenden Reinheitsgrad aufweisen.

Für Einzelheiten bezüglich Anforderungen und Nachweis, siehe A.1 und Anhang C von EN 10084.

7.5.2 Makroskopische Einschlüsse

Freiheit von makroskopischen Einschlüssen kann in Stahl nicht garantiert werden. Anforderungen an die Höhe der makroskopischen Einschlüsse sind zum Zeitpunkt der Anfrage und Bestellung zu vereinbaren (siehe EN 10277-1, 7.5.2 und B.3.2).

7.6 Optionen

Siehe Anhang B von EN 10277-1.

8 Prüfung

8.1 Arten und Inhalt von Prüfbescheinigungen

Siehe EN 10277-1.

5

8.2 Spezifische Prüfung

Siehe EN 10277-1.

8.3 Überprüfung der Härtbarkeit

Siehe EN 10084, 8.2.1.1

9 Kennzeichnung

Siehe EN 10277-1.

Tabelle 1 — Stahlsorten und chemische Zusammensetzung (Schmelzenanalyse)

| Bezeichnung | | Stahlsorte nach | Chemische Zusammensetzung, Massenanteil in % [a, b, c] | | | | | | | | |
Kurzname	Werkstoff-nummer		C	Si max.	Mn	P max.	S	Cr	Mo	Ni	B
C10R	1.1207	EN 10084	0,07 bis 0,13	0,40	0,30 bis 0,60	0,035	0,020 bis 0,040	—	—	—	—
C15R	1.1140	EN 10084	0,12 bis 0,18	0,40	0,30 bis 0,60	0,035	0,020 bis 0,040	—	—	—	—
C16R	1.1208	EN 10084	0,12 bis 0,18	0,40	0,60 bis 0,90	0,035	0,020 bis 0,040	—	—	—	—
16MnCrS5	1.7139	EN 10084	0,14 bis 0,19	0,40	1,00 bis 1,30	0,025	0,020 bis 0,040	0,80 bis 1,10	—	—	—
16MnCrB5	1.7160	EN 10084	0,14 bis 0,19	0,40	1,00 bis 1,30	0,025	$\leq$ 0,035	0,80 bis 1,10	—	—	0,000 8 bis 0,005 0[d]
20MnCrS5	1.7149	EN 10084	0,17 bis 0,22	0,40	1,10 bis 1,40	0,025	0,020 bis 0,040	1,00 bis 1,30	—	—	—
16NiCrS4	1.5715	EN 10084	0,13 bis 0,19	0,40	0,70 bis 1,00	0,025	0,020 bis 0,040	0,60 bis 1,00	—	0,80 bis 1,10	—
15NiCr13	1.5752	EN 10084	0,14 bis 0,20	0,40	0,40 bis 0,70	0,025	$\leq$ 0,035	0,60 bis 0,90	—	3,00 bis 3,50	—
20NiCrMoS2-2	1.6526	EN 10084	0,17 bis 0,23	0,40	0,65 bis 0,95	0,025	0,020 bis 0,040	0,35 bis 0,70	0,15 bis 0,25	0,40 bis 0,70	—
17NiCrMoS6-4	1.6569	EN 10084	0,14 bis 0,20	0,40	0,60 bis 0,90	0,025	0,020 bis 0,040	0,80 bis 1,10	0,15 bis 0,25	1,20 bis 1,50	—

[a] In dieser Tabelle nicht aufgeführte Elemente dürfen dem Stahl, außer zum Fertigbehandeln der Schmelze, ohne Zustimmung des Bestellers nicht absichtlich zugesetzt werden. Es sind alle angemessenen Vorkehrungen zu treffen, um die Zufuhr solcher Elemente aus dem Schrott oder anderen bei der Herstellung verwendeten Stoffen zu vermeiden, die Härtbarkeit, die mechanischen Eigenschaften und die Verwendbarkeit beeinträchtigen.

[b] Bei Anforderungen an die Härtbarkeit (siehe EN 10084) sind, außer bei den Elementen Phosphor und Schwefel, geringfügige Abweichungen von den Grenzen für die Schmelzenanalyse zulässig; diese Werte dürfen jedoch bei Kohlenstoff ± 0,01 % und in allen anderen Fällen die Werte nach Tabelle 2 nicht überschreiten.

[c] Stähle mit verbesserter Bearbeitbarkeit infolge höherer Schwefelanteile bis zu etwa 0,10 % S (einschließlich aufgeschwefelter Stähle mit kontrollierten Anteilen nichtmetallischer Einschlüsse, (z. B. Ca-Behandlung)) (modernes Verfahren) oder Zusatz von Blei können auf Anfrage geliefert werden. Im ersten Fall darf die obere Grenze des Mangananteils um 0,15 % erhöht werden.

[d] Bor wird in diesem Falle nicht zur Härtbarkeitssteigerung, sondern zur Verbesserung der Zähigkeit in der einsatzgehärteten Schicht zugesetzt.

Tabelle 2 — Grenzabweichungen der Stückanalyse von den nach Tabelle 1 für die Schmelzenanalyse gültigen Grenzwerten

Element	Zulässiger Höchstanteil in der Schmelzenanalyse	Grenzabweichung[a]
	Massenanteil in %	Massenanteil in %
C	≤ 0,23	± 0,02
Si	≤ 0,40	+ 0,03
Mn	≤ 1,00	± 0,04
	> 1,00 ≤ 1,40	± 0,05
P	≤ 0,035	+ 0,005
S	≤ 0,040	+ 0,005[b]
Cr	≤ 1,30	± 0,05
Mo	≤ 0,25	± 0,03
Ni	≤ 2,00	± 0,05
	> 2,00 ≤ 3,50	± 0,07
B	≤ 0,005 0	± 0,000 5

[a] ± bedeutet, dass bei einer Schmelze die obere oder die untere Grenze der für die Schmelzenanalyse in Tabelle 1 angegebenen Spanne überschritten werden darf, aber nicht beides gleichzeitig.

[b] Für Stähle mit einer Spanne von 0,020 % bis 0,040 % Schwefel nach der Schmelzenanalyse beträgt die Grenzabweichung ±0,005 %.

8

505

Tabelle 3 — Mechanische Eigenschaften der unlegierten Stähle

| Bezeichnung | | Dicke[a] | Gewalzt + geschält (+SH) | | Mechanische Eigenschaften[a] | | | | |
| Kurzname | Werkstoff-nummer | | | | Kaltgezogen (+C) | | | +Ac + geschält (+A+SH) | +Ac + kalt-gezogen (+A+C) |
		mm	Härte HBW	R_m MPa	$R_{p0,2}$[b] MPa min.	R_m[b] MPa	A % min.	Härte HBW max.	Härte[d] HBW max.
C10R	1.1207	≥ 5 ≤ 10	—	—	350	460 bis 760	8	—	225
		> 10 ≤ 16	—	—	300	430 bis 730	9	—	216
		> 16 ≤ 40	92 bis 163	310 bis 550	250	400 bis 700	10	131	207
		> 40 ≤ 63	92 bis 163	310 bis 550	200	350 bis 640	12	131	190
		> 63 ≤ 100	92 bis 163	310 bis 550	180	320 bis 580	12	131	172
C15R	1.1140	≥ 5 ≤ 10	—	—	380	500 bis 800	7	—	238
		> 10 ≤ 16	—	—	340	480 bis 780	8	—	231
		> 16 ≤ 40	98 bis 178	330 bis 600	280	430 bis 730	9	143	216
		> 40 ≤ 63	98 bis 178	330 bis 600	240	380 bis 670	11	143	198
		> 63 ≤ 100	98 bis 178	330 bis 600	215	340 bis 600	12	143	178
C16R	1.1208	≥ 5 ≤ 10	—	—	400	520 bis 820	7	—	242
		> 10 ≤ 16	—	—	360	500 bis 800	8	—	238
		> 16 ≤ 40	105 bis 184	350 bis 620	300	450 bis 750	9	156	222
		> 40 ≤ 63	105 bis 184	350 bis 620	260	400 bis 690	11	156	204
		> 63 ≤ 100	105 bis 184	350 bis 620	235	360 bis 620	12	156	184

[a] Für Dicken < 5 mm können die mechanischen Eigenschaften bei der Anfrage und Bestellung vereinbart werden.

[b] Für Flachstäbe und Sonderprofile kann die Dehngrenze ($R_{p0,2}$) um −10 % und die Zugfestigkeit (R_m) um ±10 % abweichen.

[c] +A = weichgeglüht.

[d] Die Härtewerte für Flachstäbe können um ±10 % abweichen.

Tabelle 4 — Mechanische Eigenschaften der legierten Stähle

Bezeichnung		Dicke[a]	Mechanische Eigenschaften[a]			
Kurzname	Werkstoff-nummer	mm	+A[b] + geschält (+A+SH) Härte HBW max.	+A[b] + kaltgezogen (+A +C) Härte[d] HBW max.	+FP[c] + geschält (+FP +SH) Härte HBW	+FP[c] + kaltgezogen (+FP +C) Härte[d] HBW
16MnCrS5	1.7139	≥ 5 ≤ 10	—	260	—	—
		> 10 ≤ 16	—	250	—	—
		> 16 ≤ 40	207	245	140 bis 187	140 bis 240
		> 40 ≤ 63	207	240	140 bis 187	140 bis 235
		> 63 ≤ 100	207	240	140 bis 187	140 bis 235
16MnCrB5	1.7160	≥ 5 ≤ 10	—	260	—	—
		> 10 ≤ 16	—	250	—	—
		> 16 ≤ 40	207	245	140 bis 187	140 bis 240
		> 40 ≤ 63	207	240	140 bis 187	140 bis 235
		> 63 ≤ 100	207	240	140 bis 187	140 bis 235
20MnCrS5	1.7149	≥ 5 ≤ 10	—	270	—	—
		> 10 ≤ 16	—	260	—	—
		> 16 ≤ 40	217	255	152 bis 201	152 bis 250
		> 40 ≤ 63	217	250	152 bis 201	152 bis 245
		> 63 ≤ 100	217	250	152 bis 201	152 bis 245
16NiCrS4	1.5715	≥ 5 ≤ 10	—	270	—	—
		> 10 ≤ 16	—	260	—	—
		> 16 ≤ 40	217	255	156 bis 207	156 bis 245
		> 40 ≤ 63	217	255	156 bis 207	156 bis 240
		> 63 ≤ 100	217	255	156 bis 207	156 bis 240
15NiCr13	1.5752	≥ 5 ≤ 10	—	—	—	—
		> 10 ≤ 16	—	—	—	—
		> 16 ≤ 40	255	—	166 bis 217	—
		> 40 ≤ 63	255	—	166 bis 217	—
		> 63 ≤ 100	255	—	166 bis 217	—
20NiCrMoS2-2	1.6526	≥ 5 ≤ 10	—	270	—	—
		> 10 ≤ 16	—	260	—	—
		> 16 ≤ 40	212	255	149 bis 194	149 bis 240
		> 40 ≤ 63	212	255	149 bis 194	149 bis 235
		> 63 ≤ 100	212	255	149 bis 194	149 bis 235
17NiCrMoS6-4	1.6569	≥ 5 ≤ 10	—	275	—	—
		> 10 ≤ 16	—	265	—	—
		> 16 ≤ 40	229	260	149 bis 201	149 bis 250
		> 40 ≤ 63	229	255	149 bis 201	149 bis 245
		> 63 ≤ 100	229	255	149 bis 201	149 bis 245

[a] Für Dicken < 5 mm können die mechanischen Eigenschaften bei der Anfrage und Bestellung vereinbart werden.
[b] +A = weichgeglüht.
[c] +FP = behandelt auf Ferrit-Perlit-Gefüge und Härtespanne.
[d] Die Härtewerte für Flachstäbe können um ±10 % abweichen.

Juni 2008

DIN EN 10277-5

ICS 77.140.60

Ersatz für
DIN EN 10277-5:1999-10

Blankstahlerzeugnisse –
Technische Lieferbedingungen –
Teil 5: Vergütungsstähle;
Deutsche Fassung EN 10277-5:2008

Bright steel products –
Technical delivery conditions –
Part 5: Steels for quenching and tempering;
German version EN 10277-5:2008

Produits en acier transformés à froid –
Conditions techniques de livraison –
Partie 5: Aciers pour trempe et revenu;
Version allemande EN 10277-5:2008

Gesamtumfang 14 Seiten

Normenausschuss Eisen und Stahl (FES) im DIN

Nationales Vorwort

Dieses Dokument (EN 10277-5:2008) wurde vom Technischen Komitee (TC) 23 „Für eine Wärmebehandlung bestimmte Stähle, legierte Stähle und Automatenstähle — Gütenormen" (Sekretariat: DIN, Deutschland) des Europäischen Komitees für die Eisen- und Stahlnormung (ECISS) ausgearbeitet.

Das zuständige deutsche Normungsgremium ist der Unterausschuss 05/1 „Unlegierte und legierte Maschinenbaustähle" des Normenausschusses Eisen und Stahl (FES).

Während der Vorbereitung der ersten Ausgabe dieser Europäischen Norm standen nur unzureichende statistische Zahlen bezüglich der mechanischen Eigenschaften der Blankstahlerzeugnisse zur Verfügung. Mittlerweile hat man erkannt, dass die Werte für die Dehngrenze im kaltgezogenen Zustand zu hoch angesetzt wurden. Außerdem können die beim Richten auftretenden Spannungen die Dehngrenze erniedrigen (Bauschinger Effekt), was in der ersten Ausgabe der Norm nicht berücksichtigt wurde.

Änderungen

Gegenüber DIN EN 10277-5:1999-10 wurden folgende Änderungen vorgenommen:

a) in dieser zweiten Ausgabe wurden die Dehnwerte für die unlegierten und legierten Stahlsorten im Zustand +QT+C in den Teilen 3 und 5 gegenüber der ersten Ausgabe nach unten korrigiert;

b) die Stahlsorte 39NiCrMo3 wurde neu aufgenommen; bei der Stahlsorte 51CrV4 wurde der S-Anteil an die EN 10083-3 angepasst;

c) ferner wurden in diesem Teil die Werte für die Zugfestigkeit mehrerer Sorten im Zustand +QT+C in den Tabellen für die mechanischen Eigenschaften der unlegierten und legierten Vergütungsstähle angepasst;

d) redaktionelle Überarbeitung.

Frühere Ausgaben

DIN 1652-4: 1990-11
DIN 1652: 1944x-08, 1963-05
DIN EN 10277-5: 1999-10

2

EUROPÄISCHE NORM

EUROPEAN STANDARD

NORME EUROPÉENNE

EN 10277-5

März 2008

ICS 77.140.20; 77.140.60

Ersatz für EN 10277-5:1999

Deutsche Fassung

Blankstahlerzeugnisse —
Technische Lieferbedingungen —
Teil 5: Vergütungsstähle

Bright steel products —
Technical delivery conditions —
Part 5: Steels for quenching and tempering

Produits en acier transformés à froid —
Conditions techniques de livraison —
Partie 5: Aciers pour trempe et revenu

Diese Europäische Norm wurde vom CEN am 4. Februar 2008 angenommen.

Die CEN-Mitglieder sind gehalten, die CEN/CENELEC-Geschäftsordnung zu erfüllen, in der die Bedingungen festgelegt sind, unter denen dieser Europäischen Norm ohne jede Änderung der Status einer nationalen Norm zu geben ist. Auf dem letzten Stand befindliche Listen dieser nationalen Normen mit ihren bibliographischen Angaben sind beim Management-Zentrum des CEN oder bei jedem CEN-Mitglied auf Anfrage erhältlich.

Diese Europäische Norm besteht in drei offiziellen Fassungen (Deutsch, Englisch, Französisch). Eine Fassung in einer anderen Sprache, die von einem CEN-Mitglied in eigener Verantwortung durch Übersetzung in seine Landessprache gemacht und dem Management-Zentrum mitgeteilt worden ist, hat den gleichen Status wie die offiziellen Fassungen.

CEN-Mitglieder sind die nationalen Normungsinstitute von Belgien, Bulgarien, Dänemark, Deutschland, Estland, Finnland, Frankreich, Griechenland, Irland, Island, Italien, Lettland, Litauen, Luxemburg, Malta, den Niederlanden, Norwegen, Österreich, Polen, Portugal, Rumänien, Schweden, der Schweiz, der Slowakei, Slowenien, Spanien, der Tschechischen Republik, Ungarn, dem Vereinigten Königreich und Zypern.

EUROPÄISCHES KOMITEE FÜR NORMUNG
EUROPEAN COMMITTEE FOR STANDARDIZATION
COMITÉ EUROPÉEN DE NORMALISATION

Management-Zentrum: rue de Stassart, 36   B-1050 Brüssel

Inhalt

Vorwort

Dieses Dokument (EN 10277-5:2008) wurde vom Technischen Komitee ECISS/TC 23 „Für eine Wärmebehandlung bestimmte Stähle, legierte Stähle und Automatenstähle - Gütenormen" erarbeitet, dessen Sekretariat vom DIN gehalten wird.

Diese Europäische Norm muss den Status einer nationalen Norm erhalten, entweder durch Veröffentlichung eines identischen Textes oder durch Anerkennung bis September 2008, und etwaige entgegenstehende nationale Normen müssen bis September 2008 zurückgezogen werden.

Es wird auf die Möglichkeit hingewiesen, dass einige Texte dieses Dokuments Patentrechte berühren können. CEN [und/oder CENELEC] sind nicht dafür verantwortlich, einige oder alle diesbezüglichen Patentrechte zu identifizieren.

Dieses Dokument ersetzt EN 10277-5:1999.

Entsprechend der CEN/CENELEC-Geschäftsordnung sind die nationalen Normungsinstitute der folgenden Länder gehalten, diese Europäische Norm zu übernehmen: Belgien, Bulgarien, Dänemark, Deutschland, Estland, Finnland, Frankreich, Griechenland, Irland, Island, Italien, Lettland, Litauen, Luxemburg, Malta, Niederlande, Norwegen, Österreich, Polen, Portugal, Rumänien, Schweden, Schweiz, Slowakei, Slowenien, Spanien, Tschechische Republik, Ungarn, Vereinigtes Königreich und Zypern.

Die Europäische Norm EN 10277 *„Blankstahlerzeugnisse — Technische Lieferbedingungen"* ist wie folgt unterteilt:

— *Teil 1: Allgemeines*

— *Teil 2: Stähle für allgemeine technische Verwendung*

— *Teil 3: Automatenstähle*

— *Teil 4: Einsatzstähle*

— *Teil 5: Vergütungsstähle*

Während der Vorbereitung der ersten Ausgabe dieser Europäischen Norm standen nur unzureichende statistische Zahlen bezüglich der mechanischen Eigenschaften der Blankstahlerzeugnisse zur Verfügung. Mittlerweile hat man erkannt, dass die Werte für die Dehngrenze im kaltgezogenen Zustand zu hoch angesetzt wurden. Außerdem können die beim Richten auftretenden Spannungen die Dehngrenze erniedrigen (Bauschinger Effekt), was in der ersten Ausgabe der Norm nicht berücksichtigt wurde. In dieser zweiten Ausgabe wurden die Dehnwerte für die unlegierten und legierten Stahlsorten im Zustand +QT+C in den Teilen 3 und 5 gegenüber der ersten Ausgabe nach unten korrigiert.

Ferner wurden in diesem Teil die Werte für die Zugfestigkeit mehrerer Sorten im Zustand +QT+C in den Tabellen für die mechanischen Eigenschaften der unlegierten und legierten Vergütungsstähle angepasst.

3

1 Anwendungsbereich

Dieser Teil der EN 10277 gilt für gerichteten und abgelängten Blankstahl im gezogenen, geschälten oder geschliffenen Zustand aus Vergütungsstählen.

Diese EN 10277-5 wird vervollständigt durch EN 10277-1.

2 Normative Verweisungen

Die folgenden zitierten Dokumente sind für die Anwendung dieses Dokuments erforderlich. Bei datierten Verweisungen gilt nur die in Bezug genommene Ausgabe. Bei undatierten Verweisungen gilt die letzte Ausgabe des in Bezug genommenen Dokuments (einschließlich aller Änderungen).

EN 10083-2, *Vergütungsstähle — Teil 2: Technische Lieferbedingungen für unlegierte Stähle*

EN 10083-3, *Vergütungsstähle — Teil 3: Technische Lieferbedingungen für legierte Stähle*

EN 10277-1, *Blankstahlerzeugnisse — Technische Lieferbedingungen — Teil 1: Allgemeines*

3 Begriffe

Für die Anwendung dieses Dokuments gelten die Begriffe nach EN 10277-1 und der folgende Begriff.

3.1
Vergütungsstähle
Maschinenbaustähle, die sich aufgrund ihrer chemischen Zusammensetzung zum Härten eignen und im vergüteten Zustand gute Zähigkeit bei gegebener Zugfestigkeit aufweisen

4 Einteilung und Bezeichnung

4.1 Einteilung

Die Stahlsorten C35E, C35R, C40E, C40R, C45E, C45R, C50E, C50R, C60E und C60R sind unlegierte Edelstähle. Alle anderen Stahlsorten nach dieser Europäischen Norm sind legierte Edelstähle.

4.2 Bezeichnung

Siehe EN 10277-1.

5 Bestellangaben

Siehe EN 10277-1.

6 Herstellverfahren

Siehe EN 10277-1.

4

7 Anforderungen

7.1 Chemische Zusammensetzung

7.1.1 Schmelzenanalyse

Die chemische Zusammensetzung des Stahls nach der Schmelzenanalyse muss Tabelle 1 entsprechen.

7.1.2 Stückanalyse

Die Grenzabweichungen der Stückanalyse von der in Tabelle 1 für die Schmelzenanalyse angegebenen chemischen Zusammensetzung müssen Tabelle 2 entsprechen.

7.2 Mechanische Eigenschaften

Die mechanischen Eigenschaften der Stähle müssen Tabelle 3, Tabelle 4 und Tabelle 5 entsprechen.

7.3 Härtbarkeit

Falls die Stähle mit Härtbarkeitsanforderungen bestellt werden, gelten die Anforderungen nach EN 10083-2 für unlegierte Stähle und nach EN 10083-3 für legierte Stähle.

7.4 Korngröße

Falls bei der Bestellung nicht anders vereinbart, bleibt die Korngröße für unlegierte Stähle dem Hersteller überlassen. Falls Feinkörnigkeit nach einer Referenzbehandlung verlangt wird, ist die Option B.2 nach EN 10277-1 zu bestellen.

Alle legierten Stähle müssen eine Korngröße des Austenits von 5 oder kleiner aufweisen. Nur bezüglich der Überprüfung, siehe B.2 von EN 10277-1.

7.5 Nichtmetallische Einschlüsse

7.5.1 Mikroskopische Einschlüsse

Die Stähle müssen einen der Edelstahlgüte entsprechenden Reinheitsgrad aufweisen. Für Einzelheiten zu den Anforderungen an den Nachweis für unlegierte Stähle, siehe EN 10083-2, A.4 und für legierte Stähle, siehe EN 10083-3, A.3.

7.5.2 Makroskopische Einschlüsse

Freiheit von makroskopischen Einschlüssen kann in Stahl nicht sichergestellt werden. Anforderungen an die Höhe der makroskopischen Einschlüsse sind zum Zeitpunkt der Anfrage und Bestellung zu vereinbaren (siehe EN 10277-1, 7.5.2 und B.3.2).

7.6 Optionen

Siehe Anhang B von EN 10277-1.

8 Prüfung

8.1 Arten und Inhalt von Prüfbescheinigungen

Siehe EN 10277-1.

5

8.2 Spezifische Prüfungen

Siehe EN 10277-1.

8.3 Überprüfung der Härtbarkeit

Siehe 10.3.2 von EN 10083-2 und EN 10083-3.

9 Kennzeichnung

Siehe EN 10277-1.

6

Tabelle 1 — Chemische Zusammensetzung (Schmelzenanalyse) der Vergütungsstähle

| Bezeichnung | | Stahlsorte nach | Chemische Zusammensetzung, Massenanteil in % [a,b,c] | | | | | | | | | |
Kurzname	Werkstoff-nummer		C^d	Si max.	Mn	P max.	S	Cr	Mo	Ni	V	Cr+Mo+Ni max. ^{d}
C35E	1.1181	EN 10083-2	0,32 bis 0,39	0,40	0,50 bis 0,80	0,030	≤ 0,035	≤ 0,40	≤ 0,10	≤ 0,40	—	0,63
C35R	1.1180	EN 10083-2	0,32 bis 0,39	0,40	0,50 bis 0,80	0,030	0,020 bis 0,040	≤ 0,40	≤ 0,10	≤ 0,40	—	0,63
C40E	1.1186	EN 10083-2	0,37 bis 0,44	0,40	0,50 bis 0,80	0,030	≤ 0,035	≤ 0,40	≤ 0,10	≤ 0,40	—	0,63
C40R	1.1189	EN 10083-2	0,37 bis 0,44	0,40	0,50 bis 0,80	0,030	0,020 bis 0,040	≤ 0,40	≤ 0,10	≤ 0,40	—	0,63
C45E	1.1191	EN 10083-2	0,42 bis 0,50	0,40	0,50 bis 0,80	0,030	≤ 0,035	≤ 0,40	≤ 0,10	≤ 0,40	—	0,63
C45R	1.1201	EN 10083-2	0,42 bis 0,50	0,40	0,50 bis 0,80	0,030	0,020 bis 0,040	≤ 0,40	≤ 0,10	≤ 0,40	—	0,63
C50E	1.1206	EN 10083-2	0,47 bis 0,55	0,40	0,60 bis 0,90	0,030	≤ 0,035	≤ 0,40	≤ 0,10	≤ 0,40	—	0,63
C50R	1.1241	EN 10083-2	0,47 bis 0,55	0,40	0,60 bis 0,90	0,030	0,020 bis 0,040	≤ 0,40	≤ 0,10	≤ 0,40	—	0,63
C60E	1.1221	EN 10083-2	0,57 bis 0,65	0,40	0,60 bis 0,90	0,030	≤ 0,035	≤ 0,40	≤ 0,10	≤ 0,40	—	0,63
C60R	1.1223	EN 10083-2	0,57 bis 0,65	0,40	0,60 bis 0,90	0,030	0,020 bis 0,040	≤ 0,40	≤ 0,10	≤ 0,40	—	0,63
34CrS4	1.7037	EN 10083-3	0,30 bis 0,37	0,40	0,60 bis 0,90	0,025	0,020 bis 0,040	0,90 bis 1,20	—	—	—	—
41CrS4	1.7039	EN 10083-3	0,38 bis 0,45	0,40	0,60 bis 0,90	0,025	0,020 bis 0,040	0,90 bis 1,20	—	—	—	—
25CrMoS4	1.7213	EN 10083-3	0,22 bis 0,29	0,40	0,60 bis 0,90	0,025	0,020 bis 0,040	0,90 bis 1,20	0,15 bis 0,30	—	—	—
42CrMoS4	1.7227	EN 10083-3	0,38 bis 0,45	0,40	0,60 bis 0,90	0,025	0,020 bis 0,040	0,90 bis 1,20	0,15 bis 0,30	—	—	—
34CrNiMo6	1.6582	EN 10083-3	0,30 bis 0,38	0,40	0,50 bis 0,80	0,025	≤ 0,035	1,30 bis 1,70	0,15 bis 0,30	1,30 bis 1,70	—	—
39NiCrMo3	1.6510	EN 10083-3	0,35 bis 0,43	0,40	0,50 bis 0,80	0,025	≤ 0,035	0,60 bis 1,00	0,15 bis 0,25	0,70 bis 1,00	—	—
51CrV4	1.8159	EN 10083-3	0,47 bis 0,55	0,40	0,70 bis 1,10	0,025	≤ 0,025	0,90 bis 1,20	—	—	0,10 bis 0,25	—

[a]   In dieser Tabelle nicht aufgeführte Elemente dürfen dem Stahl, außer zum Fertigbehandeln der Schmelze, ohne Zustimmung des Bestellers nicht absichtlich zugesetzt werden. Es sind alle angemessenen Vorkehrungen zu treffen, um die Zufuhr solcher Elemente aus dem Schrott oder anderen bei der Herstellung verwendeten Stoffen zu vermeiden, die die Härtbarkeit, die mechanischen Eigenschaften und die Verwendbarkeit beeinträchtigen.

[b]   Bei Anforderungen an die Härtbarkeit (siehe 7.3) sind, außer bei den Elementen Kohlenstoff (siehe Fußnote d), Phosphor und Schwefel, geringfügige Abweichungen von den Grenzen für die Schmelzenanalyse zulässig; die Abweichungen dürfen die Werte nach Tabelle 2 nicht überschreiten.

[c]   Stähle mit verbesserter Bearbeitbarkeit infolge höherer Schwefelanteile bis zu etwa 0,10 % S (einschließlich aufgeschwefelter Stähle mit kontrollierten Anteilen nichtmetallischer Einschlüsse (z. B. Ca-Behandlung)) (modernes Verfahren) oder Zusatz von Blei können auf Anfrage geliefert werden. Im ersten Fall darf die obere Grenze des Mangananteils um 0,15 % erhöht werden.

[d]   Falls die unlegierten Stähle nicht mit Härtbarkeitsanforderungen (Kennbuchstaben +H, +HH, +HL) oder mit Anforderungen an die mechanischen Eigenschaften im vergüteten Zustand bestellt werden, kann für sie bei der Bestellung die Einengung der Kohlenstoffspanne auf 0,05 % und/oder der Summe der Elemente Cr, Mo und Ni auf ≤ 0,45 % vereinbart werden.

Tabelle 2 — Grenzabweichungen der Stückanalyse von den nach Tabelle 1
für die Schmelzenanalyse gültigen Grenzwerten

Element	Zulässiger Höchstanteil in der Schmelzenanalyse Massenanteil in %		Grenzabweichung[a] Massenanteil in %
C	> 0,55	≤ 0,55 ≤ 0,65	±0,02 ±0,03
Si		≤ 0,40	+0,03
Mn	> 1,00	≤ 1,00 ≤ 1,10	±0,04 ±0,05
P		≤ 0,035	+0,005
S		≤ 0,040	+0,005[b]
Cr		≤ 1,70	±0,05
Mo		≤ 0,30	±0,03
Ni		≤ 1,70	±0,05
V		≤ 0,25	±0,02

[a] ± bedeutet, dass bei einer Schmelze die obere oder die untere Grenze der für die Schmelzenanalyse in Tabelle 1 angegebenen Spanne überschritten werden darf, aber nicht beides gleichzeitig.

[b] Für Stähle mit einer Spanne von 0,020 % bis 0,040 % Schwefel nach der Schmelzenanalyse beträgt die Grenzabweichung ± 0,005 %.

8

Tabelle 3 — Mechanische Eigenschaften im kaltgezogenen Zustand (+C)

Bezeichnung		Mechanische Eigenschaften[a]		
		Kaltgezogen (+C)		
Kurzname	Werkstoffnummer	Dicke mm	Dehngrenze[b] $R_{p0,2}$ MPa min.	Zugfestigkeit[b] R_m MPa	Dehnung A % min.
C35E C35R		≥ 5 ≤ 10	510	650 bis 1 000	6
	1.1181 1.1180	> 10 ≤ 16	420	600 bis 950	7
		> 16 ≤ 40	320	580 bis 880	8
		> 40 ≤ 63	300	550 bis 840	9
		> 63	270	520 bis 800	9
C40E C40R		≥ 5 ≤ 10	540	700 bis 1 000	6
	1.1186 1.1189	> 10 ≤ 16	460	650 bis 980	7
		> 16 ≤ 40	365	620 bis 920	8
		> 40 ≤ 63	330	590 bis 840	9
		> 63	290	550 bis 820	9
C45E C45R		≥ 5 ≤ 10	565	750 bis 1 050	5
	1.1191 1.1201	> 10 ≤ 16	500	710 bis 1 030	6
		> 16 ≤ 40	410	650 bis 1 000	7
		> 40 ≤ 63	360	630 bis 900	8
		> 63	310	580 bis 850	8
C50E C50R		≥ 5 ≤ 10	590	770 bis 1 100	5
	1.1206 1.1241	> 10 ≤ 16	520	730 bis 1 080	6
		> 16 ≤ 40	440	690 bis 1 050	7
		> 40 ≤ 63	390	650 bis 1 030	8
		> 63	—	—	—
C60E C60R		≥ 5 ≤ 10	630	800 bis 1 150	5
	1.1221 1.1223	> 10 ≤ 16	550	780 bis 1 130	5
		> 16 ≤ 40	480	730 bis 1 100	6
		> 40 ≤ 63	—	—	—
		> 63	—	—	—

[a] Für Dicken < 5 mm können die mechanischen Eigenschaften bei der Anfrage und Bestellung vereinbart werden.

[b] Für Flächstäbe und Sonderprofile kann die Dehngrenze ($R_{p0,2}$) um −10 % und die Zugfestigkeit (R_m) um ±10 % abweichen.

9

Tabelle 4 — Mechanische Eigenschaften der unlegierten Vergütungsstähle

Bezeichnung		Dicke[a,b] mm	Gewalzt + geschält[c] (+SH) oder geglüht + geschält (+A+SH)		Mechanische Eigenschaften[b]					
					Kaltgezogen + vergütet[d] (+C+QT)			Vergütet + kaltgezogen (+QT+C)		
Kurzname	Werkstoff-nummer		Härte HBW	R_m MPa	$R_{p0,2}$ MPa min.	R_m MPa	A % min.	$R_{p0,2}$ MPa min.	R_m MPa	A % min.
C35E C35R	1.1181 1.1180	≥5 ≤10	—	—	—	—	—	525	750 bis 950	9
		>10 ≤16	—	—	—	—	—	490	700 bis 900	9
		>16 ≤40	154 bis 207	520 bis 700	370	600 bis 750	19	455	650 bis 850	10
		>40 ≤63	154 bis 207	520 bis 700	320	550 bis 700	20	400	570 bis 770	11
		>63 ≤100	154 bis 207	520 bis 700	320	550 bis 700	20	385	550 bis 750	12
C40E C40R	1.1186 1.1189	≥5 ≤10	—	—	—	—	—	560	800 bis 1 000	8
		>10 ≤16	—	—	—	—	—	525	750 bis 950	8
		>16 ≤40	163 bis 211	550 bis 710	400	630 bis 780	18	490	700 bis 900	9
		>40 ≤63	163 bis 211	550 bis 710	350	600 bis 750	19	435	620 bis 820	10
		>63 ≤100	163 bis 211	550 bis 710	350	600 bis 750	19	420	600 bis 800	11
C45E C45R	1.1191 1.1201	≥5 ≤10	—	—	—	—	—	595	850 bis 1 050	8
		>10 ≤16	—	—	—	—	—	565	810 bis 1 010	8
		>16 ≤40	172 bis 242	580 bis 820	430	650 bis 800	16	525	750 bis 950	9
		>40 ≤63	172 bis 242	580 bis 820	370	630 bis 780	17	455	650 bis 850	10
		>63 ≤100	172 bis 242	580 bis 820	370	630 bis 780	17	455	650 bis 850	11
C50E C50R	1.1206 1.1241	≥5 ≤10	—	—	—	—	—	610	870 bis 1 070	7
		>10 ≤16	—	—	—	—	—	580	830 bis 1 030	7
		>16 ≤40	181 bis 269	610 bis 910	460	700 bis 850	15	555	790 bis 990	8
		>40 ≤63	181 bis 269	610 bis 910	400	650 bis 800	16	510	730 bis 930	9
		>63 ≤100	181 bis 269	610 bis 910	400	650 bis 800	16	475	680 bis 880	9
C60E C60R	1.1221 1.1223	≥5 ≤10	—	—	—	—	—	630	900 bis 1 100	6
		>10 ≤16	—	—	—	—	—	615	880 bis 1 080	6
		>16 ≤40	198 bis 278	670 bis 940	520	800 bis 950	13	580	830 bis 1 030	7
		>40 ≤63	198 bis 278	670 bis 940	450	750 bis 900	14	545	780 bis 980	8
		>63 ≤100	198 bis 278	670 bis 940	450	750 bis 900	14	525	750 bis 950	8

[a] Für nicht runde Erzeugnisse im vergüteten Zustand, siehe EN 10277-1, Bild A.1.
[b] Für Dicken < 5 mm können die mechanischen Eigenschaften bei der Anfrage und Bestellung vereinbart werden.
[c] „Gewalzt + geschält" für unlegierte Stähle, „geglüht + geschält" für legierte Stähle.
[d] Die Werte gelten auch für den Zustand „vergütet + geschält".

10

Tabelle 5 — Mechanische Eigenschaften der legierten Vergütungsstähle

| Bezeichnung | | Dicke[a, b] mm | Mechanische Eigenschaften[b] | | | | | | | |
| Kurzname | Werkstoff-nummer | | Gewalzt + geschält[c] (+SH) oder geglüht + geschält (+A+SH) | Kaltgezogen + vergütet[d] (+C+QT) | | | Vergütet + kaltgezogen (+QT+C) | | | Geglüht + kaltgezogen (+A+C) |
			Härte HBW max.	$R_{p0,2}$ MPa min.	R_m MPa	A % min.	$R_{p0,2}$ MPa min.	R_m[e] MPa	A % min.	Härte HBW max.
34CrS4	1.7037	≥ 5 ≤ 10	—	—	—	—	700	900 bis 1 100	8	285
		> 10 ≤ 16	—	—	—	—	700	900 bis 1 100	9	275
		> 16 ≤ 40	223	590	800 bis 950	14	580	800 bis 1 000	9	270
		> 40 ≤ 63	223	460	700 bis 850	15	510	700 bis 900	10	265
		> 63 ≤ 100	223	460	700 bis 850	15	480	700 bis 900	11	265
41CrS4	1.7039	≥ 5 ≤ 10	—	—	—	—	770	1 000 bis 1 200	8	295
		> 10 ≤ 16	—	—	—	—	750	900 bis 1 100	8	285
		> 16 ≤ 40	241	660	900 bis 1 100	12	670	900 bis 1 100	9	280
		> 40 ≤ 63	241	560	800 bis 950	14	570	800 bis 1 000	10	270
		> 63 ≤ 100	241	560	800 bis 950	14	570	800 bis 1 000	11	270
25CrMoS4	1.7213	≥ 5 ≤ 10	—	—	—	—	700	900 bis 1 100	9	270
		> 10 ≤ 16	—	—	—	—	700	900 bis 1 100	9	260
		> 16 ≤ 40	212	600	800 bis 950	14	600	800 bis 1 000	10	255
		> 40 ≤ 63	212	450	700 bis 850	15	520	700 bis 900	11	250
		> 63 ≤ 100	212	450	700 bis 850	15	450	700 bis 900	12	250
42CrMoS4	1.7227	≥ 5 ≤ 10	—	—	—	—	770	1 000 bis 1 200	8	300
		> 10 ≤ 16	—	—	—	—	750	1 000 bis 1 200	8	290
		> 16 ≤ 40	241	750	1 000 bis 1 200	11	720	1 000 bis 1 200	9	285
		> 40 ≤ 63	241	650	900 bis 1 100	12	650	900 bis 1 100	10	280
		> 63 ≤ 100	241	650	900 bis 1 100	12	650	900 bis 1 100	10	280
34CrNiMo6	1.6582	≥ 5 ≤ 10	—	—	—	—	770	1 000 bis 1 200	8	308
		> 10 ≤ 16	—	—	—	—	750	1 000 bis 1 200	8	298
		> 16 ≤ 40	248	900	1 100 bis 1 300	10	720	1 000 bis 1 200	9	293
		> 40 ≤ 63	248	800	1 000 bis 1 200	11	650	1 000 bis 1 200	10	288
		> 63 ≤ 100	248	800	1 000 bis 1 200	11	650	1 000 bis 1 200	10	288

Tabelle 5 (fortgesetzt)

Bezeichnung		Dicke [a, b] mm	Gewalzt + geschält [c] (+SH) oder geglüht + geschält (+A+SH) Härte HBW max.	Mechanische Eigenschaften [b]						Geglüht + kaltgezogen (+A+C) Härte HBW max.
				Kaltgezogen + vergütet [d] (+C+QT)			Vergütet + kaltgezogen (+QT+C)			
Kurzname	Werkstoff-nummer			$R_{p0,2}$ MPa min.	R_m MPa	A % min.	$R_{p0,2}$ MPa min.	R_m [e] MPa	A % min.	
39NiCrMo3	1.6510	≥ 5 ≤ 10	—	—	—	—	735	980 bis 1 180	8	295
		> 10 ≤ 16	—	—	—	—	700	930 bis 1 130	8	290
		> 16 ≤ 40	240	735	930 bis 1 130	11	700	930 bis 1 130	9	285
		> 40 ≤ 63	240	735	880 bis 1 080	12	625	880 bis 1 080	10	280
		> 63 ≤ 100	240	735	880 bis 1 080	12	600	880 bis 1 080	10	280
51CrV4	1.8159	≤ 16	248	900	1 100 bis 1 300	9	—	—	—	311
		> 16 ≤ 40	248	800	1 000 bis 1 200	10	—	—	—	293
		> 40 ≤ 80	248	700	900 bis 1 100	12	—	—	—	287

[a] Für nicht runde Erzeugnisse im vergüteten Zustand, siehe EN 10277-1, Bild A.1.

[b] Für Dicken < 5 mm können die mechanischen Eigenschaften bei der Anfrage und Bestellung vereinbart werden.

[c] „Gewalzt + geschält" für unlegierte Stähle, „geglüht + geschält" für legierte Stähle.

[d] Die Werte gelten auch für den Zustand „vergütet + geschält".

[e] Für Flachstäbe und Sonderprofile kann die Zugfestigkeit (R_m) um ±10 % abweichen.

12

	DIN EN 10323	

ICS 77.140.65

**Stahldraht und Drahterzeugnisse –
Reifeneinlegedraht;
Deutsche Fassung EN 10323:2004**

Steel wire and wire products –
Bead wire;
German version EN 10323:2004

Fils et produits tréfilés en acier –
Fil pour tringle;
Version allemande EN 10323:2004

Gesamtumfang 16 Seiten

Normenausschuss Eisen und Stahl (FES) im DIN

Nationales Vorwort

Die Europäische Norm EN 10323 wurde vom Technischen Komitee TC 30 „Draht und Drahterzeugnisse" (Sekretariat: Vereinigtes Königreich) des Europäischen Komitees für Eisen- und Stahlnormung (ECISS) ausgearbeitet.

Das zuständige deutsche Normungsgremium ist der Unterausschuss 08/4 „Patentiert-gezogener oder vergüteter Federstahldraht" des Normenausschusses Eisen und Stahl (FES).

Eine entsprechende DIN-Norm gab es bisher nicht.

2

EUROPÄISCHE NORM

EUROPEAN STANDARD

NORME EUROPÉENNE

EN 10323

September 2004

ICS

Deutsche Fassung

Stahldraht und Drahterzeugnisse – Reifeneinlegedraht

Steel wire and wire products – Bead wire   Fils et produits tréfilés en acier – Fil pour tringle

Diese Europäische Norm wurde vom CEN am 1. Juli 2004 angenommen.

Die CEN-Mitglieder sind gehalten, die CEN/CENELEC-Geschäftsordnung zu erfüllen, in der die Bedingungen festgelegt sind, unter denen dieser Europäischen Norm ohne jede Änderung der Status einer nationalen Norm zu geben ist. Auf dem letzten Stand befindliche Listen dieser nationalen Normen mit ihren bibliographischen Angaben sind beim Management-Zentrum oder bei jedem CEN-Mitglied auf Anfrage erhältlich.

Diese Europäische Norm besteht in drei offiziellen Fassungen (Deutsch, Englisch, Französisch). Eine Fassung in einer anderen Sprache, die von einem CEN-Mitglied in eigener Verantwortung durch Übersetzung in seine Landessprache gemacht und dem Management-Zentrum mitgeteilt worden ist, hat den gleichen Status wie die offiziellen Fassungen.

CEN-Mitglieder sind die nationalen Normungsinstitute von Belgien, Dänemark, Deutschland, Estland, Finnland, Frankreich, Griechenland, Irland, Island, Italien, Lettland, Litauen, Luxemburg, Malta, den Niederlanden, Norwegen, Österreich, Polen, Portugal, Schweden, der Schweiz, der Slowakei, Slowenien, Spanien, der Tschechischen Republik, Ungarn, dem Vereinigten Königreich und Zypern.

EUROPÄISCHES KOMITEE FÜR NORMUNG
EUROPEAN COMMITTEE FOR STANDARDIZATION
COMITÉ EUROPÉEN DE NORMALISATION

Management-Zentrum: rue de Stassart, 36   B-1050 Brüssel

Inhalt

Vorwort

Dieses Dokument (EN 10323:2004) wurde vom Technischen Komitee ECISS/TC 30 „Stahldraht" erarbeitet, dessen Sekretariat vom BSI gehalten wird.

Diese Europäische Norm muss den Status einer nationalen Norm erhalten, entweder durch Veröffentlichung eines identischen Textes oder durch Anerkennung bis März 2005, und etwaige entgegenstehende nationale Normen müssen bis März 2005 zurückgezogen werden.

Entsprechend der CEN/CENELEC-Geschäftsordnung sind die nationalen Normungsinstitute der folgenden Länder gehalten, diese Europäische Norm zu übernehmen: Belgien, Dänemark, Deutschland, Estland, Finnland, Frankreich, Griechenland, Irland, Island, Italien, Lettland, Litauen, Luxemburg, Malta, Niederlande, Norwegen, Österreich, Polen, Portugal, Schweden, Schweiz, Slowakei, Slowenien, Spanien, Tschechische Republik, Ungarn, Vereinigtes Königreich und Zypern.

1 Anwendungsbereich

Dieses Dokument legt die Zusammensetzung, die Maße und die mechanischen Eigenschaften von rundem und flachem Draht fest, der zur Verstärkung des Wulstes von Reifen aller Art verwendet wird.

2 Normative Verweisungen

Die folgenden zitierten Dokumente sind für die Anwendung dieses Dokuments unentbehrlich. Bai datierten Verweisungen gilt nur die in Bezug genommene Ausgabe. Bei undatierten Verweisungen gilt die letzte Ausgabe des in Bezug genommenen Dokuments (einschließlich aller Änderungen).

EN 10002-1, *Metallische Werkstoffe — Zugversuch — Teil 1: Prüfverfahren bei Raumtemperatur.*

EN 10016-1, *Walzdraht aus unlegiertem Stahl zum Ziehen und/oder Kaltwalzen — Teil 1: Allgemeine Anforderungen.*

EN 10016-2, *Walzdraht aus unlegiertem Stahl zum Ziehen und/oder Kaltwalzen — Teil 2: Besondere Anforderungen an Walzdraht für allgemeine Verwendung.*

EN 10016-4, *Walzdraht aus unlegiertem Stahl zum Ziehen und/oder Kaltwalzen — Teil 4: Besondere Anforderungen an Walzdraht für Sonderanwendungen.*

EN 10021, *Allgemeine technische Lieferbedingungen für Stahl und Stahlerzeugnisse.*

EN 10204, *Metallische Erzeugnisse — Arten von Prüfbescheinigungen.*

EN 10218-1, *Stahldraht und Drahterzeugnisse — Allgemeines — Teil 1: Prüfverfahren.*

EN 10218-2, *Stahldraht und Drahterzeugnisse — Allgemeines — Teil 2: Drahtmaße und Toleranzen.*

EN 10244-1, *Stahldraht und Drahterzeugnisse — Überzüge aus Nichteisenmetall auf Stahldraht — Teil 1: Allgemeine Regeln.*

CR 10261, *Eisen und Stahl — Überblick über verfügbare chemische Analysenverfahren.*

3 Begriffe

Für die Anwendung dieses Dokumentes gelten die folgenden Begriffe:

3.1
Nenndurchmesser *d*
Zahlenwert des Durchmessers in Millimeter, mit dem der Draht bezeichnet und vom Besteller spezifiziert wird

ANMERKUNG   Dies ist die Grundlage, auf der die Werte aller relevanten Eigenschaften für die Abnahme des Drahtes ermittelt werden.

3.2
Ist-Durchmesser
arithmetisches Mittel von zwei senkrecht zueinander durchgeführten Messungen des Durchmessers in einer beliebigen Querschnittsebene

3.3
Rundheitsabweichung
Unrundheit
arithmetischer Unterschied zwischen dem größten und dem kleinsten Durchmesser ermittelt in einem Querschnitt senkrecht zur Drahtachse

4

4 Sorteneinteilung

Reifeneinlegedraht wird nach der Zugfestigkeit eingeteilt. Er wird in zwei Zugfestigkeitsklassen geliefert:

— NT: Normale Zugfestigkeit;

— HT: Hohe Zugfestigkeit.

5 Bezeichnung und Bestellung

5.1 Bezeichnung

Für nach dieser Norm gelieferte Erzeugnisse setzt sich die Bezeichnung in folgender Weise zusammen aus

— dem Wort "Reifeneinlegedraht";

— für Flachdraht hinter dem Wort Reifeneinlegedraht: flach;

— dem Überzug: siehe 6.1.3;

— der Nummer dieses Dokumentes;

— für Flachdraht den Maßen für Breite x Dicke: 3 x 1,5;

— der Zugfestigkeitsklasse (siehe Abschnitt 4);

— dem Nenndurchmesser bei Runddraht.

BEISPIEL   Verbronzter Reifeneinlegedraht 1,295 mm mit hoher Zugfestigkeit nach EN 10323 ist wie folgt zu bezeichnen:

Reifeneinlegedraht verbronzt EN 10323 HT 1,295

5.2 Bestellangaben

Der Besteller muss bei der Anfrage oder Bestellung eindeutig das Erzeugnis nennen und folgende Angaben machen:

— für runden Draht den Nenndurchmesser;

— gewünschte Menge;

— Einheit und Lieferform;

— falls verlangt, Cumar-Überzug (siehe 6.1.3);

— falls Prüfung des Haftvermögens verlangt wird, die Art der Prüfung (siehe 6.4.3);

— Art der Prüfbescheinigung (siehe 7.1).

BEISPIEL 20 t Reifeneinlegedraht verbronzt EN 10323 HT 1,295 auf Spulen von ca. 450 kg Bescheinigung EN 10204 - 3.1B

5

6 Anforderungen

6.1 Werkstoff

6.1.1 Stahl

Der Draht ist aus Stahlwalzdraht nach EN 10016-1 und EN 10016-2 für Zugfestigkeit NT bzw. EN 10016-4 für Zugfestigkeit HT herzustellen.

6.1.2 Chemische Zusammensetzung

Die chemische Zusammensetzung nach der Schmelzenanalyse muss den Grenzwerten nach Tabelle 1 entsprechen. Die Grenzabweichungen der Stückanalyse von der Schmelzenanalyse müssen EN 10016-2 bzw. EN 10016-4 entsprechen.

Tabelle 1 — Chemische Zusammensetzung (Massenanteil in %)

Zugfestigkeit	C	Si	Mn	P max.	S max.
NT	0,60 bis 0,75	0,15 bis 0,30	0,40 bis 0,70	0,035	0,035
HT	0,65 bis 0,85	0,15 bis 0,30	0,40 bis 0,60	0,020	0,025

Wenn nicht zum Zeitpunkt der Anfrage und Bestellung anders vereinbart, bleibt die Wahl eines geeigneten physikalischen oder chemischen Analysenverfahrens zur Ermittlung der Stückanalyse dem Lieferer überlassen.

In Schiedsfällen ist die Analyse von einem von beiden Seiten anerkannten Laboratorium durchzuführen. Das anzuwendende Analysenverfahren ist, möglichst in Übereinstimmung mit CR 10261, zu vereinbaren.

6.1.3 Metallischer Überzug

Runder Draht ist mit einem der folgenden Überzüge zu liefern: Messing, Bronze 1 oder Bronze 2. Zusätzlich kann der Besteller das Aufbringen eines Cumar-Überzuges festlegen (siehe 5.2). Flacher Reifeneinlegedraht muss mit Messingüberzug geliefert werden. Die chemische Zusammensetzung des Überzuges muss Tabelle 2 entsprechen.

Tabelle 2 — Chemische Zusammensetzung des Überzuges (Massenanteil in %)

Überzugsmaterial	Cu	Sn	Zn
Messing	67 bis 77	—	23 bis 33
Bronze	≥ 97	≤ 3	—

ANMERKUNG Bronze 1: Geringe Dicke des Überzuges.
Bronze 2: Größere Dicke des Überzuges.

6.2 Mechanische Eigenschaften

6.2.1 Zugfestigkeit

6.2.1.1 Ergebnisse des Zugversuches

Anhaltswerte für die Zugfestigkeit sind in Tabelle 3 angegeben.

6.2.1.2 Bruchkraft und -dehnung

Wenn der Draht nach 7.2.1 geprüft wird, müssen die Mindestbruchkraft und die Bruchdehnung den für die betreffende Klasse in Tabelle 3 angegeben Werten entsprechen.

6

6.2.1.3 Streckgrenze und Kraft bei der 0,2%-Dehngrenze ($F_{0,2}$)

Wenn der Draht nach 7.2.1 geprüft wird, muss die Kraft bei der 0,2%-Dehngrenze $\geq$ 80 % der in Tabelle 3 angegebenen Bruchkraft sein.

6.2.2 Verwindeversuch

Wenn der Draht nach 7.2.2 geprüft wird, muss der Draht die in Tabelle 3 angegebenen Verwindezahlen ohne Bruch ertragen.

Tabelle 3 — Mechanische Eigenschaften[a]

Durchmesser d mm	Nennzugfestigkeit MPa[b]	Mindestbruchkraft N	Gesamtdehnung A_t % min.	Mindestverwindezahl N_t
NT				
0,800	2 200	1 000	5,0	50
0,890	2 100	1 200	5,0	50
0,965	2 000	1 350	5,0	50
1,000	2 000	1 450	5,0	25
1,295	1 950	2 400	5,0	25
1,420	1 950	2 880	5,0	22
1,550	2 000	3 525	5,0	20
1,550	1 900	3 340	5,0	20
1,600	1 900	3 560	5,0	20
1,650	1 850	3 680	5,0	20
1,830	1 650	3 970	5,0	20
2,000	1 650	4 805	5,0	20
Flachdraht 3 × 1,50	—	7 600	2,0	—
HT				
0,890	2 350	1 350	5,0	50
0,965	2 250	1 525	5,0	50
1,000	2 250	1 640	5,0	20
1,295	2 250	2 795	5,0	20
1,550	2 200	3 900	5,0	20
1,600	2 200	4 150	5,0	20
1,830	2 200	5 500	5,0	15

[a] Für Zwischenabmessungen gelten die Nennzugfestigkeit und die Anforderungen des nächstgrößeren Durchmessers.

[b] 1 MPa = 1 N/mm².

6.3 Oberflächenbeschaffenheit

6.3.1 Allgemeines

Die Oberfläche des Drahtes muss glatt und frei von Fett sowie anderen Verunreinigungen sein.

7

6.3.2 Dicke des Überzuges

Bei Prüfung nach 7.3 muss die Dicke des Überzuges Tabelle 4 entsprechen.

Tabelle 4 — Dicke des Überzuges

Art des Überzuges	Dicke µm
Messing	0,15 ± 0,05
Bronze 1	0,10 ± 0,05
Bronze 2	0,17 ± 0,05

6.4 Maße und Toleranzen

6.4.1 Grenzabmaße

Bei Messung nach 7.2.3 muss bei rundem Draht das Grenzabmaß für den Durchmesser Tabelle 5 entsprechen.

Tabelle 5 — Grenzabmaße für den Durchmesser
des Drahtes

Maße in mm

Drahtdurchmesser d	Grenzabmaße
$d \leq 1,60$	± 0,02
$1,60 < d$	± 0,03

Für Flachdraht 3 mm × 1,5 mm:

— das Grenzabmaß für die Breite ist ± 0,05 mm;

— das Grenzabmaß für die Dicke ist ± 0,03 mm.

6.4.2 Rundheitsabweichung (Unrundheit)

Die Rundheitsabweichung (Unrundheit) von rundem Draht darf nicht mehr als die Hälfte des in Tabelle 5 angegebenen Toleranzbereiches betragen.

6.4.3 Haftvermögen

Wenn vom Besteller die Prüfung des Haftvermögens verlangt wird (siehe 5.2), ist der Draht nach dem zwischen Besteller und Lieferer vereinbarten Verfahren zu prüfen und muss den zwischen Besteller und Lieferer vereinbarten Anforderungen an das Haftvermögen entsprechen.

ANMERKUNG   Ein Beispiel für ein Verfahren zur Prüfung des Haftvermögens ist in Anhang A angegeben.

6.5 Lieferbedingungen

6.5.1 Verpackungseinheit

Der Draht ist in Einheiten von Einzellängen im Stück zu liefern. Die Verpackungseinheit des Drahtes ist auf Spulen oder spulenlose Ringe, deren Maße zwischen dem Besteller und dem Lieferer zu vereinbaren sind, aufzuwickeln.

ANMERKUNG   Anhang B enthält eine Liste empfohlener Arten von Spulen.

8

6.5.2 Schweißstellen

Schweißstellen an der Endabmessung sind zulässig, sofern sie in geeigneter Form gereinigt und glatt sind, um eine angemessene Weiterverarbeitung zu ermöglichen. Die Schweißstellen und die wärmebeeinflusste Zone müssen eine Bruchkraft von mindestens 40 % der in Tabelle 3 festgelegten Bruchkraft aufweisen.

6.5.3 Geradheit des Drahtes

Bei Prüfung nach 7.2.4 muss der Draht zwischen den zwei Linien verbleiben.

6.5.4 Restverdrillung

Bei Prüfung nach 7.2.5 darf das Drahtende in keiner Richtung um mehr als eine volle Umdrehung um die Drahtachse rotieren.

7 Prüfung

7.1 Prüfungen und Prüfbescheinigungen

Erzeugnisse nach dieser Norm sind mit spezifischer Prüfung (siehe EN 10021) und der betreffenden, vom Besteller zum Zeitpunkt der Anfrage oder Bestellung festgelegten Prüfbescheinigung nach EN 10204 zu liefern.

7.2 Prüfverfahren

7.2.1 Zugversuch

Der Zugversuch ist nach EN 10218-1 und EN 10002-1 durchzuführen, und zwar an Proben im vollen Drahtquerschnitt. Die Mindestbruchkraft, die Dehnung (A_t) zum Zeitpunkt des Bruches und die Kraft $F_{0,2}$ bei der 0,2%-Dehngrenze sind aufzuzeichnen.

Die Bezugslänge für die Dehnung muss 200 mm betragen. Andere Messlängen dürfen zwischen den Beteiligten vereinbart werden.

7.2.2 Verwindeversuch

Die Prüflänge muss Tabelle 6 entsprechen. Die Proben sind einer thermischen Alterungsbehandlung für 1 h bei 150°C zu unterziehen. Der Verwindeversuch ist nach EN 10218-1 durchzuführen.

Tabelle 6 — Prüflänge für den Verwindeversuch

Drahtdurchmesser d mm	Prüflänge
$d \leq 1,00$	200 d
$1,00 < d < 5,00$	100 d

7.2.3 Durchmesser und Rundheitsabweichung (Unrundheit)

Der Durchmesser ist nach EN 10218-2 mit einer Messschraube mit einer Genauigkeit von ± 0,001 mm zu messen.

7.2.4 Geradheit

Die Drahtprobe ist auf eine glatte Oberfläche zu legen, auf der zwei 3 m lange parallele Linien im Abstand von 600 mm markiert sind. Es ist zu prüfen, ob die Drahtprobe zwischen den beiden Linien verbleibt.

9

7.2.5   Restverdrillung

Man biege das aus der Verpackungseinheit herausragende Drahtende zu einem rechten Winkel. Man ziehe aus der Verpackungseinheit einen Probenabschnitt von ungefähr 9 m Länge ohne ihn abzuschneiden. Man lässt das Ende los und beobachtet jede Bewegung des Drahtes.

7.3   Dicke des Überzuges

Die Dicke des Überzuges ist nach EN 10244-1 zu ermitteln. Die Masse des Überzuges ist zu ermitteln und dieser Wert ist als Grundlage für die Berechnung der Dicke des Überzuges zu verwenden.

7.4   Wiederholungsprüfungen

Wiederholungsprüfungen sind nach EN 10021 durchzuführen.

8   Kennzeichnung, Beschilderung und Verpackung

Jede Spule und Verpackungseinheit ist mit den erforderlichen Informationen zu kennzeichnen, um eine Rückverfolgbarkeit und den Bezug zu den Prüfbescheinigungen zu ermöglichen.

Jede Spule und jede Verpackungseinheit muss ein Anhängeschild mit zumindest den in Tabelle 7 festgelegten Informationen haben.

Andere Informationen auf dem Anhängeschild müssen den Vereinbarungen zwischen Besteller und Lieferer entsprechen.

Drahtlieferungen müssen in geeigneter Weise gegen mechanische Beschädigung und/oder Verunreinigungen während des Transportes geschützt sein.

Tabelle 7 — Informationen auf den Anhängeschildern

Information	Spule	Verpackung
Bezeichnung	+	+
Hersteller	+	+
Identifizierungsnummer	+	
Schmelzennummer	(+)	
Empfänger		+
Auftragsnummer		+
Masse (Netto und Brutto) in kg		+
Herkunft		(+)
Kundenreferenz		+
ANMERKUNG + = verbindlich; (+) = fakultativ		

10

Anhang A
(informativ)

Prüfung des Haftvermögens

Ein im Allgemeinen verwendetes Verfahren zur Prüfung des Haftvermögens ist in ASTM D1871-94, Methode 1, angegeben. Dieses ist wie folgt beschrieben:

Die Drähte werden in einem Gummiblock oder -polster unter Verwendung eines dicken Gummiblocks und mit 50 mm Einbettungslänge vulkanisiert. Der Draht ist in axialer Richtung, d. h. entlang der Drahtlänge, herauszuziehen und die zum Herausziehen der Drähte aus dem Gummi erforderliche Kraft zu messen.

11

Anhang B
(informativ)

Reifeneinlegedraht

B.1 Empfohlene Arten von Spulen werden in Bild B.1 gezeigt und in Tabelle B.1 ausführlich beschrieben.

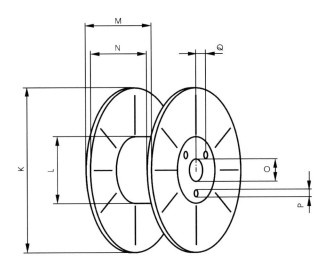

Legende
K   Spurkranzdurchmesser
L   Kerndurchmesser
M   Gesamtbreite
N   Breite
O   Bohrung
P   Anzahl x Durchmesser des Antriebsloches
Q   Abstand Antriebsloch/Bohrung

Bild B.1 — Spule für Reifeneinlegedraht

12

535

Tabelle B.1 — Empfohlene Arten von Spulen

Maße in mm

Bezeichnung	Spulenloser Ring	Metallspule
Typ	C1000	BS 900
Spurkranzdurchmesser (K)	—	760
Kerndurchmesser (L)	—	355
Gesamtbreite (M)	—	345
Breite (N)	280	280
Bohrung (O)	—	70,5 oder 33
Anzahl × Durchmesser des Antriebsloches (P)	–	2 × 35
Abstand Antriebsloch/ Bohrung (Q)	—	115
Gesamtdurchmesser	720	—
Innendurchmesser	355	—
Ungefähre Drahtmenge (kg)	445	450

13

Literaturhinweise

[1] ASTM D1871-94, Standard test methods for adhesion of single-filament steel wire to rubber.

	DIN EN 10324	

ICS 77.140.65

Stahldraht und Drahterzeugnisse – Schlaucharmierungsdraht; Deutsche Fassung EN 10324:2004

Steel wire and wire products –
Hose reinforcement wire;
German version EN 10324:2004

Fils et produits tréfilés en acier –
Fil d'armature pour flexibles;
Version allemande EN 10324:2004

Gesamtumfang 13 Seiten

Normenausschuss Eisen und Stahl (FES) im DIN

Nationales Vorwort

Die Europäische Norm EN 10324 wurde vom Technischen Komitee TC 30 „Draht und Drahterzeugnisse" (Sekretariat: Vereinigtes Königreich) des Europäischen Komitees für Eisen- und Stahlnormung (ECISS) ausgearbeitet.

Das zuständige deutsche Normungsgremium ist der Unterausschuss 08/4 „Patentiert-gezogener oder vergüteter Federstahldraht" des Normenausschusses Eisen und Stahl (FES).

Eine entsprechende DIN-Norm gab es bisher nicht.

2

EUROPÄISCHE NORM
EUROPEAN STANDARD
NORME EUROPÉENNE

EN 10324

September 2004

ICS

Deutsche Fassung

Stahldraht und Drahterzeugnisse – Schlaucharmierungsdraht

Steel wire and wire products – Hose reinforcement wire

Fils et produits tréfilés en acier – Fil d'armature pour flexibles

Diese Europäische Norm wurde vom CEN am 1. Juli 2004 angenommen.

Die CEN-Mitglieder sind gehalten, die CEN/CENELEC-Geschäftsordnung zu erfüllen, in der die Bedingungen festgelegt sind, unter denen dieser Europäischen Norm ohne jede Änderung der Status einer nationalen Norm zu geben ist. Auf dem letzten Stand befindliche Listen dieser nationalen Normen mit ihren bibliographischen Angaben sind beim Management-Zentrum oder bei jedem CEN-Mitglied auf Anfrage erhältlich.

Diese Europäische Norm besteht in drei offiziellen Fassungen (Deutsch, Englisch, Französisch). Eine Fassung in einer anderen Sprache, die von einem CEN-Mitglied in eigener Verantwortung durch Übersetzung in seine Landessprache gemacht und dem Management-Zentrum mitgeteilt worden ist, hat den gleichen Status wie die offiziellen Fassungen.

CEN-Mitglieder sind die nationalen Normungsinstitute von Belgien, Dänemark, Deutschland, Estland, Finnland, Frankreich, Griechenland, Irland, Island, Italien, Lettland, Litauen, Luxemburg, Malta, den Niederlanden, Norwegen, Österreich, Polen, Portugal, Schweden, der Schweiz, der Slowakei, Slowenien, Spanien, der Tschechischen Republik, Ungarn, dem Vereinigten Königreich und Zypern.

EUROPÄISCHES KOMITEE FÜR NORMUNG
EUROPEAN COMMITTEE FOR STANDARDIZATION
COMITÉ EUROPÉEN DE NORMALISATION

Management-Zentrum: rue de Stassart, 36   B-1050 Brüssel

Inhalt

2

541

Vorwort

Dieses Dokument (EN 10324:2004) wurde vom Technischen Komitee ECISS/TC 30 „Stahldraht" erarbeitet, dessen Sekretariat vom BSI gehalten wird.

Diese Europäische Norm muss den Status einer nationalen Norm erhalten, entweder durch Veröffentlichung eines identischen Textes oder durch Anerkennung bis März 2005, und etwaige entgegenstehende nationale Normen müssen bis März 2005 zurückgezogen werden.

Entsprechend der CEN/CENELEC-Geschäftsordnung sind die nationalen Normungsinstitute der folgenden Länder gehalten, diese Europäische Norm zu übernehmen: Belgien, Dänemark, Deutschland, Estland, Finnland, Frankreich, Griechenland, Irland, Island, Italien, Lettland, Litauen, Luxemburg, Malta, Niederlande, Norwegen, Österreich, Polen, Portugal, Schweden, Schweiz, Slowakei, Slowenien, Spanien, Tschechische Republik, Ungarn, Vereinigtes Königreich und Zypern.

3

1 Anwendungsbereich

Dieses Dokument legt die Zusammensetzung, die Maße und die mechanischen Eigenschaften fest von Stahldraht mit hohem Kohlenstoffgehalt zur Armierung von Hochdruckschläuchen. Es gilt für Draht, der als mehrfach parallel gewickelte oder spiralförmig gewickelte Bewehrung in einem Gummi- oder Synthetikschlauch verwendet wird, der relativ hohem Berstdruck widerstehen muss.

2 Normative Verweisungen

Die folgenden zitierten Dokumente sind für die Anwendung dieses Dokuments unentbehrlich. Bei datierten Verweisungen gilt nur die in Bezug genommene Ausgabe. Bei undatierten Verweisungen gilt die letzte Ausgabe des in Bezug genommenen Dokuments (einschließlich aller Änderungen).

EN 10002-1, *Metallische Werkstoffe — Zugversuch — Teil 1: Prüfverfahren bei Raumtemperatur.*

EN 10016-1, *Walzdraht aus unlegiertem Stahl zum Ziehen und/oder Kaltwalzen — Teil 1: Allgemeine Anforderungen.*

EN 10016-2, *Walzdraht aus unlegiertem Stahl zum Ziehen und/oder Kaltwalzen — Teil 2: Besondere Anforderungen an Walzdraht für allgemeine Verwendung.*

EN 10016-4, *Walzdraht aus unlegiertem Stahl zum Ziehen und/oder Kaltwalzen — Teil 4: Besondere Anforderungen an Walzdraht für Sonderanwendungen.*

EN 10021, *Allgemeine technische Lieferbedingungen für Stahl und Stahlerzeugnisse.*

EN 10204, *Metallische Erzeugnisse — Arten von Prüfbescheinigungen.*

EN 10218-1, *Stahldraht und Drahterzeugnisse — Allgemeines — Teil 1: Prüfverfahren.*

EN 10218-2, *Stahldraht und Drahterzeugnisse — Allgemeines — Teil 2: Drahtmaße und Toleranzen.*

EN 10244-1, *Stahldraht und Drahterzeugnisse — Überzüge aus Nichteisenmetall auf Stahldraht — Teil 1: Allgemeine Regeln.*

EN 10244-6, *Stahldraht und Drahterzeugnisse — Überzüge aus Nichteisenmetall auf Stahldraht — Teil 6: Überzüge aus Kupfer, Bronze oder Messing.*

CR 10261, *Eisen und Stahl — Überblick über verfügbare chemische Analysenverfahren.*

3 Begriffe

Für die Anwendung dieses Dokumentes gelten die folgenden Begriffe:

3.1
Nenndurchmesser, *d*

Zahlenwert des Durchmessers in Millimeter, mit dem der Draht bezeichnet und vom Besteller spezifiziert wird

ANMERKUNG   Dies ist die Grundlage, auf der die Werte aller relevanten Eigenschaften für die Abnahme des Drahtes ermittelt werden.

3.2
Ist-Durchmesser

arithmetisches Mittel von zwei senkrecht zueinander durchgeführten Messungen des Durchmessers in einer beliebigen Querschnittsebene

4

3.3
Rundheitsabweichung
Unrundheit

arithmetischer Unterschied zwischen dem größten und dem kleinsten Durchmesser ermittelt in einem Querschnitt senkrecht zur Drahtachse

4 Sorteneinteilung

Schlaucharmierungsdraht wird nach der Zugfestigkeit eingeteilt. Er wird in drei Zugfestigkeitsklassen geliefert:

— NT: Normale Zugfestigkeit;

— HT: Hohe Zugfestigkeit;

— ST: Superzugfestigkeit.

5 Bezeichnung und Bestellung

5.1 Bezeichnung

Für nach dieser Norm gelieferte Erzeugnisse setzt sich die Bezeichnung in folgender Weise zusammen aus

— dem Wort "Schlaucharmierungsdraht";

— dem Überzug: siehe 6.1.4;

— der Nummer dieses Dokumentes;

— der Zugfestigkeitsklasse (siehe Abschnitt 4) und der Nennzugfestigkeit;

— dem Nenndurchmesser.

BEISPIEL   Vermessingter Schlaucharmierungsdraht 0,30 mm mit hoher Zugfestigkeit 2750 MPa bis 3050 MPa nach EN 10324 ist wie folgt zu bezeichnen:

Schlaucharmierungsdraht vermessingt EN 10324-HT 2750 MPa bis 3050 MPa 0,30

5.2 Bestellangaben und zu vereinbarende Punkte

Der Besteller muss bei der Anfrage oder Bestellung eindeutig das Erzeugnis nennen und folgende Angaben machen:

— den gewünschten Nenndurchmesser;

— gewünschte Menge;

— Einheit und Art der Verpackung (wegen empfohlener Arten von Spulen siehe A.1);

— falls ein anderer Überzug statt Messing gewünscht wird (siehe 6.1.4);

— Art der Prüfbescheinigung.

5

Folgendes muss zwischen dem Besteller und dem Lieferer bei der Anfrage oder Bestellung vereinbart werden:

— Spezifizierung des Überzuges, wenn statt Messing ein anderer Überzug gewünscht wird (siehe 6.1.4);

— Wert für die Kreisform, wenn weniger als 100 mm oder mehr als 250 mm verlangt wird (siehe 6.5.3);

— zusätzliche auf den Anhängeschildern an der Spule oder Verpackungseinheit anzugebende Informationen (siehe Abschnitt 8).

BEISPIEL   20 t Schlaucharmierungsdraht vermessingt
                  EN 10324-HT2750 MPa bis 3050 MPa 0,30 auf Spulen von 30 kg
                  Bescheinigung EN 10204-3.1B

6 Anforderungen

6.1 Werkstoff

6.1.1 Stahl

Der Draht ist aus Stahlwalzdraht nach EN 10016-1 und EN 10016-2 für Zugfestigkeit NT bzw. EN 10016-4 für Zugfestigkeiten HT und ST herzustellen.

6.1.2 Chemische Zusammensetzung

Die chemische Zusammensetzung nach der Schmelzenanalyse muss den Grenzwerten nach Tabelle 1 entsprechen. Die Grenzabweichungen der Stückanalyse von der Schmelzenanalyse müssen EN 10016-2 bzw. EN 10016-4 entsprechen.

Tabelle 1 — Chemische Zusammensetzung (MassenanTeil in %)

Sorte	C	Si	Mn	P max.	S max.
NT	0,60 bis 0,80	0,15 bis 0,30	0,40 bis 0,70	0,035	0,035
HT und ST	0,75 bis 0,90	0,15 bis 0,30	0,40 bis 0,60	0,020	0,025

Wenn nicht zum Zeitpunkt der Anfrage und Bestellung anders vereinbart, bleibt die Wahl eines geeigneten physikalischen oder chemischen Analysenverfahrens zur Ermittlung der Stückanalyse dem Lieferer überlassen.

In Schiedsfällen ist die Analyse von einem von beiden Seiten anerkannten Laboratorium durchzuführen. Das anzuwendende Analysenverfahren ist, möglichst in Übereinstimmung mit CR 10261, zu vereinbaren.

6.1.3 Draht

Der Draht muss patentiert und kaltgezogen sein, um die geforderten mechanischen Eigenschaften zu erreichen.

6.1.4 Überzugswerkstoff

Wenn vom Besteller nicht zum Zeitpunkt der Anfrage und Bestellung anders festgelegt (siehe 5.2), muss der Überzugswerkstoff Messing mit einer chemischen Zusammensetzung von (67 ± 5) % Cu und Rest Zink sein.

Bei anderen Überzügen ist die Spezifizierung zum Zeitpunkt der Anfrage oder Bestellung zwischen Besteller und Lieferer zu vereinbaren (siehe 5.2).

6

6.2 Mechanische Eigenschaften

6.2.1 Zugfestigkeit und Dehnung

Bei Prüfung nach 7.2.1 muss der Draht vor und nach dem Wickelvorgang den in Tabelle 2 festgelegten Werten für Zugfestigkeit und Bruchdehnung entsprechen.

6.2.2 Rückbiegeversuch

Bei Prüfung nach 7.2.2 muss der Draht die in Tabelle 2 festgelegte Mindestzahl von Biegungen ohne Bruch ertragen.

6.2.3 Verwindeversuch

Bei Prüfung nach 7.2.2 muss der Draht die in Tabelle 2 festgelegte Mindestzahl von Verwindungen ohne Bruch ertragen.

Tabelle 2 — Mechanische Eigenschaften

Durchmesser d[a] mm	Zugfestigkeit MPa[b]	Bruchdehnung A_t % min.	Rückbiegungen N_b über r: 2,5 mm min.	Verwindungen N_t ($l = 100\ d$) min.
Normale Zugfestigkeit (NT)				
0,25	2450 bis 2750	1,6	125	41
0,28	2450 bis 2750	1,6	110	40
0,30	2450 bis 2750	1,6	95	39
0,34	2450 bis 2750	1,6	80	36
0,38	2450 bis 2750	1,6	65	35
0,40	2450 bis 2750	1,6	60	34
0,45	2450 bis 2750	1,8	50	32
0,50	2450 bis 2750	1,9	35	31
0,56	2450 bis 2750	2,0	30	29
0,60	2450 bis 2750	2,0	28	28
0,65	2450 bis 2750	2,2	27	27
0,71	2450 bis 2750	2,2	25	25
0,80	2150 bis 2450	2,2	22	24
Hohe Zugfestigkeit (HT)				
0,20	2750 bis 3050	1,3	160	41
0,25	2750 bis 3050	1,6	120	40
0,28	2750 bis 3050	1,6	100	39
0,30	2750 bis 3050	1,6	85	38
0,34	2750 bis 3050	1,6	70	35
0,35	2750 bis 3050	1,6	70	32
0,38	2750 bis 3050	1,6	60	32
0,40	2750 bis 3050	1,6	50	30
0,45	2750 bis 3050	1,8	40	27
0,50	2750 bis 3050	1,9	25	25
0,56	2750 bis 3050	2,0	25	24
0,60	2750 bis 3050	2,0	20	23
Superzugfestigkeit (ST)				
0,20	3050 bis 3350	1,3	110	33
0,25	3050 bis 3350	1,6	80	32
0,30	3050 bis 3350	1,6	60	32
0,38	3050 bis 3350	1,6	40	26

[a] Für Zwischenabmessungen gelten die Anforderungen des nächstgrößeren Durchmessers derselben Zugfestigkeitsklasse.

[b] 1 MPa = 1 N/mm².

7

6.3 Oberflächenbeschaffenheit

6.3.1 Allgemeines

Die Oberfläche des Drahtes muss glatt und frei von Fett sowie anderen Verunreinigungen sein. Die Oberfläche des Drahtes muss ein gutes Haftungsvermögen zwischen der Drahtoberfläche und dem Gummi ermöglichen.

6.3.2 Masse des Überzuges

Bei Messung nach 7.3 muss die Masse des Überzuges auf dem Draht den in Tabelle 3 angegebenen Werten entsprechen.

Tabelle 3 — Masse des Überzuges

Durchmesesser d mm	Masse des Überzuges g/m^2
$d \leq 0,34$	5 ± 2
$0,34 < d$	4 ± 2

6.4 Maße und Toleranzen

6.4.1 Grenzabmaße

Bei Messung nach 7.2.3 beträgt das Grenzabmaß vom Nenndurchmesser $\pm$ 0,01 mm.

6.4.2 Rundheitsabweichung (Unrundheit)

Die Rundheitsabweichung (Unrundheit) darf nicht mehr als 0,01 mm betragen.

6.5 Lieferbedingungen

6.5.1 Verpackungseinheit

Der Draht ist in Einheiten von Einzellängen im Stück zu liefern. Die Verpackungseinheit des Drahtes ist die Spule

ANMERKUNG A.1 enthält eine Liste empfohlener Arten von Spulen. Die empfohlene Drahtlänge je Spule ist in A.2 angegeben.

6.5.2 Schweißstellen

Schweißstellen an der Endabmessung sind zulässig, sofern sie in geeigneter Form gereinigt und glatt sind, um eine angemessene Weiterverarbeitung zu ermöglichen. Die Schweißstellen und die wärmebeeinflusste Zone müssen eine Bruchkraft von mindestens 40 % der in Tabelle 2 festgelegten aufweisen.

6.5.3 Schlag und Richtung des Drahtes

Die in EN 10218-1 definierte Kreisform ist entsprechend EN 10218-1 zu messen. Wenn nicht zum Zeitpunkt der Anfrage oder Bestellung (siehe 5.2) zwischen Besteller und Lieferer anders vereinbart, darf die Abweichung von der Kreisform nicht weniger als 100 mm und nicht mehr als 250 mm betragen.

Bei der nach EN 10218-1:1994, 14.3.1, gemessenen Schraubenlinienform darf der Versatz des Umganges nicht mehr als 50 mm betragen.

7 Prüfung

7.1 Prüfungen und Prüfbescheinigungen

Erzeugnisse nach dieser Norm sind mit spezifischer Prüfung (siehe EN 10021) und der betreffenden, vom Besteller zum Zeitpunkt der Anfrage oder Bestellung festgelegten Prüfbescheinigung nach EN 10204 zu liefern (siehe 5.2).

8

7.2 Prüfverfahren

7.2.1 Zugversuch

Der Zugversuch ist nach EN 10218-1 und EN 10002-1 durchzuführen, und zwar an Proben im vollen Drahtquerschnitt. Die Mindestbruchkraft und die Dehnung (A_t) zum Zeitpunkt des Bruches sind aufzuzeichnen.

7.2.2 Rückbiegeversuch und Verwindeversuch

Die Prüflänge für den Verwindeversuch muss 100 d betragen.

Die Proben sind einer thermischen Alterungsbehandlung für 1h bei 150 °C zu unterziehen.

Der Rückbiegeversuch ist nach EN 10218-1 durchzuführen.

7.2.3 Durchmesser und Rundheitsabweichung (Unrundheit)

Der Durchmesser ist nach EN 10218-2 mit einer Messschraube mit einer Genauigkeit von ± 0,001 mm zu messen.

7.3 Masse des Überzuges

Die Masse des Überzuges ist nach EN 10244-1 und EN 10244-6 zu ermitteln.

7.4 Wiederholungsprüfungen

Wiederholungsprüfungen sind nach EN 10021 durchzuführen.

8 Kennzeichnung, Beschilderung und Verpackung

Jede Spule und Verpackungseinheit ist mit den erforderlichen Informationen zu kennzeichnen, um eine Rückverfolgbarkeit und den Bezug zu den Prüfberichten zu ermöglichen.

Jede Spule und jede Verpackungseinheit muss ein Anhängeschild mit zumindest den in Tabelle 4 festgelegten Informationen haben.

Andere Informationen auf dem Anhängeschild müssen den Vereinbarungen zwischen Besteller und Lieferer entsprechen.

Drahtlieferungen müssen in geeigneter Weise gegen mechanische Beschädigung und/oder Verunreinigungen während des Transportes geschützt sein.

Tabelle 4 — Informationen auf den Anhängeschildern

Information	Spule	Verpackung
Bezeichnung	+	+
Hersteller	+	+
Identifizierungsnummer	+	
Schmelzennummer	(+)	
Empfänger		+
Auftragsnummer		+
Masse (Netto und Brutto) in kg		+
Herkunft		(+)
Kundenreferenz		+
ANMERKUNG + = verbindlich; (+) = fakultativ		

Anhang A
(informativ)

Verpackung von Schlaucharmierungsdraht

A.1 Empfohlene Arten von Spulen

Schlaucharmierungsdraht wird auf Metall- oder Kunststoffspulen gewickelt geliefert. Siehe Bild A.1.

ANMERKUNG   Der Pfeil am Spurkranz zeigt die Drehrichtung zum Abwickeln der Spule an.

Empfohlene Arten von Spulen sind in Tabelle A.1 aufgeführt.

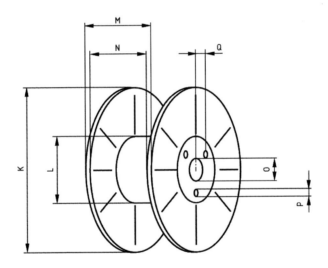

Legende

K   Spurkranzdurchmesser
L   Kerndurchmesser
M   Gesamtbreite
N   Breite
O   Bohrung
P   Anzahl x Durchmeser des Antriebsloches
Q   Abstand Antriebsloch/Bohrung

Bild A.1 — Spule für Schlaucharmierungsdraht

10

Tabelle A.1 — Empfohlene Arten von Spulen

Maße in mm

	Spulenart	
	BS60	BP60
Spurkranzdurchmesser (K)	255	254
Kerndurchmesser (L)	117	102
Gesamtbreite (M)	167	184
Breite (N)	153	153
Bohrung (O)	33	33
Anzahl x Durchmesser des Antriebsloches (P)	3 x 12,7	3 x 6
Abstand Antriebsloch / Bohrung (Q)	43	30
Masse (kg)	1,90	1,2
Ungefähre Drahtmenge (kg)	28	28

A.2 Empfohlene Drahtlänge je Spule

Die empfohlene Länge Schlaucharmierungsdraht je Spule ist in Tabelle A.2 aufgeführt.

Tabelle A.2 — Empfohlene Drahtlänge

Durchmesser mm	Zugfestigkeitsspanne MPa[a]	Länge je BS60-Spule m
0,56	2450 bis 2750	15 000
0,60	2150 bis 2450	14 000
0,60	2450 bis 2750	14 000
0,65	2150 bis 2450	11 000
0,65	2450 bis 2750	11 000
0,71	2150 bis 2450	9 500
0,71	2450 bis 2750	9 500
0,80	2150 bis 2450	7 000
[a] $1 MPa = 1 N/mm^2$.		

11

Januar 2009

	DIN EN 10324 Berichtigung 1	**DIN**

ICS 77.140.65

> Es wird empfohlen, auf der betroffenen Norm einen Hinweis auf diese Berichtigung zu machen.

Stahldraht und Drahterzeugnisse – Schlaucharmierungsdraht; Deutsche Fassung EN 10324:2004, Berichtigung zu DIN EN 10324:2004-11; Deutsche Fassung EN 10324:2004/AC:2008

Steel wire and wire products –
Hose reinforcement wire;
German version EN 10324:2004,
Corrigendum to DIN EN 10324:2004-11;
German version 10324:2004/AC:2008

Fils et produits tréfilés en acier –
Fil d'armature pour flexibles;
Version allemande EN 10324:2004,
Corrigendum à DIN EN 10324:2004-11;
Version allemande EN 10324:2004/AC:2008

Gesamtumfang 2 Seiten

Normenausschuss Eisen und Stahl (FES) im DIN

In

DIN EN 10324:2004-11

sind aufgrund der europäischen Berichtigung EN 10324:2004/AC:2008 folgende Korrekturen vorzunehmen:

a) In Abschnitt 6.3.2 Masse des Überzuges, Tabelle 3 – Masse des Überzuges ändere die Einheit von „g/m^2" in „g/kg".

2

April 2000

	Für eine Wärmebehandlung bestimmte Stähle, legierte Stähle und Automatenstähle Teil 17: Wälzlagerstähle (ISO 683-17 : 1999) Deutsche Fassung EN ISO 683-17 : 1999	DIN EN ISO 683-17

ICS 77.140.10; 77.140.20

Ersatz für
DIN 17230 : 1980-09

Heat-treated steels, alloy steels and free-cutting steels — Part 17: Ball and roller bearing steels (ISO 683-17 : 1999);
German version EN ISO 683-17 : 1999

Aciers pour traitement thermique, aciers alliés et aciers pour décolletage — Partie 17: Aciers pour roulement (ISO 683-17 : 1999);
Version allemande EN ISO 683-17 : 1999

Die Europäische Norm EN ISO 683-17 : 1999 hat den Status einer Deutschen Norm.

Nationales Vorwort

Die Europäische Norm EN ISO 683-17 : 1999 wurde von ISO/TC 17/SC 4 „Für eine Wärmebehandlung bestimmte und legierte Stähle" in Zusammenarbeit mit ECISS/TC 23 „Für eine Wärmebehandlung bestimmte Stähle, legierte Stähle und Automatenstähle – Gütenormen" ausgearbeitet. Die Sekretariate von ISO/TC 17/SC 4 und ECISS/TC 23 werden vom Normenausschuss Eisen und Stahl (FES) im DIN geführt.

Das zuständige deutsche Normungsgremium ist der Unterausschuss 05/2 „Wälzlagerstähle" des FES.

Die in dieser Norm verwendeten Kurznamen wurden, obwohl die Norm unter Federführung von ISO/TC 17/SC 4 ausgearbeitet wurde, mit dem Einverständnis aller Beteiligten entsprechend DIN EN 10027-1 gebildet.

Hingegen fehlen im Hauptteil dieser Norm die europäischen Werkstoffnummern entsprechend DIN EN 10027-2. Diese sind im informativen Anhang C dieser Norm aufgeführt. Außerdem wird nachfolgend ein Vergleich der Kurznamen nach dieser Norm mit den Kurznamen und Werkstoffnummern nach DIN 17230 : 1980-09 gegeben (bei durchaus unterschiedlichen chemischen Zusammensetzungen).

DIN EN ISO 683-17 : 2000-04	DIN 17230 : 1980-09	
Kurzname	Kurzname	Werkstoffnummer
–	100 Cr 2	1.3501
100Cr6	100 Cr 6	1.3505
100CrMnSi6-4	100 CrMn 6	1.3520
100CrMo7	100 CrMo 7	1.3537
100CrMo7-3	100 CrMo 7 3	1.3536
100CrMnMoSi8-4-6	100 CrMnMo 8	1.3539
17MnCr5	17 MnCr 5	1.3521
19MnCr5	19 MnCr 5	1.3523
–	16 CrNiMo 6	1.3531
18NiCrMo14-6	17 NiCrMo 14	1.3533
C56E2	Cf 54	1.1219
–	44 Cr 2	1.3561
43CrMo4	43 CrMo 4	1.3563
–	48 CrMo 4	1.3565
X47Cr14	X 45 Cr 13	1.3541
X108CrMo17	X 102 CrMo 17	1.3543
X89CrMoV18-1	X 89 CrMoV 18 1	1.3549
80MoCrV42-16	80 MoCrV 42 16	1.3551
X82WMoCrV6-5-4	X 82 WMoCrV 6 5 4	1.3553
X75WCrV18-4-1	X 75 WCrV 18 4 1	1.3558

Die in dieser Norm zusätzlich enthaltenen Sorten sind in diesem Vergleich nicht aufgeführt.

Fortsetzung Seite 2 und 3
und 17 Seiten EN

Normenausschuss Eisen und Stahl (FES) im DIN Deutsches Institut für Normung e.V.

Für die im Abschnitt 2 zitierten Internationalen Normen wird im folgenden auf die entsprechenden Deutschen Normen verwiesen:

ISO 377	siehe DIN EN ISO 377
ISO 404	siehe DIN EN 10021
ISO 642	siehe DIN EN ISO 642
ISO 643	siehe DIN 50601
ISO 1035-1	siehe DIN 1013-1
ISO 1035-4	siehe DIN 1013-1
ISO 3887	siehe DIN 50192
ISO 4948-1	siehe DIN EN 10020
ISO 4967	siehe DIN 50602
ISO 6506-1	siehe DIN EN ISO 6506-1
ISO 6506-2	siehe DIN EN ISO 6506-2
ISO 6506-3	siehe DIN EN ISO 6506-3
ISO 6929	siehe DIN EN 10079
ISO 9443	siehe DIN EN 10221
ISO 10474	siehe DIN EN 10204

Änderungen

Gegenüber DIN 17230 : 1980-09 wurden folgende Änderungen vorgenommen:

a) 4 Stahlsorten entfallen (siehe vorstehenden Vergleich).

b) 17 Stahlsorten neu aufgenommen.

c) Angaben zur chemischen Zusammensetzung überarbeitet.

d) Symbole für die Behandlungszustände geändert.

e) Grenzwerte für die Härtbarkeit teilweise geändert.

f) Härtewerte in den üblichen Lieferzuständen teilweise geändert.

g) Mechanische Eigenschaften der induktionshärtenden Stähle (Vergütungsstähle) entfallen.

h) Angaben zur Austenitkorngröße geändert.

i) Es sind keine konkreten Anforderungen an den mikroskopischen Reinheitsgrad festgelegt. Es werden lediglich Beispiele für mögliche Grenzwerte bei Prüfung nach ASTM E45 oder DIN 50602 aufgeführt.

j) Die Vorgabe von zulässigen Riss- und Entkohlungstiefen ist entfallen.

k) Normative Verweisungen auf ISO-Normen statt auf DIN-Normen.

l) Redaktionelle Änderungen.

Frühere Ausgaben

DIN 17230: 1980-09

Nationaler Anhang NA   (informativ)

Literaturhinweise

DIN 1013-1
   Stabstahl – Warmgewalzter Rundstahl für allgemeine Verwendung – Maße, zulässige Maß- und Formabweichungen

DIN 50192
   Ermittlung der Entkohlungstiefe

DIN 50601
   Metallographische Prüfverfahren – Ermittlung der Ferrit- oder Austenitkorngröße von Stahl und Eisenwerkstoffen

DIN 50602
   Metallographische Prüfverfahren – Mikroskopische Prüfung von Edelstählen auf nichtmetallische Einschlüsse mit Bildreihen

DIN EN 10020
   Begriffsbestimmungen für die Einteilung der Stähle; Deutsche Fassung EN 10020 : 1988

DIN EN 10021
   Allgemeine technische Lieferbedingungen für Stahl und Stahlerzeugnisse; Deutsche Fassung EN 10021 : 1993

DIN EN 10027-1
Bezeichnungssysteme für Stähle – Teil 1: Kurznamen, Hauptsymbole; Deutsche Fassung EN 10027-1 : 1992

DIN EN 10027-2
Bezeichnungssysteme für Stähle – Teil 2: Nummernsystem; Deutsche Fassung EN 10027-2 : 1992

DIN EN 10079
Begriffsbestimmungen für Stahlerzeugnisse; Deutsche Fassung EN 10079 : 1992

DIN EN 10204
Metallische Erzeugnisse – Arten von Prüfbescheinigungen (enthält Änderung A1 : 1995); Deutsche Fassung
EN 10204 : 1991 + A1 : 1995

DIN EN 10221
Oberflächengüteklassen für warmgewalzten Stabstahl und Walzdraht – Technische Lieferbedingungen; Deutsche Fassung
EN 10221 : 1995

DIN EN ISO 377
Stahl und Stahlerzeugnisse – Lage und Vorbereitung von Probenabschnitten und Proben für mechanische Prüfungen
(ISO 377 : 1997); Deutsche Fassung EN ISO 377 : 1997

DIN EN ISO 642
Stähle – Stirnabschreckversuch (Jominy-Versuch) (ISO 642 : 1999); Deutsche Fassung EN ISO 642 : 1999

DIN EN ISO 6506-1
Metallische Werkstoffe – Härteprüfung nach Brinell – Teil 1: Prüfverfahren (ISO 6506-1 : 1999); Deutsche Fassung
EN ISO 6506-1 : 1999

DIN EN ISO 6506-2
Metallische Werkstoffe – Härteprüfung nach Brinell – Teil 2: Prüfung und Kalibrierung der Härteprüfmaschinen
(ISO 6506-2 : 1999); Deutsche Fassung EN ISO 6506-2 : 1999

DIN EN ISO 6506-3
Metallische Werkstoffe – Härteprüfung nach Brinell – Teil 3: Kalibrierung der Härtevergleichsplatten (ISO 6506-3 : 1999);
Deutsche Fassung EN ISO 6506-3 : 1999

EUROPÄISCHE NORM
EUROPEAN STANDARD
NORME EUROPÉENNE

EN ISO 683-17

Oktober 1999

ICS 77.140.10; 77.140.20

Deutsche Fassung

Für eine Wärmebehandlung bestimmte Stähle, legierte Stähle und Automatenstähle
Teil 17: Wälzlagerstähle
(ISO 683-17 : 1999)

Heat-treated steels, alloy steels and free-cutting steels –
Part 17: Ball and roller bearing steels
(ISO 683-17 : 1999)

Aciers pour traitement thermique, aciers alliés et aciers pour
décolletage – Partie 17: Aciers pour roulement
(ISO 683-17 : 1999)

Diese Europäische Norm wurde von CEN am 5. September 1999 angenommen.

Die CEN-Mitglieder sind gehalten, die CEN/CENELEC-Geschäftsordnung zu erfüllen, in der die Bedingungen festgelegt sind, unter denen dieser Europäischen Norm ohne jede Änderung der Status einer nationalen Norm zu geben ist.

Auf dem letzten Stand befindliche Listen dieser nationalen Normen mit ihren bibliographischen Angaben sind beim Zentralsekretariat oder bei jedem CEN-Mitglied auf Anfrage erhältlich.

Diese Europäische Norm besteht in drei offiziellen Fassungen (Deutsch, Englisch, Französisch). Eine Fassung in einer anderen Sprache, die von einem CEN-Mitglied in eigener Verantwortung durch Übersetzung in seine Landessprache gemacht und dem Zentralsekretariat mitgeteilt worden ist, hat den gleichen Status wie die offiziellen Fassungen.

CEN-Mitglieder sind die nationalen Normungsinstitute von Belgien, Dänemark, Deutschland, Finnland, Frankreich, Griechenland, Irland, Island, Italien, Luxemburg, Niederlande, Norwegen, Österreich, Portugal, Schweden, Schweiz, Spanien, der Tschechischen Republik und dem Vereinigten Königreich.

CEN

EUROPÄISCHES KOMITEE FÜR NORMUNG
European Committee for Standardization
Comité Européen de Normalisation

Zentralsekretariat: rue de Stassart 36, B-1050 Brüssel

Ref. Nr. EN ISO 683-17 : 1999 D

Inhalt

Vorwort

Der Text der Internationalen Norm ISO 683-17 : 1999 wurde vom Technischen Komitee ISO/TC 17 „Steel" in Zusammenarbeit mit dem Technischen Komitee ECISS/TC 23 „Für eine Wärmebehandlung bestimmte Stähle, legierte Stähle und Automatenstähle – Gütenormen" erarbeitet, dessen Sekretariat vom DIN gehalten wird.

Diese Europäische Norm muß den Status einer nationalen Norm erhalten, entweder durch Veröffentlichung eines identischen Textes oder durch Anerkennung bis April 2000, und etwaige entgegenstehende nationale Normen müssen bis April 2000 zurückgezogen werden.

ISO 683 besteht unter dem Haupttitel *Für eine Wärmebehandlung bestimmte Stähle, legierte Stähle und Automatenstähle* aus den folgenden Teilen:

- Part 1: Direct-hardening unalloyed and low-alloyed wrought steels in form of different black products
- Part 9: Wrought free-cutting steels
- Part 10: Wrought nitriding steels
- Part 11: Wrought case-hardening steels
- Part 14: Hot-rolled steels for quenched and tempered springs
- Part 15: Valve steels for internal combustion engines
- Part 17: Ball and roller bearing steels
- Part 18: Bright products of unalloyed and low-alloy steels

Der Anhang A ist normativer Bestandteil dieses Teils von ISO 683. Die Anhänge B und C sind lediglich zur Information.

Entsprechend der CEN/CENELEC-Geschäftsordnung sind die nationalen Normungsinstitute der folgenden Länder gehalten, diese Europäische Norm zu übernehmen:

Belgien, Dänemark, Deutschland, Finnland, Frankreich, Griechenland, Irland, Island, Italien, Luxemburg, Niederlande, Norwegen, Österreich, Portugal, Schweden, Schweiz, Spanien, die Tschechische Republik und das Vereinigte Königreich.

Anerkennungsnotiz

Der Text der Internationalen Norm ISO 683-17 : 1999 wurde von CEN als Europäische Norm ohne irgendeine Abänderung genehmigt.

ANMERKUNG: Die normativen Verweisungen auf Internationale Normen sind im Anhang ZA (normativ) aufgeführt.

1 Anwendungsbereich

1.1 Dieser Teil von ISO 683 gilt für die in Tabelle 1 angegebenen Erzeugnisse und Wärmebehandlungszustände und die Oberflächenzustände nach Tabelle 2.

1.2 Dieser Teil von ISO 683 enthält die technischen Lieferbedingungen für fünf Gruppen von Wälzlagerstählen, wie in Tabelle 3 aufgeführt, nämlich:

a) durchhärtende Wälzlagerstähle (Stähle mit ungefähr 1 % C und 1 % bis 2 % Cr),

b) einsatzhärtende Wälzlagerstähle,

c) induktionshärtende Wälzlagerstähle (unlegiert und legiert),

d) nichtrostende Wälzlagerstähle,

e) warmharte Wälzlagerstähle.

1.3 In Sonderfällen können bei der Anfrage und Bestellung Abweichungen von oder Zusätze zu diesen technischen Lieferbedingungen vereinbart werden (siehe Anhang A).

1.4 Zusätzlich zu diesem Teil von ISO 683 gelten die allgemeinen technischen Lieferbedingungen nach ISO 404.

2 Normative Verweisungen

Die folgenden normativen Unterlagen enthalten Bedingungen, die durch Bezugnahme im nachfolgenden Text auch für diesen Teil von ISO 683 gültig sind. Bei datierten Verweisungen gehören spätere Änderungen oder Überarbeitungen dieser Publikationen nicht dazu. Die sich auf diesen Teil von ISO 683 stützenden Parteien werden jedoch ermutigt, die Möglichkeit zur Anwendung der neuesten Ausgabe der nachstehend aufgeführten normativen Unterlagen zu prüfen.

Bei undatierten Verweisungen gilt die letzte Ausgabe der in Bezug genommenen normativen Unterlage. Die Mitglieder des IEC und der ISO besitzen Listen der gültigen Internationalen Normen.

ISO 377 : 1997
Steel and steel products – Location and preparation of samples and test pieces for mechanical testing.

ISO 404 : 1992
Steel and steel products – General technical delivery requirements.

ISO 642 : 1999
Steels – Hardenability test by end quenching (Jominy test).

ISO 643 : 1983
Steels – Micrographic determination of the ferritic or austenitic grain size.

ISO 1035-1 : 1980
Hot-rolled steel bars – Part 1: Dimensions of round bars.

ISO 1035-4 : 1982
Hot-rolled steel bars – Part 4: Tolerances.

ISO 3763 : 1976
Wrought steels – Macroscopic methods for assessing the content of non-metallic inclusions.

ISO 3887 : 1976
Steel, non-alloy and low-alloy – Determination of depth of decarburization.

ISO 4948-1 : 1982, Steels – Classification – Part 1: Classification of steels into unalloyed and alloy steels based on chemical composition.

ISO 4967 : 1998
Steel – Determination of content of non-metallic inclusions – Micrographic method using standard diagrams.

ISO 4969 : 1980
Steel – Macroscopic examination by etching with strong mineral acids.

ISO 5949 : 1983
Tool steels and bearing steels – Micrographic method for assessing the distribution of carbides using reference photomicrographs.

ISO 6506 : 1981[1]
Metallic materials – Hardness test – Brinell test.

ISO 6929 : 1987
Steel products – Definitions and classification.

ISO 9443 : 1991
Heat-treatable and alloy steels – Surface quality classes for hot-rolled round bars and wire rods – Technical delivery conditions.

ISO/TR 9769 : 1991
Steel and iron – Review of available methods of analysis.

ISO 10474 : 1991
Steel and steel products – Inspection documents.

ISO 14284 : 1996
Steel and iron – Sampling and preparation of samples for the determination of chemical composition.

ENV 10247 : 1996
Mikroskopische Untersuchung des Einschlußgehaltes in Stählen mittels Bildrichtreihen.

3 Begriffe und Definitionen

Für die Anwendung dieses Teils von ISO 683 gelten für die Erzeugnisformen die Definitionen nach ISO 6929. Die Begriffe „unlegierter Stahl" und „legierter Stahl" sind in ISO 4948-1 definiert.

---

[1] Diese Internationale Norm wurde durch ISO 6506-1, ISO 6506-2 und ISO 6506-3 ersetzt.

4 Bestellung und Bezeichnung

Die Bezeichnung eines Erzeugnisses in der Bestellung muß folgendes umfassen:

a) Die Bezeichnung der Erzeugnisform (z. B. Stab) gefolgt von

   1) entweder der Bezeichnung der Maßnorm und Maße und der daraus ausgewählten Grenzabmaße (siehe 5.6) oder

   2) der Bezeichnung eines anderen Schriftstückes, das die für das Erzeugnis verlangten Maße und Grenzabmaße enthält.

b) Falls ein anderer als der „warmgeformte" Oberflächenzustand oder eine besondere Oberflächengüte verlangt wird

   1) der Oberflächenzustand (siehe Tabelle 2) und

   2) die Oberflächengüte (siehe 5.5).

c) Eine Beschreibung des Stahles bestehend aus

   1) einem Hinweis auf diesen Teil von ISO 683;

   2) der Bezeichnung der Stahlsorte (siehe Tabelle 3);

   3) dem Kurzzeichen für den Wärmebehandlungszustand bei der Lieferung (siehe Tabelle 1),

   4) der Normbezeichnung für die geforderte Art der Prüfbescheinigung (siehe ISO 10474);

   5) dem Kurzzeichen und, falls erforderlich, den Einzelheiten dieser Zusatzanforderung (siehe Anhang A), falls irgendeine Zusatzanforderung zu erfüllen ist.

BEISPIEL

Folgendes ist zu bestellen:

Warmgewalzte Rundstäbe

a) nach ISO 1035-1;

b) mit einem Nenndurchmesser von 50,0 mm;

c) mit einer Nennlänge von 8 000 mm,

d) mit einem Grenzabmaß für den Durchmesser von ± 0,40 mm (Klasse S von ISO 1035-4);

e) mit einem Grenzabmaß für die Länge von $^{+100}_{0}$ mm (Klasse L2 von ISO 1035-4);

f) alle übrigen Toleranzen wie in ISO 1035-4 für normale Fälle angegeben.

Oberfläche

a) warmgeformt.

Stahl

a) in Übereinstimmung mit diesem Teil von ISO 683, Sorte 100Cr6 (siehe Tabelle 3);

b) Wärmebehandlungszustand: geglüht auf kugelige Carbide (Kurzzeichen +AC, siehe Tabelle 1);

c) mit einem Abnahmeprüfzeugnis 3.1.B (siehe ISO 10474).

Bezeichnung

Rund ISO 1035-1-50,0Sx 8000 L2

Stahl ISO 683-17-100Cr6+AC-3.1.B

5 Anforderungen

5.1 Herstellungsverfahren

5.1.1 Allgemeines

Das Herstellungsverfahren des Stahles und der Erzeugnisse bleibt, mit den Einschränkungen nach 5.1.2 und 5.1.3, dem Hersteller überlassen.

Das Stahlherstellungsverfahren ist dem Besteller auf Wunsch bekanntzugeben.

Umschmelzen des Stahls kann bei der Anfrage und Bestellung vereinbart werden.

5.1.2 Wärmebehandlungszustand und Oberflächenzustand bei der Lieferung

Die Wärmebehandlungs- und Oberflächenzustände müssen den Bestellvereinbarungen entsprechen.

Tabelle 1 in Verbindung mit Tabelle 6 enthält für die verschiedenen Erzeugnisformen und Stahlgruppen die üblichen Wärmebehandlungszustände, und Tabelle 2 die üblichen Oberflächenzustände.

5.1.3 Schmelzentrennung

Die Stähle sind nach Schmelzen getrennt zu liefern.

5.2 Chemische Zusammensetzung, Härte und Härtbarkeit

5.2.1 Tabelle 1 gibt einen Überblick über Kombinationen von üblichen Wärmebehandlungszuständen bei der Lieferung, Erzeugnisformen und Anforderungen nach den Tabellen 3 bis 6 (chemische Zusammensetzung, Härtbarkeit, Höchsthärte, Härtespanne).

5.2.2 Wenn der Stahl nicht mit Härtbarkeitsanforderungen bestellt wird – das heißt, wenn die in Tabelle 3 angegebenen Stahlbezeichnungen und nicht die in Tabelle 5 angegebenen Bezeichnungen verwendet werden –, gelten für den jeweiligen Wärmebehandlungszustand die in Tabelle 1, Spalte 10, genannten Anforderungen an die chemische Zusammensetzung und Härte. In diesem Falle handelt es sich bei den in Tabelle 5 angegebenen Härtbarkeitswerten nur um Anhaltswerte.

5.2.3 Wenn der Stahl unter Verwendung der in Tabelle 5 angegebenen Bezeichnungen mit Härtbarkeitsanforderungen bestellt wird, gelten die in Tabelle 5 angegebenen Werte der Härtbarkeit zusätzlich zu den in Tabelle 1, Spalte 10, genannten Anforderungen (siehe Fußnote b zu Tabelle 3).

5.3 Mikrogefüge

5.3.1 Austenitkorngröße von einsatzhärtenden und induktionshärtenden Wälzlagerstählen

Einsatzhärtende und induktionshärtende Stähle müssen feinkörnig sein. Diese Anforderung ist als erfüllt anzusehen, wenn

a) bei einsatzhärtenden Stählen nach einem Halten des Stahles für 4 h bei (925 ± 10) °C das nach einem der in ISO 643 angegebenen Verfahren sichtbar gemachte Mikrogefüge zu mindestens 70 % aus Körnern der Größe 5 oder feiner besteht;

b) bei induktionshärtenden Stählen nach einem Halten für 1,5 h bei (850 ± 10) °C das nach einem der in ISO 643 angegebenen Verfahren sichtbar gemachte Mikrogefüge aus Körnern der Größe 5 oder feiner besteht.

Für einen Nachweis der Korngröße siehe Anhang A.1.

5.3.2 Einformung und Verteilung der Carbide

5.3.2.1 Bei Lieferungen in den Behandlungszuständen +AC und +AC+C müssen die Carbide durchhärtender Stähle kugelig eingeformt und die Carbide der nichtrostenden und warmharten Wälzlagerstähle müssen überwiegend kugelig eingeformt sein. Einsatzstähle dürfen unvollständig eingeformte Carbide aufweisen. Falls erforderlich, ist der verlangte Einformungsgrad bei der Anfrage und Bestellung zu vereinbaren.

5.3.2.2 Für die Verteilung der Carbide siehe Anhang A.2.

5.3.3 Gefüge von Einsatzstählen im Zustand +FP

Das Gefüge muß aus Ferrit und Perlit bestehen. Bainitanteile sind jedoch bis zu 10 % zulässig.

5.4 Nichtmetallische Einschlüsse

Alle Wälzlagerstähle müssen einen hohen Reinheitsgrad aufweisen, das heißt, einen niedrigen Gehalt an nichtmetallischen Einschlüssen.

Für mikroskopische nichtmetallische Einschlüsse siehe Anhang A.3 und Anhang B.

Für makroskopische nichtmetallische Einschlüsse siehe Anhang A.4.

5.5 Oberflächengüte

5.5.1 Alle Erzeugnisse müssen eine sachgerechten Herstellungsbedingungen gemäße Oberfläche haben.

5.5.2 Geschliffene oder geschälte oder bearbeitete Erzeugnisse müssen frei sein von Oberflächenunvollkommenheiten und Randentkohlung.

5.5.3 Warmgewalzte, geschmiedete, kalt verformte, walzgeschälte oder rohbearbeitete Erzeugnisse müssen mit ausreichenden Werkstoffbearbeitungszugaben bestellt werden, um die Entfernung von:

a) Randentkohlung und

b) Oberflächenunvollkommenheiten

von allen Oberflächen durch Spanen oder Schleifen zu gestatten.

Die Bearbeitungszugaben sind bei der Anfrage und Bestellung zu vereinbaren.

Alternativ kann für runde Stäbe und Walzdraht die zulässige Tiefe von Oberflächengänzen nach ISO 9443 festgelegt werden.

5.6 Form, Maße und Grenzabmaße

Form, Maße und Grenzabmaße der Erzeugnisse müssen den bei der Anfrage und Bestellung vereinbarten Anforderungen entsprechen. Die Vereinbarungen müssen, soweit möglich, auf aktuellen Internationalen Normen oder, andernfalls, auf geeigneten nationalen Normen basieren.

ANMERKUNG: Für Rundstäbe enthalten die folgenden Internationalen Normen Maße und/oder Grenzabmaße für in diesem Teil von ISO 683 enthaltene Erzeugnisse:

ISO 1035-1 und ISO 1035-4.

6 Prüfung und Übereinstimmung der Erzeugnisse

6.1 Vorgehen bei der Prüfung und Arten von Prüfbescheinigungen

6.1.1 Für jede Lieferung kann bei der Anfrage und Bestellung die Ausstellung einer der Prüfbescheinigungen nach ISO 10474 vereinbart werden.

6.1.2 Falls entsprechend den Vereinbarungen bei der Anfrage und Bestellung ein Werkzeugnis auszustellen ist, muß dieses folgendes enthalten:

a) die Bestätigung, daß die Lieferung den Bestellvereinbarungen entspricht;

b) die Ergebnisse der Schmelzenanalyse für alle für die gelieferte Stahlsorte festgelegten Elemente.

6.1.3 Falls entsprechend den Bestellvereinbarungen ein Abnahmeprüfzeugnis 3.1.A, 3.1.B oder 3.1.C oder ein Abnahmeprüfprotokoll 3.2 (siehe ISO 10474) auszustellen ist, müssen die in 6.2 beschriebenen spezifischen Prüfungen durchgeführt und ihre Ergebnisse in der Prüfbescheinigung bestätigt werden.

Außerdem muß die Prüfbescheinigung folgende Angaben enthalten:

a) die vom Hersteller mitgeteilten Ergebnisse der Schmelzenanalyse für alle für die betreffende Stahlsorte festgelegten Elemente;

b) die Ergebnisse aller durch Zusatzanforderungen (siehe Anhang A) bestellten Prüfungen;

c) die Kennbuchstaben oder -zahlen, die die Prüfbescheinigung mit der betreffenden Prüfeinheit verknüpft.

6.2 Spezifische Prüfung

6.2.1 Allgemeines

Der Prüfumfang, die Probenahmebedingungen und die für den Nachweis der Anforderungen anzuwendenden Prüfverfahren müssen den Vorgaben in Tabelle 7 entsprechen.

6.2.2 Chemische Zusammensetzung

Die Schmelzenanalyse wird vom Hersteller mitgeteilt. Für eine Stückanalyse siehe Anhang A.5.

6.2.3 Nachweis der Härtbarkeit und Härte

Die in Tabelle 1, Spalte 10, Unterspalte ii, für den jeweiligen Wärmebehandlungszustand angegebenen Anforderungen an die Härte sind nachzuweisen.

Für mit dem Kurzzeichen +H in der Bezeichnung (siehe Tabelle 5) bestellte Stähle sind zusätzlich die Härtbarkeitsanforderungen nach Tabelle 5 nachzuweisen.

6.2.4 Prüfung der Oberflächengüte

6.2.4.1 Falls bei der Bestellung nicht anders vereinbart (siehe Anhang A.7), bleibt die Anzahl der auf Oberflächengüte zu prüfenden Erzeugnisse dem Hersteller überlassen.

6.2.4.2 Falls nicht anders vereinbart (siehe Anhang A.7), ist die Oberflächengüte visuell zu prüfen.

6.2.5 Maßprüfung

Falls bei der Bestellung nicht anders vereinbart (siehe Anhang A.8), bleibt die Anzahl der auf Form und Maße zu prüfenden Erzeugnisse dem Hersteller überlassen.

6.2.6 Wiederholungsprüfungen

Für Wiederholungsprüfungen gilt ISO 404.

7 Kennzeichnung

Der Hersteller muß die Erzeugnisse oder Bunde oder die die Erzeugnisse enthaltenden Kisten in angemessener Weise so kennzeichnen, daß die Bestimmung der Schmelze, der Stahlsorte und der Herkunft der Lieferung möglich ist (siehe Anhang A.6).

560

Tabelle 1: Kombination von üblichen Behandlungszuständen bei der Lieferung, Erzeugnisformen und Anforderungen nach den Tabellen 3 bis 6

1	2	3	4	5	6	7	8	9	10		11	
			x = in Betracht kommend für						In Betracht kommende Anforderungen, wenn der Stahl bestellt wird mit der Bezeichnung nach			
									Tabelle 3		Tabelle 5	
1	Wärmebehandlungszustand bei der Lieferung	Kurzzeichen	Knüppel	Stäbe	Walz-draht	Draht	Rohre	Ringe und Scheiben	i — Chemische Zusammensetzung nach den Tabellen 3 und 4	ii — Höchsthärte oder Härtespanne nach Tabelle 6	i, ii — Wie in Spalte 10 (siehe Fußnote b zu Tabelle 3)	iii — Härtbarkeitswerte nach Tabelle 5
2	Unbehandelt	Nichts oder +U	x	x	x	–	–	–		–		
3	Behandelt auf Kaltscherbarkeit	+S	x	–	–	–	–	–		Spalte +S		
4	Geglüht (weichgeglüht))	+A	–	x	x	–	–	–		Spalte +A		
5	Spannungsarmgeglüht	+SR	–	–	–	x	x	–		Spalte +SR		
6	Behandelt auf Härtespanne	+HR	–	x	x	–	–	x		Spalte +HR		
7	Geglüht auf kugelige Carbide	+AC	–	x	x	x	x	x		Spalte +AC		
8	Geglüht auf kugelige Carbide und kalt verformt	+AC+C	–	x	–	x	x	x		Spalte +AC+C		
9	Isothermisch behandelt auf Ferrit-Perlit-Gefüge und Härtespanne	+FP	–	x	–	–	x	x		Spalte +FP		
10	Sonstige	Andere Behandlungszustände, z. B. der vergütete Zustand, können bei der Anfrage und Bestellung vereinbart werden.										

Tabelle 2 : Oberflächenzustand bei der Lieferung

1	2	3	4	5	6	7	8	9	10
1	Oberflächenzustand bei der Lieferung			x: Im allgemeinen in Betracht kommend für					
		Oberflächenzustand bei der Lieferung	Kurzzeichen	Knüppel	Stäbe	Walz-[a] draht	Draht[a]	Rohre	Ringe und Scheiben
2	Wenn nicht anders vereinbart	Warmgeformt	Nichts oder HW	x	x	x	–	x	x
3		Walzgeschält	P	–	x	–	–	–	–
4		Geschält	T	–	x	x	x	x	–
5		Geschliffen	GR	–	x	–	–	–	–
6	Besondere Bedingungen nach Vereinbarung geliefert	Bearbeitet	MA	–	–	–	–	–	x
7		Kaltgezogen	CD	–	x	–	x	x	–
8		Kaltgepilgert	CP	–	–	–	–	x	–
9		Kaltgewalzt	CR	–	–	–	–	–	x
10		Sonstige	Nach Vereinbarung						

[a] Kaltgezogener Walzdraht ist per Definition Draht (siehe ISO 6929).

Tabelle 3: Stahlsorten und festgelegte chemische Zusammensetzung (nach der Schmelzenanalyse)

Nr.	Kurzname	C	Si	Mn	P max.	S max.	Cr	Mo	Ni	V	W	Sonstige
							Durchhärtende Wälzlagerstähle					
B1	100Cr6	0,93 bis 1,05[c]	0,15 bis 0,35[d]	0,25 bis 0,45	0,025	0,015[e]	1,35 bis 1,60	max. 0,10				Al: max. 0,050
B2	100CrMnSi4-4	0,93 bis 1,05[c]	0,45 bis 0,75	0,90 bis 1,20	0,025	0,015[e]	0,90 bis 1,20	max. 0,10				Ca[f]
B3	100CrMnSi6-4	0,93 bis 1,05[c]	0,45 bis 0,75	1,00 bis 1,20	0,025	0,015[e]	1,40 bis 1,65	max. 0,10				Cu: max. 0,30
B4	100CrMnSi6-6	0,93 bis 1,05[c]	0,45 bis 0,75	1,40 bis 1,70	0,025	0,015[e]	1,40 bis 1,65	max. 0,10				
B5	100CrMo7	0,93 bis 1,05[c]	0,15 bis 0,35	0,25 bis 0,45	0,025	0,015[e]	1,65 bis 1,95	0,15 bis 0,30				
B6	100CrMo7-3	0,93 bis 1,05[c]	0,15 bis 0,35	0,60 bis 0,80	0,025	0,015[e]	1,65 bis 1,95	0,20 bis 0,35				O: max. 0,0015[g]
B7	100CrMo7-4	0,93 bis 1,05[c]	0,15 bis 0,35	0,60 bis 0,80	0,025	0,015[e]	1,65 bis 1,95	0,40 bis 0,50				Ti: [h]
B8	100CrMnMoSi8-4-6	0,93 bis 1,05[c]	0,40 bis 0,60	0,80 bis 1,10	0,025	0,015[e]	1,80 bis 2,05	0,50 bis 0,60				
							Einsatzhärtende Wälzlagerstähle					
B20	20C3	0,17 bis 0,23	max. 0,40	0,60 bis 1,00	0,025	0,015[e]	0,60 bis 1,00					Al: max. 0,050
B21	20Cr4	0,17 bis 0,23	max. 0,40	0,60 bis 0,90	0,025	0,015[e]	0,90 bis 1,20					Ca[f]
B22	20MnCr4-2	0,17 bis 0,23	max. 0,40	0,65 bis 1,10	0,025	0,015[e]	0,40 bis 0,75					Cu: max. 0,30
B23	17MnCr5	0,14 bis 0,19	max. 0,40	1,00 bis 1,30	0,025	0,015[e]	0,80 bis 1,10					O: max. 0,0020[g]
B24	19MnCr5	0,17 bis 0,22	max. 0,40	1,10 bis 1,40	0,025	0,015[e]	1,00 bis 1,30					Ti: [h]
B25	15CrMo4	0,12 bis 0,18	max. 0,40	0,60 bis 0,90	0,025	0,015[e]	0,90 bis 1,20	0,15 bis 0,25				
B26	20CrMo4	0,17 bis 0,23	max. 0,40	0,60 bis 0,90	0,025	0,015[e]	0,90 bis 1,20	0,15 bis 0,25				
B27	20MnCrMo4-2	0,17 bis 0,23	max. 0,40	0,65 bis 1,10	0,025	0,015[e]	0,40 bis 0,75	0,10 bis 0,20				
B28	20NiCrMo2	0,17 bis 0,23	max. 0,40	0,60 bis 0,95	0,025	0,015[e]	0,35 bis 0,65	0,15 bis 0,25	0,40 bis 0,70			
B29	20NiCrMo7	0,17 bis 0,23	max. 0,40	0,40 bis 0,70	0,025	0,015[e]	0,35 bis 0,65	0,20 bis 0,30	1,60 bis 2,00			
B30	18CrNiMo7-6	0,15 bis 0,21	max. 0,40	0,50 bis 0,90	0,025	0,015[e]	1,50 bis 1,80	0,25 bis 0,35	1,40 bis 1,70			
B31	18NiCrMo14-6	0,15 bis 0,20	max. 0,40	0,40 bis 0,70	0,025	0,015[e]	1,30 bis 1,60	0,15 bis 0,25	3,25 bis 3,75			
B32	16NiCrMo16-5	0,14 bis 0,18	max. 0,40	0,25 bis 0,55	0,025	0,015[e]	1,00 bis 1,40	0,20 bis 0,30	3,80 bis 4,30			
							Induktionshärtende Wälzlagerstähle					
B40	C56E2	0,52 bis 0,60	max. 0,40	0,60 bis 0,90	0,025	0,015[e]						Al: max. 0,050
B41	56Mn4	0,52 bis 0,60	max. 0,40	0,90 bis 1,20	0,025	0,015[e]						Ca[f]
B42	70Mn4	0,65 bis 0,75	max. 0,40	0,80 bis 1,10	0,025	0,015[e]						Cu: max. 0,30
B43	43CrMo4	0,40 bis 0,46	max. 0,40	0,60 bis 0,90	0,025	0,015[e]	0,90 bis 1,20	0,15 bis 0,30				O: max. 0,0020[g] Ti: [h]

Chemische Zusammensetzung[a,b] (Massenanteil in %)

Stahlsorte

(fortgesetzt)

Tabelle 3: (abgeschlossen)

Nr.	Kurzname	Chemische Zusammensetzung[a,b] (Massenanteil in %)										
		C	Si	Mn	P max.	S max.	Cr	Mo	Ni	V	W	Sonstige
		Nichtrostende Wälzlagerstähle										
B50	X47Cr14	0,43 bis 0,50	max. 1,00	max. 1,00	0,040	0,015[e]	12,50 bis 14,50					
B51	X65Cr14	0,60 bis 0,70	max. 1,00	max. 1,00	0,040	0,015[e]	12,50 bis 14,50	max. 0,75				
B52	X108CrMo17	0,95 bis 1,20	max. 1,00	max. 1,00	0,040	0,015[e]	16,00 bis 18,00	0,40 bis 0,80				
B53	X89CrMoV18-1	0,85 bis 0,95	max. 1,00	max. 1,00	0,040	0,015[e]	17,00 bis 19,00	0,90 bis 1,30		0,07 bis 0,12		
		Warmharte Wälzlagerstähle										
B60	80MoCrV42-16	0,77 bis 0,85	max. 0,40	0,15 bis 0,35	0,025[f]	0,015[f]	3,90 bis 4,30	4,00 bis 4,50		0,90 bis 1,10	max. 0,25	Cu: max. 0,30
B61	13MoCrNi42-16-14	0,10 bis 0,15	0,10 bis 0,25	0,15 bis 0,35	0,015	0,010	3,90 bis 4,30	4,00 bis 4,50	3,20 bis 3,60	1,00 bis 1,30	max. 0,15	Cu: max. 0,10[j]
B62	X82WMoCrV6-5-4	0,78 bis 0,86	max. 0,40	max. 0,40	0,025	0,015	3,90 bis 4,30	4,70 bis 5,20		1,70 bis 2,00	6,00 bis 6,70	Cu: max. 0,30
B63	X75WCrV18-4-1	0,70 bis 0,80	max. 0,40	max. 0,40	0,025	0,015	3,90 bis 4,30	max. 0,60		1,00 bis 1,25	17,50 bis 19,00	Cu: max. 0,30

[a] Nicht aufgeführte Elemente sollten dem Stahl, außer zum Fertigbehandeln der Schmelze, ohne Zustimmung des Bestellers nicht absichtlich zugesetzt werden. Es sollten alle angemessenen Vorkehrungen getroffen werden, um die Zufuhr solcher Elemente aus dem Schrott oder anderen bei der Herstellung verwendeten Stoffen zu vermeiden, die die Härtbarkeit, die mechanischen Eigenschaften und die Verwendbarkeit beeinträchtigen.

[b] Bei Sorten mit Härtbarkeitsanforderungen (siehe Tabelle 5) sind – außer bei Phosphor und Schwefel – geringfügige Abweichungen von den Grenzen für die Schmelzenanalyse zulässig; diese Abweichungen dürfen jedoch bei Kohlenstoff ± 0,01 % und in allen anderen Fällen die Werte nach Tabelle 4 nicht überschreiten.

[c] Mindestwerte niedriger als 0,93 % C oder Höchstwerte größer als 1,05 % C dürfen bei der Anfrage und Bestellung vereinbart werden.

[d] Nach Vereinbarung für Kaltumformung Massenanteil Si max. 0,15 %.

[e] Wenn die Bearbeitbarkeit von vorrangiger Bedeutung ist, darf bei der Anfrage und Bestellung ein Massenanteil Schwefel von max. 0,030 % vereinbart werden.

[f] Absichtliche Zugaben von Calcium oder Calciumlegierungen zur Desoxidation oder Einschlußkontrolle sind nicht zulässig ohne ausdrückliche Zustimmung des Bestellers.

[g] Der Sauerstoffgehalt gilt für die Stückanalyse.

[h] Ein Höchstgehalt an Titan darf bei der Anfrage und Bestellung vereinbart werden.

[i] Massenanteile von max. 0,015 % Phosphor und max. 0,008 % Schwefel dürfen bei der Anfrage und Bestellung vereinbart werden.

[j] Ein Massenanteil Cu von max. 0,20 % darf bei der Anfrage und Bestellung vereinbart werden.

Tabelle 4: Grenzabweichungen zwischen festgelegter Analyse und Stückanalyse

Element	Zulässiger Höchstgehalt nach der Schmelzenanalyse Massenanteil x in %	Grenzabweichungen[a], Massenanteil in %, für				
		durch- härtende Wälzlager- stähle	einsatz- härtende Wälzlager- stähle	induktions- härtende Wälzlager- stähle	nichtrostende Wälzlager- stähle	warmharte Wälzlager- stähle
C	$x \le 0,60$	–	± 0,02	± 0,02	± 0,02	± 0,02
	$0,60 < x \le 1,20$	± 0,03	–	± 0,03	± 0,03	± 0,03
Si	$x \le 0,40$	± 0,03	± 0,03	+ 0,03	–	± 0,03
	$0,40 < x \le 1,00$	± 0,05	–	–	+ 0,05	–
Mn	$x \le 1,00$	± 0,04	± 0,04	± 0,04	+ 0,03	± 0,04
	$1,00 < x \le 1,40$	± 0,06	± 0,06	± 0,06	–	–
P	$x \le 0,040$	+ 0,005	+ 0,005	+ 0,005	+ 0,005	+ 0,005
S	$x \le 0,025$	+ 0,005	+ 0,005	+ 0,005	+ 0,005	+ 0,005
Cr	$x \le 2,00$	± 0,05	± 0,05	± 0,05	–	–
	$2,00 < x \le 10,00$	± 0,10	–	–	–	± 0,10
	$10,00 < x \le 15,00$	–	–	–	± 0,15	–
	$15,00 < x \le 19,00$	–	–	–	± 0,20	–
Mo	$x \le 0,30$	± 0,03	± 0,03	± 0,03	–	–
	$0,30 < x \le 0,60$	± 0,05	± 0,05	–	± 0,05	+ 0,03
	$0,60 < x \le 1,75$	–	–	–	–	–
	$1,75 < x \le 5,20$	–	–	–	–	± 0,10
Ni	$x \le 1,00$	–	± 0,03	–	–	–
	$1,00 < x \le 2,00$	–	± 0,05	–	–	–
	$2,00 < x \le 4,30$	–	± 0,07	–	–	± 0,07
V	$x \le 0,50$	–	–	–	± 0,03	–
	$0,50 < x \le 1,50$	–	–	–	–	± 0,05
	$1,50 < x \le 2,00$	–	–	–	–	± 0,10
W	$x \le 0,25$	–	–	–	–	± 0,03
	$5,00 < x \le 10,00$	–	–	–	–	± 0,10
	$10,00 < x \le 19,00$	–	–	–	–	± 0,20
Al	$x \le 0,050$	+ 0,010	+ 0,010	+ 0,010	–	–
Cu	$x \le 0,30$	+ 0,03	+ 0,03	+ 0,03	–	+ 0,03

[a] ± bedeutet, daß bei einer Schmelze die Abweichung oberhalb des oberen Wertes oder unterhalb des unteren Wertes der festgelegten Spanne erfolgen darf, aber nicht beides gleichzeitig.

Tabelle 5: Grenzwerte der Härte für einsatzhärtende und induktionshärtende Stähle (H-Sorten) im Stirnabschreckversuch

Nr.	Stahlsorte Kurzname	Grenzen der Spanne	Härte HRC in einem Abstand in mm von der abgeschreckten Stirnfläche															Abschreck-temperatur °C
			1,5	3	5	7	9	11	13	15	20	25	30	35	40	45	50	
B20	20Cr3+H	max.	48	46	41	34	31	29	27	25	22							900 ± 5
		min.	40	34	27	22	20											
B21	20Cr4+H	max.	49	48	46	42	38	36	34	32	29	27	26	24	23			900 ± 5
		min.	41	38	31	26	23	21	–	–	–	–	–	–	–			
B22	20MnCr4-2+H	max.	49	48	46	42	39	37	34	33	32	30	28	26	24			900 ± 5
		min.	41	38	31	28	24	21	–	–	–	–	–	–	–			
B23	17MnCr5+H	max.	47	46	44	41	39	37	35	33	31	30	29	28	27			900 ± 5
		min.	39	36	31	28	24	21	–	–	–	–	–	–	–			
B24	19MnCr5+H	max.	49	49	48	46	43	42	41	39	37	35	34	33	32			900 ± 5
		min.	41	39	36	33	30	28	26	25	23	21	–	–	–			
B25	15CrMo4+H	max.	46	45	41	38	34	31	29	28	26	25	24	24	23	23	22	900 ± 5
		min.	39	36	29	24	21	20	–	–	–	–	–	–	–	–	–	
B26	20CrMo4+H	max.	48	48	47	44	41	39	37	35	33	31	30	30	29	29	28	900 ± 5
		min.	40	39	35	31	28	25	24	23	20	20	–	–	–	–	–	
B27	20CrMo4-2+H	max.	48	46	40	34	29	27	25	24	21							900 ± 5
		min.	41	37	27	22	–	–	–	–	–							
B28	20NiCrMo2+H	max.	49	48	45	42	36	33	31	30	27	25	24	24	23			900 ± 5
		min.	41	37	31	25	22	20	–	–	–	–	–	–	–			
B29	20NiCrMo7+H	max.	48	47	45	42	39	36	34	32	29	26	25	24	24	24	24	900 ± 5
		min.	40	38	34	30	27	25	23	22	20	–	–	–	–	–	–	
B30	18CrNiMo7-6+H	max.	48	48	48	48	47	47	46	46	44	43	42	41	41			860 ± 5
		min.	40	40	39	38	37	36	35	34	32	31	30	29	29			
B31	18NiCrMo14-6+H	max.	48	47	47	46	46	46	46	46	46	46	45	45	44	44	43	830 ± 5
		min.	40	39	39	38	38	38	38	37	37	36	34	33	32	31	30	
B32	16NiCrMo16-5+H	max.	48	47	47	46	46	46	46	46	46	46	45	45	44	44	43	830 ± 5
		min.	40	39	39	38	38	38	38	37	37	36	34	33	32	31	30	
B40	C56E2+H[a]	max.																
		min.																
B41	56Mn4+H[a]	max.																
		min.																
B42	70Mn4+H[a]	max.																
		min.																
B43	43CrMo4+H	max.	61	61	61	60	60	59	59	58	56	53	51	48	47	46	45	840 ± 5
		min.	53	53	52	51	49	43	40	37	34	32	31	30	30	29	29	

[a] Anforderungen an die Härtbarkeit dürfen vereinbart werden.

Tabelle 6: Härte in den üblichen Lieferzuständen

Stahlsorte		Härte im Lieferzustand					
		+S	+A	+HR	+AC^a	+AC^a +C	+FP
Nr.	Kurzname	HB max.	HB max.	HB	HB max.	HB max.	HB
		Durchhärtende Wälzlagerstähle					
B1	100Cr6	b	–	–	207	241$^{c,\,d}$	–
B2	100CrMnSi4-4	b	–	–	217	–	–
B3	100CrMnSi6-4	b	–	–	217	251^d	–
B4	100CrMnSi6-6	b	–	–	217	251^d	–
B5	100CrMo7	b	–	–	217	251^d	–
B6	100CrMo7-3	b	–	–	230	–	–
B7	100CrMo7-4	b	–	–	230	260	–
B8	100CrMnMoSi8-4-6	b	–	–	230	–	–
		Einsatzhärtende Wälzlagerstähle					
B20	20Cr3	e	207	156 bis 207	170	f	–
B21	20Cr4	e	207	156 bis 207	170	f	140 bis 187
B22	20MnCr4-2	255	207	163 bis 207	170	f	–
B23	17MnCr5	e	207	156 bis 207	170	f	140 bis 187
B24	19MnCr5	255	217	170 bis 217	179	f	152 bis 201
B25	15CrMo4	255	207	156 bis 207	170	f	137 bis 184
B26	20CrMo4	255	207	163 bis 207	170	f	146 bis 193
B27	20MnCrMo4-2	255	207	156 bis 207	170	f	146 bis 193
B28	20NiCrMo2	e	212	163 bis 212	170	f	149 bis 194
B29	20NiCrMo7	255	229	174 bis 229	170	f	154 bis 207
B30	18CrNiMo7-6	255	229	179 bis 229	179	f	159 bis 207
B31	18NiCrMo14-6	255	–	–	241	f	–
B32	16NiCrMo16-5	255	–	–	241	f	–
		Induktionshärtende Wälzlagerstähle					
B40	C56E2	255^g	229	–	–	–	–
B41	56Mn4	255^g	229	–	–	–	–
B42	70Mn4	255^g	241	–	–	–	–
B43	43CrMo4	255^g	241	–	–	–	–
		Nichtrostende Wälzlagerstähle					
B50	X47Cr14	h	–	–	248	f	–
B51	X65Cr14	h	–	–	255	f	–
B52	X108CrMo17	h	–	–	255	f	–
B53	X89CrMoV18-1	h	–	–	255	f	–
		Warmharte Wälzlagerstähle					
B60	80MoCrV42-16	h	–	–	248	f	–
B61	13MoCrNi42-16-14	h	269	–	–	–	–
B62	X82WMoCrV6-5-4	h	–	–	248	f	–
B63	X75WCrV18-4-1	h	–	–	269	f	–

a   Für Einsatzstähle wird dieser Zustand verwendet, wenn Kaltumformen vorgesehen ist. Bei durchhärtenden, nichtrostenden und warmharten Wälzlagerstählen wird dieser Zustand auch verwendet, wenn der Stahl durch spanendes Bearbeiten weiterverarbeitet wird.
b   Wenn dieser Zustand benötigt wird, sind der Höchstwert der Härte und die Anforderungen an das Gefüge bei der Anfrage und Bestellung zu vereinbaren.
c   Die Härte von Draht für Nadellager darf bis zu 331 HB betragen. Der Höchstwert der Vickers-Härte (HV) ist bei der Anfrage und Bestellung zu vereinbaren.
d   Die Härte von kaltgefertigten Rohren darf bis zu 321 HB betragen.
e   Unter geeigneten Bedingungen ist diese Sorte im unbehandelten Zustand scherbar.
f   Je nach Kaltumformgrad dürfen die Werte bis zu etwa 50 HB über denen für den Zustand +AC liegen. Wenn erforderlich, dürfen genaue Anforderungen bei der Anfrage und Bestellung vereinbart werden.
g   Je nach chemischer Zusammensetzung der Schmelze und den Maßen kann Zustand +A erforderlich sein.
h   Scherbarkeit wird im allgemeinen nur im Zustand +AC oder im Zustand +A (nur für Sorte 13MoCrNi42-16-14) möglich.

Tabelle 7: Prüfeinheit, Anzahl von Probestücken und Proben und Probenahme und Prüfverfahren für die verschiedenen Anforderungen

1	2	3	4	5	6	7
Nr.	Anforderungen	Prüfeinheit[a]	Anzahl von		Probenahme[b] siehe	Prüfverfahren siehe
			Probestücken	Proben je Probestück		
1a	Chemische Zusammensetzung (Schmelzenanalyse)	C	[c]	[c]	[c]	[c]
1b	Chemische Zusammensetzung (Stückanalyse)	C	$\geq$ 1/Schmelze	$\geq$ 1	ISO 14284	[d]
2	Härtbarkeit im Stirnabschreckversuch[e]	C	1/Schmelze	1	ISO 642	ISO 642[f]
3	Härte im Zustand					
3a	+S	C, T, D[g]	1, 2 bzw. 3 für Prüfeinheiten von $\leq$ 50 Tonnen, > 50 Tonnen, $\leq$ 100 Tonnen, bzw. > 100 Tonnen	1	ISO 6506	ISO 6506
3b	+A	C, T, D[g]				
3c	+HR	C, T, D[g]				
3d	+AC	C, T, D[g]				
3e	+AC+C	C, T, D[g]				
3f	+FP	C, T, D[g]				
4	Gefüge					
4a	Austenitkorngröße[e]	C	1/Schmelze	1	ISO 643	ISO 643
4b	Einformung der Carbide	C, T, D[g]	[h]	[h]	[h]	[h]
4c	Verteilung der Carbide	C, T, D[g]	[h]	[h]	[h]	ISO 5949
4d	Mikroskopische nichtmetallische Einschlüsse	C, D	[h]	[h]	[i]	[i]
4e	Makroskopische nichtmetallische Einschlüsse	C, D	[h]	[h]	[h]	[j]
5	Randentkohlung[k]	C, T, S, D	[h]	[h]	ISO 3887	ISO 3887

ANMERKUNG: Tabelle 7 gilt nur, wenn spezifische Prüfung bestellt wird.

[a] Die Prüfungen sind durchzuführen für jede Schmelze, angedeutet durch „C", jeden Wärmebehandlungszustand, angedeutet durch „T", jeden Oberflächenzustand, angedeutet durch „S", und jede Abmessung, angedeutet durch „D".

[b] Für alle Anforderungen gelten die allgemeinen Probenahmebedingungen nach ISO 377.

[c] Die Schmelzenanalyse ist vom Hersteller mitzuteilen.

[d] In Schiedsfällen müssen für die chemische Analyse die in Internationalen Normen eingeführten Verfahren verwendet werden (siehe ISO/TR 9769). Wenn keine Internationalen Normen verfügbar sind, dürfen die Verfahren bei der Anfrage und Bestellung vereinbart werden.

[e] Gilt nur für einsatzhärtende und induktionshärtende Wälzlagerstähle.

[f] Abschrecktemperaturen siehe Tabelle 5.

[g] Erzeugnisse mit kleinen Unterschieden in der Dicke (etwa 1 : 1,5) dürfen als eine Prüfeinheit angesehen werden.

[h] Ist bei der Anfrage und Bestellung zu vereinbaren.

[i] Je nach Vereinbarung bei der Anfrage und Bestellung entweder nach ISO 4967 oder ENV 10247.

[j] Je nach Vereinbarung bei der Anfrage und Bestellung entweder die Blaubruchprüfung (siehe ISO 3763) oder der Ätzversuch (siehe ISO 4969) oder der Stufendrehversuch oder Ultraschallprüfung.

[k] Gilt nur für durchhärtende, nichtrostende und warmharte Wälzlagerstähle.

Anhang A (normativ)

Zusatz- oder Sonderanforderungen

ANMERKUNG: Eine oder mehrere der nachfolgenden Zusatz- oder Sonderanforderungen ist anzuwenden, aber nur, falls bei der Anfrage und Bestellung so festgelegt. Soweit erforderlich, sind die Einzelheiten dieser Anforderungen bei der Anfrage und Bestellung zu vereinbaren.

A.1 Nachweis der Korngröße

Falls der Nachweis des feinkörnigen Gefüges festgelegt ist, ist auch das Verfahren zur Bestimmung der Korngröße nach ISO 643 bei der Anfrage und Bestellung zu vereinbaren.

A.2 Verteilung der Carbide

Die Carbide müssen wie nach ISO 5949 vereinbart verteilt sein. Beim Treffen solcher Vereinbarungen sind die Stahlsorte und die Erzeugnisabmessung zu berücksichtigen.

Wenn der Nachweis der Carbidverteilung verlangt wird, sind auch dafür die Einzelheiten zu vereinbaren.

ANMERKUNG: Die Größe der kugeligen Carbide und der Perlitanteil sind in ISO 5949 nicht festgelegt. Für diese Eigenschaften dürfen zusätzliche Anforderungen bei der Anfrage und Bestellung festgelegt werden.

A.3 Mikroskopische nichtmetallische Einschlüsse

Der mikroskopisch bestimmte Gehalt an nichtmetallischen Einschlüssen muß bei Prüfung nach einem vereinbarten Verfahren (siehe zum Beispiel ISO 4967 und ENV 10247) innerhalb der vereinbarten Grenzen liegen.

Beispiele sind in Anhang B enthalten.

A.4 Makroskopischer Gehalt an nichtmetallischen Einschlüssen

Die makroskopischen nichtmetallischen Einschlüsse müssen bei Prüfung nach einem vereinbarten Verfahren (siehe Fußnote j zu Tabelle 7) innerhalb der vereinbarten Grenzen liegen.

A.5 Stückanalyse

Für alle Elemente, für die für die betreffende Stahlsorte Werte für die Schmelzenanalyse festgelegt sind, ist eine Stückanalyse je Schmelze durchzuführen.

Die Probenahmebedingungen müssen ISO 14284 entsprechen.

In Schiedsfällen ist die Analyse möglichst nach einem geeigneten, international genormten Verfahren durchzuführen.

A.6 Sondervereinbarung für Kennzeichnung

Die Erzeugnisse sind auf eine bei der Anfrage und Bestellung besonders vereinbarte Art zu kennzeichnen.

A.7 Oberflächengüte

Die Oberflächengüte muß den bei der Anfrage und Bestellung vereinbarten Anforderungen entsprechen. Auch die Einzelheiten der Entnahme und Vorbereitung der Proben für die Prüfung der Oberflächengüte sind bei der Anfrage und Bestellung zu vereinbaren.

A.8 Besondere Maßprüfung

Eine vereinbarte Anzahl von Erzeugnissen ist auf Form und Maße zu prüfen.

Anhang B (informativ)

Gehalt an mikroskopischen nichtmetallischen Einschlüssen

Die Charakterisierung nichtmetallischer Einschlüsse ist entscheidend wichtig für die Betriebsdauer von Wälzlagern. Mehrere Verfahren zur Charakterisierung und graphische Darstellungen können verwendet werden wie zum Beispiel ISO 4967, ASTM E45, BS 5710, DIN 50602, GOST 1778-70, JIS GO555, NF A04-106, PN 64 H 04510 und SIS 11 11 11.

Die Tabellen B.1 und B.2 führen die verschiedenen Grenzen für den Reinheitsgrad nach den Kriterien der am weitesten verbreiteten Normen ASTM E45 und DIN 50602 auf. Die tatsächlichen Kriterien, Verfahren und Grenzen sind bei der Anfrage und Bestellung zu vereinbaren.

ANMERKUNG: Bei der nächsten Ausgabe werden auf ISO 4967 basierende Festlegungen in den Hauptteil dieses Teils von ISO 683 aufgenommen.

Tabelle B.1: Verfahren A – Grenzen für den Reinheitsgrad lufterschmolzener durchhärtender, einsatzhärtender, induktionshärtender und nichtrostender Wälzlagerstähle[a,b,c]

Jernkontoret Richtreihen	Durchhärtende Wälzlagerstähle	Einsatzhärtende Wälzlagerstähle	Induktionshärtende Wälzlagerstähle	Nichtrostende Wälzlagerstähle
A (fein)	$2,5^d$	$2,5^d$	$2,5^d$	$2,5^d$
A (dick)	$1,5^d$	$1,5^d$	$1,5^d$	$2,0^d$
B (fein)	2,0	2,0	2,0	2,5
B (dick)	1,0	1,0	1,0	2,0
C (fein)	$0,5^e$	0,5	0,5	$1,0^e$
C (dick)	$0,5^e$	0,5	0,5	$1,0^e$
D (fein)	1,0	1,0	1,0	2,0
D (dick)	1,0	1,0	1,0	1,5

[a] Verfahren A von ASTM E45 drückt die Ergebnisse als Durchschnitt aus; berechnet aus der Summe der schlechtesten Felder (in jedem Probenabschnitt) für jeden Einschlußtyp dividiert durch die Anzahl der Probenabschnitte.

[b] Verfahren D von ASTM E45 ist ausgelegt für Stahl mit niedrigen Einschlußgehalten, wie man sie findet bei nach ESR (Elektro-Schlacke-Umschmelzen), VAR (Vakuum-Umschmelzen) und VIM (Vakuum-Induktions-Erschmelzen) hergestellten Stählen.

[c] Die Werte gelten für einen Probenabschnitt mit einer Mindestreduzierung von 3 : 1.

[d] Diese Grenzen gelten für Massenanteile Schwefel von max. 0,015 %.

[e] Nur gültig für Al-beruhigte Stähle.

Tabelle B.2: Verfahren K – Reinheitsgrad lufterschmolzener durchhärtender, einsatzhärtender und induktionshärtender Wälzlagerstähle [a, b]

Stäbe Durchmesser d mm	Geschmiedete Ringe oder gewalzte Rohre Wanddicke t mm	Charakteristischer Summenkennwert K (Oxide) für durchhärtende Wälzlagerstähle	Charakteristischer Summenkennwert K (Oxide) für einsatzhärtende und induktionshärtende Wälzlagerstähle
$200 < d$		$K4 \leq 10$	$K4 \leq 20$
$140 < d \leq 200$		$K4 \leq 10$	$K4 \leq 18$
$100 < d \leq 140$	$100 < t$	$K4 \leq 7$	$K4 \leq 16$
$70 < d \leq 100$	$70 < t \leq 100$	$K4 \leq 7$	$K4 \leq 14$
$35 < d \leq 70$	$35 < t \leq 70$	$K4 \leq 6$	$K4 \leq 12$
$17 < d \leq 35$	$17 < t \leq 35$	$K3 \leq 7$	$K3 \leq 15$
$8 < d \leq 17$	$8,5 < t \leq 17,5$	$K3 \leq 6$	$K3 \leq 10$
$d \leq 8$	$t \leq 8,5$	$K2 \leq 6$	$K2 \leq 12$

[a] Für Elektro-Schlacke-umgeschmolzene (ESR), Vakuum-Induktion-erschmolzene (VIM) oder Vakuum-umgeschmolzene (VAR) Stähle darf für alle Erzeugnisdurchmesser für Oxide K1 $\leq$ 6 erwartet werden.

[b] Für nach VIM+VAR hergestellte Stähle (außer den einsatzhärtenden Sorten) darf für alle Erzeugnisdurchmesser für Oxide K1 $\leq$ 1 erwartet werden. Für einsatzhärtende Stähle darf für Oxide K1 $\leq$ 3 erwartet werden.

Anhang C (informativ)

Bezeichnungen von vergleichbaren Stählen

Tabelle C.1: Bezeichnungen von Stählen nach den Tabellen 3, 5 und 6 und von vergleichbaren Sorten aus verschiedenen regionalen oder nationalen Normen oder Bezeichnungssystemen

		Stahlbezeichnung nach	
	ISO 683-17 : 1999		
Nummer	Name	EN 10027-2 : 1992	JIS
Durchhärtende Wälzlagerstähle			
B1	100Cr6	1.3505	SUJ2
B2	100CrMnSi4-4	1.3518	SUJ3
B3	100CrMnSi6-4	1.3520	–
B4	100CrMnSi6-6	1.3519	–
B5	100CrMo7	1.3537	–
B6	100CrMo7-3	1.3536	–
B7	100CrMo7-4	1.3538	–
B8	100CrMnMoSi8-4-6	1.3539	–
Einsatzhärtende Wälzlagerstähle			
B20	20Cr3	1.3559	–
B21	20Cr4	1.7027	SCr420
B22	20MnCr4-2	1.3515	–
B23	17MnCr5	1.3521	–
B24	19MnCr5	1.3523	–
B25	15CrMo4	1.3566	SCM415
B26	20CrMo4	1.3567	SCM420
B27	20MnCrMo4-2	1.3570	–
B28	20NiCrMo2	1.6522	SNCM220
B29	20NiCrMo7	1.3576	SNCM420
B30	18CrNiMo7-6	1.6587	–
B31	18NiCrMo14-6	1.3533	–
B32	16NiCrMo16-5	1.3532	–
Induktionshärtende Wälzlagerstähle			
B40	C56E2	1.1219	S55C
B41	56Mn4	1.1233	–
B42	70Mn4	1.1244	–
B43	43CrMo4	1.3563	SCM440
Nichtrostende Wälzlagerstähle			
B50	X47Cr14	1.3541	–
B51	X65Cr14	1.3542	–
B52	X108CrMo17	1.3543	SUS440C
B53	X89CrMoV18-1	1.3549	–
Warmharte Wälzlagerstähle			
B60	80MoCrV42-16	1.3551	–
B61	13MoCrNi42-16-14	1.3555	–
B62	X82WMoCrV6-5-4	1.3553	SKH51
B63	X75WCrV18-4-1	1.3558	SKH2

Anhang ZA (normativ)

Normative Verweisungen auf internationale Publikationen mit ihren entsprechenden europäischen Publikationen

Diese Europäische Norm enthält durch datierte oder undatierte Verweisungen Festlegungen aus anderen Publikationen. Diese normativen Verweisungen sind an den jeweiligen Stellen im Text zitiert, und die Publikationen sind nachstehend aufgeführt. Bei datierten Verweisungen gehören spätere Änderungen oder Überarbeitungen dieser Publikationen nur zu dieser Europäischen Norm, falls sie durch Änderung oder Überarbeitung eingearbeitet sind. Bei undatierten Verweisungen gilt die letzte Ausgabe der in Bezug genommenen Publikation.

Publikation	Jahr	Titel	EN	Jahr
ISO 377	1997	Steel and steel products – Location and preparation of samples and test pieces for mechanical testing	EN ISO 377	1997
ISO 642	1999	Steel – Hardenability test by end quenching (Jominy test)	EN ISO 642	1999
ISO 6506-1	1999	Metallic materials – Brinell hardness test – Part 1: Test method	EN ISO 6506-1	1999
ISO 6506-2	1999	Metallic materials – Brinell hardness test – Part 2: Verification and calibration of testing machines	EN ISO 6506-2	1999
ISO 6506-3	1999	Metallic materials – Brinell hardness test – Part 3: Calibration of reference blocks	EN ISO 6506-3	1999

Literaturhinweise

[1] ISO 6508 : 1986 [1], Metallic materials – Hardness test – Rockwell test (scales A-B-C-D-E-F-G-H-K).

[2] EN 10027-2 : 1992, Bezeichnungssysteme für Stähle – Teil 2: Nummernsystem.

[3] ASTM E45-97e1, Standard Test Methods for Determining the Inclusion Content of Steel.

[4] BS 5710 : 1979, Methods for macroscopic assessment of the content of non-metallic inclusions in wrought steels.

[5] DIN 50602-1985, Metallographische Prüfverfahren; Mikroskopische Prüfung von Edelstählen auf nichtmetallische Einschlüsse mit Bildreihen.

[6] GOST 1778-70, Steel. Metallographic methods for the determination of nonmetallic inclusions.

[7] JIS G0555.

[8] NF A04-106-1984, Iron and steel. Methods of determination of content of non metallic inclusions in wrought steel. Part II. Micrographic method using standards diagrams.

[9] PN 64 H 04510.

[10] SIS 11 11 11, Bedömning av slagginneslutningar i stål. Mikrometoder.

---

[1] Diese Internationale Norm wurde durch ISO 6508-1, ISO 6508-2 und ISO 6508-3 ersetzt.

DIN EN ISO 16120-1

ICS 77.140.65

Ersatz für
DIN EN 10016-1:1995-04

Walzdraht aus unlegiertem Stahl zum Ziehen –
Teil 1: Allgemeine Anforderungen (ISO 16120-1:2011);
Deutsche Fassung EN ISO 16120-1:2011

Non-alloy steel wire rod for conversion to wire –
Part 1: General requirements (ISO16120-1:2011);
German version EN ISO 16120-1:2011

Fil-machine en acier non allié destiné à la fabrication de fils –
Partie 1: Exigences générales (ISO 16120-1:2011);
Version allemande EN ISO 16120-1:2011

Gesamtumfang 27 Seiten

Normenausschuss Eisen und Stahl (FES) im DIN

Nationales Vorwort

Der Text von ISO 16120-1:2011 wurde vom Technischen Komitee ISO/TC 17 „Steel" der Internationalen Organisation für Normung (ISO) erarbeitet und als EN ISO 16120-1:2011 durch das Technische Komitee ECISS/TC 106 „Walzdraht und gezogener Draht" übernommen, dessen Sekretariat von AFNOR (Frankreich) gehalten wird.

Das zuständige deutsche Normungsgremium ist der Unterausschuss NA 021-00-08-02 UA „Walzdraht zum Ziehen" des Normenausschusses Eisen und Stahl (FES).

Änderungen

Gegenüber DIN EN 10016-1:1995-04 wurden folgende Änderungen vorgenommen:

a) Normative Verweisungen aktualisiert;

b) neue Definitionen;

c) Bezeichnungen, Bestellangaben und Optionen überarbeitet;

d) neue Prüfung für die Mikrogefüge;

e) Prüfeinheiten und Anzahl der Probenabschnitten und Proben aktualisiert;

f) neue Anhänge: Anhang B: „Prüfung auf Oberflächenfehler", Anhang C: „Mechanische Beschädigungen" und Anhang D: „Bestimmung des prozentualen Anteils an mikroskopisch auflösbarem Perlit";

g) redaktionelle Änderungen.

Frühere Ausgaben

DIN 17140: 1962-12
DIN 17140-1: 1983-03
DIN EN 10016-1: 1995-04

2

EUROPÄISCHE NORM

EUROPEAN STANDARD

NORME EUROPÉENNE

EN ISO 16120-1

Juli 2011

ICS 77.140.60

Ersatz für EN 10016-1:1994

Deutsche Fassung

Walzdraht aus unlegiertem Stahl zum Ziehen —
Teil 1: Allgemeine Anforderungen
(ISO 16120-1:2011)

Non-alloy steel wire rod for conversion to wire —
Part 1: General requirements
(ISO 16120-1:2011)

Fil-machine en acier non allié destiné à la fabrication de fils
—
Partie 1: Exigences générales
(ISO 16120-1:2011)

Diese Europäische Norm wurde vom CEN am 30. Juni 2011 angenommen.

Die CEN-Mitglieder sind gehalten, die CEN/CENELEC-Geschäftsordnung zu erfüllen, in der die Bedingungen festgelegt sind, unter denen dieser Europäischen Norm ohne jede Änderung der Status einer nationalen Norm zu geben ist. Auf dem letzten Stand befindliche Listen dieser nationalen Normen mit ihren bibliographischen Angaben sind beim Management-Zentrum des CEN-CENELEC oder bei jedem CEN-Mitglied auf Anfrage erhältlich.

Diese Europäische Norm besteht in drei offiziellen Fassungen (Deutsch, Englisch, Französisch). Eine Fassung in einer anderen Sprache, die von einem CEN-Mitglied in eigener Verantwortung durch Übersetzung in seine Landessprache gemacht und dem Management-Zentrum mitgeteilt worden ist, hat den gleichen Status wie die offiziellen Fassungen.

CEN-Mitglieder sind die nationalen Normungsinstitute von Belgien, Bulgarien, Dänemark, Deutschland, Estland, Finnland, Frankreich, Griechenland, Irland, Island, Italien, Kroatien, Lettland, Litauen, Luxemburg, Malta, den Niederlanden, Norwegen, Österreich, Polen, Portugal, Rumänien, Schweden, der Schweiz, der Slowakei, Slowenien, Spanien, der Tschechischen Republik, Ungarn, dem Vereinigten Königreich und Zypern.

EUROPÄISCHES KOMITEE FÜR NORMUNG
EUROPEAN COMMITTEE FOR STANDARDIZATION
COMITÉ EUROPÉEN DE NORMALISATION

Management-Zentrum: Avenue Marnix 17, B-1000 Brüssel

Inhalt

Seite

2

3

Vorwort

Dieses Dokument (EN ISO 16120-1:2011) wurde vom Technischen Komitee ISO/TC 17 „Steel" in Zusammenarbeit mit dem Technischen Komitee ECISS/TC 106 „Walzdraht und gezogener Draht" erarbeitet, dessen Sekretariat vom AFNOR gehalten wird.

Diese Europäische Norm muss den Status einer nationalen Norm erhalten, entweder durch Veröffentlichung eines identischen Textes oder durch Anerkennung bis Januar 2012, und etwaige entgegenstehende nationale Normen müssen bis Januar 2012 zurückgezogen werden.

Es wird auf die Möglichkeit hingewiesen, dass einige Texte dieses Dokuments Patentrechte berühren können. CEN [und/oder CENELEC] sind nicht dafür verantwortlich, einige oder alle diesbezüglichen Patentrechte zu identifizieren.

Dieses Dokument ersetzt EN 10016-1:1994.

Entsprechend der CEN/CENELEC-Geschäftsordnung sind die nationalen Normungsinstitute der folgenden Länder gehalten, diese Europäische Norm zu übernehmen: Belgien, Bulgarien, Dänemark, Deutschland, Estland, Finnland, Frankreich, Griechenland, Irland, Island, Italien, Kroatien, Lettland, Litauen, Luxemburg, Malta, Niederlande, Norwegen, Österreich, Polen, Portugal, Rumänien, Schweden, Schweiz, Slowakei, Slowenien, Spanien, Tschechische Republik, Ungarn, Vereinigtes Königreich und Zypern.

Anerkennungsnotiz

Der Text von ISO 16120-1:2011 wurde vom CEN als EN ISO 16120-1:2011 ohne irgendeine Abänderung genehmigt.

4

1 Anwendungsbereich

1.1 Die ISO 16120 gilt für Walzdraht aus unlegiertem Stahl zum Ziehen und/oder Kaltwalzen. Der Querschnitt des Walzdrahtes ist rund, oval, vierkant, rechteckig, sechseckig, achteckig, halbrund oder von anderer Form, und sein Nennmaß beträgt im allgemeinen mindestens 5 mm; seine Oberfläche ist glatt.

1.2 Dieser Teil der ISO 16120 stellt allgemeine Anforderungen dar und gilt nicht für die folgenden Erzeugnisse, für die spezielle Normen bestehen oder in Vorbereitung sind:

Für eine Wärmebehandlung bestimmter Walzdraht aus Stahl;

— Walzdraht aus Automatenstählen;

— Walzdraht zum Kaltstauch- und Kaltfließpressen;

— Walzdraht zur Herstellung von Elektroden und Schweißzusätzen;

— Walzdraht für geschweißte Matten und zur Betonbewehrung;

— Walzdraht für Wälzlager (siehe ISO 683-17);

— Walzdraht für die Herstellung von Draht für Federn mit hoher Dauerschwingfestigkeit, wie Ventilfedern.

1.3 Zusätzlich zu den Anforderungen nach diesem Teil der ISO 16120 gelten die in ISO 404 festgelegten allgemeinen technischen Lieferbedingungen.

2 Normative Verweisungen

Die folgenden zitierten Dokumente sind für die Anwendung dieses Dokuments erforderlich. Bei datierten Verweisungen gilt nur die in Bezug genommene Ausgabe. Bei undatierten Verweisungen gilt die letzte Ausgabe des in Bezug genommenen Dokuments (einschließlich aller Änderungen).

ISO 377, *Steel and steel products — Location and preparation of samples and test pieces for mechanical testing*

ISO 404:1992, *Steel and steel products — general technical delivery requirements*

ISO 3887, *Steels — Determination of depth of decarburization*

ISO 4885, *Ferrous products — Heat treatments — Vocabulary*

ISO 4948-1, *Steels — Classification — Part 1: Classification of steels into unalloyed and alloy steels based on chemical composition*

ISO 4948-2, *Steels — Classification — Part 2: Classification of unalloyed and alloy steels according to main quality classes and main property or application characteristics*

ISO 6892-1, *Metallic materials — Tensile testing — Part 1: Method of test at room temperature*

ISO 6929, *Steel products — Definitions and classification*

ISO/TR 9769, *Steel and iron — review of available methods of analysis*

ISO 10474, *Steel and steel products — inspection documents*

ISO 14284, *Steel and iron — Sampling and preparation of samples for the determination of chemical composition*

5

ISO 16120-2:2011, *Non-alloy steel wire rod for conversion to wire — Part 2: Specific requirements for general purpose wire rod*

ISO 16120-3:2011, *Non-alloy steel wire rod for conversion to wire — Part 3: Specific requirements for rimmed and rimmed substitute low carbon steel wire rod*

ISO 16120-4:2011, *Non-alloy steel wire rod for conversion to wire — Part 4: Specific requirements for wire rod for special application*

ISO 16124, *Steel wire rod — Dimensions and tolerances*

3 Definitionen

Für die Anwendung der ISO 16120 Teil 1 bis 4 gelten zusätzlich die Definitionen nach ISO 377, ISO 404, ISO 4885, ISO 4948-1, ISO 4948-2 und ISO 6929 und die folgende Definitionen:

3.1
Draht
warmgewalztes und im warmen Zustand zu Ringen regellos aufgehaspeltes Erzeugnis

ANMERKUNG   Der zum Ziehen verwendete Draht ist allgemein als Walzdraht bekannt.

3.2
Schmelzenanalyse
eine chemische Analyse, die repräsentativ für die Schmelze ist und die vom Stahlhersteller nach einem Verfahren seiner Wahl bestimmt wurde

ANMERKUNG   Definition nach ISO 404:1992

3.3
Stückanalyse
eine an einem Probenabschnitt des gelieferten Erzeugnisses durchgeführte chemische Analyse

ANMERKUNG   Definition nach ISO 404:1992

3.4
Mikroskopisch auflösbarer Perlit
aus Ferrit- und Zementit-(Eisencarbid-)lamellen bestehender Gefügebestandteil, der unter Anwendung eines optischen Mikroskops sichtbar ist

4 Einteilung

Die Einteilung der in dieser ISO-Norm enthaltenen Stahlsorten ist in ISO 16120-2, ISO 16120-3 und ISO 16120-4 für die entsprechenden Stahlsorten angegeben.

5 Bestellangaben

Der Besteller muss in der Bestellung die folgenden Angaben machen, um dem Lieferer in ausreichender Form die Einhaltung der Anforderungen nach ISO 16120 zu gestatten:

a) zu liefernde Menge;

b) Querschnitt und Bezeichnung des Erzeugnisses (runder Walzdraht, rechteckiger Walzdraht, sechseckiger Walzdraht, usw.);

6

c) Nennmaße des Walzdrahtes und die Toleranzklasse nach ISO 16124 (falls eine andere Toleranzklasse als T1 gefordert wird);

d) Verweis auf die relevanten Teile der ISO 16120, z. B. ISO 16120-2;

e) Stahlsorte, inklusiv Abweichungen, und/oder Zusatz anderer Elemente nach ISO 16120-2 und ISO 16120-4. Die Stahlsorten nach ISO 16120-2 und ISO 16120-4 können ebenfalls nach dem Mittelwert der Zugfestigkeit geordert werden (siehe ISO 16120-2:2011, Abschnitt 3 und 4.6, bzw. ISO 16120-4:2011, Abschnitt 3 und 4.8);

f) die Art der Prüfung und die Prüfbescheinigung nach ISO 10474 (oder nach regionalen Normen, z. B. EN 10204; siehe Literaturhinweise);

g) Oberflächenausführung (falls vom Walzzustand abweichend);

h) Maße und Gewicht des Walzdrahtringes;

i) gegebenenfalls Angabe der Entzunderungsart (chemisch oder mechanisch);

j) gegebenenfalls Angabe der Anteile von Mikrolegierungselementen (siehe ISO 16120-2 und ISO 16120-4);

k) gegebenenfalls Angabe der Entkohlungstiefe nach Klasse B (siehe ISO 16120-4); falls bei der Bestellung nicht anders vereinbart, wird nach Klasse A geliefert;

l) gegebenenfalls Angabe der Mikrogefüge (siehe ISO 16120-4:2011, 4.11);

m) gegebenenfalls Eignung zum Verzinken;

n) gegebenenfalls Eignung zum Direktziehen;

o) gegebenenfalls die Qualitätssicherung (siehe 7.2);

p) gegebenenfalls die Art der Abbindung und der Kennzeichnung.

Die Angaben g) bis p) sind Optionen. Falls der Besteller keinen Gebrauch von diesen Optionen macht, wird nach Basisangaben a) bis f) dieser Norm geliefert.

BEISPIEL 1   Bestellung nach chemischen Zusammensetzung

100 Tonnen runder Walzdraht, mit einem Nenndurchmesser von 12 mm, Toleranzklasse T1 nach ISO 16124, Stahlsorte ISO 16120-2 – C52D gewalzt und Prüfbescheinigung 3.1.B nach ISO 10474

100 Tonnen runder Walzdraht ISO 16124-12,0T1
ISO 16120-2 – C52D
ISO 10474 Prüfbescheinigung 3.1.B

BEISPIEL 2   Bestellung nach Zugfestigkeit

200 Tonnen runder Walzdraht, mit einem Nenndurchmesser von 5,5 mm, Toleranzklasse T1 nach ISO 16124, Stahlsorte ISO 16120-4 – C##D2 mit einer Zugfestigkeit von 1020 MPa, gewalzt und Prüfbescheinigung 3.1.B nach ISO 10474

200 Tonnen runder Walzdraht ISO 16124-5,5T1
ISO 16120-4 – C##D2 – 1020
ISO 10474 Prüfbescheinigung 3.1.B

ANMERKUNG   das Feld „##" wird bei der Bestellung nicht ausgefüllt und gilt als Hinweis dafür, dass die genaue Angabe des Kohlenstoffgehaltes „##", gemäß den Werkstoffspezifikationen, dem Hersteller überlassen bleibt. Für Werkstoffspezifikationen gilt jeweils die Tabelle 1 in ISO 16120-2:2011 und ISO 16120-4:2011.

7

6 Herstellverfahren

Das Erschmelzungsverfahren des Stahles und das Formgebungsverfahren des Erzeugnisses sind dem Besteller mitzuteilen. Besonders vereinbarte Verfahren dürfen nicht ohne vorherige Zustimmung des Bestellers geändert werden.

7 Anforderungen

7.1 Allgemeines

Der Hersteller ist verantwortlich, mit ihm angemessen erscheinenden Verfahren die Herstellung im Hinblick auf die verschiedenen festgelegten Gütekriterien zu überwachen. In Anbetracht der Tatsache, dass es in der Praxis unmöglich ist Walzdrahtringe, abgesehen von den Enden des gelieferten Walzdrahtringes, zu prüfen, kann nicht sichergestellt werden, dass im gesamten Walzdrahtring kein größerer Wert als der festgelegte Grenzwert gefunden wird. Auf alle Walzdrahtringe anwendbare statistische Auswertungsverfahren können bei der Bestellung vereinbart werden.

7.2 Qualitätssicherung

Falls bei der Bestellung vereinbart, sind die Erzeugnisse mit einem anerkannten Qualitätssicherungssystem zu produzieren.

7.3 Lieferart

Die Erzeugnisse sind schmelzenweise oder als Teil einer Schmelze zu liefern. Falls nicht anders vereinbart, ist die Anzahl der Schmelzen je Lieferung so klein wie möglich zu halten.

7.4 Lieferzustand

Der Walzdraht wird im Walzzustand in Ringen von einer fortlaufenden Länge in regellosen Windungen geliefert, muss aber für ein einwandfreies Abwickeln bei der Weiterverarbeitung geeignet sein.

Die Ringe sind an beiden Enden zu schopfen, um ein Erzeugnis gleichbleibender Form und Eigenschaften zu liefern.

8 Maße, Gewicht und Toleranzen

Maße, Gewicht und Toleranzen der Erzeugnisse müssen den in ISO 16124 enthaltenen Anforderungen entsprechen.

9 Prüfung

9.1 Prüfung und Prüfbescheinigungen

Es gelten die Festlegungen in ISO 404 und ISO 10474.

9.2 Prüfumfang

Falls bei der Bestellung die Ausstellung eines Abnahmeprüfzeugnisses verlangt wurde, ist die Prüfung nach Tabelle 1 durchzuführen. Falls bei der Bestellung die Ausstellung einer Prüfbescheinigung 3.1.C oder 3.2 vereinbart wurde, ist der Name und die Anschrift des/der für die Prüfung zuständigen Verbandes/Person, zu spezifizieren.

8

Tabelle 1 — Prüfumfang

Art der Prüfung	Walzdraht für allgemeine Verwendung (ISO 16120-2)	Walzdraht mit niedrigem Kohlenstoffgehalt aus unberuhigtem oder ersatzunberuhigtem Stahl (ISO 16120-3)	Walzdraht für Sonderanwendungen (ISO 16120-4)
Oberflächenfehler	0	0	0
Entkohlung	–	–	0
Nichtmetallische Einschlüsse	–	0	0
Kernseigerungen	0	–	0
Stückanalyse	0	0	0
Zugfestigkeit	0	0	0
Mikrogefüge	–	–	0[a]
–: Prüfung wird nicht durchgeführt. 0: Prüfung wird nur durchgeführt, wenn bei der Bestellung vereinbart.			
[a] siehe Anhang D			

9.3 Prüfeinheit und Anzahl der Probenabschnitte und Proben

Falls nicht anders vereinbart, besteht die Prüfeinheit aus Walzdraht desselben Durchmessers, der aus derselben Schmelze stammt und als ein einzelnes fortlaufendes Los gewalzt wurde.

Falls eine spezifische Prüfung verlangt wird, gilt Tabelle 2 für die Anzahl der Probenabschnitte und Proben. Für Walzdraht für besondere Drahtanwendungen kann ein höherer Prüfumfang vereinbart werden. Falls eine nichtspezifische Prüfung verlangt wird, können statistische Unterlagen oder geeignete Daten verwendet werden.

9

Tabelle 2 — Prüfeinheit und Anzahl der Probenabschnitte und Proben

Art der Anforderung	Anzahl der Probenabschnitte oder Proben
Stückanalyse	3, von 3 verschiedenen Walzdrahtringen derselben Schmelze stammend, aber nicht unbedingt als ein einzelnes fortlaufendes Los gewalzt[a]
Zulässige Tiefe von Oberflächenfehlern Zulässige Entkohlungstiefe Nichtmetallische Einschlüsse Zugfestigkeit Mikrogefüge	1 je 20 t, mindestens 3 und höchstens 5 je Prüfeinheit[a]
Kernseigerungen	10[b]

[a] In Zusammenhang mit der Prozessfähigkeit, kann bei der Bestellung eine abweichende Anzahl für die Probenabschnitte vereinbart werden.

[b] Die Anzahl der Probenabschnitte kann bei der Bestellung vereinbart werden; es wird allerdings empfohlen eine Anzahl von mindestens 10 Probenabschnitte zu vereinbaren

9.4 Vorbereitung der Probenabschnitte und Proben

9.4.1 Chemische Zusammensetzung

Falls der Nachweis der chemischen Zusammensetzung vereinbart wurde, sind die Probenabschnitte entsprechend ISO 14284 zu entnehmen und vorzubereiten.

9.4.2 Zugfestigkeit

Falls der Nachweis der Zugfestigkeit vereinbart wurde, sind die Probenabschnitte entsprechend ISO 377 zu entnehmen und vorzubereiten.

9.4.3 Entkohlung, Oberflächenfehler, nichtmetallische Einschlüsse, Kernseigerungen und Mikrogefüge

Für die Prüfung auf Entkohlung, Oberflächenfehler, nichtmetallische Einschlüsse, Kernseigerungen und Mikrogefüge sind die Proben von einem Ende des abgeschnittenen Walzdrahtringes (siehe 7.4) zu entnehmen.

9.5 Prüfverfahren

9.5.1 Chemische Zusammensetzung

Für die Prüfverfahren zur Ermittlung der Schmelzanalyse gilt ISO/TR 9769. Die Prüfverfahren zur Ermittlung der Stückanalyse sind bei der Bestellung zu vereinbaren. Für Schiedsanalysen muss das Verfahren zur Ermittlung der chemischen Zusammensetzung nach einer Referenzmethode durchgeführt werden.

9.5.2 Zugfestigkeit

Die Ermittlung der Zugfestigkeit ist nach ISO 6892-1 an Walzdraht im Walzzustand durchzuführen.

10

9.5.3 Prüfung auf Oberflächenfehler

Das Verfahren zur Erkennung und Messung von Oberflächenfehlern bleibt dem Hersteller überlassen.

9.5.4 Entkohlung

Die Ermittlung der Entkohlung ist nach ISO 3887 an Walzdraht im Walzzustand durchzuführen. Die Entkohlung wird an einem in geeigneter Weise geätzten metallographischen Querschliff, vorzugsweise bei 200facher Vergrößerung mikroskopisch ermittelt. Als Entkohlungstiefe ist das Mittel aus 8 Messungen an den Enden von 4 um 45° gegeneinander versetzten Durchmessern (Diagonalen) zu werten, wobei man von dem Bereich mit der größten Entkohlungstiefe ausgeht und vermeidet, von einem fehlerhaften Bereich auszugehen. Bei der Berechnung des oben genannten Mittelwertes ist jede in einem örtlichen Oberflächenfehler liegende Messstelle der verbleibenden sieben Messstellen nicht zu berücksichtigen. Die Entkohlungstiefe ist senkrecht zu der Probenoberfläche zu messen.

9.5.5 nichtmetallische Einschlüsse

Die Ermittlung der nichtmetallischen Einschlüsse ist nach ISO 16120-3:2011, 5.5, und nach ISO 16120-4:2011, 4.6, an Walzdraht im Walzzustand durchzuführen.

9.5.6 Prüfung auf Kernseigerungen

Wie in Anhang A zu dieser Norm dargelegt, ist das Verfahren zur Ermittlung der Kernseigerungen eine makroskopische Prüfung des Querschnittes eines Probenabschnittes.

9.5.7 Mikrogefüge

Die Beurteilung des Mikrogefüges ist nach Anhang D dieser Norm, an Walzdraht im Walzzustand durchzuführen.

9.6 Wiederholungsprüfungen

Es gelten die Festlegungen in ISO 404.

10 Kennzeichnung

Jeder Walzdrahtring einer jeden Lieferung ist mit den folgenden Angaben zu kennzeichnen:

a) Maße des Walzdrahtquerschnittes;

b) Bezeichnung der Stahlsorte;

c) Schmelzennummer;

d) Name und/oder Kennzeichen des Walzwerkes;

e) alle weiteren vereinbarten Angaben.

Falls nicht anders vereinbart, muss die Kennzeichnung beizbeständig sein. Die Haltbarkeit der für die Kennzeichnung verwendeten Anhängeschilder ist bei der Bestellung zu vereinbaren.

11 Beanstandungen

Siehe ISO 404.

11

Anhang A
(normativ)

Prüfung auf Kernseigerungen

A.1 Anwendungsbereich

Dieser Anhang gilt für stranggegossenen Stahl, der einen Kohlenstoffgehalt von mindestens 0,40 % aufweist und nach diesem Teil der ISO 16120 definiert ist. Das im Folgenden näher beschriebene Verfahren ist eine makroskopische Prüfung zur Aufdeckung und Bewertung von Kernseigerungen bei Walzdraht aus stranggegossenem Stahl. Diese sind durch Sichtbarmachung der Kohlenstoffseigerungen erkennbar.

A.2 Definitionen

Für die Anwendung dieses Anhangs gilt die folgende Definition.

A.2.1
Kernseigerung

Kernseigerung ist die örtliche Veränderung in der chemischen Zusammensetzung, die durch makroskopische Prüfung des Walzdrahtquerschnittes erkannt werden kann. Sie betrifft die durch Erstarrungsvorgang beim Stranggießen resultierende Seigerung.

ANMERKUNG 1 Aus diesem Grunde ist es möglich, die Kernseigerung durch Sichtbarmachung speziell der Kohlenstoffseigerung zu untersuchen.

ANMERKUNG 2 Für die Bestimmung von Korngrenzenzementit (welcher schädlich für die weitere Verarbeitung sein kann) wird eine andere Technik angewendet. Die Entstehung von Korngrenzenzementit ist mit der Kohlenstoffseigerung und der Abkühlgeschwindigkeit verbunden. Jedoch sollte es nicht mit der Kernseigerung verwechselt werden.

A.3 Prinzip

Die chemische Heterogenität wird durch Ätzen eines Walzdrahtquerschnittes in einer Nitallösung aufgedeckt.

Die bei makroskopischer Prüfung beobachteten Seigerungsbilder werden mit den Bildern der Richtreihe verglichen und entsprechend klassifiziert.

A.4 Vorbereitung der Probenabschnitte

A.4.1 Trennen

Die zu untersuchende Fläche ist ein Querschliff eines jeden zu untersuchenden Probenabschnittes. Das Trennen ist stufenweise bei niedriger Geschwindigkeit durchzuführen. Ein stärkeres Erwärmen ist durch entsprechendes Kühlen zu vermeiden.

A.4.2 Polieren

Der Probenabschnitt wird zunächst stufenweise poliert, wobei zum Schluss mit Diamantpaste von 1 μm Korngröße gearbeitet wird.

Nach dem Spiegelpolieren wird der Probenabschnitt sorgfältig mit Wasser gewaschen, anschließend mit Alkohol gespült und getrocknet.

12

A.4.3 Ätzen

Die Nitallösung ist eine Lösung aus 2 ml Salpetersäure (ρ_{20} = 1,33 g/ml) in 100 ml Ethanol.

Die polierte Fläche wird bei Raumtemperatur für mindestens 10 s in der Nitallösung geätzt, bis die Fläche klar erkennbar ist.

Nach dem Ätzen wird die Fläche mit Alkohol gespült und getrocknet.

A.4.4 Bewertung der Seigerung

Die geätzte Fläche wird mit einem Binokular mit Beleuchtung unter kleinem Winkel bei einer Vergrößerung entsprechend den Referenzbildern betrachtet.

Die Bilder in der Richtreihe stellen die Grenze für jede in Betracht kommende Bewertungsklasse dar.

Die tatsächlichen Bilder werden verglichen und innerhalb der Richtreihe eingeordnet. Sie erhalten die Bewertungsklasse des Referenzbildes, das gleich oder schlechter als das betrachtete Bild ist.

A.4.5 Seigerungsklassen

Siehe Bild A 1.

Die Richtreihe enthält 5 Seigerungsklassen.

Klasse 1: Ohne Seigerungszone;

Klasse 2: Kernseigerung mit schwachem Kontrast (mittelgrau);

Klasse 3: Kernseigerung mit mittlerem Kontrast (dunkelgrau);

Klasse 4: Kernseigerung mit ausgeprägtem Kontrast (kleiner schwarzer Kern);

Klasse 5: Kernseigerung mit starkem Kontrast (großer schwarzer Kern).

A.4.6 Bewertung der Prüfergebnisse

Es wird allgemein anerkannt, dass für eine statistisch signifikante Bewertung der Kernseigerung einer Schmelze oder Lieferung eine große Anzahl von Prüfergebnissen erforderlich ist. Der Wert der Einschätzung der Kernseigerung eines einzelnen Probenabschnittes ist nur relativ. Aus diesem Grunde und zwecks Begrenzung der Anzahl der Versuche auf einen wirtschaftlich annehmbaren Umfang ist es ratsam, die Seigerungsprüfung als Teil eines Qualitätssicherungssystems durchzuführen.

13

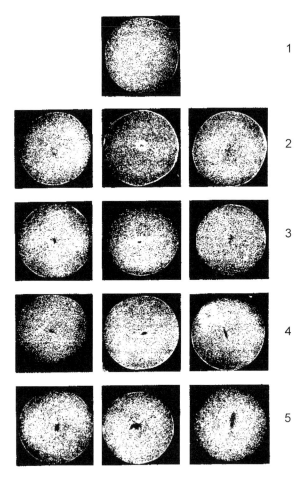

Bild A.1 — Referenzbilder für die Bewertung von Kernseigerungen

Anhang B
(informativ)

Prüfung von Oberflächenfehlern

B.1 Anwendungsbereich

Dieser Anhang gilt für alle Walzdrahtsorten nach ISO 16120-2, ISO 16120-3 und ISO 16120-4. Das im Folgenden näher beschriebene Verfahren ist eine mikroskopische Prüfung zur Erkennung und Bewertung von Oberflächenfehlern (siehe B.2 bis B.4).

B.2 Begriffe

Für die Anwendung dieses Anhangs gilt die folgende Definition.

B.2.1
Oberflächenfehler
jede messbare geometrische Unregelmäßigkeit in der Walzdrahtoberfläche, welche während des Herstellungsverfahrens entsteht

B.3 Prinzip

Oberflächenfehler werden durch Mikroskopische Untersuchung einer polierten Oberfläche des Walzdrahtes aufgedeckt. Die polierte Oberfläche kann auch geätzt werden.

B.4 Vorbereitung der Probenabschnitte

B.4.1 Trennen

Die zu untersuchende Fläche ist ein Querschliff.

B.4.2 Polieren

Der Probenabschnitt wird zunächst stufenweise poliert, wobei zum Schluss mit Diamantpaste gearbeitet wird.

Nach dem Spiegelpolieren wird der Probenabschnitt sorgfältig mit Wasser gewaschen, anschließend mit Alkohol gespült und getrocknet.

B.4.3 Ätzen

Die Probe kann geätzt oder ungeätzt untersucht werden. Für Ätzen wird eine Nitallösung, aus 2 ml Salpetersäure (ρ_{20} = 1,33 g/ml) in 100 ml Ethanol, verwendet. Die polierte Fläche wird bei Raumtemperatur für mindestens 10 s oder so lange bis die Fläche klar erkennbar ist, geätzt.

Nach dem Ätzen wird die Fläche mit Alkohol gespült und anschließend getrocknet.

15

B.4.4 Bewertung der Tiefe der Oberflächenfehler

Die Fläche wird mit einem optischen Mikroskop bei einer für den Drahtdurchmesser geeigneten Vergrößerung und der Tiefe der Fehlstelle, untersucht. Die gesamte Umfangslänge muss untersucht werden.

B.4.5 Bericht

Der Ergebnisbericht kann als „radiale Tiefe" oder als „aktuelle Länge" erfasst werden:

Radiale Tiefe:

–   der Abstand zwischen der Walzdrahtoberfläche und dem Endpunkt der Fehlstelle, gemessen in radialer Richtung, siehe Bild B.1

Aktuelle Länge:

–   der Abstand zwischen dem Schnittpunkt Oberfläche/Fehlstelle und dem Endpunkt der Fehlstelle (siehe Bild B.2). Falls die Fehlstelle nicht linear verläuft, wird der Verlauf in mehrere lineare Abschnitte geteilt. Die Summe der linearen Abschnitte ergibt dann die Gesamtlänge (siehe Bild B.3).

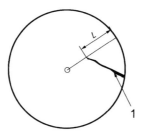

Legende

1 – Fehlstelle
L – radiale Tiefe

Bild B.1 — Messung der Fehlstelle im Fall 1

16

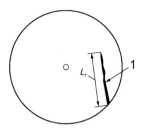

Legende

1 – Fehlstelle
L_r – aktuelle Länge

Bild B.2 — Messung der Fehlstelle im Fall 2

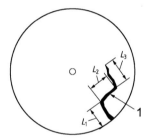

Legende

1 – Fehlstelle
L_r – aktuelle Länge
L_1, L_2, L_3 – jeweilige Abschnittlänge
$L_r = L_1 + L_2 + L_3$

Bild B.3 — Messung der Fehlstelle im Fall 3

Anhang C
(informativ)

Mechanische Beschädigungen

C.1 Einführung

Dieser Anhang dient als Information zu möglichen mechanischen Beschädigungen, die abhängig vom Beschädigungsgrad zum Versagen des Walzdrahtes, z. B. während des Ziehens oder während der darauffolgenden Verfahren, führen können.

C.2 Begriffe

Für die Anwendung dieses Anhangs gilt die folgende Definition.

C.2.1
Mechanische Beschädigungen
Der Begriff „mechanische Beschädigung" wird angewendet bei der Beschreibung jedes wahrnehmbaren Kontaktes den der Walzdraht nach dem Aufwickeln erfährt (z.B. Handhabung des Walzdrahtringes), welcher bleibende Markierungen auf der Drahtoberfläche verursacht

ANMERKUNG   Der Kontakt kann durch Schleifen oder Zusammenstoß entstehen, z. B. zwischen den Walzdrahtringen untereinander oder zwischen einem Walzdrahtring und einem Werkstoff der den Walzdrahtring beschädigen kann (z. B. Beton, Stahl usw.)

C.3 Bilder von mechanischen Beschädigungen und deren Folgen

C.3.1 Typen von Beschädigungen und die möglichen Ursachen

Die Bilder C.1 bis C.3 zeigen drei Typen von Beschädigungen.

18

Bild C.1 – Beschädigung durch Reibung zwischen Walzdrahtring/Walzdrahtring

Bild C.2 – Beschädigung durch Reibung zwischen Walzdrahtring/Beton

19

Bild C.3 – Beschädigung durch Reibung zwischen Walzdrahtring/Walzdrahtring bei Lagerung

C.3.2 Folgen mechanischer Beschädigungen

Das Bild C.4 zeigt eine beschädigte Fläche an der Drahtoberfläche (Kennzeichnung durch Pfeil), die als Ursprung für den Bruch des Drahtes befunden wurde. Die mikrofotografischen Aufnahmen in Bilder C.5 und C.6 (Vergrößerungen x18 bzw. x118) zeigen den Zusammenhang zwischen Reibmartensit und einer mechanischen Schädigung des Walzdrahtes, als Folge der Reibung zwischen dem Walzdraht und einem Werkstoff mit höherer Härte.

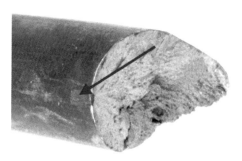

Bild C.4 — Mechanische Beschädigung an der Drahtoberfläche (Kennzeichnung durch Pfeil)

20

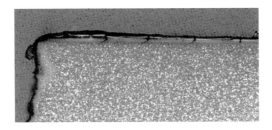

Bild C.5 — Mikrofotografische Aufnahme einer mechanischen Beschädigung (Vergrößerung x18)

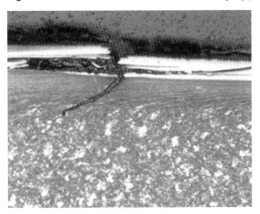

Bild C.6 — Mikrofotografische Aufnahme einer mechanischen Beschädigung (Vergrößerung x118)

C.4 Vermeidung von mechanischen Beschädigungen

Es wird empfohlen die Maßnahmen nach C.4.1 bis C.4.3 zu beachten, um mechanische Beschädigungen während der nach Verlassen der Produktionslinie folgenden Prozesse zu vermeiden.

C.4.1 Handhabung der Walzdrahtringe (z. B. Heben, Beladen und Abladen)

a) Die Kontaktfläche zwischen der Beförderungseinheit (z. B. C-Haken oder Kranwagen) und dem Walzdrahtring sollte aus weichem Stahl gestaltet werden. Alternativ können Einlagen aus Aluminium oder aus einem anderen „weichen" Werkstoff verwendet werden.

b) Um Stoßschäden mit dem Boden, Stahlwerk oder mit den anderen Walzdrahtringen zu vermeiden, muss das Heben der Walzdrahtringe immer senkrecht erfolgen.

c) Das Hängeseil muss aus Gewebe oder aus einem nicht metallischen Werkstoff bestehen. Falls unvermeidbar, ist nur der Einsatz von beschichteten oder mit einem „nicht schädigenden" Material ummantelten Ketten oder Seilen zulässig.

21

C.4.2 Lagerung der Walzdrahtringe

a) Die Walzdrahtringe sollten auf Holzunterlagen, Gummimatten oder Unterlagen aus „weichen" Werkstoffen gelagert werden. Zwischen den Walzdrahtringen sollten „weiche Zwischenlagen" (z. B. aus Holzfaser oder Karton) eingebaut werden.

b) Zwischen jeder Schicht sollten „weiche Zwischenlagen" [siehe C.4.2 a)] eingebaut werden, falls die Walzdrahtringe übereinander gestapelt werden müssen.

c) Die Walzdrahterzeugnisse aus Stahlgüten mit besonders empfindlicher Oberfläche sollten einzeln gelagert werden.

C.4.3 Transport der Walzdrahtringe

a) Um Bewegungen (Verschiebungen) der Walzdrahtringen und somit den Kontakt untereinander zu vermeiden, sollten die LKW bzw. Güterwagons entsprechend ausgerüstet werden (z. B. mit Mulden).

b) Der Boden der LKW/Güterwagons/Behälter sollte mindestens aus Holz oder aus anderem schützenden Werkstoff bestehen. Zum Schutz der Walzdrahtringe können andere geeignete Maßnahmen eingesetzt werden.

c) Zwischen den Walzdrahtringen sollten „weiche Zwischenlagen" [siehe C.4.2 a)] senkrecht eingebaut werden, um Reibung untereinander zu vermeiden. (Durch Bewegung der Walzdrahtringe können Reibschäden entstehen, falls entsprechende Maßnahmen nicht umgesetzt werden).

d) Falls die Walzdrahtringe gesichert werden müssen, sollten nur Werkstoffe weicher als Stahl eingesetzt werden (z. B. Gewebe).

22

Anhang D
(normativ)

Bestimmung des prozentualen Anteils an mikroskopisch auflösbarem Perlit

D.1 Anwendungsbereich

Dieser Anhang gilt für stranggegossenen Stahl, der einen Kohlenstoffgehalt von mindestens 0,40 % aufweist. Das im folgenden näher beschriebene Verfahren ist eine mikroskopische Prüfung des Stahlgefüges zur Bewertung des prozentualen Anteils an mikroskopisch auflösbarem Perlit.

D.2 Prinzip

Mikroskopisch auflösbarer Perlit wird durch Ätzen eines polierten Walzdrahtquerschnittes in einer Ätzlösung sichtbar gemacht.

D.3 Vorbereitung der Probenabschnitte

D.3.1 Trennen

Die zu untersuchende Fläche ist ein Längs- oder Querschliff.

D.3.2 Polieren

Der Probenabschnitt wird zunächst stufenweise poliert, wobei zum Schluss mit Diamantpaste gearbeitet wird.

Nach dem Spiegelpolieren wird der Probenabschnitt sorgfältig mit Wasser gewaschen, anschließend mit Alkohol gespült und getrocknet.

D.3.3 Ätzen

Eine der folgenden Ätzlösungen kann verwendet werden:

a) Pikrinsäure, eine Lösung aus gesättigter Pikrinsäure in Ethanol;

b) Nitallösung, eine Lösung aus 2 ml Salpetersäure (ρ_{20} = 1,33 g/ml) in 100 ml Ethanol.

Die polierte Fläche wird bei Raumtemperatur für mindestens 10 s oder bis die Fläche klar erkennbar ist, geätzt.

Nach dem Ätzen wird die Fläche mit Alkohol gespült und anschließend getrocknet.

D.4 Bewertung des Anteils an mikroskopisch auflösbarem Perlit

Die geätzte Fläche wird bei einer 500facher Vergrößerung und einer numerischer Apertur von 0,8 mikroskopisch untersucht. Üblicherweise wird eine weiße Lichtquelle verwendet; andere Lichtquellen können ebenfalls angewendet werden.

Die zu untersuchende Probenfläche muss repräsentativ sein und soll mittig zwischen dem Kern und der Oberfläche (1/2 Radius) liegen. Üblich werden 500 Einzelpunkte bewertet.

Das Bild D.1 (Vergrößerung 500x) zeigt eine perlitische Struktur mit hohem Anteil an nicht auflösbarem Perlit und sehr feinen kleinen Bereichen mit mikroskopisch auflösbarem Perlit (in dem Ferrit und Zementitlamellen sichtbar sind).

Bild D.1 — Perlitische Struktur mit hohem Anteil an nicht auflösbarem Perlit und niedrigerem Anteil an mikroskopisch auflösbarem Perlit (x 500)

D.5 Ergebnisbericht

Der prozentuale Anteil an mikroskopisch auflösbarem Perlit ist im Ergebnisbericht anzugegeben, falls bei der Bestellung vereinbart.

24

Literaturhinweise

[1]   ISO 683-17, *Heat-treated steels, alloy steels and free-cutting steels — Part 17: Ball and roller bearing steels*

[2]   EN 10204, *Metallische Erzeugnisse — Arten von Prüfbescheinigungen*

25

DIN EN ISO 16120-2

ICS 77.140.65

Ersatz für
DIN EN 10016-2:1995-04

Walzdraht aus unlegiertem Stahl zum Ziehen –
Teil 2: Besondere Anforderungen an Walzdraht für allgemeine
Verwendung (ISO 16120-2:2011);
Deutsche Fassung EN ISO 16120-2:2011

Non-alloy steel wire rod for conversion to wire –
Part 2: Specific requirements for general-purpose wire rod (ISO 16120-2:2011);
German version EN ISO 16120-2:2011

Fil-machine en acier non allié destiné à la fabrication de fils –
Partie 2: Exigences spécifiques au fil-machine d'usage général (ISO 16120-2:2011);
Version allemande EN ISO 16120-2:2011

Gesamtumfang 12 Seiten

Normenausschuss Eisen und Stahl (FES) im DIN

Nationales Vorwort

Der Text von ISO 16120-2:2011 wurde vom Technischen Komitee ISO/TC 17 „Steel" der Internationalen Organisation für Normung (ISO) erarbeitet und als EN ISO 16120-2:2011 durch das Technische Komitee ECISS/TC 106 „Walzdraht und gezogener Draht" übernommen, dessen Sekretariat von AFNOR (Frankreich) gehalten wird.

Das zuständige deutsche Normungsgremium ist der Unterausschuss NA 021-00-08-02 UA „Walzdraht zum Ziehen" des Normenausschusses Eisen und Stahl (FES).

Änderungen

Gegenüber DIN EN 10016-2:1995-04 wurden folgende Änderungen vorgenommen:

a) Normative Verweisungen aktualisiert;

b) Abschnitt 3 „Bezeichnung" neu;

c) Tabelle 1 „Chemische Zusammensetzung": Angabe von Werkstoffnummern entfallen; Angaben für die Zusatzanteile an Cr und V festgelegt; neue Option für die Spanne für den Kohlenstoffgehalt; Mindestwert für den Mangangehalt festgelegt; die Spanne für den Aluminiumanteil geändert;

d) Tabelle 2: neue Option für die Grenzabweichungen der Stückanalysen;

e) Tabelle 3 – Grenzwerte für die Tiefe von Fehlstellen: neue Aufteilung und neue Werte;

f) Abschnitt 4.5: neue Anforderungen für Kernseigerungen;

g) neue Abschnitte: 4.6 „Zugfestigkeit", 4.7 „Eigenschaften von Zunderschicht" und 4.8 „Mechanische Beschädigungen";

h) neuer Anhang A: „Vergleichbare Stahlbezeichnungen nach nationalen oder regionalen Normen";

i) redaktionelle Überarbeitung.

Frühere Ausgaben

DIN 17140:1962-12
DIN 17140-1:1983-03
DIN EN 10016-2:1995-04

EUROPÄISCHE NORM

EUROPEAN STANDARD

NORME EUROPÉENNE

EN ISO 16120-2

Juli 2011

ICS 77.140.60

Ersatz für EN 10016-2:1994

Deutsche Fassung

Walzdraht aus unlegiertem Stahl zum Ziehen — Teil 2: Besondere Anforderungen an Walzdraht für allgemeine Verwendung (ISO 16120-2:2011)

Non-alloy steel wire rod for conversion to wire — Part 2: Specific requirements for general-purpose wire rod (ISO 16120-2:2011)

Fil-machine en acier non allié destiné à la fabrication de fils — Partie 2: Exigences spécifiques au fil-machine d'usage général (ISO 16120-2:2011)

Diese Europäische Norm wurde vom CEN am 30. Juni 2011 angenommen.

Die CEN-Mitglieder sind gehalten, die CEN/CENELEC-Geschäftsordnung zu erfüllen, in der die Bedingungen festgelegt sind, unter denen dieser Europäischen Norm ohne jede Änderung der Status einer nationalen Norm zu geben ist. Auf dem letzten Stand befindliche Listen dieser nationalen Normen mit ihren bibliographischen Angaben sind beim Management-Zentrum des CEN-CENELEC oder bei jedem CEN-Mitglied auf Anfrage erhältlich.

Diese Europäische Norm besteht in drei offiziellen Fassungen (Deutsch, Englisch, Französisch). Eine Fassung in einer anderen Sprache, die von einem CEN-Mitglied in eigener Verantwortung durch Übersetzung in seine Landessprache gemacht und dem Management-Zentrum mitgeteilt worden ist, hat den gleichen Status wie die offiziellen Fassungen.

CEN-Mitglieder sind die nationalen Normungsinstitute von Belgien, Bulgarien, Dänemark, Deutschland, Estland, Finnland, Frankreich, Griechenland, Irland, Island, Italien, Kroatien, Lettland, Litauen, Luxemburg, Malta, den Niederlanden, Norwegen, Österreich, Polen, Portugal, Rumänien, Schweden, der Schweiz, der Slowakei, Slowenien, Spanien, der Tschechischen Republik, Ungarn, dem Vereinigten Königreich und Zypern.

EUROPÄISCHES KOMITEE FÜR NORMUNG
EUROPEAN COMMITTEE FOR STANDARDIZATION
COMITÉ EUROPÉEN DE NORMALISATION

Management-Zentrum: Avenue Marnix 17, B-1000 Brüssel

Inhalt

Vorwort

Dieses Dokument (EN ISO 16120-2:2011) wurde vom Technischen Komitee ISO/TC 17 „Steel" in Zusammenarbeit mit dem Technischen Komitee ECISS/TC 106 „Walzdraht und gezogener Draht" erarbeitet, dessen Sekretariat vom AFNOR gehalten wird.

Diese Europäische Norm muss den Status einer nationalen Norm erhalten, entweder durch Veröffentlichung eines identischen Textes oder durch Anerkennung bis Januar 2012, und etwaige entgegenstehende nationale Normen müssen bis Januar 2012 zurückgezogen werden.

Es wird auf die Möglichkeit hingewiesen, dass einige Texte dieses Dokuments Patentrechte berühren können. CEN [und/oder CENELEC] sind nicht dafür verantwortlich, einige oder alle diesbezüglichen Patentrechte zu identifizieren.

Dieses Dokument ersetzt EN 10016-2:1994.

Entsprechend der CEN/CENELEC-Geschäftsordnung sind die nationalen Normungsinstitute der folgenden Länder gehalten, diese Europäische Norm zu übernehmen: Belgien, Bulgarien, Dänemark, Deutschland, Estland, Finnland, Frankreich, Griechenland, Irland, Island, Italien, Kroatien, Lettland, Litauen, Luxemburg, Malta, Niederlande, Norwegen, Österreich, Polen, Portugal, Rumänien, Schweden, Schweiz, Slowakei, Slowenien, Spanien, Tschechische Republik, Ungarn, Vereinigtes Königreich und Zypern.

Anerkennungsnotiz

Der Text von ISO 16120-2:2011 wurde vom CEN als EN ISO 16120-2:2011 ohne irgendeine Abänderung genehmigt.

3

1 Anwendungsbereich

Dieser Teil der ISO 16120 gilt für Walzdraht für allgemeine Verwendung zum Ziehen und/oder Kaltwalzen.

2 Normative Verweisungen

Die folgenden zitierten Dokumente sind für die Anwendung dieses Dokuments erforderlich. Bei datierten Verweisungen gilt nur die in Bezug genommene Ausgabe. Bei undatierten Verweisungen gilt die letzte Ausgabe des in Bezug genommenen Dokuments (einschließlich aller Änderungen).

ISO 4948-1, *Steels — Classification — Part 1: Classification of steels into unalloyed and alloy steels based on chemical composition*

ISO 4948-2, *Steels — Classification — Part 2: Classification of unalloyed and alloy steels according to main quality classes and main property or application characteristics*

ISO/TS 4949, *Steel names based on letter symbols*

ISO 16120-1:2011, *Non-alloy steel wire rod for conversion to wire — Part 1: General requirements*

3 Bezeichnung

C##D – „C" ist die Bezeichnung für nicht legierten Stahl (siehe ISO/TS 4949); „##" ist der Mittelwert des Kohlenstoffgehaltes; „D" ist die Bezeichnung für „Ziehen".

Falls die Stähle anhand der chemischen Zusammensetzung bestellt werden, ist der Mittelwert „##" entsprechend der Stahlsorte nach Spalte 1 in Tabelle 1, von dem Besteller anzugeben.

Die Stähle können auch anhand der Zugfestigkeit bestellt werden. Der Mittelwert des angeforderten Zugfestigkeitsbereiches (UTS, en: Ultimate Tensile Strength) ist als Suffix zu der Stahlsortenbezeichnung anzugeben. Zum Beispiel: in der Bezeichnung C##D – 1020 ist der Mittelwert des Zugfestigkeitsbereiches 1020 MPa. Bei der Bestellung anhand der Zugfestigkeit ist unter der Bezeichnung „##" keine Angabe zu machen, da in diesem Fall die genaue Angabe „##" des Kohlenstoffgehaltes, gemäß Stahlsorte, von dem Hersteller gemacht wird. Die Stahlsorten sind in Tabelle 1 angegeben.

4 Anforderungen

4.1 Allgemeines

Wegen der allgemeinen Anforderungen siehe ISO 16120-1.

4.2 Chemische Zusammensetzung

Für die chemische Zusammensetzung nach der Schmelzenanalyse gelten die in Tabelle 1 angegebenen Werte. Die Grenzabweichungen der Stückanalyse zu der Schmelzenanalyse sind der Tabelle 2 zu entnehmen.

4

Tabelle 1 — Chemische Zusammensetzung (Schmelzanalyse)[a]

Stahlsorte[b]	Schmelzanalyse									
	C[c] %	Si[d] %	Mn[e] %	P % max.	S % max.	Cr % max.	Ni % max.	Mo % max.	Cu[f] % max.	Al[g] % max.
C4D	≤0,06	≤0,30	0,30-0,60	0,035	0,035	0,20	0,25	0,05	0,30	0,01
C7D	0,05-0,09	≤0,30	0,30-0,60	0,035	0,035	0,20	0,25	0,05	0,30	0,01
C9D	≤0,10	≤0,30	0,30-0,60	0,035	0,035	0,20	0,25	0,05	0,30	0,01
C10D	0,08-0,13	≤0,30	0,30-0,60	0,035	0,035	0,20	0,25	0,05	0,30	0,01
C12D	0,10-0,15	≤0,30	0,30-0,60	0,035	0,035	0,20	0,25	0,05	0,30	0,01
C15D	0,12-0,17	≤0,30	0,30-0,60	0,035	0,035	0,20	0,25	0,05	0,30	0,01
C18D	0,15-0,20	≤0,30	0,30-0,60	0,035	0,035	0,20	0,25	0,05	0,30	0,01
C20D	0,18-0,23	≤0,30	0,30-0,60	0,035	0,035	0,20	0,25	0,05	0,30	0,01
C26D	0,24-0,29	0,10-0,30	0,50-0,80	0,030	0,030	0,20	0,25	0,05	0,30	0,01
C32D	0,30-0,35	0,10-0,30	0,50-0,80	0,030	0,030	0,20	0,25	0,05	0,30	0,01
C38D	0,35-0,40	0,10-0,30	0,50-0,80	0,030	0,030	0,20	0,25	0,05	0,30	0,01
C42D	0,40-0,45	0,10-0,30	0,50-0,80	0,030	0,030	0,20	0,25	0,05	0,30	0,01
C48D	0,45-0,50	0,10-0,30	0,50-0,80	0,030	0,030	0,15	0,20	0,05	0,25	0,01
C50D	0,48-0,53	0,10-0,30	0,50-0,80	0,030	0,030	0,15	0,20	0,05	0,25	0,01
C52D	0,50-0,55	0,10-0,30	0,50-0,80	0,030	0,030	0,15	0,20	0,05	0,25	0,01
C56D	0,53-0,58	0,10-0,30	0,50-0,80	0,030	0,030	0,15	0,20	0,05	0,25	0,01
C58D	0,55-0,60	0,10-0,30	0,50-0,80	0,030	0,030	0,15	0,20	0,05	0,25	0,01
C60D	0,58-0,63	0,10-0,30	0,50-0,80	0,030	0,030	0,15	0,20	0,05	0,25	0,01
C62D	0,60-0,65	0,10-0,30	0,50-0,80	0,030	0,030	0,15	0,20	0,05	0,25	0,01
C66D	0,63-0,68	0,10-0,30	0,50-0,80	0,030	0,030	0,15	0,20	0,05	0,25	0,01
C68D	0,65-0,70	0,10-0,30	0,50-0,80	0,030	0,030	0,15	0,20	0,05	0,25	0,01
C70D	0,68-0,73	0,10-0,30	0,50-0,80	0,030	0,030	0,15	0,20	0,05	0,25	0,01
C72D	0,70-0,75	0,10-0,30	0,50-0,80	0,030	0,030	0,15	0,20	0,05	0,25	0,01
C76D	0,73-0,78	0,10-0,30	0,50-0,80	0,030	0,030	0,15	0,20	0,05	0,25	0,01
C78D	0,75-0,80	0,10-0,30	0,50-0,80	0,030	0,030	0,15	0,20	0,05	0,25	0,01
C80D	0,78-0,83	0,10-0,30	0,50-0,80	0,030	0,030	0,15	0,20	0,05	0,25	0,01
C82D	0,80-0,85	0,10-0,30	0,50-0,80	0,030	0,030	0,15	0,20	0,05	0,25	0,01
C86D	0,83-0,88	0,10-0,30	0,50-0,80	0,030	0,030	0,15	0,20	0,05	0,25	0,01
C88D	0,85-0,90	0,10-0,30	0,50-0,80	0,030	0,030	0,15	0,20	0,05	0,25	0,01
C92D	0,90-0,95	0,10-0,30	0,50-0,80	0,030	0,030	0,15	0,20	0,05	0,25	0,01

[a] In dieser Tabelle nicht aufgeführte Elemente dürfen dem Stahl, außer zum Fertigbehandeln der Schmelze, ohne Zustimmung des Bestellers nicht absichtlich zugegeben werden. Falls bei der Bestellung vereinbart, können Anteile von Cr ≤ 0,30 % und V von 0,05 % bis 0,10 %, allgemein bekannt als Zusatz von Mikrolegierungen, zugefügt werden.

[b] Unlegierter Qualitätsstahl nach ISO 4948-2.

[c] Für Stahlsorten C26D bis C92D kann die Spanne für Kohlenstoff durch Absenkung des unteren Grenzwertes um 0,01 % und durch Erhöhung des oberen Grenzwertes um 0,01 % erhöht werden, falls bei der Bestellung vereinbart.

[d] Für Walzdraht bestimmt zum Verzinken sollte der Mindestanteil für Silizium bei der Bestellung festgelegt werden. Für die Stahlsorten C4D bis C20D kann bei der Bestellung eine weitere Einengung des Höchstgehaltes an Silizium vereinbart werden.

[e] Für Stahlsorten C15D bis C92D kann bei der Bestellung ein von der Tabelle abweichender Bereich vereinbart werden. Allerdings muss die Spanne gleich bleiben, der Höchstwert darf 1,20 % nicht überschreiten und der Mindestwert darf 0,30 % nicht unterschreiten.

[f] Bei der Bestellung kann ein Höchstgehalt an Kupfer von 0,20 % vereinbart werden. Für die Sorten C48D bis C92D gilt: Cu + Sn ≤ 0,25 %.

[g] Nach Vereinbarung bei der Bestellung kann für Aluminium ein Bereich von 0,01 % bis 0,06 % vereinbart werden. Auf Verlangen kann dann für Silizium ein Anteil von ≤ 0,10 % festgelegt werden.

5

Tabelle 2 — Grenzabweichungen der Stückanalyse zu der Schmelzenanalyse[a]

Element	Stahlsorte	Grenzabweichung der Stückanalyse %
C	C4D bis C20D	± 0,02
	C26D bis C82D	± 0,03
	C86D bis C92D	± 0,04
Si	alle Sorten	± 0,04
Mn	alle Sorten	± 0,06
P und S	alle Sorten	+ 0,005

[a] Falls bei der Bestellung vereinbart, müssen die Grenzabweichungen für Kohlenstoff auf die in Tabelle 1 angegebenen Werte für die Schmelzanalyse Bezug nehmen.

4.3 Innere und äußere Beschaffenheit

Der Walzdraht darf keine inneren und/oder äußeren Unvollkommenheiten wie Lunker, Risse, Überwalzungen, Einwalzungen, Kerben, Schalen oder Walzgrate aufweisen, die seine sachgemäße Verwendung beeinträchtigen können.

4.4 Tiefe von Oberflächenfehlern

Der Walzdraht darf keine Fehlstelle von größerer Tiefe als die in Tabelle 3 angegebenen Werte aufweisen.

Diese Grenzwerte gelten für die entsprechend ausgewählte Prüfung nach ISO 16120-1:2011, 9.4.3 und 9.5.3.

Die Grenzwerte für die Tiefe von Oberflächenfehlern nach Tabelle 3 gelten nur für runden Walzdraht. Für andere Profile können die Grenzwerte vereinbart werden.

Tabelle 3 — Grenzwerte für die Tiefe von Oberflächenfehlern für runden Walzdraht

Maße in Millimeter

Nenndurchmesser d_N	Höchstzulässige Tiefe von Oberflächenfehlern – radiale Tiefe[a]	Höchstzulässige Länge von Oberflächenfehlern[b, c]
$5 \leq d_N \leq 12$	0,20	0,25
$d_N > 12$	0,25	0,30

[a] Die Tiefe von Oberflächenfehlern ist von der vorliegenden Oberfläche ausgehend in radialen Richtung zu messen.

[b] Die gemessene Länge der Fehlstelle.

Für Definitionen, siehe ISO 16120-1:2011, Anhang B.

[c] Die Prüfung der max. realen Länge der Oberflächenfehler kann ausgesetzt werden, falls bei der Bestellung vereinbart.

6

4.5 Kernseigerung

Falls bei Bestellung vereinbart, dürfen nicht mehr als 20 % der Probenabschnitte der Stahlsorte C60D oder von Sorten mit höherem Kohlenstoffgehalt Klasse 4 entsprechen; Klasse 5 ist unzulässig (siehe ISO 16120-1:2011, Anhang A). Es wird empfohlen, diese Bewertung als Teil des Qualitätssicherungssystems vorzunehmen.

4.6 Zugfestigkeit

Bei Angabe der chemischen Zusammensetzung muss der Hersteller, falls vom Kunden bei der Bestellung verlangt, Anhaltswerte der Zugfestigkeit mitteilen.

Bei Angabe der Zugfestigkeit sind die Bezeichnungen nach Abschnitt 3 anzuwenden. Die Werte für die Zugfestigkeit dürfen die Abweichungen nach Tabelle 4 nicht überschreiten.

Tabelle 4 — Zulässige Abweichung der Zugfestigkeit

Stahlsorte	Zulässige Abweichung MPa
C4D bis C20D	± 80
C26D bis C70D	± 100
C72D bis C92D	± 120

4.7 Eigenschaften der Zunderschicht

Die Eigenschaften der Zunderschicht können bei der Bestellung vereinbart werden. Das kann als Zundermenge und/oder als Entzunderungsfähigkeit ausgewiesen werden.

4.8 Mechanische Beschädigungen

Der Walzdraht darf keine Reibschäden (als Folge der Reibung zwischen Walzdraht/Walzdraht, Walzdraht/Beton oder Walzdraht/Stahl) aufweisen, die die nachfolgende Bearbeitung und die Endanwendung negativ beeinträchtigen. Das zulässige Schadensbild kann bei der Bestellung vereinbart werden. Beispiele von mechanischen Beschädigungen sind in ISO 16120-1:2011, Anhang C, aufgezeigt.

7

Anhang A
(informativ)

Stahlsorten nach ISO 16120-2 und vergleichbare Stahlbezeichnungen nach nationalen oder regionalen Normen

Dieser Teil der ISO 16120 wird vom CEN ohne irgendeine Änderung übernommen. Die äquivalenten Europäischen Werkstoffnummern sind der Tabelle A.1, Spalte 2, zu entnehmen.

Tabelle A.1

ISO 16120-2		JIS G 3505		GB/T 24242.2:2009	
Stahlsorte	Europäische Werkstoffnummer	Stahlsorte	n / nr / y[a]	Stahlsorte	n / nr / y[a]
C4D	1.0300			C4D	y
C7D	1.0313	SWRM6	nr	C7D	y
C9D	1.0304	SWRM8	y	C9D	y
C10D	1.0310	SWRM10	y	C10D	y
C12D	1.0311	SWRM12	y	C12D	y
C15D	1.0413	SWRM15	y	C15D	y
C18D	1.0416	SWRM17	y	C18D	y
C20D	1.0414	SWRM20	y	C20D	y
		SWRM22	n		
C26D	1.0415	SWRH27	nr	C26D	y
C32D	1.0530	SWRH32	nr	C32D	y
C38D	1.0516	SWRH37	nr	C38D	y
C42D	1.0541	SWRH42A	nr	C42D	y
		SWRH42B			
C48D	1.0517	SWRH47A	nr	C48D	y
		SWRH47B			
C50D	1.0586		nr	C50D	y
C52D	1.0588	SWRH52A	nr	C52D	y
		SWRH52B			
C56D	1.0518		nr	C56D	y
C58D	1.0609	SWRH57A	nr	C58D	y
		SWRH57B			
C60D	1.0610		nr	C60D	y
C62D	1.0611	SWRH62A	nr	C62D	y
		SWRH62B			
C66D	1.0612		nr	C66D	y

Tabelle A.1 *(fortgesetzt)*

ISO 16120-2		JIS G 3505		GB/T 24242.2:2009	
Stahlsorte	Europäische Werkstoffnummer	Stahlsorte	n / nr / y[a]	Stahlsorte	n / nr / y[a]
C68D	1.0613	SWRH67A	nr	C68D	y
		SWRH67B			
C70D	1.0615		nr	C70D	y
C72D	1.0617	SWRH72A	nr	C72D	y
		SWRH72B			
C76D	1.0614		nr	C76D	y
C78D	1.0620	SWRH77A	nr	C78D	y
		SWRH77B			
C80D	1.0622			C80D	y
C82D	1.0626	SWRH82A	nr	C82D	y
		SWRH82B			
C86D	1.0616			C86D	y
C88D	1.0628			C88D	y
C92D	1.0618			C92D	y

[a] Abweichung in der chemischen Zusammensetzung (Schmelzanalyse) zu ISO 16120-2:
n = keine / nr = nicht relevant / y = relevant.

9

Literaturhinweise

[1]   JIS G 3505, *Low carbon steel wire rods*

[2]   GB/T 24242.2:2009, *Non-alloy steel wire rods for conversion to wire — Part 2: Specific requirements for general purpose wire rod*

10

	DIN EN ISO 16120-3	

ICS 77.140.65

Ersatz für
DIN EN 10016-3:1995-04

Walzdraht aus unlegiertem Stahl zum Ziehen –
Teil 3: Besondere Anforderungen an Walzdraht aus unberuhigtem und ersatzunberuhigtem Stahl mit niedrigem Kohlenstoffgehalt (ISO 16120-3:2011);
Deutsche Fassung EN ISO 16120-3:2011

Non-alloy steel wire rod for conversion to wire –
Part 3: Specific requirements for rimmed and rimmed substitute, low-carbon steel wire rod (ISO 16120-3:2011);
German version EN ISO 16120-3:2011

Fil-machine en acier non allié destiné à la fabrication de fils –
Partie 3: Exigences spécifiques au fil-machine en acier effervescent ou pseudo-effervescent à bas carbone (ISO 16120-3:2011);
Version allemande EN ISO 16120-3:2011

Gesamtumfang 10 Seiten

Normenausschuss Eisen und Stahl (FES) im DIN

Nationales Vorwort

Dieser Text von ISO 16120-3:2011 wurde vom Technischen Komitee ISO/TC 17 „Steel" der Internationalen Organisation für Normung (ISO) erarbeitet und als EN ISO 16120-3:2011 durch das Technische Komitee ECISS/TC 106 „Walzdraht und gezogener Draht" übernommen, dessen Sekretariat von AFNOR (Frankreich) gehalten wird.

Das zuständige deutsche Normungsgremium ist der Unterausschuss NA 021-00-08-02 UA „Walzdraht zum Ziehen" des Normenausschusses Eisen und Stahl (FES).

Änderungen

Gegenüber DIN EN 10016-3:1995-04 wurden folgende Änderungen vorgenommen:

a) Normative Verweisungen aktualisiert;

b) Tabelle 1 „Chemische Zusammensetzung": Mindestgehalt an Mn für Stahlsorte C2D1 von 0,20 % auf 0,10 % abgesenkt; neue Option für die Absenkung des Höchstgehaltes an Silizium;

c) Tabelle 3 „Grenzwerte für die Tiefe von Fehlstellen": neue Aufteilung und neue Werte;

d) neue Abschnitte: 5.7 „Eigenschaften von Zunderschicht" und 5.8 „Mechanische Beschädigungen";

e) neuer Anhang A: „Vergleichbare Stahlbezeichnungen nach nationalen oder regionalen Normen";

f) redaktionelle Überarbeitung.

Frühere Ausgaben

DIN EN 10016-3: 1995-04

2

EUROPÄISCHE NORM

EUROPEAN STANDARD

NORME EUROPÉENNE

EN ISO 16120-3

Juli 2011

ICS 77.140.60

Ersatz für EN 10016-3:1994

Deutsche Fassung

Walzdraht aus unlegiertem Stahl zum Ziehen —
Teil 3: Besondere Anforderungen an Walzdraht aus unberuhigtem und ersatzunberuhigtem Stahl mit niedrigem Kohlenstoffgehalt
(ISO 16120-3:2011)

Non-alloy steel wire rod for conversion to wire —
Part 3: Specific requirements for rimmed and rimmed
substitute, low-carbon steel wire rod
(ISO 16120-3:2011)

Fil-machine en acier non allié destiné à la fabrication de fils
—
Partie 3: Exigences spécifiques au fil-machine en acier
effervescent ou pseudo-effervescent à bas carbone
(ISO 16120-3:2011)

Diese Europäische Norm wurde vom CEN am 30. Juni 2011 angenommen.

Die CEN-Mitglieder sind gehalten, die CEN/CENELEC-Geschäftsordnung zu erfüllen, in der die Bedingungen festgelegt sind, unter denen dieser Europäischen Norm ohne jede Änderung der Status einer nationalen Norm zu geben ist. Auf dem letzten Stand befindliche Listen dieser nationalen Normen mit ihren bibliographischen Angaben sind beim Management-Zentrum des CEN-CENELEC oder bei jedem CEN-Mitglied auf Anfrage erhältlich.

Diese Europäische Norm besteht in drei offiziellen Fassungen (Deutsch, Englisch, Französisch). Eine Fassung in einer anderen Sprache, die von einem CEN-Mitglied in eigener Verantwortung durch Übersetzung in seine Landessprache gemacht und dem Management-Zentrum mitgeteilt worden ist, hat den gleichen Status wie die offiziellen Fassungen.

CEN-Mitglieder sind die nationalen Normungsinstitute von Belgien, Bulgarien, Dänemark, Deutschland, Estland, Finnland, Frankreich, Griechenland, Irland, Island, Italien, Kroatien, Lettland, Litauen, Luxemburg, Malta, den Niederlanden, Norwegen, Österreich, Polen, Portugal, Rumänien, Schweden, der Schweiz, der Slowakei, Slowenien, Spanien, der Tschechischen Republik, Ungarn, dem Vereinigten Königreich und Zypern.

EUROPÄISCHES KOMITEE FÜR NORMUNG
EUROPEAN COMMITTEE FOR STANDARDIZATION
COMITÉ EUROPÉEN DE NORMALISATION

Management-Zentrum: Avenue Marnix 17, B-1000 Brüssel

Inhalt

Seite

2

Vorwort

Dieses Dokument (EN ISO 16120-3:2011) wurde vom Technischen Komitee ISO/TC 17 „Steel" in Zusammenarbeit mit dem Technischen Komitee ECISS/TC 106 „Walzdraht und gezogener Draht" erarbeitet, dessen Sekretariat vom AFNOR gehalten wird.

Diese Europäische Norm muss den Status einer nationalen Norm erhalten, entweder durch Veröffentlichung eines identischen Textes oder durch Anerkennung bis Januar 2012 und etwaige entgegenstehende nationale Normen müssen bis Januar 2012 zurückgezogen werden.

Es wird auf die Möglichkeit hingewiesen, dass einige Texte dieses Dokuments Patentrechte berühren können. CEN [und/oder CENELEC] sind nicht dafür verantwortlich, einige oder alle diesbezüglichen Patentrechte zu identifizieren.

Dieses Dokument ersetzt EN 10016-3:1994.

Entsprechend der CEN/CENELEC-Geschäftsordnung sind die nationalen Normungsinstitute der folgenden Länder gehalten, diese Europäische Norm zu übernehmen: Belgien, Bulgarien, Dänemark, Deutschland, Estland, Finnland, Frankreich, Griechenland, Irland, Island, Italien, Kroatien, Lettland, Litauen, Luxemburg, Malta, Niederlande, Norwegen, Österreich, Polen, Portugal, Rumänien, Schweden, Schweiz, Slowakei, Slowenien, Spanien, Tschechische Republik, Ungarn, Vereinigtes Königreich und Zypern.

Anerkennungsnotiz

Der Text von ISO 16120-3:2011 wurde vom CEN als EN ISO 16120-3:2011 ohne irgendeine Abänderung genehmigt.

3

1 Anwendungsbereich

Dieser Teil der ISO 16120 gilt für Walzdraht aus unberuhigtem und ersatzunberuhigtem Stahl mit niedrigen Gehalten an Kohlenstoff und Silizium und mit hoher Verformbarkeit zum Ziehen und/oder Kaltwalzen.

2 Normative Verweisungen

Die folgenden zitierten Dokumente sind für die Anwendung dieses Dokuments erforderlich. Bei datierten Verweisungen gilt nur die in Bezug genommene Ausgabe. Bei undatierten Verweisungen gilt die letzte Ausgabe des in Bezug genommenen Dokuments (einschließlich aller Änderungen).

ISO 377, *Steel and steel products — Location and preparation of samples and test pieces for mechanical testin*

ISO 404, *Steel and steel products — general technical delivery requirements*

ISO 4885, *Ferrous products — Heat treatments — Vocabulary*

ISO 4948-1, *Steels — Classification — Part 1: Classification of steels into unalloyed and alloy steels based on chemical composition*

ISO 4948-2, *Steels — Classification — Part 2: Classification of unalloyed and alloy steels according to main quality classes and main property or application characteristics*

ISO/TS 4949, *Steel names based on letter symbols*

ISO 4967, *Steel — Determination of content of nonmetallic inclusions — Micrographic method using standard diagrams*

ISO 6929, *Steel products — Definitions and classification*

ISO 16120-1:2011, *Non-alloy steel wire rod for conversion to wire — Part 1: General requirements*

3 Begriffe

Für die Anwendung dieses Dokumentes gelten die Begriffe nach ISO 377, ISO 404, ISO 4885, ISO 4948-1, ISO 4948-2 und ISO 6929 und die folgenden Begriffe:

3.1
ersatzunberuhigter Stahl
im Strang vergossener Stahl bestimmt als Ersatz für unberuhigten Stahl zum Ziehen und Umformen

4 Bezeichnung

C##D1 — „C" ist die Bezeichnung für nicht legierten Stahl zum Ziehen (siehe ISO/TS 4949); „##" ist der Mittelwert des Kohlenstoffgehaltes; „D" ist die Bezeichnung für „Ziehen"; „1" ist die Bezeichnung für unberuhigten Stahl.

5 Anforderungen

5.1 Allgemeines

Wegen der allgemeinen Anforderungen siehe ISO 16120-1.

Stähle nach diesem Teil der ISO 16120 sind nach chemischer Zusammensetzung zu bestellen. Der Besteller muss die Werkstoffbezeichnung nach Spalte 1 in Tabelle 1 angeben.

4

5.2 Chemische Zusammensetzung

Für die chemische Zusammensetzung nach der Schmelzenanalyse gelten die in Tabelle 1 angegebenen Werte. Die Grenzabweichungen der Stückanalyse zu der Schmelzenanalyse für ersatzunberuhigte Stähle sind der Tabelle 2 zu entnehmen. Die Werte in Tabelle 2 gelten nicht für unberuhigte Stähle.

Table 1 — Chemische Zusammensetzung (Schmelzenanalyse)[a]

Stahlsorte[b]	Schmelzenanalyse										
	C	Si[c]	Mn	P	S	Cr[d]	Ni[d]	Mo	Cu[d]	Al[e]	N
	% max.	% max.	%	% max.	% max.	% max.	% max.	% max.	% max.	% max.	% max.
C2D1	0,03	0,05	0,10-0,35	0,020	0,020	0,10	0,10	0,03	0,10	0,01	0,007
C3D1	0,05	0,05	0,20-0,40	0,025	0,025	0,10	0,10	0,03	0,15	0,05	—
C4D1	0,06	0,10	0,20-0,45	0,025	0,025	0,15	0,15	0,03	0,15	0,05	—

[a] In dieser Tabelle nicht aufgeführte Elemente dürfen dem Stahl, außer zum Fertigbehandeln der Schmelze, ohne Zustimmung des Bestellers nicht absichtlich zugegeben werden.

[b] Unlegierter Edelstahl nach ISO 4948-1 und ISO 4948-2.

[c] Bei der Bestellung kann ein niedrigerer Höchstwert für den Siliziumgehalt vereinbart werden.

[d] Die Summe folgender Elemente Cu + Ni + Cr darf folgende Höchstwerte nicht überschreiten:
für Stahlsorte C2D1, 0,25 %;
für Stahlsorte C3D1, 0,30 %;
für Stahlsorte C4D1, 0,35 %.

[e] Für Stahlsorten C3D1 und C4D1 kann bei der Bestellung ein niedrigerer Höchstwert vereinbart werden.

Table 2 — Grenzabweichung der Stückanalyse zu der Schmelzanalyse

Element	Stahlsorte	Grenzabweichung der Stückanalyse %
C	C2D1	+0,01
	C3D1 bis C4D1	+0,02
Si	C2D1 bis C3D1	+0,02
	C4D1	+0,04
Mn	alle Sorten	±0,05
P und S	alle Sorten	+0,005

5.3 Innere und äußere Beschaffenheit

Der Walzdraht darf keine inneren und/oder äußeren Unvollkommenheiten wie: Lunker, Seigerungen, Risse, Überwalzungen, Einwalzungen, Kerben, Schalen oder Walzgrate aufweisen, die seine sachgemäße Verwendung beeinträchtigen können.

5.4 Tiefe von Oberflächenfehlern

Der Walzdraht darf keine Fehlstellen von größerer Tiefe als die in Tabelle 3 angegebenen Werte aufweisen.

Diese Grenzwerte gelten für die entsprechend ausgewählte Prüfung nach ISO 16120-1:2011, 9.4.3 und 9.5.3.

Die Grenzwerte nach Tabelle 3 gelten nur für runden Walzdraht. Für andere Profile können die Grenzwerte für Fehlstellen bei der Bestellung vereinbart werden.

5

Tabelle 3 — Grenzwerte für die Tiefe von Oberflächenfehlern für runden Walzdraht

Maße in Millimeter

Nenndurchmesser d_N	Höchstzulässige Tiefe von Oberflächenfehlern – radiale Tiefe[a]	Höchstzulässige Länge von Oberflächenfehlern[b]
$5 \le d_N \le 12$	0,20	0,25
$d_N > 12$	0,25	0,30

[a] Die Tiefe von Oberflächenfehlern ist von der vorliegenden Oberfläche ausgehend in radialer Richtung zu messen.

[b] Die gemessene Länge der Fehlstellen.

Für Definitionen siehe ISO 16120-1:2011, Anhang B.

5.5 Nichtmetallische Einschlüsse

Das Verfahren zur Prüfung auf nichtmetallische Einschlüsse und die Bewertungskriterien sind bei der Bestellung zu vereinbaren, möglichst unter Bezugnahme auf ISO 4967.

5.6 Zugfestigkeit

Falls bei der Bestellung nicht anders vereinbart, gelten für Walzdraht von 5,5 mm Durchmesser und darüber die in Tabelle 4 angegebenen Höchstwerte der Zugfestigkeit.

Tabelle 4 — Zugfestigkeit

Werte in MPa

Stahlsorte	max. Zugfestigkeit
C2D1	360
C3D1	390
C4D1	nach Vereinbarung
ANMERKUNG 1 MPa = 1N/mm².	

5.7 Eigenschaften der Zunderschicht

Die Eigenschaften der Zunderschicht können bei der Bestellung vereinbart werden. Das kann als Zundermenge und/oder als Entzunderungsfähigkeit ausgewiesen werden.

5.8 Mechanische Beschädigungen

Der Walzdraht darf keine Reibschäden (als Folge der Reibung zwischen Walzdraht/Walzdraht, Walzdraht/Beton oder Walzdraht/Stahl) aufweisen, die die nachfolgende Bearbeitung und die Endanwendung negativ beeinträchtigen. Das zulässige Schadensbild kann bei der Bestellung vereinbart werden. Beispiele von mechanischen Beschädigungen sind in ISO 16120-1:2011, Anhang C, aufgezeigt.

6

Anhang A
(informativ)

Stahlsorten nach ISO 16120-3 und vergleichbare Stahlbezeichnungen nach nationalen oder regionalen Normen

Dieser Teil der ISO 16120 wird vom CEN ohne irgendeine Änderung übernommen. Die äquivalenten Europäischen Werkstoffnummern sind der Tabelle A.1, Spalte 2, zu entnehmen.

Tabelle A.1

ISO 16120-3		JIS		YB/T 170.3:2002	
Stahlsorte	Europäische Werkstoffnummer	Stahlsorte	n / nr / y[a]	Stahlsorte	n / nr / y[a]
C2D1	1.1185	–	–	C2D1	y
C3D1	1.1187	–	–	C3D1	y
C4D1	1.1188	–	–	C4D1	y
[a] Abweichung in der chemischen Zusammensetzung (Schmelzanalyse) zu ISO 16120-3: n = keine / nr = nicht relevant / y = relevant.					

7

Literaturhinweise

[1]   YB/T 170.3:2002, *Non-alloy steel wire rod for conversion to wire — Part 3: Specific requirements for rimmed and rimmed-substitute low-carbon steel wire rod*

8

	DIN EN ISO 16120-4	

ICS 77.140.65

Ersatz für
DIN EN 10016-4:1995-04

Walzdraht aus unlegiertem Stahl zum Ziehen –
Teil 4: Besondere Anforderungen an Walzdraht für Sonderanwendungen
(ISO 16120-4:2011);
Deutsche Fassung EN ISO 16120-4:2011

Non-alloy steel wire rod for conversion to wire –
Part 4: Specific requirements for wire rod for special applications (ISO 16120-4:2011);
German version EN ISO 16120-4:2011

Fil-machine en acier non allié destiné à la fabrication de fils –
Partie 4: Exigences spécifiques au fil-machine pour applications spéciales
(ISO 16120-4:2011);
Version allemande EN ISO 16120-4:2011

Gesamtumfang 13 Seiten

Normenausschuss Eisen und Stahl (FES) im DIN

Nationales Vorwort

Der Text von ISO 16120-4:2011 wurde vom Technischen Komitee ISO/TC 17 „Steel" der Internationalen Organisation für Normung (ISO) erarbeitet und als EN ISO 16120-4:2011 durch das Technische Komitee ECISS/TC 106 „Walzdraht und gezogener Draht" übernommen, dessen Sekretariat von AFNOR (Frankreich) gehalten wird.

Das zuständige deutsche Normungsgremium ist der Unterausschuss NA 021-00-08-02 UA „Walzdraht zum Ziehen" des Normenausschusses Eisen und Stahl (FES).

Änderungen

Gegenüber DIN EN 10016-4:1995-04 wurden folgende Änderungen vorgenommen:

a) Normative Verweisungen aktualisiert;

b) Tabelle 1 „Chemische Zusammensetzung": Angabe von Werkstoffnummern entfällt;

c) Fußnoten in Tabelle 1 überarbeitet: bei dem Zusatz von Mikrolegierungselementen Cr und V sind Werte angegeben; neue Regelung für Kohlenstoffgehalt; Ergänzung der Optionen für Mangangehalt mit Angabe des Mindestgehaltes; neue Option zur Erhöhung des Cr-Anteils; neue Angabe des Höchstanteils an Kupfer und Sn; neue Spanne für Aluminium; neue Option für die Spanne für Silizium; neue Option für die Aufnahme von Feinkornbaustählen;

d) Tabelle 2: neue Fußnote zu Grenzabweichung Schmelzanalyse/Stückanalyse;

e) Tabelle 3 „Grenzwerte für die Tiefe von Fehlstellen": Aufteilung, Werte und Fußnoten geändert;

f) Tabelle 4 „Grenzwerte für die Entkohlungstiefe": neue Aufteilung nach Klassen und neue Werte;

g) neue Festlegungen für die Prüfung auf nichtmetallischen Einschlüsse inkl. Angabe in Tabelle 5 von Grenzwerten;

h) neue Abschnitte: 4.9 „Eigenschaften von Zunderschicht", 4.10 „Mechanische Beschädigungen" und 4.11 „Mikrogefüge";

i) neuer Anhang A: „Vergleichbare Stahlbezeichnungen nach nationalen oder regionalen Normen";

j) redaktionelle Überarbeitung.

Frühere Ausgaben

DIN EN 10016-4: 1995-04

2

EUROPÄISCHE NORM

EUROPEAN STANDARD

NORME EUROPÉENNE

EN ISO 16120-4

Juli 2011

ICS 77.140.60

Ersatz für EN 10016-4:1994

Deutsche Fassung

Walzdraht aus unlegiertem Stahl zum Ziehen —
Teil 4: Besondere Anforderungen an Walzdraht für
Sonderanwendungen
(ISO 16120-4:2011)

Non-alloy steel wire rod for conversion to wire —
Part 4: Specific requirements for wire rod for special
applications
(ISO 16120-4:2011)

Fil-machine en acier non allié destiné à la fabrication de fils
—
Partie 4: Exigences spécifiques au fil-machine pour
applications spéciales
(ISO 16120-4:2011)

Diese Europäische Norm wurde vom CEN am 30. Juni 2011 angenommen.

Die CEN-Mitglieder sind gehalten, die CEN/CENELEC-Geschäftsordnung zu erfüllen, in der die Bedingungen festgelegt sind, unter denen dieser Europäischen Norm ohne jede Änderung der Status einer nationalen Norm zu geben ist. Auf dem letzten Stand befindliche Listen dieser nationalen Normen mit ihren bibliographischen Angaben sind beim Management-Zentrum des CEN-CENELEC oder bei jedem CEN-Mitglied auf Anfrage erhältlich.

Diese Europäische Norm besteht in drei offiziellen Fassungen (Deutsch, Englisch, Französisch). Eine Fassung in einer anderen Sprache, die von einem CEN-Mitglied in eigener Verantwortung durch Übersetzung in seine Landessprache gemacht und dem Management-Zentrum mitgeteilt worden ist, hat den gleichen Status wie die offiziellen Fassungen.

CEN-Mitglieder sind die nationalen Normungsinstitute von Belgien, Bulgarien, Dänemark, Deutschland, Estland, Finnland, Frankreich, Griechenland, Irland, Island, Italien, Kroatien, Lettland, Litauen, Luxemburg, Malta, den Niederlanden, Norwegen, Österreich, Polen, Portugal, Rumänien, Schweden, der Schweiz, der Slowakei, Slowenien, Spanien, der Tschechischen Republik, Ungarn, dem Vereinigten Königreich und Zypern.

EUROPÄISCHES KOMITEE FÜR NORMUNG
EUROPEAN COMMITTEE FOR STANDARDIZATION
COMITÉ EUROPÉEN DE NORMALISATION

Management-Zentrum: Avenue Marnix 17, B-1000 Brüssel

Inhalt

2

Vorwort

Dieses Dokument (EN ISO 16120-4:2011) wurde vom Technischen Komitee ISO/TC 17 „Steel" in Zusammenarbeit mit dem Technischen Komitee ECISS/TC 106 „Walzdraht und gezogener Draht" erarbeitet, dessen Sekretariat von AFNOR gehalten wird.

Diese Europäische Norm muss den Status einer nationalen Norm erhalten, entweder durch Veröffentlichung eines identischen Textes oder durch Anerkennung bis Januar 2012, und etwaige entgegenstehende nationale Normen müssen bis Januar 2012 zurückgezogen werden.

Es wird auf die Möglichkeit hingewiesen, dass einige Texte dieses Dokuments Patentrechte berühren können. CEN [und/oder CENELEC] sind nicht dafür verantwortlich, einige oder alle diesbezüglichen Patentrechte zu identifizieren.

Dieses Dokument ersetzt EN 10016-4:1994.

Entsprechend der CEN/CENELEC-Geschäftsordnung sind die nationalen Normungsinstitute der folgenden Länder gehalten, diese Europäische Norm zu übernehmen: Belgien, Bulgarien, Dänemark, Deutschland, Estland, Finnland, Frankreich, Griechenland, Irland, Island, Italien, Kroatien, Lettland, Litauen, Luxemburg, Malta, Niederlande, Norwegen, Österreich, Polen, Portugal, Rumänien, Schweden, Schweiz, Slowakei, Slowenien, Spanien, Tschechische Republik, Ungarn, Vereinigtes Königreich und Zypern.

Anerkennungsnotiz

Der Text von ISO 16120-4:2011 wurde vom CEN als EN ISO 16120-4:2011 ohne irgendeine Abänderung genehmigt.

3

1 Anwendungsbereich

Dieser Teil der ISO 16120 gilt für Walzdraht mit erhöhten Anforderungen zum Ziehen und/oder Kaltwalzen.

2 Normative Verweisungen

Die folgenden zitierten Dokumente sind für die Anwendung dieses Dokuments erforderlich. Bei datierten Verweisungen gilt nur die in Bezug genommene Ausgabe. Bei undatierten Verweisungen gilt die letzte Ausgabe des in Bezug genommenen Dokuments (einschließlich aller Änderungen).

ISO 4948-1, *Steels — Classification — Part 1: Classification of steels into unalloyed and alloy steels based on chemical composition*

ISO 4948-2, *Steels — Classification — Part 2: Classification of unalloyed and alloy steels according to main quality classes and main property or application characteristics*

ISO/TS 4949, *Steel names based on letter symbols*

ISO 4967, *Steel — Determination of content of nonmetallic inclusions — Micrographic method using standard diagrams*

ISO 16120-1:2011, *Non-alloy steel wire rod for conversion to wire — Part 1: General requirements*

ISO 16120-2:2011, *Non-alloy steel wire rod for conversion to wire — Part 2: Specific requirements for general purpose wire rod*

ASTM E45, *Standard Test Methods for Determining the Inclusion Content of Steel*

3 Bezeichnung

C##D2 – „C" ist die Bezeichnung für nicht legierten Stahl (siehe ISO/TS 4949); „##" ist der Mittelwert des Kohlenstoffgehaltes; „D" ist die Bezeichnung für „Ziehen"; „2" ist die Bezeichnung für Walzdraht mit erhöhten Anforderungen.

Falls die Stähle anhand der chemischen Zusammensetzung bestellt werden, ist der Mittelwert „##" entsprechend der Stahlsorten nach Spalte 1 in Tabelle 1, von dem Besteller anzugeben.

Die Stähle können auch anhand der Zugfestigkeit bestellt werden. Der Mittelwert des angeforderten Zugfestigkeitsbereiches (UTS, en: Ultimate Tensile Strength) ist als Suffix zu der Stahlsortenbezeichnung anzugeben. Zum Beispiel in der Bezeichnung C##D2 – 1020 ist der Mittelwert des Zugfestigkeitsbereiches 1020 MPa. Bei der Bestellung anhand der Zugfestigkeit ist unter der Bezeichnung „##" keine Angabe zu machen, da in diesem Fall die genaue Angabe „##" des Kohlenstoffgehaltes, gemäß Stahlsorte, vom Hersteller gemacht wird. Für Stahlsorten, siehe ISO 16120-2:2011, Tabelle 1.

4 Anforderungen

4.1 Allgemeines

Wegen der allgemeinen Anforderungen siehe ISO 16120-1.

4.2 Chemische Zusammensetzung

Für die chemische Zusammensetzung nach der Schmelzenanalyse gelten die in Tabelle 1 angegebenen Werte. Die Grenzabweichungen der Stückanalyse zu der Schmelzenanalyse sind der Tabelle 2 zu entnehmen.

4

Tabelle 1 — Chemische Zusammensetzung (Schmelzenanalyse)[a]

Stahlsorte[b]	Schmelzenanalyse										
	C[c] %	Si[d, j] %	Mn[e] %	P % max.	S % max.	Cr[f] % max.	Ni[f] % max.	Mo % max.	Cu[f, g] % max.	Al[h] % max.	N[i] % max.
C3D2	≤0,05	≤0,30	0,30-0,50	0,020	0,025	0,10	0,10	0,05	0,15	0,01	0,007
C5D2	≤0,07	≤0,30	0,30-0,50	0,020	0,025	0,10	0,10	0,05	0,15	0,01	0,007
C8D2	0,06-0,10	≤0,30	0,30-0,50	0,020	0,025	0,10	0,10	0,05	0,15	0,01	0,007
C10D2	0,08-0,12	≤0,30	0,30-0,50	0,020	0,025	0,10	0,10	0,05	0,15	0,01	0,007
C12D2	0,10-0,14	≤0,30	0,30-0,50	0,020	0,025	0,10	0,10	0,05	0,15	0,01	0,007
C15D2	0,13-0,17	≤0,30	0,30-0,50	0,020	0,025	0,10	0,10	0,05	0,15	0,01	0,007
C18D2	0,16-0,20	≤0,30	0,30-0,50	0,020	0,025	0,10	0,10	0,05	0,15	0,01	0,007
C20D2	0,18-0,23	≤0,30	0,30-0,50	0,020	0,025	0,10	0,10	0,05	0,15	0,01	0,007
C26D2	0,24-0,29	0,10-0,30	0,50-0,70	0,020	0,025	0,10	0,10	0,03	0,15	0,01	0,007
C32D2	0,30-0,34	0,10-0,30	0,50-0,70	0,020	0,025	0,10	0,10	0,03	0,15	0,01	0,007
C36D2	0,34-0,38	0,10-0,30	0,50-0,70	0,020	0,025	0,10	0,10	0,03	0,15	0,01	0,007
C38D2	0,36-0,40	0,10-0,30	0,50-0,70	0,020	0,025	0,10	0,10	0,03	0,15	0,01	0,007
C40D2	0,38-0,42	0,10-0,30	0,50-0,70	0,020	0,025	0,10	0,10	0,03	0,15	0,01	0,007
C42D2	0,40-0,44	0,10-0,30	0,50-0,70	0,020	0,025	0,10	0,10	0,03	0,15	0,01	0,007
C46D2	0,44-0,48	0,10-0,30	0,50-0,70	0,020	0,025	0,10	0,10	0,03	0,15	0,01	0,007
C48D2	0,46-0,50	0,10-0,30	0,50-0,70	0,020	0,025	0,10	0,10	0,03	0,15	0,01	0,007
C50D2	0,48-0,52	0,10-0,30	0,50-0,70	0,020	0,025	0,10	0,10	0,03	0,15	0,01	0,007
C52D2	0,50-0,54	0,10-0,30	0,50-0,70	0,020	0,025	0,10	0,10	0,03	0,15	0,01	0,007
C56D2	0,54-0,58	0,10-0,30	0,50-0,70	0,020	0,025	0,10	0,10	0,03	0,15	0,01	0,007
C58D2	0,56-0,60	0,10-0,30	0,50-0,70	0,020	0,025	0,10	0,10	0,03	0,15	0,01	0,007
C60D2	0,58-0,62	0,10-0,30	0,50-0,70	0,020	0,025	0,10	0,10	0,03	0,15	0,01	0,007
C62D2	0,60-0,64	0,10-0,30	0,50-0,70	0,020	0,025	0,10	0,10	0,03	0,15	0,01	0,007
C66D2	0,64-0,68	0,10-0,30	0,50-0,70	0,020	0,025	0,10	0,10	0,03	0,15	0,01	0,007
C68D2	0,66-0,70	0,10-0,30	0,50-0,70	0,020	0,025	0,10	0,10	0,03	0,15	0,01	0,007
C70D2	0,68-0,72	0,10-0,30	0,50-0,70	0,020	0,025	0,10	0,10	0,03	0,15	0,01	0,007
C72D2	0,70-0,74	0,10-0,30	0,50-0,70	0,020	0,025	0,10	0,10	0,03	0,15	0,01	0,007
C76D2	0,74-0,78	0,10-0,30	0,50-0,70	0,020	0,025	0,10	0,10	0,03	0,15	0,01	0,007
C78D2	0,76-0,80	0,10-0,30	0,50-0,70	0,020	0,025	0,10	0,10	0,03	0,15	0,01	0,007
C80D2	0,78-0,82	0,10-0,30	0,50-0,70	0,020	0,025	0,10	0,10	0,03	0,15	0,01	0,007
C82D2	0,80-0,84	0,10-0,30	0,50-0,70	0,020	0,025	0,10	0,10	0,03	0,15	0,01	0,007
C86D2	0,84-0,88	0,10-0,30	0,50-0,70	0,020	0,025	0,10	0,10	0,03	0,15	0,01	0,007
C88D2	0,86-0,90	0,10-0,30	0,50-0,70	0,020	0,025	0,10	0,10	0,03	0,15	0,01	0,007
C92D2	0,90-0,94	0,10-0,30	0,50-0,70	0,020	0,025	0,10	0,10	0,03	0,15	0,01	0,007
C98D2	0,96-1,00	0,10-0,30	0,50-0,70	0,020	0,025	0,10	0,10	0,03	0,15	0,01	0,007

Nach Vereinbarung bei Bestellung können Feinkornbaustähle spezifiziert werden. Die entsprechende Vereinbarung kann Bezug nehmen auf eine vereinbarte Anforderung deren Erfüllung den Einsatz von Al, Nb oder V, allein oder in Kombination, voraussetzt.

[a] In dieser Tabelle nicht aufgeführte Elemente dürfen dem Stahl, außer zum Fertigbehandeln der Schmelze, ohne Zustimmung des Bestellers nicht absichtlich zugegeben werden. Falls bei der Bestellung vereinbart, können Anteile von Cr ≤ 0,30 % und V von 0,05 % bis 0,10 %, allgemein bekannt als Zusatz von Mikrolegierungen, zugefügt werden.

[b] Unlegierter Edelstahl nach ISO 4948-2.

[c] Für Stahlsorten C32D2 bis C98D2 kann die Spanne für Kohlenstoff entweder durch Absenkung des unteren Grenzwertes oder durch Erhöhung des oberen Grenzwertes, um 0,01 % erhöht werden, falls bei der Bestellung vereinbart.

[d] Für Walzdraht bestimmt zum Verzinken sollte der Mindestanteil für Silizium bei der Bestellung festgelegt werden.

[e] Für den Mangangehalt kann bei der Bestellung ein von der Tabelle abweichender Bereich mit einer Spanne von 0,20 %, vereinbart werden. Der Höchstwert darf 1,20 % nicht überschreiten und der Mindestwert darf 0,30 % nicht unterschreiten.

[f] Die Summe Cu + Ni + Cr darf 0,30 % nicht überschreiten, ausgenommen wenn auf Verlangen des Bestellers der Chromanteil erhöht wird.

[g] Die Summe Cu + Sn darf 0,15 % nicht überschreiten. Für bestimmte Anwendungen kann der Kupfergehalt auf max. 0,12 % festgelegt werden. In diesem Fall darf der Gehalt an Sn 0,03 % nicht überschreiten.

[h] Nach Vereinbarung bei Bestellung kann für Aluminium ein Bereich von 0,02 % bis 0,06 % festgelegt werden. Auf Verlangen kann dann für Silizium ein Wert von ≤ 0,10 % festgelegt werden.

[i] Falls einen Aluminiumanteil entsprechend Fußnote h) festgelegt ist, dann ist der Grenzwert für Stickstoff N bei der Bestellung zu vereinbaren.

[j] Nach Vereinbarung bei Bestellung kann für Silizium eine andere Spanne vereinbart werden.

5

Tabelle 2 — Grenzabweichungen der Stückanalyse zu der Schmelzenanalyse[a]

Element	Stahlsorte	Grenzabweichung der Stückanalyse %
C	C3D2 bis C20D2	± 0,02
	C26D2 und C82D2	± 0,03
	C86D2 bis C98D2	± 0,04
Si	alle Sorten	± 0,04
Mn	alle Sorten	± 0,06
P und S	alle Sorten	+ 0,005

[a] Falls bei der Bestellung vereinbart, müssen die Grenzabweichungen für Kohlenstoff auf die in Tabelle 1 angegebenen Werte für die Schmelzanalyse Bezug nehmen.

4.3 Innere und äußere Beschaffenheit

Der Walzdraht darf keine inneren und/oder äußeren Unvollkommenheiten wie Lunker, Risse, Überwalzungen, Einwalzungen, Splitter, Schalen oder Walzgrate aufweisen, die seine sachgemäße Verwendung beeinträchtigen können.

4.4 Tiefe von Oberflächenfehlern

Der Walzdraht darf keine Fehlstellen von größerer Tiefe als die in Tabelle 3 angegebenen Werte aufweisen.

Diese Grenzwerte gelten für die entsprechende ausgewählte Prüfung nach ISO 16120-1:2011, 9.4.3 und 9.5.3.

Die Grenzwerte der Tabelle 3 gelten nur für runden Walzdraht. Für andere Profile können Grenzwerte für Fehlstellen bei der Bestellung vereinbart werden.

Tabelle 3 — Grenzwerte für die Tiefe von Oberflächenfehlern für runden Walzdraht

Maße in Millimeter

Nenndurchmesser d_N	Höchstzulässige Tiefe von Oberflächenfehlern – radiale Tiefe[a]	Höchstzulässige Länge von Oberflächenfehlern[b, c]
$5 \leq d_N \leq 12$	0,15	0,20
$d_N > 12$	0,20	0,25

[a] Die Tiefe von Oberflächenfehlern ist von der vorliegenden Oberfläche ausgehend in radialen Richtung zu messen.

[b] Die gemessene Länge der Fehlstellen.
Für Definitionen siehe ISO 16120-1:2011, Anhang B.

[c] Die Prüfung für die max. reale Länge der Fehlstellen kann ausgesetzt werden, falls bei der Bestellung vereinbart.

6

4.5 Entkohlungstiefe

Die im Folgenden beschriebenen Festlegungen für die Entkohlungstiefe und die zugehörigen Prüfungen gelten nur für die Stahlsorten C42D2 bis C98D2.

4.5.1 Auskohlung

Der Walzdraht darf keine Auskohlung aufweisen.

4.5.2 Abkohlung

Der Walzdraht darf keine Abkohlung aufweisen, die größer ist als die in Tabelle 4 angegebenen Werte.

Die Einzelmessungen dürfen den zweifachen Grenzwert nach Tabelle 4 nicht überschreiten.

Die Grenzwerte gelten für die in ISO 16120-1:2011, Abschnitt 9.5.4, beschriebene Prüfung.

Bei der Bestellung ist die Klasse A oder Klasse B nach Tabelle 4 zu spezifizieren. Falls bei der Bestellung keine entsprechende Angabe gemacht wird, gelten die Grenzwerte nach Klasse A.

Tabelle 4 — Grenzwerte der Abkohlungstiefe

Maße in Millimeter

Nenndurchmesser	Grenzwerte[a]	
d_N	A	B
$5 \le d_N \le 8$	0,10	0,08
$8 < d_N \le 30$	1,2 % d_N	1,0 % d_N
[a] Bei der Bestellung können auch andere Grenzwerte für die Abkohlung vereinbart werden.		

4.6 Nichtmetallische Einschlüsse

Falls bei der Bestellung vereinbart, ist die Prüfung auf nichtmetallischen Einschlüsse durchzuführen. Das Bewertungsverfahren und die Bewertungskriterien sind unter Bezugnahme auf das „ungünstigste Feld" nach ISO 4967 (Verfahren A) oder ASTM E45 (Verfahren A) und unter Anwendung eines Bewertungsgrades von 0 bis 5 (JK Parameter) festzulegen. Der schlechteste Wert jedes Einschlusses ist aufzunehmen und ein Mittelwert ist zu errechnen. Die zulässigen Grenzwerte sind der Tabelle 5 zu entnehmen.

Tabelle 5 — Grenzwerte für nichtmetallische Einschlüsse

Einschlusstyp[a]	Dünn		Dick	
	Schlecht	Mittel	Schlecht	Mittel
A	4	2	3	1,5
B	3	2	2	1,0
C	4	2	3	1,5
D	3	2	2	1,0
DS	–	–	2,5	1,0
[a] Einschlusstypen nach ISO 4967.				

7

4.7 Kernseigerung

Falls bei der Bestellung vereinbart, ist Walzdraht der Sorte C60D2 oder aus Sorten mit höherem Kohlenstoffgehalt auf Kernseigerungen zu prüfen. Nicht mehr als 10 % der Probenabschnitte dürfen Klasse 4 entsprechen; Klasse 5 ist unzulässig (siehe ISO 16120-1:2011, Anhang A). Es wird empfohlen, diese Bewertung als Teil des Qualitätssicherungssystems vorzunehmen.

4.8 Zugfestigkeit

Bei Angabe der chemischen Zusammensetzung, falls vom Kunden bei der Bestellung verlangt, muss der Hersteller Anhaltswerte der Zugfestigkeit mitteilen.

Bei Angabe der Zugfestigkeit, gelten die Bezeichnungen nach Abschnitt 3. Die Streuung der bei der Bestellung vereinbarten Werte darf die in Tabelle 6 angegebenen Werte nicht überschreiten.

Tabelle 6 — Zulässige Abweichung der Zugfestigkeit

Stahlsorte	Zulässige Abweichung[a] MPa
C3D2 bis C20D2	±80
C26D2 bis C70D2	±100
C72D2 bis C98D2	±120
[a] Die Spanne für die Zugfestigkeitsabweichung kann bei der Bestellung reduziert werden.	

4.9 Eigenschaften der Zunderschicht

Die Eigenschaften der Zunderschicht können bei der Bestellung vereinbart werden. Das kann als Zundermenge und/oder als Entzunderungsfähigkeit ausgewiesen werden.

4.10 Mechanische Beschädigungen

Der Walzdraht darf keine Reibschäden (als Folge der Reibung zwischen Walzdraht/Walzdraht, Walzdraht/Beton oder Walzdraht/Stahl) aufweisen, die die nachfolgende Bearbeitung und die Endanwendung negativ beeinträchtigen. Das zulässige Schadensbild kann bei der Bestellung vereinbart werden. Beispiele von mechanischen Beschädigungen sind in ISO 16120-1, Anhang C, aufgezeigt.

4.11 Mikrogefüge

Falls für Draht zum Direktzug vereinbart, muss das Gefüge für Stahlsorten mit einem C-Gehalt ≥ 0,40 % und Nenndurchmesser < 16 mm aus gleichmäßigem, feinem Perlit bestehen. Der Höchstanteil an mikroskopisch auflösbarem Perlit darf die in Tabelle 7 angegebenen Grenzwerte nicht überschreiten.

Bei Stahlsorten, bei denen der Chromanteil nicht erhöht wurde, darf das Mikrogefüge kein Martensit und Bainit aufweisen. Bei Stahlsorten mit erhöhtem Chromanteil sind isolierte Martensitkörner erlaubt.

Das Prüfverfahren für die Messung des Anteils an mikroskopisch auflösbarem Perlit ist in ISO 16120-1:2011, Anhang D, beschrieben.

Tabelle 7 — Grenzwerte für mikroskopisch auflösbaren Perlit %

Kohlenstoff C %	Grenzwert für mikroskopisch auflösbaren Perlit %
0,40 < C ≤ 0,70	30
0,70 < C ≤ 0,80	25

Anhang A
(informativ)

Stahlsorten nach ISO 16120-4 und vergleichbare Stahlbezeichnungen nach nationalen oder regionalen Normen

Dieser Teil der ISO 16120 wird vom CEN ohne irgendeine Änderung übernommen. Die äquivalenten Europäischen Werkstoffnummern sind der Tabelle A.1, Spalte 2, zu entnehmen.

Tabelle A.1

ISO 16120-4		JIS G 3502		YB/T 170.4:2002	
Stahlsorte	Europäische Werkstoffnummer	Stahlsorte	n / nr / y[a]	Stahlsorte	n / nr / y[a]
C3D2	1.1110	—	—	C3D2	y
C5D2	1.1111	—	—	C5D2	y
C8D2	1.1113	—	—	C8D2	y
C10D2	1.1114	—	—	C10D2	y
C12D2	1.1124	—	—	C12D2	y
C15D2	1.1126	—	—	C15D2	y
C18D2	1.1129	—	—	C18D2	y
C20D2	1.1137	—	—	C20D2	y
C26D2	1.1139	—	—	C26D2	y
C32D2	1.1143	—	—	C32D2	y
C36D2	1.1145	—	—	C36D2	y
C38D2	1.1150	—	—	C38D2	y
C40D2	1.1153	—	—	C40D2	y
C42D2	1.1154	—	—	C42D2	y
C46D2	1.1162	—	—	C46D2	y
C48D2	1.1164	—	—	C48D2	y
C50D2	1.1171	—	—	C50D2	y
C52D2	1.1202	—	—	C52D2	y
C56D2	1.1220	—	—	C56D2	y
C58D2	1.1212	—	—	C58D2	y
C60D2	1.1228	—	—	C60D2	y
C62D2	1.1222	SWRS62A	nr	C62D2	y
		SWRS62B			
C66D2	1.1236	—	—	C66D2	y
C68D2	1.1232	SWRS67A	nr	C68D2	y
		SWRS67B			

9

Tabelle A.1 *(fortgesetzt)*

ISO 16120-4		JIS G 3502		YB/T 170.4:2002	
Stahlsorte	Europäische Werkstoffnummer	Stahlsorte	n / nr / y[a]	Stahlsorte	n / nr / y[a]
C70D2	1.1251	—	—	C70D2	y
C72D2	1.1242	SWRS72A	nr	C72D2	y
		SWRS72B			
C76D2	1.1253	SWRS75A	nr	C76D2	y
		SWRS75B			
C78D2	1.1252	SWRS77A	nr	C78D2	y
		SWRS77B			
C80D2	1.1255	SWRS80A	nr	C80D2	y
		SWRS80B			
C82D2	1.1262	SWRS82A	nr	C82D2	y
		SWRS82B			
C86D2	1.1265	—	—	C86D2	y
C88D2	1.0628	SWRS87A	nr	C88D2	y
		SWRS87B			
C92D2	1.1282	SWRS92A	nr	C92D2	y
		SWRS92B			
C98D2	1.1283	—	—	C98D2	y

[a] Abweichung in der chemischen Zusammensetzung (Schmelzanalyse) zu ISO 16120-4:
n = keine / nr = nicht relevant / y = relevant.

Literaturhinweise

[1]   ISO 9443, *Heat-treatable and alloy steels — surface quality classes for hot-rolled round bars and wire rods — technical delivery condition*s

[2]   JIS G 3502, *Piano wire rods*

[3]   YB/T 170.4:2002, *Non-alloy steel wire rod for conversion to wire — Part 4: Specific requirements for wire rod for special applications*

11

Druckfehlerberichtigung

Folgende Druckfehlerberichtigung wurde in den DIN-Mitteilungen + elektronorm zu der in diesem DIN-Taschenbuch enthaltenen Norm veröffentlicht.

Die abgedruckte Norm entspricht der Originalfassung und wurde nicht korrigiert. In Folgeausgaben wird der aufgeführte Druckfehler berichtigt.

DIN EN 10250-4:2000-02

Im Nationalen Vorwort zur DIN EN 10250-4 muss der Punkt c) im Abschnitt „Änderungen" wie folgt richtig lauten:

c) Entfallen sind folgende Stahlsorten:

– Ferritische Stähle
  X6Cr13 (1.400); X3CrTi17 (1.4510); X6CrMoS17 (1.4105)

– Martensitische Stähle
  X14CrMoS17 (1.4104)

– Austenitische Stähle
  X4CrNi18-12 (1.4303); X8CrNiS18-9 (1.4305); X6CrNiMoNb17-12-2 (1.4580);
  X2CrNiMo18-15-4 (1.4438); X2CrNiMoN17-13-5 (1.4439).

Nach Norm-Nummern sortierte Auflistung von Normen aus dem Bereich Stahl und Eisen mit Angabe der Titel und mit Hinweisen auf vergleichbare Normen

[1] [2]	Dok.	Ausg.	Titel	Vergleichbar mit [2] [3]
	DIN 488-1	09-08	Betonstahl – Sorten, Eigenschaften, Kennzeichen	DIN EN 10080 ISO 6935-1 ISO 6935-2
28	DIN 488-2	09-08	Betonstahl – Betonstabstahl	
28	DIN 488-3	09-08	Betonstahl – Betonstahl in Ringen, Bewehrungsdraht	
28	DIN 488-4	09-08	Betonstahl – Betonstahlmatten	
28	DIN 488-5	09-08	Betonstahl – Gitterträger	
	DIN 488-6	10-01	Betonstahl – Übereinstimmungsnachweis	
28	DIN 536-1	91-09	Kranschienen; Maße, statische Werte, Stahlsorten für Kranschienen mit Fußflansch Form A	
28	DIN 536-2	74-12	Kranschienen, Form F (flach) – Maße, statische Werte, Stahlsorten	
28	DIN 1022	04-04	Stabstahl – Warmgewalzter gleichschenkliger scharfkantiger Winkelstahl (LS-Stahl) – Maße, Masse und Toleranzen	
28	DIN 1025-1	09-04	Warmgewalzte I-Träger – Teil 1: Schmale I-Träger, I-Reihe – Maße, Masse, statische Werte	
28	DIN 1025-2	95-11	Warmgewalzte I-Träger – Teil 2: I-Träger, IPB-Reihe; Maße, Masse, statische Werte	
28	DIN 1025-3	94-03	Warmgewalzte I-Träger – Teil 3: Breite I-Träger, leichte Ausführung, IPBl-Reihe; Maße, Masse, statische Werte	
28	DIN 1025-4	94-03	Warmgewalzte I-Träger – Teil 4: Breite I-Träger, verstärkte Ausführung, IPBv-Reihe; Maße, Masse, statische Werte	
28	DIN 1025-5	94-03	Warmgewalzte I-Träger – Teil 5: Mittelbreite I-Träger, IPE-Reihe; Maße, Masse, statische Werte	
28	DIN 1026-1	09-09	Warmgewalzter U-Profilstahl – Teil 1: U-Profilstahl mit geneigten Flanschflächen – Maße, Masse und statische Werte	
28	DIN 1026-2	02-10	Warmgewalzter U-Profilstahl – Teil 2: U-Profilstahl mit parallelen Flanschflächen; Maße, Masse und statische Werte	
28	DIN 1027	04-04	Stabstahl – Warmgewalzter rundkantiger Z-Stahl – Maße, Masse, Toleranzen, statische Werte	
401	DIN 1599	80-08	Kennzeichnungsarten für Stahl	
	DIN 1623	09-05	Kaltgewalztes Band und Blech – Technische Lieferbedingungen – Allgemeine Baustähle	ISO 4997
401	DIN 4000-23	88-12	Sachmerkmal-Leisten für Werkstoffe; Stahl und Eisen	
	DIN 5512-1	97-05	Werkstoffe für Schienenfahrzeuge – Stähle – Teil 1: Unlegierte und wetterfeste Baustähle, warmgewalzt; Auswahlnorm	
	DIN 5512-2	97-05	Werkstoffe für Schienenfahrzeuge – Stähle – Teil 2: Unlegierte Stähle für kaltgewalzte Flacherzeugnisse ≤ 3 mm Dicke; Auswahlnorm	
	DIN 5512-3	04-05	Werkstoffe für Schienenfahrzeuge – Stähle – Teil 3: Flacherzeugnisse aus nichtrostenden Stählen; Auswahlnorm	

[1) 2)]	Dok.	Ausg.	Titel	Vergleichbar mit [2) 3)]
	DIN 5512-4	97-05	Werkstoffe für Schienenfahrzeuge – Stähle – Teil 4: Feinkornbaustähle; Auswahlnorm	
	DIN 5902	95-11	Laschen für rillenlose Breitfußschienen – Maße und Stahlsorten	ISO 6305-1
	DIN 5904	95-11	Stahlschwellenprofile – Maße, statische Werte und Stahlsorten	ISO 6305-3
	DIN 5906	95-11	Klemmplatten für rillenlose Breitfußschienen – Maße und Stahlsorten	ISO 6305-2
28	DIN 6880	11-06	Blanker Keilstahl – Maße, Zulässige Abweichungen, Masse	
28	DIN 7527-6	75-02	Schmiedestücke aus Stahl – Bearbeitungszugaben und zulässige Abweichungen für freiformgeschmiedete Stäbe	
	DIN 15400	90-06	Lasthaken für Hebezeuge; Mechanische Eigenschaften, Werkstoffe, Tragfähigkeiten und vorhandene Spannungen	
	DIN 17115	12-07	Stähle für geschweißte Rundstahlketten und Ketten-Einzelteile – Technische Lieferbedingungen	
	DIN 17122	78-03	Stromschienen aus Stahl, für elektrische Bahnen – Technische Lieferbedingungen	
	DIN 17405	79-09	Weichmagnetische Werkstoffe für Gleichstromrelais – Technische Lieferbedingungen	
405	DIN 17470	84-10	Heizleiterlegierungen; Technische Lieferbedingungen für Rund- und Flachdrähte	
28	DIN 21530-2	03-05	Ausbau für den Bergbau – Teil 2: Maße, Bezeichnung und statische Werte	
28	DIN 59051	04-04	Stabstahl – Warmgewalzter scharfkantiger T-Stahl – Maße, Masse, Toleranzen	
28	DIN 59200	01-05	Flacherzeugnisse aus Stahl – Warmgewalzter Breitflachstahl – Maße, Masse, Grenzabmaße, Formtoleranzen und Grenzabweichungen der Masse	
28	DIN 59220	00-04	Flacherzeugnisse aus Stahl – Warmgewalztes Blech mit Mustern – Maße, Gewichte, Grenzabmaße, Formtoleranzen und Grenzabweichungen der Masse	
28	DIN 59231	03-11	Wellbleche und Pfannenbleche, oberflächenveredelt – Maße, Masse und statische Werte	
28	DIN 59350	08-06	Präzisionsflach- und -vierkantstahl – Maße, Masse, zulässige Abweichungen	
28	DIN 59370	08-06	Blanker gleichschenkliger scharfkantiger Winkelstahl – Maße, Masse, Grenzabmaße und Formtoleranzen	
402	DIN EN 39	01-11	Systemunabhängige Stahlrohre für die Verwendung in Trag- und Arbeitsgerüsten – Technische Lieferbedingungen; Deutsche Fassung EN 39:2001	
401	DIN EN 1559-1	11-05	Gießereiwesen – Technische Lieferbedingungen – Teil 1: Allgemeines; Deutsche Fassung EN 1559-1:2011	ISO 4990
401	DIN EN 1559-2	00-04	Gießereiwesen – Technische Lieferbedingungen – Teil 2: Zusätzliche Anforderungen an Stahlgussstücke; Deutsche Fassung EN 1559-2:2000	ISO 4990
401	DIN EN 1560	11-05	Gießereiwesen – Bezeichnungssystem für Gusseisen – Werkstoffkurzzeichen und Werkstoffnummern; Deutsche Fassung EN 1560:2011	

1) 2)	Dok.	Ausg.	Titel	Vergleichbar mit 2) 3)
401	DIN EN 10001	91-03	Begriffsbestimmung und Einteilung von Roheisen; Deutsche Fassung EN 10001:1990	ISO 9147
28	DIN EN 10017	05-01	Walzdraht aus Stahl zum Ziehen und/oder Kaltwalzen – Maße und Grenzabmaße; Deutsche Fassung EN 10017:2004	
401	DIN EN 10020	00-07	Begriffsbestimmungen für die Einteilung der Stähle; Deutsche Fassung EN 10020:2000	ISO 4948-1 ISO 4948-2
401	DIN EN 10021	07-03	Allgemeine technische Lieferbedingungen für Stahlerzeugnisse; Deutsche Fassung EN 10021:2006	ISO 404
28	DIN EN 10024	95-05	I-Profile mit geneigten inneren Flanschflächen – Grenzabmaße und Formtoleranzen; Deutsche Fassung EN 10024:1995	
402	DIN EN 10025-1	05-02	Warmgewalzte Erzeugnisse aus Baustählen – Teil 1: Allgemeine Lieferbedingungen; Deutsche Fassung EN 10025-1:2004	ISO 630 ISO 1052 ISO 4995 ISO 6316
402	DIN EN 10025-2	05-04	Warmgewalzte Erzeugnisse aus Baustählen – Teil 2: Technische Lieferbedingungen für unlegierte Baustähle; Deutsche Fassung EN 10025-2:2004	ISO 630 ISO 1052 ISO 4995 ISO 6316
402	DIN EN 10025-3	05-02	Warmgewalzte Erzeugnisse aus Baustählen – Teil 3: Technische Lieferbedingungen für normalgeglühte/ normalisierend gewalzte schweißgeeignete Feinkornbaustähle; Deutsche Fassung EN 10025-3:2004	ISO 4950-2 ISO 4951-2
402	DIN EN 10025-4	05-04	Warmgewalzte Erzeugnisse aus Baustählen – Teil 4: Technische Lieferbedingungen für thermomechanisch gewalzte schweißgeeignete Feinkornbaustähle; Deutsche Fassung EN 10025-4:2004	ISO 4950-2 ISO 4951-3
402	DIN EN 10025-5	05-02	Warmgewalzte Erzeugnisse aus Baustählen – Teil 5: Technische Lieferbedingungen für wetterfeste Baustähle; Deutsche Fassung EN 10025-5:2004	ISO 4952 ISO 5952
402	DIN EN 10025-6	09-08	Warmgewalzte Erzeugnisse aus Baustählen – Teil 5: Technische Lieferbedingungen für Flacherzeugnisse aus Stählen mit höherer Streckgrenze im vergüteten Zustand; Deutsche Fassung EN 10025-6:2004+A1:2009	ISO 4950-3
401	DIN EN 10027-1	05-10	Bezeichnungssysteme für Stähle; Teil 1: Kurznamen; Deutsche Fassung EN 10027-1:2005	ISO/TS 4949
401	DIN EN 10027-2	92-09	Bezeichnungssysteme für Stähle; Teil 2: Nummernsystem; Deutsche Fassung EN 10027-2:1992	
403/2	DIN EN 10028-1	09-07	Flacherzeugnisse aus Druckbehälterstählen – Teil 1: Allgemeine Anforderungen; Deutsche Fassung EN 10028-1:2007+A1:2009	ISO 9328-1
403/2	DIN EN 10028-2	09-09	Flacherzeugnisse aus Druckbehälterstählen – Teil 2: Unlegierte und legierte Stähle mit festgelegten Eigenschaften bei erhöhten Temperaturen; Deutsche Fassung EN 10028-2 :2009	ISO 9328-2
403/2	DIN EN 10028-3	09-09	Flacherzeugnisse aus Druckbehälterstählen; Teil 3: Schweißgeeignete Feinkornbaustähle, normalgeglüht; Deutsche Fassung EN 10028-3:2009	ISO 9328-3
403/2	DIN EN 10028-4	09-09	Flacherzeugnisse aus Druckbehälterstählen – Teil 4: Nickellegierte kaltzähe Stähle; Deutsche Fassung EN 10028-4:2009	ISO 9328-4
403/2	DIN EN 10028-5	09-09	Flacherzeugnisse aus Druckbehälterstählen – Teil 5: Schweißgeeignete Feinkornbaustähle, thermomechanisch gewalzt; Deutsche Fassung EN 10028-5:2003	ISO 9328-5

1) 2)	Dok.	Ausg.	Titel	Vergleichbar mit 2) 3)
403/2	DIN EN 10028-6	09-09	Flacherzeugnisse aus Druckbehälterstählen – Teil 6: Schweißgeeignete Feinkornbaustähle, vergütet; Deutsche Fassung EN 10028-6:2003	ISO 9328-6
403/2 405	DIN EN 10028-7	08-02	Flacherzeugnisse aus Druckbehälterstählen – Teil 7: Nichtrostende Stähle; Deutsche Fassung EN 10028-7:2007	ISO 9328-7
28	DIN EN 10029	11-02	Warmgewalztes Stahlblech von 3 mm Dicke an – Grenzabmaße und Formtoleranzen; Deutsche Fassung EN 10029:2010	ISO 4957
28	DIN EN 10031	03-06	Halbzeug zum Schmieden – Grenzabmaße, Formtoleranzen und Grenzabweichungen der Masse; Deutsche Fassung EN 10031:2003	
28	DIN EN 10034	94-03	I- und H-Profile aus Baustahl; Grenzabmaße und Formtoleranzen; Deutsche Fassung EN 10034:1993	
	DIN EN 10036	90-04	Chemische Analyse von Eisen- und Stahlwerkstoffen; Ermittlung des Gesamtkohlenstoffgehalts von Stahl und Roheisen; Gewichtsanalytische Ermittlung nach Verbrennung im Sauerstoffstrom; Deutsche Fassung EN 10036:1989	
28	DIN EN 10048	96-10	Warmgewalzter Bandstahl – Grenzabmaße und Formtoleranzen; Deutsche Fassung EN 10048:1996	
	DIN EN 10049	06-02	Messung des arithmetischen Mittenrauwertes Ra und der Spitzenzahl RPc an metallischen Flacherzeugnissen; Deutsche Fassung EN 10049:2005	
28	DIN EN 10051	11-02	Kontinuierlich warmgewalztes Band und Blech abgelängt aus Warmbreitband aus unlegierten und legierten Stählen – Grenzabmaße und Formtoleranzen; Deutsche Fassung EN 10051:2010	ISO 16160
401	DIN EN 10052	94-01	Begriffe der Wärmebehandlung von Eisenwerkstoffen; Deutsche Fassung EN 10052:1993	ISO 4885
28	DIN EN 10055	95-12	Warmgewalzter gleichschenkliger T-Stahl mit gerundeten Kanten und Übergängen – Maße, Grenzabmaße und Formtoleranzen; EN 10055:1995	
28	DIN EN 10056-1	98-10	Gleichschenklige und ungleichschenklige Winkel aus Stahl – Teil 1: Maße; Deutsche Fassung EN 10056-1:1998	
28	DIN EN 10056-2	94-03	Gleichschenklige und ungleichschenklige Winkel aus Stahl; Teil 2: Grenzabmaße und Formtoleranzen; Deutsche Fassung EN 10056-2:1993	
28	DIN EN 10058	04-02	Warmgewalzte Flachstäbe aus Stahl für allgemeine Verwendung – Maße, Formtoleranzen und Grenzabmaße; Deutsche Fassung EN 10058:2003	
28	DIN EN 10059	04-02	Warmgewalzte Vierkantstäbe aus Stahl für allgemeine Verwendung – Maße, Formtoleranzen und Grenzabmaße; Deutsche Fassung EN 10059:2003	
28	DIN EN 10060	04-02	Warmgewalzte Rundstäbe aus Stahl – Maße, Formtoleranzen und Grenzabmaße; Deutsche Fassung EN 10060:2003	
28	DIN EN 10061	04-02	Warmgewalzte Sechskantstäbe aus Stahl – Maße, Formtoleranzen und Grenzabmaße; Deutsche Fassung EN 10061:2003	
28	DIN EN 10067	96-12	Warmgewalzter Wulstflachstahl – Maße, Grenzabmaße und Formtoleranzen; Deutsche Fassung EN 10067:1996	

1) 2)	Dok.	Ausg.	Titel	Vergleichbar mit 2) 3)
	DIN EN 10071	13-01	Chemische Analyse von Eisen- und Stahlwerkstoffen; Bestimmung von Mangan in Stahl und Eisen; Elektrometrisches Titrierverfahren; Deutsche Fassung EN 10071:2012	
401	DIN EN 10079	07-06	Begriffsbestimmungen für Stahlerzeugnisse; Deutsche Fassung EN 10079:2007	ISO 6929
402	DIN EN 10080	05-08	Stahl für die Bewehrung von Beton – Schweißgeeigneter Betonstahl – Allgemeines; Deutsche Fassung EN 10080:2005	DIN 488 ISO 6935 ISO 10144
404/1	DIN EN 10083-1	06-10	Vergütungsstähle – Teil 1: Allgemeine technische Lieferbedingungen; Deutsche Fassung EN 10083-1:2006	
404/1	DIN EN 10083-2	06-10	Vergütungsstähle – Teil 2: Technische Lieferbedingungen für unlegierte Stähle; Deutsche Fassung EN 10083-2:2006	ISO 683-1
404/1	DIN EN 10083-3	07-01	Vergütungsstähle – Teil 3: Technische Lieferbedingungen für legierte Stähle; Deutsche Fassung EN 10083-3:2006	ISO 683-2
404/1	DIN EN 10084	08-06	Einsatzstähle – Technische Lieferbedingungen; Deutsche Fassung EN 10084:2008	ISO 683-11
404/1	DIN EN 10085	01-07	Nitrierstähle – Technische Lieferbedingungen; Deutsche Fassung EN 10085:2001	ISO 683-10
404/1	DIN EN 10087	99-01	Automatenstähle – Technische Lieferbedingungen für Halbzeug, warmgewalzte Stäbe und Walzdraht; Deutsche Fassung EN 10087:1998	ISO 683-9
405	DIN EN 10088-1	05-09	Nichtrostende Stähle – Teil 1: Verzeichnis der nichtrostenden Stähle; Deutsche Fassung EN 10088-1:2005	ISO 15510
405	DIN EN 10088-2	05-09	Nichtrostende Stähle – Teil 2: Technische Lieferbedingungen für Blech und Band aus korrosionsbeständigen Stählen für allgemeine Verwendung; Deutsche Fassung EN 10088-2:2005	ISO 16143-1
405	DIN EN 10088-3	05-09	Nichtrostende Stähle – Teil 3: Technische Lieferbedingungen für Halbzeug, Stäbe, Walzdraht, gezogenen Draht, Profile und Blankstahlerzeugnisse aus korrosionsbeständigen Stählen für allgemeine Verwendung; Deutsche Fassung EN 10088-3:2005	ISO 16143-2 ISO 16143-3
405	DIN EN 10088-4	10-01	Nichtrostende Stähle – Teil 4: Technische Lieferbedingungen für Blech und Band aus korrosionsbeständigen Stählen für das Bauwesen; Deutsche Fassung EN 10088-4:2009	
405	DIN EN 10088-5	09-07	Nichtrostende Stähle – Teil 5: Technische Lieferbedingungen für Stäbe, Walzdraht, gezogenen Draht, Profile und Blankstahlerzeugnisse aus korrosionsbeständigen Stählen für das Bauwesen; Deutsche Fassung EN 10088-5:2009	
404/1	DIN EN 10089	03-04	Warmgewalzte Stähle für vergütbare Federn – Technische Lieferbedingungen; Deutsche Fassung EN 10089:2003	ISO 683-14
405	DIN EN 10090	98-03	Ventilstähle und -legierungen für Verbrennungskraftmaschinen; Deutsche Fassung EN 10090:1998	ISO 683-15
28	DIN EN 10092-1	04-01	Warmgewalzte Flachstäbe aus Federstahl – Teil 1: Flachstäbe – Maße, Formtoleranzen und Grenzabmaße; Deutsche Fassung EN 10092-1:2003	
28	DIN EN 10092-2	04-01	Warmgewalzte Flachstäbe aus Federstahl – Teil 2: Gerippter Federstahl – Maße, Formtoleranzen und Grenzabmaße; Deutsche Fassung EN 10092-2:2003	

1) 2)	Dok.	Ausg.	Titel	Vergleichbar mit 2) 3)
405	DIN EN 10095	99-05	Hitzebeständige Stähle und Legierungen; Deutsche Fassung EN 10095:1999	ISO 4955
	DIN EN 10106	07-11	Kaltgewalztes nichtkornorientiertes Elektroblech und -band im schlussgeglühten Zustand; Deutsche Fassung EN 10106:2007	IEC 404-8-4
	DIN EN 10107	05-10	Kornorientiertes Elektroblech und -band im schluss-geglühten Zustand; Deutsche Fassung EN 10107:2005	IEC 404-8-7
28	DIN EN 10108	05-01	Runder Walzdraht aus Kaltstauch- und Kaltfließpress-stählen – Maße und Grenzabmaße; Deutsche Fassung EN 10108:2004	
402	DIN EN 10111	08-06	Kontinuierlich warmgewalztes Band und Blech aus weichen Stählen zum Kaltumformen; Technische Lieferbedingungen; Deutsche Fassung EN 10111:2008	ISO 3573
403/2	DIN EN 10120	08-11	Stahlblech und -band für geschweißte Gasflaschen; Deutsche Fassung EN 10120:2008	ISO 4978
402	DIN EN 10130	07-02	Kaltgewalzte Flacherzeugnisse aus weichen Stählen zum Kaltumformen – Technische Lieferbedingungen; Deutsche Fassung EN 10130:2006	ISO 3574 ISO 14590
28	DIN EN 10131	06-09	Kaltgewalzte Flacherzeugnisse ohne Überzug und mit elektrolytischem Zink- oder Zink-Nickel-Überzug aus weichen Stählen sowie aus Stählen mit höherer Streck-grenze zum Kaltumformen – Grenzabmaße und Form-toleranzen; Deutsche Fassung EN 10131:2006	ISO 16162
404/1	DIN EN 10132-1	00-05	Kaltband aus Stahl für eine Wärmebehandlung – Technische Lieferbedingungen – Teil 1: Allgemeines; Deutsche Fassung EN 10132-1:2000	ISO 4960
404/1	DIN EN 10132-2	00-05	Kaltband aus Stahl für eine Wärmebehandlung – Technische Lieferbedingungen – Teil 2: Einsatzstähle; Deutsche Fassung EN 10132-2:2000	
404/1	DIN EN 10132-3	00-05	Kaltband aus Stahl für eine Wärmebehandlung – Technische Lieferbedingungen – Teil 3: Vergütungs-stähle; Deutsche Fassung EN 10132-3:2000	
404/1	DIN EN 10132-4	03-04	Kaltband aus Stahl für eine Wärmebehandlung – Technische Lieferbedingungen – Teil 4: Federstähle und andere Anwendungen; Deutsche Fassung EN 10132-4:2000+AC:2002	ISO 4960
	DIN EN 10136	90-04	Chemische Analyse von Eisenwerkstoffen; Bestimmung von Nickel in Stahl; Flammenatomabsorptions-spektrometrisches Verfahren; Deutsche Fassung EN 10136:1989	
	E DIN EN 10138-1	00-10	Spannstähle – Teil 1: Allgemeine Anforderungen; Deutsche Fassung prEN 10138-1:2000	ISO 6934-1
	E DIN EN 10138-2	00-10	Spannstähle – Teil 2: Draht; Deutsche Fassung prEN 10138-2:2000	ISO 6934-2
	E DIN EN 10138-3	00-10	Spannstähle – Teil 3: Litze; Deutsche Fassung prEN 10138-3:2000	ISO 6934-4
	E DIN EN 10138-4	00-10	Spannstähle – Teil 4: Stäbe; Deutsche Fassung prEN 10138-4:2000	ISO 6934-5
402	DIN EN 10139	97-12	Kaltband ohne Überzug aus weichen Stählen zum Kalt-umformen – Technische Lieferbedingungen; Deutsche Fassung EN 10139:1997	ISO 6932
28	DIN EN 10140	06-09	Kaltband – Grenzabmaße und Formtoleranzen; Deutsche Fassung EN 10140:2006	ISO 16163

1) 2)	Dok.	Ausg.	Titel	Vergleichbar mit 2) 3)
28	DIN EN 10143	06-09	Kontinuierlich schmelztauchveredeltes Blech und Band aus Stahl – Grenzabmaße und Formtoleranzen; Deutsche Fassung EN 10143:2006	
402	DIN EN 10149-1	95-11	Warmgewalzte Flacherzeugnisse aus Stählen mit hoher Streckgrenze zum Kaltumformen – Teil 1: Allgemeine Lieferbedingungen; Deutsche Fassung EN 10149-1:1995	
402	DIN EN 10149-2	95-11	Warmgewalzte Flacherzeugnisse aus Stählen mit hoher Streckgrenze zum Kaltumformen – Teil 2: Lieferbedingungen für thermomechanisch gewalzte Stähle; Deutsche Fassung EN 10149-2:1995	ISO 6930-1
402	DIN EN 10149-3	95-11	Warmgewalzte Flacherzeugnisse aus Stählen mit hoher Streckgrenze zum Kaltumformen – Teil 3: Lieferbedingungen für normalgeglühte, normalisierend gewalzte Stähle; Deutsche Fassung EN 10149-3:1995	ISO 6930-2
405	DIN EN 10151	03-02	Federband aus nichtrostenden Stählen – Technische Lieferbedingungen; Deutsche Fassung EN 10151:2002	ISO 6931-2
402	DIN EN 10152	09-07	Elektrolytisch verzinkte kaltgewalzte Flacherzeugnisse aus Stahl – Technische Lieferbedingungen; Deutsche Fassung EN 10152:2009	ISO 5002
401	DIN EN 10160	99-09	Ultraschallprüfung von Flacherzeugnissen aus Stahl mit einer Dicke größer oder gleich 6 mm (Reflexionsverfahren); Deutsche Fassung EN 10160:1999	ISO 17577
28	DIN EN 10162	03-12	Kaltprofile aus Stahl – Technische Lieferbedingungen – Grenzabmaße und Formtoleranzen; Deutsche Fassung EN 10162:2003	
401	DIN EN 10163-1	05-03	Lieferbedingungen für die Oberflächenbeschaffenheit von warmgewalzten Stahlerzeugnissen (Blech, Breitflachstahl und Profile) – Teil 1: Allgemeine Anforderungen; Deutsche Fassung EN 10163-1:2004	ISO 7788
401	DIN EN 10163-2	05-03	Lieferbedingungen für die Oberflächenbeschaffenheit von warmgewalzten Stahlerzeugnissen (Blech, Breitflachstahl und Profile) – Teil 2: Blech und Breitflachstahl; Deutsche Fassung EN 10163-2:2004	ISO 7788
401	DIN EN 10163-3	05-03	Lieferbedingungen für die Oberflächenbeschaffenheit von warmgewalzten Stahlerzeugnissen (Blech, Breitflachstahl und Profile) – Teil 3: Profile; Deutsche Fassung EN 10163-3:2004	ISO 20723
401	DIN EN 10164	05-03	Stahlerzeugnisse mit verbesserten Verformungseigenschaften senkrecht zur Erzeugnisoberfläche – Technische Lieferbedingungen; Deutsche Fassung EN 10164:2004	ISO 7778
401	DIN EN 10168	04-09	Stahlerzeugnisse – Prüfbescheinigungen – Liste und Beschreibung der Angaben; Deutsche Fassung EN 10168:2004	
	DIN EN 10169	12-06	Kontinuierlich organisch beschichtete (bandbeschichtete) Flacherzeugnisse aus Stahl – Technische Lieferbedingungen; Deutsche Fassung EN 10169:2010+A1:2012	
	DIN EN 10177	90-04	Chemische Analyse von Eisenwerkstoffen; Bestimmung von Calcium in Stahl; Flammenatomabsorptionsspektrometrisches Verfahren; Deutsche Fassung EN 10177:1989	
	DIN EN 10178	90-04	Chemische Analyse von Eisenwerkstoffen; Bestimmung von Niob in Stählen; Photometrisches Verfahren; Deutsche Fassung EN 10178:1989	

643

1) 2)	Dok.	Ausg.	Titel	Vergleichbar mit 2) 3)
	DIN EN 10179	90-04	Chemische Analyse von Eisen- und Stahlwerkstoffen; Bestimmung von Stickstoff (Spuren-Gehalte) in Stahl; Photometrisches Verfahren; Deutsche Fassung EN 10179:1989	
	DIN EN 10181	90-04	Chemische Analyse von Eisen- und Stahlwerkstoffen; Bestimmung des Bleigehaltes von Stahl; Flammenatomabsorptionsspektrometrisches Verfahren; Deutsche Fassung EN 10181:1989	
	DIN EN 10184	06-05	Chemische Analyse von Eisenwerkstoffen – Bestimmung von Phosphor in unlegierten Stählen und Eisen – Spektralphotometrisches Verfahren über Molybdänblau; Deutsche Fassung EN 10184:2006	
	DIN EN 10188	90-04	Chemische Analyse von Eisenwerkstoffen; Bestimmung von Chrom in Stahl und Eisen; Flammenatomabsorptionsspektrometrisches Verfahren; Deutsche Fassung EN 10188:1989	
	DIN EN 10200	13-01	Chemische Analyse von Eisenwerkstoffen; Bestimmung von Bor in Stahl; Spektralphotometrisches Verfahren; Deutsche Fassung EN 10200:2012	
402	DIN EN 10202	01-07	Kaltgewalzte Verpackungsblecherzeugnisse – Elektrolytisch verzinnter und spezialverchromter Stahl; Deutsche Fassung EN 10202:2001	ISO 11949 ISO 11950
401	DIN EN 10204	05-01	Metallische Erzeugnisse – Arten von Prüfbescheinigungen; Deutsche Fassung EN 10204:2004	ISO 10474
402	DIN EN 10205	92-01	Kaltgewalztes Feinstblech in Rollen zur Herstellung von Weißblech oder von elektrolytisch spezialverchromtem Stahl; Deutsche Fassung EN 10205:1991	ISO 11951
403/2	DIN EN 10207	05-06	Stähle für einfache Druckbehälter – Technische Lieferbedingungen für Blech, Band und Stabstahl; Deutsche Fassung EN 10207:2005	
	DIN EN 10209	13-12	Kaltgewalzte Flacherzeugnisse aus weichen Stählen zum Emaillieren – Technische Lieferbedingungen; Deutsche Fassung EN 10209:2013	ISO 5001
402	DIN EN 10210-1	06-07	Warmgefertigte Hohlprofile für den Stahlbau aus unlegierten Baustählen und aus Feinkornbaustählen – Teil 1: Technische Lieferbedingungen; Deutsche Fassung EN 10210-1:2006	ISO 12633-1
28	DIN EN 10210-2	06-07	Warmgefertigte Hohlprofile für den Stahlbau aus unlegierten Baustählen und aus Feinkornbaustählen – Teil 2: Grenzabmaße, Maße und statische Werte; Deutsche Fassung EN 10210-2:2006	ISO 12633-2
	DIN EN 10211	96-02	Chemische Analyse der Eisen- und Stahlwerkstoffe – Bestimmung des Titangehaltes in Stahl und Eisen – Flammenatomabsorptionsspektrometrisches Verfahren; Deutsche Fassung EN 10211:1995	
	DIN EN 10212	95-08	Chemische Analyse von Eisenwerkstoffen – Bestimmung von Arsen in Stahl und Eisen mittels Spektralphotometrie; Deutsche Fassung EN 10212:1995	
403/2 405	DIN EN 10213	08-01	Stahlguss für Druckbehälter; Deutsche Fassung EN 10213:2007	ISO 4991
403/1	DIN EN 10216-1	04-07	Nahtlose Stahlrohre für Druckbeanspruchungen – Technische Lieferbedingungen – Teil 1: Rohre aus unlegierten Stählen mit festgelegten Eigenschaften bei Raumtemperatur; Deutsche Fassung EN 10216-1:2002 + A1:2004	ISO 9329-1

644

1) 2)	Dok.	Ausg.	Titel	Vergleichbar mit 2) 3)
403/1	DIN EN 10216-2	07-10	Nahtlose Stahlrohre für Druckbeanspruchungen – Technische Lieferbedingungen – Teil 2: Rohre aus unlegierten und legierten Stählen mit festgelegten Eigenschaften bei erhöhten Temperaturen; Deutsche Fassung EN 10216-2:2002 + A2:2007	ISO 9329-2
403/1	DIN EN 10216-3	04-07	Nahtlose Stahlrohre für Druckbeanspruchungen – Technische Lieferbedingungen – Teil 3: Rohre aus legierten Feinkornbaustählen; Deutsche Fassung EN 10216-3:2002 + A1:2004	
403/1	DIN EN 10216-4	04-07	Nahtlose Stahlrohre für Druckbeanspruchungen – Technische Lieferbedingungen – Teil 4: Rohre aus unlegierten und legierten Stählen mit festgelegten Eigenschaften bei tiefen Temperaturen; Deutsche Fassung EN 10216-4:2002 + A1:2004	ISO 9329-3
403/1 405	DIN EN 10216-5	04-11	Nahtlose Stahlrohre für Druckbeanspruchungen – Technische Lieferbedingungen – Teil 5: Rohre aus nichtrostenden Stählen; Deutsche Fassung EN 10216-5:2004	ISO 9329-4
403/1	DIN EN 10217-1	05-04	Geschweißte Stahlrohre für Druckbeanspruchungen – Technische Lieferbedingungen – Teil 1: Rohre aus unlegierten Stählen mit festgelegten Eigenschaften bei Raumtemperatur; Deutsche Fassung EN 10217-1:2002 + A1:2005	ISO 9330-1
403/1	DIN EN 10217-2	05-04	Geschweißte Stahlrohre für Druckbeanspruchungen – Technische Lieferbedingungen – Teil 2: Elektrisch ge-schweißte Rohre aus unlegierten und legierten Stählen mit festgelegten Eigenschaften bei erhöhten Tempera-turen; Deutsche Fassung EN 10217-2:2002 + A1:2005	ISO 9330-2
403/1	DIN EN 10217-3	05-04	Geschweißte Stahlrohre für Druckbeanspruchungen – Technische Lieferbedingungen – Teil 3: Rohre aus legierten Feinkornbaustählen; Deutsche Fassung EN 10217-3:2002 + A1:2005	
403/1	DIN EN 10217-4	05-04	Geschweißte Stahlrohre für Druckbeanspruchungen – Technische Lieferbedingungen – Teil 4: Elektrisch geschweißte Rohre aus unlegierten Stählen mit fest-gelegten Eigenschaften bei tiefen Temperaturen; Deutsche Fassung EN 10217-4:2002 + A1:2005	ISO 9330-3
403/1	DIN EN 10217-5	05-04	Geschweißte Stahlrohre für Druckbeanspruchungen – Technische Lieferbedingungen – Teil 5: Unterpulverge-schweißte Rohre aus unlegierten und legierten Stählen mit festgelegten Eigenschaften bei erhöhten Tempera-turen; Deutsche Fassung EN 10217-5:2002 + A1:2005	ISO 9330-4
403/1	DIN EN 10217-6	05-04	Geschweißte Stahlrohre für Druckbeanspruchungen – Technische Lieferbedingungen – Teil 6: Unterpulver-geschweißte Rohre aus unlegierten Stählen mit fest-gelegten Eigenschaften bei tiefen Temperaturen; Deutsche Fassung EN 10217-6:2002 + A1:2005	ISO 9330-5
403/1 405	DIN EN 10217-7	05-05	Geschweißte Stahlrohre für Druckbeanspruchungen – Technische Lieferbedingungen – Teil 7: Rohre aus nichtrostenden Stählen; Deutsche Fassung EN 10217-7:2005	ISO 9330-6
401	DIN EN 10218-1	12-03	Stahldraht und Drahterzeugnisse – Allgemeines; Teil 1: Prüfverfahren; Deutsche Fassung EN 10218-1:2012	
28	DIN EN 10218-2	12-03	Stahldraht und Drahterzeugnisse – Allgemeines – Teil 2: Drahtmaße und Toleranzen; Deutsche Fassung EN 10218-2:2012	

1) 2)	Dok.	Ausg.	Titel	Vergleichbar mit 2) 3)
402	DIN EN 10219-1	06-07	Kaltgefertigte geschweißte Hohlprofile für den Stahlbau aus unlegierten Baustählen und aus Feinkornbaustählen – Teil 1: Technische Lieferbedingungen; Deutsche Fassung EN 10219-1:2006	ISO 10799-1
28	DIN EN 10219-2	06-07	Kaltgefertigte geschweißte Hohlprofile für den Stahlbau aus unlegierten Baustählen und aus Feinkornbaustählen – Teil 2: Grenzabmaße, Maße und statische Werte; Deutsche Fassung EN 10219-2:2006	ISO 10799-2
28	DIN EN 10220	03-03	Nahtlose und geschweißte Stahlrohre – Allgemeine Tabellen für Maße und längenbezogene Masse; Deutsche Fassung EN 10220:2002	
401	DIN EN 10221	96-01	Oberflächengüteklassen für warmgewalzten Stabstahl und Walzdraht – Technische Lieferbedingungen; Deutsche Fassung EN 10221:1995	ISO 9443
403/2	DIN EN 10222-1	02-07	Schmiedestücke aus Stahl für Druckbehälter – Teil 1: Allgemeine Anforderungen an Freiformschmiedestücke; Deutsche Fassung EN 10222-1:1998 + A1:2001	ISO 9327-1
403/2	DIN EN 10222-2	00-04	Schmiedestücke aus Stahl für Druckbehälter – Teil 2: Ferritische und martensitische Stähle mit festgelegten Eigenschaften bei erhöhten Temperaturen (enthält Berichtigung AC:2000); Deutsche Fassung EN 10222-2:1999 + AC:2000	ISO 9327-2
403/2	DIN EN 10222-3	99-02	Schmiedestücke aus Stahl für Druckbehälter – Teil 3: Nickelstähle mit festgelegten Eigenschaften bei tiefen Temperaturen; Deutsche Fassung EN 10222-3:1998	ISO 9327-3
403/2	DIN EN 10222-4	01-12	Schmiedestücke aus Stahl für Druckbehälter – Teil 4: Schweißgeeignete Feinkornbaustähle mit hoher Dehngrenze (enthält Änderung A1:2001); Deutsche Fassung EN 10222-4:1998 + A1:2001	ISO 9327-4
403/2 405	DIN EN 10222-5	00-02	Schmiedestücke aus Stahl für Druckbehälter – Teil 5: Martensitische, austenitische und austenitisch-ferritische nichtrostende Stähle; Deutsche Fassung EN 10222-5:1999	ISO 9327-5
403/1	DIN EN 10224	05-12	Rohre und Fittings aus unlegierten Stählen für den Transport wässriger Flüssigkeiten einschließlich Trinkwasser – Technische Lieferbedingungen; Deutsche Fassung EN 10224:2002+A1:2005	ISO 559
403/1	DIN EN 10225	09-10	Schweißgeeignete Baustähle für feststehende Offshore-Konstruktionen; Deutsche Fassung EN 10225:2009	
401	DIN EN 10228-1	99-07	Zerstörungsfreie Prüfung von Schmiedestücken aus Stahl – Teil 1: Magnetpulverprüfung; Deutsche Fassung EN 10228-1:1999	
401	DIN EN 10228-2	98-06	Zerstörungsfreie Prüfung von Schmiedestücken aus Stahl – Teil 2: Eindringprüfung; Deutsche Fassung EN 10228-2:1998	
401	DIN EN 10228-3	98-07	Zerstörungsfreie Prüfung von Schmiedestücken aus Stahl – Teil 3: Ultraschallprüfung von Schmiedestücken aus ferritischem oder martensitischem Stahl; Deutsche Fassung EN 10228-3:1998	
401	DIN EN 10228-4	99-10	Zerstörungsfreie Prüfung von Schmiedestücken aus Stahl – Teil 4: Ultraschallprüfung von Schmiedestücken aus austenitischem und austenitisch-ferritischem nichtrostendem Stahl; Deutsche Fassung EN 10228-4:1999	
401	DIN EN 10229	98-11	Bewertung der Beständigkeit von Stahlerzeugnissen gegen wasserstoffinduzierte Rissbildung (HIC); Deutsche Fassung EN 10229:1998	

1) 2)	Dok.	Ausg.	Titel	Vergleichbar mit 2) 3)
402	DIN EN 10238	96-11	Automatisch gestrahlte und automatisch fertigungs-beschichtete Erzeugnisse aus Baustählen; Deutsche Fassung EN 10238:1996	
402	DIN EN 10248-1	95-08	Warmgewalzte Spundbohlen aus unlegierten Stählen – Teil 1: Technische Lieferbedingungen; Deutsche Fassung EN 10248-1:1995	
28	DIN EN 10248-2	95-08	Warmgewalzte Spundbohlen aus unlegierten Stählen – Teil 2: Grenzabmaße und Formtoleranzen; Deutsche Fassung EN 10248-2:1995	
402	DIN EN 10249-1	95-08	Kaltgeformte Spundbohlen aus unlegierten Stählen – Teil 1: Technische Lieferbedingungen; Deutsche Fassung EN 10249-1:1995	
28	DIN EN 10249-2	95-08	Kaltgeformte Spundbohlen aus unlegierten Stählen – Teil 2: Grenzabmaße und Formtoleranzen; Deutsche Fassung EN 10249-2:1995	
404/1	DIN EN 10250-1	99-12	Freiformschmiedestücke aus Stahl für allgemeine Ver-wendung – Teil 1: Allgemeine Anforderungen; Deutsche Fassung EN 10250-1:1999	
404/1	DIN EN 10250-2	99-12	Freiformschmiedestücke aus Stahl für allgemeine Ver-wendung – Teil 2: Unlegierte Qualitäts- und Edelstähle; Deutsche Fassung EN 10250-2:1999	
404/1	DIN EN 10250-3	99-12	Freiformschmiedestücke aus Stahl für allgemeine Ver-wendung – Teil 3: Legierte Edelstähle; Deutsche Fassung EN 10250-3:1999	
404/1 405	DIN EN 10250-4	00-02	Freiformschmiedestücke aus Stahl für allgemeine Ver-wendung – Teil 4: Nichtrostende Stähle; Deutsche Fassung EN 10250-4:1999	
401	DIN EN 10254	00-04	Gesenkschmiedeteile aus Stahl – Allgemeine tech-nische Lieferbedingungen; Deutsche Fassung EN 10254:1999	
403/1	DIN EN 10255	07-07	Rohre aus unlegiertem Stahl mit Eignung zum Schwei-ßen und Gewindeschneiden – Technische Lieferbedin-gungen; Deutsche Fassung EN 10255:2004+A1:2007	
404/1	DIN EN 10263-1	02-02	Walzdraht, Stäbe und Draht aus Kaltstauch- und Kalt-fließpressstählen – Teil 1: Allgemeine technische Liefer-bedingungen; Deutsche Fassung EN 10263-1:2001	ISO 4954
404/1	DIN EN 10263-2	02-02	Walzdraht, Stäbe und Draht aus Kaltstauch- und Kalt-fließpressstählen – Teil 2: Technische Lieferbedingun-gen für nicht für eine Wärmebehandlung nach der Kalt-verarbeitung vorgesehene Stähle; Deutsche Fassung EN 10263-2:2001	ISO 4954
404/1	DIN EN 10263-3	02-02	Walzdraht, Stäbe und Draht aus Kaltstauch- und Kalt-fließpressstählen – Teil 3: Technische Lieferbedingun-gen für Einsatzstähle; Deutsche Fassung EN 10263-3:2001	ISO 4954
404/1	DIN EN 10263-4	02-02	Walzdraht, Stäbe und Draht aus Kaltstauch- und Kalt-fließpressstählen – Teil 4: Technische Lieferbedingun-gen für Vergütungsstähle; Deutsche Fassung EN 10263-4:2001	ISO 4954
404/1 405	DIN EN 10263-5	02-02	Walzdraht, Stäbe und Draht aus Kaltstauch- und Kalt-fließpressstählen – Teil 5: Technische Lieferbedingun-gen für nichtrostende Stähle; Deutsche Fassung EN 10263-5:2001	ISO 4954
	DIN EN 10264-1	12-03	Stahldraht und Drahterzeugnisse – Stahldraht für Seile – Teil 1: Allgemeine Anforderungen; Deutsche Fassung EN 10264-1:2012	

1) 2)	Dok.	Ausg.	Titel	Vergleichbar mit 2) 3)
	DIN EN 10264-2	12-03	Stahldraht und Drahterzeugnisse – Stahldraht für Seile – Teil 2: Kaltgezogener Draht aus unlegiertem Stahl für Seile für allgemeine Verwendungszwecke; Deutsche Fassung EN 10264-2:2012	
	DIN EN 10264-3	12-03	Stahldraht und Drahterzeugnisse – Stahldraht für Seile – Teil 3: Runder und profilierter Draht aus unlegiertem Stahl für hohe Beanspruchungen; Deutsche Fassung EN 10264-3:2012	
	DIN EN 10264-4	12-03	Stahldraht und Drahterzeugnisse – Stahldraht für Seile – Teil 4: Draht aus nicht rostendem Stahl; Deutsche Fassung EN 10264-4:2012	
	DIN EN 10265	96-01	Magnetische Werkstoffe – Anforderungen an Blech und Band aus Stahl mit festgelegten mechanischen und magnetischen Eigenschaften; Deutsche Fassung EN 10265:1995	IEC 404-8-5
401	DIN EN 10266	03-12	Stahlrohre, Fittings und Hohlprofile für den Stahlbau – Symbole und Definition von Begriffen für die Verwendung in Erzeugnisnormen; Deutsche Fassung EN 10266:2003	ISO 3545-1 ISO 3545-2 ISO 3545-3
404/1	DIN EN 10267	98-02	Von Warmformgebungstemperatur ausscheidungshärtende ferritisch-perlitische Stähle; Deutsche Fassung EN 10267:1998	ISO 11692
402	DIN EN 10268	06-10	Kaltgewalzte Flacherzeugnisse mit hoher Streckgrenze zum Kaltumformen aus schweißgeeigneten mikrolegierten Stählen – Technische Lieferbedingungen; Deutsche Fassung EN 10268:2006	ISO 13887
403/2 405	DIN EN 10269	06-07	Stähle und Nickellegierungen für Befestigungsmittel für den Einsatz bei erhöhten und/oder tiefen Temperaturen; Deutsche Fassung EN 10269:2006	
404/1	DIN EN 10270-1	12-01	Stahldraht für Federn – Teil 1: Patentiert-gezogener unlegierter Federstahldraht; Deutsche Fassung EN 10270-1:2011	ISO 8458-1 ISO 8458-2
404/1	DIN EN 10270-2	12-01	Stahldraht für Federn – Teil 2: Ölschlussvergüteter Federstahldraht; Deutsche Fassung EN 10270-2:2011	ISO 8458-1 ISO 8458-3
404/1 405	DIN EN 10270-3	12-01	Stahldraht für Federn – Teil 3: Nichtrostender Federstahldraht; Deutsche Fassung EN 10270-3:2011	ISO 6931-1
	DIN EN 10271	98-12	Flacherzeugnisse aus Stahl mit elektrolytisch abgeschiedenen Zink-Nickel-(ZN)-Überzügen – Technische Lieferbedingungen; Deutsche Fassung EN 10271:1998	
403/2 405	DIN EN 10272	08-01	Stäbe aus nichtrostendem Stahl für Druckbehälter; Deutsche Fassung EN 10272:2007	
403/2	DIN EN 10273	08-02	Warmgewalzte schweißgeeignete Stäbe aus Stahl für Druckbehälter mit festgelegten Eigenschaften bei erhöhten Temperaturen; Deutsche Fassung EN 10273:2007	
	DIN EN 10276-1	00-08	Chemische Analyse von Eisenmetallen – Bestimmung des Sauerstoffgehaltes von Stahl und Eisen – Teil 1: Herstellung und Vorbereitung der Stahlproben für die Sauerstoff-Bestimmung; Deutsche Fassung EN 10276-1:2000	
	DIN EN 10276-2	03-10	Chemische Analyse von Eisenwerkstoffen – Bestimmung des Sauerstoffgehaltes von Stahl und Eisen – Teil 2: Messung der Infrarotabsorption nach Aufschmelzen unter Inertgas; Deutsche Fassung EN 10276-2:2003	

[1) 2)]	Dok.	Ausg.	Titel	Vergleichbar mit [2) 3)]
404/1	DIN EN 10277-1	08-06	Blankstahlerzeugnisse – Technische Lieferbedingungen – Teil 1: Allgemeines; Deutsche Fassung EN 10277-1:2008	ISO 683-18
404/1	DIN EN 10277-2	08-06	Blankstahlerzeugnisse – Technische Lieferbedingungen – Teil 2: Stähle für allgemeine technische Verwendung; Fassung EN 10277-2:2008	ISO 683-18
404/1	DIN EN 10277-3	08-06	Blankstahlerzeugnisse – Technische Lieferbedingungen – Teil 3: Automatenstähle; Deutsche Fassung EN 10277-3:2008	
404/1	DIN EN 10277-4	08-06	Blankstahlerzeugnisse – Technische Lieferbedingungen – Teil 4: Einsatzstähle; Deutsche Fassung EN 10277-4:2008	ISO 683-18
404/1	DIN EN 10277-5	08-06	Blankstahlerzeugnisse – Technische Lieferbedingungen – Teil 5: Vergütungsstähle; Deutsche Fassung EN 10277-5:2008	ISO 683-18
28	DIN EN 10278	99-12	Maße und Grenzabmaße von Blankstahlerzeugnissen; Deutsche Fassung EN 10278:1999	
28	DIN EN 10279	00-03	Warmgewalzter U-Profilstahl – Grenzabmaße, Formtoleranzen und Grenzabweichungen der Masse; Deutsche Fassung EN 10279:2000	
405	DIN EN 10283	10-06	Korrosionsbeständiger Stahlguss; Deutsche Fassung EN 10283:2010	ISO 11972
404/2	DIN EN 10293	05-06	Stahlguss für allgemeine Anwendungen; Deutsche Fassung EN 10293:2005	ISO 3755 ISO 14737
404/2	DIN EN 10294-1	05-12	Stahlrohre für die spanende Bearbeitung (Drehteilrohre) – Technische Lieferbedingungen – Teil 1: Unlegierte und legierte Stähle; Deutsche Fassung EN 10294-1:2005	
404/2	DIN EN 10294-2	12-04	Stahlrohre für die spanende Bearbeitung (Drehteilrohre) – Technische Lieferbedingungen – Teil 2: Nichtrostende Stähle mit spezifizierten Zerspanungseigenschaften; Deutsche Fassung EN 10294-2:2012	
404/2 405	DIN EN 10295	03-01	Hitzebeständiger Stahlguss; Deutsche Fassung EN 10295:2002	ISO 11973
404/2	DIN EN 10296-1	04-02	Geschweißte kreisförmige Stahlrohre für den Maschinenbau und allgemeine technische Anwendungen – Technische Lieferbedingungen – Teil 1: Rohre aus unlegierten und legierten Stählen; Deutsche Fassung EN 10296-1:2002	
404/2 405	DIN EN 10296-2	06-02	Geschweißte kreisförmige Stahlrohre für den Maschinenbau und allgemeine technische Anwendungen – Technische Lieferbedingungen – Teil 2: Nichtrostende Stähle; Deutsche Fassung EN 10296-2:2005	
404/2	DIN EN 10297-1	03-06	Nahtlose kreisförmige Stahlrohre für den Maschinenbau und allgemeine technische Anwendungen – Technische Lieferbedingungen – Teil 1: Rohre aus unlegierten und legierten Stählen; Deutsche Fassung EN 10297-1:2003	
404/2 405	DIN EN 10297-2	06-02	Nahtlose kreisförmige Stahlrohre für den Maschinenbau und allgemeine technische Anwendungen – Technische Lieferbedingungen – Teil 2: Nichtrostende Stähle; Deutsche Fassung EN 10297-2:2005	
405	DIN EN 10302	08-06	Warmfeste Stähle, Nickel- und Cobaltlegierungen; Deutsche Fassung EN 10302:2008	
	DIN EN 10303	01-07	Dünnes Elektroblech und -band aus Stahl zur Verwendung bei mittleren Frequenzen; Deutsche Fassung EN 10303:2001	IEC 60404-8-8

1) 2)	Dok.	Ausg.	Titel	Vergleichbar mit 2) 3)
	DIN EN 10304	01-07	Magnetische Relaiswerkstoffe (Eisen und Stahl); Deutsche Fassung EN 10304:2001	IEC 60404-8-10
404/2	DIN EN 10305-1	10-05	Präzisionsstahlrohre – Technische Lieferbedingungen – Teil 1: Nahtlose kaltgezogene Rohre; Deutsche Fassung EN 10305-1:2010	ISO 3304
404/2	DIN EN 10305-2	10-05	Präzisionsstahlrohre – Technische Lieferbedingungen – Teil 2: Geschweißte kaltgezogene Rohre; Deutsche Fassung EN 10305-2:2010	ISO 3305
404/2	DIN EN 10305-3	10-05	Präzisionsstahlrohre – Technische Lieferbedingungen – Teil 3: Geschweißte maßgewalzte Rohre; Deutsche Fassung EN 10305-3:2010	ISO 3306
403/1 404/2	DIN EN 10305-4	11-04	Präzisionsstahlrohre – Technische Lieferbedingungen – Teil 4: Nahtlose kaltgezogene Rohre für Hydraulik- und Pneumatik-Druckleitungen; Deutsche Fassung EN 10305-4:2011	
404/2	DIN EN 10305-5	10-05	Präzisionsstahlrohre – Technische Lieferbedingungen – Teil 5: Geschweißte und maßumgeformte Rohre mit quadratischem oder rechteckigem Querschnitt; Deutsche Fassung EN 10305-5:2010	
404/2	DIN EN 10305-6	05-08	Präzisionsstahlrohre – Technische Lieferbedingungen – Teil 6: Geschweißte kaltgezogene Rohre für Hydraulik- und Pneumatik-Druckleitungen; Deutsche Fassung EN 10305-6:2005	
401	DIN EN 10306	02-04	Eisen und Stahl – Ultraschallprüfung von H-Profilen mit parallelen Flanschen und IPE-Profilen; Deutsche Fassung EN 10306:2001	
401	DIN EN 10307	02-03	Zerstörungsfreie Prüfung – Ultraschallprüfung von Flacherzeugnissen aus austenitischem und austenitisch-ferritischem nichtrostendem Stahl ab 6 mm Dicke (Reflexionsverfahren); Deutsche Fassung EN 10307:2001	
401	DIN EN 10308	02-03	Zerstörungsfreie Prüfung – Ultraschallprüfung von Stäben aus Stahl; Deutsche Fassung EN 10308:2001	
403/1 405	DIN EN 10312	05-12	Geschweißte Rohre aus nichtrostenden Stählen für den Transport wässriger Flüssigkeiten einschließlich Trinkwasser – Technische Lieferbedingungen; Deutsche Fassung EN 10312:2002 + A1:2005	
401	DIN EN 10314	03-02	Verfahren zur Ableitung von Mindestwerten der Dehngrenze von Stahl bei erhöhten Temperaturen; Deutsche Fassung EN 10314:2002	ISO 2605-3
	DIN EN 10315	06-10	Standardverfahren zur Analyse von hochlegiertem Stahl mittels Röntgenfluoreszenzspektroskopie (RFA) unter Anwendung eines Vergleichs-Korrekturverfahrens; Deutsche Fassung EN 10315:2006	
	DIN EN 10318	05-08	Bestimmung der Dicke und der chemischen Zusammensetzung metallischer Überzüge auf Basis von Zink und Aluminium – Standard-Verfahren; Deutsche Fassung EN 10318:2005	
404/1	DIN EN 10323	04-11	Stahldraht und Drahterzeugnisse – Reifeneinlegedraht; Deutsche Fassung EN 10323:2004	ISO 16650
404/1	DIN EN 10324	04-11	Stahldraht und Drahterzeugnisse – Schlaucharmierungsdraht; Deutsche Fassung EN 10324:2004	ISO 23717
	DIN EN 10333	05-07	Verpackungsblech – Flacherzeugnisse aus Stahl für die Verwendung in Berührung mit Lebensmitteln, Produkten und Getränken für den menschlichen und tierischen Verzehr – Verzinnter Stahl (Weißblech); Deutsche Fassung EN 10333:2005	

1) 2)	Dok.	Ausg.	Titel	Vergleichbar mit 2) 3)
402	DIN EN 10334	05-07	Verpackungsblech – Flacherzeugnisse aus Stahl für die Verwendung in Berührung mit Lebensmitteln, Produkten und Getränken für den menschlichen und tierischen Verzehr – Unbeschichteter Stahl (Feinstblech); Deutsche Fassung EN 10334:2005	
	DIN EN 10335	05-07	Verpackungsblech – Flacherzeugnisse aus Stahl für die Verwendung in Berührung mit Lebensmitteln, Produkten und Getränken für den menschlichen und tierischen Verzehr – Unlegierter elektrolytisch spezialverchromter Stahl; Deutsche Fassung EN 10335:2005	
	E DIN EN 10337	03-11	Spannstahldrähte und -litzen mit Überzug aus Zink und Zinklegierung; Deutsche Fassung prEN 10337:2003	
	E DIN EN 10338	13-04	Kaltgewalzte und warmgewalzte Flacherzeugnisse ohne Überzug aus Mehrphasenstählen zum Kaltumformen – Technische Lieferbedingungen; Deutsche Fassung prEN 10338:2013	
402	DIN EN 10340	08-01	Stahlguss für das Bauwesen; Deutsche Fassung EN 10340:2007	
	DIN EN 10341	06-08	Kaltgewalztes Elektroblech und -band aus unlegierten oder legierten Stählen im nicht schlussgeglühten Zustand; Deutsche Fassung EN 10341:2006	
	DIN EN 10342	05-09	Magnetische Werkstoffe – Einteilung der Isolationen auf Elektroblech und -band und daraus gefertigten Stanzteilen; Deutsche Fassung EN 10342:2005	
402	DIN EN 10343	09-07	Vergütungsstähle für das Bauwesen – Technische Lieferbedingungen; Deutsche Fassung EN 10343:2009	
402	DIN EN 10346	09-07	Kontinuierlich schmelztauchveredelte Flacherzeugnisse aus Stahl – Technische Lieferbedingungen; Deutsche Fassung EN 10346:2009	ISO 3575 ISO 4998 ISO 5000 ISO 9364 ISO 14788
	E DIN EN 10348	06-06	Stahl für die Bewehrung von Beton – Verzinkter Betonstahl; Deutsche Fassung prEN 10348:2006	
404/2	DIN EN 10349	10-02	Stahlguss – Austenitischer Manganstahlguss; Deutsche Fassung EN 10349:2009	ISO 13521
	DIN EN 10351	11-05	Chemische Analyse von Eisenwerkstoffen – Optische Emissionsspektroskopie mit induktiv gekoppeltem Plasma für niedrig legierte Stähle – Bestimmung von Mn, P, Cu, Ni, Cr, Mo, V, Co, Al (gesamt) und Sn (Routineverfahren); Deutsche Fassung EN 10351:2011	
	E DIN EN 10355	11-11	Chemische Analyse von Eisenwerkstoffen – Analyse von unlegierten und niedrig legierten Stählen mittels optischer Emissionsspektrometrie mit induktiv gekoppeltem Plasma – Bestimmung von Si, Mn, P, Cu, Ni, Cr, Mo und Sn nach Lösen in Salpeter- und Schwefelsäure [Routineverfahren]; Deutsche Fassung prEN 10355:2011	
	E DIN EN 10357		Austenitische, austenitisch-ferritische und ferritische längsnahtgeschweißte Rohre aus nichtrostendem Stahl für die Lebensmittel- und chemische Industrie, Deutsche Fassung prEN 10357:2012	
	DIN EN 13674-1	11-04	Bahnanwendungen – Oberbau; Schienen – Teil 1: Vignolschienen ab 46 kg/m; Deutsche Fassung EN 13674-1:2011	ISO 5003
	DIN EN 13674-2	11-01	Bahnanwendungen – Oberbau; Schienen – Teil 2: Schienen für Weichen und Kreuzungen, die in Verbindung mit Vignolschienen ab 46 kg/m verwendet werden; Deutsche Fassung EN 13674-2:2006+A1:2010	

[1] [2]	Dok.	Ausg.	Titel	Vergleichbar mit [2] [3]
	DIN EN 13674-3	10-12	Bahnanwendungen – Oberbau; Schienen – Teil 3: Radlenkerschienen; Deutsche Fassung EN 13674-3:2006+A1:2010	
	DIN EN 13674-4	10-04	Bahnanwendungen – Oberbau; Schienen – Teil 4: Vignolschienen mit einer längenbezogenen Masse zwischen 27 kg/m und unter 46 kg/m; Deutsche Fassung EN 13674-4:2006+A1:2009	ISO 5003
	DIN EN 14811	10-05	Bahnanwendungen – Oberbau – Spezialschienen – Rillenschienen und zugehörige Konstruktionsprofile; Deutsche Fassung EN 14811:2006+A1:2009	
	DIN EN 24159	90-04	Bestimmung des Mangangehaltes von Ferromangan und Ferrosilicomangan; Potentiometrisches Verfahren (ISO 4159, 1. Ausgabe:1978.12.15); Deutsche Fassung EN 24159:1989	
	DIN EN 24829-1	92-10	Stahl und Gußeisen; Bestimmung des Gesamtsilicium-gehalts; Spektrophotometrisches Verfahren mittels reduzierten Molybdatosilicats; Teil 1: Siliciumgehalt zwischen 0,05 und 1,0 % (ISO 4829-1:1986); Deutsche Fassung EN 24829-1:1990	
	DIN EN 24829-2	92-10	Stahl und Gußeisen; Bestimmung des Gesamtsilicium-gehaltes; Spektrophotometrisches Verfahren mittels reduzierten Molybdatosilicats; Teil 2: Siliciumgehalt zwischen 0,01 und 0,05 % (ISO 4829-2:1988); Deutsche Fassung EN 24829-2:1990	
	DIN EN 24935	92-07	Stahl und Eisen; Bestimmung des Schwefelgehalts; Methode mit Infrarotabsorption nach Verbrennung im Induktionsofen (ISO 4935:1989); Deutsche Fassung EN 24935:1991	
	DIN EN 24937	92-11	Stahl und Eisen; Bestimmung des Chromgehalts; Potentiometrisches oder visuelles Verfahren (ISO 4937:1986); Deutsche Fassung EN 24937:1990	
	DIN EN 24938	92-10	Stahl und Eisen; Bestimmung des Nickelgehalts; Gravimetrisches oder titrimetrisches Verfahren (ISO 4938:1988); Deutsche Fassung EN 24938:1990	
	DIN EN 24943	92-10	Stahl und Gußeisen; Bestimmung des Kupfergehalts; Flammenatomabsorptionsspektrometrisches Verfahren (ISO 4943:1985); Deutsche Fassung EN 24943:1990	
	DIN EN 24946	92-11	Stahl und Gußeisen; Bestimmung des Kupfergehalts; Spektrophotometrisches Verfahren mittels 2,2'-Dichinolin (ISO 4946:1984); Deutsche Fassung EN 24946:1990	
	DIN EN 24947	92-11	Stahl und Gußeisen; Bestimmung des Vanadium-Gehaltes; Potentiometrisches Titrierverfahren (ISO 4947:1986); Deutsche Fassung EN 24947:1991	
	DIN EN 29658	92-07	Stahl; Bestimmung des Aluminiumgehalts; Spektralfo-tometrische Atomabsorptionsmethode (ISO 9658:1990); Deutsche Fassung EN 29658:1991	
401	DIN EN ISO 377	97-10	Stahl und Stahlerzeugnisse – Lage und Vorbereitung von Probenabschnitten und Proben für mechanische Prüfungen (ISO 377:1997); Deutsche Fassung EN ISO 377:1997	ISO 377
	DIN EN ISO 439	10-08	Stahl und Eisen – Bestimmung des Gesamtsilizium-gehaltes – Gravimetrisches Verfahren (ISO 439:1994); Deutsche Fassung EN ISO 439:2010	ISO 439
404/1	DIN EN ISO 683-17	00-04	Für eine Wärmebehandlung bestimmte Stähle, legierte Stähle und Automatenstähle – Teil 17: Wälzlagerstähle (ISO 683-17:1999); Deutsche Fassung EN ISO 683-17:1999	ISO 683-17

1) 2)	Dok.	Ausg.	Titel	Vergleichbar mit 2) 3)
28	DIN EN ISO 1127	97-03	Nichtrostende Stahlrohre – Maße, Grenzabmaße und längenbezogene Masse (ISO 1127:1992); Deutsche Fassung EN ISO 1127:1996	ISO 1127
	DIN EN ISO 3183	13-03	Erdöl- und Erdgasindustrie – Stahlrohre für Rohrleitungstransportsysteme (ISO 3183:2012); Deutsche Fassung EN ISO 3183:2012	ISO 3183
401	DIN EN ISO 3887	03-10	Stahl – Bestimmung der Entkohlungstiefe (ISO 3887:2003); Deutsche Fassung EN ISO 3887:2003	ISO 3887
	DIN EN ISO 4934	04-05	Stahl und Eisen – Bestimmung des Schwefelgehaltes – Gravimetrisches Verfahren (ISO 4934:2003); Deutsche Fassung EN ISO 4934:2003	ISO 4934
	DIN EN ISO 4945	10-03	Stahl – Bestimmung des Stickstoffgehalts – Spektralphotometrisches Verfahren (ISO 4945:1977); Deutsche Fassung EN ISO 4945:2009	ISO 4945
404/2	DIN EN ISO 4957	01-02	Werkzeugstähle (ISO 4957:1999); Deutsche Fassung EN ISO 4957:1999	ISO 4957
405	DIN ISO 5832-1	08-12	Chirurgische Implantate – Metallische Werkstoffe – Teil 1: Nichtrostender Stahl (ISO 5832-1:2007)	ISO 5832-1
405	DIN EN ISO 7153-1	01-02	Chirurgische Instrumente – Metallische Werkstoffe – Teil 1: Nichtrostender Stahl (ISO 7153-1:1991, einschließlich Änderung 1:1999); Deutsche Fassung EN ISO 7153-1:2000	ISO 7153-1
28	DIN EN ISO 9444-2	10-11	Kontinuierlich warmgewalzter nichtrostender Stahl – Grenzabmaße und Formtoleranzen – Teil 2: Warmbreitband und Blech (ISO 9444-2:2009); Deutsche Fassung EN ISO 9444-2:2010	ISO 9444-2
28	DIN EN ISO 9445-1	10-06	Kontinuierlich kaltgewalzter nichtrostender Stahl – Grenzabmaße und Formtoleranzen – Teil 1: Kaltband und Kaltband in Stäben (ISO 9445-1:2009); Deutsche Fassung EN ISO 9445-1:2010	ISO 9445-1
28	DIN EN ISO 9445-2	10-06	Kontinuierlich kaltgewalzter nichtrostender Stahl – Grenzabmaße und Formtoleranzen – Teil 2: Kaltbreitband und Blech (ISO 9445-2:2009); Deutsche Fassung EN ISO 9445-2:2010	ISO 9445-2
	DIN EN ISO 9556	02-04	Stahl und Eisen – Bestimmung des Gesamtkohlenstoffgehalts – Verfahren mit Infrarotabsorption nach Verbrennung im Induktionsofen (ISO 9556:1989); Deutsche Fassung EN ISO 9556:2001	ISO 9556
	DIN EN ISO 9712	12-12	Zerstörungsfreie Prüfung – Qualifizierung und Zertifizierung von Personal der zerstörungsfreien Prüfung (ISO 9712:2012); Deutsche Fassung EN ISO 9712:2012	ISO 9712
	DIN EN ISO 10280	96-02	Stahl und Eisen – Bestimmung von Titan – Spektralphotometrisches Verfahren mit Diantipyrylmethan (ISO 10280:1991); Deutsche Fassung EN ISO 10280:1995	ISO 10280
	DIN EN ISO 10700	96-02	Stahl und Eisen – Bestimmung von Mangan – Flammenatomabsorptionsspektrometrisches Verfahren (ISO 10700:1994); Deutsche Fassung EN ISO 10700:1995	ISO 10700
	DIN EN ISO 10714	02-11	Eisen und Stahl – Bestimmung des Phosphorgehaltes – Fotometrische Bestimmung; Vanadatomolybdatophosphat-Verfahren (ISO 10714:1992); Deutsche Fassung EN ISO 10714:2002	ISO 10714
	DIN EN ISO 10720	07-06	Eisen und Stahl – Bestimmung des Stickstoffgehaltes – Messung der Wärmeleitfähigkeit nach Aufschmelzen in strömendem Inertgas (ISO 10720:1997); Deutsche Fassung EN ISO 10720:2007	ISO 10720

1) 2)	Dok.	Ausg.	Titel	Vergleichbar mit 2) 3)
	DIN EN ISO 10893-1	11-07	Zerstörungsfreie Prüfung von Rohren – Teil 1: Auto-matisierte elektromagnetische Prüfung nahtloser und geschweißter (ausgenommen unterpulvergeschweißter) Stahlrohre zum Nachweis der Dichtheit (ISO 10893-1:2011); Deutsche Fassung EN ISO 10893-1:2011	ISO 10893-1
	DIN EN ISO 10893-2	11-07	Zerstörungsfreie Prüfung von Stahlrohren – Teil 2: Automatisierte Wirbelstromprüfung nahtloser und geschweißter (ausgenommen unterpulvergeschweißter) Stahlrohre zum Nachweis von Unvollkommenheiten (ISO 10893-2:2011); Deutsche Fassung EN ISO 10893-2:2011	ISO 10893-2
	DIN EN ISO 10893-3	11-07	Zerstörungsfreie Prüfung von Stahlrohren – Teil 3: Auto-matisierte Streuflussprüfung nahtloser und geschweiß-ter (ausgenommen unterpulvergeschweißter) ferromag-netischer Stahlrohre über den gesamten Rohrumfang zum Nachweis von Unvollkommenheiten in Längs-und/oder Querrichtung (ISO 10893-3:2011); Deutsche Fassung EN ISO 10893-3:2011	ISO 10893-3
	DIN EN ISO 10893-4	11-07	Stahl – Zerstörungsfreie Prüfung von Stahlrohren – Teil 4: Eindringprüfung nahtloser und geschweißter Stahlrohre zum Nachweis von Oberflächenunvoll-kommenheiten (ISO 10893-4:2011); Deutsche Fassung EN ISO 10893-4:2011	ISO 10893-4
	DIN EN ISO 10893-5	11-07	Zerstörungsfreie Prüfung von Stahlrohren – Teil 5: Mag-netpulverprüfung nahtloser und geschweißter ferromag-netischer Stahlrohre zum Nachweis von Oberflächen-unvollkommenheiten (ISO 10893-5:2011); Deutsche Fassung EN ISO 10893-5:2011	ISO 10893-5
	DIN EN ISO 10893-6	11-07	Zerstörungsfreie Prüfung von Stahlrohren – Teil 6: Durchstrahlungsprüfung der Schweißnaht geschweißter Stahlrohre zum Nachweis von Unvollkommenheiten (ISO 10893-6:2011); Deutsche Fassung EN ISO 10893-6:2011	ISO 10893-6
	DIN EN ISO 10893-7	11-07	Zerstörungsfreie Prüfung von Stahlrohren – Teil 7: Digitalisierte Durchstrahlungsprüfung der Schweißnaht geschweißter Stahlrohre zum Nachweis von Unvoll-kommenheiten (ISO 10893-7:2011); Deutsche Fassung EN ISO 10893-7:2011	ISO 10893-7
	DIN EN ISO 10893-8	11-07	Zerstörungsfreie Prüfung von Stahlrohren – Teil 8: Automatisierte Ultraschallprüfung nahtloser und geschweißter Stahlrohre zum Nachweis von Dopplungen (ISO 10893-8:2011); Deutsche Fassung EN ISO 10893-8:2011	ISO 10893-8
	DIN EN ISO 10893-9	11-07	Zerstörungsfreie Prüfung von Stahlrohren – Teil 9: Automatisierte Ultraschallprüfung von Band/Blech, das für die Herstellung nahtloser und geschweißter Stahl-rohre eingesetzt wird, zum Nachweis von Dopplungen (ISO 10893-9:2011); Deutsche Fassung EN ISO 10893-9:2011	ISO 10893-9
	DIN EN ISO 10893-10	11-07	Zerstörungsfreie Prüfung von Stahlrohren – Teil 10: Automatisierte Ultraschallprüfung nahtloser und geschweißter (ausgenommen unterpulvergeschweißter) Stahlrohre über den gesamten Rohrumfang zum Nachweis von Unvollkommenheiten in Längs- und/oder Querrichtung (ISO 10893-10:2011); Deutsche Fassung EN ISO 10893-10:2011	ISO 10893-10
	DIN EN ISO 10893-11	11-07	Zerstörungsfreie Prüfung von Stahlrohren – Teil 11: Automatisierte Ultraschallprüfung der Schweißnaht geschweißter Stahlrohre zum Nachweis von Unvoll-kommenheiten in Längs- und/oder Querrichtung (ISO 10893-11:2011); Deutsche Fassung EN ISO 10893-11:2011	ISO 10893-11

1) 2)	Dok.	Ausg.	Titel	Vergleichbar mit 2) 3)
	DIN EN ISO 10893-12	11-07	Zerstörungsfreie Prüfung von Stahlrohren – Teil 12: Automatisierte Ultraschall-Wanddickenprüfung nahtloser und geschweißter (ausgenommen unterpulvergeschweißter) Stahlrohre (ISO 10893-12:2011); Deutsche Fassung EN ISO 10893-12:2011	ISO 10893-12
	ISO 11484	09-02	Stahlerzeugnisse – Qualifizierung und Kompetenz von angestelltem Personal für die zerstörungsfreie Prüfung (ZfP)	
401	DIN EN ISO 11970	07-09	Anforderung und Anerkennung von Schweißverfahren für das Produktionsschweißen von Stahlguss (ISO 11970:2001); Deutsche Fassung EN ISO 11970:2007	ISO 11970
	DIN EN ISO 13900	02-10	Stahl – Bestimmung des Borgehaltes – Curcumin-Verfahren; Fotometrische Bestimmung nach Destillation (ISO 13900:1997); Deutsche Fassung EN ISO 13900:2002	ISO 13900
401	DIN EN ISO 14284	03-02	Eisen und Stahl – Entnahme und Vorbereitung von Proben für die Bestimmung der chemischen Zusammensetzung (ISO 14284:1996); Deutsche Fassung EN ISO 14284:2002	ISO 14284
	DIN EN ISO 15349-2	03-09	Unlegierter Stahl – Bestimmung niedriger Kohlenstoffgehalte – Teil 2: Verfahren mit Infrarotabsorption nach Verbrennung im Induktionsofen (mit Vorwärmung) (ISO 15349-2:1999); Deutsche Fassung EN ISO 15349-2:2003	ISO 15349-2
	DIN EN ISO 15350	10-08	Stahl und Eisen – Bestimmung der Gesamtgehalte an Kohlenstoff und Schwefel – Infrarotabsorptionsverfahren nach Verbrennung in einem Induktionsofen (Standardverfahren) (ISO 15350:2000); Deutsche Fassung EN ISO 15350:2010	ISO 15350
	DIN EN ISO 15351	10-08	Stahl und Eisen – Bestimmung des Stickstoffgehaltes – Messung der Wärmeleitfähigkeit nach Aufschmelzen in strömendem Inertgas (Routineverfahren) (ISO 15351:1999); Deutsche Fassung EN ISO 15351:2010	ISO 15351
401	DIN EN ISO 15630-1	11-02	Stähle für die Bewehrung und das Vorspannen von Beton – Prüfverfahren – Teil 1: Bewehrungsstäbe, -walzdraht und -draht (ISO 15630-1:2010); Deutsche Fassung EN ISO 15630-1:2010	ISO 15630-1
401	DIN EN ISO 15630-2	11-02	Stähle für die Bewehrung und das Vorspannen von Beton – Prüfverfahren – Teil 2: Geschweißte Matten (ISO 15630-2:2010); Deutsche Fassung EN ISO 15630-2:2010	ISO 15630-2
401	DIN EN ISO 15630-3	11-02	Stähle für die Bewehrung und das Vorspannen von Beton – Prüfverfahren – Teil 3: Spannstähle (ISO 15630-3:2002); Deutsche Fassung EN ISO 15630-3:2010	ISO 15630-3
404/1	DIN EN ISO 16120-1	11-10	Walzdraht aus unlegiertem Stahl zum Ziehen – Teil 1: Allgemeine Anforderungen (ISO 16120-1:2011); Deutsche Fassung EN ISO 16120-1:2011	ISO 16120-1
404/1	DIN EN ISO 16120-2	11-10	Walzdraht aus unlegiertem Stahl zum Ziehen – Teil 2: Besondere Anforderungen an Walzdraht für allgemeine Verwendung (ISO 16120-2:2011); Deutsche Fassung EN ISO 16120-2:2011	ISO 16120-2
404/1	DIN EN ISO 16120-3	11-10	Walzdraht aus unlegiertem Stahl zum Ziehen – Teil 3: Besondere Anforderungen an Walzdraht aus unberuhigtem und ersatzunberuhigtem Stahl mit niedrigem Kohlenstoffgehalt (ISO 16120-3:2011); Deutsche Fassung EN ISO 16120-3:2011	ISO 16120-3

1) 2)	Dok.	Ausg.	Titel	Vergleichbar mit 2) 3)
404/1	DIN EN ISO 16120-4	11-10	Walzdraht aus unlegiertem Stahl zum Ziehen – Teil 4: Besondere Anforderungen an Walzdraht für Sonderanwendungen (ISO 16120-4:2011); Deutsche Fassung EN ISO 16120-4:2011	ISO 16120-4
28	DIN EN ISO 18286	10-11	Warmgewalztes Blech aus nichtrostendem Stahl – Grenzabmaße und Formtoleranzen (ISO 18286:2008); Deutsche Fassung EN ISO 18286:2010	ISO 18286

1) Angabe der Nummer des DIN-Taschenbuches, in dem diese Norm abgedruckt ist. Wegen der laufenden Überarbeitung von Normen kann keine Angabe zu deren Aktualität gemacht werden. Es ist daher zu prüfen, ob die letzte Fassung einer Norm abgedruckt ist.

2) Die in diesem Verzeichnis in Verbindung mit einer Norm- oder Dokumentennummer verwendeten Abkürzungen sind auf der Seite V erläutert.

3) Normen, deren Veröffentlichung bei Redaktionsschluss kurz bevorstand, sind in ( ) angegeben.

Service-Angebote des Beuth Verlags

DIN und Beuth Verlag

Der Beuth Verlag ist eine Tochtergesellschaft des DIN Deutsches Institut für Normung e. V. – gegründet im April 1924 in Berlin.

Neben den Gründungsgesellschaftern DIN und VDI (Verein Deutscher Ingenieure) haben im Laufe der Jahre zahlreiche Institutionen aus Wirtschaft, Wissenschaft und Technik ihre verlegerische Arbeit dem Beuth Verlag übertragen. Seit 1993 sind auch das Österreichische Normungsinstitut (ON) und die Schweizerische Normen-Vereinigung (SNV) Teilhaber der Beuth Verlag GmbH.

Nicht nur im deutschsprachigen Raum nimmt der Beuth Verlag damit als Fachverlag eine führende Rolle ein: Er ist einer der größten Technikverlage Europas. Von den Synergien zwischen DIN und Beuth Verlag profitieren heute 150 000 Kunden weltweit.

Normen und mehr

Die Kernkompetenz des Beuth Verlags liegt in seinem Angebot an Fachinformationen rund um das Thema Normung. In diesem Bereich hat sich in den letzten Jahren ein rasanter Medienwechsel vollzogen – über die Hälfte aller DIN-Normen werden mittlerweile als PDF-Datei genutzt. Auch neu erscheinende DIN-Taschenbücher sind als E-Books beziehbar.

Als moderner Anbieter technischer Fachinformationen stellt der Beuth Verlag seine Produkte nach Möglichkeit medienübergreifend zur Verfügung. Besondere Aufmerksamkeit gilt dabei den Online-Entwicklungen. Im Webshop unter www.beuth.de sind bereits heute mehr als 250 000 Dokumente recherchierbar. Die Hälfte davon ist auch im Download erhältlich und kann vom Anwender innerhalb weniger Minuten am PC eingesehen und eingesetzt werden.

Von der Pflege individuell zusammengestellter Normensammlungen für Unternehmen bis hin zu maßgeschneiderten Recherchedaten bietet der Beuth Verlag ein breites Spektrum an Dienstleistungen an.

So erreichen Sie uns

Beuth Verlag GmbH
Am DIN-Platz
Burggrafenstr. 6
10787 Berlin
Telefon 030 2601-0
Telefax 030 2601-1260
info@beuth.de
www.beuth.de

Ihre Ansprechpartner in den verschiedenen Bereichen des Beuth Verlags finden Sie auf der Seite „Kontakt" unter www.beuth.de.

Stichwortverzeichnis

Die hinter den Stichwörtern stehenden Nummern sind DIN-Nummern der abgedruckten Normen.

Schlauch, Stahldraht, Draht
DIN EN 10324, DIN EN 10324 Berichtigung 1

Stahl, Anforderung, Freiformschmiedestück   DIN EN 10250-1,
DIN EN 10250-4,
DIN EN 10250-4 Berichtigung 1

Stahl, Blankstahl, Lieferbedingung
DIN EN 10277-1, DIN EN 10277-2,
DIN EN 10277-3, DIN EN 10277-4,
DIN EN 10277-5

Stahl, Einsatzstahl, Lieferbedingung
DIN EN 10084

Stahl, Feder, Federstahl, Lieferbedingung
DIN EN 10089

Stahl, Federdraht   DIN EN 10270-1,
DIN EN 10270-2, DIN EN 10270-3

Stahl, ferritischer Stahl   DIN EN 10267

Stahl, Freiformschmiedestück, niedriglegierter Stahl   DIN EN 10250-3

Stahl, Kaltfließpressstahl, Kaltstauchstahl,
Lieferbedingung   DIN EN 10263-1,
DIN EN 10263-2, DIN EN 10263-3,
DIN EN 10263-4, DIN EN 10263-5

Stahl, Nitrierstahl   DIN EN 10085

Stahl, Stahlerzeugnis, Wälzlagerstahl,
Wärmebehandlung   DIN EN ISO 683-17

Stahl, unlegierter Stahl, Freiformschmiedestück   DIN EN 10250-2

Stahl, Vergütungsstahl, Lieferbedingung
DIN EN 10083-1, DIN EN 10083-3,
DIN EN 10083-3 Berichtigung 1

Stahl, Vergütungsstahl, Lieferbedingung,
Qualitätsstahl   DIN EN 10083-2

Stahl, Wärmebehandlung, Kaltband
DIN EN 10132-1, DIN EN 10132-2,
DIN EN 10132-3, DIN EN 10132-4

Stahl, Walzdraht, Automatenstahl, Halbzeug, Lieferbedingung   DIN EN 10087

Stahldraht, Draht, Reifen   DIN EN 10323

Stahldraht, Draht, Schlauch
DIN EN 10324,
DIN EN 10324 Berichtigung 1

Stahlerzeugnis, Wälzlagerstahl, Wärmebehandlung, Stahl   DIN EN ISO 683-17

unlegierter Stahl, Freiformschmiedestück,
Stahl   DIN EN 10250-2

unlegierter Stahl, Walzdraht, Anforderung
DIN EN ISO 16120-1,
DIN EN ISO 16120-3,
DIN EN ISO 16120-4

unlegierter Stahl, Walzdraht, Anforderung,
Bezeichnung   DIN EN ISO 16120-2

Vergütungsstahl, Lieferbedingung, Qualitätsstahl, Stahl   DIN EN 10083-2

Vergütungsstahl, Lieferbedingung, Stahl
DIN EN 10083-1, DIN EN 10083-3,
DIN EN 10083-3 Berichtigung 1

Wälzlagerstahl, Wärmebehandlung, Stahl,
Stahlerzeugnis   DIN EN ISO 683-17

Wärmebehandlung, Kaltband, Stahl
DIN EN 10132-1, DIN EN 10132-2,
DIN EN 10132-3, DIN EN 10132-4

Wärmebehandlung, Stahl, Stahlerzeugnis,
Wälzlagerstahl   DIN EN ISO 683-17

Walzdraht, Anforderung, Bezeichnung,
unlegierter Stahl   DIN EN ISO 16120-2

Walzdraht, Anforderung, unlegierter Stahl
DIN EN ISO 16120-1,
DIN EN ISO 16120-3,
DIN EN ISO 16120-4